Sparse and Redundant Representations:
From Theory to Applications in Signal and
Image Processing

スパース
モデリング

ℓ_1/ℓ_0 ノルム最小化の基礎理論と画像処理への応用

Michael Elad 著
玉木　徹 訳

共立出版

Sparse and Redundant Representations:

From Theory to Applications in Signal and Image Processing

By Michael Elad

Translation from English language edition:
Sparse and Redundant Representations:
By Michael Elad

Japanese translation rights arranged with
Springer-Verlag GmbH
through Japan UNI Agency, Inc., Tokyo

Japanese edition published by
KYORITSU SHUPPAN Co. Ltd.

愛する家族に

進むべき道を示してくれた両親

Rita と *Shmuel Elbaz* に

この道を進む理由を与えてくれた子供たち

Sharon, *Adar*, *Yuval* に

愛と理解を持ってこの道を照らし続けてくれた妻

Ritta に

まえがき

その昔，古（いにしえ）より存在する哲学的で審美的な原理がまだ鳴り響くころ，オッカムのウィリアムは，今日ではオッカムの剃刀として知られている倹約の原理を提唱した．「必要ではないものを増やしてはならない」．この原理のおかげで，科学者たちは宇宙の働きを説明する「最も良い」物理法則や理論を選択することができた．この原理は，研究を続けるための道標ともなってきた．また，統計的推論の最小記述長アプローチやパターン認識のコルモゴロフ複雑性アプローチなどの素晴らしい結果ももたらしてくれた．

しかし，複雑性や記述長は主観的な概念であり，概念と結果をどの「言語」で表現するのかに依存している．スパース表現はビッグバン直後の宇宙のように最近急速に発展した研究分野である．この分野は，記述の簡潔さと「言語」（もしくは用いる「辞書」）との表裏一体の関係を明示的に扱うことで，非常に刺激的な研究分野となった．これまでに得られた数多くの結果は，数学的に強固で美しく奥深いだけでなく，多くの実用的な工学の問題にも直ちに応用できるものである．

今あなたはスパースランドへのガイドブックを手にしている．見慣れた景色も登場するが，目を見張る新しい光景にも出会うだろう．さらに遠くまで行ってもっと素晴らしい宝物を見つけたければ，ここに載っている道標が役立つだろう．ようこそ，スパースランドへの旅へ！

イスラエル・ハイファ
2009 年 12 月

Alfred M. Bruckstein

序文

本書はもともと，イスラエル工科大学（テクニオン）の大学院生向けの 1 期分の授業（2 時間 14 回の講義）の資料として書かれたものである．その内容は，2009 年 2 月に SIAM Review に掲載されたレビュー論文（Alfred M. Bruckstein と David L. Donoho との共著）を，大学院生向けに大幅に加筆修正したものだった．本書では，スパースで冗長な表現（sparse and redundant representation）についてのトピックを解説し，この分野で扱われている問題と解答，そして誰がどんな研究を行っているのかなどを紹介する．本書の読者（と授業の学生たち）に，この分野の美しさと，さまざまな分野への応用を紹介することができればと思っている．

さて，一体スパースで冗長な表現とは何なのだろうか？　この分野で活躍している多くの数学者なら，この新しい分野と調和解析，近似理論，ウェーブレットなどとの深い関係を説明するだろう．しかし私のやり方は違う．工学者としての私の興味はこの分野のもっと実際的な側面であり，スパースで冗長な表現を研究する私の動機は，信号処理や画像処理における応用から来ている．だからと言って，スパースで冗長な表現についての理論的な研究に興味がないということではない．しかし，そのような理論的な結果は，もっと大きな概念として取り扱われるべきである．

私の考えでは，この分野は信号源を扱うある特殊な数学的モデルである．信号処理と画像処理において，信号源のモデル化は重要な鍵となる．適切なモデルを用いれば，ノイズ除去，画像再構成，画像分離，補間・外挿，解析・合成，検出，認識，その他さまざまな課題を扱えるようになる．実際に，信号処理と画像処理の研究では，そのようなモデルを進化させて，それを応用で用いている．本書では，そのようなモデルの一つを取り上げる．私はそれをスパースランド（Sparse-Land）と呼んでいる．このモデルは魅力的である．なぜなら，理論的な背景がしっかりしており，さまざまな応用において優れた性能を発揮し，さまざまなデータ源に適用できる普遍性と柔軟性を持ち，統一的な視点によって前述の信号処理のすべての問題が見通し良く単純に定式化できるからである．

このモデルの中心となるのは，線形代数で長年研究されてきた単純な線形連立方程式である．$n < m$ のフルランクの行列 $\mathbf{A} \in \mathbb{R}^{n \times m}$ を用いた劣決定の連立方程式 $\mathbf{Ax} = \mathbf{b}$ には無限個の解が存在する．われわれが探しているのは，その中で最もスパースな（疎な）解，つまり非ゼロの成分が最も少ない解である．その解は唯一だろうか？　そうだとしたらその条件は？　実用的な実行時間でそのような解をどのようにして得るのか？　信じられないかもしれないが，これらの質問が，このモデルとそれを取り巻く広範な分野を牽引する原動力となってきた．これらの質問への近年の回答は肯定的かつ構成的であり，さまざまな驚くべき現象を明らかにし，スパースランドを実用的な段階に押し上げた．明らかに，これらの分野の研究は，線形代数，最適化，科学計算などの知識を総動員することが必要となる．

この分野は比較的若い．核となるアイデアは，1993 年の Stephane Mallat と Zhifeng Zhang の先駆的な研究に見ることができる．それは，辞書のコンセプトを導入して，慎重にサンプリングしなければならない伝統的なウェーブレット変換を置き換えるものだった．彼らの研究は，その後核となるアイデアのいくつかを前進させた（そして，この研究分野の中心的なものとなった）．例えば，スパースな解を劣決定の連立方程式で近似する貪欲追跡法や，彼らのコヒーレンス尺度による辞書の特徴付けなどがある．

その次の鍵となる研究は，1995 年の Scott Shaobing Chen，David Donoho，Michael Saunders の研究である．彼らは，スパース性を評価するために ℓ_1 ノルムを用いる追跡手法を導入した．そして，最もスパースな解を求めるためには凸計画問題を解けば，通常は適切な解が得られるという驚くべき結果を示したのである．

この二つの研究により，これらのアルゴリズムをより深く解析することや，さまざまな問題へ適用することへと，研究の段階が進展した．そのための決定的な研究が，2001 年の Donoho と Huo の論文である．この論文の中で，Donoho と Huo は大胆にも，後にこの分野において鍵となる問題——追跡手法が成功することを保証できるだろうか？どんな条件の下で？――を定義し，（部分的にでも）それを解いたのである．この解析方法は，後にこの分野のテンプレートとなり，スパースランドモデルに必要な理論的枠組みを提供することになった．この研究分野の急成長には目を見張るものがある．興味を持った何百人もの研究者たちが，さまざまなワークショップ，セッション，カンファレンスを開催し，論文の数は指数関数的に増加している．

この研究分野の活動は，世界中の多くの主要な大学や研究機関に広がり，さまざまな分野の著名な研究者を巻き込んでいる．この研究分野は信号処理と応用数学が交差する場所にあるので，この分野では，近似理論に興味を持った数学者，調和解析に興味がある応用数学者，さまざまな分野の工学者（コンピュータサイエンス，電気工学，地球物理学など）が活動している．

私自身について少し書いておこう．私がこの研究分野で活動を始めたのは，テクニオンに David Donoho が短期滞在したあとである．彼は，前述した論文の内容に関する講演を行った．恥ずかしながら，私はその講演を聴講していなかった！ しかし，私の良き友人でありメンターでもある Freddy Bruckstein は聴講していた．重要な研究の方向性を見出す Freddy の第六感は，テクニオンでは当時有名であり，そのときも外れなかった．Freddy は Donoho が示した結果を改善する研究をしようと言い出し，数か月後にはこの分野でのわれわれの最初の結果を得ることができた．この研究はポスドクとしてスタンフォード大学に在籍していた Donoho との共同研究につながり，それ以来，私はこのトピックの研究に深く関わっている．

工学出身の私が第一線で活躍する数学者とともに研究をしてきたことで，独自の視点を持つようになり，それが本書につながった．本書では，スパースで冗長な表現の理論的基礎，実際に応用する際の数値計算手法とアルゴリズム，それらを用いた信号処理と画像処理の応用を，体系的で一貫性のある流麗なストーリーで解説する．強調しておきたいのは，これらは「私自身の視点」であり，この分野全体を偏りなく概観するものではないことである．特に，蓄積されたすべての知識を本書で紹介することはしていない．その理由は次のとおりである．(1) すべてに言及することは不可能である．(2) 私が伝えるストーリーにとってはすべての詳細は重要ではない．(3) この分野において新しい結果は毎日のように登場しているので，それらをすべて伝えることは不可能である．

(4) 私自身がこの分野の結果をすべて把握しているわけでない．

圧縮センシング（compressed-sensing）は，スパースで冗長な表現から派生した新しい研究分野であり，それ自身が興味の対象になってきている．信号のスパース表現を探求することで得られた圧縮センシングにおけるサンプリングは，古典的なナイキスト・シャノンのサンプリングに比べて，非常に効率的である．2006 年に登場した Emmanuel Candès，Justin Romberg，Terence Tao，David Donoho らの研究では，圧縮センシングの理論と実際が非常に美しく統合されており，多数の研究者と実践家を興奮の渦に巻き込んだ．この分野のインパクトは計り知れず，それを裏付けるように，情報理論の専門家や著名な数学者なども集まってきている．しかし，この分野があまりに有名になったために，それがスパース表現のストーリー全体なのだと多くの人が勘違いをしている．本書では，圧縮センシングについては非常に短く議論し，それをスパース表現の理論で知られている，より一般的な結果に結び付けることにした．圧縮センシングの分野において蓄積された知識で，また別の本が一冊できあがるだろう．

2009 年 9 月

イスラエル工科大学 計算機科学科
Michael Elad

謝辞

私を取り巻く友人や仲間の励ましと支えがなければ，本書の執筆は成し得なかった．誰よりもまず，私のメンターであり，教師であり，友人である Freddy Bruckstein，David Donoho，Gene Golub に感謝したい．研究にこれほど深く私を導いてくれたのは彼らである．Gene は本書出版の 3 年前（2007 年 11 月 16 日）に亡くなったが，今でも私は彼とともにいる．

本書の大部分は，スパースで冗長な表現モデルという魅力的な分野に関して，過去 10 年間に私が蓄積した知識に基づいている．素晴らしい共同研究者，学生，友人，仲間たちがいなければ，これだけの研究を行うことはできなかった．

修士課程と博士課程の学生である Amir Adler，Michal Aharon，Zvika Ben-Haim，Raviv Brueler，Ori Bryt，Dima Datsenko，Tomer Factor，Raja Giryes，Einat Kidron, Boaz Matalon, Matan Protter, Svetlana Raboy, Ron Rubinstein, Dana Segev，Neta Shoham，Yossi Shtok，Javier Turek，Roman Zeyde には，とても感謝している．彼らへの研究指導を通して，私も多くのことを学ぶことができた．

私と快くともに働き，私の欠点には目をつむって辛抱強く付き合ってくれた仲間と友人たち—— Yonina Eldar，Arie Feuer，Mario Figueiredo，Yakov Hel-Or，Ron Kimmel，Yi Ma，Julien Mairal，Stephane Mallat，Peyman Milanfar，Guillermo Sapiro，Yoav Schechner，Jean-Luc Starck，Volodya Temlyakov，Irad Yavneh，Michael Zibulevsky ——には感謝している．また Remi Gribonval，Jalal Fadili，Ron Kimmel，Miki Lustig，Gabriel Peyre，Doron Shaked，Joel Tropp，Pierre Vandergheynst には，長年にわたる鋭い議論と長期間の支援に感謝の意を表する．

最後に，本書のカバーをデザインしてくれた Michael Bronstein，本書の校正を担当し，多数の有益な提案をしてくれた Allan Pinkus には特に感謝する．

この分野で研究するということは，最前線の研究者コミュニティの一員となることである．このような，多様で，鮮烈で，成長し続けている研究者集団に属することができて，私は本当に運が良かったと思っている．これほど楽しく研究することができるのだから．

訳者序文

本書はスパースモデリングについての最もよくまとまった良書である．

スパース表現を用いたモデル化（スパースモデリング）は，2000 年以降に急速に発展した基礎分野であり，その応用分野は幅広く，信号処理・画像処理のみならず，機械学習，画像認識，コンピュータビジョン，自然言語処理，医学，脳科学，生命科学，応用科学，応用物理学，地球科学，天文学，惑星科学など，多岐にわたっている．スパースの基本的な考え方は「ベクトル中のゼロとなる要素が多いほど良い」というものである．連立方程式 $\mathbf{Ax} = \mathbf{b}$ の解 $\mathbf{x}$ ならば，通常の線形代数で簡単に解くことができる．しかし，「$\mathbf{Ax} = \mathbf{b}$ を満たしつつ，ベクトル $\mathbf{x}$ 中の要素ができるだけゼロになるようなものを求める」となると，これは ℓ_0 ノルム最小化問題と呼ばれる，解くことが非常に難しい NP 困難な問題となる．

この 10 年で，この問題を解くための理論が飛躍的に進展し，またさまざまな応用に利用されて，現在ではその重要性が広く認識されている．特に ℓ_0 ノルム最小化問題を緩和した ℓ_1 ノルム最小化問題は，現在の研究者にとって必須と言ってもよい研究ツールとなっている．機械学習においては ℓ_1 ノルム最小化問題は LASSO と呼ばれ，LARS（最小角回帰）などの効率的なアルゴリズムが提案されており，多くの研究の基盤となっている．

しかし，スパースモデリングを扱った和書はほとんどないのが現状であり，学生や若手研究者が日本語で基礎から学習する機会がないため，本書がその機会を提供する非常に良い手助けとなるはずである．

本書は大学院生向けの講義を念頭に執筆された経緯があり，そのため，理論的基礎や研究背景を，詳細なアルゴリズムを交えて丁寧に説明している．また，画像処理を応用例として豊富に説明しているため，本書があればスパースモデリングの基礎から応用までを理解することができる．

しかし，画像処理・信号処理だけでなく，スパースモデリングは工学の幅広い分野に応用できる．多くの読者がこの先必要となるであろう基礎技術を修得するために，本書が役立つことを期待する．

今回も共立出版編集部の石井徹也氏には企画から出版まで大変お世話になった．また，(株)グラベルロードの方々には丁寧な校正作業をしていただいた．ここに感謝する．

2016 年 2 月

玉木　徹

目次

定理等一覧

アルゴリズム一覧

第 I 部

スパースで冗長な表現：理論と数値解析

第1章
プロローグ

古典的な線形代数の最大の功績は，線形連立方程式を解くという問題を深く考察したことである．その結果は明確で，永遠であり，深淵でもあり，いつまでも変わることのない風貌をこの問題に与えることとなった．線形連立方程式は多くの工学的な開発と解法の核となる原動力であるので，その知識の多くがさまざまな応用において実用的な成功を収めている．広く知られているこの線形代数には，実は驚くべきことに，まだ初等的な問題が残されている．それは連立方程式のスパースな（sparse; 疎な）解を得るということであり，最近になってようやく深く研究されるようになった．本書で見るように，この問題には驚くべき解法があり，それが多数の実用的な開発を促している．本章は，この問題を注意深く定義することに主眼を置いて，後の章でその解法を説明するための準備を整えることにする．

1.1 劣決定の連立方程式

行列 $\mathbf{A} \in \mathbb{R}^{n\times m}$（$n < m$）について劣決定の連立方程式 $\mathbf{Ax} = \mathbf{b}$ を定義する．この連立方程式の未知変数の個数は式の個数よりも多いため，もし $\mathbf{b}$ が行列 $\mathbf{A}$ の列空間になければ解が存在せず，そうでなければ無限個の解が存在する．解がないという例外を回避するために，これ以降，$\mathbf{A}$ はフルランクの行列である，つまり $\mathbf{A}$ の列空間は全空間 $\mathbb{R}^n$ であるとする．

工学の分野では，このような劣決定の線形連立方程式で定式化される問題に遭遇することが多い．例えば，画像を高解像度化するという画像処理の問題がある．この問題では，未知の高解像度の画像にボケが加えられ縮小された結果，低解像度の小さい画像 $\mathbf{b}$ が観測されたとするのである．行列 $\mathbf{A}$ はこの低解像度化を表す処理であり，与えられた観測画像 $\mathbf{b}$ からもとの高解像度画像 $\mathbf{x}$ を再構成することが目的である．明らかに，$\mathbf{b}$ を「説明する」ような原画像 $\mathbf{x}$ は無数に存在し，良く説明する $\mathbf{x}$ もあれば，そうでない $\mathbf{x}$ もある．その中から，適切な $\mathbf{x}$ をどうやって求めればよいだろう？

1.2　正則化

上記の例や，同じように定式化される他の多くの問題において，求めたい解は一つだけである．しかし，そのような解が無数に存在するという事実が大きな障害となる．無数の解の中から良設定の解を一つだけ選択するためには，何らかの基準を追加しなければならない．これを行うためのよく知られた方法が，正則化である．つまり，解の候補 $\mathbf{x}$ の良さを評価するペナルティ関数 $J(\mathbf{x})$ を用意し，この関数の値が小さければ小さいほど $\mathbf{x}$ は良い解である，とする．そして，以下の一般的な最適化問題 (P_J) を定義する．

$$(P_J): \quad \min_{\mathbf{x}} \ J(\mathbf{x}) \quad \text{subject to} \quad \mathbf{b} = \mathbf{A}\mathbf{x} \tag{1.1}$$

こうして，われわれが求めている解は $J(\mathbf{x})$ に委ねられた．画像の高解像度化の例においては，滑らかな解や区分的に滑らかな解を好むような関数が $J(\mathbf{x})$ として一般的に使われている．

最も広く使われている関数 $J(\mathbf{x})$ は，2 乗ユークリッドノルム $\|\mathbf{x}\|_2^2$（ℓ_2 ノルム）である．この問題 (P_2) は，最小ノルム解と呼ばれる一意解 $\hat{\mathbf{x}}$ を持つ．ラグランジュ乗数を用いれば，ラグランジュ関数は以下のようになる．

$$\mathcal{L}(\mathbf{x}) = \|\mathbf{x}\|_2^2 + \boldsymbol{\lambda}^{\mathrm{T}}(\mathbf{b} - \mathbf{A}\mathbf{x}) \tag{1.2}$$

ここで，$\boldsymbol{\lambda}$ は制約条件についてのラグランジュ乗数である．$\mathcal{L}(\mathbf{x})$ を $\mathbf{x}$ で微分すると，

$$\frac{\partial \mathcal{L}(\mathbf{x})}{\partial \mathbf{x}} = 2\mathbf{x} - \mathbf{A}^{\mathrm{T}}\boldsymbol{\lambda} \tag{1.3}$$

となり，以下の解が得られる．

$$\hat{\mathbf{x}}_{\mathrm{opt}} = \frac{1}{2}\mathbf{A}^{\mathrm{T}}\boldsymbol{\lambda} \tag{1.4}$$

この解を制約条件 $\mathbf{b} = \mathbf{A}\mathbf{x}$ に代入すると，以下が得られる[*1]．

$$\mathbf{A}\hat{\mathbf{x}}_{\mathrm{opt}} = \frac{1}{2}\mathbf{A}\mathbf{A}^{\mathrm{T}}\boldsymbol{\lambda} = \mathbf{b} \quad \Rightarrow \quad \boldsymbol{\lambda} = 2(\mathbf{A}\mathbf{A}^{\mathrm{T}})^{-1}\mathbf{b} \tag{1.5}$$

これを式 (1.4) に代入すると，よく知られた擬似逆行列の閉形式が得られる．

$$\hat{\mathbf{x}}_{\mathrm{opt}} = \frac{1}{2}\mathbf{A}^{\mathrm{T}}\boldsymbol{\lambda} = \mathbf{A}^{\mathrm{T}}(\mathbf{A}\mathbf{A}^{\mathrm{T}})^{-1}\mathbf{b} = \mathbf{A}^{+}\mathbf{b} \tag{1.6}$$

なお，$\mathbf{A}$ はフルランクであると仮定していたので，行列 $\mathbf{A}\mathbf{A}^{\mathrm{T}}$ は正定値であり，したがって逆行列は存在する．さらに，より一般的な関数 $J(\mathbf{x}) = \|\mathbf{B}\mathbf{x}\|_2^2$（ここで $\mathbf{B}^{\mathrm{T}}\mathbf{B}$ は逆行列を持つ）に対しても，同様の手順で以下の閉形式の解が得られる．

$$\hat{\mathbf{x}}_{\mathrm{opt}} = (\mathbf{B}^{\mathrm{T}}\mathbf{B})^{-1}\mathbf{A}^{\mathrm{T}}(\mathbf{A}(\mathbf{B}^{\mathrm{T}}\mathbf{B})^{-1}\mathbf{A}^{\mathrm{T}})^{-1}\mathbf{b} \tag{1.7}$$

この ℓ_2 正則化はさまざまな工学の分野で広く用いられており，その大きな理由は，上記のように閉形式の一意解が得られるという単純さのためである．信号処理や画像処理においても，この正則化は非常に頻繁に用いられており，さまざまな逆問題や，信号の表現などに利用されている．しかしながら，ℓ_2 正則化がどのような問題に対しても最も適切である，ということではない．ℓ_2 は数学的に単純ではあるが，それに惑わされて，他のもっと良い $J(\cdot)$ を探求しなくなってしまうということも多い．実際，画像処理においては（ℓ_2 ノルムに基づく）ウィナーフィルタが 30 年にわたって成功を収めていたが，結局，ロバスト統計に基づく別の $J(\cdot)$ を用いる解が存在することがわかった．このような話は，本書でたびたび登場するだろう．

1.3　凸性への誘い

一意の解が ℓ_2 で得られるという事実は，より広い現象の特殊例である．つまり，任意の狭義凸関数 $J(\cdot)$ はそのような一意性を保証するのである．ここで，凸集合と凸関数の定義を思い出しておこう．

[*1] この式に限らず，本書では行列代数の公式を用いる．

定義 1.1（凸集合） 集合 Ω は，$\forall \mathbf{x}_1, \mathbf{x}_2 \in \Omega$ と $\forall t \in [0,1]$ に対して凸結合 $\mathbf{x} = t\mathbf{x}_1 + (1-t)\mathbf{x}_2$ が Ω に含まれるとき，凸集合であるという[*2].

上記の定義を用いて集合 $\Omega = \{\mathbf{x} \mid \mathbf{A}\mathbf{x} = \mathbf{b}\}$ が凸であることを示すのは容易である．したがって，式 (1.1) の最適化問題の実行可能解集合は凸である．この最適化問題が全体として凸であるためには，ペナルティ関数 $J(\mathbf{x})$ が凸であることを追加する必要がある．そのような性質を以下で定義する．

定義 1.2（凸関数 1） 関数 $J(\mathbf{x}) : \Omega \to \mathbb{R}$ は，$\forall \mathbf{x}_1, \mathbf{x}_2 \in \Omega$ と $\forall t \in [0,1]$ に対して凸結合 $\mathbf{x} = t\mathbf{x}_1 + (1-t)\mathbf{x}_2$ が

$$J(t\mathbf{x}_1 + (1-t)\mathbf{x}_2) \leq tJ(\mathbf{x}_1) + (1-t)J(\mathbf{x}_2) \tag{1.8}$$

を満たすとき，凸関数であるという[*3].

この定義の別の解釈は，$J(\mathbf{x})$ のエピグラフ（$\{(\mathbf{x}, y) \mid y \geq J(\mathbf{x})\}$ で定義される領域）が $\mathbb{R}^{m+1}$ において凸集合である，というものである．

もし $J(\cdot)$ が 2 階連続微分可能であれば，その導関数を用いて別の凸関数の定義を与えることができる．

定義 1.3（凸関数 2） 関数 $J(\mathbf{x}) : \Omega \to \mathbb{R}$ は，$\forall \mathbf{x}_1, \mathbf{x}_2 \in \Omega$ に対して

$$J(\mathbf{x}_2) \geq J(\mathbf{x}_1) + \nabla J(\mathbf{x}_1)^{\mathrm{T}}(\mathbf{x}_2 - \mathbf{x}_1) \tag{1.9}$$

が成り立つとき，もしくはヘッセ行列 $\nabla^2 J(\mathbf{x}_1)$ が半正定値であるとき，凸関数であるという[*4].

ヘッセ行列の正定値性による定義を用いると，2 乗 ℓ_2 ノルムの凸性の証明は自明である．つまり $\nabla^2\|\mathbf{x}\|_2^2 = 2\mathbf{I} \succeq \mathbf{0}$ である．実際には，このヘッセ行列はすべての $\mathbf{x}$ について正定値であるため，2 乗 ℓ_2 ノルムは狭義凸である．式 (1.2) の問題に話を戻せば，制約条件集合は凸であり，ペナルティ関数も狭義凸であ

[*2]【訳注】等号が成り立つのが $\mathbf{x}_1 = \mathbf{x}_2$ のときに限るならば，狭義凸であるという．

[*3]【訳注】等号が成り立つのが $\mathbf{x}_1 = \mathbf{x}_2$ のときに限るならば，狭義凸であるという．

[*4]【訳注】等号が成り立つのが $\mathbf{x}_1 = \mathbf{x}_2$ のときに限るならば，もしくはヘッセ行列が正定値ならば，狭義凸であるという．

るため，解の一意性は保証される．

今までは $J(\mathbf{x}) = \|\mathbf{x}\|_2^2$ である場合のみを扱ってきた．しかし，凸もしくは狭義凸の関数 $J(\cdot)$ の選択肢は，ほかにも数多くある．それらの関数で閉形式の解が得られることはほとんどないが，狭義凸であれば一意解を得ることはできる[*5]．おそらくもっと重要なことは，式 (1.2) を解くために慎重に設計された最適化アルゴリズムならば，大域的最適解への収束が保証されている，ということである．

この性質のために，工学において，特に信号処理と画像処理においては，凸最適化問題は非常に魅力的なものになっている．当然のことながら，非凸最適化問題は重要ではない，ということではない．非凸最適化問題を扱う場合には，凸ではないために生じるさまざまな問題を考えなければならないと言っているにすぎない．

重要で特殊な凸関数は，$p \geq 1$ であるすべての ℓ_p ノルムである（ヘッセ行列を用いれば凸であることが確認できる）．これは以下のように定義される．

$$\|\mathbf{x}\|_p^p = \sum_i |x_i|^p \tag{1.10}$$

特に ℓ_∞ ノルム（自明であるが p 乗はしない[*6]）と ℓ_1 ノルムは，とても興味深く，また広く使われている．ℓ_∞ はベクトル $\mathbf{x}$ の要素の最大値であり，ℓ_1 は要素の絶対値和である．特に重要なのは，スパースな解が得られる ℓ_1 ノルムである．この事実を本書では議論し，体系立てていく．

1.4 ℓ_1 最小化の詳細

関数 $J(\mathbf{x}) = \|\mathbf{x}\|_1$ は凸であるが狭義凸ではない．この事実は，同じ象限にある（つまり，すべての要素の符号が同じである）$\mathbf{x}_1$ と $\mathbf{x}_2$ は，その凸結合が式 (1.8) の等式を満たすことから，容易に示すことができる．したがって，

$$(P_1): \quad \min_{\mathbf{x}} \|\mathbf{x}\|_1 \quad \text{subject to} \quad \mathbf{b} = \mathbf{A}\mathbf{x} \tag{1.11}$$

[*5] 狭義凸でなければ，解の一意性は保証されない．

[*6] $1 \leq p < \infty$ に対しては，p 乗しない ℓ_p ノルムは，凸であるが狭義凸ではない．なぜなら，これらの関数は線形の傾きを持った錐のように振る舞うからである．そのため，慎重に選択した 2 点（ある点と，そのスカラー倍の点）は，式 (1.8) の等式を満たしてしまうのである．

は，一つ以上の解を持つ．しかし，この問題の解が無数に存在するにもかかわらず，次のことが言える．(i) これらの解は，有界凸集合の中にある．(ii) これらの解の中で，高々 n 個の非ゼロ要素を持つ解が少なくとも一つ存在する（n は制約の個数）．

解集合の凸性（一つ目の性質）は，すべての最適解のペナルティ（この場合は ℓ_1 ノルム）は同じであるという事実を用いれば，すぐに導くことができる．$J(\mathbf{x}) = \|\mathbf{x}\|_1$ が凸であるため，任意の二つの最適解の凸結合のペナルティは，その二つの解のペナルティ以下でなければならない．そして，二つの解はどちらも最適解であるため，それよりもペナルティが小さくなることは不可能である．したがって，任意の二つの最適解の凸結合もやはり最適解である．

解集合が有界であるという事実は，すべての最適解は同じペナルティの値 $v_{\min} = \|\mathbf{x}_{\mathrm{opt}}\|_1 < \infty$ を持つという事実から，直接導くことができる．二つの最適解 $\mathbf{x}_{\mathrm{opt}}^1$ と $\mathbf{x}_{\mathrm{opt}}^2$ が与えられたとき，これらの間の距離は以下を満たす．

$$\|\mathbf{x}_{\mathrm{opt}}^1 - \mathbf{x}_{\mathrm{opt}}^2\|_1 \leq \|\mathbf{x}_{\mathrm{opt}}^1\|_1 + \|\mathbf{x}_{\mathrm{opt}}^2\|_1 = 2v_{\min}$$

これはつまり，すべての解は互いに近い場所にあり，したがって有界であることを意味している．

二つ目の性質を示すために，(P_1) の最適解 $\mathbf{x}_{\mathrm{opt}}$ が得られており，それは k $(> n)$ 個の非ゼロ要素を持つと仮定する．$\mathbf{x}_{\mathrm{opt}}$ との積が計算される $\mathbf{A}$ 中の k 個の列は明らかに線形従属であり，したがって，非自明なベクトル $\mathbf{h}$ があって，これらの列との積を計算すると 0 になるもの，すなわち $\mathbf{Ah} = \mathbf{0}$ となるものが存在する（つまり，$\mathbf{h}$ のサポートは $\mathbf{x}_{\mathrm{opt}}$ のサポートに含まれる[*7]）．

ここで，ベクトル $\mathbf{x} = \mathbf{x}_{\mathrm{opt}} + \epsilon\mathbf{h}$ を考える．ただし，ϵ の値は非常に小さく，$\mathbf{x}$ と $\mathbf{x}_{\mathrm{opt}}$ の要素の符号は同じであることが保証されているとする．つまり，$|\epsilon| \leq \min_i |x_{\mathrm{opt}}^i|/|h^i|$ を満たせば，どんな値でもよい．まず，明らかに，このベクトルは線形制約 $\mathbf{Ax} = \mathbf{b}$ を満たすことが保証され，確かに (P_1) の実行可能解である．さらに，$\mathbf{x}_{\mathrm{opt}}$ が最適解であるので，以下の式が成り立たなければならない．

[*7]【訳注】サポート（support）とは，ベクトル $\mathbf{x}$ の要素のうちゼロではない要素のインデックスの集合 $\{i \mid x_i \neq 0\}$ である．

$$\forall |\epsilon| \le \min_i \frac{|x^i_{\mathrm{opt}}|}{|h^i|},\ \|\mathbf{x}\|_1 = \|\mathbf{x}_{\mathrm{opt}} + \epsilon\mathbf{h}\|_1 \ge \|\mathbf{x}_{\mathrm{opt}}\|_1$$

ここで主張したいことは，上記の不等式において実際には等式が成り立つということである．上記の関係式は，ϵ の値が正でも負でも，ℓ_1 関数が連続で微分可能な領域であれば成り立つ（なぜなら，すべてのベクトル $\mathbf{x}_{\mathrm{opt}} + \epsilon\mathbf{h}$ の要素の符号は同じだからである）．そして，それが真となるのは，上記の不等式において等式が成り立つときだけである．これが意味することは，そのような状況において解に $\mathbf{h}$ を足しても（もしくは引いても），解の ℓ_1 ノルムの値は変わらないということである．例えば，もし $\mathbf{x}_{\mathrm{opt}}$ の要素がすべて正であれば，$\mathbf{h}$ の要素（正も負もある）の総和は 0 になる．より一般的には，$\mathbf{h}^{\mathrm{T}}\mathrm{sign}(\mathbf{x}_{\mathrm{opt}}) = 0$ が成り立つことを必要とする．

次のステップは，解の ℓ_1 ノルムを変えないで，$\mathbf{x}_{\mathrm{opt}}$ の一つの要素が 0 になるように ϵ を調整することである．ここでは，比 $|x^i_{\mathrm{opt}}|/|h^i|$ を最小にするインデックス i を選び，$\epsilon = -x^i_{\mathrm{opt}}/h^i$ とする．この結果得られるベクトル $\mathbf{x}_{\mathrm{opt}} + \epsilon\mathbf{h}$ の i 番目の要素は 0 になり，かつ，その他の要素の符号は保たれたままになる．そして，同時に $\|\mathbf{x}_{\mathrm{opt}} + \epsilon\mathbf{h}\|_1 = \|\mathbf{x}_{\mathrm{opt}}\|_1$ を得る．この方法により新しい最適解が得られるが，それは高々 $k-1$ 個の非ゼロ要素を持つことになる（なぜなら，一つ以上の要素が同時に 0 にされたからである）．この処理を $k = n$ になるまで繰り返す．さらに非ゼロ要素の個数を減らしていくことも可能であるが，そのためには $\mathbf{A}$ の列が線形従属でなければならず，そのような場合は稀である．

以上で，ℓ_1 ノルムならばスパースな解が得られやすいことを学んだ．この性質は，（スパースな）基底解が得られやすいという線形計画の基本的な性質としてよく知られている．しかし，本書で後に見るように，非ゼロ要素の数が n であっても，必要とされるスパース性に比べれば，まだまだスパースではない（密である）．したがって，さらに深くスパース性を考察しなければならない．

1.5　(P_1) 問題の線形計画への書き換え

問題 (P_1) において，未知数 $\mathbf{x}$ が $\mathbf{x} = \mathbf{u} - \mathbf{v}$ で置き換えられたと仮定する．ここで，$\mathbf{u}, \mathbf{v} \in \mathbb{R}^n$ はいずれも非負ベクトルである．$\mathbf{u}$ は $\mathbf{x}$ の正の要素からなり，その他の要素は 0 とする．同様に，$\mathbf{v}$ は $\mathbf{x}$ の負の要素からなり，他は 0 とする．この置き換えにより，また，それを連結したベクトルを $\mathbf{z} = [\mathbf{u}^{\mathrm{T}}, \mathbf{v}^{\mathrm{T}}]^{\mathrm{T}} \in \mathbb{R}^{2n}$ と

おくことにより，$\|\mathbf{x}\|_1 = \mathbf{1}^{\mathrm{T}}(\mathbf{u}+\mathbf{v}) = \mathbf{1}^{\mathrm{T}}\mathbf{z}$ と $\mathbf{A}\mathbf{x} = \mathbf{A}(\mathbf{u}-\mathbf{v}) = [\mathbf{A}, -\mathbf{A}]\mathbf{z}$ が容易に導ける[*8]．したがって，式 (1.11) の最適化問題 (P_1) は，次のように書き換えられる．

$$\min_{\mathbf{z}} \ \mathbf{1}^{\mathrm{T}}\mathbf{z} \quad \text{subject to} \quad \mathbf{b} = [\mathbf{A}, -\mathbf{A}]\mathbf{z}, \ \mathbf{z} \geq \mathbf{0} \tag{1.12}$$

この定式化により，ℓ_1 ノルム最小化問題とは異なる，古典的な線形計画（linear programming; LP）の形の新しい問題が得られた．二つの問題（(P_1) と LP）が等価であるためには，$\mathbf{x}$ を正と負の要素に分解したという仮定が満たされていることと，式 (1.12) の解が $\mathbf{u}^{\mathrm{T}}\mathbf{v} \neq 0$ とはなり得ない（つまり，$\mathbf{u}$ と $\mathbf{v}$ のサポートは重複し得ない）ことの 2 点を示さなければならない．

これは容易に示すことができる．もし，式 (1.12) の最適解が与えられて，それに対応する $\mathbf{u}$ と $\mathbf{v}$ の k 番目の要素が両方ともにゼロではない（かつ，最後の制約条件から，正でもある）とする．すると，これらの二つの要素が係数として積計算される $\mathbf{A}$ の列は同じであり，符号が異なるだけである．ここで，一般性を失わずに $u_k > v_k$ とすると，これらの要素を新しい要素 $u'_k = u_k - v_k$ と $v'_k = 0$ に置き換えても，要素は正のままであり，線形制約も満たす．しかし，ペナルティは $u_k - v_k > 0$ だけ減少してしまうので，最適解が与えられたとした最初の仮定と矛盾してしまう．したがって，$\mathbf{u}$ と $\mathbf{v}$ のサポートは重複せず，LP は (P_1) と等価であることが示された．

1.6　スパースな解への誘導

ℓ_2 ノルム正則化から ℓ_1 ノルム正則化に移行したように，ここではさらにスパースな解を得る方法として，$p < 1$ である ℓ_p「ノルム」を考える．注意しなければならないのは，このような ℓ_p に対しては三角不等式が成立しないため，もはや本来の意味でのノルムではないことである[*9]．以降では，この但し書きを頭の片隅に留めながら，これらの関数に対して「ノルム」という用語を用いる

[*8] $\mathbf{1}$ はすべての要素が 1 であるベクトルを意味する．

[*9] ノルムは次の三つの性質を満たさなければならない．(i) ゼロベクトル：$\|\mathbf{v}\| = 0 \Leftrightarrow \mathbf{v} = \mathbf{0}$．(ii) 斉次性：$\forall t \neq 0,\ \|t\mathbf{u}\| = |t|\|\mathbf{u}\|$．(iii) 三角不等式：$\|\mathbf{u}+\mathbf{v}\| \leq \|\mathbf{u}\| + \|\mathbf{v}\|$．なお，性質 (ii) と (iii) はノルムが凸関数であることを意味している．なぜなら，すべての $t \in [0,1]$ について $\|t\mathbf{u} + (1-t)\mathbf{v}\| \leq t\|\mathbf{u}\| + (1-t)\|\mathbf{v}\|$ が成り立つからである．

ことにする．

これらのノルムを用いると，はたしてもっとスパースな解を得られるだろうか？ これらのノルムの振る舞いを感じ取るために，次の問題を考える．$\mathbf{x}$ を既知のベクトルとし，ℓ_p ノルムの意味で単位ベクトルであるとする．そのようなベクトルの中で，ℓ_q ノルム（$q < p$）の意味で最も「短い」ベクトルを求めたい．これを最適化問題に置き換えれば，次のようになる．

$$\min_{\mathbf{x}} \|\mathbf{x}\|_q^q \quad \text{subject to} \quad \|\mathbf{x}\|_p^p = 1 \tag{1.13}$$

ここで，$\mathbf{x}$ は最初の a 個が非ゼロ要素であり，残りは 0 であると仮定する（さらに，符号はこれ以降の解析に影響しないため，これらの非ゼロ要素の値は正であると仮定する）．また，ラグランジュ関数を以下のように定義する．

$$\mathcal{L}(\mathbf{x}) = \|\mathbf{x}\|_q^q + \lambda(\|\mathbf{x}\|_p^p - 1) = -\lambda + \sum_{k=1}^{a}(|x_k|^q + \lambda|x_k|^p) \tag{1.14}$$

この関数は分離可能であり，$\mathbf{x}$ の各要素を独立に扱うことができる．この最適化問題の最適解は，すべての k について x_k^{p-q} は定数である．つまり，すべての非ゼロ要素は同じ値をとることになる．$\|\mathbf{x}\|_p^p = 1$ という制約があるので，$x_k = a^{-1/p}$ であり，この解の ℓ_q ノルムは $\|\mathbf{x}\|_q^q = a^{1-q/p}$ である．したがって，（$q < p$ なので）ℓ_q ノルムの意味で最小になるのは $a = 1$ のときであり，$\mathbf{x}$ の非ゼロ要素は一つだけになる．

この結果は，$q < p$ である ℓ_q ノルムと ℓ_p ノルムのどのようなペアについても，ℓ_p ノルムでの単位ベクトルが可能な限りスパースになったときには，ℓ_q ノルムでは最短になることを示している．この解析の幾何学的な解釈は，次のようなものである．$\mathbb{R}^m$ における ℓ_p ノルムでの単位球面は，問題 (1.13) の実行可能解集合を表している．同じ空間に ℓ_q の「風船」を膨らませて，ℓ_p 球面に最初に接する場所を探す．上記で得られた結果が意味するのは，この最初に接する場所は軸上にあり，ある一つの要素以外はゼロになる，ということである．これを図解したものが図 1.1 である．

ℓ_p ノルムがスパースな解を導きやすいことを説明するもう一つの方法は次のものである．もとの問題をもう一度見てみよう．

$$(P_p): \quad \min_{\mathbf{x}} \|\mathbf{x}\|_p^p \quad \text{subject to} \quad \mathbf{b} = \mathbf{A}\mathbf{x} \tag{1.15}$$

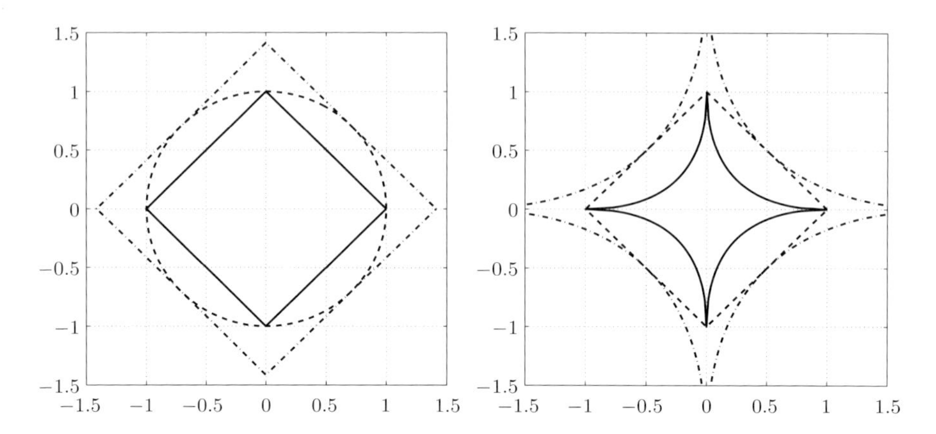

図 1.1　$p > q$ のとき，ℓ_p ノルムでの単位ベクトル（破線）を可能な限りスパースにすると，ℓ_q ノルム（実線）では最短となる．左図は $p = 2$，$q = 1$，右図は $p = 1$，$q = 0.5$ の例を示している．一点鎖線の曲線は逆の様子を表している．つまり，ℓ_q ノルムの最大化では最もスパースでない結果が得られる．

制約条件の線形連立方程式が定義する実行可能解集合は，アフィン部分空間（部分空間を定数ベクトル分だけシフトしたもの）上にある．このシフトは，この連立方程式の解 $\mathbf{x}_0$ であればどんなものでもよい．$\mathbf{x}_0$ と，$\mathbf{A}$ の零空間にある任意のベクトルとの線形結合もまた，実行可能解である．幾何学的には，この集合は $\mathbb{R}^m$ 空間中に埋め込まれた $\mathbb{R}^{m-n}$ 次元の超平面である．

この空間中で問題 (P_p) の解を探すことになる．幾何学的に言えば，(P_p) を解くことは，やはり原点を中心にして ℓ_p の風船を「膨らませ」，実行可能解と接した時点で止めることである．では，その接点はどのような性質を持っているのだろうか？　図 1.2 は，超平面（制約条件集合）と $p = 2, 1.5, 1, 0.7$ について，この手順を表現した図である．$p \leq 1$ のノルムでは，接点は「球面」の角の部分（軸上）になりやすい．つまり，3 次元ベクトル中の二つの要素がゼロになり，これは求めていたスパースな解である．逆に，ℓ_2 や $\ell_{1.5}$ では接点はスパースにはならず，三つの要素はどれもゼロではない．

より一般的には，$p \leq 1$ であれば，アフィン部分空間と ℓ_p 球面との接点は軸上にあることが期待でき，したがってスパースな解が得られやすい．ℓ_1 球面でもこの性質があり，実際のところ，アフィン部分空間の角度が悪くてスパース

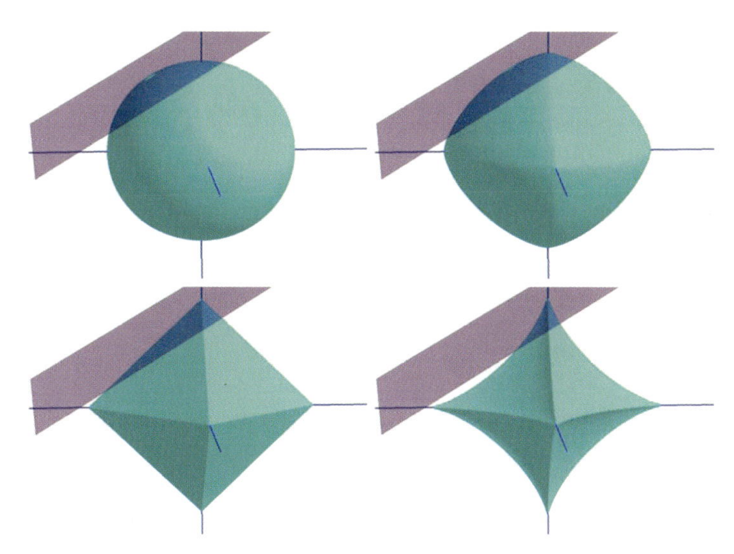

図 1.2 ℓ_p 球面と集合 $\mathbf{Ax} = \mathbf{b}$ の接点が (P_p) の解となる．ここでは $p = 2$（左上），$p = 1.5$（右上），$p = 1$（左下），$p = 0.7$（右下）について 3 次元で可視化している．$p \leq 1$ の場合には，接点は「球面」の角の部分になり，したがってスパースな解となる．

な解が得られないという不運なことは，ほとんど起きない．

解をスパースにする他のノルムは，弱 ℓ_p ノルムである．ϵ よりも大きい $\mathbf{x}$ の要素の個数を $N(\epsilon, x)$ とすると，弱 ℓ_p ノルムは以下のように定義される．

$$\|\mathbf{x}\|_{w\ell_p}^p = \sup_{\epsilon>0} N(\epsilon, \mathbf{x}) \cdot \epsilon^p \tag{1.16}$$

これまでと同様に，スパースな解が得られる p の値の範囲は $0 < p \leq 1$ である．弱 ℓ_p ノルムはスパース性を測る尺度として，数学的な解析においてはよく知られている．これは通常の ℓ_p ノルムとほとんど等価であり，実際には，非ゼロ要素にエネルギーが均一に分散しているようなベクトルに対しては，二つのノルムは同じになる．ただし，通常の ℓ_p ノルムのほうが扱いやすいため，多くの場合こちらが用いられている．

上記の議論からの自然な流れとして，以下の問題を解こうとするだろう．

$$(P_p): \quad \min_{\mathbf{x}} \ \|\mathbf{x}\|_p^p \quad \text{subject to} \quad \mathbf{b} = \mathbf{Ax} \tag{1.17}$$

ここで，p は例えば $p = 2/3$ や $p = 1/2$，あるいはより小さな値とする．残念ながら，$0 < p < 1$ の場合には最適化問題は非凸となり，すでに述べたように，いくつかの問題点が生じる．それにもかかわらず，工学的な視点からは，スパース性が必要とされるのであれば，そして ℓ_p が良い性質を持っているのであれば，この最適化問題を解かなくてはならない．

これまでの議論はすべて ℓ_p ノルムについてのものであったが，解をスパースにする他の関数も存在する．実際，$J(\mathbf{x}) = \sum_i \rho(x_i)$ の形式をとる任意の関数が，$\rho(x)$ が対称かつ単調非減少で，導関数が $x \geq 0$ において単調非増加であれば，解をスパースにする性質を持つ．このような関数の古典的なものには，$\rho(x) = 1 - \exp(|x|)$ や $\rho(x) = \log(1 + |x|)$，$\rho(x) = |x|/(1 + |x|)$ などがある．

1.7　ℓ_0 ノルムとそれが意味するもの

解をスパースにするノルムの最も極端なものは，$p \to 0$ の場合である．この ℓ_0 ノルムは以下のように定義される[*10][*11]．

$$\|\mathbf{x}\|_0 = \lim_{p\to 0} \|\mathbf{x}\|_p^p = \lim_{p\to 0} \sum_{k=1}^{n} |x_k|^p = \#\{i : x_i \neq 0\} \tag{1.18}$$

これは，ベクトル $\mathbf{x}$ のスパース性，すなわち非ゼロ要素の個数（cardinality）を測るための非常に単純で直感的な尺度である．この個数を数えるという振る舞いを図 1.3 で見てみよう．この図には，ノルム計算の主要部分であるスカラーの重み関数 $|x|^p$ を，p の値を変えてプロットしてある．p がゼロに近くなるにつれて，曲線は $x = 0$ で 0，その他は 1 という形の指示関数に近くなる．したがって，$\mathbf{x}$ のすべての要素についてこの関数を適用して総和をとることは，ベクトル中の非ゼロ要素の個数を数えていることと同じである．

ℓ_0 ノルムという用語は誤解を招きやすい．なぜなら，この関数はノルムの定義を満たさないからである．もっと具体的に言えば，ℓ_0 ノルムを ℓ_p ノルムにおける $p \to 0$ の極限として考えて，その振る舞いを調べるために 0 乗根を計算し

---

*10 より厳密な記法は $\|\mathbf{x}\|_0^0$ であるが，ここでは他の文献と記法を合わせるために，この記法を用いる．

*11 【訳注】C を離散有限集合とすると，$\#C$ は C の元の個数を意味する．以下で登場する $|C|$ も同様である．

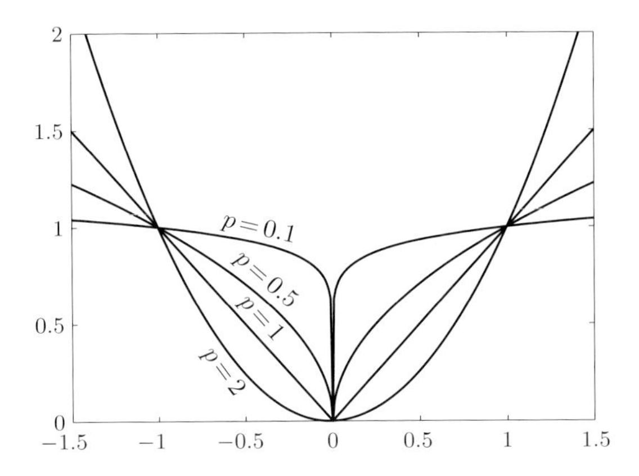

図 1.3 いくつかの p の値における $|x|^p$ の振る舞い．p がゼロに近くなるにつれて，$|x|^p$ は指示関数（$x=0$ では 0，その他では 1）に近づく．

ようとしても，それは不可能である[*12]．また，単に $\|\mathbf{x}\|_0$ をノルムの候補となる関数ということもできる．この関数は三角不等式 $\|\mathbf{u}+\mathbf{v}\|_0 \leq \|\mathbf{u}\|_0 + \|\mathbf{v}\|_0$ を満たすが，$\|t\mathbf{u}\|_0 = \|\mathbf{u}\|_0 \neq t\|\mathbf{u}\|_0$ $(t \neq 0)$ であるため斉次性を満たさない．定数倍が失われてしまうというこの性質は，解析を困難にするものとして，今後も繰り返し登場するであろう．

なお，ℓ_0 ノルムは単純でスパース性を把握しやすいものではあるが，実際の応用場面において有用な概念であるとは限らない．実データのベクトルは，多数の要素がゼロであるベクトルで表せることはほとんどない．もっと緩いスパース性の概念は，少数の非ゼロ要素でベクトルを近似的に表現するという考えに立脚するべきであり，それがすでに述べた弱 ℓ_p ノルムや通常の ℓ_p ノルムである．しかしながら，ここでは ℓ_0 ノルムが興味の対象であると仮定して，議論を進めることにする．

[*12] 斉次性と三角不等式はどちらも式 (1.10) の関数の p 乗根で評価される．

1.8　$(\boldsymbol{P_0})$ 問題：最重要課題

一般的な問題 (P_J) において $J(\mathbf{x}) = J_0(\mathbf{x}) \equiv \|\mathbf{x}\|_0$ とした以下の (P_0) 問題を考える．

$$(P_0): \quad \min_{\mathbf{x}} \|\mathbf{x}\|_0 \quad \text{subject to} \quad \mathbf{b} = \mathbf{A}\mathbf{x} \tag{1.19}$$

スパース性の最適化問題 (1.19) は，表面的には ℓ_2 ノルム最小化問題 (P_2) に似ているように見えるが，記法は似ていても中身は非常に異なっている．(P_2) の解は常に一意であり，線形代数の標準的なツールを用いてすぐに解くことができる．(P_0) は到達可能な目標と見なされるときもあるが，概念的に多くの問題が存在し，それが幅広い研究や応用を阻んでいる．その原因は，ℓ_0 ノルムが離散的で不連続であることにある．つまり，(P_2) の解析から得られる標準的な凸解析の考え方が通用しないのである．(P_0) についての最も基本的な質問にさえ，直感的に答えることは難しい．

- 解の一意性は保証できるのか？　どんな条件下で？
- もし解の候補が得られたら，それが実際に (P_0) の大域的最適解であることは簡単に判定できるのか？

おそらく，ある特定の問題について，非常に特殊な行列 $\mathbf{A}$ とベクトル $\mathbf{b}$ に対してであれば，答えを得る方法はある．しかし，任意の $(\mathbf{A}, \mathbf{b})$ に対する一般的な問題については，その方法は通用しない．

一意性と解の評価方法の問題は脇に置いたとしても，(P_0) を解こうとするだけで，多くの問題に直面することになる．これは，組合せ探索の古典的な問題である．すべてのスパースな部分集合に対して，対応する部分制約式 $\mathbf{b} = \mathbf{A}_S\mathbf{x}_S$ を生成する．ここで，$\mathbf{A}_S$ はインデックス集合 S 中のインデックスに対応する $\mathbf{A}$ の $|S|$ 個の列からなる行列である．そして，$\mathbf{b} = \mathbf{A}_S\mathbf{x}_S$ を満たすかどうかを全探索で確かめなければならない．

この探索の計算複雑さを次の例で見てみよう．$\mathbf{A}$ の次元を $500 \times 2{,}000$ とし ($n = 500$，$m = 2{,}000$)，(P_0) の最もスパースな解は $|S| = 20$ 個の非ゼロ要素を持つことがわかっているとする．問題は，$|S|$ 個の列からなる適切な列集合を求めることである．この場合，全探索の組合せの個数は $\binom{m}{|S|} \approx 3.9\mathrm{E}+47$ であり，

そのそれぞれの場合について連立方程式 $\mathbf{b} = \mathbf{A}_S \mathbf{x}_S$ を解かなければならない．連立方程式を解くのにかかる時間を 1E−9 秒と仮定しても，単純計算で，全探索には 1.2E+31 年（!）以上の時間がかかることになる．

全探索の計算複雑さは m に関して指数関数的であり，実際に (P_0) が一般的には NP 困難であることが示されている．したがって，次のことを考えなければならない．(P_0) を効率的に解く方法は存在するのか？ 近似解は得られるのか？ どの程度の精度なのか？ どのような近似解法なら働くのか？ 本書はこれらの疑問に答えるものである．

1.9 信号処理における展望

今日では，劣決定連立方程式に対してスパースな解を求めることは現実的になってきており，この数年で驚くほど実用的になった．この発展と並行して，信号処理や画像処理において，多様なメディア (静止画像，動画，音声) が基底変換によりスパースに表現できることがわかってきた．そして実際に，そのようなメディアを扱う多くの重要なタスクが，劣決定連立方程式に対してスパースな解を求めるという視点から見ることができるようになってきた．多くの読者は，標準的な画像の圧縮技術である JPEG と，その後継の JPEG2000 を知っているだろう．これらはどちらもスパースな表現を導く変換の概念に基づいている．

これまでの代数的な議論と信号表現の問題は，次のように結び付けることができる．$\mathbf{b}$ を信号や画像の値を表現するベクトルとし，行列 $\mathbf{A}$ の列はその表現に用いられる基底であるとする．式 (1.1) の問題は，$\mathbf{b}$ を表現する多数の候補の中から一つを選択することが目的である．ℓ_2 ノルムの場合には，線形作用素 $\mathbf{A}^+$ を $\mathbf{b}$ に掛ければ $\mathbf{x}$ が得られる．これはよく知られた冗長表現に対するフレームアプローチであり，順変換（$\mathbf{b}$ から $\mathbf{x}$ へ）と逆変換（$\mathbf{x}$ から $\mathbf{b}$ へ）のどちらの場合も線形作用素となる．

これに対して，式 (1.19) の (P_0) 問題は，文字どおり信号の最もスパースな表現を求めるものである．この場合，逆変換は線形であるが，順変換は一般に非常に複雑で非線形である．そのような変換の利点は，それが提供するコンパクトな表現である．それが，この数学的な問題を深く研究する動機にもなっている．この結び付きについては，本書の第 II 部で線形連立方程式のスパースな解を信号処理や画像処理へ応用する際に説明する．

参考文献

1. D. P. Bertsekas, *Nonlinear Programming*, 2nd Edition, Athena Scientific, 2004.
2. S. Boyd and L. Vandenberghe, *Convex Optimization*, Cambridge University Press, 2004.
3. A. M. Bruckstein, D. L. Donoho, and M. Elad, From sparse solutions of systems of equations to sparse modeling of signals and images, *SIAM Review*, 51(1):34–81, February 2009.
4. S. S. Chen, D. L. Donoho, and M. A. Saunders, Atomic decomposition by basis pursuit, *SIAM Journal on Scientific Computing*, 20(1):33–61, 1998.
5. S. S. Chen, D. L. Donoho, and M. A. Saunders, Atomic decomposition by basis pursuit, *SIAM Review*, 43(1):129–159, 2001.
6. C. Daniel and F. S. Wood, *Fitting Equations to Data: Computer Analysis of Multifactor Data*, 2nd Edition, John Wiley and Sons, 1980.
7. G. Davis, S. Mallat, and Z. Zhang, Adaptive time-frequency decompositions, *Optical-Engineering*, 33(7):2183–2191, 1994.
8. G. H. Golub and C. F. Van Loan, *Matrix Computations*, Johns Hopkins Studies in Mathematical Sciences, Third edition, 1996.
9. R. A. Horn and C. R. Johnson, *Matrix Analysis*, New York: Cambridge University Press, 1985.
10. A. K. Jain, *Fundamentals of Digital Image Processing*, Englewood Cliffs, NJ, Prentice-Hall, 1989.
11. D. Luenberger, *Linear and Nonlinear Programming*, 2nd Edition, Addison-Wesley, Inc., Reading, Massachusetts 1984.
12. S. Mallat, *A Wavelet Tour of Signal Processing*, Academic-Press, 1998.
13. S. Mallat and E. LePennec, Sparse geometric image representation with bandelets, *IEEE Trans. on Image Processing*, 14(4):423–438, 2005.
14. S. Mallat and Z. Zhang, Matching pursuits with time-frequency dictionaries, *IEEE Trans. Signal Processing*, 41(12):3397–3415, 1993.
15. M. Marcus and H. Minc, *A Survey of Matrix Theory and Matrix Inequalities*, Prindle, Weber & Schmidt, Dover, 1992.

第2章

一意性と不確定性

それでは議論の中心である基本問題 (P_0) に立ち戻ろう．

$$(P_0): \quad \min_{\mathbf{x}} \|\mathbf{x}\|_0 \quad \text{subject to} \quad \mathbf{b} = \mathbf{A}\mathbf{x}$$

これ以降はこの問題を解くことが主要な目的となるが，ここで強調しておきたいのは，この問題には二つの大きな欠点があり，実用的ではないということである．

1. 等式条件 $\mathbf{b} = \mathbf{A}\mathbf{x}$ は制約としては強すぎる．なぜなら，任意のベクトル $\mathbf{b}$ が $\mathbf{A}$ のいくつかの列だけで表せることは，ほとんど起きない偶然だからである．したがって，小さいノイズを扱うような，より良い制約条件が必要となる．
2. スパース性の尺度が $\mathbf{x}$ の値の小さい要素に敏感すぎる．そのような値の小さい要素も扱えるような，より緩い尺度が必要となる．

この 2 点については今後の解析でも扱うが，議論を進めるために，ここでは (P_0) が解こうとしている問題の特殊な場合から始めることにする．

劣決定連立方程式 $\mathbf{A}\mathbf{x} = \mathbf{b}$（$n < m$ である $\mathbf{A} \in \mathbb{R}^{n \times m}$ は，フルランクの行列）に対して，以下の二つの問いを考える．

問 1：解の一意性が保証できるのはどんなときなのか？

問 2：解の候補が（大域的）最適解であることは判定できるのか？

本章では，これらの問いと，それらを拡張した問いを扱うことにする．上記の問いに直接答えるのではなく，解析が簡単になる特殊な行列 $\mathbf{A}$ について最初に考察する．そして，その答えを一般の $\mathbf{A}$ に拡張する．そのために，これらの問題を最初に提起した研究者たちが通った軌跡をたどることにしよう．

2.1　二つの直交行列の場合

最初に，問題 (P_0) の特殊な場合について議論する．それは，$\mathbf{A}$ が二つの直交行列 $\mathbf{\Psi}, \mathbf{\Phi}$ の連結である場合である．古典的な例として，単位行列とフーリエ基底行列をつなげた $\mathbf{A} = [\mathbf{I}, \mathbf{F}]$ を考えることができる．この場合，連立方程式 $\mathbf{b} = \mathbf{A}\mathbf{x}$ が劣決定であるという事実は，インパルス（つまり単位行列の列）と正弦波（つまりフーリエ基底行列の列）の重ね合わせで与えられた信号 $\mathbf{b}$ を表現する方法は多数あることを意味している．この連立方程式のスパースな解を，与えられた信号の表現（representation）と呼ぶ．つまり，少数の正弦波と少数のインパルスの重ね合わせでその信号を表現するのである．このようなスパースな解が持つ一意性は，発見された当時は衝撃的なことだったようである．

2.1.1　不確定性原理

連立方程式 $[\mathbf{\Psi}, \mathbf{\Phi}]\mathbf{x} = \mathbf{b}$ のスパースな解を議論する前に，古典的な不確定性原理にヒントを得た，一見するともとの問題とは違っているように見える問題を考えよう．ご存知のとおり，古典的な不確定性原理は，二つの共役な変数（例えば位置と運動量などの任意のフーリエ変換対）は任意の精度で同時には測定できないということを述べている．その数学的な定式化に戻ってみれば，これは任意の関数 $f(x)$ とそのフーリエ変換 $F(\omega)$ は以下の不等式を満たさなければならないことを述べている[*1]．

$$\int_{-\infty}^{\infty} x^2 |f(x)|^2 dx \cdot \int_{-\infty}^{\infty} \omega^2 |F(\omega)|^2 d\omega \geq \frac{1}{2} \tag{2.1}$$

ここで，これらの関数は以下のように ℓ_2 正規化されているとする．

$$\int_{-\infty}^{\infty} |f(x)|^2 dx = 1$$

[*1] 右辺の下界 1/2 は，フーリエ変換の定義に依存する．

この不等式が主張していることは，信号は時間領域と周波数領域のどちらにおいても極端に集中することはできず，そのため時間領域での分散と周波数領域での分散の積に下界が存在する，ということである．

本書の用語で言い換えてみると，信号を時間領域と周波数領域のどちらにおいてもスパースに表現することはできない，となるだろう．以降の議論を理解するために有用であるので，これをもっと厳密に定式化する．非ゼロベクトル（信号）$\mathbf{b} \in \mathbb{R}^n$ と二つの直交基底 $\mathbf{\Psi}, \mathbf{\Phi}$ が与えられたとする．すると，$\mathbf{b}$ は $\mathbf{\Psi}$ の列の線形結合もしくは $\mathbf{\Phi}$ の列の線形結合

$$\mathbf{b} = \mathbf{\Psi}\alpha = \mathbf{\Phi}\beta \tag{2.2}$$

として表される．明らかに α と β は一意に決まる．重要な特殊例は，$\mathbf{\Psi}$ が単位行列で $\mathbf{\Phi}$ がフーリエ基底行列の場合である．この場合には α は信号 $\mathbf{b}$ の時間領域表現であり，β は周波数領域表現である．

任意の直交基底対 $\mathbf{\Psi}, \mathbf{\Phi}$ について，興味深い現象が発生する．α がスパースになるか，β がスパースになるかのどちらかであり，両方同時にはスパースにならないのである！ しかし，この主張は明らかに $\mathbf{\Psi}$ と $\mathbf{\Phi}$ の距離に依存する．もしこれらが同じ基底であれば，$\mathbf{\Psi}$ から列を一つ取ってきて $\mathbf{b}$ とすれば，α も β も非ゼロ要素の個数は最小（つまり 1）とすることができてしまう．そこで，二つの基底の類似度を相互コヒーレンスで定義する．

定義 2.1（相互コヒーレンス） $\mathbf{A}$ を構成する任意の二つの直交基底 $\mathbf{\Psi}, \mathbf{\Phi}$ ($\mathbf{A} = [\mathbf{\Psi}, \mathbf{\Phi}]$) について，その相互コヒーレンス（mutual coherence）$\mu(\mathbf{A})$ は，これらの基底の列同士の最大の内積で定義される．

$$\mu(\mathbf{A}) = \max_{1 \le i,j \le n} |\psi_i^{\mathrm{T}} \phi_j| \tag{2.3}$$

二つの直交行列の相互コヒーレンスは，$1/\sqrt{n} \le \mu(\mathbf{A}) \le 1$ を満たす．ここで，単位行列とフーリエ基底行列，単位行列とアダマール行列など，特定の直交基底対については下界が達成される．それが実際にコヒーレンスの下界であることを見るためには，$\mathbf{\Psi}^{\mathrm{T}}\mathbf{\Phi}$ が直交行列であり，各列の要素の 2 乗和が 1 であることに気がつけばよい．したがって，すべての要素が $1/\sqrt{n}$ より小さくなることはない（もしそうだったとしたら，全要素の 2 乗和が n より小さくなって

しまう[*2]）．この定義 2.1 を用いると，以下の不等式が得られる．

定理 2.1（不確定性原理 1）　相互コヒーレンスが $\mu(\mathbf{A})$ である任意の二つの直交基底 $\mathbf{\Psi}, \mathbf{\Phi}$ について，任意の非ゼロベクトル $\mathbf{b} \in \mathbb{R}^n$ に対してその表現をそれぞれ α, β とすると，以下の不等式が成り立つ．

$$\|\alpha\|_0 + \|\beta\|_0 \geq \frac{2}{\mu(\mathbf{A})} \tag{2.4}$$

証明　これ以降，一般性を失わずに $\|\mathbf{b}\|_2 = 1$ とする．$\mathbf{b} = \mathbf{\Psi}\alpha = \mathbf{\Phi}\beta$ であり，$\mathbf{b}^{\mathrm{T}}\mathbf{b} = 1$ であるので，

$$\begin{aligned} 1 &= \mathbf{b}^{\mathrm{T}}\mathbf{b} \\ &= \alpha^{\mathrm{T}}\mathbf{\Psi}^{\mathrm{T}}\mathbf{\Phi}\beta \\ &= \sum_{i=1}^{n}\sum_{j=1}^{n} \alpha_i \beta_j \psi_i^{\mathrm{T}} \phi_j \leq \mu(\mathbf{A}) \sum_{i=1}^{n}\sum_{j=1}^{n} |\alpha_i||\beta_j| \end{aligned} \tag{2.5}$$

が得られる．なお，二つの基底間のコヒーレンスの定義を利用した．この不等式から以下が成り立つ．

$$1 \leq \mu(\mathbf{A}) \sum_{i=1}^{n}\sum_{j=1}^{n} |\alpha_i||\beta_j| = \mu(\mathbf{A})\|\alpha\|_1\|\beta\|_1 \tag{2.6}$$

この式は，ℓ_1 ノルムの場合の不確定性原理としても解釈することができる．これは，二つの表現の ℓ_1 ノルムが同時に小さくなることはあり得ないことを意味している．実際，幾何平均と算術平均の関係（$\forall a, b \leq 0$, $\sqrt{ab} \leq (a+b)/2$）を用いると，次式が得られる．

$$\|\alpha\|_1\|\beta\|_1 \geq \frac{1}{\mu(\mathbf{A})} \quad \Rightarrow \quad \|\alpha\|_1 + \|\beta\|_1 \geq \frac{2}{\sqrt{\mu(\mathbf{A})}} \tag{2.7}$$

[*2]【訳注】もしすべての要素の絶対値が $1/\sqrt{n}$ より小さければ，その 2 乗は $1/n$ より小さい．この場合の直交行列は $n \times n$ なので要素は n^2 個あり，要素の 2 乗和は $(1/n)n^2 = n$ より小さくなってしまう．しかし，直交行列の各列の 2 乗和は 1 であり，列は n 個あるため，要素の 2 乗和は n でなければならない．したがって，絶対値が $1/\sqrt{n}$ 以上である要素が存在することになる．

しかし，これは目指す方向ではないので，ℓ_0 に基づく不確定性原理に戻ることにしよう．

次の問題を考えよう．$\|\alpha\|_2 = 1$ を満たし，非ゼロ要素の個数が A である（つまり $\|\alpha\|_0 = A$）すべての表現 α の中で，ℓ_1 の意味で最も長いものは何だろうか？　これは次の最適化問題として表される．

$$\max_{\alpha} \|\alpha\|_1 \quad \text{subject to} \quad \|\alpha\|_2^2 = 1,\ \|\alpha\|_0 = A \tag{2.8}$$

ここで，この問題の解が $g(A) = g(\|\alpha\|_0)$ であると仮定する．同様に，B 個の非ゼロ要素を持つ β についての解が $g(\|\beta\|_0)$ であるとする．これによると，式 (2.6) を用いれば，以下の不等式が得られることになる．

$$\frac{1}{\mu(\mathbf{A})} \le \|\alpha\|_1 \|\beta\|_1 \le g(\|\alpha\|_0)\ g(\|\beta\|_0) \tag{2.9}$$

ここで，各 ℓ_1 ノルムをその上界で置き換えた．このような不等式がこの証明の目指すものであるので，問題 (2.8) の解を得ることが必要となる．

ここで，一般性を失わずに，α の最初の A 個が非ゼロ要素であり，残りはゼロであるとする．さらに，これらの非ゼロ要素は正であるとする（この問題では絶対値だけを扱うため）．ラグランジュ乗数を用いると，ℓ_0 制約は消えて，次式が得られる．

$$\mathcal{L}(\alpha) = \sum_{i=1}^{A} \alpha_i + \lambda \left(1 - \sum_{i=1}^{A} \alpha_i^2 \right) \tag{2.10}$$

このラグランジュ関数の導関数は

$$\frac{\partial \mathcal{L}(\alpha)}{\partial \alpha_i} = 1 - 2\lambda\alpha_i = 0 \tag{2.11}$$

となる．つまり最適解は $\alpha_i = 1/2\lambda$ となり，すべての要素は等しくなる．これは，最適解は（ℓ_2 制約のため）$\alpha_i = 1/\sqrt{A}$ であること，ベクトル α の最大 ℓ_1 ノルムは $g(A) = A/\sqrt{A} = \sqrt{A}$ であることを意味している．同様の議論を β に対して行い，これらの結果を式 (2.9) に代入すると，

$$\frac{1}{\mu(\mathbf{A})} \le \|\alpha\|_1 \|\beta\|_1 \le g(\|\alpha\|_0)\ g(\|\beta\|_0) = \sqrt{\|\alpha\|_0 \|\beta\|_0} \tag{2.12}$$

となり，幾何平均と算術平均の関係を用いると，

$$\frac{1}{\mu(\mathbf{A})} \leq \sqrt{\|\alpha\|_0 \|\beta\|_0} \leq \frac{1}{2}(\|\alpha\|_0 + \|\beta\|_0) \tag{2.13}$$

となる．これで証明された．□

これとは別のもっと簡単な証明は，次のようなものである（Allan Pinkus による）．

証明　$\boldsymbol{\Psi}$ と $\boldsymbol{\Phi}$ がユニタリ行列なので，$\|\mathbf{b}\|_2 = \|\alpha\|_2 = \|\beta\|_2$ である．ここで α のサポートを I とすると，$\mathbf{b} = \boldsymbol{\Psi}\alpha = \sum_{i \in I} \alpha_i \psi_i$ より，

$$\begin{aligned} |\beta_j|^2 = |\mathbf{b}^{\mathrm{T}} \phi_j|^2 &= \left| \sum_{i \in I} \alpha_i \psi_i^{\mathrm{T}} \phi_j \right|^2 \qquad (2.14) \\ &\leq \|\alpha\|_2^2 \left| \sum_{i \in I} (\psi_i^{\mathrm{T}} \phi_j)^2 \right| \\ &\leq \|\mathbf{b}\|_2^2 \; |I| \; \mu(\mathbf{A})^2 \end{aligned}$$

が得られる．ここで，コーシー・シュワルツの不等式[*3]と相互コヒーレンスの定義式を用いた．J を β のサポートとして，すべての $j \in J$ についての総和をとると，次式が得られる．

$$\sum_{j \in J} |\beta_j|^2 = \|\mathbf{b}\|_2^2 \leq \|\mathbf{b}\|_2^2 \; |I| \; |J| \; \mu(\mathbf{A})^2 \tag{2.15}$$

この式から，証明したい式 (2.13) が得られる．□

この結果は次のことを示している．もし二つの基底の相互コヒーレンスが小さければ，α と β は同時にスパースになることはできない．例えば前述のように，$\boldsymbol{\Psi}$ が単位行列で $\boldsymbol{\Phi}$ がフーリエ基底行列の場合，$\mu([\boldsymbol{\Psi}, \boldsymbol{\Phi}]) = 1/\sqrt{n}$ である．つまり，信号が持つ非ゼロ要素の個数は，時間領域と周波数領域でともに $2\sqrt{n}$ よりも少なくなることはない．この場合は，この関係式はタイトである．なぜなら，周期が $\sqrt{n}$（整数であると仮定する）の櫛形信号のフーリエ変換は（ポア

[*3] コーシー・シュワルツの不等式は $|\mathbf{x}^{\mathrm{T}}\mathbf{y}|^2 \leq \|\mathbf{x}\|_2^2 \|\mathbf{y}\|_2^2$ である．等式は $\mathbf{x}$ と $\mathbf{y}$ が線形独立であるとき，かつそのときに限り成り立つ．

ソンの和公式を利用すると）同じ信号になるので，非ゼロ要素は合計で $2\sqrt{n}$ 個になる．図 2.1 にこの信号を示す．

離散の場合，古典的なハイゼンベルクの不確定性原理から，α と β を（各要素の絶対値をとり，正規化して）確率分布と見なすと，それらの分散の積 $\sigma_\alpha^2\sigma_\beta^2$ には，ある下界が存在する．これとは異なり，式 (2.4) からは非ゼロ要素の個数の下界が得られ，非ゼロ要素の位置には依存しない．

2.1.2　冗長な解の不確定性

それでは一意性の問題に話をつなげていこう．不確定性原理 (2.4) を考慮して，$\mathbf{Ax} = [\mathbf{\Psi}, \mathbf{\Phi}]\mathbf{x} = \mathbf{b}$ の解を求める問題を考える．ここで，この方程式には二つの解 $\mathbf{x}_1$, $\mathbf{x}_2$ があり，片方は「非常にスパース」であると仮定する．すると，もう一方は「非常にスパース」にはならないことが示される．当然ながら，差分ベクトル $\mathbf{e} = \mathbf{x}_1 - \mathbf{x}_2$ は $\mathbf{A}$ の零空間の中になければならない．ここで，$\mathbf{e}$ を，最初の n 個の要素からなる部分ベクトル $\mathbf{e}_\Psi$ と，最後の n 個の要素からなる部分ベクトル $\mathbf{e}_\Phi$ に分解する．すると，

$$\mathbf{\Psi}\mathbf{e}_\Psi = -\mathbf{\Phi}\mathbf{e}_\Phi = \mathbf{y} \neq \mathbf{0} \tag{2.16}$$

が得られる．$\mathbf{e}$ が非ゼロであるのでベクトル $\mathbf{y}$ も非ゼロであり，$\mathbf{\Psi}$ と $\mathbf{\Phi}$ はどちらも特異ではない．ここで式 (2.4) を用いると，次式が得られる．

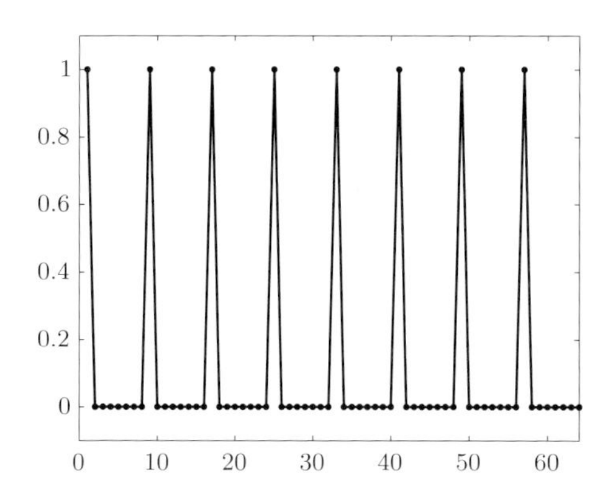

図 2.1　$n = 64$ の櫛形信号．同じ値の非ゼロ要素が 8 要素ごとに並んでいる．この信号の離散フーリエ変換（DFT）は，まったく同じ信号になる．

$$\|\mathbf{e}\|_0 = \|\mathbf{e}_\Psi\|_0 + \|\mathbf{e}_\Phi\|_0 \geq \frac{2}{\mu(\mathbf{A})} \tag{2.17}$$

また，$\mathbf{e} = \mathbf{x}_1 - \mathbf{x}_2$ より次式が得られる．

$$\text{不確定性原理 2：}\quad \|\mathbf{x}_1\|_0 + \|\mathbf{x}_2\|_0 \geq \|\mathbf{e}\|_0 \geq \frac{2}{\mu(\mathbf{A})} \tag{2.18}$$

ここで，ℓ_0 ノルムについての三角不等式 $\|\mathbf{x}_1\|_0 + \|\mathbf{x}_2\|_0 \geq \|\mathbf{x}_1 - \mathbf{x}_2\|_0$ を用いた．この三角不等式を示すのは簡単である．二つのベクトルの非ゼロ要素の個数を数えて，サポートが重ならない場合（等式が成立）と重なる場合（不等式が成立）を考慮すればよい．要約すると，以下の結果が証明されたことになる．

定理 2.2（不確定性原理 2）　線形連立方程式 $[\mathbf{\Psi}, \mathbf{\Phi}]\mathbf{x} = \mathbf{b}$ の二つの異なる解 $\mathbf{x}_1, \mathbf{x}_2$ は，次の不確定性原理により，同時にスパースになることはできない．

$$\|\mathbf{x}_1\|_0 + \|\mathbf{x}_2\|_0 \geq \frac{2}{\mu(\mathbf{A})}$$

ここでは劣決定連立方程式を議論しているため，この結果を冗長な解の不確定性と呼ぶことにする．

2.1.3　不確定性から一意性へ

不等式 (2.18) から一意性を直接導くことができる．

定理 2.3（一意性）　もし $[\mathbf{\Psi}, \mathbf{\Phi}]\mathbf{x} = \mathbf{b}$ の解の候補が持つ非ゼロ要素の個数が $1/\mu(\mathbf{A})$ よりも少ないならば，それは必然的に最もスパースな解であり，他のどの解もこれよりも密（dense）になる．

この非常に単純な主張は，素晴らしく強力である．少なくとも $\mathbf{A} = [\mathbf{\Psi}, \mathbf{\Phi}]$ という特殊な場合においては，本章で最初に提起した二つの問いに対して完全な答えを与えている．すなわち，スパースな解の一意性を保証することができるし，十分にスパースな解が与えられたら，それが大域的最適解かどうかをすぐに判定することができる．一般的な非凸最適化問題では与えられた解の局所最適性しか判定できないのに対して，ここでは大域的最適性を判定する方法が得られたのである．

これまでの議論は $\mathbf{A}$ が二つの直交行列からなる場合に限られていたので，次

は一般の行列 $\mathbf{A}$ について同様に議論する．しかし，定理 2.1 のような不確定性の結果を得ることは明らかに不可能であるため，他の道を探さなければならない．

2.2 一般的な場合の一意性

2.2.1 スパークによる一意性

一意性を議論するために重要な鍵となる性質は，行列 $\mathbf{A}$ のスパークである．この用語は 2003 年に Donoho と Elad により定義された．スパークは ℓ_0 ノルムを用いて行列 $\mathbf{A}$ の零空間を特徴付ける方法である．ここでは，以下の定義から始めることにする．

定義 2.2（スパーク） 行列 $\mathbf{A}$ の列が線形従属となる最小の列数を，$\mathbf{A}$ のスパーク（spark）という．

ここで，行列のランクの定義を思い出そう．行列 $\mathbf{A}$ について，その列が線形独立となる最大の列数をランク（rank; 階数）という．明らかにこの二つの定義は似ている．「最大」を「最小」に，「線形独立」を「線形従属」にすると，スパークの定義になる．しかし，行列のスパークの計算は，$\mathbf{A}$ のすべての可能な部分列ベクトル集合に対する組合せ探索が必要になるため，ランクの計算に比べて非常に難しい．

スパースな解の一意性を議論するためには行列のスパークという性質が重要であることが，Rao と Gorodnitsky によって 1998 年に示された．興味深いことに，この性質はそれ以前にも心理測定の分野で（クラスカルランクという用語で）登場しており，テンソル分解の一意性を議論するために用いられていた．スパークは，マトロイド理論の記法にも関連しており，$\mathbf{A}$ で定義される線形マトロイドの内周，つまりそのマトロイド内の最短サイクル長である．さらに，符号理論においては，実数体上や複素数体上ではなく q を法とする整数環上で行列の積が定義されている場合，符号の最小距離を計算するためにスパークと同じものが用いられている．異なる分野のコンセプトが互いに似ているということは，印象的であり教訓的である．

スパークはスパースな解の一意性を評価する単純な基準を与えてくれる．定義より，行列の零空間中のベクトル $\mathbf{x}$（つまり $\mathbf{Ax} = \mathbf{0}$）は，$\|\mathbf{x}\|_0 \geq \mathrm{spark}(\mathbf{A})$

を満たさなければならない．なぜなら，$\mathbf{A}$ から取った列の線形結合がゼロベクトルになるには，定義から少なくとも $\mathrm{spark}(\mathbf{A})$ 個の列が必要だからである．スパークを用いると，以下の結果が得られる．

定理 2.4（スパークによる一意性） もし線形連立方程式 $\mathbf{Ax} = \mathbf{b}$ が $\|\mathbf{x}\|_0 < \mathrm{spark}(\mathbf{A})/2$ を満たす解 $\mathbf{x}$ を持つならば，それは必然的に最もスパースな解である．

証明 線形連立方程式 $\mathbf{Ax} = \mathbf{b}$ のもう一つ別の解 $\mathbf{y}$ を考える．すると，$\mathbf{x} - \mathbf{y}$ は $\mathbf{A}$ の零空間になければならない．つまり $\mathbf{A}(\mathbf{x} - \mathbf{y}) = \mathbf{0}$ を満たす．スパークの定義から，次式が得られる．

$$\|\mathbf{x}\|_0 + \|\mathbf{y}\|_0 \geq \|\mathbf{x} - \mathbf{y}\|_0 \geq \mathrm{spark}(\mathbf{A}) \tag{2.19}$$

最初の不等式が意味するのは，差分ベクトル $\mathbf{x} - \mathbf{y}$ の非ゼロ要素の個数は，$\mathbf{x}$ と $\mathbf{y}$ それぞれの非ゼロ要素の個数の合計よりも大きくならないということである．これは以前に出てきた三角不等式である．最初に与えられた解 $\mathbf{x}$ は $\|\mathbf{x}\|_0 < \mathrm{spark}(\mathbf{A})/2$ を満たすので，もう一つの解 $\mathbf{y}$ の非ゼロ要素の個数は $\mathrm{spark}(\mathbf{A})/2$ よりも大きくなり，これで証明された． □

この結果も，非常に初等的であるが，(P_0) が非常に複雑な組合せ最適化問題であることを考えると，極めて驚くべきものである．一般的な組合せ最適化問題では，解の候補が得られたとしても，単純な修正ではこれ以上良くならないという，局所的な最適性しか検証することができない．しかし，ここでは単に解のスパース性をチェックし，スパークと比較するだけで，大域的な最適性を検証できるのである．

明らかに，スパークの値は多くの情報を持っており，スパークの値が大きければ間違いなく有用である．スパークはどれだけ大きくなれるだろうか？ 定義から，スパークの値の範囲は $2 \leq \mathrm{spark}(\mathbf{A}) \leq n + 1$ である[*4]．例えば $\mathbf{A}$ の要素が（ガウス分布などの）独立同分布から抽出（iid 抽出）されていれば，確率1で $\mathrm{spark}(\mathbf{A}) = n + 1$，つまりどの n 個の列も線形従属とはならない．m 個の相

[*4] スパークは，$\mathbf{A}$ にゼロベクトルの列があれば，1にまで減少する．しかし，そのような場合はここでの解析に関係しないため，考慮しない．

異なるスカラーからなるヴァンデルモンド行列のスパークも，これと同じである．これらの場合，解の非ゼロ要素の個数が $n/2$ 以下であれば，一意性が保証される．同様に，単位行列とフーリエ基底行列の直交基底対のスパークは，ポワソンの和公式を用いれば $2\sqrt{n}$ となる[*5]．つまり，$\sqrt{n}$ 個のピークが等間隔に並んだ二つの櫛形信号をつなげたものが，行列 $[\mathbf{I}, \mathbf{F}]$ の零空間における最もスパースなベクトルである．

2.2.2 相互コヒーレンスによる一意性

スパークの計算は，少なくとも (P_0) を解くのと同じ程度に難しい．したがって，一意性を保証するためのより単純な方法が必要となる．非常に単純な方法は，二つの直交基底に対する定義を一般化した，行列 $\mathbf{A}$ の相互コヒーレンスを用いることである．二つの直交基底の場合，グラム行列 $\mathbf{A}^{\mathrm{T}}\mathbf{A}$ は次式のようになる．

$$\mathbf{A}^{\mathrm{T}}\mathbf{A} = \begin{bmatrix} \mathbf{I} & \mathbf{\Psi}^{\mathrm{T}}\mathbf{\Phi} \\ \mathbf{\Phi}^{\mathrm{T}}\mathbf{\Psi} & \mathbf{I} \end{bmatrix} \tag{2.20}$$

この場合，以前の定義での相互コヒーレンスは，このグラム行列の非対角要素の最大値（の絶対値）である．これと同様に，この定義の一般化した以下の定義を提案する．

定義 2.3（相互コヒーレンス） 行列 $\mathbf{A}$ の相互コヒーレンスを，$\mathbf{A}$ の相異なる二つの列の正規化された内積の絶対値の最大値と定義する．$\mathbf{A}$ の k 番目の列を $\mathbf{a}_k$ とすると，相互コヒーレンスは次式で与えられる．

$$\mu(\mathbf{A}) = \max_{1\le i,j\le m,\ i\ne j} \frac{|\mathbf{a}_i^{\mathrm{T}}\mathbf{a}_j|}{\|\mathbf{a}_i\|_2\ \|\mathbf{a}_j\|_2} \tag{2.21}$$

相互コヒーレンスは行列 $\mathbf{A}$ の列同士の依存関係を表現する方法である．ユニタリ行列の場合，相異なる二つの列は互いに直交しており，相互コヒーレンスはゼロである．一般の行列で列が行よりも多い場合（つまり $m > n$）には，μ は必然的に（0 よりも大きい）正であり，ユニタリ行列の振る舞いに近い性質を得

[*5] n が素数ならば（$\sqrt{n}$ は整数ではなくなり）櫛形信号の説明はもはや適切ではなくなり，単位行列とフーリエ基底行列の基底対のスパークは $n+1$ になる．

るためには，値は小さいほうがよい．

二つの直交行列の場合，つまり $\mathbf{A} = [\mathbf{\Psi}, \mathbf{\Phi}]$ の場合については，相互コヒーレンスは $1/\sqrt{n} \leq \mu(\mathbf{A}) \leq 1$ を満たすことをすでに議論した．Donoho と Huo の研究によって，次元が $n \times m$ であるランダムな直交行列の場合には，それらのコヒーレンスは大きくなることが示されている．つまり，$\mu(\mathbf{A}_{n,m})$ は $n \to \infty$ で $\sqrt{\log(nm)/n}$ に比例する．$n \times m$ のフルランク行列の場合には，相互コヒーレンスは以下の下界を持つことが示されている．

$$\mu \geq \sqrt{\frac{m-n}{n(m-1)}}$$

上記の不等式において，グラスマンフレーム（Grassmannian frame）と呼ばれる行列族の場合には，等式が成り立つ．このような行列の列集合は，等角直線（equiangular line）と呼ばれる．実際，この行列族のスパークは $\mathrm{spark}(A) = n+1$ であり，最も高い値をとる．このような行列を凸集合への反復射影を用いて数値的に構成する方法は，Tropp らによって与えられた．本章の終わりに，もう一度このトピックに戻ることにしよう．

Calderbank による量子情報理論の研究についても述べておく．この研究では，コヒーレンスが最小である直交基底の集合を用いた誤り訂正符号を構成し，混合直交基底の相互コヒーレンスについて類似した下界を求めている．この方向性の研究に関連する最新の成果は，Sochen，Gurevitz，Hadani によるものである．これは，シフトした信号のコヒーレンスが小さくなるような信号の集合を構成する．

相互コヒーレンスの計算は比較的容易であり，計算が困難な場合の多いスパークの下界を求めることができる．

補題 2.1（スパークの下界） 任意の行列 $\mathbf{A} \in \mathbb{R}^{n \times m}$ に対して，次式が成り立つ．

$$\mathrm{spark}(\mathbf{A}) \geq 1 + \frac{1}{\mu(\mathbf{A})} \tag{2.22}$$

証明　まず行列 $\mathbf{A}$ の各列を ℓ_2 正規化し，これを $\tilde{\mathbf{A}}$ とする．この操作では，スパークも相互コヒーレンスも変化しない．この結果得られるグラム行列

$\mathbf{G} = \tilde{\mathbf{A}}^{\mathrm{T}}\tilde{\mathbf{A}}$ の各要素は以下の性質を持つ.

$$\{G_{k,k} = 1 \ : \ 1 \leq k \leq m\}, \quad \{|G_{k,j}| \leq \mu(\mathbf{A}) \ : \ 1 \leq k, j \leq m, k \neq j\}$$

ここで $\mathbf{G}$ の任意の $p \times p$ 主小行列を考える. これは, $\tilde{\mathbf{A}}$ から p 個の列を選択し, 対応する部分グラム行列を計算することで得られる. ゲルシュゴリンの定理 (Gershgorin disk theorem) より[*6], もしこの小行列が対角優位である (つまり, すべての i について $\sum_{j\neq i} |G_{i,j}| < |G_{i,i}|$ となる) ならば, $\mathbf{G}$ の部分行列は正定値であり, したがって $\tilde{\mathbf{A}}$ の p 個の列は線形独立である. そして, 条件 $1 > (p-1)\mu \ \rightarrow \ p < 1 + 1/\mu$ は, すべての $p \times p$ 主行列が正定値であることを意味している. つまり, $p = 1 + 1/\mu$ は線形従属となる最小の列数であり, したがって $\mathrm{spark}(\mathbf{A}) \geq 1 + 1/\mu$ となる. □

これにより, 今度は相互コヒーレンスに基づいて, 一意性が以下のように得られる.

定理 2.5 (相互コヒーレンスによる一意性) もし線形連立方程式 $\mathbf{Ax} = \mathbf{b}$ が $\|\mathbf{x}\|_0 < \frac{1}{2}(1 + 1/\mu(\mathbf{A}))$ を満たす解 $\mathbf{x}$ を持つならば, それは最もスパースな解である.

定理 2.4 と定理 2.5 を見比べてほしい. 形式はよく似ているが, 仮定は異なる. 一般に, スパークに基づいた定理 2.4 のほうが不等式はタイトであり, コヒーレンスに基づいた (つまりスパークの下界を用いた) 定理 2.5 よりも, はるかに強力である. コヒーレンスは $1/\sqrt{n}$ よりも小さくならないため, 定理 2.5 の上界は $\sqrt{n}/2$ よりも大きくならない. しかし, スパークは n と同程度に大きくなりうるため, 定理 2.4 の上界は $n/2$ 程度まで大きくなりうる.

実際, 特殊な行列 $\mathbf{A} = [\mathbf{\Psi}, \mathbf{\Phi}]$ についても同じ規則が得られる. 興味深いことに, 一般の場合の下界が $(1 + 1/\mu(\mathbf{A}))/2$ であるのに対して, この特殊な二つの直交行列の場合には, より強い (つまり, より大きい) 下界が得られる. 一般の場合の下界 (2.22) に比べて, 特殊な行列 $\mathbf{A} = [\mathbf{\Psi}, \mathbf{\Phi}]$ の場合の下界 (2.18) は約 2 倍大きい.

[*6] 一般の $n \times n$ (複素) 行列 $\mathbf{H}$ について, 中心 $h(i,i)$ で半径 $\sum_{j\neq i} |h(i,j)|$ の n 個の円盤をゲルシュゴリンの円盤と呼ぶ. この定理は, $\mathbf{H}$ のすべての固有値はこれらの円盤の和集合の中にあることを示している.

2.2.3 バベル関数による一意性

補題2.1の証明において，正規化された行列 $\tilde{\mathbf{A}}$ のグラム行列から得られた $p \times p$ 小行列を考察した．そのような小行列がすべて正定値であれば，どの p 個の列も線形独立であることを意味していた．しかし，議論を簡単にするために，$\mathbf{G}$ のすべての非対角要素を一つの値 $\mu(\mathbf{A})$ で抑えていた．そのため，行列の中に極端な値が一つでもあれば成立せず，したがって議論は頑健ではない．

この小行列の各行において $p-1$ 個の非対角要素の和が1よりも小さくなるかどうか（つまり，ゲルシュゴリンの定理が成り立つかどうか）を検証しなければならないため，Troppの議論に沿って，以下のバベル関数を定義する．

定義 2.4（バベル関数） 列が正規化された行列 $\tilde{\mathbf{A}}$ に対して，$\tilde{\mathbf{A}}$ の p 個の列からなる集合 Λ を考える．そして，この集合に属さない列 j との内積の絶対値の和を計算する．この値を集合 Λ と列 j のどちらに関しても最大化した次式を，バベル関数（Babel function）と定義する．

$$\mu_1(p) = \max_{\Lambda, |\Lambda|=p} \max_{j \notin \Lambda} \sum_{i \in \Lambda} |\tilde{\mathbf{a}}_i^{\mathrm{T}} \tilde{\mathbf{a}}_j| \tag{2.23}$$

明らかに $p=1$ ならば $\mu_1 = \mu(\mathbf{A})$ である．$p=2$ の場合には，すべての三つの列の組合せ（そのうち二つは Λ に属する列，もう一つは内積の計算対象となる Λ に属さない列）について計算しなければならない．定義からこの関数は単調非減少であり，値の増大が緩やかであれば（コヒーレンスを用いた大雑把な解析に比べて）良い解析が得られる．

この関数を大きな p の値について計算しようとすると，組合せが指数関数的に増大するため，計算は現実的ではないように見えるかもしれない．しかし，実際はそうではない．$|\mathbf{G}| = |\tilde{\mathbf{A}}^{\mathrm{T}} \tilde{\mathbf{A}}|$ を計算し，各行を降順にソートして，行列 $\mathbf{G}_S$ を求める．すると，各行の最初の要素は1となっているが，これは対角要素であるので無視する．各行の2番目から p 個の要素の和を計算すると，各 j について上記の定義における最も悪い（内積値が大きくなる）集合 Λ が得られるので，以下のようにその中で最大のものを選択する．

$$\mu_1(p) = \max_{1 \le j \le m} \sum_{i=2}^{p+1} |G_S(j,i)| \tag{2.24}$$

なお，各 p について $\mu_1(p) \leq p\,\mu(\mathbf{A})$ が成り立つ．グラスマン行列の場合には，グラム行列のすべての非対角要素の絶対値が等しくなるため，等式が成り立つ．

それでは，バベル関数を使ってどのように一意性を判定すればよいだろうか？ 明らかに，もし $\mu_1(p) < 1$ ならば，すべての $p+1$ 個の列集合は線形独立である．したがって，スパークの下界は以下のようになる．

$$\mathrm{spark}(\mathbf{A}) \geq \min_{1 \leq p \leq n} \{p \mid \mu_1(p-1) \geq 1\} \tag{2.25}$$

これから不確定性と一意性は直ちに導出できる．

2.2.4 スパークの上界

スパークを計算することは一般の場合には不可能であり，もとの問題 (P_0) を解くことよりも困難である．なぜなら，p を変えながら，$\mathbf{A}$ の可能なすべての列集合にわたって線形独立かどうかを判定することが必要になるからである．この組合せ探索の計算複雑さは，m に対して指数関数的である．

そのため，計算が困難であるスパークを，計算の容易な相互コヒーレンスに置き換えなければならない．しかし，そのために一意性（の不等式）の厳密さが犠牲になってしまい，これはあまりに受け入れがたい．そこで，スパークを近似するさらに別の方法が必要になる．ここで述べる方法は上界を用いる．このような上界を用いても，得られた値に基づいて一意性を保証することはできないが，一意性の領域を粗く見積もれるようになる．

上界を求めるために，以下の形式の m 個の最適化問題 (P_0^i)（$i = 1, 2, \ldots, m$）の結果としてスパースを再定義する．

$$(P_0^i): \quad \mathbf{x}_{\mathrm{opt}}^i = \arg\min_{\mathbf{x}} \|\mathbf{x}\|_0 \quad \text{subject to} \quad \mathbf{0} = \mathbf{A}\mathbf{x},\ x_i = 1 \tag{2.26}$$

各最適化問題では，$\mathbf{A}$ の零空間中で最もスパースな解の i 番目の要素は非ゼロ要素であると仮定する．以下のように，この (P_0) のような最適化問題系列の解 $\{\mathbf{x}_{\mathrm{opt}}^i\}_{i=1}^m$ のうち，最もスパースな解からスパークが得られる，とする．

$$\mathrm{spark}(\mathbf{A}) = \min_{1 \leq i \leq m} \|\mathbf{x}_{\mathrm{opt}}^i\|_0 \tag{2.27}$$

しかし，最適化問題系列 (P_0^i) は複雑すぎるため，ℓ_0 ノルムを ℓ_1 ノルムで置き換えた別の最適化問題系列を定義する．

$$(P_1^i): \quad \mathbf{z}_{\mathrm{opt}}^i = \arg\min_{\mathbf{x}} \|\mathbf{x}\|_1 \quad \text{subject to} \quad \mathbf{0} = \mathbf{A}\mathbf{x},\ x_i = 1 \tag{2.28}$$

第1章で見たように，この問題は線形計画の形をしており，凸なので，実用的な計算時間で解くことができる．さらに，明らかに，各 i について $\|\mathbf{x}_{\mathrm{opt}}^i\|_0 \leq \|\mathbf{z}_{\mathrm{opt}}^i\|_0$ である．なぜなら，$\|\mathbf{x}_{\mathrm{opt}}^i\|_0$ は定義からこの問題の最もスパースな解だからである．したがって，以下の上界が得られる．

$$\mathrm{spark}(\mathbf{A}) \leq \min_{1 \leq i \leq m} \|\mathbf{z}_{\mathrm{opt}}^i\|_0 \tag{2.29}$$

数値計算実験により，この上界は非常にタイトになりやすく，真のスパークの値に非常に近いことが示されている．

2.3　グラスマン行列の構築

$m \geq n$ である $n \times m$（実）グラスマン行列 $\mathbf{A}$ は，列が正規化されており，そのグラム行列 $\mathbf{G} = \mathbf{A}^{\mathrm{T}}\mathbf{A}$ が以下を満たすものである．

$$\forall k \neq j, \quad |G_{k,j}| = \sqrt{\frac{m-n}{n(m-1)}} \tag{2.30}$$

以前に述べたように，これは相互コヒーレンスのとりうる最小値である．このような行列は常に存在するわけではなく，$m < \min(n(n+1/2), (m-n)(m-n+1)/2)$ の場合にのみ存在する．

グラスマン行列は，列の対がなす角度がすべて等しく，かつ可能な最小角度であるという意味において，特殊な行列である．したがって，そのような行列を構成することは，$\mathbb{R}^n$ 空間中のベクトルや部分空間を一つの行列にどうやって詰め込むかに関係してくる．$m = n$ の場合はユニタリ行列になり，容易に構成できるが，一般のグラスマン行列を構築することは非常に難しい．そこで，どうやって構成するかという手続きの実例として，Tropp らによって提案された数値計算アルゴリズムを紹介する．なお，このような構成手続きは，画像処理においてはあまり興味を持たれないかもしれないが，チャンネル符号化や無線通信など多くの分野に重要な応用が存在する．

Tropp らのアルゴリズムの主要なアイデアは，行列が満たすべき制約条件への射影を反復することである．任意の行列 $\mathbf{A}$ を初期値として，以下の条件を満たす射影を反復する．

1. $\mathbf{A}$ の列は ℓ_2 正規化されていること．これは各列を正規化すればよい．

2. 性質 (2.30) を満たすこと．$\mathbf{G} = \mathbf{A}^{\mathrm{T}}\mathbf{A}$ を計算し，しきい値以上の値を持つ非対角要素を検出し，それらの値を減らさなければならない．同様に，小さすぎる値はこのグラム行列では許されないため，小さすぎる非対角要素には値を追加する．
3. $\mathbf{G}$ のランクが n を超えないこと．上記の修正を行うと $\mathbf{G}$ はフルランクになるため，特異値分解（SVD）を計算し，最初の n 個の特異値だけを残せば，適切なランクを持つグラム行列が得られる．

この反復処理では，収束は保証されておらず，グラスマン行列が得られる保証もないが，この数値計算アルゴリズムによって得られる結果はグラスマン行列に非常に近いことが示されている．このガイドラインに従った MATLAB コードを図 2.2 に示す．

```
D=randn(N,L); % 初期化
D=D*diag(1./sqrt(diag(D'*D))); % 列の正規化
G=D'*D; % グラム行列の計算
mu=sqrt((L-N)/N/(L-1));
for k=1:1:Iter,
  % 大きい内積を縮小
  gg=sort(abs(G(:)));
  pos=find(abs(G(:))>gg(round(dd1*(L*L-L))) & abs(G(:))) <1;
  G(pos)=G(pos)*dd2;
  % ランクを N に減らす
  [U,S,V]=svd(G);
  S(N+1:end,1+N:end)=0;
  G=U*S*V';
  % 列を正規化
  G=diag(1./sqrt(diag(G)))*G*diag(1./sqrt(diag(G)));
  % 統計量を表示
  gg=sort(abs(G(:)));
  pos=find(abs(G(:))>gg(round(dd1*(L*L-L))) & abs(G(:))) <1;
  disp([k,mu,mean(abs(G(pos))),max(abs(G(pos)))]);
end;
[U,S,V]=svd(G);
D=sqrt(S(1:N,1:N))*U(:,1:N);
```

図 2.2 グラスマン行列を構成するための MATLAB コード．

図2.3にこの手続きの結果を示す[*7]．50×100 の行列に対するコヒーレンスの最小値は $\sqrt{1/99} = 0.1005$ である．図2.3は，（図2.2におけるパラメータを）$\texttt{dd1} = \texttt{dd2} = 0.9$ としたときの，初期のグラム行列と，10,000回の反復後のグラム行列を示している．図2.4は，これら二つのグラム行列の非対角要素をソートしたものであり，この反復処理によってグラスマン行列に非常に近い行列が得られていることがわかる．実際，この数値実験において非対角要素の最大値は0.119であった．図2.5は各反復における相互コヒーレンスの値を示している．

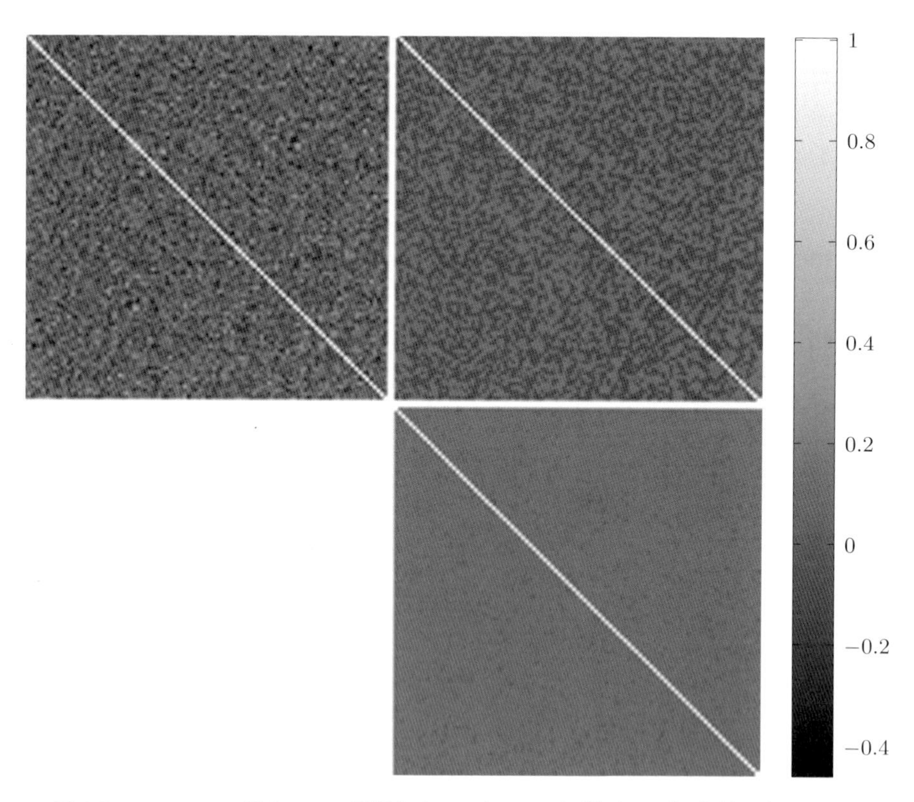

図2.3　50×100 のグラスマン行列を求めるための，初期グラム行列（左上）と，得られたグラム行列（右上）．図下段は得られたグラム行列の要素の絶対値を表しており，要請されているとおりに，非対角要素が同じ値をとりやすいことを示している．

[*7] Joel Tropp の厚意による．

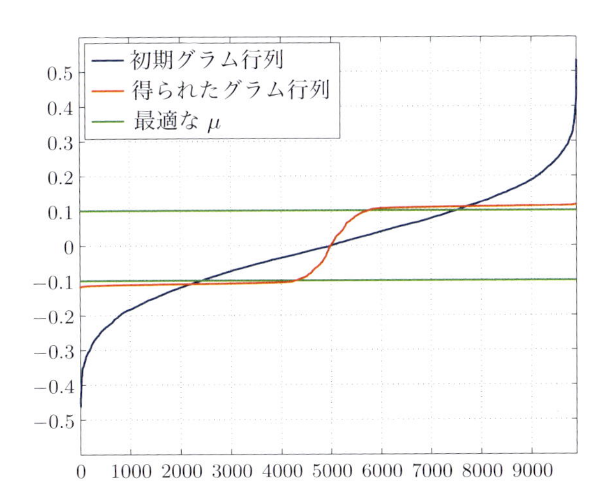

図 2.4　初期グラム行列と得られたグラム行列において，それぞれ非対角要素をソートしたもの．

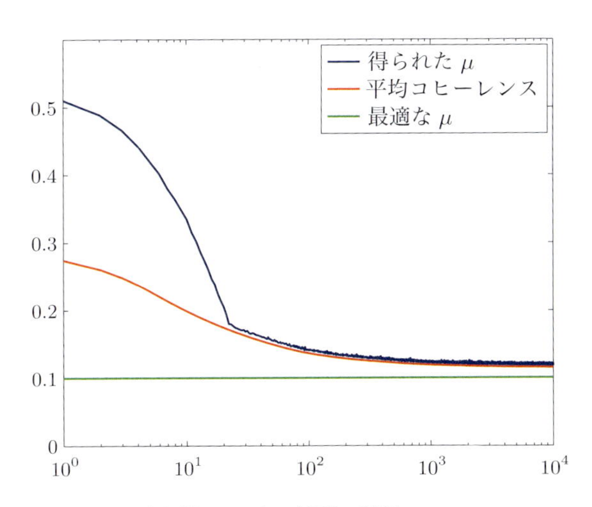

図 2.5　各反復における行列の相互コヒーレンス．

2.4 まとめ

これで，この章の最初に提起した疑問に答えることができた．十分にスパースな解はどれも一意であることが保証された．したがって，十分にスパースな解はどれも必然的に (P_0) の大域的最適解である．これらの結果から，スパースな解を求めることは興味深い特性を持つ良設定問題になることがわかった．次は，(P_0) の解を求める実用的な方法について議論しよう．

参考文献

1. A. R. Calderbank and P. W. Shor, Good quantum error-correcting codes exist, *Phys. Rev. A*, 54(2):1098–1105, August 1996.
2. D. L. Donoho and M. Elad, Optimally sparse representation in general (non-orthogonal) dictionaries via l1 minimization, *Proc. of the National Academy of Sciences*, 100(5):2197–2202, 2003.
3. D. L. Donoho and X. Huo, Uncertainty principles and ideal atomic decomposition, *IEEE Trans. On Information Theory*, 47(7):2845–2862, 1999.
4. D. L. Donoho and P. B. Starck, Uncertainty principles and signal recovery, *SIAM Journal on Applied Mathematics*, 49(3):906–931, June 1989.
5. M. Elad and A. M. Bruckstein, A generalized uncertainty principle and sparse representation in pairs of bases, *IEEE Trans. On Information Theory*, 48:2558–2567, 2002.
6. I. F. Gorodnitsky and B. D. Rao, Sparse signal reconstruction from limited data using FOCUSS: A re-weighted norm minimization algorithm, *IEEE Trans. On Signal Processing*, 45(3):600–616, 1997.
7. S. Gurevich, R. Hadani, and N. Sochen, The finite harmonic oscillator and its associated sequences, *Proc. Natl. Acad. Sci. USA*, 105(29):9869–9873, July 2008.
8. S. Gurevich, R. Hadani, and N. Sochen, On some deterministic dictionaries supporting sparsity, *Journal of Fourier Analysis and Applications*, 14(5–6):859–876, December 2008.
9. R. Gribonval and M. Nielsen, Sparse decompositions in unions of bases, *IEEE Trans. on Information Theory*, 49(12):3320–3325, 2003.
10. W. Heisenberg, The physical principles of the quantum theory, (C. Eckart and F. C. Hoyt, trans.), University of Chicago Press, Chicago, IL, 1930.
11. R. A. Horn and C. R. Johnson, *Matrix Analysis*, New York: Cambridge University Press, 1985.

12. X. Huo, Sparse Image representation Via Combined Transforms, PhD thesis, Stanford, 1999.
13. J. B. Kruskal, Three-way arrays: rank and uniqueness of trilinear decompositions, with application to arithmetic complexity and statistics, *Linear Algebra and its Applications*, 18(2):95–138, 1977.
14. P. W. H. Lemmens and J. J. Seidel, Equiangular lines, *Journal of Algebra*, 24(3):494–512, 1973.
15. X. Liu and N. D. Sidiropoulos, Cramer-Rao lower bounds for low-rank decomposition of multidimensional arrays, *IEEE Trans. on Signal Processing*, 49(9):2074–2086, 2001.
16. B. K. Natarajan, Sparse approximate solutions to linear systems, *SIAM Journal on Computing*, 24:227–234, 1995.
17. W. W. Peterson and E. J. Weldon, Jr., *Error-Correcting Codes*, 2nd edition, MIT Press: Cambridge, Mass., 1972.
18. A. Pinkus, *N-Width in Approximation Theory*, Springer, Berlin, 1985.
19. T. Strohmer and R. W. Heath, Grassmannian frames with applications to coding and communication, *Applied and Computational Harmonic Analysis*, 14:257–275, 2004.
20. J. A. Tropp, Greed is good: Algorithmic results for sparse approximation, *IEEE Trans. On Information Theory*, 50(10):2231–2242, October 2004.
21. J. A. Tropp, I. S. Dhillon, R. W. Heath Jr., and T. Strohmer, Designing structured tight frames via alternating projection, *IEEE Trans. Info. Theory*, 51(1):188–209, January 2005.

第3章

追跡アルゴリズム

それでは，(P_0) を解くための効率的で信頼できる方法を考えることにする．しかし，単純な方法では歯が立たない．ここで議論する方法は，機能しないように見えるが，実はある条件下では機能するものである．問題 (P_0)

$$(P_0): \quad \min_{\mathbf{x}} \ \|\mathbf{x}\|_0 \quad \text{subject to} \quad \mathbf{b} = \mathbf{A}\mathbf{x}$$

を見ると，未知数 $\mathbf{x}$ について求めるべきものは二つあることがわかる．そのサポートと，サポート上の非ゼロ要素の値である．したがって，まず (P_0) のサポートを求める問題を解くという方法が考えられる．サポートがわかったら，$\mathbf{x}$ の非ゼロ要素の値は通常の最小 2 乗法で簡単に解くことができる．サポート自体が離散的であるので，アルゴリズムも離散的なものになる．本章では，この「貪欲アルゴリズム」（greedy algorithm）と呼ばれる解法を紹介する．

問題 (P_0) を解くための別の方法としては，サポートを考えずに，連続値問題として未知数 $\mathbf{x} \in \mathbb{R}^m$ を求めるというものがある．ペナルティ関数 $\|\mathbf{x}\|_0$ を平滑化すれば，(P_0) を解くための連続最適化問題を得ることができる．このように，ℓ_0 ノルムをさまざまな形に平滑化して得られた最適化問題を扱う緩和法については，本章の後半で紹介する．

3.1　貪欲アルゴリズム

3.1.1　主要なアイデア

ここでは行列 $\mathbf{A}$ は $\mathrm{spark}(\mathbf{A}) > 2$ であり，最適化問題 (P_0) の最適値は $\mathrm{val}(P_0) = 1$ であると仮定する．つまり，$\mathbf{b}$ は行列 $\mathbf{A}$ のある列の定数倍であり，解は一意であることがわかっているとする．この場合，$\mathbf{A}$ の列を一つずつテストすれば，m 回でその列を見つけることができる．j 回目のテストでは $\epsilon(j) = \|\mathbf{a}_j z_j - \mathbf{b}\|_2$ を最小化すればよい．すると $z_j^* = \mathbf{a}_j^{\mathrm{T}}\mathbf{b}/\|\mathbf{a}_j\|_2^2$ となり，これを誤差評価式に代入すれば，次式が得られる．

$$
\begin{aligned}
\epsilon(j) = \min_{z_j} \|\mathbf{a}_j z_j - \mathbf{b}\|_2 &= \left\| \frac{\mathbf{a}_j^{\mathrm{T}}\mathbf{b}}{\|\mathbf{a}_j\|_2^2}\mathbf{a}_j - \mathbf{b} \right\|_2^2 \\
&= \|\mathbf{b}\|_2^2 - 2\frac{(\mathbf{a}_j^{\mathrm{T}}\mathbf{b})^2}{\|\mathbf{a}_j\|_2^2} + \frac{(\mathbf{a}_j^{\mathrm{T}}\mathbf{b})^2}{\|\mathbf{a}_j\|_2^2} \\
&= \|\mathbf{b}\|_2^2 - \frac{(\mathbf{a}_j^{\mathrm{T}}\mathbf{b})^2}{\|\mathbf{a}_j\|_2^2}
\end{aligned}
\tag{3.1}
$$

もし誤差が0であれば，最適解を見つけたことになる．この場合，テストは単に $\|\mathbf{a}_j\|_2^2\|\mathbf{b}\|_2^2 = (\mathbf{a}_j^{\mathrm{T}}\mathbf{b})^2$ を評価すればよい（コーシー・シュワルツ不等式の等式が成り立つかどうかのテストと等価になる）．これは $\mathbf{b}$ と $\mathbf{a}_j$ が平行であることを意味している．この手続きの計算量は $\mathcal{O}(mn)$ flops であり，妥当なものである．

同様に考えて，行列 $\mathbf{A}$ が $\mathrm{spark}(\mathbf{A}) > 2k_0$ であり，最適化問題が最適値 $\mathrm{val}(P_0) = k_0$ であることがわかっていると仮定する．すると，$\mathbf{b}$ は $\mathbf{A}$ の列の高々 k_0 個の線形結合になる．上述の解法を一般化しようとすると，$\mathbf{A}$ の k_0 個の列の組合せをそれぞれテストすることになるが，その組合せの数は $\binom{m}{k_0} = \mathcal{O}(m^{k_0})$ となってしまう．この数え上げには $\mathcal{O}(m^{k_0}nk_0^2)$ flops かかり，多くの場合これは遅く，現実的ではない．

貪欲法は，全探索をあきらめて，局所的に最適な項を一つずつ更新するものである．まず $\mathbf{x}^0 = \mathbf{0}$ から開始し，使用する列集合（最初は空集合）を段階的に増やして k 項近似 $\mathbf{x}^k$ を構成する．各段階では，1列ずつ列集合に加える．各段階において選択される列は，現在の列集合で近似した $\mathbf{b}$ の ℓ_2 誤差を最も減らすものとする．新しい列集合で $\mathbf{b}$ の近似を計算したら，改めて ℓ_2 誤差を評価し，誤差がしきい値以下になったら処理を停止する．

3.1.2 直交マッチング追跡（OMP）

図 3.1 は，上述の手法を定式化し記法を整理したものである．信号処理の分野では，この手続きは直交マッチング追跡（orthogonal matching pursuit; OMP）として知られており，以下に示すように，他の分野においても同様に知られている（それもかなり以前から．下記参照）．

なお，「誤差の計算」ステップにおける誤差は，以下の形式をとっている．これは式 (3.1) で見た形式とよく似ている．

$$\epsilon(j) = \min_{z_j} \|\mathbf{a}_j z_j - \mathbf{r}^{k-1}\|_2^2 = \left\| \frac{\mathbf{a}_j^{\mathrm{T}} \mathbf{r}^{k-1}}{\|\mathbf{a}_j\|_2^2} \mathbf{a}_j - \mathbf{r}^{k-1} \right\|_2^2 \tag{3.2}$$

タスク： (P_0) $\min_{\mathbf{x}} \|\mathbf{x}\|_0$ subject to $\mathbf{b} = \mathbf{A}\mathbf{x}$ の近似解を求める．

パラメータ： 行列 $\mathbf{A}$，ベクトル $\mathbf{b}$，誤差しきい値 ϵ_0 が与えられる．

初期化： $k = 0$ として，

- 初期解 $\mathbf{x}^0 = \mathbf{0}$
- 初期残差 $\mathbf{r}^0 = \mathbf{b} - \mathbf{A}\mathbf{x}^0 = \mathbf{b}$
- 解の初期サポート $S^0 = \text{Support}\{\mathbf{x}^0\} = \emptyset$

とする．

メインループ： $k \leftarrow k + 1$ として，以下のステップを実行する．

- 誤差の計算：すべての j について，最適な $z_j^* = \mathbf{a}_j^{\mathrm{T}} \mathbf{r}^{k-1} / \|\mathbf{a}_j\|_2^2$ を用いて誤差 $\epsilon(j) = \min_{z_j} \|\mathbf{a}_j z_j - \mathbf{r}^{k-1}\|_2^2$ を計算する．
- サポートの更新：$\forall j \notin S^{k-1}$, $\epsilon(j_0) \leq \epsilon(j)$ を満たす最適解 j_0 を求める．そしてサポートを $S^k = S^{k-1} \bigcup \{j_0\}$ で更新する．
- 暫定解の更新：$\|\mathbf{A}\mathbf{x} - \mathbf{b}\|_2^2$ subject to $\text{Support}\{\mathbf{x}\} = S^k$ の最適解 $\mathbf{x}$ を求める．
- 残差の更新：$\mathbf{r}^k = \mathbf{b} - \mathbf{A}\mathbf{x}^k$ を計算する．
- 停止条件：もし $\|\mathbf{r}^k\|_2 < \epsilon_0$ なら終了し，そうでなければ反復する．

出力： k 回の反復後に，解 $\mathbf{x}^k$ が得られる．

図 3.1 直交マッチング追跡：(P_0) を近似的に解くための貪欲法．

$$
\begin{aligned}
&= \|\mathbf{r}^{k-1}\|_2^2 - 2\frac{(\mathbf{a}_j^{\mathrm{T}}\mathbf{r}^{k-1})^2}{\|\mathbf{a}_j\|_2^2} + \frac{(\mathbf{a}_j^{\mathrm{T}}\mathbf{r}^{k-1})^2}{\|\mathbf{a}_j\|_2^2} \\
&= \|\mathbf{r}^{k-1}\|_2^2 - \frac{(\mathbf{a}_j^{\mathrm{T}}\mathbf{r}^{k-1})^2}{\|\mathbf{a}_j\|_2^2}
\end{aligned}
$$

したがって，最小の誤差を求めることは，残差 $\mathbf{r}^{k-1}$ と $\mathbf{A}$ の正規化された列との内積の（絶対値の）最大値を求めることと等価である．

「暫定解の更新」ステップでは，サポートを S^k に限定し，$\mathbf{x}$ に関して $\|\mathbf{Ax}-\mathbf{b}\|_2^2$ を最小化している．$\mathbf{A}_{S^k}$ を，このサポートに属する $\mathbf{A}$ の列からなる $n \times |S^k|$ の行列とする．すると，解くべき問題は $\|\mathbf{A}_{S^k}\mathbf{x}_{S^k} - \mathbf{b}\|_2^2$ である．ここで $\mathbf{x}_{S^k}$ はベクトル $\mathbf{x}$ の非ゼロ部分である．この 2 次形式を微分して 0 とおくと，以下の解が得られる．

$$
\mathbf{A}_{S^k}^{\mathrm{T}}(\mathbf{A}_{S^k}\mathbf{x}_{S^k} - \mathbf{b}) = -\mathbf{A}_{S^k}^{\mathrm{T}}\mathbf{r}^k = 0 \tag{3.3}
$$

ここで，k 回目の反復における残差 $\mathbf{r}^k = \mathbf{b} - \mathbf{Ax}^k = \mathbf{b} - \mathbf{A}_{S^k}\mathbf{x}_{S^k}$ を用いて式変形した．式 (3.3) が意味するのは，サポート S^k の一部である $\mathbf{A}$ の列は，残差 $\mathbf{r}^k$ と必然的に直交するということである．つまり，次回以降の反復では，これらの列はサポートとして再び選択されることはない．この直交性が，手法の名前（直交マッチング追跡）の由来となっている．

このアルゴリズムの変形版として，複雑にはなるが振る舞いが多少良くなるものを考えることもできる．それは，「誤差の計算」ステップにおいて，通常の最小 2 乗法（least-squares; LS）を用いるものである．この場合，これまで選択されたすべての列と候補の列とを同時に用いて，すべての係数を一度に求める．OMP と同様に，k 回目の反復において，$m - |S^{k-1}|$ 回の LS ステップを実行しなければならない．この手法は LS-OMP として知られている．LS ステップは，以下の公式を用いると効率的に計算できる．

$$
\begin{bmatrix} \mathbf{M} & \mathbf{b} \\ \mathbf{b}^{\mathrm{T}} & c \end{bmatrix}^{-1} = \begin{bmatrix} \mathbf{M}^{-1} + p\mathbf{M}^{-1}\mathbf{b}\mathbf{b}^{\mathrm{T}}\mathbf{M}^{-1} & -p\mathbf{M}^{-1}\mathbf{b} \\ -p\mathbf{b}^{\mathrm{T}}\mathbf{M}^{-1} & p \end{bmatrix} \tag{3.4}
$$

ここで $p = 1/(c - \mathbf{b}^{\mathrm{T}}\mathbf{M}^{-1}\mathbf{b})$ である．これまでに選択された $k-1$ 個の $\mathbf{A}$ の列からなる部分行列を $\mathbf{A}_S$ と書くと，LS ステップで解くべき問題は以下のようになる．

$$\min_{\mathbf{x}_S, z} \left\| \begin{bmatrix} \mathbf{A}_S & \mathbf{a}_i \end{bmatrix} \begin{bmatrix} \mathbf{x}_S \\ z \end{bmatrix} - \mathbf{b} \right\|_2^2 \tag{3.5}$$

これを微分して 0 とおくと

$$\begin{bmatrix} \mathbf{A}_S^{\mathrm{T}} \\ \mathbf{a}_i^{\mathrm{T}} \end{bmatrix} \begin{bmatrix} \mathbf{A}_S & \mathbf{a}_i \end{bmatrix} \begin{bmatrix} \mathbf{x}_S \\ z \end{bmatrix} - \begin{bmatrix} \mathbf{A}_S^{\mathrm{T}} \\ \mathbf{a}_i^{\mathrm{T}} \end{bmatrix} \mathbf{b} = \mathbf{0} \tag{3.6}$$

となり，これを解くと以下が得られる．

$$\begin{bmatrix} \mathbf{x}_S \\ z \end{bmatrix}_{\mathrm{opt}} = \begin{bmatrix} \mathbf{A}_S^{\mathrm{T}}\mathbf{A}_S & \mathbf{A}_S^{\mathrm{T}}\mathbf{a}_i \\ \mathbf{a}_i^{\mathrm{T}}\mathbf{A}_S & \|\mathbf{a}_i\|_2^2 \end{bmatrix}^{-1} \begin{bmatrix} \mathbf{A}_S^{\mathrm{T}}\mathbf{b} \\ \mathbf{a}_i^{\mathrm{T}}\mathbf{b} \end{bmatrix} \tag{3.7}$$

行列 $(\mathbf{A}_S^{\mathrm{T}}\mathbf{A}_S)^{-1}$ を保存しておけば，公式 (3.4) により上式は非常に簡単になり，k 個の列に対してこの行列を更新することができる．解が見つかれば，残差を更新して，最小の誤差を与える列 $\mathbf{a}_i$ を選択する．$\mathbf{a}_i$ が $\mathbf{A}_S$ の列と直交している場合には，逆行列を計算する上記の行列はブロック対角になり，$\mathbf{x}_S = \mathbf{A}_S^{+}\mathbf{b}$ と $z = \mathbf{a}_i^{\mathrm{T}}\mathbf{b}/\|\mathbf{a}_i\|_2^2$ となる．つまり，前回の解の係数はそのまま保存され，非ゼロ要素 z が新たに追加される．

この残差評価を行うための数値計算的なトリックもあるが，ここでは議論しない．なお，LS-OMP において最小 2 乗法を反復計算するアプローチは，OMP を高速化するためにも用いることができる．つまり，「暫定解の更新」ステップもさらに効率化することができる．

もしこの近似解が k_0 個の非ゼロ要素を持っていたとすると，LS-OMP も OMP も一般に $\mathcal{O}(k_0 mn)$ flops の計算を必要とする．これは $O(nm^{k_0}k_0^2)$ flops を必要とする全探索に比べると非常に良い．したがって，「項を一つずつ追加する」戦略は，全探索よりも非常に効率的だということになる．ただし，もし機能すれば話だが！　この戦略は，まったく機能しないことがある．Vladimir Temlyakov によって作成された例題では，本来ならば（k 個の非ゼロ要素を用いた）単純な k 項表現が可能であるが，このアプローチでは n 項表現が生成されてしまうのである（つまりスパースではない）．「項を一つずつ追加する」という戦略について一般的に言えることは，近似初期解と「項を一つずつ追加する」という制約を与えられれば，近似誤差を常に減少させることができる，ということである．この性質のために，このアルゴリズムは近似理論において「貪欲アルゴリズム」と呼ばれている．

3.1.3　その他の貪欲アルゴリズム

前述のアルゴリズムを拡張し，精度の向上や計算量の削減を行った手法は数多く存在する．これらの貪欲アルゴリズムはよく知られて広く使われており，実際これらのアルゴリズムはさまざまな分野で再発明されている．統計モデリングにおいては，段階的に最小2乗を適用する貪欲法は，前進選択法を用いた回帰（forward stepwise regression）と呼ばれており，少なくとも1960年代から広く用いられている．信号処理では，これらはマッチング追跡（matching pursuit; MP）もしくは直交マッチング追跡（orthogonal matching pursuit; OMP）と呼ばれている．近似理論では貪欲アルゴリズム（greedy algorithm; GA）と呼ばれており，純粋貪欲アルゴリズム（pure greedy algorithm; PGA），直交貪欲アルゴリズム（orthogonal greedy algorithm; OGA），緩和貪欲アルゴリズム（relaxed greedy algorithm; RGA），弱貪欲アルゴリズム（weak greedy algorithm; WGA）などのいろいろな変形版がある．

マッチング追跡（MP）はOMPに似ているが，大きな違いは，MPのほうが単純なために精度が低いことである．MPでは，メインループにおいて，誤差の計算とサポートの更新の後に $\mathbf{x}$ のすべての要素を最小2乗で再計算することはせずに，もとの S^{k-1} 中の列の係数はそのままにして，新しい要素 $j_0 \in S^k$ に対応する新しい係数 $z_{j_0}^*$ だけを追加するのである．このアルゴリズムを図3.2に示す．

弱マッチング追跡（WMP）はMPをさらに単純化したもので，サポートに追加する次の要素の選択を準最適解で満足するというものである．図3.2のMPアルゴリズムの記述からの変更点は，サポートの更新方法を，最適な選択から $t \in (0,1)$ 倍だけ離れている列のどれかを選択する方法に緩和することである．このアルゴリズムを図3.3に示す．

では，WMPとその利点を説明しよう．すでに，内積計算 $|\mathbf{a}_j^t \mathbf{r}^{k-1}|$ と，それに対応する最小の誤差 $\epsilon(j)$ が等価であることは示した（内積の正規化分を除く）．そこで，最大の内積を探すのではなく，t だけ弱い（小さい）しきい値を超えた最初のものを採用することにする．コーシー・シュワルツの不等式から

$$\frac{(\mathbf{a}_j^{\mathrm{T}} \mathbf{r}^{k-1})^2}{\|\mathbf{a}_j\|_2^2} \le \max_{1 \le j \le m} \frac{(\mathbf{a}_j^{\mathrm{T}} \mathbf{r}^{k-1})^2}{\|\mathbf{a}_j\|_2^2} \le \|\mathbf{r}^{k-1}\|_2^2 \tag{3.8}$$

タスク： $(P_0)\ \min_{\mathbf{x}} \|\mathbf{x}\|_0$ subject to $\mathbf{b} = \mathbf{A}\mathbf{x}$ の近似解を求める．

パラメータ： 行列 $\mathbf{A}$，ベクトル $\mathbf{b}$，誤差しきい値 ϵ_0 が与えられる．

初期化： $k = 0$ として，

- 初期解 $\mathbf{x}^0 = \mathbf{0}$
- 初期残差 $\mathbf{r}^0 = \mathbf{b} - \mathbf{A}\mathbf{x}^0 = \mathbf{b}$
- 解の初期サポート $S^0 = \text{Support}\{\mathbf{x}^0\} = \emptyset$

とする．

メインループ： $k \leftarrow k + 1$ として，以下のステップを実行する．

- 誤差の計算：すべての j について，最適な $z_j^* = \mathbf{a}_j^{\mathrm{T}} \mathbf{r}^{k-1} / \|\mathbf{a}_j\|_2^2$ を用いて誤差 $\epsilon(j) = \min_{z_j} \|\mathbf{a}_j z_j - \mathbf{r}^{k-1}\|_2^2$ を計算する．
- サポートの更新：$\forall 1 \le j \le m$, $\epsilon(j_0) \le \epsilon(j)$ を満たす最適解 j_0 を求める．そしてサポートを $S^k = S^{k-1} \bigcup \{j_0\}$ で更新する．
- 暫定解の更新：$\mathbf{x}^k = \mathbf{x}^{k-1}$ として，新しい要素を $x^k(j_0) = x^k(j_0) + z_j^*$ に更新する．
- 残差の更新：$\mathbf{r}^k = \mathbf{b} - \mathbf{A}\mathbf{x}^k = \mathbf{r}^{k-1} - z_{j_0}^* \mathbf{a}_{j_0}$ を計算する．
- 停止条件：もし $\|\mathbf{r}^k\|_2 < \epsilon_0$ なら終了し，そうでなければ反復する．

出力： k 回の反復後に，解 $\mathbf{x}^k$ が得られる．

図 3.2 (P_0) を近似的に解くマッチング追跡（MP）．

となる．これは内積の上界を与えている．そこで，「誤差の計算」ステップの最初に $\|\mathbf{r}^{k-1}\|_2^2$ を計算しておき，最小誤差 $\epsilon(j)$ を与える j_0 を探索しているときに，あらかじめ与えられた $t \in (0, 1)$ に対して次式を満たす最初のインデックスを選択する．

$$\frac{(\mathbf{a}_{j_0}^{\mathrm{T}} \mathbf{r}^{k-1})^2}{\|\mathbf{a}_{j_0}\|_2^2} \ge t^2 \|\mathbf{r}^{k-1}\|_2^2 \ge t^2 \max_{1 \le j \le m} \frac{(\mathbf{a}_j^{\mathrm{T}} \mathbf{r}^{k-1})^2}{\|\mathbf{a}_j\|_2^2} \tag{3.9}$$

上記の条件は，次のように書くこともできる．

$$(\mathbf{a}_{j_0}^{\mathrm{T}} \mathbf{r}^{k-1})^2 \ge t^2 \|\mathbf{r}^{k-1}\|_2^2 \ \|\mathbf{a}_{j_0}\|_2^2 \tag{3.10}$$

この場合，最大値から高々 t 倍だけ小さい値を持つ列が選択されることになる．なお，「誤差の計算」ステップにおいて，上記の条件を満たす列を除外して最大

タスク：　$(P_0)\ \min_{\mathbf{x}} \|\mathbf{x}\|_0$ subject to $\mathbf{b} = \mathbf{A}\mathbf{x}$ の近似解を求める．

パラメータ：　行列 $\mathbf{A}$，ベクトル $\mathbf{b}$，誤差しきい値 ϵ_0，スカラー t $(0 < t < 1)$ が与えられる．

初期化：　$k = 0$ として，

- 初期解　$\mathbf{x}^0 = \mathbf{0}$
- 初期残差　$\mathbf{r}^0 = \mathbf{b} - \mathbf{A}\mathbf{x}^0 = \mathbf{b}$
- 解の初期サポート　$S^0 = \mathrm{Support}\{\mathbf{x}^0\} = \emptyset$

とする．

メインループ：　$k \leftarrow k + 1$ として，以下のステップを実行する．

- 誤差の計算：$j = 1, 2, \ldots$ について順番に，最適な $z_j^* = \mathbf{a}_j^{\mathrm{T}} \mathbf{r}^{k-1} / \|\mathbf{a}_j\|_2^2$ を用いて，誤差 $\epsilon(j) = \min_{z_j} \|\mathbf{a}_j z_j - \mathbf{r}^{k-1}\|_2^2$ を計算する．もし $|\mathbf{a}_j^{\mathrm{T}} \mathbf{r}^{k-1}| / \|\mathbf{a}_j\|_2 \geq t \|\mathbf{r}^{k-1}\|_2$ となったら終了する．
- サポートの更新：「誤差の計算」ステップで得られた j_0 を使い，サポートを $S^k = S^{k-1} \bigcup \{j_0\}$ で更新する．
- 暫定解の更新：$\mathbf{x}^k = \mathbf{x}^{k-1}$ として，新しい要素を $x^k(j_0) = x^k(j_0) + z_j^*$ に更新する．
- 残差の更新：$\mathbf{r}^k = \mathbf{b} - \mathbf{A}\mathbf{x}^k = \mathbf{r}^{k-1} - z_{j_0}^* \mathbf{a}_{j_0}$ を計算する．
- 停止条件：もし $\|\mathbf{r}^k\|_2 < \epsilon_0$ なら終了し，そうでなければ反復する．

出力：　k 回の反復後に，解 $\mathbf{x}^k$ が得られる．

図 3.3　(P_0) を近似的に解く弱マッチング追跡（WMP）．

値を探索することも可能である．こうすると探索は速くなるかもしれないが，残差の減少率が遅くなることにも考慮が必要である．

3.1.4　正規化

上記の貪欲アルゴリズム（OMP，MP，WMP）の記述はどれも，列が ℓ_2 正規化されているとは限らない一般の行列 $\mathbf{A}$ に対するものであった．$\mathbf{A}$ の列を正規化するには，対角成分に $1/\|\mathbf{a}_i\|_2$ を持つ対角行列 $\mathbf{W}$ を用いて $\tilde{\mathbf{A}} = \mathbf{A}\mathbf{W}$ とすればよいので，この $\tilde{\mathbf{A}}$ を前述のアルゴリズムに用いることもできる．その場合の結果は異なるのだろうか？　次の定理がその疑問に答えている．

定理 3.1 (列の正規化) もとの行列 $\mathbf{A}$ を用いても，列が正規化された $\tilde{\mathbf{A}}$ を用いても，貪欲アルゴリズム (OMP, MP, WMP) は同じサポートを持つ解を与える.

証明 OMP の k 回目の反復から説明する. 次のインデックスを選択するには，誤差 $\epsilon(j) = \|\mathbf{r}^{k-1}\|_2^2 - (\mathbf{a}_j^{\mathrm{T}}\mathbf{r}^{k-1})^2/\|\mathbf{a}_j\|_2^2$ を最小にする j_0 を求める. ここで，$\tilde{\mathbf{a}}_j = \mathbf{a}_j/\|\mathbf{a}_j\|_2$ と書くと明らかに $\|\tilde{\mathbf{a}}\|_2 = 1$ であり，以下が成り立つ.

$$
\begin{aligned}
\epsilon(j) &= \|\mathbf{r}^{k-1}\|_2^2 - \left(\frac{\mathbf{a}_j^{\mathrm{T}}\mathbf{r}^{k-1}}{\|\mathbf{a}_j\|_2}\right)^2 \\
&= \|\mathbf{r}^{k-1}\|_2^2 - \left(\tilde{\mathbf{a}}_j^{\mathrm{T}}\mathbf{r}^{k-1}\right)^2 \\
&= \|\mathbf{r}^{k-1}\|_2^2 - \left(\frac{\tilde{\mathbf{a}}_j^{\mathrm{T}}\mathbf{r}^{k-1}}{\|\tilde{\mathbf{a}}_j\|_2}\right)^2
\end{aligned}
\tag{3.11}
$$

したがって，列を正規化しても，同じインデックス j_0 が選択される.

それに続く最小 2 乗ステップでは，得られたサポート S^k を制約として $\min_{\mathbf{x}} \|\mathbf{A}\mathbf{x} - \mathbf{b}\|_2^2$ の解を求める. サポートに対応する $\mathbf{A}$ の列からなる部分行列を $\mathbf{A}_S$ と書くと，この問題の解は次のように簡単に書ける.

$$
\mathbf{x}_S^k = (\mathbf{A}_S^{\mathrm{T}}\mathbf{A}_S)^{-1}\mathbf{A}_S^{\mathrm{T}}\mathbf{b} \tag{3.12}
$$

そして，残差は次のようになる.

$$
\mathbf{r}^k = \mathbf{b} - \mathbf{A}_S\mathbf{x}_S^k = \left[\mathbf{I} - \mathbf{A}_S(\mathbf{A}_S^{\mathrm{T}}\mathbf{A}_S)^{-1}\mathbf{A}_S^{\mathrm{T}}\right]\mathbf{b} \tag{3.13}
$$

ここで，サポート S に対応する $\mathbf{W}$ の列からなる部分行列を $\mathbf{W}_S$ と書く. 正規化された行列 $\tilde{\mathbf{A}}$ の代わりに，部分行列 $\tilde{\mathbf{A}}_S = \mathbf{A}_S\mathbf{W}_S$ を用いると，OMP で求められる残差は，次のようになる.

$$
\begin{aligned}
\tilde{\mathbf{r}}^k &= \left[\mathbf{I} - \tilde{\mathbf{A}}_S(\tilde{\mathbf{A}}_S^{\mathrm{T}}\tilde{\mathbf{A}}_S)^{-1}\tilde{\mathbf{A}}_S^{\mathrm{T}}\right]\mathbf{b} \\
&= \left[\mathbf{I} - \mathbf{A}_S\mathbf{W}_S(\mathbf{W}_S\mathbf{A}_S^{\mathrm{T}}\mathbf{A}_S\mathbf{W}_S)^{-1}\mathbf{W}_S\mathbf{A}_S^{\mathrm{T}}\right]\mathbf{b} \\
&= \left[\mathbf{I} - \mathbf{A}_S\mathbf{W}_S\mathbf{W}_S^{-1}(\mathbf{A}_S^{\mathrm{T}}\mathbf{A}_S)^{-1}\mathbf{W}_S^{-1}\mathbf{W}_S\mathbf{A}_S^{\mathrm{T}}\right]\mathbf{b} \\
&= \left[\mathbf{I} - \mathbf{A}_S(\mathbf{A}_S^{\mathrm{T}}\mathbf{A}_S)^{-1}\mathbf{A}_S^{\mathrm{T}}\right]\mathbf{b} = \mathbf{r}^k
\end{aligned}
\tag{3.14}
$$

もとの行列でも正規化された行列でも，得られた残差は同じものである．残差は次の反復においてサポート選択に利用されるため，これで OMP の結果は正規化しても変わらないことが示された．

インデックス j_0 を選択する手続きは MP でも同じであるので，MP でも正規化によって結果は変わらない．MP における残差の更新は，以下のようにもっと単純になる．

$$\mathbf{r}^k = \mathbf{r}^{k-1} - z_{j_0}^* \mathbf{a}_{j_0} = \mathbf{r}^{k-1} - \frac{\mathbf{a}_{j_0}^{\mathrm{T}} \mathbf{r}^{k-1}}{\|\mathbf{a}_{j_0}\|_2^2} \mathbf{a}_{j_0} \tag{3.15}$$

正規化された行列を用いて同様に行うと，

$$\tilde{\mathbf{r}}^k = \tilde{\mathbf{r}}^{k-1} - \tilde{z}_{j_0}^* \tilde{\mathbf{a}}_{j_0} = \tilde{\mathbf{r}}^{k-1} - \tilde{\mathbf{a}}_{j_0}^{\mathrm{T}} \tilde{\mathbf{r}}^{k-1} \tilde{\mathbf{a}}_{j_0} \tag{3.16}$$

となる．$\tilde{\mathbf{r}}^{k-1} = \mathbf{r}^{k-1}$ を仮定し，$\tilde{\mathbf{a}}_j = \mathbf{a}_j / \|\mathbf{a}_j\|_2$ を用いると，以下の式を得る．

$$\begin{aligned} \tilde{\mathbf{r}}^k &= \tilde{\mathbf{r}}^{k-1} - \tilde{\mathbf{a}}_{j_0}^{\mathrm{T}} \tilde{\mathbf{r}}^{k-1} \tilde{\mathbf{a}}_{j_0} \\ &= \mathbf{r}^{k-1} - \left(\frac{\mathbf{a}_{j_0}}{\|\mathbf{a}_{j_0}\|_2} \right)^{\mathrm{T}} \mathbf{r}^{k-1} \left(\frac{\mathbf{a}_{j_0}}{\|\mathbf{a}_{j_0}\|_2} \right) \\ &= \mathbf{r}^{k-1} - \frac{\mathbf{a}_{j_0}^{\mathrm{T}} \mathbf{r}^{k-1}}{\|\mathbf{a}_{j_0}\|_2^2} \mathbf{a}_{j_0} = \mathbf{r}^k \end{aligned} \tag{3.17}$$

ここでも残差は変わらないという結果が得られた．したがって，MP の結果も正規化では変わらないことが保証される．

最後に考察するのは WMP である．もとの行列を使う場合，以下を満たす j_0 を探索する．

$$\frac{|\mathbf{a}_{j_0}^{\mathrm{T}} \mathbf{r}^{k-1}|}{\|\mathbf{a}_{j_0}\|_2} \geq t \frac{|\mathbf{a}_j^{\mathrm{T}} \mathbf{r}^{k-1}|}{\|\mathbf{a}_j\|_2} \tag{3.18}$$

正規化された行列を用いて同様に行うと，まったく同じ式が得られる．$\tilde{\mathbf{a}}_j = \mathbf{a}_j / \|\mathbf{a}_j\|_2$ であり，選択されるインデックスも同じである．残差更新の式も MP とまったく同じであり，やはり正規化で残差は変わらない．したがって，WMP の結果も正規化では変わらず，これで証明された．　□

正規化された行列を用いるほうが簡単になる．なぜなら，サポートに追加する次のインデックスの選択が，単なる内積計算で済むからである．そのため，これ以降は行列は列があらかじめ正規化されているとする．

なお，注意が必要なのは，もとの問題が正規化されていない行列で与えられている場合，行列を正規化して得られる解 $\mathbf{x}^k$ が変わってしまうことである．正規化された行列を用いる場合には，後処理として正規化を戻す処理 $\mathbf{x}^k = \mathbf{W}\tilde{\mathbf{x}}^k$ を施す必要がある．なぜなら，アルゴリズムは $\tilde{\mathbf{A}}\tilde{\mathbf{x}}^k = \mathbf{b}$ を満たす解を求めるため，$\tilde{\mathbf{A}} = \mathbf{AW}$ を用いると，

$$\mathbf{b} = \tilde{\mathbf{A}}\tilde{\mathbf{x}}^k = \mathbf{AW}\tilde{\mathbf{x}}^k = \mathbf{A}\mathbf{x}^k \quad \Rightarrow \quad \mathbf{x}^k = \mathbf{W}\tilde{\mathbf{x}}^k \tag{3.19}$$

となるからである．

3.1.5 貪欲アルゴリズムにおける残差の減衰率

MP アルゴリズム（図 3.2）は，残差を以下の漸化式で更新していた[*1]．

$$\mathbf{r}^k = \mathbf{r}^{k-1} - z_{j_0}^* \mathbf{a}_{j_0} = \mathbf{r}^{k-1} - (\mathbf{a}_{j_0}^{\mathrm{T}} \mathbf{r}^{k-1})\mathbf{a}_{j_0} \tag{3.20}$$

ここで，j_0 は $|\mathbf{a}_j^{\mathrm{T}} \mathbf{r}^{k-1}|$ を最大化するインデックスである．したがって，残差のエネルギーは次のように振る舞う．

$$\begin{aligned} \epsilon(j_0) &= \|\mathbf{r}^k\|_2^2 \qquad (3.21) \\ &= \|\mathbf{r}^{k-1}\|_2^2 - 2(\mathbf{a}_{j_0}^{\mathrm{T}} \mathbf{r}^{k-1})^2 + (\mathbf{a}_{j_0}^{\mathrm{T}} \mathbf{r}^{k-1})^2 \\ &= \|\mathbf{r}^{k-1}\|_2^2 - (\mathbf{a}_{j_0}^{\mathrm{T}} \mathbf{r}^{k-1})^2 \\ &= \|\mathbf{r}^{k-1}\|_2^2 - \max_{1 \le j \le m} (\mathbf{a}_j^{\mathrm{T}} \mathbf{r}^{k-1})^2 \end{aligned}$$

ここで以下の減衰因子を定義する．これは Mallat and Zhang (1993) によって提案された概念である．

定義 3.1（減衰因子） m 個の正規化された列 $\{\mathbf{a}_j\}_{j=1}^m$ を持つ行列 $\mathbf{A}$ と任意のベクトル $\mathbf{v}$ に対して，減衰因子（decay factor）$\delta(\mathbf{A}, \mathbf{v})$ は次式で定義される．

$$\delta(\mathbf{A}, \mathbf{v}) = \max_{1 \le j \le m} \frac{|\mathbf{a}_j^{\mathrm{T}} \mathbf{v}|^2}{\|\mathbf{v}\|_2^2} \tag{3.22}$$

---

*1 以降，$\mathbf{A}$ の列は正規化されていると仮定する．

定義より，$\|\mathbf{v}\|_2^2\,\delta(\mathbf{A},\mathbf{v}) = \max_j |\mathbf{a}_j^{\mathrm{T}}\mathbf{v}|$ という関係が成り立つ．また，定義が正規化相関の式になっているので，$0 \leq \delta(\mathbf{A},\mathbf{v}) \leq 1$ という事実も明らかである．この値は $\mathbf{v} = \mathbf{a}_j$ のときに最大となり，最小となりうるのは $\mathbf{A}$ がランク欠損の場合である．これに関する議論は，この定義を用いて MP の誤差減衰率を解析した後に，再び行うことにする．

上記の定義を用いて，すべての可能なベクトル $\mathbf{b}$ について減衰因子を最小化する汎減衰因子を定義する．

定義 3.2（汎減衰因子）　m 個の正規化された列 $\{\mathbf{a}_j\}_{j=1}^m$ を持つ行列 $\mathbf{A}$ と任意のベクトル $\mathbf{v}$ に対して，汎減衰因子（universal decay factor）$\delta(\mathbf{A})$ は次式で定義される．

$$\delta(\mathbf{A}) = \inf_{\mathbf{v}} \max_{1\leq j\leq m} \frac{|\mathbf{a}_j^{\mathrm{T}}\mathbf{v}|^2}{\|\mathbf{v}\|_2^2} = \inf_{\mathbf{v}} \delta(\mathbf{A},\mathbf{v}) \tag{3.23}$$

この定義は，$\mathbf{A}$ の列との内積が最小になるベクトル $\mathbf{v}$ を求めるものである．次式で示すように，これは残差が少なくともどのくらい減るのかを示している．式 (3.21) と減衰因子 $\delta(\mathbf{A})$ を用いると，次式が得られる．

$$\begin{aligned} \|\mathbf{r}^k\|_2^2 &= \|\mathbf{r}^{k-1}\|_2^2 - \max_{1\leq j\leq m} |\mathbf{a}_j^{\mathrm{T}}\mathbf{r}^{k-1}|^2 \\ &= \|\mathbf{r}^{k-1}\|_2^2 - \max_{1\leq j\leq m} \frac{|\mathbf{a}_j^{\mathrm{T}}\mathbf{r}^{k-1}|^2}{\|\mathbf{r}^{k-1}\|_2^2}\|\mathbf{r}^{k-1}\|_2^2 \\ &= \|\mathbf{r}^{k-1}\|_2^2 - \delta(\mathbf{A},\mathbf{r}^{k-1})\|\mathbf{r}^{k-1}\|_2^2 \\ &\leq \|\mathbf{r}^{k-1}\|_2^2 - \delta(\mathbf{A})\|\mathbf{r}^{k-1}\|_2^2 = (1-\delta(\mathbf{A}))\|\mathbf{r}^{k-1}\|_2^2 \end{aligned} \tag{3.24}$$

この結果を再帰的に適用すると，

$$\|\mathbf{r}^k\|_2^2 \leq (1-\delta(\mathbf{A}))^k\|\mathbf{r}^0\|_2^2 = (1-\delta(\mathbf{A}))^k\|\mathbf{b}\|_2^2 \tag{3.25}$$

となり，残差に関して指数関数的な収束率の上界が得られる．同様の議論を OMP で行うと，MP に比べて OMP では LS 更新が誤差を大きく減らすので，上記の結果は残差の減衰率の上界でもあることがわかる．WMP では収束率が $\delta(\mathbf{A})$ ではなく $t\delta(\mathbf{A})$ に関して指数関数的になるため，減衰率は弱く（小さく）なる．

以上の収束率の議論においては，$\delta(\mathbf{A})$ が厳密に正である（0 は含まない）ことを保証しなければならない．ここで考えている行列 $\mathbf{A}$ は，列が行よりも多いフルランクの行列であるとしているため，列空間は全空間 $\mathbb{R}^n$ である．したがって，どんなベクトル $\mathbf{v}$ もすべての列と直交することはないので，$\delta(\mathbf{A}) > 0$ であることが確かめられる．

興味ある例題として $\mathbf{A} = \mathbf{I}$ の場合を考えよう（単位行列ではなく直交行列でもよい）．この場合には $\delta(\mathbf{A}) = 1/n$ であることを容易に示すことができる．興味深いことに，この説明は，二つの直交行列に対する最小の相互コヒーレンスの説明とよく似ている．単位行列にベクトル $\mathbf{v}$ を列として加えた行列を考え，そのグラム行列を計算する．すると，減衰率 $\delta(\mathbf{A})$ は，このグラム行列の最大の非対角要素（$\mathbf{v}$ の最大要素）の 2 乗である．したがって，$\mathbf{I}$ の列との内積が最小になる（正規化された）ベクトルは $\mathbf{v}_{\mathrm{opt}} = \mathbf{1}/\sqrt{n}$ である．

$\delta(\mathbf{A})$ を他の式で定義することもできる．以前のように $\mathbf{A}$ の列を正規化したものを $\tilde{\mathbf{A}}$ とすると，以下の式を得る．

$$
\begin{aligned}
\delta(\tilde{\mathbf{A}}) &= \inf_{\mathbf{v}} \max_{1 \le j \le m} \frac{|\tilde{\mathbf{a}}_j^{\mathrm{T}} \mathbf{v}|^2}{\|\mathbf{v}\|_2^2} \\
&= \inf_{\mathbf{v}} \frac{1}{\|\mathbf{v}\|_2^2} \max_{1 \le j \le m} |\tilde{\mathbf{a}}_j^{\mathrm{T}} \mathbf{v}|^2 \\
&= \inf_{\mathbf{v}} \frac{\|\tilde{\mathbf{A}}^{\mathrm{T}} \mathbf{v}\|_\infty^2}{\|\mathbf{v}\|_2^2}
\end{aligned}
\tag{3.26}
$$

ℓ_∞ を ℓ_2 で置き換えれば，これは行列 $\tilde{\mathbf{A}}\tilde{\mathbf{A}}^{\mathrm{T}}$ の最小固有値となる．この行列が正定値であるので，最小固有値も厳密に正となる．

3.1.6 しきい値アルゴリズム

貪欲アルゴリズムとして最後に紹介する手法は，これまでのアルゴリズムとはやや方針が異なる貪欲法であり，非常に簡単に解を求める手法である．これは OMP アルゴリズムを簡単化した手法であり，最初の射影だけで解のサポートを選択してしまう，つまり，内積が大きいほうから k 個の列をサポートとする方法をとる．図 3.4 に示すこの手法は，しきい値アルゴリズム（thresholding algorithm）と呼ばれている．

どのサポートを選択するのかを決める誤差 $\epsilon(j)$ は，これまでのアルゴリズム

タスク： $(P_0)\ \min_{\mathbf{x}} \|\mathbf{x}\|_0$ subject to $\mathbf{b} = \mathbf{A}\mathbf{x}$ の近似解を求める．

パラメータ： 行列 $\mathbf{A}$，ベクトル $\mathbf{b}$，列の個数 k が与えられる．

誤差の計算： すべての j について，最適な $z_j^* = \mathbf{a}_j^{\mathrm{T}}\mathbf{b}/\|\mathbf{a}_j\|_2^2$ を用いて誤差 $\epsilon(j) = \min_{z_j} \|\mathbf{a}_j z_j - \mathbf{b}\|_2^2$ を計算する．

サポートの更新： $\forall j \in S,\ \epsilon(j) \le \min_{i \notin S} \epsilon(i)$ を満たす最小の k 個のインデックスからなる，要素数 k の集合 S を求める．

暫定解の更新： $\|\mathbf{A}\mathbf{x} - \mathbf{b}\|_2^2$ subject to Support$\{\mathbf{x}\} = S$ の最適解 $\mathbf{x}$ を求める．

出力： 解 $\mathbf{x}$ が得られる．

図 3.4　しきい値アルゴリズム：(P_0) を近似的に解くための貪欲法．

と同じである．

$$\begin{aligned}\epsilon(j) &= \min_{z_j} \|\mathbf{a}_j z_j - \mathbf{b}\|_2^2 \\ &= \left\| \frac{\mathbf{a}_j^{\mathrm{T}}\mathbf{b}}{\|\mathbf{a}_j\|_2^2}\mathbf{a}_j - \mathbf{b} \right\|_2^2 \\ &= \|\mathbf{b}\|_2^2 - \frac{(\mathbf{a}_j^{\mathrm{T}}\mathbf{b})^2}{\|\mathbf{a}_j\|_2^2}\end{aligned} \tag{3.27}$$

したがって，行列 $\mathbf{A}$ の列を最初に正規化しておくことで，同じ結果が得られる．

$$\epsilon(j) = \|\mathbf{b}\|_2^2 - (\mathbf{a}_j^{\mathrm{T}}\mathbf{b})^2 \tag{3.28}$$

これが意味するのは，サポートの k 個の要素を探索するためには，ベクトル $|\mathbf{A}^{\mathrm{T}}\mathbf{b}|$ の要素をソートしておけばよいということである．明らかに，このアルゴリズムこれまでに紹介した貪欲アルゴリズムよりもはるかに単純である．

なお，上記のアルゴリズムの記述において，求めたい非ゼロ要素の数 k は既知であると仮定した．その代わりに，誤差 $\|\mathbf{A}\mathbf{x}^k - \mathbf{b}\|_2$ があらかじめ指定したしきい値 ϵ_0 に達するまで k を増やす方法もある．

3.1.7　貪欲アルゴリズムの数値例

貪欲アルゴリズムの議論の最後に，単純なケースについての振る舞いを比較する数値例を紹介する．まず，一様分布から抽出されたランダムな要素を持つ

30×50 の行列 $\mathbf{A}$ を作成し，各列を ℓ_2 正規化する．次に，非ゼロ要素の個数が $[1, 10]$ の範囲であるスパースなベクトル $\mathbf{x}$ を作成し，その非ゼロ要素の値を $[-2, -1] \cup [1, 2]$ の範囲の一様分布から iid 抽出する．なお，非ゼロ要素に 0 が含まれてしまうと，貪欲アルゴリズム（特にしきい値アルゴリズム）が成功するかどうかに大きく影響してしまうので，故意に 0 を含まないようにしてある．こうして生成した $\mathbf{x}$ を用いて $\mathbf{b} = \mathbf{A}\mathbf{x}$ を計算し，これまで説明した手法を適用して $\mathbf{x}$ を求める．このようなテストを，非ゼロ要素の個数を変えてそれぞれ 1,000 回実行し，平均した結果を示す．なお $\mathbf{A}$ のスパークは 31 なので，第 2 章で説明した考え方に基づけば，生成した解 $\mathbf{x}$ はすべてのテストにおいて最もスパースな解である．

近似アルゴリズムの成否を判断する際に，近似解 $\hat{\mathbf{x}}$ と厳密解 $\mathbf{x}$ との距離を測る方法は多数存在する．ここでは，ℓ_2 誤差とサポートの復元度合いという二つの評価尺度を用いる．ℓ_2 誤差の計算式は $\|\mathbf{x} - \hat{\mathbf{x}}\| / \|\mathbf{x}\|^2$ であり，これは二つの解の ℓ_2 ノルムでの相対誤差である．

この ℓ_2 誤差による評価は，アルゴリズムの振る舞いを完全に明らかにするものではない．なぜなら，サポートが完全に復元できたのか，それとも部分的にしか復元できていないのかを判断できないからである．そのため，もう一つの評価尺度として，二つの解のサポート同士の距離を用いる．二つのサポートを $\hat{S}, S$ とすると，サポート間の距離を以下で定義する．

$$\mathrm{dist}(\hat{S}, S) = \frac{\max\{|\hat{S}|, |S|\} - |\hat{S} \cap S|}{\max\{|\hat{S}|, |S|\}} \tag{3.29}$$

もし二つのサポートが同一であれば，この距離は 0 になる．もし異なれば，この距離は，（二つのうちサポートの大きいほうに対する）サポート同士の共通部分の割合を示している．距離が 1 であれば，二つのサポートはまったく異なっており，重複部分がないことを意味する．

比較した手法は，LS-OMP，OMP，MP，WMP（$t = 0.5$），しきい値アルゴリズムである．これらの手法において，残差がしきい値（$\|\mathbf{r}^k\|_2^2 \leq 1\mathrm{E}{-4}$）を下回る解が得られるまでステップを反復した．この実験結果を図 3.5 と図 3.6 に示す．

予想したとおり，LS-OMP が最も性能が良く，その次が OMP である．MP と WMP との差はわずかである．しきい値アルゴリズムの性能は，これらの手

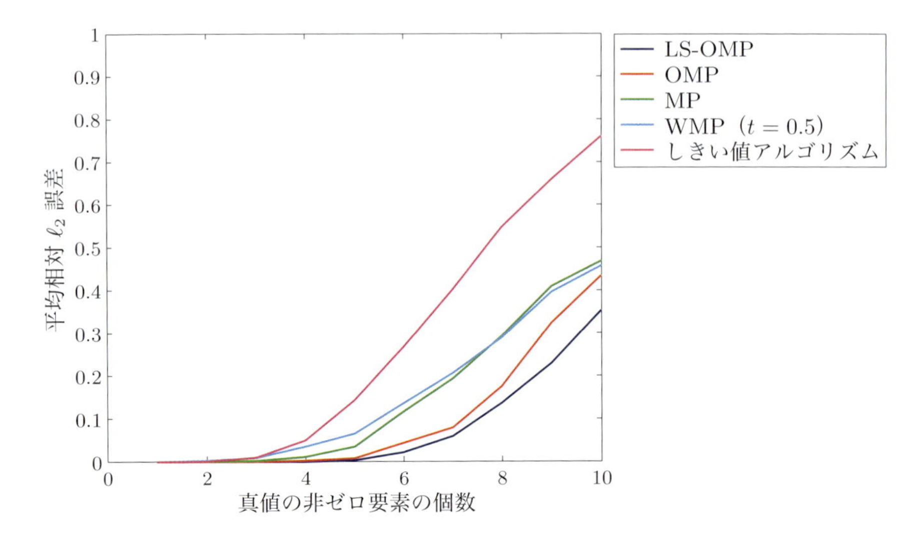

図 3.5　貪欲アルゴリズムの性能評価（相対 ℓ_2 誤差）.

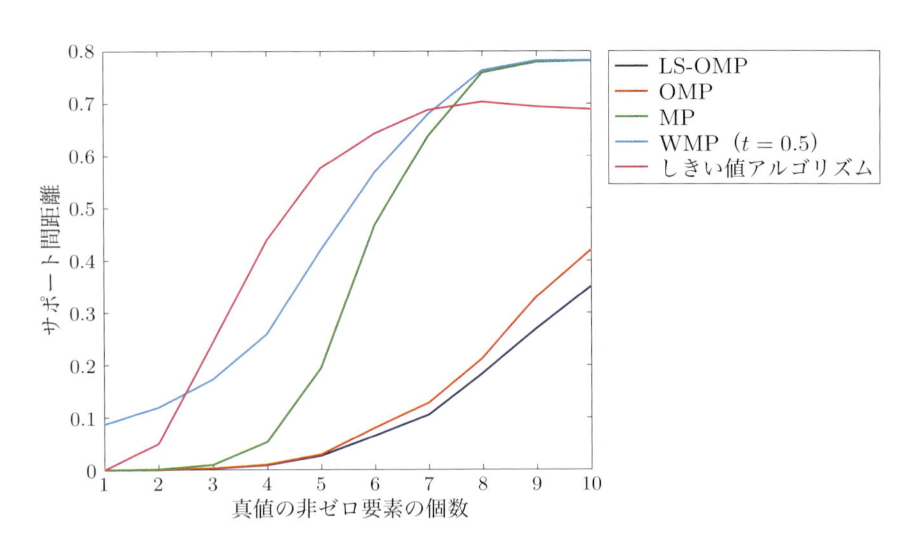

図 3.6　貪欲アルゴリズムの性能評価（サポート間距離）.

法の中で最も悪い．全般的に，どのアルゴリズムも，非ゼロ要素の個数が少ないときにはどちらの評価尺度でも性能が良い．また，アルゴリズムの性能の順位は，どちらの評価尺度でもおよそ一致している．次章でこれらのアルゴリズムのいくつかをさらに解析するので，この結果を解釈する助けになるだろう．

3.2 凸緩和の手法

3.2.1 ℓ_0 ノルムの緩和

以前に述べたように，(P_0) 問題を解きやすくするもう一つの方法は，（非常に不連続な）ℓ_0 ノルムを緩和すること，つまり，連続関数や滑らかな関数で ℓ_0 ノルムを近似することである．その緩和の例として，$p \in (0,1]$ である ℓ_p ノルムや，$\sum_j \log(1+\alpha x_j^2)$，$\sum_j x_j^2/(\alpha + x_j^2)$，$\sum_j (1-\exp(-\alpha x_j^2))$ などの滑らかな関数がある．

その中でも特に興味を引くのは，Gorodnitsky と Rao が提案した FOCUSS (focal underdetermined system solver; 集中劣条件連立方程式解法）アルゴリズムである．この手法は，反復再重み付け最小 2 乗（iterative-reweighed-least-squares; IRLS）を用いて（ある固定した $p \in (0,1]$ についての）ℓ_p ノルムを重み付き ℓ_2 ノルムで表現するものである．各反復においては，現在の近似解を $\mathbf{x}_{k-1}$ とすると，$\mathbf{X}_{k-1} = \mathrm{diag}(|\mathbf{x}_{k-1}|^q)$ とする．ここで，この行列は正則であると仮定すれば，$\|\mathbf{X}_{k-1}^{-1}\mathbf{x}\|_2^2$ は $\|\mathbf{x}\|_{2-2q}^{2-2q}$ と等価になる（これは $\mathbf{x}$ の各要素を $2-2q$ 乗して総和をとることに等しい）．そこで，$q = 1 - p/2$ とすれば，これは ℓ_p ノルム $\|\mathbf{x}\|_p^p$ を模したものになる．

実際には，上記のように $\mathbf{X}_{k-1}$ の逆行列を用いるのではなく，擬似逆行列を用いて $\|\mathbf{X}_{k-1}^{+}\mathbf{x}\|_2^2$ とする．ここで，$\mathbf{X}_{k-1}^{+}$ の対角要素は，非ゼロ要素 x_i に対してはその逆数となり，その他は 0 のままである．このように変更しても，ノルム計算における総和には非ゼロ要素しか関わらないので，上記の ℓ_p ノルムの解釈は変わらない．これに基づいて，以下の問題を考える．

$$(M_k): \quad \min_{\mathbf{x}} \ \|\mathbf{X}_{k-1}^{+}\mathbf{x}\|_2^2 \quad \text{subject to} \quad \mathbf{b} = \mathbf{A}\mathbf{x} \tag{3.30}$$

これは，前回の反復での解 $\mathbf{x}_{k-1}$ の周辺で問題 (P_p) を模したものである．$q=1$ の場合には問題 (P_0) の変形版となる．しかし，問題 (P_p) のもとの直接的な定式化とは対照的に，この問題はペナルティに ℓ_2 ノルムを用いているため，ラグランジュ乗数法を用いると，標準的な線形代数で以下のように解くことができる．

$$\mathcal{L}(\mathbf{x}) = \|\mathbf{X}_{k-1}^{+}\mathbf{x}\|_2^2 + \lambda^{\mathrm{T}}(\mathbf{b} - \mathbf{A}\mathbf{x}) \tag{3.31}$$
$$\Rightarrow \quad \frac{\partial \mathcal{L}(\mathbf{x})}{\partial \mathbf{x}} = \mathbf{0} = 2(\mathbf{X}_{k-1}^{+})^2\mathbf{x} - \mathbf{A}^{\mathrm{T}}\lambda$$

もし $\mathbf{X}_{k-1}^{+}$ が正則である，つまり $\mathbf{X}_{k-1}^{+}$ の対角要素に 0 がないと仮定できれば，$(\mathbf{X}_{k-1}^{+})^{-1} = \mathbf{X}_{k-1}$ となる．この場合，解は次のようになる．

$$\mathbf{x}_k = 0.5\mathbf{X}_{k-1}^2\mathbf{A}^{\mathrm{T}}\lambda \tag{3.32}$$

一般には $\mathbf{X}_{k-1}^{+}$ の対角要素のいくつかは 0 であり，それに対応する $\mathbf{x}_k$ の要素は 0 になる．したがって，$\mathbf{x}_{k-1}$ のゼロ要素は以降の反復でもゼロのままであると仮定すると（こうすると解はスパースになる），上記の式は依然として正しく適切に振る舞う．この式を制約条件 $\mathbf{A}\mathbf{x} = \mathbf{b}$ に代入すると，次式を得る．

$$0.5\mathbf{A}(\mathbf{X}_{k-1})^2\mathbf{A}^{\mathrm{T}}\lambda = \mathbf{b} \quad \Rightarrow \quad \lambda = 2\left(\mathbf{A}\mathbf{X}_{k-1}^2\mathbf{A}^{\mathrm{T}}\right)^{-1}\mathbf{b} \tag{3.33}$$

ここでも逆行列の存在を考慮しなければならない．実際には，以下のように擬似逆行列を用いることになる[*2]．

$$\mathbf{x}_k = \mathbf{X}_{k-1}^2\mathbf{A}^{\mathrm{T}}\left(\mathbf{A}\mathbf{X}_{k-1}^2\mathbf{A}^{\mathrm{T}}\right)^{+}\mathbf{b} \tag{3.34}$$

この近似解 $\mathbf{x}_k$ を用いて対角行列 $\mathbf{X}_k$ を更新し，次の反復を続ける．このアルゴリズムを図 3.7 に示す．

このアルゴリズムは不動点へ収束することが保証されているが，それが最適解であるとは限らない．興味深いことに，得られた解の系列が $p = 0$ について

[*2] 行列 $\mathbf{X}_{k-1}$ は $\mathbf{A}$ の列の部分集合を選択する．もし選択された列の数が n 以上であれば，全空間を張ることになり，この逆行列は擬似逆行列と同じものになる．もし選択された列の数が n 未満ならば，もしくは（選択された列集合の）ランクが n よりも小さいならば，この逆行列は擬似逆行列と異なるものになる．しかし，それにもかかわらず，それらの列集合が張る空間に $\mathbf{b}$ が含まれる場合には，この擬似逆行列は適切であり，解 λ を求めることができる．もし列集合が張る空間に $\mathbf{b}$ が含まれないならば，この等式を満たす λ は存在しない．しかし，アルゴリズムが $\mathbf{A}$ の列を適切に処理していれば，列集合が張る空間に $\mathbf{b}$ が含まれないという状況は生じない（要証明）．

タスク： (P_p) $\min_{\mathbf{x}} \|\mathbf{x}\|_p^p$ subject to $\mathbf{b} = \mathbf{A}\mathbf{x}$ の近似解を求める．

初期化： $k = 0$ として，

- 初期近似解 $\mathbf{x}_0 = \mathbf{1}$
- 初期重み行列 $\mathbf{X}_0 = \mathbf{I}$

とする．

メインループ： $k \leftarrow k + 1$ として，以下のステップを実行する．

- 最小 2 乗法：線形連立方程式

$$\mathbf{x}_k = \mathbf{X}_{k-1}^2 \mathbf{A}^{\mathrm{T}} \left(\mathbf{A}\mathbf{X}_{k-1}^2 \mathbf{A}^{\mathrm{T}} \right)^+ \mathbf{b}$$

を直接または反復法（数回の共役勾配法の反復で十分である）を用いて解き，近似解 $\mathbf{x}_k$ を得る．

- 重みの更新：$\mathbf{x}_k$ を用いて $X_k(j,j) = |x_k(j)|^{1-p/2}$ として重み対角行列 $\mathbf{X}$ を更新する．
- 停止条件：もし $\|\mathbf{x}_k - \mathbf{x}_{k-1}\|_2$ が事前に与えられたしきい値よりも小さければ終了し，そうでなければ反復する．

出力： 解 $\mathbf{x}_k$ が得られる．

図 3.7 問題 (P_p) を解くための IRLS 法．

関数 $\prod_{i=1}^{m} |x_i|$ を必然的に減少させることを，Gorodnitsky と Rao が示した．もう一つの興味深い性質は，すでに述べたように，また式 (3.34) から明らかなように，一度 $\mathbf{x}_k$ の要素が 0 になってしまったら，以降の反復でも 0 のままである，という事実である．つまり，アルゴリズムの初期化では，すべての要素を非ゼロにしておかなければならない．収束するにつれて，それらの要素は 0 になっていく．

FOCUSS アルゴリズムは実用的な方法であるが，それが成功する条件，つまり，数値計算で得られた局所解が実際の (P_0) の大域的最適解の十分良い近似になるのはどんな状況かは，あまり知られていない．別の一般的な戦略は ℓ_0 ノルムを ℓ_1 ノルムに置き換える方法であり，これは自然な意味で最も良い凸近似である．(P_1) を解くためにすぐに使える最適化ツールは数多く存在する（次項を参照）．

(P_0) を緩和して (P_p) にする場合（ここで $0 < p \leq 1$），$\mathbf{A}$ の列の正規化について注意しなければならない．ℓ_0 ノルムは $\mathbf{x}$ の非ゼロ要素の絶対値には影響されないが，ℓ_p ノルムは大きい値に大きなペナルティを与えるため，大きなノルムを持つ $\mathbf{A}$ の列との積を計算する要素が非ゼロ要素となる解に偏る傾向（バイアス）がある．このバイアスを避けるために，列を適切にスケーリングする必要がある．ℓ_1 ノルムを用いて凸緩和すると，新しい目的関数は次のようになる．

$$(P_1): \quad \min_{\mathbf{x}} \|\mathbf{W}^{-1}\mathbf{x}\|_1 \quad \text{subject to} \quad \mathbf{b} = \mathbf{A}\mathbf{x} \tag{3.35}$$

行列 $\mathbf{W}$ は正定値の対角行列であり，（前述の正規化についての議論でも説明した）重みを導入するためのものである．この行列の (i, i) 要素として自然なものは，$w(i, i) = 1/\|\mathbf{a}_i\|_2$ である．$\mathbf{A}$ の列にゼロベクトルはないと仮定すると，これらのすべてのノルムは厳密に正であり，問題 (P_1) は良設定となる．$\mathbf{A}$ の列がすべて正規化されている場合（つまり $\mathbf{W} = \mathbf{I}$）は，基底追跡（basis pursuit; BP）と呼ばれている．BP は Chen, Donoho, and Saunders (1995) によって提案された．以降では，式 (3.35) の一般的な設定としてこの名前を用いることにする．

式 (3.35) と定義 $\tilde{\mathbf{x}} = \mathbf{W}^{-1}\mathbf{x}$ より，この問題は以下のように書き直すことができる．

$$(P_1): \quad \min_{\tilde{\mathbf{x}}} \|\tilde{\mathbf{x}}\|_1 \quad \text{subject to} \quad \mathbf{b} = \mathbf{A}\mathbf{W}\tilde{\mathbf{x}} = \tilde{\mathbf{A}}\tilde{\mathbf{x}} \tag{3.36}$$

つまり，以前と同様に，$\mathbf{A}$ の列を正規化した $\tilde{\mathbf{A}}$ を使うことができ，古典的な BP の形式になる．ただし，貪欲アルゴリズムと同様に，解 $\tilde{\mathbf{x}}$ を得た後に，正規化を戻す処理を施して目的のベクトル $\mathbf{x}$ を求める必要がある．以上より，これ以降は，問題 (P_1) は正規化された行列を用いる標準形式 (3.36) で与えられると仮定する．

3.2.2　(P_1) 問題を数値的に解くアルゴリズム

すでに，問題 (P_1) は線形計画問題に変換できることを議論した．その場合，内点法や単体法，ホモトピー法などの近代的な手法を用いて解くことができる．これらの手法は，上で紹介した貪欲アルゴリズムよりも洗練されており，良設定の最適化問題の大域的最適解を求めることができる．しかし，これは同時に，これらの手法の実装が，貪欲アルゴリズムに比べて非常に複雑であることを意味している．そのため，この問題を扱うためのソフトウェアパッケージが開発されており，インターネットで自由に入手できる．そのようなソフトウェアには，Candès と Romberg の ℓ_1-magic，Boyd とその学生たちが開発した CVX と L1-LS，David Donoho の Sparselab，Michael Friedlander の SparCo，Julien Mairal の SPAMS などがある．

なお，上で議論した FOCUSS 法は，(P_1) を近似的に解くための興味深くまた非常に簡単な数値計算アルゴリズムであるが，(P_1) が凸問題であったとしても，FOCUSS では大域的最適解に収束する保証はない．また，定常解に陥る可能性があり（凸問題なので，これは局所解ではない），単調減少せずに振動する可能性もある．

3.2.3 緩和法の数値例

ここでは，3.1.7 項で行ったテストに，緩和に基づく二つのアルゴリズムを追加して，結果を比較する．一つ目は前述した IRLS であり，$p = 1$ とする（つまり，ℓ_1 最小化を近似すると期待できる）．二つ目は MATLAB の線形計画ソルバーであり，これは基底追跡（BP）の解を計算する．なお，BP と IRLS は OMP に比べて非常に計算時間がかかるため（これらのアルゴリズムの計算複雑さは議論しない．他の文献を参照されたい），この実験では非ゼロ要素の個数を変えてそれぞれ 200 回だけ実行した．

図 3.8 と図 3.9 に結果を示す．貪欲アルゴリズムとの比較のために，これらのグラフには OMP の結果も示してある．明らかに，緩和法はどちらの評価尺度においても非常に性能が良い．また，IRLS は基底追跡と同じように，ℓ_1 最小化の良い近似であることがわかる．

3.3 まとめ

本章では，(P_0) の数値解法に焦点を当て，貪欲法と緩和法について議論した．これらの手法にはそれぞれ利点があり，応用ごとにさまざまなオプションを選択する必要がある．ここで紹介したアルゴリズムはどれも近似解法であり，線形連立方程式 $\mathbf{Ax} = \mathbf{b}$ の真の最もスパースな解が得られない場合もある．そこで疑問となるのは，どのような条件であれば，これらのアルゴリズムが最適解を与える保証が得られるかである．これが次章の話題である．

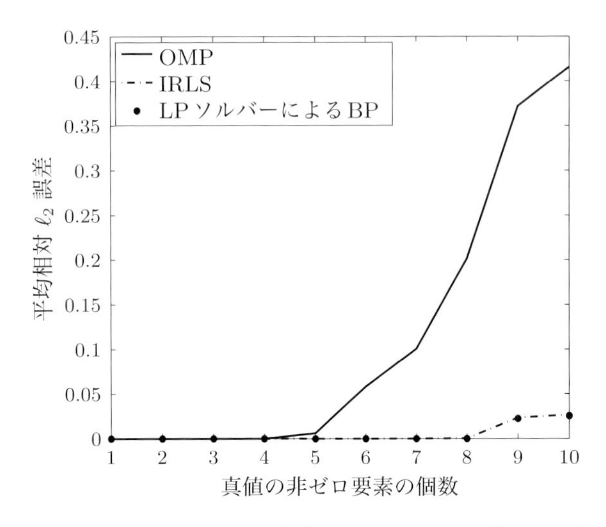

図 3.8　IRLS と BP（MATLAB の線形計画ソルバー）の性能評価（相対 ℓ_2 誤差）．

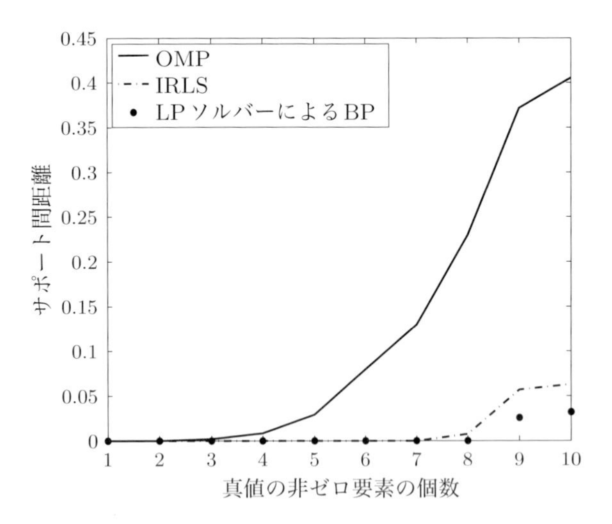

図 3.9　IRLS と BP（MATLAB の線形計画ソルバー）の性能評価（サポート間距離）．

参考文献

1. S. S. Chen, D. L. Donoho, and M. A. Saunders, Atomic decomposition by basis pursuit, *SIAM Journal on Scientific Computing*, 20(1):33–61, 1998.
2. S. S. Chen, D. L. Donoho, and M. A. Saunders, Atomic decomposition by basis pursuit, *SIAM Review*, 43(1):129–159, 2001.
3. A. Cohen, R. A. DeVore, P. Petrushev, and H. Xu, Nonlinear approximation and the space $BV(\mathbb{R}^2)$, *American Journal of Mathematics*, 121(3):587–628, June 1999.
4. G. Davis, S. Mallat, and M. Avellaneda, Adaptive greedy approximations, *Journal of Constructive Approximation*, 13:57–98, 1997.
5. G. Davis, S. Mallat, and Z. Zhang, Adaptive time-frequency decompositions, *Optical-Engineering*, 33(7):2183–2191, 1994.
6. R. A. DeVore and V. Temlyakov, Some Remarks on Greedy Algorithms, *Advances in Computational Mathematics*, 5:173–187, 1996.
7. I. F. Gorodnitsky and B. D. Rao, Sparse signal reconstruction from limited data using FOCUSS: A re-weighted norm minimization algorithm, *IEEE Trans. on Signal Processing*, 45(3):600–616, 1997.
8. R. Gribonval and P. Vandergheynst, On the exponential convergence of Matching Pursuits in quasi-incoherent dictionaries, *IEEE Trans. Information Theory*, 52(1):255–261, 2006.
9. L. A. Karlovitz, Construction of nearest points in the ℓ_p, p even and ℓ_∞ norms, *Journal of Approximation Theory*, 3:123–127, 1970.
10. S. Mallat, *A Wavelet Tour of Signal Processing*, Academic-Press, 1998.
11. S. Mallat and Z. Zhang, Matching pursuits with time-frequency dictionaries, *IEEE Trans. Signal Processing*, 41(12):3397–3415, 1993.
12. D. Needell and J. A. Tropp, CoSaMP: Iterative signal recovery from incomplete and inaccurate samples, *Applied Computational Harmonic Analysis*, 26:301–321, May 2009.
13. B. D. Rao and K. Kreutz-Delgado, An affine scaling methodology for best basis selection, *IEEE Trans. on signal processing*, 47(1):187–200, 1999.
14. V. N. Temlyakov, Greedy algorithms and m-term approximation, *Journal of Approximation Theory*, 98:117–145, 1999.
15. V. N. Temlyakov, Weak greedy algorithms, *Advances in Computational Mathematics*, 5:173–187, 2000.
16. J. A. Tropp, Greed is good: Algorithmic results for sparse approximation, *IEEE Trans. On Information Theory*, 50(10):2231–2242, October 2004.

第4章

追跡アルゴリズムの性能保証

線形連立方程式 $\mathbf{Ax} = \mathbf{b}$ が，k_0 個の非ゼロ要素からなるスパースな解（つまり $\|\mathbf{x}\|_0 = k_0$）を持つと仮定する．さらに $k_0 < \mathrm{spark}(\mathbf{A})/2$ を仮定する．このとき，マッチング追跡や基底追跡は最もスパースな解を求めることに成功するだろうか？ 明らかに，あらゆる k_0 における任意の行列 $\mathbf{A}$ に対して，常に成功するということは期待できない．なぜなら，一般的な場合には，この問題は NP 困難であることが知られているからである．しかし，連立方程式が「十分にスパースな」解を持つならば，もとの問題 (P_0) に対してこれらのアルゴリズムが成功することが保証できるのである．

この章では，直交マッチング追跡（OMP，図 3.1 参照）と基底追跡（(P_0) ではなく (P_1) を解く），そしてしきい値アルゴリズムについて，成功が保証される条件を示す．まず，$\mathbf{A}$ が二つのユニタリ行列からなる特殊な場合，つまり $\mathbf{A} = [\mathbf{\Psi}, \mathbf{\Phi}]$ である場合から議論を始める．そして，その結果を一般の行列 $\mathbf{A}$ に拡張する．

議論を始める前に，注意しなければならないことがある．それは，本章で得られる結果はすべて最悪の場合を想定している，ということである．つまり，本章の結果は任意の信号について成立し，与えられた非ゼロ要素の個数を持つ任意のサポートに適用できる．その代わりに，得られる結果はあまりに悲観的すぎる．後の章で，仮定を緩和する方法を議論するときに再び取り上げることにする．

4.1　二つの直交行列の場合（再訪）

4.1.1　OMP の性能保証

記法を単純にするために，$\mathbf{\Psi}$ と $\mathbf{\Phi}$ の列の順番を入れ替えて，次式のように，ベクトル $\mathbf{b}$ が $\mathbf{\Psi}$ の最初の k_p 個の列と，$\mathbf{\Phi}$ の最初の k_q 個の列の線形結合（ただし $k_0 = k_p + k_q$）であると仮定する．

$$\mathbf{b} = \mathbf{A}\mathbf{x} = \sum_{i=1}^{k_p} x_i^{\psi} \psi_i + \sum_{i=1}^{k_q} x_i^{\phi} \phi_i \tag{4.1}$$

以降では，サポートに含まれるインデックス集合をそれぞれ S_p と S_q で表し，$|S_p| = k_p$，$|S_q| = k_q$ とする．

アルゴリズムの最初の反復（$k = 0$）では $\mathbf{r}^k = \mathbf{r}^0 = \mathbf{b}$ であり，「誤差の計算」ステップ（図 3.1 参照）で計算される誤差は，以下のようになる．

$$\epsilon(j) = \min_{z_j} \|\mathbf{a}_j z_j - \mathbf{b}\|_2^2 = \|(\mathbf{a}_j^{\mathrm{T}}\mathbf{b})\mathbf{a}_j - \mathbf{b}\|_2^2 = \|\mathbf{b}\|_2^2 - (\mathbf{a}_j^{\mathrm{T}}\mathbf{b})^2 \geq 0$$

したがって，最初の反復において適切なサポートから k_0 個の非ゼロ要素の一つを選択するために，すべての $j \notin S_p$ と $j \notin S_q$ に対して以下の二つの要請が成り立たなければならない．

$$\text{(i)}\ \ |\psi_1^{\mathrm{T}}\mathbf{b}| > |\psi_j^{\mathrm{T}}\mathbf{b}| \qquad \text{(ii)}\ \ |\psi_1^{\mathrm{T}}\mathbf{b}| > |\phi_j^{\mathrm{T}}\mathbf{b}| \tag{4.2}$$

ここで，一般性を失わずに，$\mathbf{x}$ の非ゼロ要素の中で最も大きい値を x_1^{ψ} と仮定している．つまり，貪欲アルゴリズムのこのステップでそれが選ばれるかどうかを確認したいのである．すぐあとでこの仮定に戻り，最大の要素が S_q に属するという反対の場合を扱うことにする．

まず要請 (i) を議論し，その後，要請 (ii) を同様に議論することにする．この式を式 (4.1) に代入すると，この要請は以下のように書き換えることができる．

$$\left|\sum_{i=1}^{k_p} x_i^{\psi} \psi_1^{\mathrm{T}} \psi_i + \sum_{i=1}^{k_q} x_i^{\phi} \psi_1^{\mathrm{T}} \phi_i\right| > \left|\sum_{i=1}^{k_p} x_i^{\psi} \psi_j^{\mathrm{T}} \psi_i + \sum_{i=1}^{k_q} x_i^{\phi} \psi_j^{\mathrm{T}} \phi_i\right| \tag{4.3}$$

最悪の場合を考えるために，左辺の下界と右辺の上界を求め，上記の不等式を再度評価しなければならない．左辺については以下が成り立つ．

$$\left|\sum_{i=1}^{k_p} x_i^{\psi}\psi_1^{\mathrm{T}}\psi_i + \sum_{i=1}^{k_q} x_i^{\phi}\psi_1^{\mathrm{T}}\phi_i\right| \geq |x_1^{\psi}| - \sum_{i=1}^{k_q}|x_i^{\phi}|\mu(\mathbf{A}) \geq |x_1^{\psi}|\,(1 - k_q\mu(\mathbf{A})) \tag{4.4}$$

ここでは，ψ の列の直交性を用い，第 1 項の最初の要素だけを残して残りの要素を消去した．また，相互コヒーレンス $\mu(\mathbf{A})$ の定義式 (2.3) と，$|x_1^{\psi}|$ が $\mathbf{x}$ の最大の非ゼロ要素であるという仮定を用いた．さらに，不等式 $|a+b| \geq |a| - |b|$ と $|\sum_i a_i| \leq \sum_i |a_i|$ も用いた．

式 (4.3) の右辺についても似たような議論ができ，以下のように上界を得ることができる．

$$\left|\sum_{i=1}^{k_p} x_i^{\psi}\psi_j^{\mathrm{T}}\psi_i + \sum_{i=1}^{k_q} x_i^{\phi}\psi_j^{\mathrm{T}}\phi_i\right| \leq |x_1^{\psi}|k_q\mu(\mathbf{A}) \tag{4.5}$$

これらの上界と下界を用いると，不等式 (4.3) から次の不等式が得られる．

$$|x_1^{\psi}|\,(1 - k_q\mu(\mathbf{A})) > |x_1^{\psi}|k_q\mu(\mathbf{A}) \quad \Rightarrow \quad k_q < \frac{1}{2\mu(\mathbf{A})} \tag{4.6}$$

以上の導出はすべて S_p が最大の非ゼロ要素を含んでいると仮定している．反対の場合（S_q が最大の非ゼロ要素を含んでいる場合）でも，同様の議論によって $k_p < 1/2\mu(\mathbf{A})$ が導かれる．

次は要請 (ii) について議論する．同様の議論によって，左辺の下界は変わらないが，右辺は次のようになる．

$$\left|\sum_{i=1}^{k_p} x_i^{\psi}\phi_j^{\mathrm{T}}\psi_i + \sum_{i=1}^{k_q} x_i^{\phi}\phi_j^{\mathrm{T}}\phi_i\right| \leq |x_1^{\psi}|k_p\mu(\mathbf{A}) \tag{4.7}$$

したがって，次式が導出される．

$$|x_1^{\psi}|\,(1 - k_q\mu(\mathbf{A})) > |x_1^{\psi}|k_p\mu(\mathbf{A}) \quad \Rightarrow \quad k_p + k_q < \frac{1}{\mu(\mathbf{A})} \tag{4.8}$$

前出の二つの不等式 $k_p, k_q < 1/2\mu(\mathbf{A})$ を考えれば，この結果は自明である．これらを満たせば，OMP の最初の反復はうまく機能する．つまり，適切なサポートの中から非ゼロ要素が選択される．

次のステップは残差 $\mathbf{r}^1$ の更新である．この更新では，列 $\psi_{t_p(1)}$ を乗じた係数を引く．新しい残差は，やはり高々 k_0 個の非ゼロ要素による線形結合となり，そのサポートも同じ S_p と S_q である．つまり，上記と同じステップを実行することで，k_p と k_q の条件を満たしている限り，アルゴリズムは真のサポートからインデックスを選択することになる．さらに，選択した方向と残差が直交しているため（LS による性質[*1]），同じインデックスを再び選択することはない．

この議論を繰り返せば，k_0 回の反復についてすべて同じことが成立し，したがってアルゴリズムは常に正しいサポートから解を選択し，同じインデックスを2回選択することはない．k_0 回の反復が終了すれば，残差は0になり，アルゴリズムが終了する．したがって，アルゴリズムは正しい解 $\mathbf{x}$ を求めることに成功することが保証される．この OMP が成功することを，以下の定理の形で述べておく．

定理 4.1（OMP の最適解保証：二つの直交行列の場合） $\mathbf{\Psi}, \mathbf{\Phi}$ を $n \times n$ の直交行列とする．線形連立方程式 $\mathbf{Ax} = [\mathbf{\Psi}, \mathbf{\Phi}]\mathbf{x} = \mathbf{b}$ に対して，もし，解 $\mathbf{x}$ が存在して，最初の n 個の要素の中に k_p 個の非ゼロ要素があり，次の n 個の要素の中に k_q 個の非ゼロ要素があり，

$$\max(k_p, k_q) < \frac{1}{2\mu(\mathbf{A})} \tag{4.9}$$

が成り立つならば，しきい値パラメータ $\epsilon_0 = 0$ で実行される OMP は $k_0 = k_p + k_q$ 回の反復で最適解を与える．

証明　上で証明済み．□

*1 OMP アルゴリズムでは，残差を更新するときに $\min_{\mathbf{x}_{S_k}} \|\mathbf{A}_{S_k}\mathbf{x}_{S_k} - \mathbf{b}\|_2^2$ を解く．その解は $\mathbf{A}_{S_k}^{\mathrm{T}}(\mathbf{A}_{S_k}\mathbf{x}_{S_k}^* - \mathbf{b}) = \mathbf{A}_{S_k}^{\mathrm{T}}\mathbf{r}^k = \mathbf{0}$ を満たす．つまり，現在のサポートの列はすべて新しい残差と直交しており，次回の残差計算ステップにおいては内積は0になるので，選択されることはない．一方，MP アルゴリズムでは，残差更新は $\mathbf{r}^k = \mathbf{r}^{k-1} - \mathbf{a}_j z_{j_0}^*$ であり，ここで $z_{j_0}^*$ は $\epsilon(j) = \min_z \|\mathbf{a}_j z - \mathbf{r}^{k-1}\|_2^2$ の解である．最適解 z においてこの誤差の導関数は $\mathbf{a}_{j_0}^{\mathrm{T}}(\mathbf{a}_{j_0} z_{j_0}^* - \mathbf{r}^{k-1}) = -\mathbf{a}_{j_0}^{\mathrm{T}}\mathbf{r}^k = 0$ である．つまり，残差は最後に選択された列とだけしか直交しない．そのため，同じ列のインデックスが再び選択される可能性がある．

この結果は本書が初めて示したものであり，その影響は計り知れない．OMP が正しい解を与えるという結果は，素晴らしいものであり励みにもなる．興味深いことに，この結果はこれまでどの論文にも登場していなかった．ただし，一般の行列 $\mathbf{A}$ への一般化は証明されていた．しかし，一般化ではないこの結果自体が，OMP と BP の振る舞いの違いを理解する上で助けになる重要なものなのである．自然な流れとして，次は基底追跡における二つの直交行列の場合を議論する．

4.1.2　BP の性能保証

次は，二つの直交行列の場合の基底追跡の性能を解析する．以下の結果は，Donoho and Huo (2001) が与え，後に Elad and Bruckstein (2002) が改善したものである．

定理 4.2（基底追跡の最適解保証：二つの直交行列の場合）　$\mathbf{\Psi}$, $\mathbf{\Phi}$ を $n \times n$ の直交行列とする．線形連立方程式 $\mathbf{Ax} = [\mathbf{\Psi}, \mathbf{\Phi}]\mathbf{x} = \mathbf{b}$ に対して，もし，解 $\mathbf{x}$ が存在して，最初の n 個の要素の中に k_p 個の非ゼロ要素があり，次の n 個の要素の中に k_q 個の非ゼロ要素があり，

$$2\mu(\mathbf{A})^2 k_p k_q + \mu(\mathbf{A}) k_p - 1 < 0 \tag{4.10}$$

が成り立つならば，得られた解は (P_1) の一意解であり，(P_0) の一意解でもある．

上記の結果はややわかりにくいため，これよりも弱いがよく知られている，もっと解釈が容易な条件を以下に示す．

$$\|\mathbf{x}\|_0 = k_p + k_q < \frac{\sqrt{2} - 0.5}{\mu(\mathbf{A})} \tag{4.11}$$

上記の二つの上界と OMP で得られた結果の比較を図 4.1 に示す．明らかに問題 (P_0) に対して OMP は BP よりも弱く，解がスパースではない場合には BP を用いたほうが成功しやすくなる．（現段階で未解決の）疑問は，これらの二つの上界が厳密か（タイトか）どうかである．BP の結果の厳密性は Feuer と Nemirovsky によって示されたが，OMP の結果の厳密性は疑わしい．

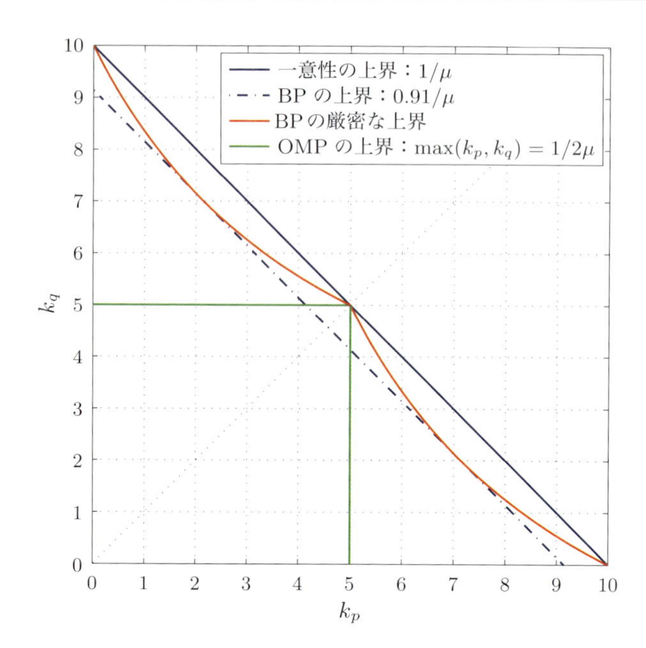

図 4.1　二つの直交行列の場合において，OMP と BP について一意性と最適性が保証される領域．ここで $\mu = 0.1$ である．

証明　以下のような，別の解集合を定義する．

$$\mathcal{C} = \left\{ \mathbf{y} \;\middle|\; \begin{array}{ll} \mathbf{y} \neq \mathbf{x}, & \|\mathbf{y}\|_1 \leq \|\mathbf{x}\|_1 \\ \|\mathbf{y}\|_0 > \|\mathbf{x}\|_0, & \mathbf{A}(\mathbf{y} - \mathbf{x}) = \mathbf{0} \end{array} \right\} \tag{4.12}$$

この解集合は $\mathbf{x}$ とは異なるすべての解を含んでおり，その解は $\mathbf{x}$ よりもサポートが大きく，線形連立方程式 $\mathbf{A}\mathbf{y} = \mathbf{b}$ を満たし，ℓ_1 ノルムの意味で $\mathbf{x}$ と同じかもっと良い（小さい）．この集合が空ではない場合，基底追跡が $\mathbf{x}$ 以外の解を見つける可能性がある．

式 (4.10) の条件から $k_p + k_q = \|\mathbf{x}\|_0 < 1/\mu(\mathbf{A})$ となり（図 4.1 参照），したがって，定理 2.3 より $\mathbf{x}$ は必然的に最もスパースな一意解である．それ以外の解（$\mathbf{y} \neq \mathbf{x}$）は必然的に密になるので，条件 $\|\mathbf{y}\|_0 > \|\mathbf{x}\|_0$ は $\mathcal{C}$ の定義から省略することができる．

$\mathbf{e} = \mathbf{y} - \mathbf{x}$ と定義すると，$\mathcal{C}$ を以下のように $\mathbf{x}$ の周辺へシフトしたものに書き

換えることができる．

$$\mathcal{C}_S = \{\mathbf{e} \mid \mathbf{e} \neq \mathbf{0}, \quad \|\mathbf{e}+\mathbf{x}\|_1 - \|\mathbf{x}\|_1 \leq 0, \quad \mathbf{A}\mathbf{e} = \mathbf{0}\} \tag{4.13}$$

これから示す証明の戦略は，この集合をさらに拡大し，拡大してもこの集合が空であることを示す，というものである．そうすれば，基底追跡が必ず解 $\mathbf{x}$ を与えることを証明することになる．集合を拡大するためは体積の評価が必要であるので，そのために集合の記述を単純化する．

まず，条件 $\|\mathbf{e}+\mathbf{x}\|_1 - \|\mathbf{x}\|_1 \leq 0$ から始める．ベクトル $\mathbf{x}$ と $\mathbf{e}$ の二つの部分をそれぞれ $\mathbf{x}^p, \mathbf{x}^q$ と $\mathbf{e}^p, \mathbf{e}^q$ と書くことにする．これらの部分は，それぞれユニタリ行列 $\mathbf{\Psi}, \mathbf{\Phi}$ に対応している．OMP を解析したときの記法を用いて，それぞれの部分の非ゼロ要素のサポートを S_p, S_q，その大きさを k_p, k_q とする．すると，この条件は以下のように書き直すことができる．

$$\begin{aligned} 0 \geq \|\mathbf{e}+\mathbf{x}\|_1 - \|\mathbf{x}\|_1 &= \sum_{i=1}^{n} |e_i^p + x_i^p| - |x_i^p| + \sum_{i=1}^{n} |e_i^q + x_i^q| - |x_i^q| \qquad (4.14) \\ &= \sum_{i \notin S_p} |e_i^p| + \sum_{i \notin S_q} |e_i^q| \\ &\quad + \sum_{i \in S_p} (|e_i^p + x_i^p| - |x_i^p|) + \sum_{i \in S_q} (|e_i^q + x_i^q| - |x_i^q|) \end{aligned}$$

ここで，x_i^p, x_i^q がサポート外では 0 であることを利用した．不等式 $|a+b| - |b| \geq -|a|$ を用いると，上記の条件を以下のように緩和することができる．

$$\begin{aligned} 0 &\geq \sum_{i \notin S_p} |e_i^p| + \sum_{i \notin S_q} |e_i^q| \\ &\quad + \sum_{i \in S_p} (|e_i^p + x_i^p| - |x_i^p|) + \sum_{i \in S_q} (|e_i^q + x_i^q| - |x_i^q|) \qquad (4.15) \\ &\geq \sum_{i \notin S_p} |e_i^p| + \sum_{i \notin S_q} |e_i^q| - \sum_{i \in S_p} (|e_i^p|) - \sum_{i \in S_q} (|e_i^q|) \end{aligned}$$

この新しい不等式は，ベクトル $\mathbf{e}$ についてのより弱い条件になっており，したがって，この条件を用いることで集合 $\mathcal{C}_S$ を拡大したことになる．この新しい不等式は，項 $\sum_{i \in S_p} |e_i^p|$ と $\sum_{i \in S_q} |e_i^q|$ を加えて引くことで，もっとコンパクトに書くことができる．それらの項を $\mathbf{1}_p^{\mathrm{T}}|\mathbf{e}^p|$ と $\mathbf{1}_q^{\mathrm{T}}|\mathbf{e}^q|$ のように書いて，ベクトル

$|\mathbf{e}^p|$ と $|\mathbf{e}^q|$ の非ゼロ要素の和であるとする．すると，以下のように書くことができる．

$$\|\mathbf{e}^p\|_1 + \|\mathbf{e}^q\|_1 - 2\,\mathbf{1}_p^{\mathrm{T}}|\mathbf{e}^p| - 2\,\mathbf{1}_q^{\mathrm{T}}|\mathbf{e}^q| \leq 0 \tag{4.16}$$

これを $\mathcal{C}_S$ の定義に代入すると，

$$\mathcal{C}_S \subseteq \left\{ \mathbf{e} \left| \begin{array}{c} \mathbf{e} \neq \mathbf{0} \\ \|\mathbf{e}^p\|_1 + \|\mathbf{e}^q\|_1 - 2\,\mathbf{1}_p^{\mathrm{T}}|\mathbf{e}^p| - 2\,\mathbf{1}_q^{\mathrm{T}}|\mathbf{e}^q| \leq 0 \\ \mathbf{A}\mathbf{e} = \mathbf{0} \end{array} \right. \right\} \tag{4.17}$$

となる．この新しい集合を $\mathcal{C}_S^1$ と書くことにする．

次に，条件 $\mathbf{A}\mathbf{e} = \mathbf{\Psi}\mathbf{e}^p + \mathbf{\Phi}\mathbf{e}^q = \mathbf{0}$ を扱う．これを，集合 $\mathcal{C}_S^1$ を拡大するような緩和された条件に置き換える．最初に，$\mathbf{A}^{\mathrm{T}}$ との積をとると，以下の条件が得られる．

$$\mathbf{e}^p + \mathbf{\Psi}^{\mathrm{T}}\mathbf{\Phi}\mathbf{e}^q = \mathbf{0}, \quad \mathbf{\Phi}^{\mathrm{T}}\mathbf{\Psi}\mathbf{e}^p + \mathbf{e}^q = \mathbf{0} \tag{4.18}$$

ここで，行列 $\mathbf{\Psi}^{\mathrm{T}}\mathbf{\Phi}$（とその転置）の各要素は内積であり，その値は相互コヒーレンス $\mu(\mathbf{A})$ により上から抑えられている．したがって，上記の関係式の絶対値をとると，次式が得られる．

$$|\mathbf{e}^p| = |\mathbf{\Psi}^{\mathrm{T}}\mathbf{\Phi}\mathbf{e}^q| \leq \mu(\mathbf{A})\,\mathbf{1}\,|\mathbf{e}^q|, \quad |\mathbf{e}^q| = |\mathbf{\Phi}^{\mathrm{T}}\mathbf{\Psi}\mathbf{e}^p| \leq \mu(\mathbf{A})\,\mathbf{1}\,|\mathbf{e}^p| \tag{4.19}$$

ここで，$\mathbf{1}$ は要素がすべて 1 のランク 1 の $n \times n$ 行列を表している[*2]．これを用いて集合 $\mathcal{C}_S^1$ を書き直すと，以下のようになる．

$$\mathcal{C}_S^1 \subseteq \left\{ \mathbf{e} \left| \begin{array}{c} \mathbf{e} \neq \mathbf{0} \\ \|\mathbf{e}^p\|_1 + \|\mathbf{e}^q\|_1 - 2\,\mathbf{1}_p^{\mathrm{T}}|\mathbf{e}^p| - 2\,\mathbf{1}_q^{\mathrm{T}}|\mathbf{e}^q| \leq 0 \\ |\mathbf{e}^p| \leq \mu(\mathbf{A})\,\mathbf{1}\,|\mathbf{e}^q| \\ |\mathbf{e}^q| \leq \mu(\mathbf{A})\,\mathbf{1}\,|\mathbf{e}^p| \end{array} \right. \right\} = \mathcal{C}_S^2 \tag{4.20}$$

[*2] 【訳注】以下では，行列 $\mathbf{1}$ とベクトル $\mathbf{1}$ が断りなく同時に登場するが，どちらなのかは文脈からほぼ明らかである．

ここで，$\mathbf{f}^p = |\mathbf{e}^p|$，$\mathbf{f}^q = |\mathbf{e}^q|$ とおくと，以下のように書くこともできる．

$$\mathcal{C}_f = \left\{ \mathbf{f} \;\middle|\; \begin{array}{c} \mathbf{f} \neq \mathbf{0} \\ \mathbf{1}^{\mathrm{T}}\mathbf{f}^p + \mathbf{1}^{\mathrm{T}}\mathbf{f}^q - 2\,\mathbf{1}_p^{\mathrm{T}}\mathbf{f}^p - 2\,\mathbf{1}_q^{\mathrm{T}}\mathbf{f}^q \leq 0 \\ \mathbf{f}^p \leq \mu(\mathbf{A})\,\mathbf{1}\,\mathbf{f}^q \\ \mathbf{f}^q \leq \mu(\mathbf{A})\,\mathbf{1}\,\mathbf{f}^p \\ \mathbf{f}^p \geq \mathbf{0},\ \mathbf{f}^q \geq \mathbf{0} \end{array} \right\} \tag{4.21}$$

こうして得られた $\mathcal{C}_f$ は非有界集合である．なぜなら，もし $\mathbf{f} \in \mathcal{C}_f$ ならば，すべての $\alpha \geq 0$ について $\alpha\mathbf{f} \in \mathcal{C}_f$ だからである．したがって，その振る舞いを調べるためには，正規化されたベクトル $\mathbf{1}^{\mathrm{T}}\mathbf{f} = \mathbf{1}^{\mathrm{T}}\mathbf{f}^p + \mathbf{1}^{\mathrm{T}}\mathbf{f}^q = 1$ に制限する必要がある．そのように制限した新しい集合を $\mathcal{C}_r$ と書くと，以下のようになる．

$$\mathcal{C}_r = \left\{ \mathbf{f} \;\middle|\; \begin{array}{c} \mathbf{f} \neq \mathbf{0} \\ 1 - 2\,\mathbf{1}_p^{\mathrm{T}}\mathbf{f}^p - 2\,\mathbf{1}_q^{\mathrm{T}}\mathbf{f}^q \leq 0 \\ \mathbf{f}^p \leq \mu(\mathbf{A})\,\mathbf{1}\,\mathbf{f}^q \\ \mathbf{f}^q \leq \mu(\mathbf{A})\,\mathbf{1}\,\mathbf{f}^p \\ \mathbf{1}^{\mathrm{T}}(\mathbf{f}^p + \mathbf{f}^q) = 1 \\ \mathbf{f}^p \geq \mathbf{0},\ \mathbf{f}^q \geq \mathbf{0} \end{array} \right\} \tag{4.22}$$

この集合 $\mathcal{C}_r$ は，以下の理由により，解析するのに非常に都合が良い．

- 集合 $\mathcal{C}$ の定義と比べて，$\mathcal{C}_r$ では $\mathbf{A}$ が陽には扱われておらず，相互コヒーレンスの形で入っているだけである．同様に，最適解 $\mathbf{x}$ も消えてしまっている．
- 集合 $\mathcal{C}_r$ の条件は線形制約と正値性だけであり，線形計画問題に変換することができる．
- $\mathbf{f}^p$ と $\mathbf{f}^q$ の非ゼロ要素の順番を変えても何の影響もないため，一般性を失わずに，それぞれ k_p, k_q 個の非ゼロ要素がベクトルの先頭に存在すると仮定できる．

この $\mathcal{C}_r$ に基づく線形計画問題を定義する．

$$\max_{\mathbf{f}^p,\mathbf{f}^q} \mathbf{1}_p^{\mathrm{T}}\mathbf{f}^p + \mathbf{1}_q^{\mathrm{T}}\mathbf{f}^q \quad \text{subject to} \quad \begin{array}{c} \mathbf{f}^p \le \mu(\mathbf{A})\ \mathbf{1}\ \mathbf{f}^q \\ \mathbf{f}^q \le \mu(\mathbf{A})\ \mathbf{1}\ \mathbf{f}^p \\ \mathbf{1}^{\mathrm{T}}(\mathbf{f}^p + \mathbf{f}^q) = 1 \\ \mathbf{f}^p \ge \mathbf{0},\ \mathbf{f}^q \ge \mathbf{0} \end{array} \tag{4.23}$$

考え方は以下のようなものである．この問題の最適解 $\mathbf{f}_{\mathrm{opt}}^p$, $\mathbf{f}_{\mathrm{opt}}^q$ を求めることができたとする．もしペナルティ項が $\mathbf{1}_p^{\mathrm{T}}\mathbf{f}_{\mathrm{opt}}^p + \mathbf{1}_q^{\mathrm{T}}\mathbf{f}_{\mathrm{opt}}^q < 0.5$ を満たせば，集合 $\mathcal{C}_r$ の定義における最初の不等式制約条件が満たされなくなるため，$\mathcal{C}_r$ は空集合となり，つまり BP は成功することになる．以下に示すように，k_p と k_q が十分に小さければ，そのような条件が満たされる．

上記の LP 問題を解くことは，非常に容易である．数値計算を用いる場合には特に簡単になる．図 4.2 にこの LP 問題を解く MATLAB コードを示す．ぜひ実行して，解がどのような振る舞いを示すのかを試してほしい．

この数値計算結果に基づいて，もし $k_q \ge k_p$ を仮定するならば，以下のパラメトリックな解が得られる．

$$\mathbf{f}_{\mathrm{opt}}^p = [\alpha\mathbf{1}_{k_p}^{\mathrm{T}}, \beta\mathbf{1}_{n-k_p}^{\mathrm{T}}]^{\mathrm{T}}, \quad \mathbf{f}_{\mathrm{opt}}^q = [\gamma\mathbf{1}_{k_q}^{\mathrm{T}}, \delta\mathbf{1}_{n-k_q}^{\mathrm{T}}]^{\mathrm{T}} \tag{4.24}$$

つまり，$\mathbf{f}_{\mathrm{opt}}^p$ の最初の k_p 個の要素はすべて α に等しく，残りの要素はすべて β に等しい．同じことが $\mathbf{f}_{\mathrm{opt}}^q$ にも言える（値は γ と δ となる）．この解が実行可能解かどうかを検証すれば，欲しい結果が得られることになる．しかし，この

```
n = 50; kp = 7; kq = 9; mu = 0.1; % パラメータ設定
C = [ones(1,kp), ...      % ペナルティ
     zeros(1,n-kp), ...
     ones(1,kq), ...
     zeros(1,n-kq)];
A = [ones(1,2*n);      % 不等式制約行列
     -ones(1,2*n);
     eye(n), -ones(n)*mu;
     -ones(n)*mu, eye(n)];
b=[1; -1; zeros(2*n,1)];      % 不等式制約ベクトル
x=linprog(-C,A,b,[],[],zeros(2*n,1)); % 線形計画ソルバー
plot(x,'.''); % 結果の表示
```

図 4.2　LP 問題 (4.23) を解くための MATLAB コード．

アプローチには問題がある．ペナルティが1/2より小さいという条件を最適解が満たさなかった場合には，この解が最適解であることをどうやって保証すればよいだろうか？　ここまでの証明で，他の可能性をすべて調べ尽くせているだろうか？

この問題に取り組んだ Elad と Bruckstein は，この問題の双対問題を考えるというアプローチをとった．双対問題とは最小化問題であり，そのペナルティは（もとの）主問題のペナルティの上界であり，最適値は等しいことが知られている．したがって，双対問題の解を（適切に）見つけて，それが1/2を超えていないことを確かめれば，主問題でも1/2より小さいということが結論できる．

ここでは別のシンプルな方法を採用する．問題 (4.23) の解を $\|\mathbf{f}^p_{\rm opt}\|_1 = \alpha$ とすれば，最後の制約条件 $\mathbf{1}^{\rm T}(\mathbf{f}^p + \mathbf{f}^q) = 1$ から $\|\mathbf{f}^q_{\rm opt}\|_1 = 1 - \alpha$ となる．すると，1番目と2番目の制約条件は，以下のように書き換えられる．

$$
\begin{aligned}
&\mathbf{f}^p \leq \mu(\mathbf{A})\ \mathbf{1}\ \mathbf{f}^q = (1-\alpha)\mu(\mathbf{A})\ \mathbf{1} \\
&\mathbf{f}^q \leq \mu(\mathbf{A})\ \mathbf{1}\ \mathbf{f}^p = \alpha\mu(\mathbf{A})\ \mathbf{1}
\end{aligned}
\tag{4.25}
$$

ここでの目的は $\mathbf{1}_p^{\rm T}\mathbf{f}^p + \mathbf{1}_q^{\rm T}\mathbf{f}^q$ の最大化であるので，すべての非ゼロ要素をできる限り大きくすればよい．式 (4.25) に基づけば，以下のようになる．

$$
\begin{aligned}
\mathbf{1}_p^{\rm T}\mathbf{f}^p + \mathbf{1}_q^{\rm T}\mathbf{f}^q &= k_p(1-\alpha)\mu(\mathbf{A}) + k_q\alpha\mu(\mathbf{A}) \\
&= k_p\mu(\mathbf{A}) - \alpha(k_p - k_q)\mu(\mathbf{A})
\end{aligned}
\tag{4.26}
$$

$k_p \geq k_q$ を仮定しているので，この式を最大化するためには α を最小化しなければならない．そこで，以下の二つの条件を追加する．これらは，二つのベクトル中の非ゼロ要素の（絶対値の）総和はベクトルの ℓ_1 ノルムを超えないというものである．

$$
\begin{aligned}
&\|\mathbf{f}^p_{\rm opt}\|_1 = \mathbf{1}^{\rm T}\mathbf{f}^p = \alpha \geq k_p(1-\alpha)\mu(\mathbf{A}) \\
&\|\mathbf{f}^q_{\rm opt}\|_1 = \mathbf{1}^{\rm T}\mathbf{f}^q = (1-\alpha) \geq k_q\alpha\mu(\mathbf{A})
\end{aligned}
\tag{4.27}
$$

この条件から，α の値の範囲についての不等式が得られる．

$$
\begin{aligned}
&\alpha \geq k_p(1-\alpha)\mu(\mathbf{A}) \ \Rightarrow\ \alpha \geq \frac{k_p\mu(\mathbf{A})}{1 + k_p\mu(\mathbf{A})} \\
&(1-\alpha) \geq k_q\alpha\mu(\mathbf{A}) \ \Rightarrow\ \alpha \leq \frac{1}{1 + k_q\mu(\mathbf{A})}
\end{aligned}
\tag{4.28}
$$

これらの不等式が共通範囲を持つためには，次式が満たされなければならない．

$$\frac{k_p\mu(\mathbf{A})}{1+k_p\mu(\mathbf{A})} \le \frac{1}{1+k_q\mu(\mathbf{A})} \ \Rightarrow\ k_pk_q \le \frac{1}{\mu(\mathbf{A})} \tag{4.29}$$

この条件が満たされると仮定すると（最終的にはこれを証明する必要があるが，図 4.1 を見れば明らかに満たされることがわかる），α のとりうる最小値は $\frac{k_p\mu(\mathbf{A})}{1+k_p\mu(\mathbf{A})}$ であり，式 (4.26) のペナルティの最大値は以下のようになる．

$$\begin{aligned}\mathbf{1}_p^{\mathrm{T}}\mathbf{f}^p + \mathbf{1}_q^{\mathrm{T}}\mathbf{f}^q &= k_p\mu(\mathbf{A}) - \alpha\mu(\mathbf{A})(k_p - k_q) \\ &= k_p\mu(\mathbf{A}) - \frac{k_p\mu(\mathbf{A})}{1+k_p\mu(\mathbf{A})}\mu(\mathbf{A})(k_p - k_q) \\ &= \frac{k_p\mu(\mathbf{A}) + k_pk_q\mu(\mathbf{A})^2}{1+k_p\mu(\mathbf{A})}\end{aligned} \tag{4.30}$$

BP が成功するためには，この式が 1/2 よりも小さいことを示さなければならない．すると

$$\begin{aligned}&\frac{k_p\mu(\mathbf{A}) + k_pk_q\mu(\mathbf{A})^2}{1+k_p\mu(\mathbf{A})} < \frac{1}{2} \\ &\Rightarrow\ 2k_pk_q\mu(\mathbf{A})^2 + k_p\mu(\mathbf{A}) - 1 < 0\end{aligned} \tag{4.31}$$

となり，これで定理 4.2 の条件式 (4.10) が示された．

もう一つの不等式 (4.11)，つまり $\|\mathbf{x}\|_0 = k_p + k_q < \frac{\sqrt{2}-0.5}{\mu(\mathbf{A})}$ を証明するために，上記の条件を用いて，項 k_q を分離して k_p を加え，以下の式を得る．

$$\begin{aligned}k_p + k_q = \|\mathbf{x}\|_0 < k_p + \frac{1-k_p\mu(\mathbf{A})}{2\mu(\mathbf{A})^2k_p} \\ = \frac{2\mu(\mathbf{A})^2k_p^2 + 1 - \mu(\mathbf{A})k_p}{2\mu(\mathbf{A})^2k_p} \\ = \frac{1}{\mu(\mathbf{A})}\frac{2\mu(\mathbf{A})^2k_p^2 + 1 - \mu(\mathbf{A})k_p}{2\mu(\mathbf{A})k_p}\end{aligned} \tag{4.32}$$

項 $\mu(\mathbf{A})k_p$ に関する上界を最小化して，次式を得る．

$$\begin{aligned}&f(u) = \frac{2u^2 - u + 1}{2u} \\ &\Rightarrow f'(u) = \frac{2u(4u-1) - 2(2u^2-u+1)}{4u^2} = \frac{2u^2-1}{2u^2} = 0\end{aligned}$$

最適値は $\mu(\mathbf{A})k_p = \pm\sqrt{0.5}$ である（最大値ではなく最小値であることの検証は必要）．負の解は無意味なので（$\mu(\mathbf{A})$ も k_p も非負であるため），以下の結果を得る．

$$
\begin{aligned}
k_p + k_q = \|\mathbf{x}\|_0 &< \frac{\sqrt{2} - 0.5}{\mu(\mathbf{A})} \\
&\leq \frac{1}{\mu(\mathbf{A})} \frac{2\mu(\mathbf{A})^2 k_p^2 + 1 - \mu(\mathbf{A})k_p}{2\mu(\mathbf{A})k_p}
\end{aligned}
\tag{4.33}
$$

これで式 (4.11) が示された． □

4.2 一般的な場合

次に，任意の行列 $\mathbf{A}$ を扱う一般の場合を考える．前章ですでに述べたように，一般性を失わずに，この行列の列は正規化されていると仮定する．もし正規化されていなければ，列を正規化して，結果の正規化を戻す処理をすれば，同じ解が得られる．

4.2.1 OMP の性能保証

以下の結果は，定理 4.1 の結果を一般の行列に拡張したものであり，必然的に条件が弱くなる．その理由は，二つの直交行列の場合には，グラム行列の要素である内積のいくつかがゼロになることがわかっていたが，一般の行列はそのような構造を持っていないからである．この一般の場合の定理は二つの直交行列の場合の定理と非常によく似ているが，いくつかの修正が必要となる．

定理 4.3（**OMP の最適解保証**） 線形連立方程式 $\mathbf{Ax} = \mathbf{b}$（$n < m$ である $\mathbf{A} \in \mathbb{R}^{n \times m}$ はフルランクの行列）に対して，もし，解 $\mathbf{x}$ が存在して

$$
\|\mathbf{x}\|_0 < \frac{1}{2}\left(1 + \frac{1}{\mu(\mathbf{A})}\right) \tag{4.34}
$$

を満たせば，しきい値パラメータ $\epsilon_0 = 0$ で実行される OMP（OGA）は最適解を与える．

証明 一般性を失わずに，連立方程式の最もスパースな解は，最初の k_0 が非

ゼロ要素であり，その値 $|x_j|$ が降順に並んでいると仮定する．

$$\mathbf{b} = \mathbf{A}\mathbf{x} = \sum_{t=1}^{k_0} x_t \mathbf{a}_t \tag{4.35}$$

アルゴリズムの最初の反復（$k=0$）では，$\mathbf{r}^k = \mathbf{r}^0 = \mathbf{b}$ であり，「誤差の計算」ステップで計算される誤差は以下のようになる．

$$\epsilon(j) = \min_{z_j} \|\mathbf{a}_j z_j - \mathbf{b}\|_2^2 = \|\mathbf{a}_j \mathbf{a}_j^{\mathrm{T}} \mathbf{b} - \mathbf{b}\|_2^2 = \|\mathbf{b}\|_2^2 - (\mathbf{a}_j^{\mathrm{T}} \mathbf{b})^2 \geq 0$$

したがって，最初の反復において，ベクトル中の最初の k_0 個の要素のうちの一つを選択するためには，すべての $i > k_0$（真のサポート以外の列）に対して以下の条件が満たされなければならない．

$$\left|\mathbf{a}_1^{\mathrm{T}} \mathbf{b}\right| > \left|\mathbf{a}_i^{\mathrm{T}} \mathbf{b}\right| \tag{4.36}$$

これは式 (4.35) に代入することで，以下のように書き換えられる．

$$\left|\sum_{t=1}^{k_0} x_t \mathbf{a}_1^{\mathrm{T}} \mathbf{a}_t\right| > \left|\sum_{t=1}^{k_0} x_t \mathbf{a}_i^{\mathrm{T}} \mathbf{a}_t\right| \tag{4.37}$$

ここでも，左辺の下界と右辺の上界を求めて，上記の不等式を再度評価しなければならない．左辺については以下が成り立つ．

$$\begin{aligned} \left|\sum_{t=1}^{k_0} x_t \mathbf{a}_1^{\mathrm{T}} \mathbf{a}_t\right| &\geq |x_1| - \sum_{t=2}^{k_0} |x_t| |\mathbf{a}_1^{\mathrm{T}} \mathbf{a}_t| \\ &\geq |x_1| - \sum_{t=2}^{k_0} |x_t| \mu(\mathbf{A}) \\ &\geq |x_1| (1 - \mu(\mathbf{A})(k_0 - 1)) \end{aligned} \tag{4.38}$$

ここでは，式 (2.21) の相互コヒーレンス $\mu(\mathbf{A})$ の定義と，値 $|x_j|$ が降順に並んでいることを利用した．同様に，右辺に対しては以下の上界が得られる．

$$\begin{aligned} \left|\sum_{t=1}^{k_0} x_t \mathbf{a}_i^{\mathrm{T}} \mathbf{a}_t\right| &\leq \sum_{t=1}^{k_0} |x_t| |\mathbf{a}_i^{\mathrm{T}} \mathbf{a}_t| \\ &\leq \sum_{t=1}^{k_0} |x_t| \mu(\mathbf{A}) \end{aligned} \tag{4.39}$$

$$\leq |x_1|\mu(\mathbf{A})k_0$$

これらの上界と下界を用いると，不等式 (4.37) から次の不等式が得られる．

$$\begin{aligned}\left|\sum_{t=1}^{k_0} x_t \mathbf{a}_1^{\mathrm{T}} \mathbf{a}_t\right| &\geq |x_1|(1-\mu(\mathbf{A})(k_0-1)) \\ &> |x_1|\mu(\mathbf{A})k_0 \\ &\geq \left|\sum_{t=1}^{k_0} x_t \mathbf{a}_i^{\mathrm{T}} \mathbf{a}_t\right|\end{aligned} \tag{4.40}$$

これから，次の条件が導かれる．

$$1+\mu(\mathbf{A}) > 2\mu(\mathbf{A})k_0 \quad \Rightarrow \quad k_0 < \frac{1}{2}\left(1+\frac{1}{\mu(\mathbf{A})}\right) \tag{4.41}$$

これは定理 4.3 の条件そのものである．この条件は，アルゴリズムの最初の反復が成功することを保証している．つまり，選択された要素は，最もスパースな解のサポートから選択されている．

次は「残差の更新」ステップである．この手順では，$\mathbf{a}_1$（もしくは正しいサポートの中の他の列）に比例する値を引き去るため，更新後の残差も $\mathbf{A}$ における高々 k_0 個の列の線形結合である．同様の手順で，アルゴリズムはやはり解の真のサポートから列を選択することが，条件 (4.41) により保証されることが示せる．そして，同じ要素は再び選択されることがないことが，LS の直交性により保証される．こうして k_0 回の反復で残差は 0 になってアルゴリズムは終了し，定理が要請するとおりに，アルゴリズムは正しい解 $\mathbf{x}$ を求めることに成功する．□

4.2.2　しきい値アルゴリズムの性能保証

前章で紹介したしきい値アルゴリズムは，処理の単純さが魅力であった．ここで答えるべき疑問は，そのような単純な手法の性能を保証できるのか，ということである．以下の解析では，前述の貪欲アルゴリズムの解析とよく似た方針をとり，記法も同じものを使用する．

しきい値アルゴリズムの成功は，以下の条件によって保証されていた．

$$\min_{1\leq i\leq k_0} |\mathbf{a}_i^{\mathrm{T}}\mathbf{b}| > \max_{j>k_0} |\mathbf{a}_j^{\mathrm{T}}\mathbf{b}| \tag{4.42}$$

この左辺は，$\mathbf{b} = \sum_{t=1}^{k_0} x_t \mathbf{a}_t$ を代入することで，以下のようになる．

$$\min_{1 \le i \le k_0} |\mathbf{a}_i^{\mathrm{T}} \mathbf{b}| = \min_{1 \le i \le k_0} \left| \sum_{t=1}^{k_0} x_t \mathbf{a}_i^{\mathrm{T}} \mathbf{a}_t \right| \tag{4.43}$$

ここで，$\mathbf{A}$ の列が正規化されていることと，その（列同士の）内積が $\mu(\mathbf{A})$ によって上から抑えられていること，また，不等式 $|a+b| \ge |a| - |b|$ を利用すると，以下のように下界を得ることができる．

$$\begin{aligned}
\min_{1 \le i \le k_0} \left| \sum_{t=1}^{k_0} x_t \mathbf{a}_i^{\mathrm{T}} \mathbf{a}_t \right| &= \min_{1 \le i \le k_0} \left| x_i + \sum_{1 \le t \le k_0, t \ne i}^{k_0} x_t \mathbf{a}_i^{\mathrm{T}} \mathbf{a}_t \right| \\
&\ge \min_{1 \le i \le k_0} \left\{ |x_i| - \left| \sum_{1 \le t \le k_0, t \ne i}^{k_0} x_t \mathbf{a}_i^{\mathrm{T}} \mathbf{a}_t \right| \right\} \\
&\ge \min_{1 \le i \le k_0} |x_i| - \max_{1 \le i \le k_0} \left| \sum_{1 \le t \le k_0, t \ne i}^{k_0} x_t \mathbf{a}_i^{\mathrm{T}} \mathbf{a}_t \right| \\
&\ge |x_{\min}| - (k_0 - 1)\mu(\mathbf{A})|x_{\max}|
\end{aligned} \tag{4.44}$$

ここで，$|x_{\min}|$ と $|x_{\max}|$ は，ベクトル $|\mathbf{x}|$ のサポート $1 \le t \le k_0$ 中の要素の最小値と最大値である．

次に，式 (4.42) の右辺を考える．同様の手順を踏むと，以下のように上界を得ることができる．

$$\max_{j > k_0} |\mathbf{a}_j^{\mathrm{T}} \mathbf{b}| = \max_{j > k_0} \left| \sum_{t=1}^{k_0} x_t \mathbf{a}_j^{\mathrm{T}} \mathbf{a}_t \right| \le k_0 \mu(\mathbf{A}) |x_{\max}| \tag{4.45}$$

以上より，条件

$$|x_{\min}| - (k_0 - 1)\mu(\mathbf{A})|x_{\max}| > k_0 \mu(\mathbf{A}) |x_{\max}| \tag{4.46}$$

が得られれば，式 (4.42) の条件を満たすことになる．これを変形すると，次式のようになる．

$$k_0 < \frac{1}{2} \left(\frac{|x_{\min}|}{|x_{\max}|} \frac{1}{\mu(\mathbf{A})} + 1 \right) \tag{4.47}$$

これが満たされれば，しきい値アルゴリズムの成功が保証される．OMP の条件と比較するとこの条件はより厳密であり，もし $\mathbf{x}$ の非ゼロ要素の絶対値がすべて等しければ，OMP の条件と等価になる．以上から，以下の定理を得る．

定理 4.4（しきい値アルゴリズムの最適解保証） 線形連立方程式 $\mathbf{Ax} = \mathbf{b}$（$n < m$ である $\mathbf{A} \in \mathbb{R}^{n \times m}$ はフルランクの行列）に対して，解 $\mathbf{x}$ が存在して（その非ゼロ要素の最小値は $|x_{\min}|$，最大値は $|x_{\max}|$ とする）

$$\|\mathbf{x}\|_0 < \frac{1}{2}\left(1 + \frac{1}{\mu(\mathbf{A})}\frac{|x_{\min}|}{|x_{\max}|}\right) \tag{4.48}$$

を満たせば，しきい値パラメータ $\epsilon_0 = 0$ で実行されるしきい値アルゴリズムは最適解を与える．

4.2.3 BP の性能保証

次は，基底追跡，つまり最適化問題を (P_0) から (P_1) に置き換えた場合の性能を考える．驚くべきことに，OMP の上界は基底追跡の成功も保証する．ただし，これはいつでもこの二つのアルゴリズムが似たように振る舞うということではない．実際，二つの直交行列の場合について，これらの二つのアルゴリズムの違いをすでに議論している．一般の場合のこれらのアルゴリズムについての定理は，最悪の場合の振る舞いは，二つのアルゴリズムは同じであり，これらの上界はタイトであることを意味している．実験による検証は，後の章で行う．

定理 4.5（基底追跡の最適解保証） 線形連立方程式 $\mathbf{Ax} = \mathbf{b}$（$n < m$ である $\mathbf{A} \in \mathbb{R}^{n \times m}$ はフルランクの行列）に対して，解 $\mathbf{x}$ が存在して

$$\|\mathbf{x}\|_0 < \frac{1}{2}\left(1 + \frac{1}{\mu(\mathbf{A})}\right) \tag{4.49}$$

を満たせば，得られた解は (P_1) の一意解であり，(P_0) の一意解でもある．

証明 この証明は二つの直交行列に対する証明と似ており，いくつかの修正が必要なだけである．実際，証明はいくつかの点が簡単になる．

以下のようなもう一つの解の集合を定義する．

$$\mathcal{C} = \left\{ \mathbf{y} \left| \begin{array}{c} \mathbf{y} \neq \mathbf{x} \\ \|\mathbf{y}\|_1 \leq \|\mathbf{x}\|_1 \\ \|\mathbf{y}\|_0 > \|\mathbf{x}\|_0 \\ \mathbf{A}(\mathbf{y}-\mathbf{x}) = \mathbf{0} \end{array} \right. \right\} \tag{4.50}$$

この解集合は $\mathbf{x}$ とは異なるすべての解を含んでおり，その解は $\mathbf{x}$ よりもサポートが大きく，線形連立方程式 $\mathbf{Ay} = \mathbf{b}$ を満たし，重み付き ℓ_1 ノルムの意味で少なくとも $\mathbf{x}$ と同程度に良い（小さい）．この集合が空ではない場合，基底追跡が $\mathbf{x}$ 以外の解を見つける可能性がある．

定理 2.5 と $\|\mathbf{x}\|_0 < (1+1/\mu(\mathbf{A}))/2$ が成り立つという事実から，$\mathbf{x}$ は唯一の最もスパースな解である．それ以外の解（$\mathbf{y} \neq \mathbf{x}$）は必然的に密になるので，この条件は $\mathcal{C}$ の定義から省略することができる．$\mathbf{e} = \mathbf{y} - \mathbf{x}$ と定義すると，$\mathcal{C}$ を以下のように $\mathbf{x}$ の周辺へシフトしたものに書き換えることができる．

$$\mathcal{C}_S = \{\mathbf{e} \mid \mathbf{e} \neq \mathbf{0}, \quad \|\mathbf{e}+\mathbf{x}\|_1 - \|\mathbf{x}\|_1 \leq 0, \quad \mathbf{Ae} = \mathbf{0}\} \tag{4.51}$$

これから示す証明の戦略は，この集合をさらに拡大し，拡大してもこの集合が空であることを示す，というものである．そうすれば，基底追跡が必ず解 $\mathbf{x}$ を与えることを証明することになる．

まず，条件 $\|\mathbf{e}+\mathbf{x}\|_1 - \|\mathbf{x}\|_1 \leq 0$ から始める．一般性を失わずに，$\mathbf{A}$ の列の順番を入れ替えて，ベクトル $\mathbf{x}$ の先頭から k_0 個が非ゼロ要素であると仮定する．すると，この条件は以下のように書き直すことができる．

$$\|\mathbf{e}+\mathbf{x}\|_1 - \|\mathbf{x}\|_1 = \sum_{j=1}^{k_0} |e_j + x_j| - |x_j| + \sum_{j>k_0} |e_j| \leq 0 \tag{4.52}$$

不等式 $|a+b| - |b| \geq -|a|$ を用いると，上記の条件は以下のように緩和できる．

$$-\sum_{j=1}^{k_0} |e_j| + \sum_{j>k_0} |e_j| \leq \sum_{j=1}^{k_0} |e_j + x_j| - |x_j| + \sum_{j>k_0} |e_j| \leq 0 \tag{4.53}$$

この不等式は，項 $\sum_{j=1}^{k_0} |e_j|$ を加えて引くことで，もっとコンパクトに書くことができる．そしてそれらの項を $\mathbf{1}_{k_0}^{\mathrm{T}}|\mathbf{e}|$ と書く．これはベクトル $|\mathbf{e}|$ の先頭から k_0 個の非ゼロ要素の和を表している．すると，以下のように書くことができる．

$$\|\mathbf{e}\|_1 - 2\,\mathbf{1}_{k_0}^{\mathrm{T}}|\mathbf{e}| \leq 0 \tag{4.54}$$

これを$\mathcal{C}_S$の定義に代入すると，

$$\mathcal{C}_S \subseteq \{\mathbf{e} \mid \mathbf{e} \neq \mathbf{0},\ \|\mathbf{e}\|_1 - 2\,\mathbf{1}_{k_0}^{\mathrm{T}}|\mathbf{e}| \leq 0,\ \mathbf{A}\mathbf{e} = \mathbf{0}\} = \mathcal{C}_S^1 \tag{4.55}$$

となる．上で述べたように，条件$\|\mathbf{e}+\mathbf{x}\|_1 - \|\mathbf{x}\|_1 \leq 0$から新しい条件$\|\mathbf{e}\|_1 - 2\,\mathbf{1}_{k_0}^{\mathrm{T}}|\mathbf{e}| \leq 0$への変更は，集合を実質的に拡大している．なぜなら，最初の条件を満たすどのベクトル$\mathbf{e}$も新しい条件を満たすが，逆は成り立たないからである．

次に，条件$\mathbf{A}\mathbf{e} = \mathbf{0}$を，集合$\mathcal{C}_S^1$を拡大するような緩和された条件に置き換える．まず，$\mathbf{A}^{\mathrm{T}}$との積をとると$\mathbf{A}^{\mathrm{T}}\mathbf{A}\mathbf{e} = \mathbf{0}$が得られるが，これはまだ集合$\mathcal{C}_S^1$を変えていない．行列$\mathbf{A}^{\mathrm{T}}\mathbf{A}$の各要素は正規化された内積であり，相互コヒーレンス$\mu(\mathbf{A})$の定義に利用されている．また，この行列の対角要素は1である．したがって，この条件に$\mathbf{e}$を加えて引くと，以下のように書き換えることができる．

$$-\mathbf{e} = (\mathbf{A}^{\mathrm{T}}\mathbf{A} - \mathbf{I})\mathbf{e} \tag{4.56}$$

両辺の要素ごとの絶対値をとると，$\mathbf{e}$についての条件を緩和した次式を得る．

$$\begin{aligned} |\mathbf{e}| = |(\mathbf{A}^{\mathrm{T}}\mathbf{A} - \mathbf{I})\mathbf{e}| &\leq |\mathbf{A}^{\mathrm{T}}\mathbf{A} - \mathbf{I}|\ |\mathbf{e}| \\ &\leq \mu(\mathbf{A})(\mathbf{1} - \mathbf{I})|\mathbf{e}| \end{aligned} \tag{4.57}$$

ここで，関係式$|\sum_i g_i v_i| \leq \sum_i |g_i||v_i|$を用いた．この式は，行列$\mathbf{G}$のある行にベクトル$\mathbf{v}$を掛けたときに成り立つ不等式であると解釈できる．すると，その乗算のj番目の要素は$|\mathbf{G}\mathbf{v}|_j \leq (|\mathbf{G}||\mathbf{v}|)_j$を満たす．また，$\mathbf{1}$は要素がすべて1であるランク1の行列を表している．上記の最後のステップで，相互コヒーレンスの定義と，$\mathbf{A}$の列の正規化された内積はすべて相互コヒーレンスによって上から抑えられているという事実を用いた．これを用いて集合$\mathcal{C}_S^1$を以下のように書き換える．

$$\mathcal{C}_S^1 \subseteq \left\{ \mathbf{e} \left| \begin{array}{c} \mathbf{e} \neq \mathbf{0}, \\ \|\mathbf{e}\|_1 - 2\,\mathbf{1}_{k_0}^{\mathrm{T}}|\mathbf{e}| \leq 0, \\ |\mathbf{e}| \leq \dfrac{\mu(\mathbf{A})}{1+\mu(\mathbf{A})}\mathbf{1}|\mathbf{e}| \end{array} \right. \right\} = \mathcal{C}_S^2 \tag{4.58}$$

こうして得られた$\mathcal{C}_S^2$は非有界集合である．なぜなら，もし$\mathbf{e} \in \mathcal{C}_S^2$ならば，すべての$\alpha \neq 0$について$\alpha\mathbf{e} \in \mathcal{C}_S^2$だからである．したがって，その振る舞いを

調べるためには，正規化されたベクトル $\|\mathbf{e}\|_1 = 1$ に制限する必要がある．そのように制限した新しい集合を $\mathcal{C}_r$ と書くと，以下のようになる．

$$\mathcal{C}_r = \left\{ \mathbf{e} \;\middle|\; \|\mathbf{e}\|_1 = 1,\ 1 - 2\,\mathbf{1}_{k_0}^{\mathrm{T}}|\mathbf{e}| \leq 0,\ |\mathbf{e}| \leq \frac{\mu(\mathbf{A})}{1+\mu(\mathbf{A})}\mathbf{1} \right\} \tag{4.59}$$

最後の条件には，$\mathbf{1}|\mathbf{e}| = \mathbf{1}\cdot\mathbf{1}^{\mathrm{T}}|\mathbf{e}|$ と $\mathbf{1}^{\mathrm{T}}|\mathbf{e}| = \|\mathbf{e}\|_1 = 1$ を用いた．

ベクトル $\mathbf{e}$ が条件 $1 - 2\mathbf{1}_{k_0}^{\mathrm{T}}|\mathbf{e}| \leq 0$ を満たすためには，ベクトルの非ゼロ要素を最初の k_0 個に集めなければならない．しかし，条件 $\|\mathbf{e}\|_1 = 1$ と $|e_j| \leq \mu(\mathbf{A})/(1+\mu(\mathbf{A}))$ から，これら k_0 個の非ゼロ要素のとりうる最大値は $|e_j| = \mu(\mathbf{A})/(1+\mu(\mathbf{A}))$ に制限される．したがって，最初の条件に戻れば，以下の式を得る．

$$1 - 2\,\mathbf{1}_{k_0}^{\mathrm{T}}|\mathbf{e}| = 1 - 2k_0\frac{\mu(\mathbf{A})}{1+\mu(\mathbf{A})} \leq 0 \tag{4.60}$$

つまり，もし k_0 が $(1+1/\mu(\mathbf{A}))/2$ よりも小さければ，この集合は必然的に空集合となり，したがって基底追跡は最適解を見つけることに成功することになる． □

上記の証明が示したことは，劣決定連立方程式に解が二つある場合，そのうちの一つがスパースな解だとすると，二つの解を結ぶ線分上をスパースな解から離れる方向へ動くに従って，ℓ_1 ノルムは大きくなる，ということである．

歴史的には，一般の場合の BP は OMP よりも先に発見されていた．どちらも二つの直交行列の場合の解析が先であったが，それらは何かの存在証明のようなもので，ある条件下で劣決定の連立方程式を解くと何か興味深いことがありそうだということを示すものだった．どちらのアルゴリズムでも同じ形の仮定が同じ形の結果を導くことには，何か深い意味があるのだろうか？　ここで得られた結果は，二つの直交行列の場合には二つの手法は一致せず，BP のほうが性能が良いということである．

4.2.4　追跡アルゴリズムの性能保証：まとめ

得られた上記の定理は，OMP と BP を用いて問題 (P_0) の近似解を求めることの動機付けにはなる．確かに，考え方としては重要である．しかし，上記の結果はかなり弱いものである．n 個の要素のうち非ゼロ要素が $\sqrt{n}$ 個よりも少ないという，かなりスパースなときにしか成功しない．それほどスパースな状態になる問題はほとんどない．

上記の結果を，バベル関数（第2章を参照）に基づいて強いものにする試みがなされており，いくらか強い結果は得られている．しかしながら，行列 $\mathbf{A}$ のコヒーレンスが大きく，$\mu(\mathbf{A}) \approx 1$ になってしまうと，「強くされた」結果でも弱すぎるのである．実際，コヒーレンスの値が大きいと，スパースな解を求める手法が成功する条件は部分的にしか説明できない．行列 $\mathbf{A}$ がランダムな場合は，もっと条件の良い結果が得られている．上記の結果は最悪の場合のものであり，それらが満たされていない場合でも，OMP と BP は成功することが，多くの数値計算結果からわかっている．これについては，後の章で，実用的で楽観的な上界を得るための確率的な視点を考察するときに，再び取り上げることにする．

4.3　符号パターンの役割

線形連立方程式 $\mathbf{A}\mathbf{x} = \mathbf{b}$ に対して，$\|\mathbf{x}\|_0 < \mathrm{spark}(\mathbf{A})/2$ である解の候補 $\mathbf{x}$ が得られたとする．明らかにこれは最もスパースな解であり，(P_0) の大域的最適解である．（問題 (P_1) を解く）BP の解析においては，もう一つの解 $\mathbf{y} \neq \mathbf{x}$ を考えた．この $\mathbf{y}$ は $\mathbf{A}\mathbf{y} = \mathbf{b}$ を満たし，ℓ_1 ノルムの意味で $\mathbf{x}$ よりも小さい．そして，その差 $\|\mathbf{y}\|_1 - \|\mathbf{x}\|_1$ を議論した．もしこれが負になれば，BP は失敗する．この解析を単純化するために，$\mathbf{e} = \mathbf{y} - \mathbf{x}$ を定義して，次のように下から抑えた．

$$\|\mathbf{e} + \mathbf{x}\|_1 - \|\mathbf{x}\|_1 \geq \mathbf{1}_{S^c}^{\mathrm{T}}|\mathbf{e}| - \mathbf{1}_S^{\mathrm{T}}|\mathbf{e}| = \|\mathbf{e}\|_1 - 2\,\mathbf{1}_S^{\mathrm{T}}|\mathbf{e}| \tag{4.61}$$

ここで，$\mathbf{1}_S^{\mathrm{T}}$ は $\mathbf{x}$ のサポートでは 1，それ以外では 0 をとる指示ベクトルであり，$\mathbf{1}_{S^c}^{\mathrm{T}}$ はその逆である．

ベクトル $\mathbf{z}_x = \mathrm{sign}(\mathbf{x})$ は，$\mathbf{x}$ のサポート外では 0 であり，サポートの中では $\mathbf{x}$ の要素の符号に応じて ± 1 をとるとする．明らかに $\mathbf{1}_S = |\mathbf{z}_x|$ であり，上記の下界は以下のように書くことができる．

$$\|\mathbf{e} + \mathbf{x}\|_1 - \|\mathbf{x}\|_1 \geq \|\mathbf{e}\|_1 - 2|\mathbf{z}_x|^{\mathrm{T}}|\mathbf{e}| \tag{4.62}$$

このように書き直しても，まだ何も重要な結果は得られていない．

もし $\mathbf{y}$ が実際に ℓ_1 ノルムの意味で小さい解であれば（つまり，等号は成立せ

ず $\|\mathbf{x}\|_1 > \|\mathbf{y}\|_1$ となれば)，任意の $0 < \epsilon \le 1$ に対して $\|\mathbf{x}+\epsilon\mathbf{e}\|_1 < \|\mathbf{x}\|_1$ である．これは，以下のように ℓ_1 ノルムの凸性から導くことができる．

$$\begin{aligned}\|\mathbf{x}+\epsilon\mathbf{e}\|_1 &= \|(1-\epsilon)\mathbf{x}+\epsilon\mathbf{y}\|_1 \\ &\le (1-\epsilon)\|\mathbf{x}\|_1+\epsilon\|\mathbf{y}\|_1 \\ &= \|\mathbf{x}\|_1-\epsilon(\|\mathbf{x}\|_1-\|\mathbf{y}\|_1) < \|\mathbf{x}\|_1\end{aligned} \tag{4.63}$$

そこで，$\mathbf{x}$ のサポートにおいて $\epsilon|\mathbf{e}| < |\mathbf{x}|$ となるように ϵ を選択する（明らかに $\epsilon > 0$)．この変更[*3] によって，次のように書くことができる．

$$\|\mathbf{e}+\mathbf{x}\|_1 - \|\mathbf{x}\|_1 = \mathbf{1}_{S^c}^{\mathrm{T}}|\mathbf{e}| + \mathbf{z}_x^{\mathrm{T}}\mathbf{e} \tag{4.64}$$

右辺第 1 項の $\mathbf{1}_{S^c}^{\mathrm{T}}|\mathbf{e}|$ はサポート外の総和部分に対応する．第 2 項の $\mathbf{z}_x^{\mathrm{T}}\mathbf{e}$ は，$|b| < |a|$ についての式 $|a+b|-|a| = \mathrm{sign}(a)b$ から得られる[*4]．上記の式に $\mathbf{1}_S^{\mathrm{T}}|\mathbf{e}| = |\mathbf{z}_x|^{\mathrm{T}}|\mathbf{e}|$ を足して引けば，次の式が得られる．

$$\|\mathbf{e}+\mathbf{x}\|_1 - \|\mathbf{x}\|_1 = \mathbf{1}_{S^c}^{\mathrm{T}}|\mathbf{e}| + \mathbf{z}_x^{\mathrm{T}}\mathbf{e} = \|\mathbf{e}\|_1 - |\mathbf{z}_x|^{\mathrm{T}}|\mathbf{e}| + \mathbf{z}_x^{\mathrm{T}}\mathbf{e} \tag{4.65}$$

これは上界の不等式ではなく，等式である．したがって，BP が成功するかどうかは，集合

$$\left\{\mathbf{e} \mid \mathbf{e} \ne \mathbf{0},\ \|\mathbf{e}\|_1 - |\mathbf{z}_x|^{\mathrm{T}}|\mathbf{e}| + \mathbf{z}_x^{\mathrm{T}}\mathbf{e} < 0,\ \mathbf{A}\mathbf{e} = \mathbf{0}\right\} \tag{4.66}$$

が空集合でないことを確かめればよい．これが意味するのは，$\mathbf{x}$ のほかに解が存在するかどうかを確かめるためには，実際にはベクトル $\mathbf{x}$ の符号のパターン $\mathbf{z}_x$ を調べればよい，ということである．つまり，同じ符号パターンを持つ二つのスパースなベクトルは，（成功するか失敗するかの振る舞いは）必然的に同じである．したがって，非ゼロ要素の個数が k の場合の BP の性能を調べるには，2^{k-1} 個の符号パターンだけを順番に調べればよい[*5]．この方法は k の値が大き

[*3]【訳注】前文で示した ϵ を用いて $\mathbf{x}+\epsilon\mathbf{e}$ を新たな $\mathbf{y}$ とする．こうしても，ここで示した凸性により $\|\mathbf{x}\|_1 > \|\mathbf{y}\|_1$ は満たされる．そして，新たな $\mathbf{e} = \mathbf{y}-\mathbf{x}$ においては $|\mathbf{e}| < |\mathbf{x}|$ となる．これで，以下で用いている第 2 項の $\mathbf{z}_x^{\mathrm{T}}\mathbf{e}$ についての条件 $|\mathbf{e}| < |\mathbf{x}|$（本文では $|b| < |a|$）が満たされる．

[*4] この式を示すのは容易である．もし $a > 0$ で $|a| = a < |b|$ であれば，$|a+b|-|a| = a+b-a = b$ である．同様に $a < 0$ であれば，$|a+b|-|a| = -a-b+a = -b$ である．

[*5] もし与えられた符号パターンが成功するのか失敗するのかがわかっていれば，反対の符号パターン $-\mathbf{z}_x$ も同様であることがわかる（単に解集合 $\mathbf{e}$ に -1 を掛けるだけである)．

くなると実用的ではないが，それでも非ゼロ要素の絶対値を考慮して検証するよりもはるかに良い．

4.4 Tropp の厳密復元条件

追跡アルゴリズムの性能の議論を締めくくる前に忘れてはならないのは，Joel A. Tropp が "Greed Is Good" という論文で提案した啓蒙的な別の解析方法である．この解析は厳密復元条件（ERC）の定義に基づいている．この条件自体は構成的なものではないが，OMP と BP の性能の限界に関する興味深い洞察を得ることができる．それによって，定理 4.3 と定理 4.5 の別の単純な証明を与えることができる．

S をサポートとし，そのサポートの列を含む $\mathbf{A}$ の部分行列を $\mathbf{A}_S$ と書く．ERC の定義を以下に示す．

定義 4.1（厳密復元条件） サポート S と行列 $\mathbf{A}$ が与えられたとき，厳密復元条件（exact recovery condition; ERC）は次式で与えられる．

$$\mathrm{ERC}(A, S):\ \max_{i \notin S} \|\mathbf{A}_S^{+}\mathbf{a}_i\|_1 < 1 \tag{4.67}$$

この条件は，本質的には線形連立方程式 $\mathbf{A}_S\mathbf{x} = \mathbf{a}_i$ を扱っていることになる．ここで $\mathbf{a}_i$ は，サポート S 以外の $\mathbf{A}$ の列である．ERC が述べているのは，これら「すべて」の連立方程式に対する ℓ_2 ノルム最小の解は，その ℓ_1 ノルムが 1 以下である，ということである．

ERC が重要なのは，追跡アルゴリズムの成功に大きく関係しているためである．

定理 4.6（ERC と追跡アルゴリズムの性能） 線形連立方程式 $\mathbf{Ax} = \mathbf{b}$ の解である，サポート S を持つスパースなベクトル $\mathbf{x}$ に対して，もし ERC が満たされれば，OMP と BP は $\mathbf{x}$ を求めることに成功する．

この条件は，相互コヒーレンスを用いた追跡アルゴリズムの成功条件よりも強いが，構成的ではない．つまり，サポートが与えられなければ確認することはできないのである．さらに，わかっていることが解の非ゼロ要素の個数 $|S|$ だけである場合，ERC を用いて成功を保証したいのであれば，$\binom{m}{|S|}$ 個のすべての

組合せに対して条件を検証しなければならない．当然ながら，これは計算量的に不可能である．それでは，上記の定理を証明して，ERCがどのようにOMPとBPの成功に関係しているのかを示す．そして，膨大な量の検証を実用的なものにするにはどうしたらよいのかを議論する．以下の証明は，Troppの議論を踏襲したものである．

証明　まずOMPの解析から始める．現在このアルゴリズムの1回目の反復であるとする．この反復が成功するためには，項 $\|\mathbf{A}_S^{\mathrm{T}}\mathbf{b}\|_\infty$（サポート内の列と $\mathbf{b}$ との内積の最大値）が，サポートの外の列との内積の最大値 $\|\mathbf{A}_{S^c}^{\mathrm{T}}\mathbf{b}\|_\infty$ よりも大きくなければならない．したがって，次式を得る．

$$\rho = \frac{\|\mathbf{A}_{S^c}^{\mathrm{T}}\mathbf{b}\|_\infty}{\|\mathbf{A}_S^{\mathrm{T}}\mathbf{b}\|_\infty} < 1 \tag{4.68}$$

ここで，$\mathbf{b} = \mathbf{A}_S\mathbf{x}_S$ なので，

$$\begin{aligned}(\mathbf{A}_S^{\mathrm{T}})^+\mathbf{A}_S^{\mathrm{T}}\mathbf{b} &= \mathbf{A}_S(\mathbf{A}_S^{\mathrm{T}}\mathbf{A}_S)^{-1}\mathbf{A}_S^{\mathrm{T}}\mathbf{b} \\ &= \mathbf{A}_S(\mathbf{A}_S^{\mathrm{T}}\mathbf{A}_S)^{-1}\mathbf{A}_S^{\mathrm{T}}\mathbf{A}_S\mathbf{x}_S \\ &= \mathbf{A}_S\mathbf{x}_S \\ &= \mathbf{b}\end{aligned}$$

となり，これは $\mathbf{A}_S$ が張る空間への射影作用素である．したがって，

$$\rho = \frac{\|\mathbf{A}_{S^c}^{\mathrm{T}}\mathbf{b}\|_\infty}{\|\mathbf{A}_S^{\mathrm{T}}\mathbf{b}\|_\infty} = \frac{\|\mathbf{A}_{S^c}^{\mathrm{T}}(\mathbf{A}_S^{\mathrm{T}})^+\mathbf{A}_S^{\mathrm{T}}\mathbf{b}\|_\infty}{\|\mathbf{A}_S^{\mathrm{T}}\mathbf{b}\|_\infty} \le \|\mathbf{A}_{S^c}^{\mathrm{T}}(\mathbf{A}_S^{\mathrm{T}})^+\|_\infty \tag{4.69}$$

が得られる．ここで，もとの比を作用素 $\mathbf{A}_{S^c}^{\mathrm{T}}(\mathbf{A}_S^{\mathrm{T}})^+$ の ℓ_∞ 誘導ノルム*6で置き換えた．このノルムは，列の絶対値和の最大値である（$\|\mathbf{B}\|_\infty = \max_i \sum_j |b_{ij}|$）．これはまた，転置行列の列の絶対値和の最大値と同じであり，それは ℓ_1 誘導ノルム（$\|\mathbf{B}^{\mathrm{T}}\|_1 = \max_j \sum_i |b_{ij}|$）でもある．$\mathbf{A}_S$ において擬似逆行列と転置は可換であるので，次式が得られる．

$$\|\mathbf{A}_{S^c}^{\mathrm{T}}(\mathbf{A}_S^{\mathrm{T}})^+\|_\infty = \|\mathbf{A}_S^+\mathbf{A}_{S^c}\|_1 \tag{4.70}$$

---

*6 行列 $\mathbf{B}$ の誘導ノルム（induced-norm）は，ベクトルノルムを用いて定義される．これは，球 $\|\mathbf{v}\| = 1$ 上でのノルム $\|\mathbf{B}\mathbf{v}\|$ の最大値，つまり $\|\mathbf{B}\| = \max_{\mathbf{v}} \|\mathbf{B}\mathbf{v}\|/\|\mathbf{v}\|$ として定義される．

よって，$\|\mathbf{A}_S^+\mathbf{A}_{S^c}\|_1 < 1$ を満たせば，$\rho < 1$ となり，OMP の最初の反復が成功する．この得られた条件は，ERC の式 (4.67) そのものである（列の絶対値和の最大値）．

上記の結果が意味するのは，最初に選択される列はサポート S の中のものであり，結果として得られる残差は，やはり必然的に $\mathbf{A}_S$ が張る空間中に存在する，ということである．したがって，上記の解析はすべての反復に適用でき，$\mathbf{b}$ を残差 $\mathbf{r}^k$ で置き換えれば，OMP の $|S|$ 回の反復がすべて成功することが示せる．

次は BP の解析である．4.2.3 項と同様に，もう一つの解の候補 $\mathbf{y}$ を考える．この解と真の解の差を $\mathbf{e} = \mathbf{y} - \mathbf{x}$ と定義する．すでに見たように，これは $\mathbf{e}$ が $\mathbf{A}$ の零空間にあることを意味する．ここで $\mathbf{e}$ を $\mathbf{e}_S$ と $\mathbf{e}_{S^c}$ に分解し，$\mathbf{0} = \mathbf{A}\mathbf{e} = \mathbf{A}_S\mathbf{e}_S + \mathbf{A}_{S^c}\mathbf{e}_{S^c}$ となるようにすると，次式が得られる．

$$\mathbf{e}_S = -\mathbf{A}_S^+\mathbf{A}_{S^c}\mathbf{e}_{S^c} \tag{4.71}$$

式 (4.53) で見たように，BP が成功するには，この誤差ベクトルの ℓ_1 ノルムに寄与する非ゼロ要素がサポートの外にある必要がある．つまり，次式が成り立たなければならない．

$$\|\mathbf{e}_S\|_1 < \|\mathbf{e}_{S^c}\|_1 \tag{4.72}$$

式 (4.71) をこの関係式に代入すると，以下のようになる．

$$\|\mathbf{e}_S\|_1 = \|\mathbf{A}_S^+\mathbf{A}_{S^c}\mathbf{e}_{S^c}\|_1 < \|\mathbf{e}_{S^c}\|_1 \tag{4.73}$$

ここで（ℓ_1 誘導ノルムを用いて）$\|\mathbf{A}_S^+\mathbf{A}_{S^c}\mathbf{e}_{S^c}\|_1 \leq \|\mathbf{A}_S^+\mathbf{A}_{S^c}\|_1\|\mathbf{e}_{S^c}\|_1$ となるので，つまり，ERC が満たされれば BP が成功することが保証される．これで証明された．　□

上記の結果を実用的なものにするためには，ERC が成り立つかどうかを検証する単純な方法を見つけなければならない．Tropp は，相互コヒーレンスかバベル関数を用いるとそれが可能になることを示した．ここでは，相互コヒーレンスに焦点を当てて，この議論がどのように定理 4.3 と定理 4.5 と関連しているのかを明らかにする．

定理 4.7 (ERC の成立条件)　相互コヒーレンスが $\mu(\mathbf{A})$ である行列 $\mathbf{A}$ に対して，もし $k < 0.5(1+1/\mu(\mathbf{A}))$ ならば，非ゼロ要素の個数が k 以下であるすべてのサポートについて，ERC が成り立つ．

証明　サポート外の任意の列 i について $\|\mathbf{A}_S^+\mathbf{a}_i\|_1 = \|(\mathbf{A}_S^{\mathrm{T}}\mathbf{A}_S)^{-1}\mathbf{A}_S^{\mathrm{T}}\mathbf{a}_i\|_1 < 1$ であるとする．この式をより厳密な条件に置き換えて，$\|(\mathbf{A}_S^{\mathrm{T}}\mathbf{A}_S)^{-1}\|_1\|\mathbf{A}_S^{\mathrm{T}}\mathbf{a}_i\|_1 < 1$ とする．ベクトル $\mathbf{A}_S^{\mathrm{T}}\mathbf{a}_i$ の要素の値の範囲は $[-\mu(\mathbf{A}),\mu(\mathbf{A})]$ であるので，$\|\mathbf{A}_S^{\mathrm{T}}\mathbf{a}_i\|_1 \leq |S|\mu(\mathbf{A})$ となる．

行列 $\mathbf{A}_S^{\mathrm{T}}\mathbf{A}_S$ は厳密に対角優位であるので，Ahlberg-Nilson-Varah の上界を用いると，次式が得られる[*7]．

$$\|(\mathbf{A}_S^{\mathrm{T}}\mathbf{A}_S)^{-1}\|_1 \leq \frac{1}{1-(|S|-1)\mu(\mathbf{A})} \tag{4.74}$$

上記の結果と組み合わせると，以下の条件式が得られる．

$$\|(\mathbf{A}_S^{\mathrm{T}}\mathbf{A}_S)^{-1}\|_1\|A_S^{\mathrm{T}}\mathbf{a}_i\|_1 \leq \frac{|S|\mu(\mathbf{A})}{1-(|S|-1)\mu(\mathbf{A})} < 1 \tag{4.75}$$

これから，関係式 $|S| < 0.5(1+1/\mu(\mathbf{A}))$ が得られる．この条件はすべての列 $\mathbf{a}_i$ について同じなので，もし $|S| < 0.5(1+1/\mu(\mathbf{A}))$ ならば，ERC が成り立つ．　□

4.5　まとめ

2001 年から 2006 年にかけて集中的に行われた一連の研究により，ここで示した最適性についての結果が得られた．追跡アルゴリズムの成功を保証できるということは驚くべきことであり，心強いものではあるが，そこに暗い影を落としているのは，この章で紹介した上界がかなり悲観的なものであるという点である．第 7 章で再びこの問題を取り上げ，最新の研究結果を紹介して，数値実験から得られる結果を反映した，もっと楽観的な上界が得られることを示す．

[*7] ℓ_2 ノルムを用いた同じ形の上界 $\|(\mathbf{A}_S^{\mathrm{T}}\mathbf{A}_S)^{-1}\|_2$ を示すことは，$\mathbf{A}_S^{\mathrm{T}}\mathbf{A}_S$ の最小固有値が $1-(|S|-1)\mu(\mathbf{A})$ なので，非常に容易である．しかし，ℓ_1 誘導ノルムを用いた場合には，上記の論文の結果を用いなければならない．

この章の結果のもう一つの限界は，実用的な場面で興味を引く問題としては，(P_0) はほとんど登場しないということである．等式 $\mathbf{Ax} = \mathbf{b}$ はあまりに厳しい制約条件である．次章では，この制約条件を緩和する．

参考文献

1. J. H. Ahlberg and E. N. Nilson, Convergence properties of the spline fit, *J. SIAM*, 11:95–104, 1963.
2. S. S. Chen, D. L. Donoho, and M. A. Saunders, Atomic decomposition by basis pursuit, *SIAM Journal on Scientific Computing*, 20(1):33–61, 1998.
3. S. S. Chen, D. L. Donoho, and M. A. Saunders, Atomic decomposition by basis pursuit, *SIAM Review*, 43(1):129–159, 2001.
4. C. Couvreur and Y. Bresler, On the optimality of the Backward Greedy Algorithm for the subset selection problem, *SIAM Journal on Matrix Analysis and Applications*, 21(3):797–808, 2000.
5. D. L. Donoho and M. Elad, Optimally sparse representation in general (non-orthogonal) dictionaries via l1 minimization, *Proc. of the National Academy of Sciences*, 100(5):2197–2202, 2003.
6. D. L. Donoho and X. Huo, Uncertainty principles and ideal atomic decomposition, *IEEE Trans. on Information Theory*, 47(7):2845–2862, 1999.
7. D. L. Donoho and J. Tanner, Sparse nonnegative solutions of underdetermined linear equations by linear programming, *Proceedings of the National Academy of Sciences*, 102(27):9446–9451, July 2005.
8. D. L. Donoho and J. Tanner, Neighborliness of randomly-projected Simplices in high dimensions, *Proceedings of the National Academy of Sciences*, 102(27):9452–9457, July 2005.
9. M. Elad and A. M. Bruckstein, A generalized uncertainty principle and sparse representation in pairs of bases, *IEEE Trans. on Information Theory*, 48:2558–2567, 2002.
10. A. Feuer and A. Nemirovsky, On sparse representation in pairs of bases, *IEEE Trans. on Information Theory*, 49:1579–1581, June 2002.
11. J. J. Fuchs, On sparse representations in arbitrary redundant bases, *IEEE Trans. on Information Theory*, 50:1341–1344, 2004.
12. R. Gribonval and M. Nielsen, Sparse decompositions in unions of bases, *IEEE Trans. on Information Theory*, 49(12):3320–3325, 2003.
13. X. Huo, Sparse Image representation Via Combined Transforms, PhD thesis, Stanford, 1999.
14. S. Mallat and Z. Zhang, Matching pursuits with time-frequency dictionaries,

IEEE Trans. Signal Processing, 41(12):3397–3415, 1993.

15. N. Morača, Bounds for norms of the matrix inverse and the smallest singular value, *Linear Algebra and its Applications*, 429:2589–2601, 2008.
16. J. A. Tropp, Greed is good: Algorithmic results for sparse approximation, *IEEE Trans. on Information Theory*, 50(10):2231–2242, October 2004.
17. J. M. Varah, A lower bound for the smallest singular value of a matrix, *Linear Algebra Appl.* 11:3–5, 1975.

第5章
厳密解から近似解へ

5.1 一般的な動機

等式制約条件 $\mathbf{b} = \mathbf{Ax}$ を，より緩い条件である 2 次ペナルティ関数 $Q(\mathbf{x}) = \|\mathbf{b} - \mathbf{Ax}\|_2^2$ に置き換えて，近似的に等式条件を評価することが多い．このような緩和を用いると，次のことが可能になる．(i) 最適解が存在しない場合（$\mathbf{A}$ の行が列よりも多い場合）でも，準最適解を定義することができる．(ii) 最適化理論の考え方を用いることができる．(iii) 解の候補の質を評価することができる．

これまでの章での議論の方法に従って，$\mathbf{Ax}$ と $\mathbf{b}$ に少し差があっても許容するように (P_0) を考え直すことにする．ここでは許容誤差 $\epsilon > 0$ を用いて，問題 (P_0) の誤差を許容する変形版を次のように定義する．

$$(P_0^\epsilon): \quad \min_{\mathbf{x}} \|\mathbf{x}\|_0 \quad \text{subject to} \quad \|\mathbf{b} - \mathbf{Ax}\|_2 \leq \epsilon \tag{5.1}$$

ここでは ℓ_2 ノルムを用いて誤差 $\mathbf{b} - \mathbf{Ax}$ を評価しているが，これを ℓ_1 ノルムや ℓ_∞ ノルム，重み付き ℓ_2 ノルムなどで置き換えることもできる．

この問題では，モデルによる表現 $\mathbf{Ax}$ と信号 $\mathbf{b}$ との差が ϵ までであれば許容する．誤差を許容する問題 (P_0^ϵ) は実行可能領域を広げるため，(P_0) と同じ問題対象に適用すると，(P_0^ϵ) の解は常に少なくとも (P_0) と同程度にスパースになる．一般的な問題対象 $(\mathbf{A}, \mathbf{b})$ に対しては，(P_0) の解は n 個の非ゼロ要素を持つ．しかし，いくつかの実世界の問題対象では，(P_0) の解は密になってしまう一方で，(P_0^ϵ) の解はスパースになり非ゼロ要素の個数がはるかに少なくなることがある（以下でその例を見る）．

問題 (P_0^ϵ) のより自然な別解釈は，ノイズ除去である．$\mathbf{x}_0$ を十分にスパースなベクトルとし，$\mathbf{b} = \mathbf{A}\mathbf{x}_0 + \mathbf{e}$ が成り立つとする．ここで，$\mathbf{e}$ は有限のエネルギー（ℓ_2 ノルムの 2 乗）$\|\mathbf{e}\|_2^2 = \epsilon^2$ を持つ局外ベクトルである．大雑把に言えば，(P_0^ϵ) では $\mathbf{x}_0$ を求めることになる．つまり，$\mathbf{b} = \mathbf{A}\mathbf{x}_0$ が成り立つノイズを含まないデータに対して (P_0) が行うこととほぼ同じである．後の章でこの解釈を再び取り扱い，(P_0^ϵ) に似た定式化を導く統計的推定を用いて，より厳密に解釈する．

過去の研究において，この問題はさまざまな形式で扱われていた．この章では，現在わかっていることについて議論する．その結果は，ノイズのない場合の問題と同様な結果であるとも言える．特に議論しなければならないことは，十分にスパースな解が (P_0^ϵ) の大域的最適解となるための一意性（uniqueness）の条件と，この問題の近似解を求める実用的な追跡アルゴリズム，そして最適解を求めることに成功する理論的な保証（equivalence）の 3 点である．しかし，次に示すように，一意性と最適性の保証の概念はここでは当てはまらないのである．その代わり導入されるのが，安定性（stability）の概念である．

5.2　最もスパースな解の安定性

(P_0^ϵ) の近似解を求める前に，もっと基本的な疑問に答えなければならない．スパースなベクトル $\mathbf{x}_0$ と $\mathbf{A}$ との積を計算し，この積にノイズが加えられた観測 $\mathbf{b} = \mathbf{A}\mathbf{x}_0 + \mathbf{e}$ が与えられたとする．ここで $\|\mathbf{b} - \mathbf{A}\mathbf{x}_0\|_2 \leq \epsilon$ とする．これに (P_0^ϵ) を適用して，以下のように $\mathbf{x}_0$ の近似解 $\mathbf{x}_0^\epsilon$ を求めたい．

$$\mathbf{x}_0^\epsilon = \arg\min_{\mathbf{x}} \ \|\mathbf{x}\|_0 \quad \text{subject to} \quad \|\mathbf{b} - \mathbf{A}\mathbf{x}\|_2 \leq \epsilon$$

この近似はどの程度良いのだろうか？　精度は $\mathbf{x}_0$ のスパース性にどの程度影響されるのだろうか？　これらの疑問は，第 2 章で問題 (P_0) に対するスパースな解について議論した一意性の性質を自然に拡張したものになっている．

5.2.1　一意性と安定性：直感的な理解

以下に示すように，一般に (P_0^ϵ) に対して一意性は当てはまらない．このことを以下の簡単な実験で示してみよう．$\mathbf{A}$ は二つの直交行列 $[\mathbf{I}, \mathbf{F}]$ からなり，

$\mathbf{x}_0 = [0\ 0\ 1\ 0]^{\mathrm{T}}$ とする．そして，あらかじめ指定されたノルム $\epsilon = \|\mathbf{e}\|_2$ を持つランダムなノイズ $\mathbf{e}$ を生成し，以下のようにベクトル $\mathbf{b} = \mathbf{A}\mathbf{x}_0 + \mathbf{e}$ を作る．

$$\mathbf{A}\mathbf{x}_0 + \mathbf{e} = \begin{bmatrix} 1 & 0 & 0.707 & 0.707 \\ 0 & 1 & 0.707 & -0.707 \end{bmatrix} \begin{bmatrix} 0 \\ 0 \\ 1 \\ 0 \end{bmatrix} + \begin{bmatrix} e_1 \\ e_2 \end{bmatrix} = \begin{bmatrix} 0.707 + e_1 \\ 0.707 + e_2 \end{bmatrix}$$

図 5.1 は，$\mathbf{A}\mathbf{x}_0$ と $\mathbf{b}$ の位置，そして $\epsilon = 0.2$ とした場合の領域 $\{\mathbf{v} \mid \|\mathbf{v} - \mathbf{A}\mathbf{x}_0\|_2 \leq \epsilon\}$ と $\{\mathbf{v} \mid \|\mathbf{v} - \mathbf{b}\|_2 \leq \epsilon\}$ を示している．最後の領域は，問題 (P_0^ϵ) のすべての実行可能解 $\mathbf{x}$ の像（つまり $\mathbf{A}$ を掛けた後のベクトル）の領域を表している．ここで，ベクトル $\mathbf{x}_0$ は実行可能解であり，非常にスパースなベクトルである．実際にそれは (P_0^ϵ) の最適解であり，これ以上スパースな解は存在しない（よりスパースな解はゼロベクトルだけであり，それは実行可能解ではない）．これ以外にスパースな実行可能解は存在するだろうか？ 図 5.1 からわかることは，$\mathbf{x}_0 = [0\ 0\ z\ 0]^{\mathrm{T}}$ の形をしたベクトルで z の値が特定の範囲にあれば，それも非ゼロ要素の個数が同じ実行可能解だということである．

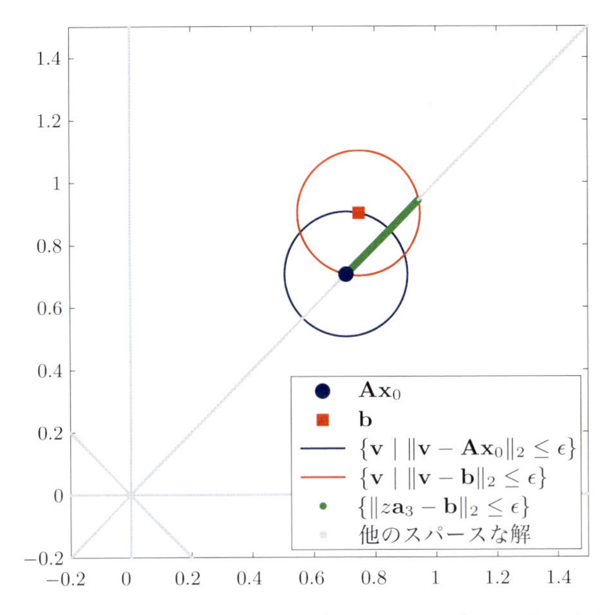

図 5.1　2 次元の例．比較的小さいノイズに対しても，解は一意に定まらない．

図 5.2 に，ノイズを大きくして $\epsilon = 0.6$ とした場合の実験結果を示す．この場合は状況が変わり，同じサポートを持つ解の一意性が失われるだけでなく，非ゼロ要素の個数は $\|\mathbf{x}\|_0 = 1$ だがサポートが異なる解も存在する．実際，これにはゼロベクトルも含まれており，それが (P_0^ϵ) の最適解になってしまっている．

これをもっと正確に説明する．$\mathbf{x}_S$ と $\mathbf{A}_S$ を，サポート S に対応する $\mathbf{x}$ の要素と $\mathbf{A}$ の列とする．ここで，$\mathbf{x}$ はサポート S についてのこの問題のスパースな解の候補であると仮定し，$\|\mathbf{x}\|_0 = |S|$ であり，また条件 $\|\mathbf{b} - \mathbf{A}_S\mathbf{x}_S\|_2 \leq \epsilon$ を満たすとする．

また，$\mathbf{x}_S$ は，$f_S(\mathbf{z}) = \|\mathbf{b} - \mathbf{A}_S\mathbf{z}\|_2$ の最適解でもあり，$f_S(\mathbf{x}_S^{\mathrm{opt}}) = \epsilon$ であるとすれば，このサポートについては，ほかに解はないと言える．なぜなら，$\mathbf{x}_S$ の値をどのように微小変化させても，この関数の値を増やしてしまい，制約を破るからである．図 5.1 で言えば，緑の線分上の点で $\mathbf{b}$ に最も近いものが $\mathbf{A}\mathbf{x}_0$ であるときが，この状況である．言い換えれば，差 $\mathbf{e} = \mathbf{b} - \mathbf{A}_S\mathbf{x}_S$ が $\mathbf{A}_S$ の列に

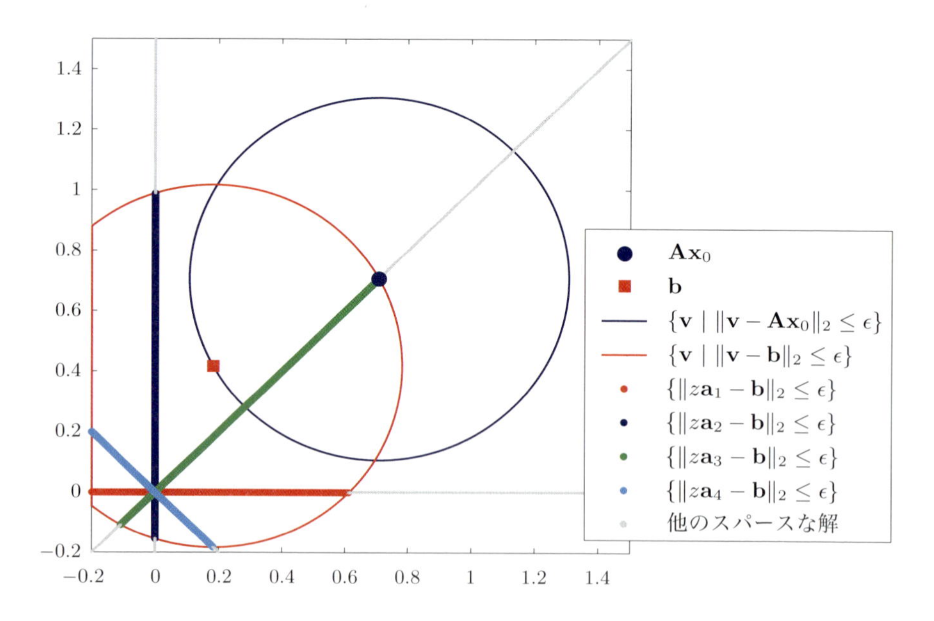

図 5.2　2 次元の例．大きいノイズがある場合には，図 5.1 と同様に解が一意に定まらないことに加え，異なるサポートを持つ別の解が存在してしまう．

直交するときである[*1]．そうでない他の場合はすべて，$\min_{\mathbf{z}} f_S(\mathbf{z}) < \epsilon$ を満たしつつ，実行可能でありサポートも変わらないように最適解 $\mathbf{x}_S$ を微小変化させることができるため，$\mathbf{x}$ と同程度に良い解の集合を得ることができてしまう．さらに，$\mathbf{x}$ の非ゼロ要素のいくつかが十分に小さい場合，この微小変化によってそれらの要素が 0 になることもあり，その場合にはさらにスパースな解が得られることになってしまう．

5.2.2 (P_0^ϵ) の安定性についての理論的な解析

それでは，最初の疑問に戻り，スパースな解の一意性ではなく安定性を議論しよう．つまり，十分にスパースな解が得られたら，他の解はそれに非常に近い位置に存在しているのかどうかを検討する．以下の解析は Donoho，Elad，Temlyakov によるものであり，このような安定性を導出するものである．

まずスパークの定義に戻り，線形従属を緩和するように拡張する．ノイズがない場合には，線形連立方程式 $\mathbf{Ax} = \mathbf{b}$ の二つの解 $\mathbf{x}_1$ と $\mathbf{x}_2$ を考察し，$\mathbf{A}(\mathbf{x}_1 - \mathbf{x}_2) = \mathbf{Ad} = \mathbf{0}$ という関係が得られた．これが $\mathbf{A}$ の零空間中のベクトル $\mathbf{d}$ のスパース性の解析と，スパークの定義へと自然につながっていったのであった．

それと同様に議論するために，$\|\mathbf{Ax} - \mathbf{b}\|_2 \leq \epsilon$ を満たす二つの実行可能解 $\mathbf{x}_1$ と $\mathbf{x}_2$ を考える．$\mathbf{b}$ を半径 ϵ の球の中心とし，$\mathbf{Ax}_1$ と $\mathbf{Ax}_2$ はどちらもその内部もしくは表面にあるとする．すると，二つのベクトルの距離は（図 5.3 に示すように）高々 2ϵ であり，$\|\mathbf{A}(\mathbf{x}_1 - \mathbf{x}_2)\|_2 = \|\mathbf{Ad}\|_2 \leq 2\epsilon$ という関係を得る．三角不等式を用いると，以下のように導出することもできる．

$$
\begin{aligned}
\|\mathbf{A}(\mathbf{x}_1 - \mathbf{x}_2)\|_2 &= \|\mathbf{Ax}_1 - \mathbf{b} + \mathbf{b} - \mathbf{Ax}_2\|_2 \\
&\leq \|\mathbf{Ax}_1 - \mathbf{b}\|_2 + \|\mathbf{Ax}_2 - \mathbf{b}\|_2 \leq 2\epsilon
\end{aligned}
\tag{5.2}
$$

したがって，零空間から ϵ だけ離れることを許容するように，スパークの定義を一般化する．

定義 5.1（スパークの一般化） 行列 $\mathbf{A} \in \mathbb{R}^{n \times m}$ の s 個の列からなる部分行列を $\mathbf{A}_s \in \mathbb{R}^{n \times s}$ とする．スパーク $\mathrm{spark}_\eta(\mathbf{A})$ を

[*1] $\mathbf{x}_S$ は $f_S(\mathbf{z}) = \|\mathbf{b} - \mathbf{A}_S\mathbf{z}\|_2$ の最適解なので，$\mathbf{A}_S^{\mathrm{T}}(\mathbf{b} - \mathbf{A}_S\mathbf{x}_S) = \mathbf{A}_S^{\mathrm{T}}\mathbf{e} = \mathbf{0}$ を満たす．

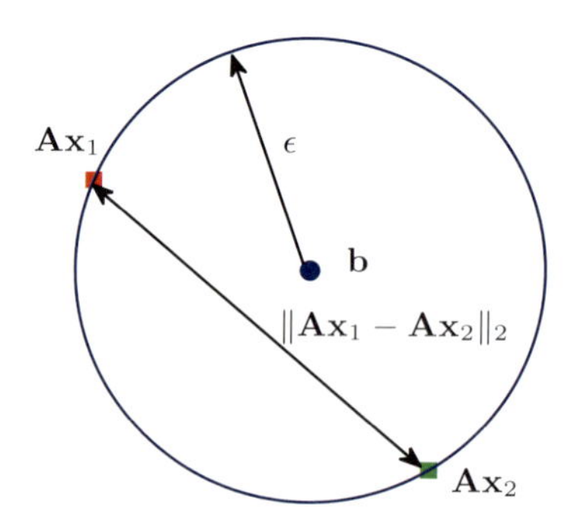

図 5.3　球の中心 $\mathbf{b}$ と，$\mathbf{b}$ から ϵ だけ離れている二つの解の候補の像 $\mathbf{Ax}_1$ と $\mathbf{Ax}_2$. この図から，$\mathbf{Ax}_1$ と $\mathbf{Ax}_2$ の距離は高々 2ϵ であることがわかる.

$$\min_s \sigma_s(\mathbf{A}_s) \le \eta \tag{5.3}$$

を保証する最小の s（列の数）と定義する．言い換えれば，$\mathbf{A}_s$ の最小特異値[*2]が η を超えないような，最も少ない $\mathbf{A}_s$ の列数である．

$\eta = 0$ の場合は，選択した列が線形従属かどうかを判定していることになり，したがって $\mathrm{spark}_0(\mathbf{A}) = \mathrm{spark}(\mathbf{A})$ である．その定義から $\mathrm{spark}_\eta(\mathbf{A})$ は η について単調減少関数であり，以下が成り立つ．

$$\forall 0 \le \eta \le 1, \quad 1 \le \mathrm{spark}_\eta(\mathbf{A}) \le \mathrm{spark}(\mathbf{A}) \le n+1 \tag{5.4}$$

また，任意の一つの（正規化された）列の特異値は 1 なので，$\eta = 1$ ならば $\mathrm{spark}_\eta(\mathbf{A}) = 1$ である．

スパークの基本的な性質は，$\mathbf{Av} = \mathbf{0}$ ならば $\|\mathbf{v}\|_0 \ge \mathrm{spark}(\mathbf{A})$ が成り立つことであった．一般化されたスパークに対しても，以下のように類似した性質が成り立つ．

補題 5.1（一般化スパークの性質）　もし $\|\mathbf{Av}\|_2 < \eta$ かつ $\|\mathbf{v}\|_2 = 1$ ならば，$\|\mathbf{v}\|_0 \ge \mathrm{spark}_\eta(\mathbf{A})$ が成り立つ．

[*2] これは s 個の特異値 $\sigma_1, \sigma_2, \ldots, \sigma_s$ のうち最後のものなので，そのインデックスは s である．

証明　この性質は，上記の定義と特異値の基本的な性質から直接導くことができる．$\text{spark}_\eta(\mathbf{A})$ の定義から，$\mathbf{A}$ の列の部分集合で，$\text{spark}_\eta(\mathbf{A})$ 個の列からなり，その最小特異値が η 以下であるものが少なくとも一つは存在する．また，この定義より，列数が $\text{spark}_\eta(\mathbf{A})$ 個未満のどの列集合も，η よりも大きい特異値を持つ．

次に，$\|\mathbf{v}\|_0 = s < \text{spark}_\eta(\mathbf{A})$ を考える．特異値の基本的な性質から，対応する（$s < n$ の）$n \times s$ の部分行列 $\mathbf{A}_s$ は，任意の正規化されたベクトル v に対して $\|\mathbf{Av}\|_2 = \|\mathbf{A}_s\mathbf{v}_s\|_2 \geq \sigma_s\|\mathbf{v}_s\|_2 = \sigma_s$ を満たさなければならない．$s < \text{spark}_\eta(\mathbf{A})$ なので $\sigma_s > \eta$ であることから，$\|\mathbf{Av}\|_2 \geq \sigma_s > \eta$ が得られる．しかしこれは $\|\mathbf{Av}\|_2 \leq \eta$ に矛盾することから，結果として $s = \|\mathbf{v}\|_0 \geq \text{spark}_\eta(\mathbf{A})$ が成り立つ．□

次は，$\text{spark}_\eta(\mathbf{A})$ と相互コヒーレンスを関連付ける，より基本的な性質である．

補題 5.2（一般化スパークの下界）　$\mathbf{A}$ の列が正規化されていて，その相互コヒーレンスが $\mu(\mathbf{A})$ ならば，次式が成り立つ．

$$\text{spark}_\eta(\mathbf{A}) \geq \frac{1-\eta^2}{\mu(\mathbf{A})} + 1 \tag{5.5}$$

証明　ゲルシュゴリンの定理（第 2 章参照）に基づいた，対角優位行列の固有値に関する簡単な考察を用いる．対角要素が 1，非対角要素の絶対値が μ 以下の $s \times s$ 対称行列 $\mathbf{H}$ が与えられたとすると，その最小固有値は $\lambda_{\min}(\mathbf{H}) \geq 1-(s-1)\mu$ で下から抑えられる．

上記の仮定を満たす（つまり，列が正規化されており，コヒーレンスが与えられている）$\mathbf{A}$ に対して，そのグラム行列 $\mathbf{G} = \mathbf{A}^{\mathrm{T}}\mathbf{A}$ の各小行列は，（列が正規化されているので）対角要素が 1 であり，非対角要素の絶対値は $\mu(\mathbf{A})$ で抑えられている．したがって，上記の条件は $s \times s$ の小行列 $\mathbf{A}_s^{\mathrm{T}}\mathbf{A}_s$ の最小固有値の下界を与え，以下の式が得られる．

$$\lambda_{\min}(\mathbf{A}_s^{\mathrm{T}}\mathbf{A}_s) \geq 1-(s-1)\mu(\mathbf{A}) \tag{5.6}$$
$$\Rightarrow s \geq \frac{1-\lambda_{\min}(\mathbf{A}_s^{\mathrm{T}}\mathbf{A}_s)}{\mu(\mathbf{A})} + 1$$

$\lambda_{\min}(\mathbf{A}_s^{\mathrm{T}}\mathbf{A}_s) \le \eta^2$ とすると，s 個の列からなる任意の部分行列の最小固有値は η で上から抑えられるので，$\mathrm{spark}_\eta(\mathbf{A}) \ge \frac{1-\eta^2}{\mu(\mathbf{A})}+1$ となる． □

上記の道具を用いて，ノイズのない場合に得られた不確定性の結果に類似した結果を次に示す．

補題 5.3（不確定性） $\mathbf{x}_1$ と $\mathbf{x}_2$ が $\|\mathbf{b}-\mathbf{A}\mathbf{x}_i\|_2 \le \epsilon$ $(i=1,2)$ を満たすならば，次式が成り立つ．

$$\|\mathbf{x}_1\|_0 + \|\mathbf{x}_2\|_0 \ge \mathrm{spark}_\eta(\mathbf{A}), \quad \text{ただし} \quad \eta = \frac{2\epsilon}{\|\mathbf{x}_1-\mathbf{x}_2\|_2} \tag{5.7}$$

証明　三角不等式より $\|\mathbf{A}(\mathbf{x}_1-\mathbf{x}_2)\|_2 \le 2\epsilon$ が成り立つ．これを書き換えると $\|\mathbf{A}\mathbf{v}\|_2 \le \eta$ となる．ここで $\mathbf{v}=(\mathbf{x}_1-\mathbf{x}_2)/\|\mathbf{x}_1-\mathbf{x}_2\|_2$ である．補題 5.1 で得られた結果から，$\|\mathbf{v}\|_0 \ge \mathrm{spark}_\eta(\mathbf{A})$ である．そして，

$$\|\mathbf{x}_1\|_0 + \|\mathbf{x}_2\|_0 \ge \|\mathbf{x}_1-\mathbf{x}_2\|_0 = \|\mathbf{v}_0\|_0 \tag{5.8}$$

が成り立つので，式 (5.7) が成立する． □

それでは，ノイズのない場合の議論と同様に，上記の不確定性の結果を用いて，一意性についての結果を導出しよう．ただし，今回はユークリッド球の位置を決定するという形での導出となる．

定理 5.1（一意性） 距離 $D \ge 0$ と ϵ が与えられて，$\eta = 2\epsilon/D$ とする．二つの近似解 $\mathbf{x}_i$ $(i=1,2)$ がどちらも

$$\|\mathbf{b}-\mathbf{A}\mathbf{x}_i\|_2 \le \epsilon, \quad \|\mathbf{x}_i\|_0 \le \frac{1}{2}\mathrm{spark}_\eta(\mathbf{A}) \tag{5.9}$$

を満たすならば，$\|\mathbf{x}_1-\mathbf{x}_2\|_2 \le D$ が成り立つ．

証明　上式と補題 5.3 を用いて，次式が得られる．

$$\mathrm{spark}_\eta(\mathbf{A}) \ge \|\mathbf{x}_1\|_0 + \|\mathbf{x}_2\|_0 \ge \mathrm{spark}_\nu(\mathbf{A}) \tag{5.10}$$

ここで，$\nu = 2\epsilon/\|\mathbf{x}_1-\mathbf{x}_2\|_2$ である．$\mathrm{spark}_\eta(\mathbf{A})$ が単調であるので，

$$\eta = \frac{2\epsilon}{D} \le \nu = \frac{2\epsilon}{\|\mathbf{x}_1-\mathbf{x}_2\|_2} \tag{5.11}$$

が得られ，定理が証明された． □

最後に，問題 (P_0^ϵ) の解は十分にスパースな初期ベクトル $\mathbf{x}_0$ から遠く離れることはできないという，安定性の結果を導出することにする．

定理 5.2 ((P_0^ϵ) の安定性) $(\mathbf{A}, \mathbf{b}, \epsilon)$ が与えられた問題 (P_0^ϵ) を考える．ここで，スパースなベクトル $\mathbf{x}_0 \in \mathbb{R}^m$ がスパース性制約 $\|\mathbf{x}_0\|_0 < (1+1/\mu(\mathbf{A}))/2$ を満たし，$\mathbf{b}$ から許容誤差 ϵ の範囲内（つまり $\|\mathbf{b} - \mathbf{A}\mathbf{x}_0\|_2 \leq \epsilon$）にあると仮定する．このとき，$(P_0^\epsilon)$ の解 $\mathbf{x}_0^\epsilon$ は次式を満たす．

$$\|\mathbf{x}_0^\epsilon - \mathbf{x}_0\|_2^2 \leq \frac{4\epsilon^2}{1 - \mu(\mathbf{A})(2\|\mathbf{x}_0\|_0 - 1)} \tag{5.12}$$

なお，この結果は，ノイズのない場合の一意性の結果を示す定理 2.1 とほぼ同じである．$\epsilon = 0$ の場合，結果は等価である．

証明 (P_0^ϵ) の解を $\mathbf{x}_0^\epsilon$ とすると，これは少なくとも理想的なスパース解 $\mathbf{x}_0$ と同程度にスパースである．なぜなら，$\mathbf{x}_0$ は多数の実行可能解の一つでしかないが，(P_0^ϵ) はその中から最もスパースな解を探すからである．ここで $\|\mathbf{x}_0\|_0 < (1+1/\mu(\mathbf{A}))/2$ なので，次式を満たすような $\eta \geq 0$ が存在する[*3]．

$$\|\mathbf{x}_0\|_0,\ \|\mathbf{x}_0^\epsilon\|_0 \leq \frac{1}{2}\mathrm{spark}_\eta(\mathbf{A}) \tag{5.13}$$

補題 5.2 を用いて，この不等式をもっと厳密なものに置き換える[*4]．

$$\|\mathbf{x}_0\|_0 \leq \frac{1}{2}\left(\frac{1-\eta^2}{\mu(\mathbf{A})} + 1\right) \leq \frac{1}{2}\mathrm{spark}_\eta(\mathbf{A}) \tag{5.14}$$

これから η の上界が得られる．

$$\eta^2 \leq 1 - \mu(\mathbf{A})(2\|\mathbf{x}_0\|_0 - 1) \tag{5.15}$$

定理 5.1 を用いれば，スパースな実行可能解が二つあり，どちらも非ゼロ要素の個数は $\frac{1}{2}\mathrm{spark}_\eta(\mathbf{A})$ 以下である（η は上式で与えられる）．したがって，

*3【訳注】$\|\mathbf{x}_0\|_0 < (1+1/\mu(\mathbf{A}))/2$ であるので $\|\mathbf{x}_0\|_0 < \frac{1}{2}\mathrm{spark}_0(\mathbf{A})$ であり，また $\|\mathbf{x}_0\|_0 \leq \frac{1}{2}\mathrm{spark}_\eta(\mathbf{A}) < \frac{1}{2}\mathrm{spark}_0(\mathbf{A})$ を満たす η が存在するということ．

*4【訳注】$\|\mathbf{x}_0\|_0 \leq \frac{1}{2}\left(\frac{1-\eta^2}{\mu(\mathbf{A})}+1\right) < \frac{1}{2}\left(\frac{1}{\mu(\mathbf{A})}+1\right)$ を満たす η が存在するということ．

$\eta = 2\epsilon/D$ とすれば（ここで $D \geq \|\mathbf{x}_0 - \mathbf{x}_0^\epsilon\|_2$），これと式 (5.15) の η の上界を用いて，次式を得る．

$$\|\mathbf{x}_0 - \mathbf{x}_0^\epsilon\|_2^2 \leq D^2 = \frac{4\epsilon^2}{\eta^2} \leq \frac{4\epsilon^2}{1 - \mu(\mathbf{A})(2\|\mathbf{x}_0\|_0 - 1)} \tag{5.16}$$

これで定理が証明された． □

5.2.3　RIP とそれを用いた安定性解析

(P_0^ϵ) の安定性の議論を終える前に，少し違った視点からこの問題を眺めることにする．それにより，別の安定性の結論が導かれる．この理論的な解析を紹介するために，相互コヒーレンスやスパークに代えて，与えられた行列 $\mathbf{A}$ の質を評価するための新しい指標を導入する．それは，Candès と Tao が導入した制限等長性（restricted isometry property; RIP）である．この指標は，行列 $\mathbf{A}$ の性質を把握するための強力な道具であり，今後の議論を大幅に簡略化する．

定義 5.2（制限等長性）　列が ℓ_2 正規化された（$m > n$ である）$n \times m$ 行列 $\mathbf{A}$ と整数 $s \leq n$ に対して，$\mathbf{A}$ の s 個の列からなる部分行列 $\mathbf{A}_s$ を考える．任意の s 個の列について，次式を満たす最小の値を δ_s と定義する．

$$\forall \mathbf{c} \in \mathbb{R}^s, \quad (1 - \delta_s)\|\mathbf{c}\|_2^2 \leq \|\mathbf{A}_s\mathbf{c}\|_2^2 \leq (1 + \delta_s)\|\mathbf{c}\|_2^2 \tag{5.17}$$

このとき，$\mathbf{A}$ は RIP 定数 δ_s について s-RIP であるという．

上記の定義において鍵となるアイデアは，$\mathbf{A}$ の任意の s 個の列からなる部分行列が，エネルギー（ℓ_2 ノルム）を変化させない直交変換のように振る舞うという点である．明らかに，上記の定義は $\delta_s < 1$ のときのみ意味を持つ．

この RIP と spark_η の性質が似ていることはすぐにわかる．spark_η は，固有値があと η^2 だけ小さくなると行列が特異になる[*5]ような最小の列数 s である．RIP は s を固定して式 (5.17) における $1 - \delta_s$ の最小値を探索するが，これらの s 個の列は，固有値があと $1 - \delta_s$ だけ小さくなると特異になる．なお，上界が与えられているので，RIP のほうが有用であるとは言える．次で見るように，

[*5] これは「最小固有値が」であり，「最小特異値が」ではないことに注意．

RIP を用いることで安定性の解析が非常に容易になる．図 5.4 に spark_η と RIP の関係を示す．

与えられた行列 $\mathbf{A}$ に対して，$s \gg 1$ に対して δ_s を求めることは，計算量的に不可能である．なぜなら，すべての可能な $\binom{m}{s}$ 個の列の組合せを検証しなければならないからである．その意味で，その計算複雑さはスパークと同程度である．実際のところは，相互コヒーレンスを用いてスパークの上界を求めたように，ここでも $\delta_s \leq (s-1)\mu(\mathbf{A})$ という上界が得られる．なお，列が正規化されているので，$s=1$ に対しては $\delta_1 = 0$ である．RIP 定数に対するこの上界は，以下のように容易に導出することができる．

$$
\begin{aligned}
\|\mathbf{A}_s\mathbf{c}\|_2^2 &= \mathbf{c}^{\mathrm{T}}\mathbf{A}_s^{\mathrm{T}}\mathbf{A}_s\mathbf{c} \\
&\leq |\mathbf{c}|^{\mathrm{T}}(\mathbf{I} + \mu(\mathbf{A})(\mathbf{1} - \mathbf{I}))|\mathbf{c}| \\
&\leq (1 - \mu(\mathbf{A}))\|\mathbf{c}\|_2^2 + \mu(\mathbf{A})\|\mathbf{c}\|_1^2 \\
&\leq (1 + (s-1)\mu(\mathbf{A}))\|\mathbf{c}\|_2^2
\end{aligned}
\tag{5.18}
$$

上式の導出において，グラム行列の小行列の構造（対角要素が 1 であり，非対角要素が $\mu(\mathbf{A})$ で抑えられている）を用いた．また，長さ s のベクトル $\mathbf{c}$ に対

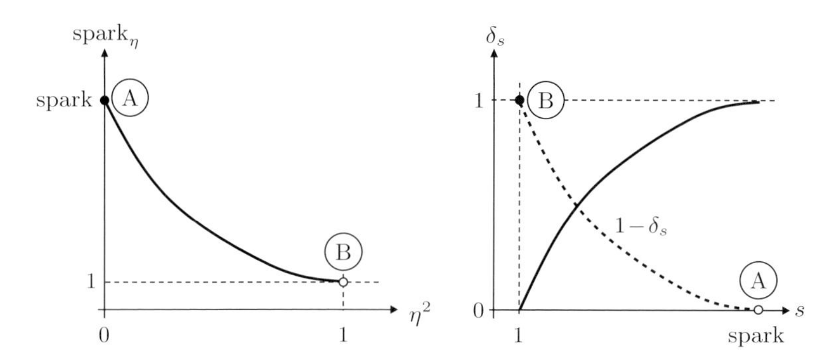

図 5.4　（左）η^2 の関数としての spark_η の振る舞い．この図において点 A は $\eta = 0$ に対応し，これは（ノイズのない場合の）通常の spark である．点 B はもう一つの極端な場合，つまり $\eta = 1$ であり，したがって $\mathrm{spark}_\eta = 1$ である．（右）s の関数としての RIP 定数 δ_s の振る舞い．$1 - \delta_s$ を s の関数と見なせば，二つのグラフにおける点 A から点 B への振る舞いは非常によく似ている．その意味で，spark_η と RIP は互いに逆の関係にある．

するノルム等価性の不等式 $\|\mathbf{c}\|_1 \le \sqrt{s}\|\mathbf{c}\|_2$ も用いた．下界も同様に導出することができる．

$$\begin{aligned}\|\mathbf{A}_s\mathbf{c}\|_2^2 &= \mathbf{c}^{\mathrm{T}}\mathbf{A}_s^{\mathrm{T}}\mathbf{A}_s\mathbf{c} \\ &\ge |\mathbf{c}|^{\mathrm{T}}(\mathbf{I} - \mu(\mathbf{A})(\mathbf{1} - \mathbf{I}))|\mathbf{c}| \\ &\ge (1 + \mu(\mathbf{A}))\|\mathbf{c}\|_2^2 - \mu(\mathbf{A})\|\mathbf{c}\|_1 \\ &\ge (1 - (s-1)\mu(\mathbf{A}))\|\mathbf{c}\|_2^2\end{aligned} \tag{5.19}$$

ここでもノルム等価性の不等式 $\|\mathbf{c}\|_1 \le \sqrt{s}\|\mathbf{c}\|_2$ を用いた．

上記の δ_s についての上界と下界を導出するもっと簡単な別の方法は，ゲルシュゴリンの定理を用いることである．この定理が述べているのは，$\mathbf{A}_s^{\mathrm{T}}\mathbf{A}_s$ の固有値の上界と下界は必然的に

$$1 - (s-1)\mu(\mathbf{A}) \le \lambda(\mathbf{A}_s^{\mathrm{T}}\mathbf{A}_s) \le 1 + (s-1)\mu(\mathbf{A}) \tag{5.20}$$

で与えられるということであり，これから直接上記の δ_s の上界と下界が得られる．なぜなら，次式が成り立つからである．

$$\lambda_{\min}(\mathbf{A}_s^{\mathrm{T}}\mathbf{A}_s)\|\mathbf{c}\|_2^2 \le \|\mathbf{A}_s\mathbf{c}\|_2^2 \le \lambda_{\max}(\mathbf{A}_s^{\mathrm{T}}\mathbf{A}_s)\|\mathbf{c}\|_2^2 \tag{5.21}$$

このRIPの定義を用いると，以下のことがわかる．非ゼロ要素の個数が s_0 であるスパースなベクトル $\mathbf{x}_0$ と $\mathbf{A}$ との積をとり，ノルムが ϵ で抑えられたベクトル $\mathbf{e}$（つまり $\|\mathbf{e}\|_2 \le \epsilon$）が加えられて，$\mathbf{b} = \mathbf{A}\mathbf{x}_0 + \mathbf{e}$ が生成されたと仮定する．明らかに $\|\mathbf{b} - \mathbf{A}\mathbf{x}_0\|_2 \le \epsilon$ である．

ここで，(P_0^ϵ) を解いて解候補 $\tilde{\mathbf{x}}$ が得られたと仮定する．明らかにこのベクトルはスパースであり，高々 s_0 個の非ゼロ要素を持つ（なぜなら $\mathbf{x}_0$ も実行可能解であり，s_0 個の非ゼロ要素を持っているからである）．また，この解候補は不等式 $\|\mathbf{b} - \mathbf{A}\tilde{\mathbf{x}}\|_2 \le \epsilon$ を満たす．

ここで $\mathbf{d} = \tilde{\mathbf{x}} - \mathbf{x}_0$ を定義すると，$\|\mathbf{A}\mathbf{x}_0 - \mathbf{A}\tilde{\mathbf{x}}\|_2 = \|\mathbf{A}\mathbf{d}\|_2 \le 2\epsilon$ である．なぜなら，これらのベクトル（$\mathbf{A}\mathbf{x}_0$ と $\mathbf{A}\tilde{\mathbf{x}}$）は，どちらも同じ中心 $\mathbf{b}$ から ϵ だけ離れているからである．また，$\|\mathbf{d}\|_0 = \|\tilde{\mathbf{x}} - \mathbf{x}_0\|_0 \le \|\mathbf{x}_0\|_0 + \|\tilde{\mathbf{x}}\|_0 \le 2s_0$ なので，$\mathbf{d}$ は高々 $2s_0$ 個の非ゼロ要素を持つことがわかる．

それではここで，行列 $\mathbf{A}$ は $2s_0$ に対しては RIP の性質を満たす，つまり

$\delta_{2s_0} < 1$ であると仮定しよう．この性質と式 (5.17) の下界を用いると

$$(1 - \delta_{2s_0})\|\mathbf{d}\|_2^2 \leq \|\mathbf{Ad}\|_2^2 \leq 4\epsilon^2 \tag{5.22}$$

が得られ，したがって次式の安定性の条件が得られる．

$$\|\mathbf{d}\|_2^2 = \|\tilde{\mathbf{x}} - \mathbf{x}_0\|_2^2 \leq \frac{4\epsilon^2}{1 - \delta_{2s_0}} \tag{5.23}$$

相互コヒーレンスを用いた δ_{2s_0} の上界を用いると，以下のように書き換えられる．

$$\|\tilde{\mathbf{x}} - \mathbf{x}_0\|_2^2 \leq \frac{4\epsilon^2}{1 - \delta_{2s_0}} \leq \frac{4\epsilon^2}{1 - (2s_0 - 1)\mu(\mathbf{A})} \tag{5.24}$$

この得られた結果は，定理 5.2 で得られた (P_0^ϵ) の安定性の結果と同じである．なお，この上界は分母が正の場合にのみ成立する．つまり，$s_0 < 0.5(1+1/\mu(\mathbf{A}))$ が成立することが必要になる．もし $\epsilon = 0$ ならば，この安定性の結果から $\tilde{\mathbf{x}} = \mathbf{x}_0$ が得られる．これは第 2 章で得られた結果と一致する．

上記の議論は，もっと一般的にすることができる．ここで，(P_0^ϵ) を解くために「任意の」近似アルゴリズムを用いて，実行可能解の候補 $\tilde{\mathbf{x}}$ が得られたとする．ここで $\|\tilde{\mathbf{x}}\|_0 = s_1$ とする．同様に議論すれば，スパース性のために，候補解が真の解に非常に近いという以下の結果が得られる．

$$\|\tilde{\mathbf{x}} - \mathbf{x}_0\|_2^2 \leq \frac{4\epsilon^2}{1 - \delta_{s_0+s_1}} \leq \frac{4\epsilon^2}{1 - (s_0 + s_1 - 1)\mu(\mathbf{A})} \tag{5.25}$$

この結果に基づいて，次節では，個々の近似アルゴリズムとスパースな解が得られる性質を議論する．

5.3 追跡アルゴリズム

5.3.1 OMP と BP の拡張

一般的な場合の (P_0) を解くことは現実的ではないので，(P_0^ϵ) を直接解こうとすることは賢明ではない．そこで，これまで紹介した追跡アルゴリズムを修正して，誤差を許容するように拡張する．しかし，その性能はどの程度のものだろうか？　これまで用いてきた手法は，貪欲アルゴリズムと ℓ_0 ノルムの緩和法だった．ここでも，それらの手法を検討する．

例として，図 3.1 に示した貪欲アルゴリズムである OMP を考えよう．停止条件を $\epsilon_0 = \epsilon$ とすれば，このアルゴリズムは制約条件 $\|\mathbf{b} - \mathbf{A}\mathbf{x}\|_2 \le \epsilon$ が満たされるまで解ベクトルの非ゼロ要素を積算することになる．修正はこのように軽微で済むので，OMP を実装し実行することは簡単で，広く使われている．他の貪欲アルゴリズムに対しても，同じ修正を施せばよい．

同様に，ℓ_0 ノルムを ℓ_1 ノルムに緩和すれば，(P_1) の変形版である基底追跡ノイズ除去（basis pursuit denoising; BPDN）が得られる（ノイズのない場合と同様に，$\mathbf{A}$ の列は正規化されているので，重み行列を用いる必要はない）．

$$(P_1^\epsilon): \quad \min_{\mathbf{x}} \|\mathbf{x}\|_1 \quad \text{subject to} \quad \|\mathbf{b} - \mathbf{A}\mathbf{x}\|_2 \le \epsilon \tag{5.26}$$

この問題は，ペナルティ項が線形で，2 次と 1 次の不等式制約を持つ，標準的な最適化問題として書くことができる．そのような問題は最適化の分野において非常によく研究されており，それらを解く実用的な手法が数多く存在する．凸最適化理論に基づく手法がそれであり，特に内点法や関連手法によって大規模な連立方程式を解くために近年発展してきた方法を適用することができる．それらの研究をここですべて紹介することはせず，その中から凸最適化の知識を必要としない，比較的単純でこの問題に特化した二つのアプローチを議論する．

スパースな解を求めることのできる最適化パッケージは多数存在する (Candès と Romberg の ℓ_1-magic，Boyd とその学生たちが開発した CVX と L1-LS，David Donoho とその学生たちの Sparselab，Mario Figueiredo の GPSR，Michael Friedlander の SparCo，Michael Saunders の PDSCO，Elad，Zibulevsky，Shtok の ShrinkPack，Fadili，Starck，Donoho，Elad の MCAlab，など)．これらはどれも，プログラミングに勢力を注がなくても (P_1^ϵ) の信頼できる解を得ることができる方法である．単に，解くべき問題として (P_1^ϵ) を設定するだけでよい．なお，大規模な問題に対して一般的な 2 次計画問題最適化パッケージを適用すると，計算に非常に時間がかかるため，問題ごとの特別な工夫で改善することが多い．上記のパッケージはどれもそのようなことを行っている．

適切なラグランジュ乗数 λ に対して，問題 (5.26) の解は，以下の制約なし最適化問題の解と一致する．

$$(Q_1^\lambda): \quad \min_{\mathbf{x}} \lambda\|\mathbf{x}\|_1 + \frac{1}{2}\|\mathbf{b} - \mathbf{A}\mathbf{x}\|_2^2 \tag{5.27}$$

ここで，ラグランジュ乗数 λ は $\mathbf{A}, \mathbf{b}, \epsilon$ の関数である．

以下では，反復再重み付け最小 2 乗アルゴリズムを説明する．これはすでに (P_0) を解くときに紹介している．また，LARS アルゴリズムについても簡単に述べる．これは，完全な正則化経路（つまり，すべての λ についての解）を求めることができるという特徴を持っている．ここで断っておくが，緩和問題を解く方法はほかにもある（ホモトピー法や射影勾配法など）．特に第 6 章では，反復縮小に基づく，(Q_1^λ) の最小化に特化したアルゴリズムを紹介する．

5.3.2 反復再重み付け最小 2 乗法（IRLS）

(Q_1^λ) を解く単純な方法は，反復再重み付け最小 2 乗（iterative-reweighed-least-squares; IRLS）である．これは，第 3 章においてノイズのない場合に適用した方法と似たものである．ただし，似ているのはアイデアであり，導出はかなり異なったものとなっている．

$\mathbf{X} = \mathrm{diag}(|\mathbf{x}|)$ とすると，$\|\mathbf{x}\|_1 = \mathbf{x}^{\mathrm{T}}\mathbf{X}^{-1}\mathbf{x}$ である．つまり，ℓ_1 ノルムは（重み付き）2 乗 ℓ_2 ノルムと見なすことができる．現在の近似解を $\mathbf{x}_{k-1}$ が与えられたら，$\mathbf{X}_{k-1} = \mathrm{diag}(|\mathbf{x}_{k-1}|)$ とおいて以下の問題を解く．

$$(M_k): \quad \min_{\mathbf{x}} \ \lambda \mathbf{x}^{\mathrm{T}}\mathbf{X}_{k-1}^{-1}\mathbf{x} + \frac{1}{2}\|\mathbf{b} - \mathbf{A}\mathbf{x}\|_2^2 \tag{5.28}$$

これは 2 次最適化問題であり，標準的な線形代数計算で解くことができる．つまり，まず近似解 $\mathbf{x}_k$ を求め，$\mathbf{x}_k$ の要素を対角に並べた対角行列 $\mathbf{X}_k$ を作り，次の反復を行う．アルゴリズムを図 5.5 に示す．

このアルゴリズムを，具体例を用いて説明しよう．この例は (Q_1^λ) と (P_1^ϵ) の関係の理解にも役に立つ．まず，100×200 のランダムな行列 $\mathbf{A}$ と，ランダムでスパースな 200 次元ベクトル $\mathbf{x}_0$ を作成する．$\mathbf{x}_0$ の非ゼロ要素の個数を $\|\mathbf{x}_0\|_0 = 4$ とし，値を範囲 $[-2,-1] \cup [1,2]$ の一様分布から抽出する．そして，標準偏差 $\sigma = 0.1$ のガウス分布から iid 抽出した加法ノイズ $\mathbf{e}$ を用いて，$\mathbf{b} = \mathbf{A}\mathbf{x}_0 + \mathbf{e}$ を計算する．ここでの目標は，IRLS アルゴリズムを用いて問題 (Q_1^λ) を解き，$\mathbf{x}_0$ を求めることである．

解決するべき課題の一つ目は，λ の値をどのように決めるかである．問題 (P_1^ϵ) では，$\mathbf{A}\mathbf{x}$ と $\mathbf{b}$ の差を $\epsilon \approx \sqrt{n}\sigma$ で表していることが問題の形式から明らかであるが，(Q_1^λ) の形式ではそのような直感が失われてしまっている．ここでは

タスク：　(Q_1^λ) $\min_{\mathbf{x}} \lambda\|\mathbf{x}\|_1 + \frac{1}{2}\|\mathbf{b}-\mathbf{A}\mathbf{x}\|_2^2$ の近似解 $\mathbf{x}$ を求める．

初期化：　$k=0$ として，

- （任意の）初期解　$\mathbf{x}_0 = \mathbf{1}$
- 初期重み行列　$\mathbf{X}_0 = \mathbf{I}$

とする．

メインループ：　$k \leftarrow k+1$ として，以下のステップを実行する．

- 正則化付き最小 2 乗：以下の線形連立方程式

$$(2\lambda\mathbf{X}_{k-1}^{-1} + \mathbf{A}^{\mathrm{T}}\mathbf{A})\mathbf{x} = \mathbf{A}^{\mathrm{T}}\mathbf{b}$$

　を反復法（数回の共役勾配法の反復で十分である）を用いて解き，近似解 $\mathbf{x}_k$ を得る．

- 重みの更新：$\mathbf{x}_k$ を用いて $X_k(j,j) = |x_k(j)| + \epsilon$ として重み対角行列 $\mathbf{X}$ を更新する．
- 停止条件：もし $\|\mathbf{x}_k - \mathbf{x}_{k-1}\|_2$ が事前に与えられたしきい値よりも小さければ終了し，そうでなければ反復する．

出力：　解 $\mathbf{x}$ が得られる．

図 5.5　(Q_1^λ) を近似的に解く IRLS.

経験則に従って，σ と非ゼロ要素の標準偏差の比に近い値を λ とする．この方法とその妥当性については，第 11 章を参照してほしい．ここでは非ゼロ要素の標準偏差はおよそ 2 なので，$\sigma/2 = 0.05$ 付近の値を λ とする．

図 5.6 に示す結果は，λ の値を変えながら $\|\hat{\mathbf{x}}_\lambda - \mathbf{x}_0\|^2/\|\mathbf{x}_0\|^2$ で得られた解を評価したものである．それぞれの解を得るために，IRLS アルゴリズムを 15 回反復した．破線は $|\log(\|\mathbf{A}\hat{\mathbf{x}}_\lambda - \mathbf{b}\|^2/(n\sigma^2))|$ の値を示しており，λ がどの値のときに残差 $\|\mathbf{A}\hat{\mathbf{x}}_\lambda - \mathbf{b}\|^2$ がノイズのパワー $n\sigma^2$ と同程度になるのかを表している．これは λ の値を決める別の経験則であり，図からわかるように，このようにして λ を決めると最適解にかなり近づく．

図 5.7 に，最も良い λ の値を用いた場合と，それよりも大きい値と小さい値を用いた場合の，三つの解を示す．この図からわかるように，真の解 $\mathbf{x}_0$ と比較すると，最適な λ の値を用いた場合が，$\mathbf{x}_0$ の非ゼロ要素の位置を最も良く復元している．λ の値が小さい場合には解はそれより密になり，値が大きい場合に

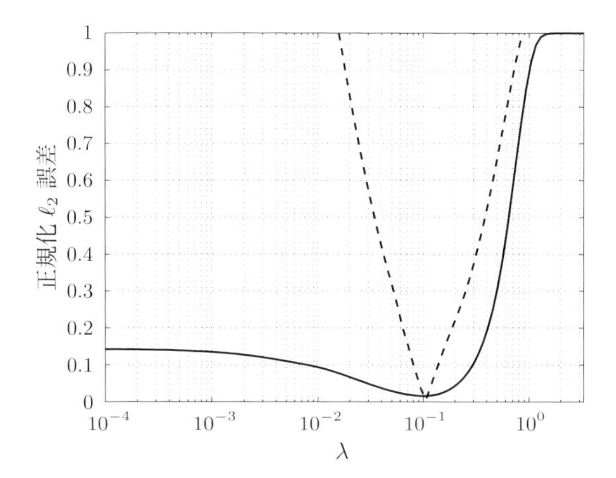

図 5.6　得られた解の正規化 ℓ_2 誤差（$\|\hat{\mathbf{x}}_\lambda - \mathbf{x}_0\|^2/\|\mathbf{x}_0\|^2$）の λ に対するプロット．実線は，IRLS アルゴリズムの 15 回の反復で得られた解の誤差である．破線は $|\log(\|\mathbf{A}\hat{\mathbf{x}}_\lambda - \mathbf{b}\|^2/(n\sigma^2))|$ の値を示しており，この値が 0 に近くなれば残差がノイズとほぼ等しいことを意味する．

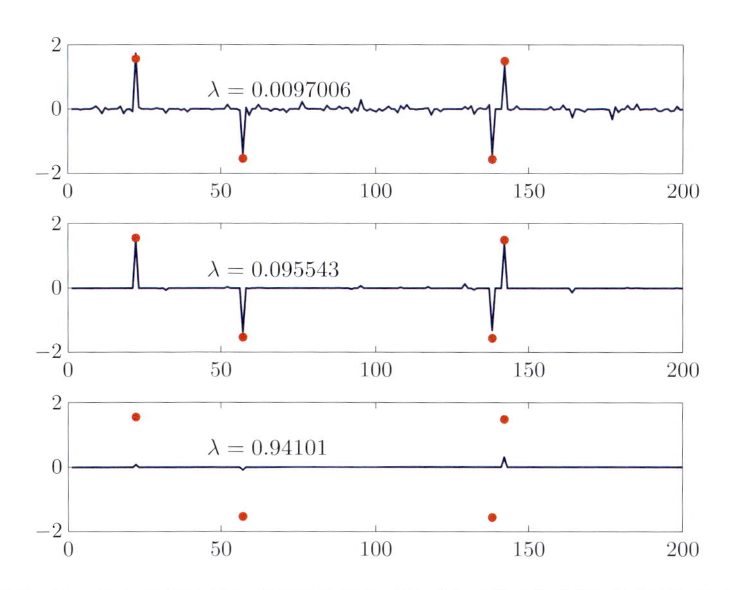

図 5.7　三つの λ の値に対して IRLS アルゴリズムで得られた解（反復は 15 回）．（上段）小さい値を用いた場合，（中段）最も良い λ の値を用いた場合，（下段）大きい値を用いた場合．参考のために，$\mathbf{x}_0$ の非ゼロ要素の真値を赤丸で示してある．

は疎になる．

一つのグラフの中に，すべての λ の値に対する解を一度に表示する面白い方法がある．まず 2 次元配列を用意して，その列にすべての解を保存し，あとは単純にそのすべての行をプロットすればよい．このプロット方法は一般的であり，LASSO や最小角回帰（LARS）などのアルゴリズムの表示に用いられている (次項参照)．これらの手法は，各要素が 0（λ が大きい場合）から非ゼロの値までをとる経路（path; パス）を見つけるものである．そのグラフの例を図 5.8 に示す．λ の値が 1 より大きいと，解はゼロベクトルになってしまうことがわかる．λ が小さくなるにつれて，非ゼロ要素が増えていく．破線は $\mathbf{x}_0$ の要素を示しており，これに近くなれば真の解に近づいている．

上記の議論は一般的なものであり，(Q_1^λ) を解くどの手法にも当てはまる．そこで，ここでは IRLS に固有の振る舞いを示すことにする．これまでの図においてわかるのは，最適な λ に対してさえ IRLS の解は完全にはスパースにならない，ということである．図 5.9 に，反復回数に対する (Q_1^λ) の関数値を示す．IRLS は最初の数回の反復で大きく関数値を減少させているが，その後は急に止

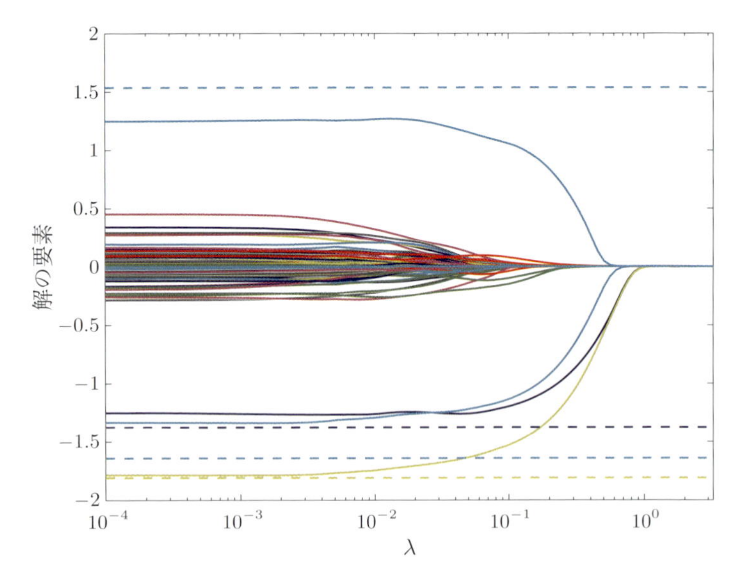

図 5.8　すべての λ に対するすべての IRLS の解．各曲線は，λ の変化に伴って各要素の値が変化する経路を表している．破線は $\mathbf{x}_0$ の要素を表している．

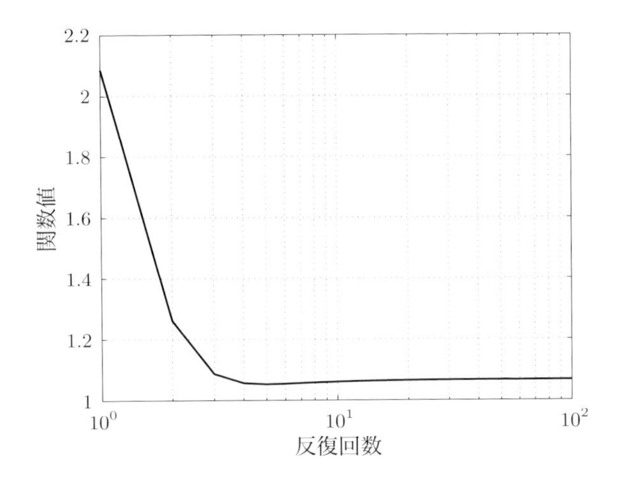

図 5.9 最適な λ を用いた場合の，IRLS の反復回数に対する関数値（$\lambda\|\mathbf{x}\|_1 + \frac{1}{2}\|\mathbf{b} - \mathbf{A}\mathbf{x}\|_2^2$）.

まってしまう．さらに，IRLS の各反復で必ずしも関数値は減っていない．つまり，粗い解を得たいのであればこの手法は有効である，とは言える．この IRLS を緩和すると，収束性能が向上し，各反復での関数値の減少の保証もできるが，ここではこれ以上議論しない．

5.3.3 LARS アルゴリズム

統計的機械学習の分野では，問題 (Q_1^λ) は LASSO（least absolute shrinkage and selection operator）として知られており，さまざまな特徴に対する回帰に用いられている．LASSO はスタンフォード大学統計学科の 3 人の研究者 Friedman，Hastie，Tibshirani によって提案された．これと同時期に信号処理の分野において基底追跡が Chen，Donoho，Saunders によって提案されたが，彼らは Friedman らと同じ大学の同じ学科の研究者たちなのである（実際，居室は同じ廊下にある！）.

LASSO の定式化では，$\mathbf{A}$ の各列が値をさまざまに変える特徴量を表しており，ベクトル $\mathbf{b}$ は複雑なシステムの出力である．ここでは，出力 $\mathbf{b}$ を説明できるような「少数の」特徴を選び，その単純な線形結合を求めたい．(Q_1^λ) を解けば，そのような回帰を求め，また少数の特徴量の部分集合を選択することができる．これはモデル選択として知られている．

LASSO と BPDN の応用は異なるが，数学的な定式化はまったく同じである．LASSO を扱う統計的機械学習の分野においては，すべての可能な λ に対して (Q_1^λ) の解を一度に与える数値計算手法が目標である．このようなタイプの解を，正則化の完全な経路（complete path of regularization）と呼ぶ．このような解を求めることは，(Q_1^λ) の解を (P_1^ϵ) の解へと移行する助けになり，要求に応じて ϵ や λ を調整することも可能にする．

驚くべきことに，この解の経路を求める計算量は，一つの λ の値に対する解を求める計算量とほぼ同じである．なぜそれが可能なのかというと，OMP では列を一つずつ加えることで，残差のエネルギーを少しずつ減らしながら計算するため，これが λ の値を変えながら計算すると見なせるからである．LASSO のメンバーと Efron が提案した LARS（least angle regression stagewise; 最小角回帰）は，OMP によく似ているが，解の経路が (Q_1^λ) の大域的最適解であることを保証している．それでは，このアルゴリズムの詳細を説明しよう．ここでは，Julien Mairal によるこのアルゴリズムの興味深く魅力的な解釈に従う．

まず，解が (Q_1^λ) の最適解となるためには，劣微分がゼロベクトルを含んでいなければならないことに注目する．凸関数

$$f(\mathbf{x}) = \lambda\|\mathbf{x}\|_1 + \frac{1}{2}\|\mathbf{b} - \mathbf{A}\mathbf{x}\|_2^2 \tag{5.29}$$

に対して，劣微分（劣勾配集合）は，以下を満たすすべての（劣勾配）ベクトルの集合である．

$$\partial f(\mathbf{x}) = \left\{\mathbf{A}^{\mathrm{T}}(\mathbf{A}\mathbf{x} - \mathbf{b}) + \lambda\mathbf{z}\right\}, \quad \forall\mathbf{z} = \begin{cases} +1 & x[i] > 0 \\ [-1, +1] & x[i] = 0 \\ -1 & x[i] < 0 \end{cases} \tag{5.30}$$

関数 $f(\mathbf{x})$ の最適解を探索するときには，$\mathbf{0} \in \partial f(\mathbf{x})$ を満たす $\mathbf{x}$ と $\mathbf{z}$ を同時に求めなければならない．

位置 $\mathbf{x}_0$ における劣微分は，十分に小さな近傍 $\|\mathbf{x} - \mathbf{x}_0\|_2 \leq \delta$ において $f(\mathbf{x}) - f(\mathbf{x}_0) > \mathbf{v}^{\mathrm{T}}(\mathbf{x} - \mathbf{x}_0)$ を満たすすべての方向ベクトル $\mathbf{v}$ からなる．この式は，$\mathbf{x}_0$ を通り $\mathbf{x}_0$ において凸関数 $f(\mathbf{x})$ を下から抑えている接平面に似ている．微分可能な関数については，劣微分は通常の勾配ベクトルに一致する．ある点

において $f(\mathbf{x})$ が微分不可能な場合には，劣微分に含まれる（劣勾配）ベクトルは一つとは限らない．

劣微分制約がLARSにおいてどのように用いられているのかを説明しよう．ここではこの手法の主要なテーマに絞って議論し，詳細は（重要ではあるが）省略する．

ステップ1：まず，$\lambda \to \infty$ の極限では，$\mathbf{x}_\lambda = \mathbf{0}$ という自明な最適解が得られる．λ を0に近づけていくと，すべての $\lambda \geq \|\mathbf{A}^{\mathrm{T}}\mathbf{b}\|_\infty$ に対して最適解は $\mathbf{0}$ のままである．なぜなら，式(5.30)と，条件 $\mathbf{0} \in \partial f(\mathbf{x})$ と，仮定 $\mathbf{x}_\lambda = \mathbf{0}$ より

$$\mathbf{0} = -\mathbf{A}^{\mathrm{T}}\mathbf{b} + \lambda \mathbf{z}_\lambda \tag{5.31}$$

となるので，$\mathbf{z}_\lambda = \mathbf{A}^{\mathrm{T}}\mathbf{b}/\lambda$ とすれば式(5.30)を満たす，つまり $\mathbf{z}$ のすべての要素は範囲 $[-1, 1]$ 内に収まるからである．

ステップ2：λ の値を減らしていき，$\|\mathbf{A}^{\mathrm{T}}\mathbf{b}\|_\infty$ になったとき，このベクトルの i 番目の要素が最大の値をとっていると仮定する．このとき，λ の値が少しでも小さいと，$x_\lambda[i] = 0$ のままでは式(5.30)を満たさないことは明らかである．そこで，この要素を変更して $z_\lambda[i] = \mathrm{sign}(x_\lambda[i])$ とする．この非ゼロ要素 $x_\lambda[i]$ の値は，次式を解くことで求められる．

$$0 = \mathbf{a}_i^{\mathrm{T}}(\mathbf{a}x - \mathbf{b}) + \lambda z_\lambda[i] \tag{5.32}$$

$$\Rightarrow x_\lambda[i] = \frac{\mathbf{a}_i^{\mathrm{T}}\mathbf{b} - \lambda z_\lambda[i]}{\mathbf{a}_i^{\mathrm{T}}\mathbf{a}_i} = \frac{\mathbf{a}_i^{\mathrm{T}}\mathbf{b} - \lambda\,\mathrm{sign}(x_\lambda[i])}{\mathbf{a}_i^{\mathrm{T}}\mathbf{a}_i}$$

要請されているように，この値が内積 $\mathbf{a}_i^{\mathrm{T}}\mathbf{b}$ と同じ符号を持つことは容易にわかる．

$\lambda = \|\mathbf{A}^{\mathrm{T}}\mathbf{b}\|_\infty$ かもう少し小さい λ に対しては，この解候補は正しい．$\mathbf{z}$ についての条件は，$\mathbf{z}_\lambda = \mathbf{A}^{\mathrm{T}}(\mathbf{b} - \mathbf{A}\mathbf{x}_\lambda)/\lambda$ という代入文に変形されている．この条件の i 番目の行が式(5.32)を満たすことは自明である．他の行も，上式に基づいて $\mathbf{z}_\lambda$ を設定すれば式(5.32)を満たす．

ステップ3：さらに λ の値を減らしていき，式(5.32)に従って解 $\mathbf{x}_\lambda$ を線形に変化させ，上式に基づいて $\mathbf{z}_\lambda$ を更新していく．ここで，現在の λ の値に対する $\mathbf{x}$ のサポートを S とする．そして，$\mathbf{x}_\lambda^s$ を $\mathbf{x}_\lambda$ の非ゼロ要素部分とし，$\mathbf{A}_s$ を対応する $\mathbf{A}$ の列からなる部分行列とする．すると，現在の解は

以下のように与えられる．

$$\mathbf{x}_\lambda^s = (\mathbf{A}_s^{\mathrm{T}}\mathbf{A}_s)^{-1}(\mathbf{A}_s^{\mathrm{T}}\mathbf{b} - \lambda\mathbf{z}_\lambda^s) \tag{5.33}$$

ここで，$\mathbf{z}_\lambda^s = \mathrm{sign}(\mathbf{x}_\lambda^s)$ は，ベクトル $\mathbf{x}_\lambda$ の非ゼロ要素部分の符号ベクトルである．この解は λ に対して線形に変化する．このまま λ を減らし続けると，以下の二つの状況が発生する．

1. $\mathbf{x}_\lambda$ のサポート外である $\mathbf{z}_\lambda$ の i 番目の要素が ± 1 となり，許されている範囲 $[-1, +1]$ から出てしまいそうになる．この場合，この要素をサポートに追加し，上記の式を用いて，この要素を含めて解を更新する．
2. $\mathbf{x}_\lambda^s$ の非ゼロ要素の一つが 0 になってしまう．この場合，この要素をサポートから除外して，上記の式を用いて解を更新する．

実際には，λ の値をあるチェックポイントから次のチェックポイントへと減らしていき，これらの場合に該当するかどうかを検証して，サポート S と解 $\mathbf{x}_\lambda$ とベクトル $\mathbf{z}_\lambda$ を更新する．なお，アルゴリズム全体を通して，(Q_1^λ) の最適解が一意であることを仮定して，その解を構築している．また，各ステップにおいて，解の一つの要素だけがサポートに追加されるか除外されると仮定している．これらの仮定が満たされない場合，アルゴリズムには修正が必要となる．

議論を終わる前に，LARS の性能を実例で示す．ここでは，IRLS に対して行ったものと同じ実験を行う（実際に同じデータを使用した）．実験にはデンマーク工科大学の Karl Sjöstrand による MATLAB コードを使用した．これは LARS のすべての正則化経路を求めることができるものである．結果は IRLS のものと非常に似ているため，以下では図 5.6 に対応する図を二つだけ示すことにする．図 5.10 には LARS と IRLS（反復は 15 回）の曲線を示す．この図からわかるように，二つの結果はよく似ており，特に λ の最適な値の付近ではほぼ同じである．図 5.11 には最小値付近を拡大した図を示す．この図では二つのアルゴリズムの違いが明らかであり，LARS のほうが性能が良い．すでに見たように，IRLS の収束は非常に遅いため，IRLS の反復回数を増やしたとしても，この違いを埋めることは難しい．それに対して LARS は精度が良く，計算量が小さいので，低次元の問題に対しては理想的な解法である．ただし，LARS に必要なステップの数は $\mathbf{x}$ の次元にほぼ等しいため，高次元の問題に対しては LARS は現実的ではない．

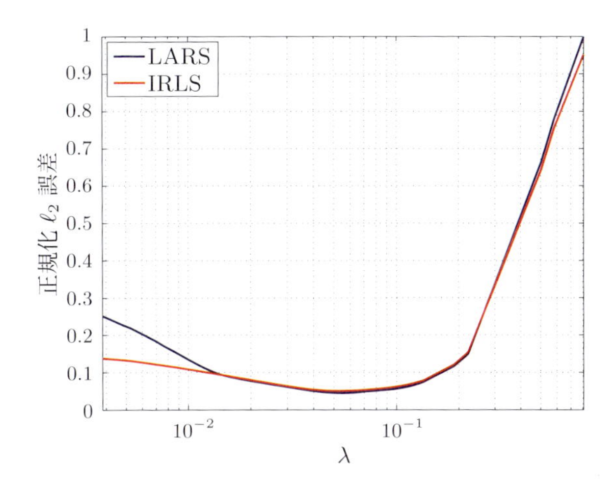

図 5.10 λ に対する解の正規化 ℓ_2 誤差（$\|\hat{\mathbf{x}}_\lambda - \mathbf{x}_0\|^2/\|\mathbf{x}_0\|^2$）．曲線は，LARS の結果（青）と 15 回の反復で得られた IRLS の結果（赤）である．

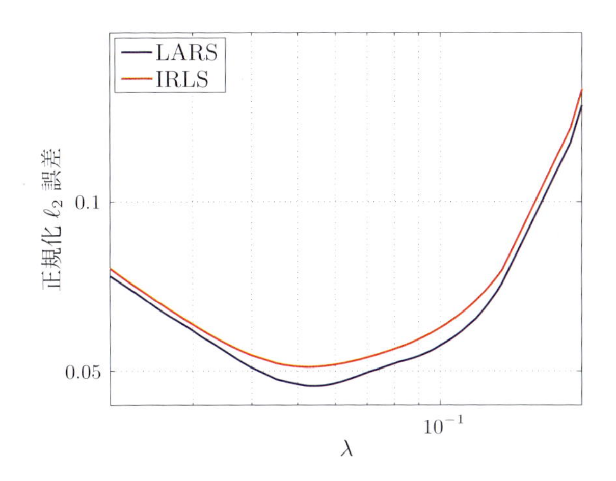

図 5.11 図 5.10 の拡大図．二つのアルゴリズムに差があることがわかる．

5.3.4 得られた近似解の質

LARS も IRLS も (Q_1^λ) の解を求める手法であるが，もともと解きたい問題 (P_0^ϵ) に対する近似アルゴリズムでしかない．その意味では，OMP やその他の貪欲アルゴリズムも近似であるので，これらはまったく違う手法ではあるが，同じ基準で比較することができる．では，これらの近似解はどの程度良いのだろう？ 図5.10から，適切なλに対してはLARSやIRLSで得られる解$\hat{\mathbf{x}}_\lambda$は$\mathbf{x}_0$に近くなる，ということはわかる．評価方法としては，第3章と同様に，真の解$\mathbf{x}_0$のサポートの復元度合いとℓ_2誤差を用いることもできるが，今回は測定にノイズが含まれてしまっている．上記の疑問に答えるために，ここでは3.1.7項と3.2.3項で行ったものに似た実験を行って，LARSとOMPを比較する．

ガウス分布から抽出されたランダムな30×50の行列$\mathbf{A}$を作成し，列を正規化する．次に，非ゼロ要素の個数が$[1, 15]$の範囲であるスパースなベクトル$\mathbf{x}$を作成し，その非ゼロ要素の値を$[-2, -1] \cup [1, 2]$の範囲の一様分布からiid抽出する．そして，標準偏差$\sigma = 0.1$のガウス分布からiid抽出した加法ノイズ$\mathbf{e}$を用いて，$\mathbf{b} = \mathbf{A}\mathbf{x}_0 + \mathbf{e}$を計算する．$\mathbf{x}$を求めるために，LARSとOMPを適用する．どちらの手法も，解の集合を求めて，一度に一つずつ列を加える処理を行う．その中から（良い解が得られるように経験的に設定された条件）$\|\mathbf{A}\hat{\mathbf{x}} - \mathbf{b}\|_2^2 \leq 2n\sigma^2$を満たす最もスパースな解を選択する．このようなテストを，非ゼロ要素の個数を変えてそれぞれ200回実行し，平均した結果を示す．評価基準としては，（$\mathbf{x}_0$と推定値$\hat{\mathbf{x}}$の）ℓ_2誤差と，サポート間距離を用いる（これらの評価基準については3.1.7項を参照）．これらの結果を図5.12と図5.13に示す．

これら二つの図から，OMPはサポートを復元する性能が良いが，LARSはℓ_2誤差が小さく精度が良い，ということがわかる．ℓ_2誤差の意味では，どちらのアルゴリズムの誤差も非常に小さく，性能が良いと言える．LARSは(Q_1^λ)を最小化するため，ℓ_1ノルムでペナルティがかかる非ゼロ要素の値を小さく推定する傾向がある．そこで，LARSで得られたサポートだけを利用し，$\hat{\mathbf{x}}$の非ゼロ要素の値を単純な最小2乗推定$\min_{\mathbf{x}} \|\mathbf{A}_S\mathbf{x} - \mathbf{b}\|_2^2$で再推定する，という方法が考えられる．図5.12からわかるように，この方法によっても誤差を多少減らすことができる．

図5.14は別の側面からOMPとLARSの性能を比較したものである．与えられた許容誤差に対して，どちらのアルゴリズムも可能な限りスパースな解を求めようとする．得られた解はどの程度スパースなのだろうか？ 図5.14には，上記の実験設定において，OMPとLARSで得られた非ゼロ要素の個数の平均を示してある．明らかにOMPの性能は良く，真の非ゼロ要素の個数に近い結

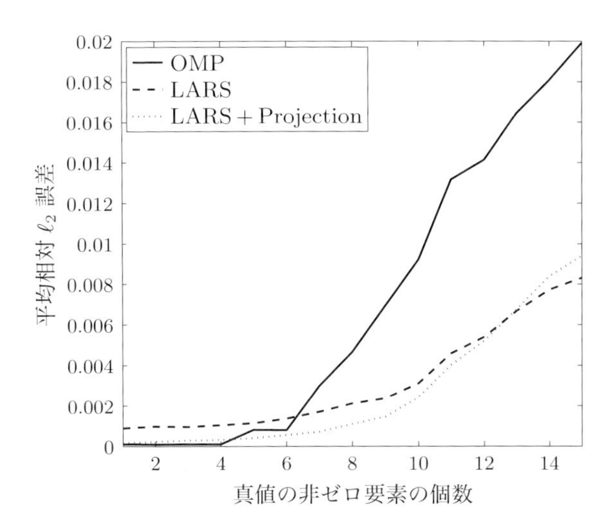

図 5.12 (P_0^ϵ) の近似解を求める手法としての OMP と LARS の性能比較（相対 ℓ_2 誤差）．“LARS + Projection” とは，LARS で得られた解のサポートだけを利用し，その非ゼロ要素を最小 2 乗推定で求める方法である．

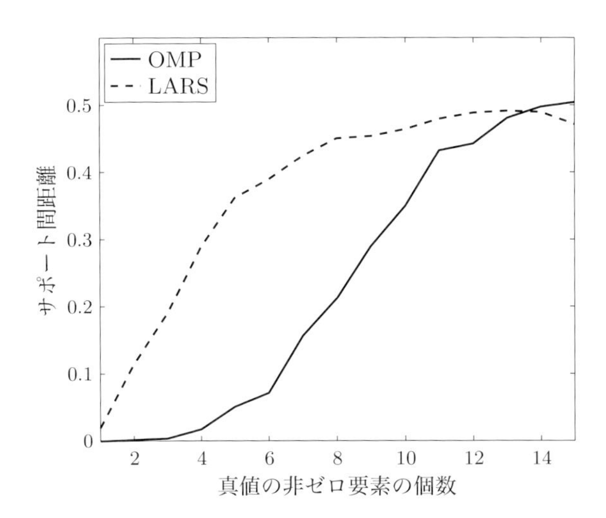

図 5.13 (P_0^ϵ) の近似解を求める手法としての OMP と LARS の性能比較（サポート間距離）．

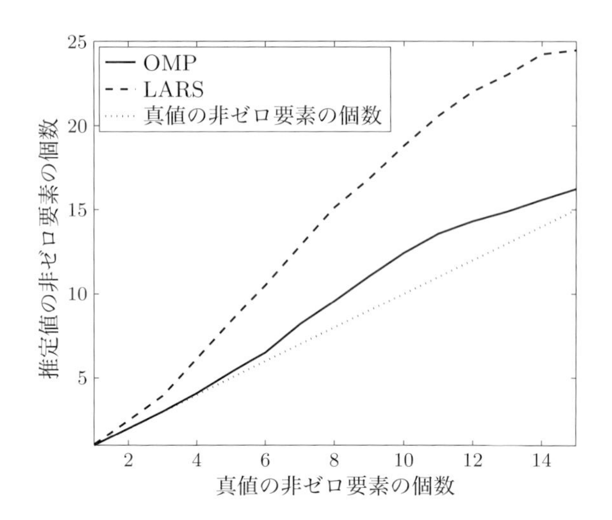

図 5.14　(P_0^ϵ) を近似的に解く OMP と LARS の性能．縦軸の性能は，得られた解の非ゼロ要素の個数の平均を表している．ここでの目標は，できる限りスパースな解を得ることである．

果が得られている．一方で，LARS は非常に性能が悪く，密な解を求める傾向があることがわかる．この結果は図 5.13 の結果とも一致する．つまり，非ゼロ要素の個数が多くなりすぎるため，LARS のサポート復元性能は良くない．

5.4　ユニタリ行列の場合

もし $\mathbf{A}$ がユニタリ行列であれば，(P_1^ϵ) や (Q_1^λ)，さらには (P_0^ϵ) の最小化もすべて，各反復のステップは単純になり，容易に解ける n 個の独立かつ同一の 1 次元最適化問題に帰着する．まず，式 (5.1) で定義された (P_0^ϵ) を説明する．

$$(P_0^\epsilon): \quad \min_{\mathbf{x}} \|\mathbf{x}\|_0 \quad \text{subject to} \quad \|\mathbf{b} - \mathbf{A}\mathbf{x}\|_2 \leq \epsilon$$

恒等式 $\mathbf{A}^{\mathrm{T}}\mathbf{A} = \mathbf{I}$ を用いると，以下の等価な問題が得られる．

$$(P_0^\epsilon): \quad \min_{\mathbf{x}} \|\mathbf{x}\|_0 \quad \text{subject to} \quad \|\mathbf{A}^{\mathrm{T}}\mathbf{b} - \mathbf{x}\|_2 \leq \epsilon \tag{5.34}$$

上記において，ℓ_2 ノルムはユニタリ変換で不変であるという事実から，以下の等式を用いた．

$$\|\mathbf{b} - \mathbf{A}\mathbf{x}\|_2 = \|\mathbf{A}^{\mathrm{T}}(\mathbf{b} - \mathbf{A}\mathbf{x})\|_2$$

ここで $\mathbf{x}_* = \mathbf{A}^{\mathrm{T}}\mathbf{b}$ とおくと，以下の簡略化された問題が得られる．

$$(P_0^\epsilon): \quad \min_{\mathbf{x}} \|\mathbf{x}\|_0 \quad \text{subject to} \quad \|\mathbf{x}_* - \mathbf{x}\|_2^2 = \sum_{i=1}^{n} (x_*[i] - x[i])^2 \leq \epsilon^2 \tag{5.35}$$

この問題は，$\mathbf{x}_*$ までの距離が ϵ 以下であるスパースなベクトルを最適解と定義している．したがって，最適解を得る方法は単純であり，ベクトル $\mathbf{x}_* = \mathbf{A}^{\mathrm{T}}\mathbf{b}$ の要素をその絶対値を降順にソートし，条件 $\|\mathbf{x}_* - \mathbf{x}\|_2 \leq \epsilon$ を満たすまで，先頭から順に選択すればよい．これが意味するのは，以下のようなしきい値 $T(\epsilon)$ が存在することである．

$$\mathbf{x}_0^\epsilon = \begin{cases} x_0^\epsilon[i] = x_*[i] & |x_*[i]| \geq T(\epsilon) \\ x_0^\epsilon[i] = 0 & |x_*[i]| < T(\epsilon) \end{cases} \tag{5.36}$$

ここで，$T(\epsilon)$ には，$\|\mathbf{x}_* - \mathbf{x}_0^\epsilon\|_2 \leq \epsilon$ を満たす最大の値を選択する．式 (5.36) の手順はハードしきい値（hard-thresholding）と呼ばれており，信号処理においてベクトルをスパースにするために用いられている．なお，もともとの問題は非凸で組合せ最適化の性質を持っているにもかかわらず，得られた解は大域的最適解である．

次に，問題 (P_1^ϵ) と (Q_1^λ) を議論する．扱いはやや異なるが，似たものである．同じ手順を踏むことで，以下の等価な問題を得る．

$$(P_1^\epsilon): \quad \min_{\mathbf{x}} \|\mathbf{x}\|_1 \quad \text{subject to} \quad \|\mathbf{x}_* - \mathbf{x}\|_2^2 \leq \epsilon^2 \tag{5.37}$$

$$(Q_1^\lambda): \quad \min_{\mathbf{x}} \lambda\|\mathbf{x}\|_1 + \frac{1}{2}\|\mathbf{x}_* - \mathbf{x}\|_2^2 \tag{5.38}$$

前述したように，ϵ と $\mathbf{x}$ の関数である λ の値を適切に選べば，これらの二つの問題は等価になる．そこで，以下では (Q_1^λ) の定式化について議論を進める．そのペナルティ関数は，以下の n 個の独立かつ同一の 1 次元最適化問題に分解することができる．

$$x_{\mathrm{opt}} = \arg\min_{x} \lambda|x| + \frac{1}{2}(x - x_*)^2 \tag{5.39}$$

ここで x_* はスカラーである．絶対値関数は原点で微分不可能であるため，古典的な方法（微分を 0 とする）ではなく，劣微分アプローチ（劣微分が 0 を含む）

をとる（LARS アルゴリズムでの議論を参照）．これにより，以下の x_{opt} についての条件が得られる．

$$0 \in x - x_* + \lambda \begin{cases} +1 & x > 0 \\ [-1, +1] & x = 0 \\ -1 & x < 0 \end{cases} \tag{5.40}$$

この式は，解における関数の劣微分が 0 を含まなければならないことを意味している．ここで

$$z = \begin{cases} +1 & x > 0 \\ [-1, +1] & x = 0 \\ -1 & x < 0 \end{cases} \tag{5.41}$$

と書けば，$x - x_* \lambda z = 0$ が条件となる．$x_* \geq \lambda$ を仮定すると，$z = 1$ とすれば最適解 $x_{\mathrm{opt}} = x_* - \lambda$ を得る．同様に，$x_* \leq -\lambda$ を仮定すると，$z = -1$ とすれば最適解 $x_{\mathrm{opt}} = x_* + \lambda$ を得る．$-\lambda < x < \lambda$ の場合には，$z = x_*/\lambda$ とすれば（これは確かに $[-1, +1]$ の範囲に入る）最適解は必然的に $x_{\mathrm{opt}} = 0$ となる．そこで，式 (5.37), (5.38) の問題 (P_1^ϵ) と (Q_1^λ) に戻って，次式を解とする．

$$\begin{aligned} \mathbf{x}_1^\epsilon &= \begin{cases} x_1^\epsilon[i] = x_*[i] - \lambda & x_*[i] \geq \lambda \\ x_1^\epsilon[i] = 0 & |x_*[i]| \leq \lambda \\ x_1^\epsilon[i] = x_*[i] + \lambda & x_*[i] \leq -\lambda \end{cases} \\ &= \mathrm{sign}(x_*[i]) \; [|x_*[i]| - \lambda]_+ \end{aligned} \tag{5.42}$$

この処理は，ソフトしきい値（soft-thresholding）として知られている．なお，(P_1^ϵ) を解く場合には，λ には $\|\mathbf{x}_* - \mathbf{x}_0^\epsilon\|_2 \leq \epsilon$ を満たす最大の値を用いる．

以上で見たように，三つの問題 (P_0^ϵ)，(P_1^ϵ)，(Q_1^λ) には，どれも単純な閉形式の最適解が得られる．さらに，すでに述べたように，(P_0^ϵ) は凸問題ではないにもかかわらず，大域的最適解が得られることが保証できるのである．

興味深いことに，単純なしきい値アルゴリズム（第 3 章を参照）を用いて (P_0^ϵ) の解を近似すると，この場合には最適解が得られる．なぜなら，しきい値アルゴリズムは，最適解を得る式 (5.35) のとおりに，ベクトル $\mathbf{A}^{\mathrm{T}}\mathbf{b}$ を計算して（絶対値の）大きいほうから要素を選択するからである．さらに，あまり自明では

ないが，MP と OMP でもこの場合には最適解が得られる．それらの最初の反復ではベクトル $|\mathbf{A}^{\mathrm{T}}\mathbf{b}|$ の最大の要素を選択するので，やはり最適解を得る式のとおりである．その後の反復では残差の評価が必要になるが，$\mathbf{A}$ が直交行列なので，これは選択した列を $\mathbf{A}$ から取り除くことと同じである．このように，すべての反復において $|\mathbf{A}^{\mathrm{T}}\mathbf{b}|$ 中の大きい要素を取り除いていき，可能な限り少ない非ゼロ要素を使うことが停止条件によって保証されるのである．

5.5 基底追跡アルゴリズムの性能

追跡アルゴリズムは近似的に (P_0^ϵ) を解くことができるだろうか？ 前節までに，実験によって部分的な解答は得られた．この節では，この疑問に対する理論的な結果を紹介する．前半部分は Donoho，Elad，Temlyakov の研究を，BPDN のスパース性に相当する部分について修正したものである．原論文では OMP も議論しているが，ここではより単純なしきい値アルゴリズムに対して議論を展開する．

5.5.1 BPDN の安定性保証

定理 5.3（BPDN の安定性） 与えられた $(\mathbf{A}, \mathbf{b}, \epsilon)$ に対して，問題 (P_1^ϵ) を考える．スパースなベクトル $\mathbf{x}_0 \in \mathbb{R}^m$ が，スパース性制約 $\|\mathbf{x}_0\|_0 < (1+1/\mu(\mathbf{A}))/4$ を満たす実行可能解であると仮定する．このとき，(P_1^ϵ) の解 $\mathbf{x}_1^\epsilon$ は次式を満たす．

$$\|\mathbf{x}_1^\epsilon - \mathbf{x}_0\|_2^2 \le \frac{4\epsilon^2}{1-\mu(\mathbf{A})(4\|\mathbf{x}_0\|_0 - 1)} \tag{5.43}$$

証明　この証明は，定理 4.5 の証明に沿っており，それに必要な修正を加えたものである．

$\mathbf{x}_0$ も $\mathbf{x}_1^\epsilon$ も実行可能解であり，それぞれ $\|\mathbf{b}-\mathbf{A}\mathbf{x}_0\|_2 \le \epsilon$ と $\|\mathbf{b}-\mathbf{A}\mathbf{x}_1^\epsilon\|_2 \le \epsilon$ を満たす．ベクトル $\mathbf{b}$ を半径 ϵ の球の中心とすると，$\mathbf{A}\mathbf{x}_0$ も $\mathbf{A}\mathbf{x}_1^\epsilon$ もこの球の表面（もしくは内部）にあり，したがって，それらの距離は高々 2ϵ である．$\mathbf{d} = \mathbf{x}_1^\epsilon - \mathbf{x}_0$ とすると，次式を得る．

$$\|\mathbf{A}\mathbf{x}_1^\epsilon - \mathbf{A}\mathbf{X}_0\|_2 = \|\mathbf{A}\mathbf{d}\|_2 \le 2\epsilon \tag{5.44}$$

この式を，グラム行列 $\mathbf{A}^{\mathrm{T}}\mathbf{A} = \mathbf{G}$ を用いて書き換える．その対角要素が1であり，非対角要素が相互コヒーレンス $\mu(\mathbf{A})$ で抑えられているという事実を用いると，以下のように書き換えられる．

$$\begin{aligned} 4\epsilon^2 \geq \|\mathbf{Ad}\|_2 &= \mathbf{d}^{\mathrm{T}}\mathbf{G}\mathbf{d} \\ &= \|\mathbf{d}\|_2^2 + \mathbf{d}^{\mathrm{T}}(\mathbf{G} - \mathbf{I})\mathbf{d} \\ &\geq \|\mathbf{d}\|_2^2 - |\mathbf{d}|^{\mathrm{T}}|\mathbf{G} - \mathbf{I}|\ |\mathbf{d}| \\ &\geq \|\mathbf{d}\|_2^2 - \mu(\mathbf{A})|\mathbf{d}|^{\mathrm{T}}|\mathbf{1} - \mathbf{I}|\ |\mathbf{d}| \\ &= \|\mathbf{d}\|_2^2 - \mu(\mathbf{A})\left(|\mathbf{d}|^{\mathrm{T}}\mathbf{1}|\mathbf{d}| - |\mathbf{d}|^{\mathrm{T}}|\mathbf{d}|\right) \\ &\geq (1 + \mu(\mathbf{A}))\|\mathbf{d}\|_2^2 - \mu(\mathbf{A})\|\mathbf{d}\|_1^2 \end{aligned} \tag{5.45}$$

なお，最後の式変形において $|\mathbf{d}|^{\mathrm{T}}\mathbf{1}|\mathbf{d}| = |\mathbf{d}|^{\mathrm{T}}\mathbf{1}\mathbf{1}^{\mathrm{T}}|\mathbf{d}| = \|\mathbf{d}\|_1^2$ を用いた．

ここでわかっていることは $\|\mathbf{x}_1^\epsilon\|_1 = \|\mathbf{d} + \mathbf{x}_0\|_1 \leq \|\mathbf{x}_0\|_1$ となることである．なぜなら $\mathbf{x}_1^\epsilon$ は (P_1^ϵ) の解であるため，ℓ_1 ノルムの意味では最も小さいからである．この性質と定理4.5の証明で用いた不等式を利用すると，次式を得る．

$$\|\mathbf{d}\|_1 - 2\,\mathbf{1}_s^{\mathrm{T}}|\mathbf{d}| \leq \|\mathbf{d} + \mathbf{x}_0\|_1 - \|\mathbf{x}_0\|_1 \leq 0 \tag{5.46}$$

ここで，$\mathbf{1}_s$ は $\mathbf{x}_0$ のサポート S の要素が1である m 次元ベクトルである．移項すると，

$$\|\mathbf{d}\|_1 \leq 2\,\mathbf{1}_s^{\mathrm{T}}|\mathbf{d}| + \|\mathbf{d} + \mathbf{x}_0\|_1 - \|\mathbf{x}_0\|_1 \leq 2\,\mathbf{1}_s^{\mathrm{T}}|\mathbf{d}| \tag{5.47}$$

となる．ℓ_1-ℓ_2 ノルムの関係 $\forall \mathbf{v} \in \mathbb{R}^n,\ \|\mathbf{v}\|_1 \leq \sqrt{n}\|\mathbf{v}\|_2$ を用いると，次式を得る．

$$\|\mathbf{d}\|_1 \leq 2\,\mathbf{1}_s^{\mathrm{T}}|\mathbf{d}| \leq 2\sqrt{|S|\sum_{i\in S}|d_i|^2} \leq 2\sqrt{|S|}\ \|\mathbf{d}\|_2 \tag{5.48}$$

式 (5.45) の不等式に代入すると，次式を得る．

$$4\epsilon^2 \geq (1 + \mu(\mathbf{A}))\|\mathbf{d}\|_2^2 - \mu(\mathbf{A})\|\mathbf{d}\|_1^2 \geq (1 + \mu(\mathbf{A}) - 4|S|\mu(\mathbf{A}))\|\mathbf{d}\|_2^2 \tag{5.49}$$

これで定理が証明された．なお，上記の不等式が有効であるためには，$1 + \mu(\mathbf{A}) - 4|S|\mu(\mathbf{A}) > 0$ が成り立たなければならないが，これは定理にある $\mathbf{x}_0$ の非ゼロ要素の個数についての条件である．　□

$\epsilon = 0$ に対しては，ノイズのない場合の結果になる．しかし，非ゼロ要素の個数は定理 4.5 の半分しかないので，この結果はタイトでなくなってしまっている．もう一つの重要な点は，$\mathbf{x}_0$ と $\mathbf{x}_1^\epsilon$ の距離の上界が $4\epsilon^2$ よりも大きいことである．これはベクトル $\mathbf{b}$ に含まれる「ノイズ」のエネルギーの 4 倍もある．これが示唆するのは，おそらく (P_1^ϵ) を解いたとしてもノイズ除去の効果はないだろう，ということである．ただし，これは最悪の場合の解析から得られる直接的な結果であり，ノイズが敵対的（adversary）であると仮定している．

上記の安定性の結果に加えて，得られたサポートが正しいかどうかも興味のある点である．そのような結果を報告している研究もあるが，それらはもっと厳しい(つまりあまり現実的ではない)条件を仮定している．同様に，信号のノイズ除去の手法として考えた場合には平均性能にも興味があるが，ここでは扱わない．

5.5.2 しきい値アルゴリズムの安定性保証

Donoho，Elad，Temlyakov の論文では，OMP に対して同様に安定性の議論をしていたが，ここではもっと単純なしきい値アルゴリズムに対して同様の定理を示すことにする．つまり，二つのまったく違った手法の性能保証を示すことになる．ここでの証明も，ノイズのない場合を扱った定理 4.4 で用いた証明の道筋に沿っている．最初に定理を述べ，次にそれを証明する．

定理 5.4（しきい値アルゴリズムの性能） 与えられた $(\mathbf{A}, \mathbf{b}, \epsilon)$ に対して，問題 (P_0^ϵ) にしきい値アルゴリズムを適用することを考える．ベクトル $\mathbf{x}_0 \in \mathbb{R}^m$ が $\|\mathbf{b} - \mathbf{A}\mathbf{x}_0\|_2 \le \epsilon$ を満たし，以下のスパース性制約を満たすと仮定する．

$$\|\mathbf{x}_0\|_0 < \frac{1}{2}\left(\frac{|x_{\min}|}{|x_{\max}|}\frac{1}{\mu(\mathbf{A})} + 1\right) - \frac{\epsilon}{\mu(\mathbf{A})|x_{\max}|} \tag{5.50}$$

ここで，$|x_{\min}|$ と $|x_{\max}|$ は，ベクトル $|x_0|$ のサポート内要素の最大値と最小値である．しきい値アルゴリズムで得られる結果は，次式を満たさなければならない．

$$\|\mathbf{x}_{\mathrm{THR}} - \mathbf{x}_0\|_2^2 \le \frac{\epsilon^2}{1 - \mu(\mathbf{A})(\|\mathbf{x}_0\|_0 - 1)} \tag{5.51}$$

さらに，このアルゴリズムは真のサポートを持つ解を与えることが保証される．

証明に入る前に，手短に説明しておく．式 (5.50) のスパース性条件は，明らかに，解 $\mathbf{x}$ の非ゼロ要素の値の範囲と，ノイズレベルのどちらにも敏感である．これは，このような敏感な条件を持たない BPDN とはかなり異なっている．一方で，式 (5.51) で与えられる誤差の上界は，BPDN で得られた上界よりもかなり良い．これは，BPDN の結果がタイトではなくなっているためであろう．

証明　一般性を失わずに，$\mathbf{x}_0$ の最初の $|S| = k_0$ 個の要素が非ゼロであると仮定する．したがって，$\mathbf{b} = \mathbf{e} + \sum_{t=1}^{k_0} x_0[t]\mathbf{a}_t$ である．しきい値アルゴリズムの成功を保証するためには，以下の条件を満たす必要がある．

$$\min_{1 \le i \le k_0} |\mathbf{a}_i^{\mathrm{T}} \mathbf{b}| > \max_{j > k_0} |\mathbf{a}_j^{\mathrm{T}} \mathbf{b}| \tag{5.52}$$

左辺の $\mathbf{b}$ を展開すると，以下のようになる．

$$\min_{1 \le i \le k_0} |\mathbf{a}_i^{\mathrm{T}} \mathbf{b}| = \min_{1 \le i \le k_0} \left| \mathbf{a}_i^{\mathrm{T}} \mathbf{e} + \sum_{t=1}^{k_0} x_0[t] \mathbf{a}_i^{\mathrm{T}} \mathbf{a}_t \right| \tag{5.53}$$

ここで，$\mathbf{A}$ の列が正規化されていることと，列同士の内積の最大値が $\mu(\mathbf{A})$ で上から抑えられていることを利用し，さらに不等式 $|a+b| \ge |a| - |b|$ と $\mathbf{v}^{\mathrm{T}}\mathbf{u} \le \|\mathbf{v}\|_2 \, \|\mathbf{u}\|_2$ も用いると，以下のように下界が得られる．

$$\begin{aligned}
&\min_{1 \le i \le k_0} \left| \mathbf{a}_i^{\mathrm{T}} \mathbf{e} + \sum_{t=1}^{k_0} x_t \mathbf{a}_i^{\mathrm{T}} \mathbf{a}_t \right| \\
&\quad = \min_{1 \le i \le k_0} \left| x_i + \mathbf{a}_i^{\mathrm{T}} \mathbf{e} + \sum_{1 \le t \le k_0, t \ne i} x_t \mathbf{a}_i^{\mathrm{T}} \mathbf{a}_t \right| \\
&\quad \ge \min_{1 \le i \le k_0} \left\{ |x_i| - |\mathbf{a}_i^{\mathrm{T}} \mathbf{e}| - \left| \sum_{1 \le t \le k_0, t \ne i} x_t \mathbf{a}_i^{\mathrm{T}} \mathbf{a}_t \right| \right\} \\
&\quad \ge \min_{1 \le i \le k_0} |x_i| - \max_{1 \le i \le k_0} \left| \sum_{1 \le t \le k_0, t \ne i} x_t \mathbf{a}_i^{\mathrm{T}} \mathbf{a}_t \right| - \epsilon \\
&\quad \ge |x_{\min}| - (k_0 - 1)\mu(\mathbf{A})|x_{\max}| - \epsilon
\end{aligned} \tag{5.54}$$

式 (5.52) の右辺の上界も，同様に得ることができる．

$$\max_{j > k_0} |\mathbf{a}_j^{\mathrm{T}} \mathbf{b}| = \max_{j > k_0} \left| \mathbf{a}_i^{\mathrm{T}} \mathbf{e} + \sum_{t=1}^{k_0} x_t \mathbf{a}_j^{\mathrm{T}} \mathbf{a}_t \right| \le k_0 \mu(\mathbf{A}) |x_{\max}| + \epsilon \tag{5.55}$$

したがって，条件

$$|x_{\min}| - (k_0 - 1)\mu(\mathbf{A})|x_{\max}| > k_0\mu(\mathbf{A})|x_{\max}| + 2\epsilon \tag{5.56}$$

が満たされれば，必然的に式 (5.52) の条件が満たされることになる．この式を書き換えると

$$k_0 < \frac{1}{2}\left(\frac{|x_{\min}|}{|x_{\max}|}\frac{1}{\mu(\mathbf{A})} + 1\right) - \frac{\epsilon}{\mu(\mathbf{A})|x_{\max}|} \tag{5.57}$$

となり，これが満たされれば，しきい値アルゴリズムが正しいサポートを復元することに成功することを保証することになる．

得られた解の誤差を調べるために，上記の条件が満たされており，正しいサポートが復元されていると仮定する．すると，しきい値アルゴリズムは以下の単純な最小 2 乗問題となる．

$$\mathbf{x}^s_{\mathrm{THR}} = \arg\min_{\mathbf{x}} \|\mathbf{A}_s\mathbf{x} - \mathbf{b}\|_2^2 = (\mathbf{A}_s^{\mathrm{T}}\mathbf{A}_s)^{-1}\mathbf{A}_s^{\mathrm{T}}\mathbf{b} \tag{5.58}$$

この解は，$\mathbf{A}$ の列を適切に抜き出した部分行列 $\mathbf{A}_s$ に対応する非ゼロ要素だけを求めている．同様に，ベクトル $\mathbf{x}_0$ 中の対応するサポートについての解を $\mathbf{x}_0^s$ と書く．ここで $\|\mathbf{A}_s\mathbf{x}_0^s - \mathbf{b}\|_2 \le \epsilon$ を用いると，次式を得る．

$$\begin{aligned}
\|\mathbf{x}^s_{\mathrm{THR}} - \mathbf{x}_0^s\|_2^2 &= \|(\mathbf{A}_s^{\mathrm{T}}\mathbf{A}_s)^{-1}\mathbf{A}_s^{\mathrm{T}}\mathbf{b} - \mathbf{x}_0^s\|_2^2 \\
&= \|(\mathbf{A}_s^{\mathrm{T}}\mathbf{A}_s)^{-1}\mathbf{A}_s^{\mathrm{T}}\mathbf{b} - (\mathbf{A}_s^{\mathrm{T}}\mathbf{A}_s)^{-1}(\mathbf{A}_s^{\mathrm{T}}\mathbf{A}_s)\mathbf{x}_0^s\|_2^2 \\
&= \|(\mathbf{A}_s^{\mathrm{T}}\mathbf{A}_s)^{-1}\mathbf{A}_s^{\mathrm{T}}(\mathbf{b} - \mathbf{A}_s\mathbf{x}_0^s)\|_2^2 \\
&\le \|(\mathbf{A}_s^{\mathrm{T}}\mathbf{A}_s)^{-1}\mathbf{A}_s^{\mathrm{T}}\|_2^2\ \|\mathbf{b} - \mathbf{A}_s\mathbf{x}_0^s\|_2^2 \\
&\le \epsilon^2\|(\mathbf{A}_s^{\mathrm{T}}\mathbf{A}_s)^{-1}\mathbf{A}_s^{\mathrm{T}}\|_2^2 = \epsilon^2\|\mathbf{A}_s^{+}\|_2^2
\end{aligned} \tag{5.59}$$

ここで，$\|\mathbf{A}_s^{+}\|_2^2$ は ℓ_2 誘導（作用素）ノルムであり，次式で定義される．

$$\|\mathbf{B}\|_2^2 = \max_{\mathbf{v}\in\mathbb{R}^n}\frac{\|\mathbf{B}\mathbf{v}\|_2^2}{\|\mathbf{v}\|_2^2} = \lambda_{\max}(\mathbf{B}^{\mathrm{T}}\mathbf{B}) = \lambda_{\max}(\mathbf{B}\mathbf{B}^{\mathrm{T}})$$

この $\lambda_{\max}(\mathbf{B}^{\mathrm{T}}\mathbf{B}) = \lambda_{\max}(\mathbf{B}\mathbf{B}^{\mathrm{T}})$ という事実は，行列 $\mathbf{B}$ の SVD からすぐに得られる[*6]．しきい値アルゴリズムの解析に戻れば，行列 $\mathbf{A}_s^{+}(\mathbf{A}_s^{+})^{\mathrm{T}} = (\mathbf{A}_s^{\mathrm{T}}\mathbf{A}_s)^{-1}$

[*6] $\mathbf{B}$ の SVD を $\mathbf{B} = \mathbf{U}\boldsymbol{\Sigma}\mathbf{V}^{\mathrm{T}}$ とすると，$\mathbf{B}\mathbf{B}^{\mathrm{T}} = \mathbf{U}\boldsymbol{\Sigma}\mathbf{V}^{\mathrm{T}}\mathbf{V}\boldsymbol{\Sigma}^{\mathrm{T}}\mathbf{U}^{\mathrm{T}} = \mathbf{U}\boldsymbol{\Sigma}\boldsymbol{\Sigma}^{\mathrm{T}}\mathbf{U}^{\mathrm{T}}$ であり，また $\mathbf{B}^{\mathrm{T}}\mathbf{B} = \mathbf{V}\boldsymbol{\Sigma}^{\mathrm{T}}\mathbf{U}^{\mathrm{T}}\mathbf{U}\boldsymbol{\Sigma}\mathbf{V}^{\mathrm{T}} = \mathbf{V}\boldsymbol{\Sigma}^{\mathrm{T}}\boldsymbol{\Sigma}\mathbf{V}^{\mathrm{T}}$ である．どちらの場合でも固有値は単に特異値の 2 乗である．

のスペクトル半径を上から抑えなければならない．行列 $\mathbf{A}_s^{\mathrm{T}}\mathbf{A}_s$ の固有値を $0 < \lambda_{\min} \le \cdots \le \lambda_{\max}$ とすると，その逆数が逆行列の固有値である．その逆行列のノルムは $1/\lambda_{\min}$ であり，したがって次式が得られる．

$$\begin{aligned} \|\mathbf{x}_{\mathrm{THR}}^s - \mathbf{x}_0^s\|_2^2 &\le \epsilon^2 \|\mathbf{A}_s^+\|_2^2 \\ &= \epsilon^2 \|(\mathbf{A}_s^{\mathrm{T}}\mathbf{A}_s)^{-1}\|_2^2 \\ &= \frac{\epsilon^2}{\lambda_{\min}(\mathbf{A}_s^{\mathrm{T}}\mathbf{A}_s)} \end{aligned} \tag{5.60}$$

そのため，この固有値を下から抑える必要がある．ゲルシュゴリンの定理を用いると，$\mathbf{A}_s^{\mathrm{T}}\mathbf{A}_s$ のすべての固有値は 1 を中心とした半径 $(|S|-1)\mu(\mathbf{A}) = (k_0 - 1)\mu(\mathbf{A})$ の円盤内にある必要があり，したがって $\lambda_{\min}(\mathbf{A}_s^{\mathrm{T}}\mathbf{A}_s) \ge 1-(k_0-1)\mu(\mathbf{A})$ である．これにより

$$\|\mathbf{x}_{\mathrm{THR}}^s - \mathbf{x}_0^s\|_2^2 \le \frac{\epsilon^2}{\lambda_{\min}(\mathbf{A}_s^{\mathrm{T}}\mathbf{A}_s)} \le \frac{\epsilon^2}{1-(k_0-1)\mu(\mathbf{A})} \tag{5.61}$$

が得られ，定理が証明された．□

5.6　まとめ

この章では，(P_0) を拡張して等式制約 $\mathbf{A}\mathbf{x} = \mathbf{b}$ に誤差を許す定式化を議論し，この実用的な問題設定に対して第 2 ～ 4 章で得られた多くの結果を拡張した．第 4 章でも述べたように，ここで得られた上界や下界も悲観的すぎるものである．主な理由は三つある．

1. ノイズのモデル化：本章では，ベクトル $\mathbf{A}\mathbf{x}_0$ に加えられるノイズ $\mathbf{e}$ は，ノルム $\|\mathbf{e}\|_2 = \epsilon$ が既知の決定論的な敵対的ノイズであると仮定していた．つまり，解析やアルゴリズムに対して最悪の影響を及ぼす場合を考慮していた．このノイズモデルをランダムノイズに置き換えれば，より良い結果が得られ，その上界と下界は（1 に近い）ある確率で真となる．第 8 章では，このアプローチを採用してダンツィク選択器を解析する．
2. 例外的な失敗：本章で行った解析は，追跡アルゴリズムの最適性や一意性を保証する範囲内での失敗を，いっさい許していない．そのような失敗のほんの一部でも許容すれば，上下界は非常に改善されて，もっと楽

観的になる．これはまた，多くの応用において実装する際に望まれていることでもある．つまり，時には失敗したとしても，成功する確率が高いことが保証されていればよい．この点についての議論を第 7 章で行う．

3. 最悪の場合の **A** の特性：コヒーレンスや RIP，スパークはどれも，最悪の場合の行列 **A** の特性を示す尺度である．上記の 2 点について解析を改善したとしても，これらの評価尺度を用いて導出するのであれば，上下界はやはり悲観的な結果になるだろう．解決策は，これらの尺度の代わりに，確率的な RIP やコヒーレンスなど，もっと緩和された尺度を用いることである．

上記のアイデアを取り入れて，追跡アルゴリズムの解析において，より良い結果を得ている最近の研究もある．第 7 章で，そのうちのいくつかを説明する．興味のある読者は Ben-Haim らの研究を参照してほしい．

この章で定義した基本的な最適化問題は (Q_1^λ) である．この問題はこの分野のさまざまな問題を解く鍵となるので，次章でも引き続き登場する．この問題，特に OMP，LARS，IRLS などが実用的ではない高次元の問題を数値的に安定して解くことができれば，非常に有用である．次章ではこの問題に焦点を当てて，(Q_1^λ) を解くためのアルゴリズムを紹介する．

参考文献

1. Z. Ben-Haim, Y. C. Eldar, and M. Elad, Coherence-based performance guarantees for estimating a sparse vector under random noise, *IEEE Trans. on Signal Processing*, vol. 58, no. 10, pp. 5030–5043, Oct. 2010.
2. S. S. Chen, D. L. Donoho, and M. A. Saunders, Atomic decomposition by basis pursuit, *SIAM Journal on Scientific Computing*, 20(1):33–61, 1998.
3. S. S. Chen, D. L. Donoho, and M. A. Saunders, Atomic decomposition by basis pursuit, *SIAM Review*, 43(1):129–159, 2001.
4. G. Davis, S. Mallat, and M. Avellaneda, Adaptive greedy approximations, *Journal of Constructive Approximation*, 13:57–98, 1997.
5. G. Davis, S. Mallat, and Z. Zhang, Adaptive time-frequency decompositions, *Optical-Engineering*, 33(7):2183–2191, 1994.
6. D. L. Donoho and M. Elad, On the stability of the basis pursuit in the presence of noise, *Signal Processing*, 86(3):511–532, March 2006.
7. D. L. Donoho, M. Elad, and V. Temlyakov, Stable recovery of sparse overcom-

plete representations in the presence of noise, *IEEE Trans. on Information Theory*, 52(1):6–18, 2006.

8. B. Efron, T. Hastie, I. M. Johnstone, and R. Tibshirani, Least angle regression, *The Annals of Statistics*, 32(2):407–499, 2004.
9. A. K. Fletcher, S. Rangan, V. K. Goyal, and K. Ramchandran, Analysis of denoising by sparse approximation with random frame asymptotics, *IEEE Int. Symp. on Inform. Theory*, 2005.
10. A. K. Fletcher, S. Rangan, V. K. Goyal, and K. Ramchandran, Denoising by sparse approximation: error bounds based on rate-distortion theory, *EURASIP Journal on Applied Signal Processing*, Paper No. 26318, 2006.
11. J. J. Fuchs, Recovery of exact sparse representations in the presence of bounded noise, *IEEE Trans. on Information Theory*, 51(10):3601–3608, 2005.
12. A. C. Gilbert, S. Muthukrishnan, and M. J. Strauss, Approximation of functions over redundant dictionaries using coherence, 14th Ann. ACM-SIAM Symposium Discrete Algorithms, 2003.
13. I. F. Gorodnitsky and B. D. Rao, Sparse signal reconstruction from limited data using FOCUSS: A re-weighted norm minimization algorithm, *IEEE Trans. on Signal Processing*, 45(3):600–616, 1997.
14. R. Gribonval, R. Figueras, and P. Vandergheynst, A simple test to check the optimality of a sparse signal approximation, *Signal Processing*, 86(3):496–510, March 2006.
15. T. Hastie, R. Tibshirani, and J. H. Friedman, *Elements of Statistical Learning*. New York: Springer, 2001.
16. L. A. Karlovitz, Construction of nearest points in the ℓ_p, p even and ℓ_∞ norms, *Journal of Approximation Theory*, 3:123–127, 1970.
17. S. Mallat, *A Wavelet Tour of Signal Processing*, Academic Press, 1998.
18. M. R. Osborne, B. Presnell, and B. A. Turlach, A new approach to variable selection in least squares problems, *IMA J. Numerical Analysis*, 20:389–403, 2000.
19. V. N. Temlyakov, Greedy algorithms and m-term approximation, *Journal of Approximation Theory*, 98:117–145, 1999.
20. V. N. Temlyakov, Weak greedy algorithms, *Advances in Computational Mathematics*, 5:173–187, 2000.
21. J. A. Tropp, Just relax: Convex programming methods for subset selection and sparse approximation, *IEEE Trans. on Information Theory*, 52(3):1030–1051, March 2006.
22. J. A. Tropp, A. C. Gilbert, S. Muthukrishnan, and M. J. Strauss, Improved sparse approximation over quasi-incoherent dictionaries, IEEE International

Conference on Image Processing, Barcelona, September 2003.

23. B. Wohlberg, Noise sensitivity of sparse signal representations: Reconstruction error bounds for the inverse problem, *IEEE Trans. on Signal Processing*, 51(12):3053–3060, 2003.

第6章
反復縮小アルゴリズム

6.1 背景

この章では，以下の関数の最小化問題を扱う．

$$f(\mathbf{x}) = \lambda \mathbf{1}^{\mathrm{T}} \rho(\mathbf{x}) + \frac{1}{2}\|\mathbf{b} - \mathbf{A}\mathbf{x}\|_2^2 \tag{6.1}$$

この形式の関数は，これまでにも何度か登場している．関数 $\rho(\mathbf{x})$ はベクトル $\mathbf{x}$ の各要素に個別に適用される関数である．例えば $\rho(x) = |x|^p$ であれば $\mathbf{1}^{\mathrm{T}}\rho(\mathbf{x}) = \|\mathbf{x}\|_p^p$ となり，どの p を用いるのかには依存しない．この章では一般的な議論を行い，任意の「スパース性を促す」関数 $\rho(\cdot)$ を扱う．特に上記の関数の最小化は，(Q_1^λ) の定義を一般化したものである．

このような関数の最小化は，最急降下法や共役勾配法，内点法など，さまざまな古典的な反復最適化手法を用いることができる．しかし，これらの一般的な手法は非効率である場合が多く，反復回数が多くなり，必要な精度を得るための計算量が膨大になることもある．特に画像処理で頻繁に取り扱う高次元の問題に対しては，その傾向が顕著である．そのような場合，IRLS や OMP，LARS などの前章で紹介した手法も実用に耐えうるものではなく，別のアプローチが必要になる．

近年，上記の最適化問題を非常に効率的に解くための新しい数値計算アルゴリズムが徐々に構築されている．これらのアルゴリズムは反復縮小（iterative shrinkage）アルゴリズムと呼ばれており，信号のノイズ除去のために Donoho

と Johnston が提案した古典的な縮小アルゴリズムを拡張したものである．大雑把に言って，これらの反復法の各反復は，$\mathbf{A}$（とその転置）との積計算と，得られた結果のスカラー縮小ステップからなる．このアルゴリズムの構造は単純であるが，式 (6.1) の関数 $f(\mathbf{x})$ を非常に効率的に最小化することが示されている．この数年間に行われた徹底的な理論研究によって，これらの手法の収束性が証明され，また f が凸関数の場合（ρ が凸の場合）には大域的最適解が保証され，さらにこれらのアルゴリズムの収束率が明らかにされた．

これまでにさまざまな反復縮小アルゴリズムが提案されている．これらのアルゴリズムは別々の考察から生まれてきた．例えば，統計的推定理論における期待値最大化（EM）アルゴリズム，近接点法と代理関数，不動点法の利用，並列座標降下（PCD）アルゴリズム，貪欲法の拡張などである．このことは，上記の最適化問題を解くための手法を設計する手段が多種多様であることを示している．この章では，これらの手法を，その導出方法や計算の高速化とともに幅広く概説し，それらの性能の比較も行う．なお，この章の主な目的は，これらのアルゴリズムを実際に構築することと，その手法の背後にある直感的な理解を提供することである．そのため，収束率の議論などは，重要ではあるが省略する．

6.2　ユニタリの場合：発想の原点

6.2.1　ユニタリの場合の縮小アルゴリズム

すでに第 5 章において，$\mathbf{A}$ がユニタリ行列であれば (Q_1^λ) の最小化は非常に容易になり，解を縮小する[*1]という閉形式の結果が得られている．ここでの関数 $f(\mathbf{x})$ はより一般的なものではあるが，以下で示すように，扱いはまったく同じである．つまり，$f(\mathbf{x})$ は単純な処理からなり，m 個（$m = n$）の独立かつ同一の，容易に解ける 1 次元最適化問題に帰着することができる．恒等式 $\mathbf{A}\mathbf{A}^{\mathrm{T}} = \mathbf{I}$ と，ℓ_2 ノルムがユニタリ変換に不変であるという事実を用いれば，式 (6.1) は以下のように書き換えることができる．

$$
\begin{aligned}
f(\mathbf{x}) &= \frac{1}{2}\|\mathbf{b} - \mathbf{A}\mathbf{x}\|_2^2 + \lambda \mathbf{1}^{\mathrm{T}}\rho(\mathbf{x}) \qquad (6.2)\\
&= \frac{1}{2}\|\mathbf{A}(\mathbf{A}^{\mathrm{T}}\mathbf{b} - \mathbf{x})\|_2^2 + \lambda \mathbf{1}^{\mathrm{T}}\rho(\mathbf{x})
\end{aligned}
$$

*1【訳注】式 (5.41) において，λ を引く（あるいは足す）ことを意味する．

$$= \frac{1}{2}\|\mathbf{A}^{\mathrm{T}}\mathbf{b} - \mathbf{x}\|_2^2 + \lambda \mathbf{1}^{\mathrm{T}}\rho(\mathbf{x})$$

ここで $\mathbf{x}_0 = \mathbf{A}^{\mathrm{T}}\mathbf{b}$ とおくと，次のように書ける．

$$\begin{aligned} f(\mathbf{x}) &= \frac{1}{2}\|\mathbf{x}_0 - \mathbf{x}\|_2^2 + \lambda \mathbf{1}^{\mathrm{T}}\rho(\mathbf{x}) \\ &= \sum_{k=1}^{m}\left(\frac{1}{2}(x_0[k] - x[k])^2 + \lambda\rho(x[k])\right) = \sum_{k=1}^{m} g(x[k], x_0[k]) \end{aligned} \tag{6.3}$$

スカラー関数 $g(x,a) = 0.5(x-a)^2 + \lambda\rho(x)$ を x について最小化するためには，g の勾配を 0 にするか（$\rho(x)$ が滑らかな関数の場合），g の劣微分が 0 を含むことを示す（微分不可能な場合）ことが必要になる．これは（ある場合には解析的に，そうでない場合にはあらかじめ数値的に）解くことができ，その解は上記のスカラー目的関数 $g(x,a)$ の大域的最適解 $\hat{x}_{\mathrm{opt}} = \mathcal{S}_{\rho,\lambda}(a)$ となる．なお，ρ が非凸の場合には，目的関数の（劣）微分を 0 にする局所解が複数存在する可能性がある．したがって，すべての解を求めて，その関数値と比較する必要がある．

この縮小（shrinkage）関数 $\mathcal{S}_{\rho,\lambda}(a)$ は，入力値 a を所望の出力値 $\hat{x}_{\mathrm{opt}}$ に写像する関数である．この関数は，小さい値を 0 に写像し（$|a| \le T$ に対して $\mathcal{S}_{\rho,\lambda}(a) = 0$），それ以外の値は（その名のとおり）「縮小」つまり小さくする．しきい値 T と縮小効果は，ρ と λ の関数となる[*2]．

もとの問題に戻れば，$f(\mathbf{x})$ の最適解は閉形式で得られていて，以下の二つのステップからなっていた．(i) $\mathbf{x}_0 = \mathbf{A}^{\mathrm{T}}\mathbf{b}$ を計算し，(ii) $\mathcal{S}_{\rho,\lambda}$ を $\mathbf{x}_0$ の各要素に適用して，解 $\hat{\mathbf{x}}$ を得る．なお，もとの関数が非凸であっても，$\mathcal{S}_{\rho,\lambda}$ が適切に設計されていれば，大域的最適解が得られる．

上記の議論から自然に導かれる疑問は，次のようなものである．ユニタリ行列 $\mathbf{A}$ を非ユニタリ行列（おそらくは非正方行列）に変えた場合，その単純さは失われてしまうのだろうか？　次項で見るように，手法を反復すれば，一般的な問題に対しても似たような縮小手法を用いることができる．

6.2.2 BCR アルゴリズムとその変形版

いくつかのユニタリ行列で構成された行列 $\mathbf{A}$ に対しては，上記の疑問の答えは肯定的である．それが，Sardy，Bruce，Tseng が 1998 年に発表したブロック

[*2]【訳注】単純な場合の例が式 (5.41) である．

座標緩和（block-coordinate-relaxation; BCR）である．これは前述のユニタリ行列に対する結果を直接拡張したものであるため，ここではその手法を手短に紹介する．簡単化のために，$\mathbf{\Psi}$ と $\mathbf{\Phi}$ を $n \times n$ ユニタリ行列として，$\mathbf{A} = [\mathbf{\Psi}, \mathbf{\Phi}]$ を仮定する．すると，$\mathbf{x}$ を長さ n の二つの部分 $\mathbf{x}_\Psi$, $\mathbf{x}_\Phi$ に分けて，最小化問題を以下のように分割することができる．

$$
\begin{aligned}
f(\mathbf{x}) &= \frac{1}{2}\|\mathbf{b} - \mathbf{A}\mathbf{x}\|_2^2 + \lambda \mathbf{1}^{\mathrm{T}} \rho(\mathbf{x}) \qquad (6.4)\\
&= \frac{1}{2}\|\mathbf{b} - \mathbf{\Psi}\mathbf{x}_\Psi - \mathbf{\Phi}\mathbf{x}_\Phi\|_2^2 + \lambda \mathbf{1}^{\mathrm{T}} \rho(\mathbf{x}_\Psi) + \lambda \mathbf{1}^{\mathrm{T}} \rho(\mathbf{x}_\Phi) = f(\mathbf{x}_\Psi, \mathbf{x}_\Phi)
\end{aligned}
$$

BCR アルゴリズムの核となるアイデアは，$f(\mathbf{x}_\Psi, \mathbf{x}_\Phi)$ の最小化を，$\mathbf{x}$ の二つの部分について別々に交互に行うことであり，これが手法の名前（ブロック座標降下 —— ブロックごとに最小化を行う）の由来である．k 回目の反復における解を $\mathbf{x}^k$ とおき，対応する二つの部分を $\mathbf{x}_\Psi^k$ と $\mathbf{x}_\Phi^k$ とする．今，$\mathbf{x}_\Phi^k$ を固定したとすると，$f(\mathbf{x}_\Psi, \mathbf{x}_\Phi^k)$ は次のように書ける．

$$
f(\mathbf{x}_\Psi, \mathbf{x}_\Phi^k) = \frac{1}{2}\|\tilde{\mathbf{b}} - \mathbf{\Psi}\mathbf{x}_\Psi\|^2 + \lambda \mathbf{1}^{\mathrm{T}} \rho(\mathbf{x}_\Psi) \qquad (6.5)
$$

ここで $\tilde{\mathbf{b}} = \mathbf{b} - \mathbf{\Phi}\mathbf{x}_\Phi^k$ である．この関数はユニタリ行列の場合と同様であり，閉形式の最適解が以下のように得られる．

$$
\mathbf{x}_\Psi^{k+1} = \mathcal{S}_{\rho,\lambda}(\mathbf{\Psi}^{\mathrm{T}}\tilde{\mathbf{b}}) = \mathcal{S}_{\rho,\lambda}\left(\mathbf{\Psi}^{\mathrm{T}}(\mathbf{b} - \mathbf{\Phi}\mathbf{x}_\Phi^k)\right) \qquad (6.6)
$$

$\mathbf{x}_\Psi^{k+1}$ が得られれば，これを固定して，関数 $f(\mathbf{x}_\Psi^{k+1}, \mathbf{x}_\Phi)$ を $\mathbf{x}_\Phi$ について同様に最小化すると，閉形式の解が以下のように得られる．

$$
\mathbf{x}_\Phi^{k+1} = \mathcal{S}_{\rho,\lambda}\left(\mathbf{\Phi}^{\mathrm{T}}(\mathbf{b} - \mathbf{\Psi}\mathbf{x}_\Psi^{k+1})\right) \qquad (6.7)
$$

このように，二つの更新を交互に反復すれば，関数全体は単調に減少し，ペナルティ関数の局所解に収束することが証明できる（$\rho(\cdot)$ が凸の場合には，大域的最適解になる）．

上記のような逐次更新ではなく，並列に更新する手法も考えられる．この場合も同様に，k 回目の反復における解を $\mathbf{x}^k$ とおき，対応する二つの部分を $\mathbf{x}_\Psi^k$ と $\mathbf{x}_\Phi^k$ とする．そして，以下のように反復を並列に行う．

$$
\mathbf{x}_\Psi^{k+1} = \mathcal{S}_{\rho,\lambda}\left(\mathbf{\Psi}^{\mathrm{T}}(\mathbf{b} - \mathbf{\Phi}\mathbf{x}_\Phi^k)\right)
$$

$$\mathbf{x}_{\Phi}^{k+1} = \mathcal{S}_{\rho,\lambda}\left(\mathbf{\Phi}^{\mathrm{T}}(\mathbf{b} - \mathbf{\Psi}\mathbf{x}_{\Psi}^{k})\right)$$

逐次更新との違いは，$\mathbf{x}_{\Phi}^{k+1}$ の更新において，$\mathbf{x}_{\Psi}^{k+1}$ ではなく $\mathbf{x}_{\Psi}^{k}$ を用いている点である．この二つの更新式を一つにまとめることもできる．縮小関数が要素ごとに独立に適用されることを用いれば，以下のように書くことができる．

$$\begin{aligned}
\mathbf{x}^{k+1} = \begin{bmatrix} \mathbf{x}_{\Psi}^{k+1} \\ \mathbf{x}_{\Phi}^{k+1} \end{bmatrix} &= \begin{bmatrix} \mathcal{S}_{\rho,\lambda}\left(\mathbf{\Psi}^{\mathrm{T}}(\mathbf{b} - \mathbf{\Phi}\mathbf{x}_{\Phi}^{k})\right) \\ \mathcal{S}_{\rho,\lambda}\left(\mathbf{\Phi}^{\mathrm{T}}(\mathbf{b} - \mathbf{\Psi}\mathbf{x}_{\Psi}^{k})\right) \end{bmatrix} \\
&= \mathcal{S}_{\rho,\lambda}\left(\begin{bmatrix} \mathbf{\Psi}^{\mathrm{T}}(\mathbf{b} - \mathbf{A}\mathbf{x}^{k} + \mathbf{\Psi}\mathbf{x}_{\Psi}^{k}) \\ \mathbf{\Phi}^{\mathrm{T}}(\mathbf{b} - \mathbf{A}\mathbf{x}^{k} + \mathbf{\Phi}\mathbf{x}_{\Phi}^{k}) \end{bmatrix}\right) \\
&= \mathcal{S}_{\rho,\lambda}\left(\begin{bmatrix} \mathbf{\Psi}^{\mathrm{T}}(\mathbf{b} - \mathbf{A}\mathbf{x}^{k}) + \mathbf{x}_{\Psi}^{k} \\ \mathbf{\Phi}^{\mathrm{T}}(\mathbf{b} - \mathbf{A}\mathbf{x}^{k}) + \mathbf{x}_{\Phi}^{k} \end{bmatrix}\right) \\
&= \mathcal{S}_{\rho,\lambda}\left(\mathbf{A}^{\mathrm{T}}(\mathbf{b} - \mathbf{A}\mathbf{x}^{k}) + \mathbf{x}^{k}\right)
\end{aligned} \tag{6.8}$$

この方法では，解全体を一度に更新する更新則という興味深い結果が得られる．この形式では，添字 $\mathbf{\Psi}, \mathbf{\Phi}$ が消え去っていることに注意してほしい．これらの添字は，行列 $\mathbf{A}$ が二つの直交行列からなるという特殊な場合を想像させていた．このことはつまり，もっと一般の行列 $\mathbf{A}$ に対しても同じ式が導出できる可能性を示唆している．驚くべきことに，多少の制約はあるものの[*3]，その答えは次に見るように肯定的なのである．

それでは，各反復で縮小を行うという，これまでと似た形式の反復アルゴリズムを導出しよう．これらのアルゴリズムは一般の行列 $\mathbf{A}$ を扱い，したがって上記の BCR アプローチを一般化したものである．これから見るように，並列更新で得られた式はさまざまな形で自然に登場する．

6.3 反復縮小アルゴリズムの導出

反復縮小アルゴリズムを導出する方法はさまざまである．そのような手法が最初に明確に提示されたのは，1995 年に Starck，Murtagh，Bijaoui が発表したウェーブレットを用いた画像のブレ除去の論文においてである．しかし，彼らの手法は，目的関数 (6.1) とは明確なつながりを持っていなかった．

[*3] その制約とは，行列 $\mathbf{A}$ の作用素ノルムを考慮しなければならないことである．

ここでの議論の出発点は，Daubechies，Defrise，De-Mol が示した近接関数 (代理関数) である．これは，以下で見るように，Figueiredo と Nowak が提案した EM アルゴリズムと上界最適化の基礎でもある．その次に，まったく異なる二つの手法を説明する．一つ目は Adeyemi と Davies によるもので，最適化における不動点法と IRLS アルゴリズムに基づいている．二つ目は並列座標降下アルゴリズムである．最後に，Donoho，Drori，Starck，Tsaig が提案した，マッチング追跡に基づいた反復縮小アルゴリズムである StOMP 法を議論する．

6.3.1 代理関数と近接点法

以下の議論は Daubechies，Defrise，De-Mol の研究に基づいている．もとの関数 (6.1) は以下のものであった．

$$f(\mathbf{x}) = \frac{1}{2}\|\mathbf{b} - \mathbf{A}\mathbf{x}\|_2^2 + \lambda \mathbf{1}^{\mathrm{T}} \rho(\mathbf{x})$$

これに以下の項を付け加えることにする．

$$d(\mathbf{x}, \mathbf{x}_0) = \frac{c}{2}\|\mathbf{x} - \mathbf{x}_0\|_2^2 - \frac{1}{2}\|\mathbf{A}\mathbf{x} - \mathbf{A}\mathbf{x}_0\|_2^2$$

ここで，パラメータ c は，関数 $d(\cdot)$ が狭義凸になるように選択する．つまり，ヘッセ行列が正定値 $c\mathbf{I} - \mathbf{A}^{\mathrm{T}}\mathbf{A} \succ \mathbf{0}$ となるようにする．そのためには，$c > \|\mathbf{A}^{\mathrm{T}}\mathbf{A}\|_2 = \lambda_{\max}(\mathbf{A}^{\mathrm{T}}\mathbf{A})$ とすればよい．この項を付け加えてできる新しい目的関数

$$\tilde{f}(\mathbf{x}) = \frac{1}{2}\|\mathbf{b} - \mathbf{A}\mathbf{x}\|_2^2 + \lambda \mathbf{1}^{\mathrm{T}} \rho(\mathbf{x}) + \frac{c}{2}\|\mathbf{x} - \mathbf{x}_0\|_2^2 - \frac{1}{2}\|\mathbf{A}\mathbf{x} - \mathbf{A}\mathbf{x}_0\|_2^2 \quad (6.9)$$

を代理関数 (surrogate function) という．以下で見るように，新しい関数から項 $\|\mathbf{A}\mathbf{x}\|_2^2$ が消去されるため，最小化は簡単になり，効率的に行える．式 (6.9) の項を展開して整理すると，以下のように書き換えられる．

$$\begin{aligned}\tilde{f}(\mathbf{x}) &= \frac{1}{2}\|\mathbf{b}\|_2^2 + \frac{1}{2}\|\mathbf{A}\mathbf{x}_0\|_2^2 + \frac{c}{2}\|\mathbf{x}_0\|_2^2 - \mathbf{b}^{\mathrm{T}}\mathbf{A}\mathbf{x} - \lambda \mathbf{1}^{\mathrm{T}} \rho(\mathbf{x}) \qquad (6.10)\\ &\quad + \frac{c}{2}\|\mathbf{x}\|_2^2 - c\mathbf{x}^{\mathrm{T}}\mathbf{x}_0 + \mathbf{x}^{\mathrm{T}}\mathbf{A}^{\mathrm{T}}\mathbf{A}\mathbf{x}_0\\ &= \text{定数}_1 - \mathbf{x}^{\mathrm{T}}\left[\mathbf{A}^{\mathrm{T}}(\mathbf{b} - \mathbf{A}\mathbf{x}_0) + c\mathbf{x}_0\right] + \lambda \mathbf{1}^{\mathrm{T}} \rho(\mathbf{x}) + \frac{c}{2}\|\mathbf{x}\|_2^2\end{aligned}$$

上式の定数項は，$\mathbf{b}$ と $\mathbf{x}_0$ のみを含むすべての項を表している．ここで，

$$\mathbf{v}_0 = \frac{1}{c}\mathbf{A}^{\mathrm{T}}(\mathbf{b} - \mathbf{A}\mathbf{x}_0) + \mathbf{x}_0 \tag{6.11}$$

を定義すると，$\tilde{f}(\mathbf{x})$ を以下のように書き換えることができる（c で割っているが，これは最小化には影響しない）．

$$\begin{aligned}\tilde{f}(\mathbf{x}) &= 定数_2 - \mathbf{x}^{\mathrm{T}}\mathbf{v}_0 + \frac{\lambda}{c}\mathbf{1}^{\mathrm{T}}\rho(\mathbf{x}) + \frac{1}{2}\|\mathbf{x}\|_2^2 \\ &= 定数_3 + \frac{\lambda}{c}\mathbf{1}^{\mathrm{T}}\rho(\mathbf{x}) + \frac{1}{2}\|\mathbf{x} - \mathbf{v}_0\|_2^2\end{aligned} \tag{6.12}$$

この形からわかるように，このペナルティ関数はユニタリ行列の場合に最小化した関数とまったく同じものであり（式 (6.3) 参照），最適解は以下のとおりである．

$$\mathbf{x}_{\mathrm{opt}} = \mathcal{S}_{\rho,\lambda/c}(\mathbf{v}_0) = \mathcal{S}_{\rho,\lambda/c}\left(\frac{1}{c}\mathbf{A}^{\mathrm{T}}(\mathbf{b} - \mathbf{A}\mathbf{x}_0) + \mathbf{x}_0\right) \tag{6.13}$$

これが，式 (6.9) の関数 $\tilde{f}(\mathbf{x})$ を最小化する大域的最適解である．

上記の議論では，もとの関数 f を新しい関数 $\tilde{f}$ に置き換えたので，大域的最適解を閉形式で得ることができた．この目的関数をどう置き換えるのか，ベクトル $\mathbf{x}_0$ の選択に依存する．代理関数を用いる手法の中心的な考え方は，反復的に f を最小化する，つまり，解の系列 $\{\mathbf{x}_i\}_k$ を生成し，$(k+1)$ 回目の反復では $\mathbf{x}_0 = \mathbf{x}_k$ として f を最小化する，というものである．それよりもっと驚くことは，この解の系列 $\{\mathbf{x}_i\}_k$ がもとの関数 f の（局所）最適解に収束することが証明されていることである．したがって，提案されたアルゴリズムは，以下のような単純な反復法なのである．

$$\mathbf{x}_{k+1} = \mathcal{S}_{\rho,\lambda/c}\left(\frac{1}{c}\mathbf{A}^{\mathrm{T}}(\mathbf{b} - \mathbf{A}\mathbf{x}_k) + \mathbf{x}_k\right) \tag{6.14}$$

これ以降，このアルゴリズムを分割可能代理汎関数（separable surrogate functional; SSF）と呼ぶ．直線探索を加えた詳細を図 6.1 に示す．$\mu = 1$ とすると，図 6.1 のアルゴリズムはここで説明した（直線探索なしの）SSF アルゴリズムに一致する．

上記のアルゴリズムは，最適化理論で知られている近接点法（proximal-point method）と解釈することもできる．関数 $d(\mathbf{x}, \mathbf{x}_0)$ は一つ前の解との距離を表

タスク：　$\min f(\mathbf{x}) = \lambda \mathbf{1}^{\mathrm{T}} \rho(\mathbf{x}) + \frac{1}{2}\|\mathbf{b} - \mathbf{A}\mathbf{x}\|_2^2$ の最適解 $\mathbf{x}$ を求める．

初期化：　$k=0$ として，

- 初期解　$\mathbf{x}_0 = \mathbf{0}$
- 初期残差　$\mathbf{r}_0 = \mathbf{b} - \mathbf{A}\mathbf{x}_k = \mathbf{b}$

とする．

メインループ：　$k \leftarrow k+1$ として，以下のステップを実行する．

- 逆投影：$\mathbf{e} = \mathbf{A}^{\mathrm{T}}\mathbf{r}_{k-1}$ を計算する．
- 縮小：しきい値を λ として $\mathbf{e}_s = \mathrm{Shrink}(\mathbf{x}_{k-1} + \mathbf{e}/c)$ を計算する．
- 直線探索（オプション）：実関数 $f(\mathbf{x}_{k-1} + \mu(\mathbf{e}_s - \mathbf{x}_{k-1}))$ を最小化する μ を求める．
- 解の更新：$\mathbf{x}_k = \mathbf{x}_{k-1} + \mu(\mathbf{e}_s - \mathbf{x}_{k-1})$ を計算する．
- 残差の更新：$\mathbf{r}_k = \mathbf{b} - \mathbf{A}\mathbf{x}_k$ を計算する．
- 停止条件：もし $\|\mathbf{x}_k - \mathbf{x}_{k-1}\|_2^2$ があらかじめ設定したしきい値よりも小さければ終了し，そうでなければ反復する．

出力：　解 $\mathbf{x}_k$ が得られる．

図 6.1　SSF 反復縮小アルゴリズム．直線探索ルーチンを追加してある．

す．これをもとの関数に加えて k 回目の反復を実行するので，それまでの反復で得られている解に近接する（近い）解が得られることになる．このやり方は収束を遅くしてしまうように思えるが，驚くべきことに，この場合には非常に高速化されるのである．この距離関数は凸2次であるため，楕円形状をしている．方向ベクトル $\mathbf{x} - \mathbf{x}_0$ が $\mathbf{A}$ の零空間に近い場合には，その距離はほぼユークリッド空間 $c\|\mathbf{x} - \mathbf{x}_0\|_2^2/2$ になる．方向ベクトルが $\mathbf{A}$ の行が張る空間にある場合には，その距離はほぼ0になる．したがって，$d(\mathbf{x}, \mathbf{x}_0)$ を追加することで，解が許容される方向への細長いトンネルが作られて，これが最適化全体を手助けすることになる．

この項の最後に，SSF アルゴリズムと，式 (6.8) の並列 BCR で得られた反復式との類似性を指摘しておきたい．この二つにはそれほど違いはない．SSF を二つの直交行列からなる $\mathbf{A}$ に適用すれば，$\lambda_{\max}(\mathbf{A}^{\mathrm{T}}\mathbf{A}) = 2$ であるので，SSF の式には係数 $1/c = 0.5$ が加わるだけである．しかし，この係数は実用的には必要ない．Combettes と Wajs による最近の研究により，SSF アルゴリズムの収束を保証するには，定数 c は $c > 0.5\lambda_{\max}(\mathbf{A}^{\mathrm{T}}\mathbf{A})$ を満たさなければならないことが示されている．つまり $1/c = 1$ であり，これは式 (6.8) そのものである．

6.3.2 EM アルゴリズムと上界最適化アプローチ

まったく別の考察から議論を行って，上記と同じアルゴリズムを導出することもできる．この新しい視点は Figueiredo, Nowak, Bioucas-Dias の研究によるものであり，期待値最大化（expectation-maximization; EM）アルゴリズムと，さらに優れた最適化アプローチである上界最適化（bound-optimization）[*4]が用いられている．

式 (6.1) のもとの関数 $f(\mathbf{x})$ から議論を始める．これは最小化が困難であり，上界最適化アプローチではこれに関連する関数 $Q(\mathbf{x}, \mathbf{x}_0)$ を用いる．この関数は以下の性質を備えている．

1. $\mathbf{x} = \mathbf{x}_0$ における等価性：$Q(\mathbf{x}_0, \mathbf{x}_0) = f(\mathbf{x}_0)$
2. もとの関数の上界：すべての $\mathbf{x}$ について $Q(\mathbf{x}, \mathbf{x}_0) \geq f(\mathbf{x})$
3. $\mathbf{x}_0$ における勾配[*5]：$\nabla Q(\mathbf{x}, \mathbf{x}_0)|_{\mathbf{x}=\mathbf{x}_0} = \nabla f(\mathbf{x})|_{\mathbf{x}=\mathbf{x}_0}$

もし，もとの関数のヘッセ行列が $\nabla^2 f(\mathbf{x}) \preceq \mathbf{H}$ で上から抑えられていれば，このような関数は必然的に存在する．なぜなら，2 次関数 $Q(\mathbf{x}, \mathbf{x}_0) = f(\mathbf{x}_0) + \nabla f(\mathbf{x}_0)^{\mathrm{T}}(\mathbf{x} - \mathbf{x}_0) + 0.5(\mathbf{x} - \mathbf{x}_0)^{\mathrm{T}}\mathbf{H}(\mathbf{x} - \mathbf{x}_0)$ を用いればこれが上界となり，上記の条件を満たすからである．

この関数 $Q(\mathbf{x}_0, \mathbf{x}_0)$ を用いれば，漸化式

$$\mathbf{x}_{k+1} = \arg\min_{\mathbf{x}} Q(\mathbf{x}, \mathbf{x}_k) \tag{6.15}$$

で得られる解の系列は，もとの関数 $f(\mathbf{x})$ の局所解に収束することが保証されている．前項で示した代理関数と同様に

$$Q(\mathbf{x}, \mathbf{x}_0) = \frac{1}{2}\|\mathbf{b} - \mathbf{A}\mathbf{x}\|_2^2 + \lambda\mathbf{1}^{\mathrm{T}}\rho(\mathbf{x}) + \frac{c}{2}\|\mathbf{x} - \mathbf{x}_0\|_2^2 - \frac{1}{2}\|\mathbf{A}\mathbf{x} - \mathbf{A}\mathbf{x}_0\|_2^2$$

とすると，これが上記の三つの条件を満たすことは容易に確かめられる．したがって，必要な最適化アルゴリズムを導出することができる．なお，上記の三

[*4] この手法は補助関数最適化や MM（majorization-maximization）アルゴリズムなどとも呼ばれている．

[*5] 実際には，この制約は取り除くことができる．

つの条件に加えて，Q の最小化が簡単であることが必要であるが，項を分離できるため，実際に容易に最小化できるのである．また，実際に $f(\mathbf{x}_i)$ は以下のように減少する．

$$f(\mathbf{x}_{k+1}) \le Q(\mathbf{x}_{k+1}, \mathbf{x}_k) = \min_{\mathbf{x}} Q(\mathbf{x}, \mathbf{x}_k) \le Q(\mathbf{x}_k, \mathbf{x}_k) = f(\mathbf{x}_k) \tag{6.16}$$

上式において，不等式 $f(\mathbf{x}_{k+1}) \le Q(\mathbf{x}_{k+1}, \mathbf{x}_k)$ は，Q の 2 番目の性質から直接導かれる．また，$\min_{\mathbf{x}} Q(\mathbf{x}, \mathbf{x}_k) \le Q(\mathbf{x}_k, \mathbf{x}_k)$ という関係が保証されるので，関数値を必ず減少させることになる．テーラー展開を用いると，もとの関数 f の $\mathbf{x}_k$ における勾配と一致するという 3 番目の性質から，少なくとも関数値を $\nabla f(\mathbf{x}_k)^{\mathrm{T}}\mathbf{H}^{-1}\nabla f(\mathbf{x}_k)$ だけ減少させることがわかる．ここで，$\mathbf{H}$ はもとの関数のヘッセ行列の上界である[*6]．

6.3.3　IRLS に基づく縮小アルゴリズム

第 5 章で見たように，式 (6.1) の $f(\mathbf{x})$ を最小化する一般的な方法は，反復再重み付け最小 2 乗法（iterative-reweighed-least-squares; IRLS），すなわち，非 ℓ_2 ノルムを重み付き ℓ_2 ノルムに変換して解く方法である．このアプローチでは，項 $\mathbf{1}^{\mathrm{T}}\rho(\mathbf{x})$ は $0.5\mathbf{x}^{\mathrm{T}}\mathbf{W}^{-1}(\mathbf{x})\mathbf{x}$ に置き換えられる．ここで，$\mathbf{W}(\mathbf{x})$ は $W[k,k] = 0.5x[k]^2/\rho(x[k])$ を対角要素に持つ対角行列である．この置き換え自体は自明なものであるが，反復処理にうまく組み込めば，魅力的なアルゴリズムになる．以下の関数を考えよう．

$$f(\mathbf{x}) = \frac{1}{2}\|\mathbf{b} - \mathbf{A}\mathbf{x}\|_2^2 + \lambda\mathbf{1}^{\mathrm{T}}\rho(\mathbf{x}) = \frac{1}{2}\|\mathbf{b} - \mathbf{A}\mathbf{x}\|_2^2 + \frac{\lambda}{2}\mathbf{x}^{\mathrm{T}}\mathbf{W}^{-1}(\mathbf{x})\mathbf{x}$$

現在の解を $\mathbf{x}_0$ として，次の 2 段階でこれを更新する．最初に $\mathbf{W}$ を固定して $\mathbf{x}$ を更新する．そのためには，以下の単純な 2 次関数の最小化を行えばよい．つまり，以下の線形連立方程式を解くことになる．

$$\nabla f(\mathbf{x}) = -\mathbf{A}^{\mathrm{T}}(\mathbf{b} - \mathbf{A}\mathbf{x}) + \lambda\mathbf{W}^{-1}(\mathbf{x})\mathbf{x} = \mathbf{0} \tag{6.17}$$

そして，$\mathbf{A}^{\mathrm{T}}\mathbf{A} + \lambda\mathbf{W}^{-1}$ の逆行列を，（低次元の場合には）直接計算するか，または反復的に（数回の共役勾配法の反復で）計算して，$\mathbf{x}_0$ を更新する．次に，

[*6] 前述の 2 次関数を用いて最小化すると，関数値の減少量はこの値になる．

この更新された解をもとにして $\mathbf{W}$ を更新する．これは第 5 章で紹介した IRLS の主要部分である．しかし，特に高次元の問題に対しては，性能が悪い．

Adeyemi と Davies は，上記のアルゴリズムを少し（興味深いやり方で）改変して，別の反復縮小アルゴリズムを提案した．式 (6.17) を少し変形して，$c\mathbf{x}$ を加えて引くという操作を行い，以下の式を得る．定数 $c \geq 1$ は緩和定数である．その役割はこのあと説明する．

$$-\mathbf{A}^{\mathrm{T}}\mathbf{b} + (\mathbf{A}^{\mathrm{T}}\mathbf{A} - c\mathbf{I})\mathbf{x} + (\lambda\mathbf{W}^{-1}(\mathbf{x}) + c\mathbf{I})\mathbf{x} = \mathbf{0} \tag{6.18}$$

ここで，最適化においてよく知られている不動点反復法（fixed-point iteration method）を取り入れて，反復法を構成する．そのためには，式中の $\mathbf{x}$ に反復回数の添字を割り当てる（ただしよく考えて！ 収束が保証され，計算が単純になるようにしなければならない）．この場合には，以下のように反復回数 k を割り当てる．

$$\mathbf{A}^{\mathrm{T}}\mathbf{b} - (\mathbf{A}^{\mathrm{T}}\mathbf{A} - c\mathbf{I})\mathbf{x}_k = (\lambda\mathbf{W}^{-1}(\mathbf{x}_k) + c\mathbf{I})\mathbf{x}_{k+1} \tag{6.19}$$

すると，次の反復式が得られる．

$$\begin{aligned}\mathbf{x}_{k+1} &= \left(\frac{\lambda}{c}\mathbf{W}^{-1}(\mathbf{x}_k) + \mathbf{I}\right)^{-1}\left(\frac{1}{c}\mathbf{A}^{\mathrm{T}}\mathbf{b} - \frac{1}{c}(\mathbf{A}^{\mathrm{T}}\mathbf{A} - c\mathbf{I})\mathbf{x}_k\right) \\ &= \mathbf{S}\left(\frac{1}{c}\mathbf{A}^{\mathrm{T}}(\mathbf{b} - \mathbf{A}\mathbf{x}_k) + \mathbf{x}_k\right)\end{aligned} \tag{6.20}$$

ここで，$\mathbf{S}$ は以下の対角行列である．

$$\mathbf{S} = \left(\frac{\lambda}{c}\mathbf{W}^{-1}(\mathbf{x}_k) + \mathbf{I}\right)^{-1} = \left(\frac{\lambda}{c}\mathbf{I} + \mathbf{W}(\mathbf{x}_k)\right)^{-1}\mathbf{W}(\mathbf{x}_k) \tag{6.21}$$

この行列 $\mathbf{S}$ が，式 (6.14) と同様に，ベクトル $\frac{1}{c}\mathbf{A}^{\mathrm{T}}(\mathbf{b} - \mathbf{A}\mathbf{x}_k) + \mathbf{x}_k$ の要素を縮小する役割を果たす．実際，各要素には以下の係数値が掛けられる．

$$\frac{\dfrac{0.5x_k[i]^2}{\rho(x_k[i])}}{\dfrac{\lambda}{c} + \dfrac{0.5x_k[i]^2}{\rho(x_k[i])}} = \frac{x_k[i]^2}{\dfrac{2\lambda}{c}\rho(x_k[i]) + x_k[i]^2} \tag{6.22}$$

この係数は縮小処理のように振る舞い，$|x_k[i]|$ の値が大きい場合には 1 に近くなり，$|x_k[i]|$ の値が小さい場合には 0 に近くなる．

なお，これまでのアルゴリズムは初期解をゼロとしていたが[7]，ゼロは不動点反復の安定解であるので，このアルゴリズムではゼロを初期解にすることができない．興味深いことに，ある要素の値が一度ゼロになってしまうと，その要素は二度と「復活」しない．つまり，アルゴリズムはそこで行き詰まってしまい，近くにある局所解にも辿り着かない．このアルゴリズムの詳細を図6.2に示す．

このアルゴリズムが収束するためには，定数 c の値を慎重に選択しなければならない．その方法は，SSF アルゴリズムで見た選択方法と同様である．このアルゴリズムでは，式(6.20)において $\mathbf{S}(\frac{1}{c}\mathbf{A}^{\mathrm{T}}\mathbf{A}-\mathbf{I})$ が反復的に計算されることになる．これが収束するためには，この行列のスペクトル半径が1より

タスク：　$\min f(\mathbf{x}) = \lambda \mathbf{1}^{\mathrm{T}}\rho(\mathbf{x}) + \frac{1}{2}\|\mathbf{b}-\mathbf{A}\mathbf{x}\|_2^2$ の最適解 $\mathbf{x}$ を求める．

初期化：　$k=0$ として，

- 初期解　$\mathbf{x}_0 = \mathbf{1}$
- 初期残差　$\mathbf{r}_0 = \mathbf{b} - \mathbf{A}\mathbf{x}_k = \mathbf{b}$

とする．

メインループ：　$k \leftarrow k+1$ として，以下のステップを実行する．

- 逆投影：$\mathbf{e} = \mathbf{A}^{\mathrm{T}}\mathbf{r}_{k-1}$ を計算する．
- 縮小行列の更新：$\mathbf{S}$ の対角要素 $S[i,i] = x_k[i]^2/(\frac{2\lambda}{c}\rho(x_k[i]) + x_k[i]^2)$ を計算する．
- 縮小：$\mathbf{e}_s = \mathbf{S}(\mathbf{x}_{k-1} + \mathbf{e}/c)$ を計算する．
- 直線探索（オプション）：実関数 $f(\mathbf{x}_{k-1} + \mu(\mathbf{e}_s - \mathbf{x}_{k-1}))$ を最小化する μ を求める．
- 解の更新：$\mathbf{x}_k = \mathbf{x}_{k-1} + \mu(\mathbf{e}_s - \mathbf{x}_{k-1})$ を計算する．
- 残差の更新：$\mathbf{r}_k = \mathbf{b} - \mathbf{A}\mathbf{x}_k$ を計算する．
- 停止条件：もし $\|\mathbf{x}_k - \mathbf{x}_{k-1}\|_2^2$ があらかじめ設定したしきい値よりも小さければ終了し，そうでなければ反復する．

出力：　解 $\mathbf{x}_k$ が得られる．

図6.2　IRLS に基づく反復縮小アルゴリズム．直線探索ルーチンを追加してある．

---

[7] 実際には，要素が 0.001 の定数ベクトルを用いていた．

小さくなければならない．ここで，$\|\mathbf{S}\|_2 \leq 1$ なので，行列 $\frac{1}{c}\mathbf{A}^{\mathrm{T}}\mathbf{A} - \mathbf{I}$ が収束を保証するように c を選択しなければならない．この行列の固有値の範囲は $[-1, -1 + \lambda_{\max}(\mathbf{A}^{\mathrm{T}}\mathbf{A})/c]$ なので，必要な条件は $c > \lambda_{\max}(\mathbf{A}^{\mathrm{T}}\mathbf{A})/2$ となり，これは SSF アルゴリズムの条件の 2 倍である．

6.3.4 並列座標降下（PCD）アルゴリズム

次は，Elad，Matalon，Zibulevsky によって提案された PCD アルゴリズムである．以下に示すこのアルゴリズムの構成方法は，単純な座標降下法から始まっている．しかし，いくつかの降下ステップを一つのステップにまとめることで，並列座標降下（parallel-coordinate-descent; PCD）反復縮小アルゴリズムを導出している．ここで用いている導出方法と，Sardy，Bruce，Tseng の BCR アルゴリズムを比べてみてほしい．BCR は行列 $\mathbf{A}$ が二つのユニタリ行列から構成されている特殊な場合を扱っていた．

式 (6.1) の関数 $f(\mathbf{x})$ に戻って，座標降下（coordinate descent; CD）法を適用することを考える．つまり，x の要素を一つずつ更新する．そして，（$\mathbf{x} \in \mathbb{R}^m$ には m 個の要素があるので）m 回の更新からなる反復を，収束するまで繰り返す．興味深いことに，以下に示すように，この各更新は縮小処理からなるのである．

現在の解を $\mathbf{x}_0$ とし，i 番目の要素 $x_0[i]$ を現在の解の周辺で更新したい．この場合，以下の 1 次元の更新式が得られる．

$$g(z) = \frac{1}{2}\|\mathbf{b} - \mathbf{A}\mathbf{x}_0 - \mathbf{a}_i(z - x_0[i])\|_2^2 + \lambda\rho(z) \tag{6.23}$$

ベクトル $\mathbf{a}_i$ は $\mathbf{A}$ の i 番目の列である．項 $\mathbf{a}_i(z - x_0[i])$ は，古い値の影響を除去して，新しい値を追加する役割を果たす．ここで，$\tilde{\mathbf{b}} = \mathbf{b} - \mathbf{A}\mathbf{x}_0 + x_0[i]\mathbf{a}_i$ とおいて，この式を書き換える．

$$\begin{aligned} g(z) &= \frac{1}{2}\|\tilde{\mathbf{b}} - \mathbf{a}_i z\|_2^2 + \lambda\rho(z) \\ &= \frac{1}{2}\|\tilde{\mathbf{b}}\|_2^2 - \tilde{\mathbf{b}}^{\mathrm{T}}\mathbf{a}_i z + \frac{1}{2}\|\mathbf{a}_i\|_2^2 z^2 + \lambda\rho(z) \\ &= \|\mathbf{a}_i\|_2^2 \left(\frac{\|\tilde{\mathbf{b}}\|_2^2}{2\|\mathbf{a}_i\|_2^2} - \frac{\mathbf{a}_i^{\mathrm{T}}\tilde{\mathbf{b}}}{\|\mathbf{a}_i\|_2^2} z + \frac{z^2}{2} + \frac{\lambda}{\|\mathbf{a}_i\|_2^2}\rho(z) \right) \end{aligned} \tag{6.24}$$

$$= \|\mathbf{a}_i\|_2^2 \left(\frac{1}{2} \left(z - \frac{\mathbf{a}_i^{\mathrm{T}} \tilde{\mathbf{b}}}{\|\mathbf{a}_i\|_2^2} \right)^2 + \frac{\lambda}{\|\mathbf{a}_i\|_2^2} \rho(z) \right) + \text{定数}$$

この得られた 1 次元関数は，式 (6.3) で示したものとまったく同じ形をしている．式 (6.3) はユニタリ行列の場合であり，縮小処理によって最適解を求めることができた．したがって，ここでも同様に，最適な z を次式で求めることができる．

$$\begin{aligned} z_{\mathrm{opt}} &= \mathcal{S}_{\rho,\lambda/\|\mathbf{a}_i\|_2^2} \left(\frac{\mathbf{a}_i^{\mathrm{T}} \tilde{\mathbf{b}}}{\|\mathbf{a}_i\|_2^2} \right) \\ &= \mathcal{S}_{\rho,\lambda/\|\mathbf{a}_i\|_2^2} \left(\frac{1}{\|\mathbf{a}_i\|_2^2} \mathbf{a}_i^{\mathrm{T}} (\mathbf{b} - \mathbf{A}\mathbf{x}_0) + x_0[i] \right) \end{aligned} \tag{6.25}$$

このアルゴリズムは低次元の場合には良好に動作するが，高次元の場合には実用的ではない．というのは，高次元の場合には一般に，行列 $\mathbf{A}$ をそのまま保存することはせずに，ベクトルと行列 $\mathbf{A}$ との積をとった結果だけを保存しなければならないが，このアルゴリズムでは $\mathbf{A}$ の列を一つずつ取り出す操作が必要になってしまい，現実的ではないのである．

この問題を解決するために，上記のアルゴリズムに修正を加える．そのために，次の性質に注目する．関数を最小化する際に，複数の減少方向が存在したら，それらの非負結合もやはり減少方向である．そこで，ここでは，式 (6.25) で得られる m 個すべての単純な線形結合を用いる．これらはそれぞれベクトルの一つの要素を扱っているので，以下のように書くことができる．

$$\begin{aligned} \mathbf{v}_0 &= \sum_{i=1}^{m} \mathbf{e}_i \cdot \mathcal{S}_{\rho,\lambda/\|\mathbf{a}_i\|_2^2} \left(\frac{1}{\|\mathbf{a}_i\|_2^2} \mathbf{a}_i^{\mathrm{T}} (\mathbf{b} - \mathbf{A}\mathbf{x}_0) + x_0[i] \right) \\ &= \begin{bmatrix} \mathcal{S}_{\rho,\lambda/\|\mathbf{a}_1\|_2^2} \left(\frac{1}{\|\mathbf{a}_1\|_2^2} \mathbf{a}_1^{\mathrm{T}} (\mathbf{b} - \mathbf{A}\mathbf{x}_0) + x_0[1] \right) \\ \vdots \\ \mathcal{S}_{\rho,\lambda/\|\mathbf{a}_i\|_2^2} \left(\frac{1}{\|\mathbf{a}_i\|_2^2} \mathbf{a}_i^{\mathrm{T}} (\mathbf{b} - \mathbf{A}\mathbf{x}_0) + x_0[i] \right) \\ \vdots \\ \mathcal{S}_{\rho,\lambda/\|\mathbf{a}_m\|_2^2} \left(\frac{1}{\|\mathbf{a}_m\|_2^2} \mathbf{a}_m^{\mathrm{T}} (\mathbf{b} - \mathbf{A}\mathbf{x}_0) + x_0[m] \right) \end{bmatrix} \end{aligned} \tag{6.26}$$

ここで，$\mathbf{e}_i$ は，i 番目の要素だけが 1 でその他は 0 である m 次元の標準ベクトルである．上記の式は，次のように簡単な形式に書き換えることができる．

$$\mathbf{v}_0 = \mathcal{S}_{\rho,\mathrm{diag}(\mathbf{A}^{\mathrm{T}}\mathbf{A})^{-1}\lambda}\left(\mathrm{diag}(\mathbf{A}^{\mathrm{T}}\mathbf{A})^{-1}\mathbf{A}^{\mathrm{T}}(\mathbf{b}-\mathbf{A}\mathbf{x}_0)+\mathbf{x}_0\right) \tag{6.27}$$

ここで，$\mathrm{diag}(\mathbf{A}^{\mathrm{T}}\mathbf{A})$ は辞書 $\mathbf{A}$ の列のノルムからなる対角行列であり，逆投影誤差 $\mathbf{A}^{\mathrm{T}}(\mathbf{b}-\mathbf{A}\mathbf{x}_0)$ の重み付けと，縮小処理に用いられている．これらの重みは，オフラインで事前に計算しておくことが可能であり，高速に近似する手法も存在する*8．なお，上式は式 (6.25) とは異なり，$\mathbf{A}$ の列を直接には用いていない．必要な計算は，式 (6.14) と同様に，$\mathbf{A}$（とその転置）とベクトルの積だけである．

各反復において CD で得られる方向は減少方向であることが保証されているが，適切なスケーリングを施さなければ，それらの線形結合も減少方向になるとは限らない．そこで，この方向に対して直線探索（line search; LS）を実行する．つまり，実際の反復は以下のようになる．

$$\begin{aligned}\mathbf{x}_{k+1} &= \mathbf{x}_k + \mu(\mathbf{v}_k - \mathbf{x}_k) \\ &= \mathbf{x}_k + \mu\left(\mathcal{S}_{\rho,\mathrm{diag}(\mathbf{A}^{\mathrm{T}}\mathbf{A})^{-1}\lambda}\left(\mathrm{diag}(\mathbf{A}^{\mathrm{T}}\mathbf{A})^{-1}\mathbf{A}^{\mathrm{T}}(\mathbf{b}-\mathbf{A}\mathbf{x}_k)+\mathbf{x}_k\right)-\mathbf{x}_k\right)\end{aligned} \tag{6.28}$$

ここで，μ は直線探索によって得られる．つまり，以下の 1 次元関数の最適化を実行することになる．

$$h(\mu) = \frac{1}{2}\|\mathbf{b}-\mathbf{A}(\mathbf{x}_k+\mu(\mathbf{v}_k-\mathbf{x}_k))\|_2^2 + \lambda\mathbf{1}^{\mathrm{T}}\rho(\mathbf{x}_k+\mu(\mathbf{v}_k-\mathbf{x}_k))$$

ここで追加で必要になる計算は，$\mathbf{A}$ と $\mathbf{v}_k$ または $\mathbf{x}_k$ との積だけである．以降，この処理を並列座標降下（parallel-coordinate-descent; PCD）と呼ぶ．その詳細を図 6.3 に示す．

SSF アルゴリズムの式 (6.14) と比べると，ここで示した手法は次の 2 点が異なっている．(i) 行列 $\mathbf{A}$ の列のノルムが逆投影誤差に重みを付ける重要な役割を果たしている．SSF アルゴリズムでは，定数だった．(ii) ここで示したアル

*8 確率的なアルゴリズムも提案することができる．白色ガウスベクトル $\mathbf{u} \sim \mathcal{N}(\mathbf{0},\mathbf{I}) \in \mathbb{R}^n$ に対して，積 $\mathbf{A}^{\mathrm{T}}\mathbf{u}$ が共分散行列 $\mathbf{A}^{\mathrm{T}}\mathbf{A}$ を持つという事実から，上記のガウス分布に従うベクトルを多数生成して $\mathbf{A}^{\mathrm{T}}$ との積を計算すれば，各要素の分散は（$\mathbf{A}$ の各列の）ノルムの近似となる．

タスク：　$\min f(\mathbf{x}) = \lambda \mathbf{1}^{\mathrm{T}} \rho(\mathbf{x}) + \frac{1}{2}\|\mathbf{b} - \mathbf{A}\mathbf{x}\|_2^2$ の最適解 $\mathbf{x}$ を求める．

初期化：　$k = 0$ として，

- 初期解　$\mathbf{x}_0 = \mathbf{0}$
- 初期残差　$\mathbf{r}_0 = \mathbf{b} - \mathbf{A}\mathbf{x}_k = \mathbf{b}$

とする．

重み $W = \mathrm{diag}(\mathbf{A}^{\mathrm{T}}\mathbf{A})^{-1}$ を計算する．

メインループ：　$k \leftarrow k + 1$ として，以下のステップを実行する．

- 逆投影：$\mathbf{e} = \mathbf{A}^{\mathrm{T}}\mathbf{r}_{k-1}$ を計算する．
- 縮小：しきい値を $\lambda W[i,i]$ として $\mathbf{e}_s = \mathrm{Shrink}(\mathbf{x}_{k-1} + \mathbf{W}\mathbf{e})$ を計算する．
- 直線探索（オプション）：実関数 $f(\mathbf{x}_{k-1} + \mu(\mathbf{e}_s - \mathbf{x}_{k-1}))$ を最小化する μ を求める．
- 解の更新：$\mathbf{x}_k = \mathbf{x}_{k-1} + \mu(\mathbf{e}_s - \mathbf{x}_{k-1})$ を計算する．
- 残差の更新：$\mathbf{r}_k = \mathbf{b} - \mathbf{A}\mathbf{x}_k$ を計算する．
- 停止条件：もし $\|\mathbf{x}_k - \mathbf{x}_{k-1}\|_2^2$ があらかじめ設定したしきい値よりも小さければ終了し，そうでなければ反復する．

出力：　解 $\mathbf{x}_k$ が得られる．

図 6.3　PCD 反復縮小アルゴリズム．直線探索ルーチンを追加してある．

ゴリズムにおいて関数値を減少させるには，直線探索が必要になる．この節の最後で，これらの違いを再び議論し，これら二つの手法の関係を考察することにする．

6.3.5　StOMP：貪欲法の一種

反復縮小アルゴリズムの最後の手法は，段階ごとの直交マッチング追跡（stage-wise orthogonal-matching-pursuit; StOMP）である．これまで説明した手法とは異なり，この手法はスパース性ペナルティとして ℓ_0 ノルムを用いて式 (6.1) を最小化していると見なすことはできるものの，式 (6.1) を最小化するところが出発点ではない．その代わりに，StOMP の考案者たちは，直交マッチング追跡（OMP）と最小角回帰（LARS）から出発した．また，ここで強調しておきたいのは，StOMP アルゴリズムは，圧縮センシングのように，行列 $\mathbf{A}$

がランダムの場合に特化していることである（他の場合でも成功することはあるが）．StOMP と本章のその他の手法は非常に異なっているが，反復縮小処理に類似しているため，ここで紹介する．StOMP は以下のステップからなる．

初期化：解を $\mathbf{x}_0 = \mathbf{0}$ で初期化する．残差ベクトルは $\mathbf{r}_0 = \mathbf{b} - \mathbf{A}\mathbf{x}_0 = \mathbf{b}$ となる．また，得られた解のサポート I_0 を空集合 $I_0 = \emptyset$ で初期化する．これ以降（$k \geq 1$）は，以下のステップを反復する．

残差の逆投影：$\mathbf{e}_k = \mathbf{A}^{\mathrm{T}}(\mathbf{b} - \mathbf{A}\mathbf{x}_{k-1}) = \mathbf{A}^{\mathrm{T}}\mathbf{r}_{k-1}$ を計算する．辞書 $\mathbf{A}$ がランダムであると仮定しているので，得られた値の大部分は，平均 0 のガウス分布から iid 抽出されたものであると仮定する．このベクトルの中の外れ値は，$\mathbf{b}$ を構成するために必要とされているであろう列を表している．

しきい値処理：$\mathbf{e}_k$ 中の値の大きな要素の集合 $J_k = \{i \mid 1 \leq i \leq m, |e_k[i]| > T\}$ を定義する．しきい値は許容誤差 $\|\mathbf{b} - \mathbf{A}\mathbf{x}\|_2^2$ に基づいて設定する．$|J_k| = 1$ となるようにしきい値を設定すれば，一つの要素を選択して更新するため，OMP となる．StOMP ではより一般的な場合を考え，いくつかの要素を同時に選択する．

サポートの結合：求める解のサポートを $I_k = I_{k-1} \cup J_k$ と更新する．したがって，サポートは逐次的に増加する．

制約付き最小 2 乗：サポートが与えられ，それが $|I_k| < n$ であると仮定し，以下の最小 2 乗問題を解く．

$$\arg\min_{\mathbf{x}} \|\mathbf{b} - \mathbf{A}\mathbf{P}\mathbf{x}\|_2^2 \tag{6.29}$$

ここで，$\mathbf{P} \in \mathbb{R}^{m \times |I_k|}$ は，ベクトル $\mathbf{x}$ の与えられたサポートから $|I_k|$ 個の非ゼロ要素を抽出する演算子である．これは K_0 回の共役勾配法の反復で最小化でき，各反復では $\mathbf{A}\mathbf{P}$（とその転置）との積を計算する．

残差の更新：更新されたベクトル $\mathbf{x}_k$ を用いて残差 $\mathbf{r}_k = \mathbf{b} - \mathbf{A}\mathbf{x}_k$ を計算する．

上述したように，1 回に一つの要素を選択するようにしきい値を設定すると，この手法は OMP と等価になる．各反復で多数の要素を選択するように StOMP を設定すると，上記の処理を複数回繰り返すことで（一度に多数の要素をサポートに追加するため，反復回数は 10 回程度が推奨されている），線形連立方程式を近似的に満たすスパースな解 $\mathbf{b} \approx \mathbf{Ax}$ が得られる．StOMP の欠点は，解のスパースが広くなる傾向にあることである．Needell と Tropp が提案した CoSaMP という手法は，サポート内で寄与の小さい要素をサポートから除外する仕組みを導入している．

StOMP では，辞書がランダムな場合の理論的な解析が用いられている．この場合，$\mathbf{A}^{\mathrm{T}}\mathbf{e}_i$ はスパースなノイズベクトルとして解釈でき，そのノイズは平均が 0 の白色ガウス分布に従っていることが仮定できる．したがって，「しきい値処理」ステップはノイズ除去アルゴリズムにほかならない．StOMP の提案者は，そのような状況における失敗例と成功例を多数示している．

最後に重要な観察を付け加えておく．K_0 回の CG 反復が必要になるため，StOMP の各反復の計算量は，SSF，IRLS に基づく手法，PCD を K_0 回反復する計算量と同程度になる．この観点から見れば，内点法における内部ループのニュートン法の反復に，その構造が似ていることがわかるだろう．

6.3.6　反復縮小アルゴリズムの定性的な比較

図 6.4 は四つの反復縮小アルゴリズムをブロック線図で図示したものである．この図からわかるように，これらの手法はいろいろな点で異なっているが，$\mathbf{b} - \mathbf{Ax}$ の計算，$\mathbf{A}^{\mathrm{T}}$ との積による逆投影の計算，しきい値・縮小処理など，主要な計算手順は同じである．

本章では，これらのアルゴリズムを理論的な詳細にまで踏み込んで議論することは意図的に避けた．しかし，次の事実は述べておくべきだろう．SSF と PCD は，関数 (6.1) の局所解に収束することが保証されている．$\rho(x) = |x|$ ならば目的関数が凸になるので，大域的最適解に収束する．

四つの手法のうち，SSF，IRLS に基づく手法，PCD は互いによく似ている．では，どれが最も速いだろう？　思い出してほしいのは，SSF の定数 c は $c > \lambda_{\max}(\mathbf{A}^{\mathrm{T}}\mathbf{A})$ を満たさなければならないが，IRLS ではその半分で済むことである．また，PCD は同じ項に対して重み行列 $\mathrm{diag}(\mathbf{A}^{\mathrm{T}}\mathbf{A})^{-1}$ を用いている．例えば辞書 $\mathbf{A}$ が N 個のユニタリ行列から構成されているとすると，SSF は $c > N$ を満たす必要があり，式 (6.14) の重みは $1/N$ となる．PCD では $\mathbf{A}$ の列が正規化されているため，重み行列は単位行列になる．したがって，PCD では項 $\mathbf{A}^{\mathrm{T}}(\mathbf{b} - \mathbf{Ax}_k)$ の影響が $\mathcal{O}(N)$ 倍になり，それだけ良い結果が得られると期

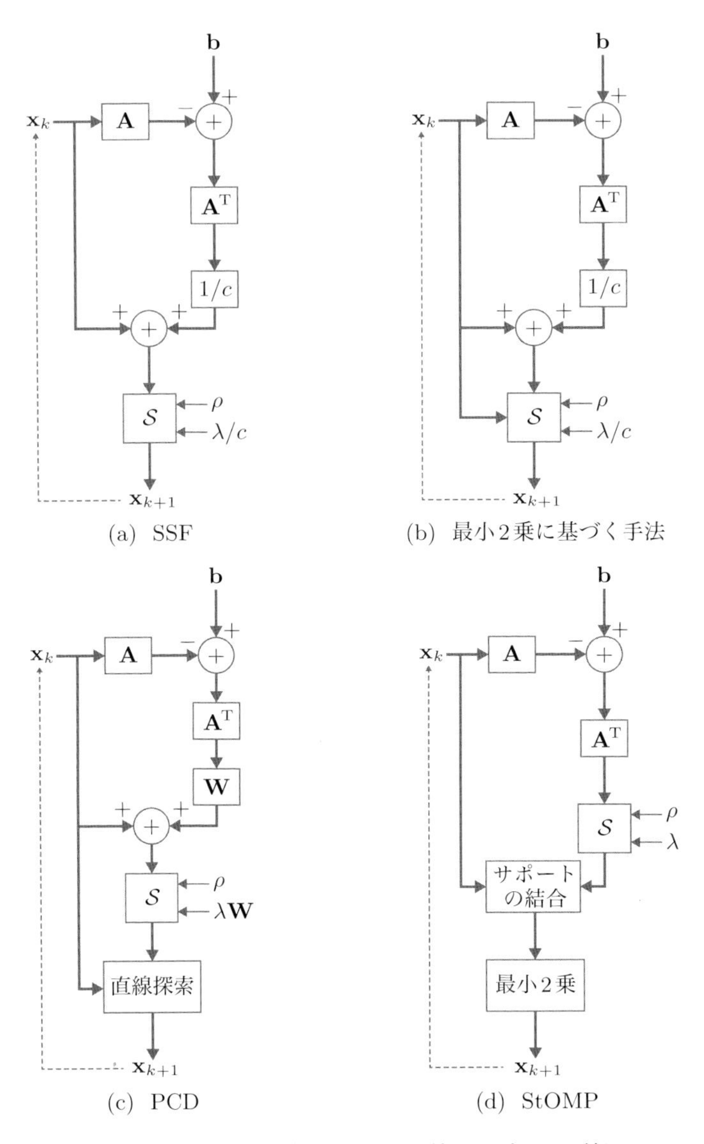

図 6.4 四つの反復縮小アルゴリズムのブロック線図. ブロック線図ではどれも非常に似ているように見えるが, 細部はさまざまな点において異なっている.

待することができる．この仮定を検証するためには，一連の比較実験が必要である．また，この高速化の影響で，収束速度も非常に改善されると期待される．それを次で議論する．

6.4 直線探索とSESOPを用いた高速化

上記の手法はすべて，さまざまな方法で高速化することができる．まず，PCDで述べた直線探索は他のアルゴリズムにも有効である*9．そのためには，式(6.14)か式(6.20)を用いて中間結果 $\mathbf{x}_{\rm temp}$ を計算し，$\mathbf{x}_{k+1} = \mathbf{x}_k + \mu(\mathbf{x}_{\rm temp} - \mathbf{x}_k)$ を定義して，μ について $f(\mathbf{x}_{k+1})$ を最適化すればよい．

次のもっと効率的な高速化は，逐次部分空間最適化（sequential subspace optimization; SESOP）を用いるものである．もともとのSESOPアルゴリズムは，直近の q 回のステップ $\{\mathbf{x}_{k-i} - \mathbf{x}_{k-j-1}\}_{i=0}^{q-1}$ と現在の勾配で張られるアフィン部分空間上で関数 f を最適化して，次の解 $\mathbf{x}_{k+1}$ を得る．$q+1$ 次元が低次元になるように設定すれば，この $q+1$ 次元最適化問題にニュートン法を適用することができる．この処理において最も計算量が多いのは，これらの方向ベクトルと $\mathbf{A}$ との積を求める部分であるが，過去 q 回の積は過去の反復で計算したものを保存しておくことができる．そのため，実際にはほとんど計算量を増やすことなく，SESOPを高速に計算することができる．

単純な2次最適化問題の場合，$q \geq 1$ としたSESOPアルゴリズムは通常の共役勾配法になり，$q = 0$ の場合には直線探索と等価になる．ヘッセ行列の対角部分の逆行列を現在の勾配に掛けるような前処理（preconditioning）も，収束を非常に高速化する．

反復縮小アルゴリズムの意味においては，標準的なSESOPが用いる勾配方向の代わりに，SSF, IRLS, PCD, StOMPが生成する方向 $(\mathbf{x}_{\rm temp} - \mathbf{x}_k)$ を用いることもできる．このアプローチがどのくらい効果的なのかを次節で検証する．

---

*9 StOMPは式(6.1)を最小化するアルゴリズムとしては導出されていないが，それでも各反復において直線探索を適用することはできる．

6.5 反復縮小アルゴリズム：検証

この節では，本章で紹介したさまざまなアルゴリズムの振る舞いを調べる数値実験の結果を示す．なお，StOMP は含めていない（手法のコンセプトが他の手法と異なるため）．ここでの実験は，以下の関数を最小化する問題を考える．

$$f(\mathbf{x}) = \frac{1}{2}\|\mathbf{b} - \mathbf{A}\mathbf{x}\|_2^2 + \lambda\|\mathbf{x}\|_1$$

詳細を以下に述べる．

行列 $\mathbf{A}$：ここでは $\mathbf{A} = \mathbf{P}_{\text{out}}\mathbf{H}\mathbf{P}_{\text{in}}$ という形の行列を用いる．ここで，$\mathbf{H}$ は $2^{16} \times 2^{16}$ のアダマール行列であり，$\mathbf{P}_{\text{in}}$ は対角要素の値が範囲 $[1, 5]$ で線形に増加する（$\mathbf{H}$ と同じサイズの）対角行列である．$\mathbf{P}_{\text{out}}$ は，単位行列から 2^{14} 個の行をランダムに選択して生成した．したがって，行列 $\mathbf{A}$ の次元は $2^{14} \times 2^{16}$ となる．この行列は，入力ベクトル $\mathbf{x}$ の要素を定数倍し，$\mathbb{R}^{2^{16}}$ 次元の空間で回転して，そこから $n = 2^{14}$ 個の要素を選択する処理に相当する．行列 $\mathbf{A}$（とその転置）との積は，高速アダマール変換を用いて非常に高速に計算することができる．

真の解 $\mathbf{x_0}$：$m = 2^{16}$ 次元の真のスパースベクトル $\mathbf{x}_0$ を生成するために，要素のうち 2,000 個を非ゼロ要素としてランダムに選択し，その値を標準ガウス分布から抽出する．

ベクトル $\mathbf{b}$：ベクトル $\mathbf{b}$ を $\mathbf{b} = \mathbf{A}\mathbf{x}_0 + \mathbf{v}$ として計算する．ここで，$\mathbf{v}$ は平均が 0 で標準偏差 σ が 0.2 のガウス分布から iid 抽出された要素を持つ，ランダムなベクトルである．このように分散（標準偏差）を設定すると，$\|\mathbf{A}\mathbf{x}_0\|_2^2 / \|\mathbf{b} - \mathbf{A}\mathbf{x}_0\|_2^2 \approx 8$，つまり，$\|\mathbf{A}\mathbf{x}_0\|_2^2$ の「信号成分」は加えられたノイズ $\|\mathbf{v}\|_2^2$ よりも 8 倍大きいことになる．

$\boldsymbol{\lambda}$ の選択：残差が $\frac{1}{2}\|\mathbf{b} - \mathbf{A}\mathbf{x}\|_2^2 \approx n\sigma^2$ を満たすように，経験的に λ を設定する．ここでは（予備実験の結果）$\lambda = 1$ とした．

ここで，比較数アルゴリズムは SSF，IRLS に基づく手法，PCD である．SSF については，図 6.1 に示したとおりの標準的な形式（$\mu = 1$ とした），直線探索を用いる（μ を求める）形式，SESOP-5 を用いる高速化版（次元が 5）を比較する．同様に，IRLS については標準的な形式と SESOP-5 を用いた形式，PCD では直線探索を用いる標準的な形式，SESOP-5 を用いた形式を比較する．

本章のシミュレーション実験では，単純な最急降下法を 50 回反復することで直線探索と SESOP における最適化を行った．第 10 章で，画像処理のあるタスクに特化した場合の反復縮小アルゴリズムについて再び議論するが，そこでは関数 ρ として ℓ_1 ノルムの平滑化バージョンを用いるため，ニュートン法を利用する．

実験結果を説明する前に，SSF と IRLS における定数 c について議論する．この定数は，$c > \|\mathbf{A}^{\mathrm{T}}\mathbf{A}\|_2^2 = \|\mathbf{P}_{\mathrm{in}}^{\mathrm{T}}\mathbf{H}^{\mathrm{T}}\mathbf{P}_{\mathrm{out}}^{\mathrm{T}}\mathbf{P}_{\mathrm{out}}\mathbf{H}\mathbf{P}_{\mathrm{in}}\|_2^2$ を満たさなければならない．もし $\mathbf{P}_{\mathrm{out}}$ を省略すれば（つまり $n = 2^{16}$），$\mathbf{P}_{\mathrm{in}}$ の対角要素の最大値を考えると，$c > 25$ となる．$\mathbf{P}_{\mathrm{out}}$ が n 個の要素を選択する（いくらかのエネルギーを抽出する）ことを考えれば，$c = 25$ としてもやはり正しく，この値は最良の値に近いものである．同様に，PCD で利用する $\mathbf{A}$ の列の 2 乗ノルムは，$\mathbf{P}_{\mathrm{in}}$ の対角要素を 2 乗して n/m を掛ければ得ることができる．行列 $\mathbf{H}$ の性質から，これは正しいノルムになっている．

それでは実験結果を説明しよう．各手法について，反復回数に対する $f(\mathbf{x})$ の値をプロットしたものが図 6.5〜6.7 である．ここでは $f(\mathbf{x})$ の最小値（これらの手法で得られた最小値）との差を示している．図 6.5 は標準的な SSF，直線探索を用いた SSF，SESOP-5 を用いた SSF の結果である．図 6.6 と図 6.7 はそれ

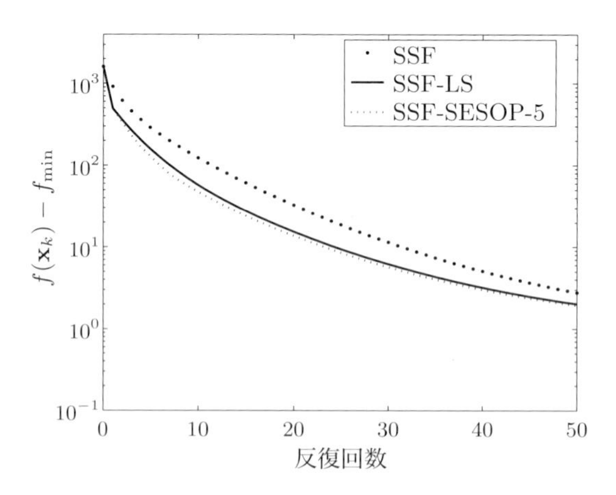

図 6.5　反復回数に対する目的関数値のプロット．標準的な SSF，直線探索を用いた SSF，SESOP-5 を用いた SSF の比較．

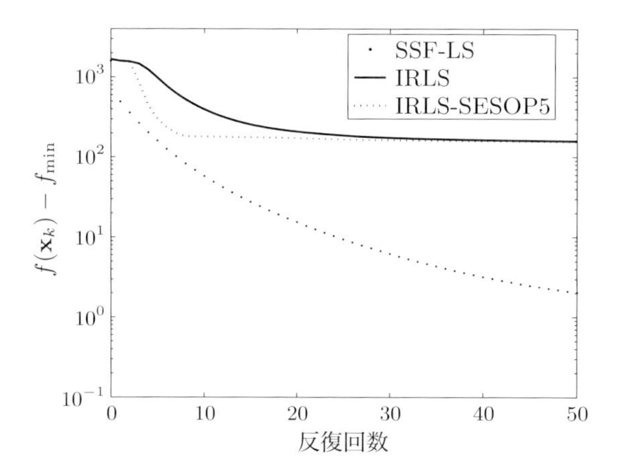

図 6.6 反復回数に対する目的関数値のプロット．直線探索を用いた SSF，標準的な IRLS，SESOP-5 を用いた IRLS の比較．

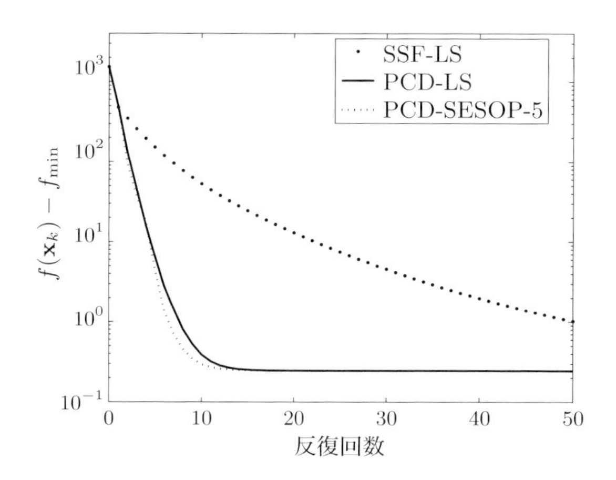

図 6.7 反復回数に対する目的関数値のプロット．直線探索を用いた SSF，直線探索を用いた PCD，SESOP-5 を用いた PCD の比較．

ぞれ IRLS と PCD の結果を SSF と比較したものである．

また，相対誤差 $\|\mathbf{x}_k - \mathbf{x}_0\|_2^2/\|\mathbf{x}_0\|_2^2$ により得られた解の質を評価した結果を図 6.8〜6.10 に示す．この値は 1 未満であり，0 に近いほど解の相対誤差が小さいことを意味する．

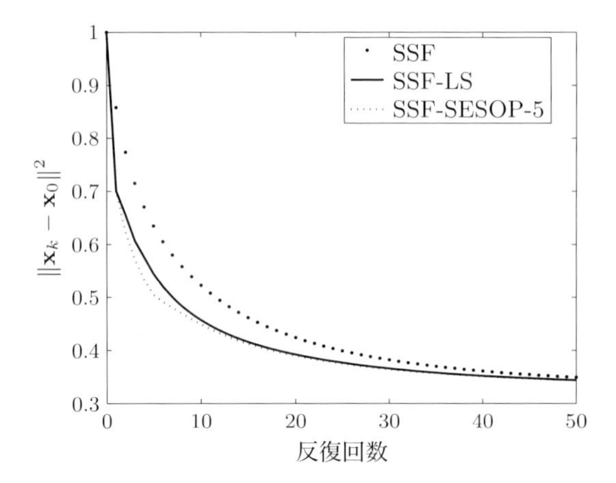

図 6.8　反復回数に対する解の評価値のプロット．標準的な SSF，直線探索を用いた SSF，SESOP-5 を用いた SSF の比較．

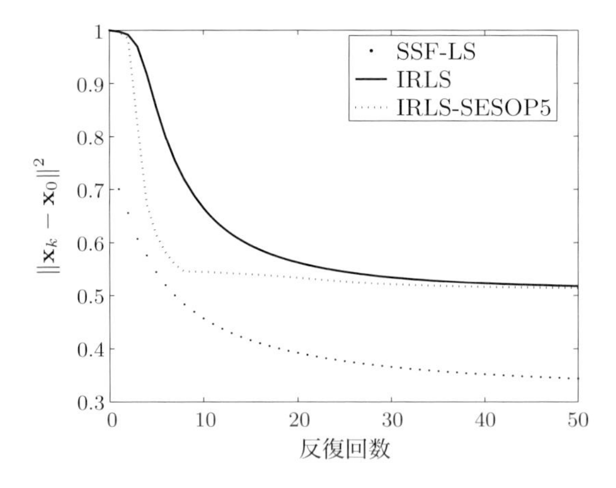

図 6.9　反復回数に対する解の評価値のプロット．直線探索を用いた SSF，標準的な IRLS，SESOP-5 を用いた IRLS の比較．

この結果から，いくつかの結論が得られる．

- どちらの評価尺度も結果は一致しているため，ここでは図 6.5〜6.7 だけを考える．
- SSF，IRLS，PCD の中で最も性能が良いのは PCD である．15 回の反復

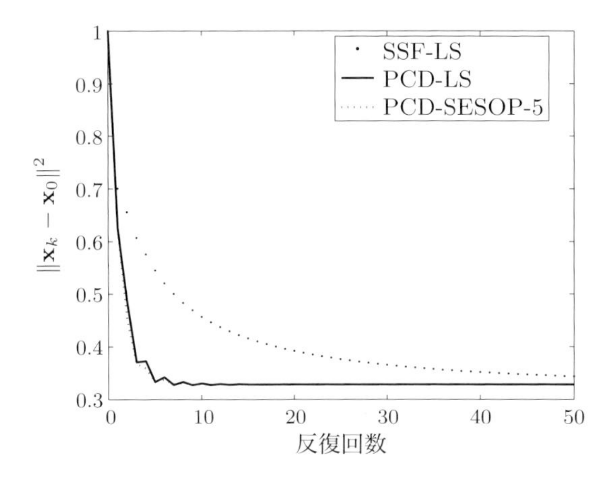

図 6.10　反復回数に対する解の評価値のプロット．直線探索を用いた SSF，直線探索を用いた PCD，SESOP-5 を用いた PCD の比較．

でほぼ完全に収束している．

- 直線探索を用いた場合，どのアルゴリズムも収束が速くなる．同様に，SESOP を用いても高速化できる．高速化 PCD は 10 回の反復で収束している．高速化 SSF では，あまり高速化の効果が見られない．
- 予想どおり，IRLS に基づく手法は最も性能が悪く，局所解に陥っている．

$\mathbf{b}$ を生成するスパースな列の真の組合せを復元しているという意味では，これらの結果はどの程度良いのだろうか？　図 6.11 に，もとのベクトル $\mathbf{x}_0$ と，PCD の 10 回の反復で得られた結果を示す．前述のとおり，もとのベクトルの非ゼロ要素の個数は 2,000 である（つまり $\|\mathbf{x}_0\|_0 = 2{,}000$）．PCD は 2,560 個の非ゼロ要素を見つけ，そのうち 1,039 個は真のサポート内で見つかった（それらの大部分は絶対値が大きいものである．小さい非ゼロ要素は相対的に大きいノイズに埋もれてしまう）．

図 6.11 の下段は，一部分を拡大したグラフである．ここからわかるのは，大部分の大きな値は良好に検出できているが，求められた値は真値よりも少し小さいということである．これは，非ゼロ要素の絶対値をペナルティとする目的関数を用いているためである．これを修正するためには，解 $\mathbf{x}$ で得られたサポートを S として，それに制限した以下の最小 2 乗問題を解けばよい．

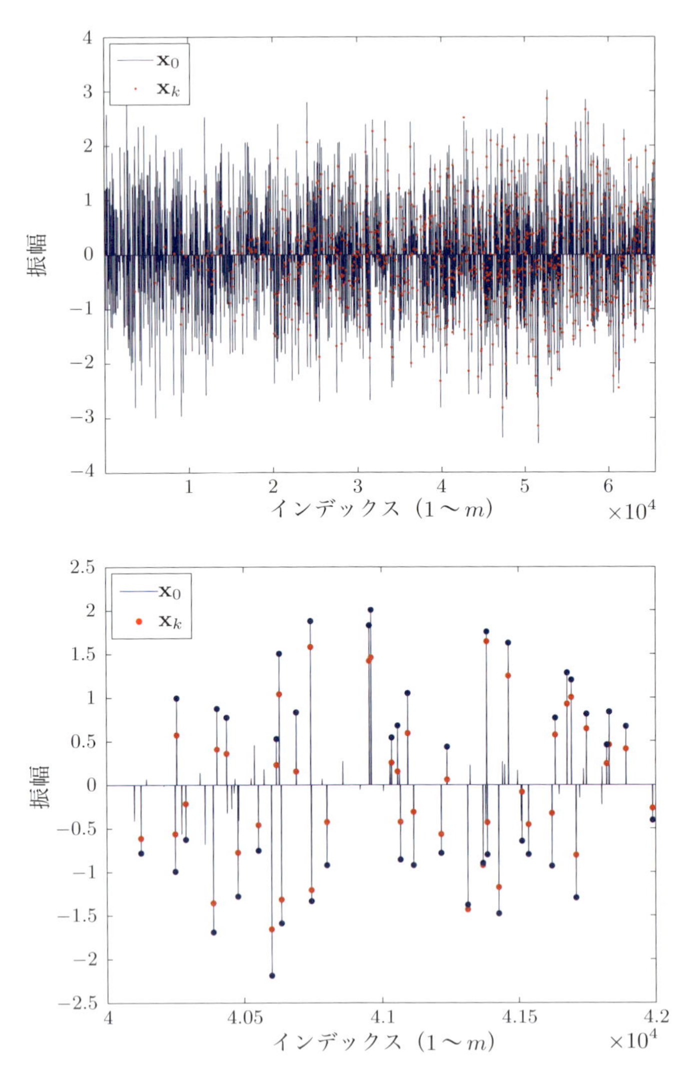

図 6.11　もとのベクトル $\mathbf{x}_0$ と，PCD の 10 回反復で得られた解 $\mathbf{x}_k$．上段の図は解ベクトル全体をプロットしたもの，下段の図は解ベクトルのいくつかの要素を拡大表示したもの．

$$\min_{\mathbf{x}} \|\mathbf{A}\mathbf{x} - \mathbf{b}\|_2^2 \quad \text{subject to} \quad \text{Support}\{\mathbf{x}\} = S \tag{6.30}$$

これは，以下のような反復処理で容易に求めることができる．

$$\mathbf{x}_{k+1} = \text{Proj}_S \left[\mathbf{x}_k - \mu \mathbf{A}^{\mathrm{T}}(\mathbf{A}\mathbf{x} - \mathbf{b})\right] \tag{6.31}$$

作用素 Proj_S はベクトルのサポートへの射影であり，サポート外の要素を 0 にする．この処理の結果を図 6.12 に示す．非ゼロ要素の値がもとの x_0 の要素の値に近づいていることがわかる．なお，評価基準 $\|\mathbf{x}_k - \mathbf{x}_0\|_2^2/\|\mathbf{x}_0\|_2^2$ の観点では，PCD の 10 回反復で得られた解の評価値は 0.36 であるのに対し，この処理で修正した結果は 0.224 となり，非常に改善されている．

なお，第 10 章で再び反復縮小アルゴリズムを取り上げ，画像のボケ除去に適用する．そこでは，SSF と PCD，そしてそれらの高速化版を含めて，ここで紹介したアルゴリズムのさらなる比較と，実用的な観点での議論を行う．

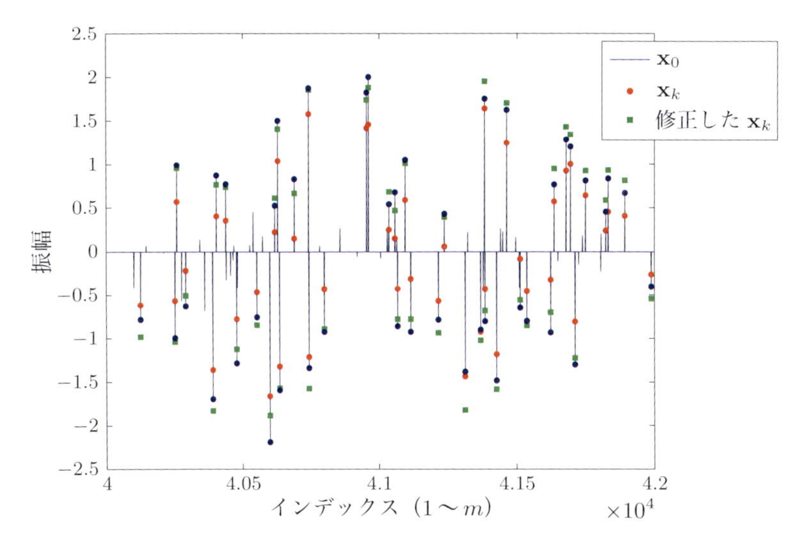

図 6.12 得られたサポートに制限した最小 2 乗による解の修正結果．図 6.11 下段の図と同じ要素を表示している．

6.6 まとめ

スパース表現のモデル化において，関数

$$f(\mathbf{x}) = \lambda \mathbf{1}^{\mathrm{T}} \rho(\mathbf{x}) + \frac{1}{2}\|\mathbf{b} - \mathbf{A}\mathbf{x}\|_2^2$$

の最小化はさまざまな応用で重要な役割を果たす．そのことは，後の章で実用的な応用例を紹介するときに，もっとはっきりわかるだろう．本章では，この関数の最小化のための効率的な最適化手法を紹介した．それは，行列 $\mathbf{A}$（とその転置）とベクトルの積をとり，得られた中間結果のベクトルの要素に縮小処理を行うという反復処理から構成される反復縮小アルゴリズムである．高次元の問題では，これらの手法は非常に重要になる．

関数 $f(\mathbf{x})$ を最小化する際のそれらの手法の相対的な効率の違いはさておき，これらの手法の重要な特徴は，ユニタリ行列の場合を扱うためにもともとは開発された古典的な縮小アルゴリズムと，密接な関係を持っていることである．本章では，そのようなアルゴリズムをいくつか紹介し，振る舞いを調べるための基礎的な実験結果を示した．これらの手法については，（例えば Bregman や Nesterov の多段アルゴリズムなどの）新しい手法の導入，収束解析，実用的な応用方法の提案など，今なお研究は続いている．

参考文献

1. S. Becker, J. Bobin and E. Candès, NESTA: A fast and accurate first-order method for sparse recovery, Preprint, 2009.
2. J. Bioucas-Dias, Bayesian wavelet-based image deconvolution: a GEM algorithm exploiting a class of heavy-tailed priors, *IEEE Trans. on Image processing*, 15(4):937–951, April 2006.
3. T. Blumensath and M. E. Davies, Iterative thresholding for sparse approximations, *Journal of Fourier Analysis and Applications*, 14(5):629–654, 2008.
4. J. Bobin, Y. Moudden, J. -L. Starck, and M. Elad, Morphological diversity and source separation, *IEEE Signal Processing Letters*, 13(7):409–412, July 2006.
5. J. Cai, S. Osher, and Z. Shen, Convergence of the linearized Bregman iteration for l_1-norm minimization, *Mathematics of Computation*, 78:2127–2136, 2009.
6. J. Cai, S. Osher, and Z. Shen, Linearized Bregman iterations for compressed

sensing, *Mathematics of Computation*, 78:1515–1536, 2009.

7. J. Cai, S. Osher, and Z. Shen, Linearized Bregman iteration for frame based image deblurring, *SIAM Journal on Imaging Sciences*, 2(1):226–252, 2009.
8. P. L. Combettes and V. R. Wajs, Signal recovery by proximal forward-backward splitting, *Multiscale Modeling and Simulation*, 4(4):1168–1200, November 2005.
9. I. Daubechies, M. Defrise, and C. De-Mol, An iterative thresholding algorithm for linear inverse problems with a sparsity constraint, *Communications on Pure and Applied Mathematics*, LVII:1413–1457, 2004.
10. D. L. Donoho, De-noising by soft thresholding, *IEEE Trans. on Information Theory*, 41(3):613–627, 1995.
11. D. L. Donoho and I. M. Johnstone, Ideal spatial adaptation by wavelet shrinkage, *Biometrika*, 81(3):425–455, 1994.
12. D. L. Donoho, I. M. Johnstone, G. Kerkyacharian, and D. Picard, Wavelet shrinkage - asymptopia, *Journal of the Royal Statistical Society Series B - Methodological*, 57(2):301–337, 1995.
13. D. L. Donoho and I. M. Johnstone, Minimax estimation via wavelet shrinkage, *Annals of Statistics*, 26(3):879–921, 1998.
14. D. L. Donoho, Y. Tsaig, I. Drori, and J. -L. Starck, Sparse solution of underdetermined linear equations by stagewise orthogonal matching pursuit, *Technical Report*, Stanford University, 2006.
15. M. Elad, Why simple shrinkage is still relevant for redundant representations?, *IEEE Trans. on Information Theory*, vol. 52, no. 12, pp. 5559–5569, Dec. 2006.
16. M. Elad, B. Matalon, and M. Zibulevsky, Image denoising with shrinkage and redundant representations, IEEE Conference on Computer Vision and Pattern Recognition (CVPR), NY, June 17–22, 2006.
17. M. Elad, B. Matalon, and M. Zibulevsky, On a Class of Optimization methods for Linear Least Squares with Non-Quadratic Regularization, *Applied and Computational Harmonic Analysis*, 23:346–367, 2007.
18. M. Elad, J. -L. Starck, P. Querre, and D. L. Donoho, Simultaneous cartoon and texture image inpainting using morphological component analysis (MCA), *Journal on Applied and Comp. Harmonic Analysis*, 19:340–358, 2005.
19. M. J. Fadili, J. -L. Starck, Sparse representation-based image deconvolution by iterative thresholding, Astronomical Data Analysis ADA '06, Marseille, France, September 2006.
20. M. A. Figueiredo and R. D. Nowak, An EM algorithm for wavelet-based image restoration, *IEEE Trans. Image Processing*, 12(8):906–916, 2003.
21. M. A. Figueiredo, and R. D. Nowak, A bound optimization approach to

wavelet-based image deconvolution, IEEE International Conference on Image Processing - ICIP 2005, Genoa, Italy, 2:782–785, September 2005.

22. M. A. Figueiredo, J. M. Bioucas-Dias, and R. D. Nowak, Majorization-minimization algorithms for wavelet-based image restoration, *IEEE Trans. on Image Processing*, vol. 16, no. 12, pp. 2980–2991, Dec. 2007.
23. D. Needell and J. A. Tropp, CoSaMP: Iterative signal recovery from incomplete and inaccurate samples. *Appl. Comp. Harmonic Anal.*, Volume 26, Issue 3, pp. 301–321, May 2009.
24. Y. Nesterov, Smooth minimization of non-smooth functions, *Math. Program., Serie A.*, 103:127–152, 2007.
25. S. Sardy, A. G. Bruce, and P. Tseng, Block coordinate relaxation methods for nonparametric signal denoising with wavelet dictionaries, *Journal of computational and Graphical Statistics*, 9:361–379, 2000.
26. J. -L. Starck, M. Elad, and D. L. Donoho, Image decomposition via the combination of sparse representations and a variational approach, *IEEE Trans. on Image Processing*, 14(10):1570–1582, 2005.
27. J. -L. Starck, F. Murtagh, and A. Bijaoui, Multiresolution support applied to image filtering and restoration, *Graphical Models and Image Processing*, 57:420–431, 1995.

第7章
平均性能の解析に向けて

これまで行ってきた解析はどれも単純なものであり，実際のアルゴリズムがスパースな解を求めることができるのかどうかを記述するに留まっていた．本章では，これまで紹介したような最悪の場合の解析だけに留まらない，より高度で興味深い研究分野を手短に紹介する．まず，この議論を動機付ける単純なシミュレーションを紹介しよう．

7.1 経験エビデンス（再訪）

すでに第3章と第5章において，追跡アルゴリズムの比較実験結果を示している．ここではその実験に戻って，真の解のサポートの復元に成功しているかどうかに着目する．

サイズが 100×200 のランダムな行列を考える．その要素は平均が0で標準偏差が1の標準ガウス分布 $\mathcal{N}(0,1)$ から iid 抽出する．確率1でこの行列のスパークは101となる．つまり，方程式 $\mathbf{Ax} = \mathbf{b}$ の解で非ゼロ要素の個数が50以下であれば，どれも必然的に最もスパースな解となり，したがって (P_0) の解である．そのような十分にスパースなベクトル $\mathbf{x}_0$ をランダムに生成し（非ゼロ要素の場所はランダムに決定し，要素の値は $\mathcal{N}(0,1)$ から iid 抽出する），ベクトル $\mathbf{b}$ を生成する．こうして生成した $\mathbf{Ax}_0 = \mathbf{b}$ のスパースな解の真値と，アルゴリズムで求められた解を比較する．

図 7.1 に，OMP と BP（MATLAB の線形計画ソルバー）が真の（スパースな）解の復元に成功した割合を示す．成否の評価は，$\|\hat{\mathbf{x}} - \mathbf{x}_0\|_2^2/\|\mathbf{x}_0\|_2^2$ を計算し，それが無視できる程度の値であれば（この実験では 1E–5 とした），もとのスパースなベクトル $\mathbf{x}_0$ の復元に成功したと見なす．非ゼロ要素の個数を変えてそれぞれ 100 回ずつこのテストを実行した結果を成功率とした．この実験での $\mathbf{A}$ の相互コヒーレンスは $\mu(\mathbf{A}) = 0.424$ であるので，非ゼロ要素の個数が $(1 + 1/\mu(\mathbf{A}))/2 = 1.65$ 未満の場合だけしか追跡アルゴリズムの成功は保証されていない．しかし，図からわかるように，どちらの追跡アルゴリズムも $1 \leq \|\mathbf{x}_0\|_0 \leq 26$ の範囲でスパースな解を求めることに成功しており，これは上記の理論的な限界をはるかに超えるものである．また，貪欲アルゴリズム（OMP）のほうが BP よりも少し性能が良いこともわかる．

次はノイズのある場合（つまり (P_0^ϵ) の解）である．ここでは同じ行列 $\mathbf{A}$ を用いる．また，あらかじめ指定された個数の非ゼロ要素を持つランダムなベクトル $\mathbf{x}_0$ を生成し，$\|\mathbf{A}\mathbf{x}_0\|_2 = 1$ となるように正規化する．そして $\mathbf{b} = \mathbf{A}\mathbf{x}_0 + \mathbf{e}$ を計算する．ここで，$\mathbf{e}$ は指定されたノルム $\|\mathbf{e}\|_2 = \epsilon = 0.1$ を持つランダムベクトルである．したがって，もとのベクトル $\mathbf{x}_0$ は (P_0^ϵ) の実行可能解であり，スパー

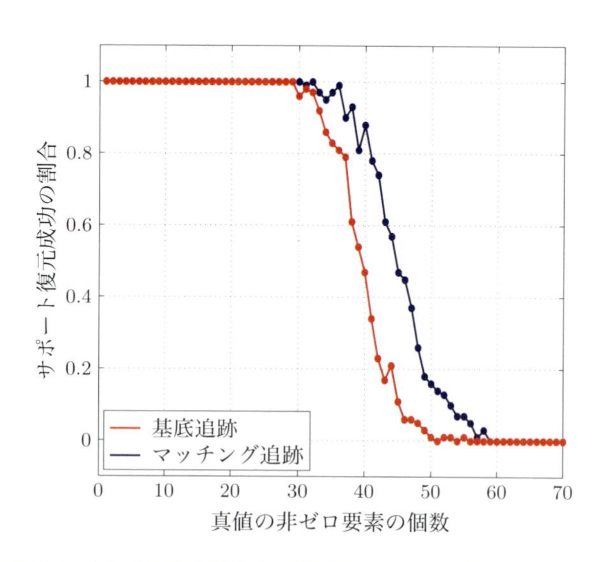

図 7.1　追跡アルゴリズムが線形連立方程式 $\mathbf{A}\mathbf{x} = \mathbf{b}$ の真のスパースな解の復元に成功している割合．横軸は，真の解の非ゼロ要素の個数を表す．

スであるため，最適解に近い．第5章で議論した理論的な解析では，（許容誤差 ϵ に対して）$\mathbf{x}_0$ を安定に復元するためには，非ゼロ要素の個数が $(1+1/\mu(A))/2$ よりも小さくなければならない（BPの場合には分母は4）．やはり，この上界も過度に悲観的なものである．

このテストに対するOMPとBP（ここではLARSを用いた）の相対誤差を図7.2に示す[*1]．ここで，相対誤差は100回の実験での $\|\hat{\mathbf{x}}-\mathbf{x}_0\|_2^2/\epsilon^2$ の値を平均したものである．どちらのアルゴリズムでも，求められた解は $\|\mathbf{A}\hat{\mathbf{x}}-\mathbf{b}\|_2 \le \epsilon$ を満たす．理論的な解析では非ゼロ要素の個数がもっと少ない場合にしか成功が保証されていなかったが，図からわかるように，非ゼロ要素の個数が多くなっても，どちらのアルゴリズムも安定に解を求めることに成功している．

問題 (P_0^ϵ) の解はノイズ除去としても解釈できるため，これらの実験で得られた相対誤差 $\|\hat{\mathbf{x}}-\mathbf{x}_0\|_2^2/\|\mathbf{x}_0\|_2^2$ を図7.3に示す．相対誤差の値が小さければ性能が良いが，値が1になると解 $\hat{\mathbf{x}}$ を単に0で近似した場合と同じ程度の性能しか

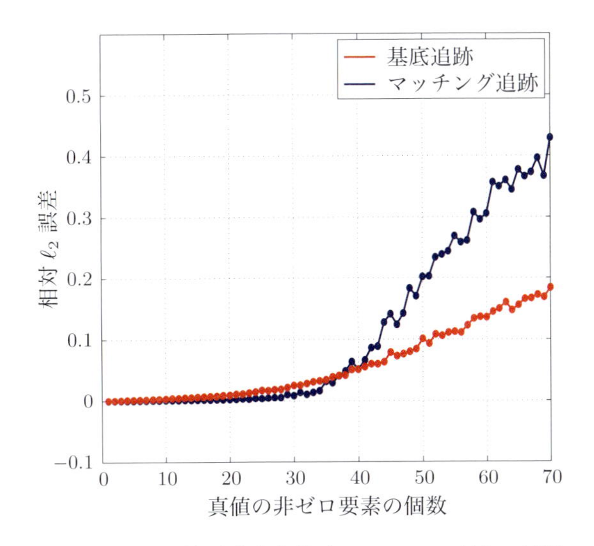

図7.2 ノイズがある場合に線形連立方程式 $\mathbf{Ax}=\mathbf{b}$ に対して追跡アルゴリズムによって得られたスパースな解の誤差．

[*1] 注意深い読者は，図7.2と図5.12が似ていることに気づくだろう．ただし，実験条件は多少異なっている．

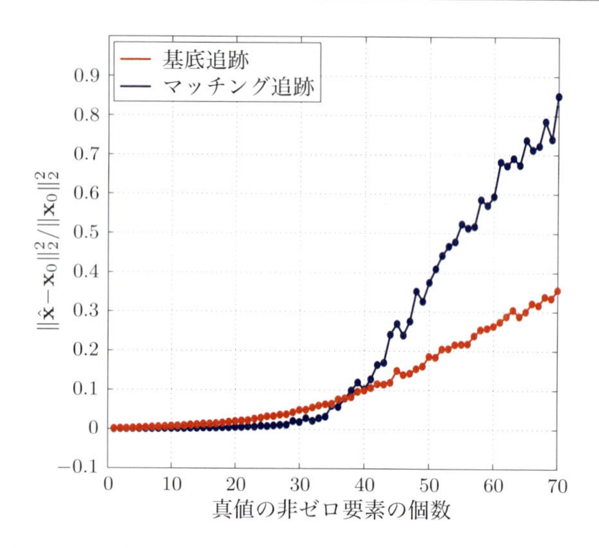

図 7.3　追跡アルゴリズムにおけるノイズ除去の効果．横軸は，真の解の非ゼロ要素の個数を表す．

ない．図からわかるように，どちらのアルゴリズムもノイズ除去として機能しており，期待どおり，非ゼロ要素の個数が少ないほどその性能は良い．

これらのシミュレーションからわかることは，理論的な上界がすべての性能を意味してはいない，ということである．特殊な性質を持つ行列や，構造的なスパース性を持つ問題においては，最悪の場合の解析で得られた結果は非常に弱く，実際の性能を反映しない場合がある．

7.2　確率的解析（概略）

7.2.1　解析のゴール

上記のような理論と実際のギャップがあるため，追跡アルゴリズムの性能を確率的に評価するという新しい研究が，近年になって（2006 年から 2009 年にかけて）何人かの研究者によって行われた．この節では，それらの結果を紹介する．ただし，詳しい証明は省略する．次節では Schnass と Vandergheynst の研究成果を集中的に議論し，詳しい証明も導出する．彼らはノイズのない場合のしきい値アルゴリズムの性能を研究し，追跡アルゴリズムの解析に確率的な視点を取り入れる方法を明らかにした．この理論的な研究の利点は，タイトな上界を得ることが比較的容易なことであるが，他の追跡アルゴリズムには適用できない．

確率的な解析を説明する前に，その目的を明確にしておこう．最終的な目的は，追跡アルゴリズムの「平均的な性能」を明らかにする理論的な解析，つまり，前節の実験のような確率的な性能曲線を得ることである．しかし，これは非常に困難であるため，目標を緩和して，真の性能を下から抑える確率的な性能曲線を求めることにする．これにより，与えられた非ゼロ要素の個数に対する誤差率を保証することができる．

完全に近い性能を発揮する部分の解析を行いたいので，上記の曲線において非ゼロ要素の個数が少ない部分にのみ焦点を当てる．任意の微小値 δ に対して，成功率が $1-\delta$ 以上であるとしよう．ここで提案する解析は，非ゼロ要素の個数があるしきい値以下なら，その成功率が達成されることを示し，真の成功率曲線の下界を与える．この意味で，これまでの最悪の場合の解析結果は，（得られた結果がタイトだと仮定する）$\delta=0$ の場合の解析に対応する．

このような解析では，小さな（ただし制御可能な）誤差を許容することになる．実際のところ，このような解析を行う多くの既存手法では問題の次元に応じた漸近的な解析を行っており，$\delta(n)$ が 0 に近づく，つまり失敗が極端に稀になることを示している．また，このような解析で失敗する確率を導出するためには，三つのパラメータ $\{\mathbf{A}, \mathbf{b}, \epsilon\}$ で定義される問題を確率的にモデル化しなければならない．以下に示すように，研究が異なれば，採用される確率的なモデル化も異なる．

7.2.2 Candès と Romberg による二つの直交行列の場合の解析

追跡アルゴリズムの確率的な解析を試みた最初の研究は（2004 年に行われ 2006 年に公表された）Emmanuel Candès と Justin Romberg によるものである．この研究では，第 2 章と第 4 章で示したノイズのない場合の二つの直交行列に対する一意性と BP 最適性の結果に立ち戻り，解析をロバスト化し，漸近的に減少して無視できる程度の外れ値（outlier）を許容することで，一意性と最適性についてのより強い結果を導いている．この方法により，最悪の場合の解析しかできなかったそれまでの研究の限界を克服している．

前述したように，確率的な解析を行うためには問題を確率的にモデル化するところから始めなければならない．Candès と Romberg の研究では，二つの直交行列からなるサイズ $n \times 2n$ の決定論的（非確率的）な行列 $\mathbf{A} = [\mathbf{\Psi}, \mathbf{\Phi}]$ と，ランダムなスパースベクトル $\mathbf{x}$ との積を考える．ランダムに生成された $\mathbf{x}$ は，$\mathbf{x}_\Psi$ と $\mathbf{x}_\Phi$ の二つの部分からなり，それぞれの非ゼロ要素の個数は事前に指定された N_Ψ, N_Φ に固定されているとする．$\mathbf{x}_\Psi$ のサポートとしては，可能なすべての $\binom{n}{N_\Psi}$ 個のサポートの中から等確率で一つを選択する．このベクトル中の非ゼロ要素は，任意の連続（複素数ならば連続回転対称[*2]）確率密度関数から iid 抽出する．$\mathbf{x}_\Phi$ に対しても同様の処理を行う．こうして得られるベクトルは $\mathbf{b} = \mathbf{A}\mathbf{x} = \mathbf{\Psi}\mathbf{x}_\Psi + \mathbf{\Phi}\mathbf{x}_\Phi$ となる．これで解析するべき問題 (P_0) の線形連立方程式 $\{\mathbf{A}, \mathbf{b}\}$ を定義する．

解析するべき問題を定義したら，答えるべき一つ目の疑問は (P_0) のスパースな解の一意性である．無視できる程度に少ない外れ値を許容したときに，$\mathbf{x}$ が (P_0) の（最もスパースな）一意解であることを保証する $N_\Psi + N_\Phi$ の上界は何だろうか？ 二つ目の疑問は，多少の失敗を許容したときに，基底追跡がスパースなベクトル $\mathbf{x}$ の復元に成功することを保証する上界である．

これまでに得られた結果を思い出しておこう．一意性と最適性がどちらも真となるための上界は $1/\mu(\mathbf{A})$ に比例し，最も良い場合でも $\sqrt{n}$ に比例した．Candès と Romberg の研究の新規性は新しい上界を与えたことにある．その上界は $1/\mu(\mathbf{A})^2$ に比例し，（6 乗までの）log 係数がかかる．したがって，最も良い場合には $n/\log^6 n$ となる．この上界は最もスパースな解が一意であることと，それが問題 (P_1) によって復元されるという事実を保証し，n が大きくなれば（$n \to \infty$）高い信頼度で正しいことが示されている．具体的には，以下の二つの定義が Candès と Romberg によって示された．

定理 7.1（確率的な一意性） 線形連立方程式 $\mathbf{A}\mathbf{x} = \mathbf{b}$ を考える．ここで $\mathbf{A} = [\mathbf{\Psi}, \mathbf{\Phi}]$ である．また $\mathbf{b} = \mathbf{A}\mathbf{x}_0$ であり，$\mathbf{x}_0$ は前述のとおりランダムに生成されたベクトルで，その非ゼロ要素の個数 N_Ψ と N_Φ は次式を満たす．

*2 【訳注】複素確率密度関数 $P(z)$（$z \in \mathbb{C}$）は，$\forall\theta \in \mathbb{R}$, $P(z) = P(e^{j\theta} z)$ であるとき，回転対称（circular symmetric）であるという．

$$N_\Psi + N_\Phi \le \frac{C'_\beta}{\mu(\mathbf{A})^2 \log^6 n} \tag{7.1}$$

このとき，少なくとも確率 $1 - \mathcal{O}(n^{-\beta})$ で，ベクトル $\mathbf{x}_0$ は (P_0) の解，つまり $\mathbf{A}\mathbf{x} = \mathbf{b}$ の最もスパースな解となる．

定理 7.2（基底追跡の確率的最適性） 線形連立方程式 $\mathbf{A}\mathbf{x} = \mathbf{b}$ を考える．ここで $\mathbf{A} = [\mathbf{\Psi}, \mathbf{\Phi}]$ である．また $\mathbf{b} = \mathbf{A}\mathbf{x}_0$ であり，$\mathbf{x}_0$ は前述のとおりランダムに生成されたベクトルで，その非ゼロ要素の個数 N_Ψ と N_Φ は次式を満たす．

$$N_\Psi + N_\Phi \le \frac{C''_\beta}{\mu(\mathbf{A})^2 \log^6 n} \tag{7.2}$$

このとき，少なくとも確率 $1 - \mathcal{O}(n^{-\beta})$ で，ベクトル $\mathbf{x}_0$ は (P_1) の解となる，つまり，基底追跡により厳密解が得られる．

ここでは定数 $C'_\beta > C''_\beta > 0$ は指定されていないが，比較的小さな値であり，β にのみ依存し，これらの定理の精度を制御するものである．これらの定数と，定理が $n^{-\beta}$ に比例する確率で成立しないという事実が意味するのは，n の値が十分に大きい場合についてはこの新しい結果は意味を持ち，最悪の場合の結果よりも強くなるということである．

これらの二つの定理の証明は（非常に複雑であるため）ここでは示さないが，その導出における重要な要素を手短に説明しておく．選択したサポートの列を含む部分行列を $\mathbf{\Phi}_{N_\Psi}$ と $\mathbf{\Psi}_{N_\Phi}$ とすると，$N_\Psi \times N_\Phi$ 次元の行列 $\mathbf{\Phi}_{N_\Psi}^{\mathrm{T}} \mathbf{\Psi}_{N_\Phi}$ のノルムが十分に小さいことを示す，というのが証明の大筋である．これに似た方法はすでに見ている[*3]．そのときは，グラム行列の一部分 $\mathbf{A}_s^{\mathrm{T}} \mathbf{A}_s$（添字 s はサポート s に制限することを意味する）を解析して，できる限り大きい $|s|$ に対して正定値となることを示した．言い換えれば，対角成分を除いた行列 $\mathbf{A}_s^{\mathrm{T}} \mathbf{A}_s - \mathbf{I}$ を考えて，この行列のスペクトル半径（つまりノルム）が小さいことを示すことが目的だった．

その最悪の場合の解析では，グラム行列の一部分 $\mathbf{A}_s^{\mathrm{T}} \mathbf{A}_s$ の非対角要素が小さいことを想定していた．そのために，相互コヒーレンスを定義し，その部分行

[*3]【訳注】補題 2.1，定理 5.4 など．

列 $\mathbf{A}_s^{\mathrm{T}}\mathbf{A}_s$ を一つの行列として扱い，要素の符号を考慮した．そうして，$\mathbf{A}_s^{\mathrm{T}}\mathbf{A}_s$ の正定値性を保証しつつ，非ゼロ要素の個数の上界を探し求めた．まさにこれこそが，上界を改善するための Candès と Romberg のアイデアである．

興味深いことに，Tropp による新しい研究（Tropp, 2008）では，この方法を（二つの直交行列に限らない）一般の行列に拡張し，n に比例する次元のグラム行列の小行列もまた，良い振る舞いをすることが示されている．これにより，一般の行列に対して上記の二つの定理に類似した定理を導くことができる．Tropp の結果でも，上界の分母は相互コヒーレンスの 2 乗を持つ．

上記の二つの定理（と Tropp の結果）は相互コヒーレンス（の 2 乗）に依存しており，これを何とかしなければならない．なぜなら，うまく列を選んだ行列では上界は $\mathcal{O}(n/\log n)$ となるが，そうでない場合には（例えば離散コサイン変換（DCT）とウェーブレットを二つの直交行列としてとった場合や，冗長 DCT 基底を一般の行列として採用した場合など），相互コヒーレンスは悪く（小さく）なり，したがって上界は悪く（大きく）なる．実際，その定義から相互コヒーレンスは最悪の場合の評価尺度であるので，これを使うことは避けなければならない．ただし，相互コヒーレンスは複雑な証明の単純化に役立つため，追跡アルゴリズムの確率的解析に頻繁に登場する．

7.2.3　確率的一意性

Elad (2006) の論文によって示された別の結果は，一意性だけを述べており，これは第 2 章のスパークに基づく結果を一般化したものである．この論文も，スパースベクトル $\mathbf{x}$ の確率密度関数を仮定し，非ゼロ要素の個数を固定して，$\mathbf{x}$ の要素を iid 抽出する．最悪の場合の解析では非ゼロ要素の個数が $\mathrm{spark}(\mathbf{A})/2$ よりも小さい場合にのみ一意性が保証されていたが，この論文では，非ゼロ要素の個数がその上界を上回る場合でも，一意性が高い確率で保証されることが示されている．

この結果を導くための鍵となる性質は，次の事実である．もし非ゼロ要素の個数が $s = \|\mathbf{x}\|_0 < \mathrm{spark}(\mathbf{A})$ である表現 $\mathbf{x}$ が得られたとしたら，（$\mathbf{A}$ の列は必然的に線形独立であるので）対応するベクトル $\mathbf{b} = \mathbf{A}\mathbf{x}$ は縮退していない s 次元空間の中に存在する．ほかにもっとスパースなベクトル $\mathbf{x}_t$ があるならば，それに対応する $\mathbf{A}\mathbf{x}_t$ は $s-1$ 次元以下の空間に存在しなければならない．また，

そのようなベクトルは多数あるが，その数は有限である．そのため，それらともとの s 次元空間との重複は必然的にゼロになり，したがって，もとの表現 $\mathbf{x}$ は確率 1 で一意である．

驚くべきことに，非ゼロ要素の個数が $\mathrm{spark}(\mathbf{A}) \leq s = \|\mathbf{x}\|_0 < n$ であっても，ある種の一意性を高い確率で示すことができる．この論文ではそのような結果を得るために，行列 $\mathbf{A}$ の特性を表すスパークを拡張して，シグニチャ (signature) というものを提案している．行列 $\mathbf{A}$ のシグニチャ $\mathrm{Sig}_{\mathbf{A}}(s)$ は，非ゼロ要素の個数 s で線形従属となるサポートの相対的な数[*4]である．スパークは最悪の場合を考えているが，線形独立となる $\mathbf{A}$ の列のすべての部分集合を扱うことで，シグニチャはより一般的な特性を考慮している．

$\mathbf{A}$ のシグニチャを用いることで（ただし，計算することは不可能である！），よりスパースな解が存在する確率は $1 - \mathrm{Sig}_{\mathbf{A}}(s)$ であることが示される．この導出は簡単である．$\mathrm{Sig}_{\mathbf{A}}(s)$ は線形従属である列集合（サポート）のうち列の個数が s であるものをすべて考慮しており，線形従属であるためそれらの列を減らすことができ，したがって，よりスパースな表現を得ることができる．そのあとは，以前の議論と同様に，線形独立な列集合を用いたとしてもよりスパースな表現を得ることは不可能であることを示せばよい．

7.2.4 Donoho の解析

別の研究として，BP の平均的な性能を考察したものが Donoho (2006) である．Candès と Romberg の研究では行列 $\mathbf{A}$ を固定して（さらに，特殊な構造を仮定して）おり，確率的な要素は（解 $\mathbf{x}$ をランダムに得ることで）ベクトル $\mathbf{b}$ にあるとしていた．Donoho の解析では，$\mathbf{A}$ をランダム行列と考え，その列は単位球面上から一様に選ばれるとした．このように大きく観点を変更したにもかかわらず，得られた結果は非常に似ており，$\mathcal{O}(n)$ 個の非ゼロ要素を持つ $\mathbf{x}$ に対して一意性と最適性が高い確率で保証されている．ここでも結果は漸近的に成立し，次元 n が増加するにつれて失敗する確率は減少する．この研究に引き続いて，多数の研究者がこの結果を近似的な場合に拡張し，(P_0^ϵ) の解と (P_1^ϵ) の解との関係を扱い，安定性を一般化している．

[*4] そのようなサポートの数 $\binom{n}{s}$ で正規化する．

7.2.5　まとめ

このほかにも，より強い上界を求めるための確率的な解析は多数行われている．Candès-Tao，Tropp，DeVore-Cohen，Donoho-Tanner，Shtok-Elad などの近年の研究がそれである．これらの研究が示そうとしていることは，すべて同じである．つまり，$\mathcal{O}(n)$ 個の非ゼロ要素を持つ $\mathbf{x}$ に対する追跡アルゴリズムの最適性（もしくはノイズが加えられた場合の安定性）である．しかし，その扱いは非常に異なっており，行列 $\mathbf{A}$ をどう特徴付けるか，どのような仮定を用いるかも異なっている．現時点で，このトピックに関する論文は急速に増え続けており，すべての結果を網羅することは難しい．さらに混乱するのは，多くの新しい結果は圧縮センシングに特化したものであり，行列 $\mathbf{A}$ がランダム射影の集合から構成されていることである．それらの結果は，ここで示したものとは多少関係があるものの，部分的にしかつながりを持たない．

7.3　しきい値アルゴリズムの平均性能

7.3.1　準備

多数の貪欲アルゴリズムの中で最も単純なものはしきい値アルゴリズムであり，これは，1 回の射影ステップで $|\mathbf{A}^{\mathrm{T}}\mathbf{b}|$ を計算して最も大きい要素を選択するという手順を，誤差がしきい値以下になるまで繰り返す，というアルゴリズムだった．第 4 章と第 5 章では，このアルゴリズムの最悪の場合の解析を行った．ここでは，このアルゴリズムの確率的な振る舞いを解析する．アルゴリズムが単純であるため，他の追跡アルゴリズムに比べて解析は比較的容易である．以下に示す解析はノイズのない場合についてのものであり，Schnass と Vandergheynst の論文と，第 4 章で示したノイズのない場合についての最悪の場合の解析にほぼ沿っている．

まず，$\mathbf{b}$ が $\mathbf{b} = \mathbf{A}\mathbf{x} = \sum_{t \in S} x_t \mathbf{a}_t$ と構成されていると仮定する．ここで，$\mathbf{x}$ の非ゼロ要素は，範囲 $[|x_{\min}|, |x_{\max}|]$ から正の値を任意に選択し（$|x_{\min}|$ は 0 を含まない正とする），これにラーデマッヘル（Rademacher）分布（等確率で ± 1 をとる分布）から iid 抽出された確率変数 ϵ_t を乗じたものとする．S は非ゼロ要素の個数 k の任意のサポートとする．

以下の解析では，任意の $T > 0$，iid 抽出されたラーデマッヘル確率変数 $\{\epsilon_t\}_t$

の任意の系列, 任意のベクトル $\mathbf{v}$ について, 次式の大偏差不等式 (large-deviation inequality) を用いる.

$$P\left(\left|\sum_t \epsilon_t v_t\right| \geq T\right) \leq 2\exp\left\{-\frac{T^2}{32\|\mathbf{v}\|_2^2}\right\} \tag{7.3}$$

この不等式は Ledoux と Talagrand の書籍 (5.4 節)[*5] で与えられている. 次で見るように, この不等式はしきい値アルゴリズムの確率的な上界を得るために重要な役割を果たす.

7.3.2 解析

第 4 章で見たように, しきい値アルゴリズムが失敗する確率は

$$P(\text{失敗}) = P\left(\min_{i\in S}|\mathbf{a}_i^{\mathrm{T}}\mathbf{b}| \leq \max_{j\notin S}|\mathbf{a}_j^{\mathrm{T}}\mathbf{b}|\right) \tag{7.4}$$

である. 任意のしきい値 T に対して, この確率は次のように上から抑えることができる.

$$P(\text{失敗}) \leq P\left(\min_{i\in S}|\mathbf{a}_i^{\mathrm{T}}\mathbf{b}| \leq T\right) + P\left(\max_{j\notin S}|\mathbf{a}_j^{\mathrm{T}}\mathbf{b}| \geq T\right) \tag{7.5}$$

このステップの導出は以下の考え方に基づいている. 二つの非負確率変数 a, b に対して, 次式が成り立つ.

$$\begin{aligned}P(a \leq b) &= \int_{t=0}^{\infty} P(a=t)P(b\geq t)dt \\ &= \int_{t=0}^{T} P(a=t)P(b\geq t)dt + \int_{t=T}^{\infty} P(a=t)P(b\geq t)dt\end{aligned}$$

一つ目の積分 (範囲 $[0,T]$) について, $P(b \geq t) \leq 1$ である. 同様に, 二つ目の積分では, $t \geq T$ であるので $P(b\geq t) \leq P(b \geq T)$ である. すると,

$$P(a \leq b) \leq \int_{t=0}^{T} P(a=t)dt + \int_{t=T}^{\infty} P(a=t)P(b\geq T)dt$$

---

*5 【訳注】 Michel Ledoux and Michel Talagrand, *Probability in Banach Spaces: Isoperimetry and Processes*, Springer, New York, 1991.

$$= P(a \le T) + P(b \ge T) \int_{t=T}^{\infty} P(a = t) dt$$
$$= P(a \le T) + P(b \ge T) P(a \ge T) \le P(a \le T) + P(b \ge T)$$

となり，これが式 (7.5) の導出過程である．図 7.4 に，不等式 $P(a \le b) \le P(a \le T) + P(b \ge T)$ を別の方法で説明する図を示す．

式 (7.5) 右辺の一つ目の確率は，項 $\min_{i \in S} |\mathbf{a}_i^{\mathrm{T}} \mathbf{b}|$ を減らせば増加する．同様に二つ目の確率は，$\max_{j \notin S} |\mathbf{a}_j^{\mathrm{T}} \mathbf{b}|$ を増やせば，増加する．したがって，これらの式を簡単化するために，最悪の場合の解析で行ったものと（ほぼ）同様の手順を踏む．まず，式 (7.5) に $\mathbf{b} = \sum_{t \in S} x_t \mathbf{a}_t$ を代入し，$\|\mathbf{a}_i\|_2 = 1$ であることを用いると，次式を得る．

$$\min_{i \in S} |\mathbf{a}_i^{\mathrm{T}} \mathbf{b}| = \min_{i \in S} \left| \sum_{t \in S} x_t \mathbf{a}_i^{\mathrm{T}} \mathbf{a}_t \right| = \min_{i \in S} \left| x_i + \sum_{t \in S \setminus i} x_t \mathbf{a}_i^{\mathrm{T}} \mathbf{a}_t \right| \tag{7.6}$$

不等式 $|a + b| \ge |a| - |b|$ を用いると，上式は以下のように下から抑えられる．

$$\min_{i \in S} \left| x_i + \sum_{t \in S \setminus i} x_t \mathbf{a}_i^{\mathrm{T}} \mathbf{a}_t \right| \ge \min_{i \in S} \left\{ |x_i| - \left| \sum_{t \in S \setminus i} x_t \mathbf{a}_i^{\mathrm{T}} \mathbf{a}_t \right| \right\} \tag{7.7}$$

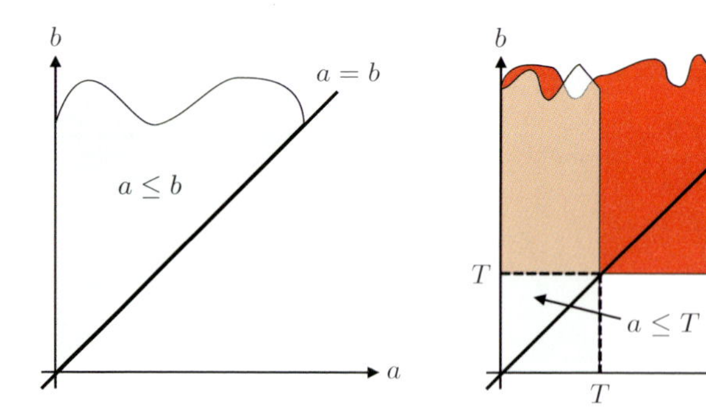

図 7.4　不等式 $P(a \le b) \le P(a \le T) + P(b \ge T)$ の図解．左図は，同時分布 $P(a, b)$ を積分して $P(a \le b)$ を得る範囲を示している．右図は，$P(a \le T)$ と $P(b \ge T)$ の二つを示しており，明らかに，右図の二つの範囲の和は，左図の範囲よりも大きい．

$$\geq |x_{\min}| - \max_{i \in S} \left\{ \left| \sum_{t \in S \backslash i} x_t \mathbf{a}_i^{\mathrm{T}} \mathbf{a}_t \right| \right\}$$

$$\geq |x_{\min}| - \max_{i \in S} \left\{ \left| \sum_{t \in S \backslash i} \epsilon_t |x_t| \mathbf{a}_i^{\mathrm{T}} \mathbf{a}_t \right| \right\}$$

したがって，式 (7.5) に戻れば，次式が得られる．

$$P\left(\min_{i \in S} |\mathbf{a}_i^{\mathrm{T}} \mathbf{b}| \leq T\right) \leq P\left(|x_{\min}| - \max_{i \in S} \left\{ \left| \sum_{t \in S \backslash i} \epsilon_t |x_t| \mathbf{a}_i^{\mathrm{T}} \mathbf{a}_t \right| \right\} \leq T\right) \tag{7.8}$$

$$= P\left(\max_{i \in S} \left\{ \left| \sum_{t \in S \backslash i} \epsilon_t |x_t| \mathbf{a}_i^{\mathrm{T}} \mathbf{a}_t \right| \right\} \geq |x_{\min}| - T\right)$$

ここで（図 7.5 で示すように）$P(\max(a,b) \geq T) \leq P(a \geq T) + P(b \geq T)$ を用いると，次式を得る．

$$P\left(\min_{i \in S} |\mathbf{a}_i^{\mathrm{T}} \mathbf{b}| \leq T\right) \leq \sum_{i \in S} P\left(\left| \sum_{t \in S \backslash i} \epsilon_t |x_t| \mathbf{a}_i^{\mathrm{T}} \mathbf{a}_t \right| \geq |x_{\min}| - T\right) \tag{7.9}$$

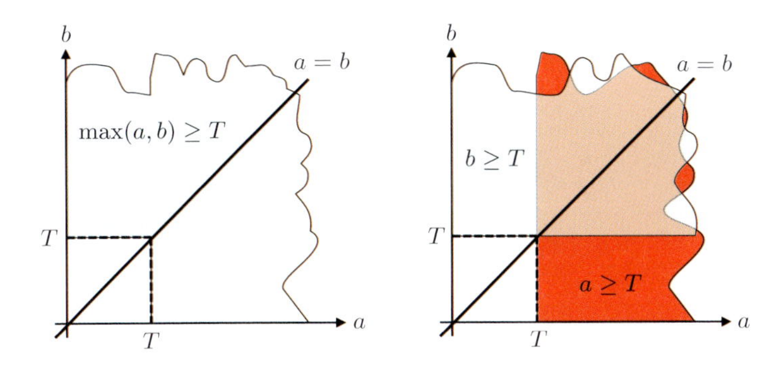

図 7.5　不等式 $P(\max(a,b) \geq T) \leq P(a \geq T) + P(b \geq T)$ の図解．左図は，同時分布 $P(a,b)$ を積分して $P(\max(a,b) \geq T)$ を得る範囲を示している．右図は，$P(a \geq T)$ と $P(b \geq T)$ の二つを示しており，明らかに，右図の二つの範囲の和は，左図の範囲となる．

式 (7.3) の大偏差不等式を代入すると，次式を得る．

$$
\begin{aligned}
P\left(\min_{i\in S}|\mathbf{a}_i^{\mathrm{T}}\mathbf{b}|\leq T\right) &\leq \sum_{i\in S} P\left(\left|\sum_{t\in S\setminus i}\epsilon_t|x_t|\mathbf{a}_i^{\mathrm{T}}\mathbf{a}_t\right|\geq |x_{\min}|-T\right) \\
&\leq 2\sum_{i\in S}\exp\left\{-\frac{(|x_{\min}|-T)^2}{32\displaystyle\sum_{t\in S\setminus i}|x_t|^2(\mathbf{a}_i^{\mathrm{T}}\mathbf{a}_i)^2}\right\} \\
&\leq 2|S|\exp\left\{-\frac{(|x_{\min}|-T)^2}{32|x_{\max}|^2\mu_2(|S|-1)}\right\} \\
&\leq 2|S|\exp\left\{-\frac{(|x_{\min}|-T)^2}{32|x_{\max}|^2\mu_2(|S|)}\right\}
\end{aligned}
\tag{7.10}
$$

ここで

$$
\mu_2(k)=\max_{|S|=k}\max_{i\notin S}\sum_{t\in S}(\mathbf{a}_i^{\mathrm{T}}\mathbf{a}_t)^2 \tag{7.11}
$$

を定義した．明らかに $\mu_2(k)\leq k\mu(\mathbf{A})^2$ である．

次は式 (7.5) の第 2 項を考える．同様の手順を踏むと，以下の結果が得られる．

$$
\begin{aligned}
P\left(\max_{j\notin S}|\mathbf{a}_j^{\mathrm{T}}\mathbf{b}|\geq T\right) &= P\left(\max_{j\notin S}\left|\sum_{t\in S}\epsilon_t|x_t|\mathbf{a}_j^{\mathrm{T}}\mathbf{a}_t\right|\geq T\right) \\
&\leq \sum_{j\notin S} P\left(\left|\sum_{t\in S}\epsilon_t|x_t|\mathbf{a}_j^{\mathrm{T}}\mathbf{a}_t\right|\geq T\right) \\
&\leq 2\sum_{j\notin S}\exp\left\{-\frac{T^2}{32\displaystyle\sum_{t\in S}|x_t|^2(\mathbf{a}_j^{\mathrm{T}}\mathbf{a}_t)^2}\right\} \\
&\leq 2(m-|S|)\exp\left\{-\frac{T^2}{32|x_{\max}|^2\mu_2(|S|)}\right\}
\end{aligned}
\tag{7.12}
$$

式 (7.5) に戻れば，失敗する確率は以下で抑えられることがわかる．

$$
P(\text{失敗})\leq 2|S|\exp\left\{-\frac{(|x_{\min}|-T)^2}{32|x_{\max}|^2\mu_2(|S|)}\right\}
$$

$$+ 2(m - |S|) \exp\left\{-\frac{T^2}{32|x_{\max}|^2 \mu_2(|S|)}\right\} \tag{7.13}$$

この上界は T の関数であり，最も厳密な上界を得るためには，T について最小化しなければならない．最適な T の値を閉形式で得ることは困難であるので，ここでは単純に $T = |x_{\min}|/2$ として以下を得る．

$$P(\text{失敗}) \le 2m \exp\left\{-\left(\frac{x_{\min}}{x_{\max}}\right)^2 \frac{1}{128\mu_2(|S|)}\right\} \tag{7.14}$$

7.3.3 議論

この結果が何を意味するのかを考察してみよう．$\mathbf{A}$ の次元が $n \times \rho n$（ここで $\rho > 1$ は固定）であり，しきい値アルゴリズムを用いて線形連立方程式 $\mathbf{Ax} = \mathbf{b}$ の最もスパースな解を復元する場合を考える．前述の $\mu_2(k) \le k\mu(\mathbf{A})^2$ という関係を用い，さらに（グラスマン行列やユニタリ行列の場合と同様に）$\mu(\mathbf{A}) \propto 1/\sqrt{n}$ を仮定する．ここで，前述の式を簡単化のために $r = |x_{\min}|/|x_{\max}|$ と書く．すると，しきい値アルゴリズムが非ゼロ要素の個数 k の解の復元に失敗する確率は，これらの仮定のもとでは以下のようになる．

$$P(\text{失敗}) \le 2\rho n \exp\left\{-\frac{r^2 n}{128k}\right\} \tag{7.15}$$

したがって，非ゼロ要素の個数が $k = cn/\log n$ の場合には，この確率は次式のようになる．

$$P(\text{失敗}) \le 2\rho n \exp\left\{-\frac{r^2}{128c}\log n\right\} = 2\rho\, n^{1-\frac{r^2}{128c}} \tag{7.16}$$

もし $c < r^2/128$ を満たすように c を選択すると，n が大きくなれば（$n \to \infty$）この確率はいくらでも小さくなる．これと比較すると，最悪の場合の解析の結果は，復元が保証されるのは非ゼロ要素の個数 k が $k \propto \sqrt{n}$ の場合であった．

関係 $\mu(A) \propto 1/\sqrt{n}$ が成立しない一般的な場合でも，同じ議論を行い，c についても同じ条件を用いると，非ゼロ要素の個数が $k = c/(\mu(\mathbf{A})^2 \log n)$ であればスパースな解を復元することができる．

しきい値アルゴリズムについての上記の解析結果を改善する方法はいくつかあり，上記の式中の定数をもっと楽観的なものにすることができる．その改善方法の一つは，$\mu_2(k)$ をもっと小さい値に変更することである．式 (7.11) では，k 個の内積 $\mathbf{a}_i^{\mathrm{T}}\mathbf{a}_t$ の 2 乗和の最大値として定義されているため，必然的に悲観的な値を採用してしまう．そこで，$\binom{m}{k}$ 個すべてのサポートに対してその 2 乗和を求めた値についての確率密度関数があり，それを評価できると仮定する．すると，この確率分布の最大値を選択するのではなく，この分布の裾部分を除外し（つまり，その部分の体積 δ では失敗すると仮定する），確率の上界としてもっと小さい値を用いる．失敗する場合を反映するために，この確率に $1-\delta$ を乗じる．

ここで得られた結果は，非ゼロ要素の個数が次元 n についてほぼ線形である場合に，スパースな解の復元に成功するという，類似した一連の結果の一つである．ここで対象としているしきい値アルゴリズムが単純であるため，得られた結果は最も単純であるが，他の研究結果と雰囲気はよく似ている．この結果を以下の定理としてまとめておく．

定理 7.3（しきい値アルゴリズムの確率的な最適解保証） 線形連立方程式 $\mathbf{A}\mathbf{x}=\mathbf{b}$ に対して（$\mathbf{A}\in\mathbb{R}^{n\times\rho n}$ はフルランクの行列，$\rho>1$），解 $\mathbf{x}$（その非ゼロ要素の最小値は $|x_{\min}|$，最大値は $|x_{\max}|$ であるもの）が存在して

$$\|\mathbf{x}\|_0 < \frac{1}{128}\left(\frac{x_{\min}}{x_{\max}}\right)^2 \frac{1}{\mu(\mathbf{A})^2\log n} \tag{7.17}$$

を満たせば，しきい値パラメータ $\epsilon_0=0$ で実行されるしきい値アルゴリズムは，ある確率で最適解を与える．失敗する確率は $n\to\infty$ の極限で 0 になる．

7.4　まとめ

第 3 章で示したように，この研究分野において最初に得られた結果は刺激的であったが，その後の研究で，それらはあまりに悲観的な上界であることがわかった．そのような興奮と失望の間を行き来しつつ，研究者たちは核心的な問題，すなわち追跡アルゴリズムが成功するための理論的な（しかも実験的な結果と一致するような）上界に興味を持ち続けている．本章ではそのような試みを紹介し，しきい値アルゴリズムについての結果を詳しく説明した．

疑問はすでに解決したのだろうか？　残念ながら，その問いに対する答えは

否定的である．上記のような結果が得られているにもかかわらず，次元が固定された行列 **A** に対しても，実験で得られる性能を信頼性高く予測するような，満足できる答えや構成的な方法は，まだない．その意味では，最悪の場合の解析のために導入された相互コヒーレンスや RIP などの評価尺度を使い続けるのは間違いなのかもしれない．

参考文献

1. E. J. Candès and J. Romberg, Practical signal recovery from random projections, in *Wavelet XI, Proc. SPIE Conf.* 5914, 2005.
2. E. J. Candès, J. Romberg, and T. Tao, Robust uncertainty principles: exact signal reconstruction from highly incomplete frequency information, *IEEE Trans. on Information Theory*, 52(2):489–509, 2006.
3. E. Candès and J. Romberg, Quantitative robust uncertainty principles and optimally sparse decompositions, *Foundations of Computational Mathematics*, Volume 6, Issue 2, pp. 227–254, April 2006.
4. E. Candès, J. Romberg, and T. Tao, Stable signal recovery from incomplete and inaccurate measurements, *Communications on Pure and Applied Mathematics*, Volume 59, Issue 8, pp. 1207–1223, August 2006.
5. E. J. Candès and T. Tao, Decoding by linear programming, *IEEE Trans. on Information Theory*, 51(12):4203–4215, December 2005.
6. D. L. Donoho, For most large underdetermined systems of linear equations, the minimal ℓ_1-norm solution is also the sparsest solution, *Communications on Pure and Applied Mathematics*, 59(6):797–829, June 2006.
7. D. L. Donoho, For most large underdetermined systems of linear equations, the minimal ℓ_1-norm near-solution approximates the sparsest near-solution, *Communications on Pure and Applied Mathematics*, 59(7):907–934, July 2006.
8. D. L. Donoho and J. Tanner, Neighborliness of randomly-projected simplices in high dimensions, *Proceedings of the National Academy of Sciences*, 102(27):9452–9457, March 2005.
9. D. L. Donoho and J. Tanner, Counting faces of randomly-projected polytopes when the projection radically lowers dimension, *Journal of the AMS*, 22(1):1–53, 2009.
10. M. Elad, Sparse representations are most likely to be the sparsest possible, *EURASIP Journal on Applied Signal Processing*, Paper No. 96247, 2006.
11. B. Kashin, The widths of certain finite-dimensional sets and classes of smooth functions, *Izv. Akad. Nauk SSSR Ser. Mat.*, 41, pp. 334–351, 1977.
12. S. Mendelson, A. Pajor, and N. Tomczak-Jaegermann, Uniform uncertainty

principle for Bernoulli and subgaussian ensembles, *Constructive Approximation*, 28(3):277–289, December 2008.

13. S. Mendelson, A. Pajor, and N. Tomczak-Jaegermann, Reconstruction and subgaussian processes, *Comptes Rendus Mathematique*, 340(12):885–888, 2005.
14. K. Schnass and P. Vandergheynst, Average performance analysis for thresholding, *IEEE Signal Processing Letters*, 14(11):828–831, November 2007.
15. S. Szarek, Condition number of random matrices, *J. Complexity*, 7, pp. 131–149, 1991.
16. S. Szarek, Spaces with large distance to ℓ^∞ and random matrices, *Amer. J. Math.*, 112:899–942, 1990.

第8章

ダンツィク選択器アルゴリズム

本章では，スパース近似のための別の基底追跡アルゴリズムを紹介する．これは魅力的で驚くような方法であり，BPDN や OMP に匹敵する．このアルゴリズムは 2007 年に Candès と Tao によって提案され，ダンツィク選択器 (Dantzig-selector; DS) と命名された．この名前は，線形計画（LP）問題を解くための単体法の発明者であるジョージ・ダンツィク（George Dantzig）に敬意を表して付けられている．LP との関連はすぐに明らかになるだろう．

本章で見るように，Candès と Tao の研究の素晴らしい点は，単に効率的な追跡アルゴリズムを提案したというだけではなく，この手法がスパースな解を復元する精度についての理論的な保証を与えたことである．本章では，彼らの論文の中から一つの結果を紹介する．

8.1 ダンツィク選択器 vs. 基底追跡

第 5 章では，以下の問題を議論した．スパースなベクトル $\mathbf{x}_0$ と $n \times m$ 行列 $\mathbf{A}$ との積を計算する（ここで n は m より小さくてもよい）．これ以降 $\mathbf{A}$ の列は ℓ_2 正規化されていると仮定する．その積に加法白色ガウスノイズ[*1] $\mathbf{e}$（これは

[*1] 第 5 章では，ノイズは決定論的であり，そのエネルギーは $\|\mathbf{e}\|_2 = \epsilon$ で抑えられていると仮定していた．この仮定は，解を復元するという目的を妨げるように働く敵対的ノイズを加えていることを意味している．これを確率的な仮定に置き換えれば，導出される上界はより厳密なものになるが，解析は複雑になる．

iid 抽出された要素 $e_i \sim \mathcal{N}(0, \sigma^2)$ を持つ）を加え，$\mathbf{b} = \mathbf{A}\mathbf{x}_0 + \mathbf{e}$ を得る．目標は $\mathbf{x}_0$ を確実に復元することである．第 5 章で紹介したアイデアを用いるならば，以下の問題 (P_0^ϵ) を解けばよい．

$$(P_0^\epsilon): \quad \hat{\mathbf{x}}_0^\epsilon = \arg\min_{\mathbf{x}} \|\mathbf{x}\|_0 \quad \text{subject to} \quad \|\mathbf{b} - \mathbf{A}\mathbf{x}\|_2 \le \epsilon \tag{8.1}$$

ただし，ϵ は $\sqrt{n}\sigma$ に比例するように選択する．この問題は一般的に解くには複雑すぎるため，第 5 章では ℓ_0 ノルムを ℓ_1 ノルムに置き換えるという一つの選択肢を議論した．それが基底追跡ノイズ除去（BPDN）であった．

$$(P_1^\epsilon): \quad \hat{\mathbf{x}}_1^\epsilon = \arg\min_{\mathbf{x}} \|\mathbf{x}\|_1 \quad \text{subject to} \quad \|\mathbf{b} - \mathbf{A}\mathbf{x}\|_2 \le \epsilon \tag{8.2}$$

それでは，ダンツィク選択器（DS）を説明しよう．これは問題 (P_1^ϵ) を置き換える興味深い問題である．$\mathbf{x}_0$ の推定のために，Candès と Tao は以下の問題を解くことを提案した．

$$(P_{\mathrm{DS}}^\lambda): \quad \hat{\mathbf{x}}_{\mathrm{DS}}^\lambda = \arg\min_{\mathbf{x}} \|\mathbf{x}\|_1 \quad \text{subject to} \quad \|\mathbf{A}^{\mathrm{T}}(\mathbf{b} - \mathbf{A}\mathbf{x})\|_\infty \le \lambda\sigma \tag{8.3}$$

これを見るとわかるように，制約条件が変更されている！　もとの問題の制約条件 $\|\mathbf{b} - \mathbf{A}\mathbf{x}\|_2 \le \epsilon$ には，意味があった．つまり，残差のノルムが制限されていることを期待している．さらに，この式は $\mathbf{x}$ が与えられたときの $\mathbf{b}$ の対数尤度としても解釈できるので，第 11 章で見るように，問題 (P_1^ϵ) を MAP 推定に関連付けている．そうだとしても，この制約条件では，残差 $\mathbf{b} - \mathbf{A}\mathbf{x}$ が白色ガウスノイズのように振る舞うことを強制できていない．特に，残差が構造や相関を持つことほとんどないはずであるが，この制約条件ではそれが許されてしまう．

一方，DS で提案された制約条件は，残差 $\mathbf{r} = \mathbf{b} - \mathbf{A}\mathbf{x}$ を計算し，それから $\mathbf{A}$ の列との内積を計算する．この内積がさまざまな重みで $\mathbf{r}$ の要素を総和し，そのすべてが小さくなることを期待している．この制約条件は，それらのすべてが，事前に与えられたしきい値 $\lambda\sigma$ よりも小さいという条件を課している．

なぜ $\mathbf{A}^{\mathrm{T}}$ との積をとるのかという直感的な説明をするために，次のような状況を考えてみる．暫定的な解 $\mathbf{x}$ が $\mathbf{x}_0$ に非常に近いが，$\mathbf{x}_0$ の非ゼロ要素の一つが除外されてゼロになっており，それに対応する $\mathbf{A}$ の列が $\mathbf{a}_i$ であるとする．

この要素の除外は，$\mathbf{r} = \mathbf{b} - \mathbf{A}\mathbf{x}_0 + c\mathbf{a}_i = \mathbf{e} + c\mathbf{a}_i$ という形の残差に対応している．この残差ベクトルは $\mathbf{a}_i$ と非常に強い相関を持つ．なぜなら $\mathbf{a}_i^{\mathrm{T}}\mathbf{r} = \mathbf{a}_i^{\mathrm{T}}\mathbf{e} + c$ となるからである．この第1項はほぼゼロになるが，第2項の c の値は大きくなることがある（特に $\mathbf{b}$ に対してこの列の寄与が大きい場合には）．そのため，その値は，暫定的な解が正しいかどうかを確認するために使えるかもしれない．このような考えに立って，$\mathbf{A}$ のすべての列との内積を計算し，それがすべて小さいことを条件にすれば，残差が「白色化」されており，どの列も残差と高い相関を持たないことが確認できる．

問題 (8.3) は線形計画問題として書くことができる．そのためには，補助変数 $\mathbf{u} \geq |\mathbf{x}|$ を追加し，以下のように書き換える．

$$\min_{\mathbf{u},\mathbf{x}} \mathbf{1}^{\mathrm{T}}\mathbf{u} \quad \text{subject to} \quad \left\{ \begin{array}{c} -\mathbf{u} \leq \mathbf{x} \leq \mathbf{u} \\ -\sigma\lambda\mathbf{1} \leq \mathbf{A}^{\mathrm{T}}(\mathbf{b} - \mathbf{A}\mathbf{x}) \leq \sigma\lambda\mathbf{1} \end{array} \right\} \tag{8.4}$$

すべての式（ペナルティ項と制約項）は未知数に対して線形であり，したがってこれは古典的な LP であり，これを解く方法は多数ある（例えば反復縮小アルゴリズムなど）．また，これは凸問題であるため，大域的最適解を得ることが可能であり，それがこの手法の魅力でもある．

DS を線形計画問題に書き換える別の方法は，それぞれ正の要素と負の要素からなる二つのベクトルで未知数 $\mathbf{x}$ を $\mathbf{x} = \mathbf{u} - \mathbf{v}$ と分割することである．すると，問題は次のように書き換えられる．

$$\min_{\mathbf{u},\mathbf{x}} \mathbf{1}^{\mathrm{T}}\mathbf{u} + \mathbf{1}^{\mathrm{T}}\mathbf{v} \quad \text{subject to} \quad \left\{ \begin{array}{c} \mathbf{u} \geq 0, \quad \mathbf{v} \geq 0 \\ -\sigma\lambda\mathbf{1} \leq \mathbf{A}^{\mathrm{T}}(\mathbf{b} - \mathbf{A}\mathbf{x}) \leq \sigma\lambda\mathbf{1} \end{array} \right\} \tag{8.5}$$

このアプローチは，第1章で ℓ_1 最小化問題を LP 形式に書き換えた方法と同様である．そこでの議論と同様に，二つのベクトル $\mathbf{u}, \mathbf{v}$ のサポートが重複しないようにする，つまり $\mathbf{u}^{\mathrm{T}}\mathbf{v} = 0$ にする必要がある．その方法も同じである．すなわち，もし二つのベクトルの同じ位置に非ゼロ要素がある場合，小さいほうの値の分だけ（値の小さいほうが 0 になるように）両方の値を減らせば，ペナルティ項は小さくなるが，制約条件は変わらないままである．

それでは，DS は $\mathbf{x}_0$ を復元するために BPDN よりも良いのだろうか？ 上記の記述を見れば，DS は BP よりもはるかに多くの情報を持つ制約条件を用いているのだから，答えは肯定的だと思うだろう．しかし，次に見るように，この直感はかなり間違っている．少なくとも **A** がユニタリ行列の場合は，二つの手法に差はない．

8.2　ユニタリ行列の場合

行列 **A** がユニタリの場合，(P_0^ϵ) と (P_1^ϵ) の解は，ハードしきい値またはソフトしきい値を用いることで，どちらも閉形式で与えられた．これは DS アルゴリズムについても同じだろうか？

制約条件 $\|\mathbf{A}^{\mathrm{T}}(\mathbf{b}-\mathbf{A}\mathbf{x})\|_\infty \le \lambda\sigma$ を見ると，$\mathbf{A}^{\mathrm{T}}\mathbf{A} = \mathbf{I}$ より $\|\mathbf{A}^{\mathrm{T}}\mathbf{b}-\mathbf{x}\|_\infty \le \lambda\sigma$ となる．したがって，DS は m 個の独立した最適化問題となる．

$$\min_x |x| \quad \text{subject to} \quad |\mathbf{a}_i^{\mathrm{T}}\mathbf{b} - x| \le \lambda\sigma,\ i = 1, 2, \ldots, m \tag{8.6}$$

この解は次のように容易に得ることができる．

$$x_i^{\mathrm{opt}} = \begin{cases} \mathbf{a}_i^{\mathrm{T}}\mathbf{b} - \lambda\sigma, & \mathbf{a}_i^{\mathrm{T}}\mathbf{b} \ge \lambda\sigma \\ 0, & |\mathbf{a}_i^{\mathrm{T}}\mathbf{b}| < \lambda\sigma \\ \mathbf{a}_i^{\mathrm{T}}\mathbf{b} + \lambda\sigma, & \mathbf{a}_i^{\mathrm{T}}\mathbf{b} \ge -\lambda\sigma \end{cases} \tag{8.7}$$

これは古典的なソフトしきい値処理であり，（ϵ に対してパラメータ $\lambda\sigma$ を適切に選択すれば）問題 (P_1^ϵ) で得られた解とまったく同じである．しかし，一般には，問題 (P_1^ϵ) と $(P_{\mathrm{DS}}^\lambda)$ とは等価ではない．

上記の結果に基づけば，一般の場合に対する DS には，ℓ_2 ペナルティに対して行った議論と同様に，反復縮小アルゴリズムを用いることができるかもしれない．

8.3　制限等長性（再訪）

DS の理論的な解析を展開するために，第 5 章で定義した制限等長性（restricted isometry property; RIP）を用いる．議論を完結させるために，定義 5.2 を以下に再掲する．そして，これに関連した，ダンツィク選択器の解析に有用な新しい定義を追加する．

定義 8.1（制限等長性） 列が ℓ_2 正規化された（$m > n$ である）$n \times m$ 行列 $\mathbf{A}$ と整数 $s \leq n$ に対して，$\mathbf{A}$ の s 個の列からなる部分行列 $\mathbf{A}_s$ を考える．任意の s 個の列について，次式を満たす最小の値を δ_s と定義する．

$$\forall \mathbf{c} \in \mathbb{R}^s, \quad (1 - \delta_s)\|\mathbf{c}\|_2^2 \leq \|\mathbf{A}_s \mathbf{c}\|_2^2 \leq (1 + \delta_s)\|\mathbf{c}\|_2^2 \tag{8.8}$$

このとき，$\mathbf{A}$ は RIP 定数 δ_s について s-RIP であるという．

二つ目の定義は，上と同様に呼ぶならば，制限直交性（restricted orthogonality property; ROP）である．

定義 8.2（制限直交性） 列が ℓ_2 正規化された（$m > n$ である）$n \times m$ 行列 $\mathbf{A}$ と，二つの整数 $s_1, s_2 \leq n$ に対して，$\mathbf{A}$ の s_1 個の列からなる部分行列 $\mathbf{A}_{s_1}$ と，$\mathbf{A}$ の s_2 個の列からなる部分行列 $\mathbf{A}_{s_2}$ を考え，それらの列集合に重複はないとする．任意の s_1 個と s_2 個の列集合について，次式を満たす最小の値を θ_{s_1,s_2} と定義する．

$$\begin{aligned} &\forall \mathbf{c}_1 \in \mathbb{R}^{s_1}, \ \mathbf{c}_2 \in \mathbb{R}^{s_2}, \\ &|\mathbf{c}_1^{\mathrm{T}} \mathbf{A}_{s_1}^{\mathrm{T}} \mathbf{A}_{s_2} \mathbf{c}_2| = |\langle \mathbf{A}_{s_1}\mathbf{c}_1, \mathbf{A}_{s_2}\mathbf{c}_2 \rangle| \leq \theta_{s_1,s_2} \|\mathbf{c}_1\|_2 \|\mathbf{c}_2\|_2 \end{aligned} \tag{8.9}$$

このとき，$\mathbf{A}$ は ROP 定数 θ_{s_1,s_2} について s_1, s_2-ROP であるという．

この定義は，同じベクトルを表現するために互いに影響しないような，重複のない列集合の独立性を特徴付けている．RIP と同様に，θ_{s_1,s_2} の値を計算することは現実的ではないので，ここでも相互コヒーレンスを用いて $\theta_{s_1,s_2} \leq \sqrt{s_1 s_2}\, \mu(\mathbf{A})$ として θ_{s_1,s_2} を上から抑えることもできる．しかしそのような上界は実用上あまりに弱いため，ここではその方法は用いない．上記の定義について，重要な点を二つ示す．

1. 一般の行列 $\mathbf{A}$ に対しては，δ_s や θ_{s_1,s_2} を評価することは実質的に不可能であるが，ランダム行列に対しては非常に正確に求めることができる．そのため，行列 $\mathbf{A}$ が確率的である圧縮センシングの応用では，それらの評価尺度は一般的に用いられている．
2. 一般の行列 $\mathbf{A}$ に対しては，RIP 定数や ROP 定数を用いると理論的な結果は得られるが，ほとんどは悲観的な結果となる．その理由は，その定義からこれらの評価尺度は最悪の場合のものあり，そのため類似した列を持つような自明な状況をも許容しないからである．

8.4 ダンツィク選択器の性能保証

上記の定義を用いることで，DS の性能を解析することができる．Candès と Tao が彼らの論文で示した結果のうち，最初のいくつかをここで説明する．それだけでも，DS の利点と，上記の定義がどのように使われるのかを見るのには十分である．

定理 8.1（DS の安定性） $(\mathbf{A}, \mathbf{b}, \sigma)$ と $\lambda = \sqrt{2(1+a)\log m}$ が与えられた問題 $(P_{\mathrm{DS}}^{\lambda})$ を考える．ベクトル $\mathbf{x}_0 \in \mathbb{R}^m$ が s-スパースであり（つまり $\|\mathbf{x}_0\|_0 = s$），s は $\delta_{2s} + \theta_{s,2s} < 1$ を満たすとする．また，$\mathbf{b} = \mathbf{A}\mathbf{x}_0 + \mathbf{e}$ であり，$\mathbf{e}$ は平均 0，分散 σ^2 のガウス分布から iid 抽出されたランダムなガウスノイズであるとする．

このとき，$(P_{\mathrm{DS}}^{\lambda})$ の解 $\mathbf{x}_{\mathrm{DS}}^{\lambda}$ は，$1 - (\sqrt{\pi \log m}\; m^a)^{-1}$ よりも大きい確率で次式を満たす．

$$\|\mathbf{x}_{\mathrm{DS}}^{\lambda} - \mathbf{x}_0\|_2^2 \leq C^2 \cdot 2\log m \cdot s \cdot \sigma^2 \tag{8.10}$$

ここで，$C = 4/(1 - \delta_{2s} + \theta_{s,2s})$ である．

この結果の証明に入る前に，それが意味する，特に注目すべき点について手短に説明する．

- これは，定理 5.3 で得られた，BPDN の安定性についての結果と非常に似ている．しかしながら，こちらの上界のほうがはるかに良いものである．定理 5.3 ではすべてのノイズを吸収するために上界は $\epsilon^2 \propto n\sigma^2$ に比例するが，こちらの上界は（定係数を除いて）$s\sigma^2$ に比例する．前にも述べたように，この違いの理由は，敵対的ノイズから確率的ノイズへと変更したことによる．
- 本章でのこの定理の説明の仕方では，真の解との距離が確率で与えられているため，これが DS の平均性能の解析であると勘違いするかもしれない．しかし，この確率はノイズのランダム性によるものであり，$\mathbf{x}_0$ を確率的に生成すること（ランダムなサポートやランダムな要素）によるものではない．

- スパース性の条件は隠れているように見えるが，RIP 定数や ROP 定数として間接的に登場する．したがって，ランダム行列 $\mathbf{A}$ を扱うときには，この結果はもっと明らかかつ強力になる．一般の行列 $\mathbf{A}$ についてこの定理が予測する性能は，もともとが最悪の場合を想定しているため，非常に悲観的である．
- この結果は驚くべきものである！ 得られた上界の威力を確認するために，真のサポート s がわかっていると仮定として $\mathbf{x}_0$ を推定することを考えてみる．この場合，推定は以下の最小 2 乗問題に帰着する．

$$\mathbf{z}^{\mathrm{opt}} = \arg\min_{\mathbf{z}} \|\mathbf{A}_s\mathbf{z} - \mathbf{b}\|_2^2 = (\mathbf{A}_s^{\mathrm{T}}\mathbf{A}_s)^{-1}\mathbf{A}_s^{\mathrm{T}}\mathbf{b} \tag{8.11}$$

二つのベクトルはサポート外では同じ（つまりゼロ）であるため，この場合の誤差はサポート s の中だけに限定される．ここで，$\mathbf{b} = \mathbf{A}_s\mathbf{x}_0^s + \mathbf{e}$ を用いると，誤差の期待値は以下のようになる．

$$\begin{aligned} E\left(\|\mathbf{z}^{\mathrm{opt}} - \mathbf{x}_0^s\|_2^2\right) &= E\left(\|(\mathbf{A}_s^{\mathrm{T}}\mathbf{A}_s)^{-1}\mathbf{A}_s^{\mathrm{T}}\mathbf{b} - \mathbf{x}_0^s\|_2^2\right) \\ &= E\left(\|(\mathbf{A}_s^{\mathrm{T}}\mathbf{A}_s)^{-1}\mathbf{A}_s^{\mathrm{T}}(\mathbf{A}_s\mathbf{x}_0^s + \mathbf{e}) - \mathbf{x}_0^s\|_2^2\right) \\ &= E\left(\|(\mathbf{A}_s^{\mathrm{T}}\mathbf{A}_s)^{-1}\mathbf{A}_s^{\mathrm{T}}\mathbf{e}\|_2^2\right) \\ &= \mathrm{tr}\left\{(\mathbf{A}_s^{\mathrm{T}}\mathbf{A}_s)^{-1}\mathbf{A}_s^{\mathrm{T}}E(\mathbf{e}\mathbf{e}^{\mathrm{T}})\mathbf{A}_s(\mathbf{A}_s^{\mathrm{T}}\mathbf{A}_s)^{-1}\right\} \\ &= \sigma^2\mathrm{tr}\left\{(\mathbf{A}_s^{\mathrm{T}}\mathbf{A}_s)^{-1}\right\} \ge \frac{s\sigma^2}{1+\delta_s} \end{aligned} \tag{8.12}$$

ここで，$E(\mathbf{e}\mathbf{e}^{\mathrm{T}}) = \sigma^2\mathbf{I}$ を用いた．また，$\mathbf{A}_s^{\mathrm{T}}\mathbf{A}_s$ の固有値が範囲 $[1-\delta_s, 1+\delta_s]$ にあることがわかっているので（RIP のため），その逆行列の固有値は範囲 $[1/(1+\delta_s), 1/(1-\delta_s)]$ にある，という事実を用いた．トレースは固有値の和であるため，最後の下界が得られる．

これらが意味するのは，サポートに関する知識がなくても，DS は最良の解に非常に近いものを見つけるということである．これは驚くべきことである．

それでは，この結果の証明に入ろう．この証明は Candès と Tao が論文で示したものに忠実に従っているが，証明のわかりやすさのために多少変更した．

証明　二つの解の候補 $\mathbf{x}_0$ と $\mathbf{x}_{\mathrm{DS}}^{\lambda}$ に対して，その差 $\mathbf{d} = \mathbf{x}_{\mathrm{DS}}^{\lambda} - \mathbf{x}_0$ を考える．$\mathbf{x}_{\mathrm{DS}}^{\lambda}$ は明らかに実行可能解であるが，$\mathbf{x}_0$ は必ずしもそうではない．ここでは，$\mathbf{x}_0$ が実行可能である場合のみを考える．つまり，次の式が成り立つ．

$$\|\mathbf{A}^{\mathrm{T}}(\mathbf{A}\mathbf{x}_0 - \mathbf{b})\|_{\infty} = \|\mathbf{A}^{\mathrm{T}}\mathbf{e}\|_{\infty} \leq \lambda\sigma \tag{8.13}$$

ベクトル $\mathbf{A}^{\mathrm{T}}\mathbf{e}$ の各要素はガウス分布 $\mathcal{N}(0, \sigma)$ に従う確率変数であるので（$\mathbf{A}$ の各列が正規化されているため），次式が成り立つ．

$$\begin{aligned} P\left(\frac{1}{\sigma}\|\mathbf{A}^{\mathrm{T}}\mathbf{e}\|_{\infty} \leq \lambda\right) &= \left(1 - 2\int_{\lambda}^{\infty} \frac{1}{\sqrt{2\pi}} e^{-\frac{x^2}{2}} dx\right)^m \\ &\geq 1 - \frac{2m}{\sqrt{2\pi}} \int_{\lambda}^{\infty} e^{-\frac{x^2}{2}} dx \end{aligned} \tag{8.14}$$

ここで，不等式 $(1-\epsilon)^m \geq 1 - m\epsilon$ を用いた（これは $0 \leq \epsilon \leq 1$ について真となる）．なお，ベクトル $\mathbf{A}^{\mathrm{T}}\mathbf{e}/\sigma$ は正規化されており，したがって標準形式（canonic expression）である．不等式

$$\int_{u}^{\infty} e^{-\frac{x^2}{2}} dx \leq \frac{e^{-\frac{u^2}{2}}}{u}$$

を用いると（上式は，この関数の導関数を求めれば容易に検証できる），次式を得る．

$$\begin{aligned} P\left(\frac{1}{\sigma}\|\mathbf{A}^{\mathrm{T}}\mathbf{e}\|_{\infty} \leq \lambda\right) &\geq 1 - \frac{2m}{\sqrt{2\pi}} \int_{\lambda}^{\infty} e^{-\frac{x^2}{2}} dx \\ &\geq 1 - \frac{2m}{\sqrt{2\pi}\lambda} e^{-\frac{\lambda^2}{2}} \end{aligned} \tag{8.15}$$

これに $\lambda = \sqrt{2(1+a)\log m}$ を代入すると，以下を得る．

$$\begin{aligned} P\left(\frac{1}{\sigma}\|\mathbf{A}^{\mathrm{T}}\mathbf{e}\|_{\infty} \leq \lambda\right) &\geq 1 - \frac{2m}{\sqrt{2\pi}\lambda} e^{-\frac{\lambda^2}{2}} \\ &= 1 - \frac{1}{\sqrt{\pi(1+a)\log m}} m^{-a} \end{aligned} \tag{8.16}$$

十分に大きい a に対して，この確率を任意に小さくすることが可能であり，したがって $\mathbf{x}_0$ が実行可能であるほとんどの場合を考察していることになる．

DS の最適解との残差を $\mathbf{r} = \mathbf{b} - \mathbf{A}\mathbf{x}_{\mathrm{DS}}^{\lambda}$ で定義する．すると，以下を得る．

$$\begin{aligned} \mathbf{A}^{\mathrm{T}}\mathbf{A}\mathbf{d} &= \mathbf{A}^{\mathrm{T}}\mathbf{A}(\mathbf{x}_0 - \mathbf{x}_{\mathrm{DS}}^{\lambda}) \\ &= \mathbf{A}^{\mathrm{T}}(\mathbf{A}\mathbf{x}_0 - \mathbf{b}) - \mathbf{A}^{\mathrm{T}}(\mathbf{A}\mathbf{x}_{\mathrm{DS}}^{\lambda} - \mathbf{b}) \\ &= \mathbf{A}^{\mathrm{T}}(\mathbf{r} - \mathbf{e}) \end{aligned} \tag{8.17}$$

どちらの解候補も実行可能解であるため，$\|\mathbf{A}^{\mathrm{T}}\mathbf{e}\|_\infty \le \lambda\sigma$ と $\|\mathbf{A}^{\mathrm{T}}\mathbf{r}\|_\infty \le \lambda\sigma$ が成り立つ．したがって，三角不等式を用いると以下を得る．

$$\|\mathbf{A}^{\mathrm{T}}\mathbf{A}\mathbf{d}\|_\infty = \|\mathbf{A}^{\mathrm{T}}(\mathbf{e} - \mathbf{r})\|_\infty \le \|\mathbf{A}^{\mathrm{T}}\mathbf{e}\|_\infty + \|\mathbf{A}^{\mathrm{T}}\mathbf{r}\|_\infty \le 2\lambda\sigma \tag{8.18}$$

ここで導出を別方向に向けて，次の事実を利用する．$\mathbf{x}_{\mathrm{DS}}^{\lambda}$ は DS の解であるので，他の実行可能解（特に $\mathbf{x}_0$）と比較しても，その ℓ_1 ノルムは最も短いはずである．したがって $\|\mathbf{x}_{\mathrm{DS}}^{\lambda}\|_1 = \|\mathbf{x}_0 + \mathbf{d}\|_1 \le \|\mathbf{x}_0\|_1$ である．ここで，$\|\mathbf{v}\|_{1,s}$ を，スパースベクトル $\mathbf{x}_0$ のサポート s の中に制限した $\mathbf{v}$ の ℓ_1 ノルムとする．同様に，$\|\mathbf{v}\|_{1,s^c}$ を，サポート s の外に制限した $\mathbf{v}$ の ℓ_1 ノルムとする．次の不等式を利用する．

$$\begin{aligned} \|\mathbf{x}_0 + \mathbf{d}\|_1 &= \|\mathbf{x}_0 + \mathbf{d}\|_{1,s} + \|\mathbf{x}_0 + \mathbf{d}\|_{1,s^c} \\ &\ge \|\mathbf{x}_0\|_{1,s} - \|\mathbf{d}\|_{1,s} + \|\mathbf{d}\|_{1,s^c} \end{aligned} \tag{8.19}$$

ここで，関係式 $\|\mathbf{x}_0 + \mathbf{d}\|_{1,s^c} = \|\mathbf{d}\|_{1,s^c}$ と $\|\mathbf{x}_0 + \mathbf{d}\|_{1,s} \ge \|\mathbf{x}_0\|_{1,s} - \|\mathbf{d}\|_{1,s}$ を利用した．$\|\mathbf{x}_0\|_1 = \|\mathbf{x}_0\|_{1,s}$ であるので，不等式 $\|\mathbf{x}_0 + \mathbf{d}\|_1 \le \|\mathbf{x}_0\|_1$ に戻って，次の制約式を得る．

$$\|\mathbf{d}\|_{1,s} \ge \|\mathbf{d}\|_{1,s^c} \tag{8.20}$$

この条件は，差分ベクトル $\mathbf{d}$ の ℓ_1 エネルギーはサポート s に集中していなければならないことを意味している．

ここまでをまとめると，差分ベクトル $\mathbf{d}$ は式 (8.18) と式 (8.20) の二つの制約条件を満たさなければならない．その中で $\|\mathbf{d}\|_2^2$ が最も大きいものを求め，定理が示す上界でそれが上から抑えられていることを示したい．

そのために，次の記法を導入する．$\mathbf{x}_0$ のサポートを s で表す．そのサポートを含み，それに続いて $\mathbf{d}$ の要素（の絶対値）のうち大きいものから s 個に対応する列からなる，サイズ $2s$ のサポートを，q で表す．部分行列 $\mathbf{A}_q$ の次元は $n \times 2s$ であり，q が表す列を含んでいるとする．RIP の関係式から，長さ $2s$ の任意のベクトル $\mathbf{v}$ について，次式が得られる．

$$\sqrt{1-\delta_{2s}}\|\mathbf{v}\|_2 \le \|\mathbf{A}_q\mathbf{v}\|_2 \le \sqrt{1+\delta_{2s}}\|\mathbf{v}\|_2 \tag{8.21}$$

また，$\delta_{2s} < 1$，つまり $\mathbf{Q} = \mathbf{A}_q^{\mathrm{T}}\mathbf{A}_q$ が正定値であることを仮定する．すると，上記の不等式は $(1-\delta_{2s})\mathbf{v}^{\mathrm{T}}\mathbf{v} \le \mathbf{v}^{\mathrm{T}}\mathbf{Q}\mathbf{v}$ となる．ここで $\mathbf{w} = \mathbf{Q}^{0.5}\mathbf{v}$ とすると，$(1-\delta_{2s})\mathbf{w}^{\mathrm{T}}\mathbf{Q}^{-1}\mathbf{w} \le \mathbf{w}^{\mathrm{T}}\mathbf{w}$ となる．また，$\mathbf{w} = \mathbf{A}_q^{\mathrm{T}}\mathbf{A}\mathbf{d}$ とすると，

$$\|\mathbf{w}\|_2^2 = \mathbf{d}^{\mathrm{T}}\mathbf{A}^{\mathrm{T}}\mathbf{A}_q\mathbf{A}_q^{\mathrm{T}}\mathbf{A}\mathbf{d} = \|\mathbf{A}_q^{\mathrm{T}}\mathbf{A}\mathbf{d}\|_2^2 \tag{8.22}$$

と

$$\begin{aligned}\mathbf{w}^{\mathrm{T}}\mathbf{Q}^{-1}\mathbf{w} &= \mathbf{d}^{\mathrm{T}}\mathbf{A}^{\mathrm{T}}\mathbf{A}_q(\mathbf{A}_q^{\mathrm{T}}\mathbf{A}_q)^{-1}\mathbf{A}_q^{\mathrm{T}}\mathbf{A}\mathbf{d} \\ &= \mathbf{d}^{\mathrm{T}}\mathbf{A}^{\mathrm{T}}\mathbf{P}_q\mathbf{A}\mathbf{d} \\ &= \mathbf{d}^{\mathrm{T}}\mathbf{A}^{\mathrm{T}}\mathbf{P}_q^2\mathbf{A}\mathbf{d} \\ &= \|\mathbf{P}_q\mathbf{A}\mathbf{d}\|_2^2\end{aligned} \tag{8.23}$$

が得られる．ここで，$\mathbf{P}_q = \mathbf{A}_q(\mathbf{A}_q^{\mathrm{T}}\mathbf{A}_q)^{-1}\mathbf{A}_q^{\mathrm{T}}$ は，$\mathbf{A}_q$ の列が張る空間への射影である．これは冪等行列（idempotent）であり，つまり $\mathbf{P}_q^2 = \mathbf{P}_q$ となる．これらを用いると，次の不等式を得る．

$$(1-\delta_{2s})\|\mathbf{P}_q\mathbf{A}\mathbf{d}\|_2^2 \le \|\mathbf{A}_q^{\mathrm{T}}\mathbf{A}\mathbf{d}\|_2^2 \tag{8.24}$$

式 (8.18) の不等式 $\|\mathbf{A}^{\mathrm{T}}\mathbf{A}\mathbf{d}\|_\infty \le 2\lambda\sigma$ から，ベクトル $\mathbf{A}^{\mathrm{T}}\mathbf{A}\mathbf{d}$ の各要素の上界は $2\lambda\sigma$ であることがわかっている．ベクトル $\mathbf{A}_q^{\mathrm{T}}\mathbf{A}\mathbf{d}$ はその要素の $2s$ 個の和であるので，次式が得られる．

$$\|\mathbf{P}_q\mathbf{A}\mathbf{d}\|_2^2 \le \frac{1}{1-\delta_{2s}}\|\mathbf{A}_q^{\mathrm{T}}\mathbf{A}\mathbf{d}\|_2^2 \le \frac{2s(4\lambda^2\sigma^2)}{1-\delta_{2s}} \tag{8.25}$$

次に，この式の左辺を下から抑える．そのために，ベクトル $\mathbf{d}$ の要素をベクトル $\{\mathbf{d}_j\}_{j=0,1,2,\ldots}$ に分配する．これらのベクトルはすべて，長さは m，非ゼロ要

素の個数は s とする．まず，$\mathbf{d}_0$ のサポートを s，$\mathbf{d}_1$ のサポートを $q\backslash s$ となるように要素を分配し，それ以降は $\mathbf{d}$ の非ゼロ要素（の絶対値）が大きい順に分配する．ここで明らかに $\mathbf{d} = \sum_j \mathbf{d}_j$ であるので，次式を得る．

$$\begin{aligned}\mathbf{P}_q\mathbf{A}\mathbf{d} &= \mathbf{P}_q\mathbf{A}\mathbf{d}_0 + \mathbf{P}_q\mathbf{A}\mathbf{d}_1 + \sum_{j>1}\mathbf{P}_q\mathbf{A}\mathbf{d}_j \\ &= \mathbf{A}_q\mathbf{d} + \sum_{j>1}\mathbf{P}_q\mathbf{A}\mathbf{d}_j\end{aligned} \tag{8.26}$$

2 式目は，1 式目右辺の第 1 項と第 2 項の射影を削除しただけである（これらのベクトルは射影先の空間にすでに存在しているため）．また，$\mathbf{A}\mathbf{d}_0+\mathbf{A}\mathbf{d}_1 = \mathbf{A}_q\mathbf{d}$ という事実を用いた．三角不等式を逆に用いると (つまり $\|\mathbf{v}\|_2 = \|\mathbf{v}+\mathbf{u}-\mathbf{u}\|_2 \leq \|\mathbf{v}+\mathbf{u}\|_2 + \|\mathbf{u}\|_2$ とすると)，次式を得る．

$$\begin{aligned}\|\mathbf{P}_q\mathbf{A}\mathbf{d}\|_2 &= \left\|\mathbf{A}_q\mathbf{d} + \sum_{j>1}\mathbf{P}_q\mathbf{A}\mathbf{d}_j\right\|_2 \\ &\geq \|\mathbf{A}_q\mathbf{d}\|_2 - \left\|\sum_{j>1}\mathbf{P}_q\mathbf{A}\mathbf{d}_j\right\|_2 \\ &\geq \|\mathbf{A}_q\mathbf{d}\|_2 - \sum_{j>1}\|\mathbf{P}_q\mathbf{A}\mathbf{d}_j\|_2\end{aligned} \tag{8.27}$$

式 (8.21) の RIP 関係式から，$\|\mathbf{A}_q\mathbf{d}\|_2 \geq \sqrt{1-\delta_{2s}}\|\mathbf{d}\|_{2,q}$ となるので，次式が得られる．

$$\|\mathbf{P}_q\mathbf{A}\mathbf{d}\|_2 \geq \sqrt{1-\delta_{2s}}\|\mathbf{d}\|_{2,q} - \sum_{j>1}\|\mathbf{P}_q\mathbf{A}\mathbf{d}_j\|_2 \tag{8.28}$$

$j>1$ に対しては，項 $\|\mathbf{P}_q\mathbf{A}\mathbf{d}_j\|_2^2$ を内積で書くことができる[*2]．つまり，$\mathbf{A}_s$ の $2s$ 個の列が張る空間の中にある $\mathbf{P}_q\mathbf{A}\mathbf{d}_j$ と，それとは重複しない $\mathbf{A}$ の s 個の列が張る空間中にある $\mathbf{A}\mathbf{d}_j$ との内積である（ここでまた $\mathbf{P}_q = \mathbf{P}_q^2$ を用いる）．ROP を用いると，その内積は以下のように抑えられる．

$$\|\mathbf{P}_q\mathbf{A}\mathbf{d}_j\|_2^2 = \langle\mathbf{P}_q\mathbf{A}\mathbf{d}_j, \mathbf{A}\mathbf{d}_j\rangle \leq \theta_{2s,s}\|\mathbf{P}_q\mathbf{A}\mathbf{d}_j\|_2\|\mathbf{A}\mathbf{d}_j\|_2 \tag{8.29}$$

[*2]【訳注】$\|\mathbf{P}_q\mathbf{A}\mathbf{d}_j\|_2^2 = \mathbf{d}_j^{\mathrm{T}}\mathbf{A}^{\mathrm{T}}\mathbf{P}_q^{\mathrm{T}}\mathbf{P}_q\mathbf{A}\mathbf{d}_j = \mathbf{d}_j^{\mathrm{T}}\mathbf{A}^{\mathrm{T}}\mathbf{P}_q\mathbf{P}_q\mathbf{A}\mathbf{d}_j = \mathbf{d}_j^{\mathrm{T}}\mathbf{A}^{\mathrm{T}}\mathbf{P}_q^2\mathbf{A}\mathbf{d}_j = \mathbf{d}_j^{\mathrm{T}}\mathbf{A}^{\mathrm{T}}\mathbf{P}_q\mathbf{A}\mathbf{d}_j = \langle\mathbf{P}_q\mathbf{A}\mathbf{d}_j, \mathbf{A}\mathbf{d}_j\rangle$.

再び RIP を用いると，$\|\mathbf{A}\mathbf{d}_j\|_2 \le \sqrt{1+\delta_s}\ \|\mathbf{d}_j\|_2$ となる（この積は $\mathbf{A}$ の s 個の列の線形和なので）．したがって，次式を得る．

$$\begin{aligned}\|\mathbf{P}_q\mathbf{A}\mathbf{d}_j\|_2 &\le \theta_{2s,s}\sqrt{1+\delta_s}\ \|\mathbf{d}_j\|_2 \\ &\le \frac{\theta_{2s,s}}{\sqrt{1-\delta_s}}\|\mathbf{d}_j\|_2 \\ &\le \frac{\theta_{2s,s}}{\sqrt{1-\delta_{2s}}}\|\mathbf{d}_j\|_2\end{aligned} \tag{8.30}$$

ここで，$1+\delta_s \le (1-\delta_s)^{-1}$ と $\delta_{2s} \ge \delta_s$ を用いた．

$j>1$ に対しては，$\mathbf{d}_j$ 中の s 個の非ゼロ要素は，$|\mathbf{d}_{j-1}|$ の要素の平均 $\|\mathbf{d}_{j-1}\|_1/s$ よりも小さい．そこで，$\mathbf{d}_j$ 中の s 個の非ゼロ要素についてこの上界の和をとると，$\|\mathbf{d}_j\|_2 \le \|\mathbf{d}_{j-1}\|_1/\sqrt{s}$ となる．したがって，次式を得る．

$$\begin{aligned}\sum_{j>1}\|\mathbf{P}_q\mathbf{A}\mathbf{d}_j\|_2 &\le \frac{\theta_{2s,s}}{\sqrt{1-\delta_{2s}}}\sum_{j>1}\|\mathbf{d}_j\|_2 \\ &\le \frac{\theta_{2s,s}}{\sqrt{s}\sqrt{1-\delta_{2s}}}\sum_{j>0}\|\mathbf{d}_j\|_1 \\ &= \frac{\theta_{2s,s}}{\sqrt{s}\sqrt{1-\delta_{2s}}}\|\mathbf{d}\|_{1,s^c}\end{aligned} \tag{8.31}$$

不等式 (8.28) に戻って，上式を代入すると以下を得る．

$$\|\mathbf{P}_q\mathbf{A}\mathbf{d}\|_2 \ge \sqrt{1-\delta_{2s}}\ \|\mathbf{d}\|_{2,q} - \frac{\theta_{2s,s}}{\sqrt{s}\sqrt{1-\delta_{2s}}}\|\mathbf{d}\|_{1,s^c} \tag{8.32}$$

これを式 (8.25) と組み合わせると，次式を得る．

$$\|\mathbf{d}\|_{2,q} \le \frac{\sqrt{2s}(2\lambda\sigma)}{1-\delta_{2s}} + \frac{\theta_{2s,s}}{\sqrt{s}(1-\delta_{2s})}\|\mathbf{d}\|_{1,s^c} \tag{8.33}$$

式 (8.20) の制約式と，長さ s のベクトルについての ℓ_1-ℓ_2 関係式 $\|\mathbf{v}\|_1 \le \sqrt{s}\|\mathbf{v}\|_2$ より，$\|\mathbf{d}\|_{1,s^c} \le \|\mathbf{d}\|_{1,s} \le \sqrt{s}\|\mathbf{d}\|_{2,s}$ を得る．したがって，次式を得る．

$$\|\mathbf{d}\|_{2,q} \le \frac{\sqrt{2s}(2\lambda s)}{1-\delta_{2s}} + \frac{\theta_{2s,s}}{1-\delta_{2s}}\|\mathbf{d}\|_{2,s} \tag{8.34}$$

ここで，$\|\mathbf{d}\|_{2,s} \le \|\mathbf{d}\|_{2,q}$ を用いると，以下のようになる．

$$\|\mathbf{d}\|_{2,q} \le \frac{\sqrt{2s}(2\lambda s)}{1-\delta_{2s}} + \frac{\theta_{2s,s}}{1-\delta_{2s}}\|\mathbf{d}\|_{2,q} \tag{8.35}$$

項を書き換えると，以下のようになる．

$$\left(1-\frac{\theta_{2s,s}}{1-\delta_{2s}}\right)\|\mathbf{d}\|_{2,q} \le \frac{\sqrt{2s}(2\lambda\sigma)}{1-\delta_{2s}} \qquad (8.36)$$
$$\Longrightarrow \|\mathbf{d}\|_{2,q} \le \frac{\sqrt{2s}(2\lambda\sigma)}{1-\delta_{2s}-\theta_{2s,s}}$$

ただし，条件 $1-\delta_{2s}-\theta_{2s,s}>0$ を満たすとする．

証明を終えるために，前述した $\|\mathbf{d}_j\|_2 \le \|\mathbf{d}_{j-1}\|_1/\sqrt{s}$ を用いて，次式を得る．

$$\|\mathbf{d}\|_{2,q^c}^2 = \sum_{j>1}\|\mathbf{d}_j\|_2^2 \le \frac{1}{s}\sum_{j>0}\|\mathbf{d}_j\|_1^2 = \frac{1}{s}\|\mathbf{d}\|_{1,s^c}^2 \qquad (8.37)$$

これと式 (8.20)，さらに $\|\mathbf{d}\|_{2,s}^2 \le \|\mathbf{d}\|_{2,q}^2$ を用いると，次式を得る．

$$\begin{aligned}\|\mathbf{d}\|_2^2 &= \|\mathbf{d}\|_{2,q}^2 + \|\mathbf{d}\|_{2,q^c}^2 \\ &\le \|\mathbf{d}\|_{2,q}^2 + \frac{1}{s}\|\mathbf{d}\|_{1,s^c}^2 \\ &\le \|\mathbf{d}\|_{2,q}^2 + \frac{1}{s}\|\mathbf{d}\|_{1,s}^2 \\ &\le 2\|\mathbf{d}\|_{2,q}^2\end{aligned} \qquad (8.38)$$

式 (8.36) を代入することで，定理に示された上界が得られた． □

8.5 実際のダンツィク選択器

それでは実際には DS の性能はどの程度なのだろうか？ **A** がユニタリ行列の場合に両者が等価であることは，すでに見ている．一般の場合にも，基底追跡と互角なのだろうか？ この節では，この疑問に答える限定的な実験を紹介する．ユニタリ DCT 行列の行をランダムに 50 個選択して，列を正規化し，次元が 50×80 の行列 **A** を作成する．そして，長さ 80 で $\|\mathbf{x}_0\|_0 = 10$ のランダムなベクトル $\mathbf{x}_0$ を作成するために，非ゼロ要素の場所をランダムに選択し，非ゼロ要素はガウス分布から抽出する．最後に $\mathbf{b} = \mathbf{A}\mathbf{x}_0 + \mathbf{e}$ を計算する．ここで，$\mathbf{e}$ の要素は，平均 0，標準偏差 $\sigma = 0.05$ のガウス分布から iid 抽出する．このように作られた問題に対して DS と BP を適用し，$\mathbf{x}_0$ を復元する．DS を次のように定式化する．

$$(P_{\mathrm{DS}}^{\lambda}): \quad \hat{\mathbf{x}}_{\mathrm{DS}}^{\lambda} = \arg\min_{\mathbf{x}} \ \|\mathbf{x}\|_1 \quad \text{subject to} \quad \|\mathbf{A}^{\mathrm{T}}(\mathbf{b} - \mathbf{A}\mathbf{x})\|_\infty \leq \lambda\sigma$$

ここでは，本章の冒頭に示した二つ目の方法で問題を書き換え，MATLAB の線形計画ツールボックスを用いて解く．どの λ を使えばよいのかはわからないため，$[0.1, 100]$ の範囲でさまざまな値を試した（この最大値はゼロベクトルも解として考慮することを保証している．$\|\mathbf{A}^{\mathrm{T}}\mathbf{b}\|_\infty \leq \lambda_{\max}\sigma$ となるためである）．BP を次にように定式化する．

$$(P_{\mathrm{BP}}^{\mu}): \quad \hat{\mathbf{x}}_{\mathrm{BP}}^{\mu} = \arg\min_{\mathbf{x}} \ \|\mathbf{x}\|_1 \quad \text{subject to} \quad \|\mathbf{b} - \mathbf{A}\mathbf{x}\|_2 \leq \mu\sigma$$

そして，第 5 章で示した LARS を用いて，非ゼロ要素の個数を 0 から 49 まですべて扱うようにしきい値 $\mu\sigma$ を変えて，この問題を解く．

このようにして各手法で（しきい値を変えて）得た解の相対誤差 $\|\hat{\mathbf{x}} - \mathbf{x}_0\|_2^2/\|\mathbf{x}_0\|_2^2$ を，非ゼロ要素の個数に対してプロットする．図 8.1 に，そのような実験を 200 回行った平均のプロットを示す．この図には，真のサポートを既知として，それに対応する $\mathbf{A}$ の列にベクトル $\mathbf{b}$ を単純に射影して得られた結果（オラクル）の性能も示している．この図からわかるように，DS と BP はほとんど同じ性能であり，非ゼロ要素の個数が 25 程度の場合に最も良い性能を示し，オラクルに比べて誤差は 4 倍であった．

ここで思い出してほしいのは，ℓ_1 ペナルティを用いているため，どちらのアルゴリズムも非ゼロ要素の個数が少なくなるほうに偏るバイアスを持っていることである．そのため，得られた解のサポートを用いて非ゼロ要素を最小 2 乗推定すれば，特に得られたサポートが真のサポートに近い場合ほど，解の精度が改善されることが期待できる．この最小 2 乗射影で得られた解の誤差も図 8.1 に示してある．実際に，どちらのアルゴリズムの結果もこの処理で改善されている．この場合，どちらのアルゴリズムも，最も良い性能を示したのは非ゼロ要素の個数が 10 程度のときであり，実際にそれが真の値である．この場合も二つのアルゴリズムはほぼ等価であり，オラクルに近づいている（オラクルに比べれば DS と BP の誤差は 2.8 倍）．

図 8.2 に示すグラフは，図 8.1 と似ているが，誤差を $\|\mathbf{A}\hat{\mathbf{x}} - \mathbf{A}\mathbf{x}_0\|_2^2/\|\mathbf{A}\mathbf{x}_0\|_2^2$ で評価したものである．目的がスパースな表現 $\mathbf{x}_0$ を復元することではなく，信号 $\mathbf{A}\mathbf{x}_0$ とノイズ $\mathbf{e}$ を分離することである場合には，この誤差評価の違いは重要になってくる．図からわかるように，全体的な振る舞いは図 8.1 によく似てお

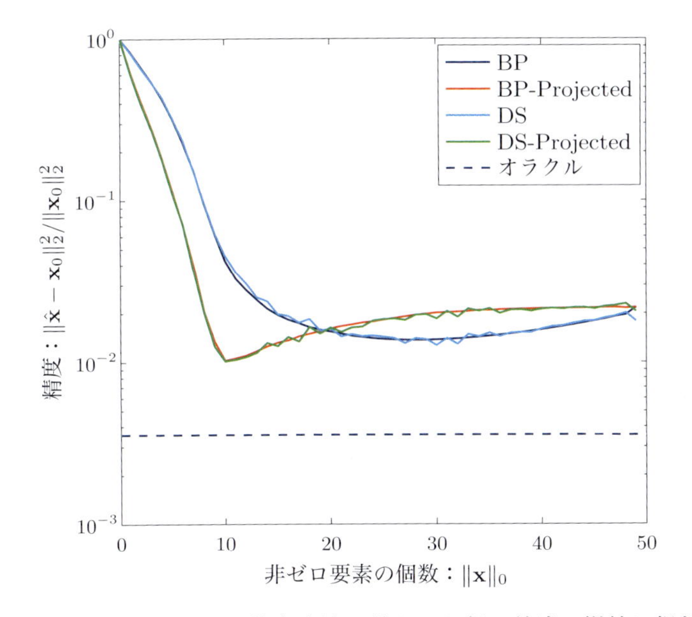

図 8.1 ダンツィク選択器と基底追跡で得られた解の精度．縦軸は相対誤差 $\|\hat{\mathbf{x}} - \mathbf{x}_0\|_2^2 / \|\mathbf{x}_0\|_2^2$，横軸は非ゼロ要素の個数を表す．アルゴリズムのしきい値を変更して得られた解の精度をプロットしている．このグラフには，それぞれのアルゴリズムで得られた結果と，得られた解のサポートへの最小 2 乗射影で得られた結果（BP/DS-Projected）を示している．

り，同じ結論が得られる．

この実験で，BP と DS は常にほぼ等価であると結論できるだろうか？ 答えは明らかに否である．この実験は考えうる実験の一つでしかない．実験設定が異なれば得られる結論も異なるだろう．DS と BP の相対的な性能の比較は未だに未解決問題であり，この先も理論の発展や実験による検証が続くだろう．二つのアルゴリズムを組み合わせると（つまり，この二つの制約条件を同時に最適化すると）性能は向上するのかどうかという問題も，興味深い問題である．

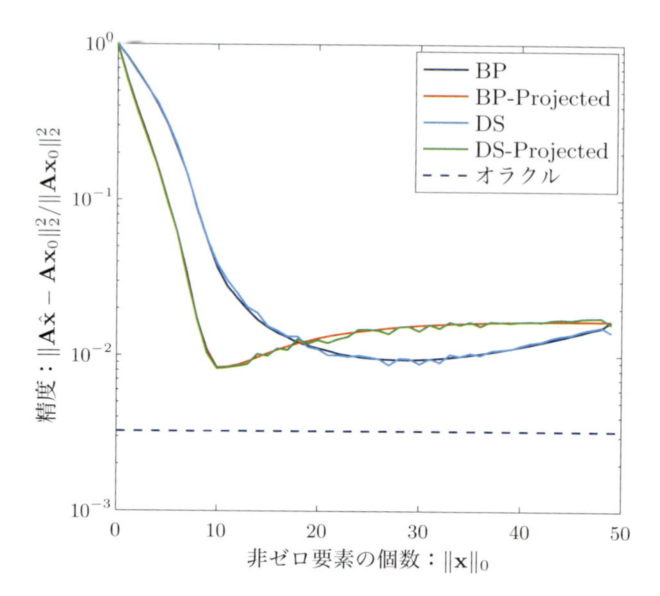

図 8.2　ダンツィク選択器と基底追跡で得られた解の精度．縦軸は相対誤差 $\|\mathbf{A}\hat{\mathbf{x}} - \mathbf{A}\mathbf{x}_0\|_2^2/\|\mathbf{A}\mathbf{x}_0\|_2^2$，横軸は非ゼロ要素の個数を表す．プロット内容は図 8.1 と同様．

8.6　まとめ

ダンツィク選択器はスパース表現のモデル化においては比較的新しい追跡手法であるが，2001 年の文献にその萌芽が見られる (Starck, Donoho, and Candès, 2001)．この手法についての多くの疑問，例えば推定理論との関係，他の追跡手法との性能比較，平均性能の限界，実用上効率的な数値計算手法，他の手法と組み合わせることによる性能の改善などは，現時点では未解決である．これらのトピックは，この先も科学者や工学者を引き付けるだろう．

ダンツィク選択器がわれわれの興味を引き付ける理由の一つは，オラクルに非常に近い性能を発揮する能力を持っていることである．最近になって，基底追跡，OMP，さらにはしきい値アルゴリズムにも，それに似た結果が登場してきている．まだそれらの結果は最悪の場合の解析に留まっているため，今後さらに改善されていくだろう．

参考文献

1. Z. Ben-Haim, Y. C. Eldar, and M. Elad, Coherence-based performance guarantees for estimating a sparse vector under random noise, *IEEE Transactions on Signal Processing*, 58(10):5030–5043, Oct. 2010.
2. P. J. Bickel, Y. Ritov, and A. Tsybakov, Simultaneous analysis of Lasso and Dantzig selector, *Ann. Statist.*, 37(4):1705–1732, Aug. 2009.
3. E. J. Candès and T. Tao, Decoding by linear programming, *IEEE Trans. on Information Theory*, 51(12):4203–4215, December 2005.
4. E. J. Candès and T. Tao, The Dantzig selector: Statistical estimation when p is much larger than n, *Annals of Statistics*, 35(6):2313–2351, June 2007.
5. G. M. James, P. Radchenko, and J. Lv, DASSO: connections between the Dantzig selector and lasso, *Journal of the Royal Statist. Soc. B*, 71(1):127–142, 2009.
6. N. Meinshausen, G. Rocha, and B. Yu, Discussion: A tale of three cousins: Lasso, L2Boosting and Dantzig, *Ann. Statist.*, 35(6):2373–2384, 2007.
7. J. L. Starck, D. L. Donoho and E. Candès, Very high quality image restoration, in SPIE conference on Signal and Image Processing: Wavelet Applications in Signal and Image Processing IX, Vol 4478, 2001.

第 II 部

理論から実践へ：
信号処理と画像処理への応用

第9章

スパースな解を与える信号処理手法

第 I 部では，劣決定の線形連立方程式のスパースな解を求める問題，もしくはその近似解を求める問題を議論してきた．これらの問題を適切に定義すれば，予想に反して，解を計算することも可能であることがわかった．第 II 部は，これらのアイデアを信号処理と画像処理にどのように応用できるのかを議論する．本章で示すように，慎重に選択した辞書を用いてスパースな表現を構成すれば，豊富な情報を持つ信号をモデル化することが可能である．そのためには，線形方程式とそのスパースな解を求めることが必要になる．

以降の議論では，対象となるベクトルが信号であることを明確にするために，線形方程式 $\mathbf{Ax} = \mathbf{b}$ の $\mathbf{b}$ を $\mathbf{y}$ と書く．

9.1 信号の事前分布と変換

ベクトルの集合 $\mathcal{Y} = \{\mathbf{y}_j\}_j \in \mathbb{R}^n$ で表される信号を考える．具体的な議論を行うために，これ以降これらの各信号は，縦横のサイズが $\sqrt{n} \times \sqrt{n}$ 画素の画像パッチ（image patch）であると仮定する．他の情報源（例えば音声信号，地震波，医用信号，金融の時系列など）についても同じ議論が可能である．

画像は $\mathbb{R}^n$ 空間の中に幅広く散らばっているが，全空間の中に均等に散らばっていると仮定する理由はない．もっと正確に言えば，画像 $\mathbf{y}$ の画素値の範囲を $[0,1)$ とすると，超立方体 $[0,1)^n \subset \mathbb{R}^n$ 中でこれらの画像は不均一に存在している．例えば，画素値が空間的に滑らかに変化する画像パッチが画像中に存在することは珍しくないが，まったく支離滅裂な内容や不連続な画素値変化が画像に写っていることはほとんどない．このような考えに立って，信号の確率密度関数，つまり信号の事前分布 $P(\mathbf{y})$ を扱うベイズ推定の枠組みを導入する．

事前分布は，信号処理において，逆問題，圧縮，異常検知などに広く用いられている．その理由は，信号ベクトルの確率を体系的に評価できることにある．例として，ノイズ除去（denoising）問題を考える．ノイズのない画像 $\mathbf{y}_0$ に（有限のエネルギー $\|\mathbf{v}\|_2 \le \epsilon$ を持つ）加法ノイズベクトル $\mathbf{v}$ が加えられて画像 $\mathbf{y}$ が観測された，つまり $\mathbf{y} = \mathbf{y}_0 + \mathbf{v}$ となったとする．したがって，未知の画像 $\mathbf{y}_0$ は球 $\|\mathbf{y}_0 - \mathbf{y}\|_2 \le \epsilon$ の中に存在する．そこで，次の最適化問題を考える．

$$\max_{\hat{\mathbf{y}}} \ P(\hat{\mathbf{y}}) \quad \text{subject to} \quad \|\hat{\mathbf{y}} - \mathbf{y}\|_2 \le \epsilon \tag{9.1}$$

この解 $\hat{\mathbf{y}}$ は球内の最も妥当な画像であり，$\mathbf{y}_0$ の推定値である．この例では，事前分布はノイズ除去問題を解くために用いられている．上記のようなノイズ除去の定式化は，事後確率最大（maximum a posteriori probability; MAP）推定と呼ばれている．これについては，第11章でより詳細かつ正確に説明する．

信号処理と画像処理の研究分野では，この事前分布を閉形式で表すことに多くの努力が払われてきた．$P(\mathbf{y})$ を構成するためによくとられる方法の一つは，データの内容から何が期待できるかを直感的に考えて，その構造を推測することである．例えば，ギブス分布 $P(\mathbf{y}) = C \cdot \exp(-\lambda\|\mathbf{L}\mathbf{y}\|_2^2)$ は，（画像 $\mathbf{y}$ にラプラスフィルタを適用する空間不変線形作用素として定義される）ラプラス行列を用いて画像 $\mathbf{y}$ の確率を計算する（ここで C は定数）．この事前分布は，ラプラス作用素で測った滑らかさを用いて，信号の確率を求めている．

この事前分布は信号処理と画像処理においてよく知られており，広く用いられている．また，チホノフ正則化（Tikhonov regularization）やウィナーフィルタとも密接な関係がある．式 (9.1) に戻ってこの事前分布を考えると，次の問題となる．

$$\min_{\hat{\mathbf{y}}} \ \|\mathbf{L}\hat{\mathbf{y}}\|_2^2 \quad \text{subject to} \quad \|\hat{\mathbf{y}} - \mathbf{y}\|_2 \le \epsilon \tag{9.2}$$

これは次のように書き換えることができる．

$$\min_{\hat{\mathbf{y}}} \ \|\mathbf{L}\hat{\mathbf{y}}\|_2^2 + \mu\|\hat{\mathbf{y}} - \mathbf{y}\|_2 \tag{9.3}$$

ここで制約条件を等価なペナルティに置き換えた．この問題は容易に解くことができ，解は次式となる．

$$\hat{\mathbf{y}} = \mu(\mathbf{L}^{\mathrm{T}}\mathbf{L} + \mu\mathbf{I})^{-1}\mathbf{y} \tag{9.4}$$

ただし，制約条件 $\|\hat{\mathbf{y}} - \mathbf{y}\|_2 \leq \epsilon$ を満たすように μ の値を設定しなければならない．

これに似た問題に，$\mathbf{y} = \mathbf{H}\mathbf{y}_0 + \mathbf{v}$ とするものがある．ここで，$\mathbf{H}$ は劣化線形作用素（例えばボケなど）であり，この問題の解は次式になる．

$$\hat{\mathbf{y}} = \mu(\mathbf{L}^{\mathrm{T}}\mathbf{L} + \mu\mathbf{H}^{\mathrm{T}}\mathbf{H})^{-1}\mathbf{y} \tag{9.5}$$

これはよく知られたウィナーフィルタであり，空間不変循環作用素 $\mathbf{L}, \mathbf{H}$ に対しては周波数空間で直接解くことができる．

上記の滑らかさを強調する事前分布を画像の強調や修復に用いると，ボケた画像が解として得られることが知られている．その問題の解決策としては，ℓ_2 ノルムの代わりに，$\mathbf{Ly}$ の値が裾の重い分布に従うことを許すような，もっとロバストな ℓ_1 ノルムなどが用いられてきた．そのため，$P(\mathbf{y}) = C \cdot \exp(-\lambda\|\mathbf{Ly}\|_1)$ という形の事前分布のほうが有用であり，近年広く用いられるようになってきている．これに似たものが，全変動（total variation; TV）事前分布である (Rudin, Osher, and Fatemi, 1993)．これも滑らかな解を与えるが，ラプラス作用素を勾配ベクトルノルムで置き換えている点，つまり 2 次微分でなく 1 次微分を用いている点が異なる．なお，第 I 部の議論からわかるように，ℓ_1 ノルムを用いることは，信号や画像の勾配がスパースになることを要請していることになる．

事前分布を構成する他の方法は，信号の変換係数に何らかの構造を仮定することである．その例は JPEG 圧縮アルゴリズムであり，これは小さな画像パッチの 2 次元 DCT 係数は予測できる振る舞いをする（周波数空間の原点付近に集中する）という事実に基づいている．また，別の例として，信号や画像のウェーブレット変換がある．これは，ほとんどの係数は 0 になり，少数の係数だけが非ゼロになるという，係数のスパース性を期待している．

上記の二つの例は，線形近似と非線形近似の良い例である．線形近似では，信号を変換し，事前に指定した位置にある M 個の係数を用いて信号を近似する．これは，まさに2次元DCT[*1]やPCA（以下を参照）が行っていることである．非線形近似では，係数の位置にかかわらず，値が大きい係数を M 個用いる．これにより，非線形近似による原信号の表現は良くなると期待できる．実際に，このアプローチでウェーブレット係数が決められている．

ウェーブレット変換がどのように事前分布につながるのか，もう少し詳しく見てみよう．信号 $\mathbf{y}$ に対して，ウェーブレット変換は $\mathbf{Ty}$ で与えられる．ここで，$\mathbf{T}$ は特別に設計された直交行列であり，その行はスケールの異なる空間微分からなる．そのため，これは信号の多重解像度解析としても知られている．この場合の事前分布は $P(\mathbf{y}) = C \cdot \exp(-\lambda \|\mathbf{Ty}\|_p^p)$ となる．ここで，スパース性を促すために $p \leq 1$ とする．これは全変動事前分布やラプラス事前分布に似ており，どれもある種の勾配とロバストなノルムを事前分布 $P(\mathbf{y})$ に用いている．

ウェーブレットの事前分布からもわかるように，変換係数 $\mathbf{Ty}$ に基づいて画像の尤度を計算する事前分布には多様な種類がある．信号処理と画像処理の分野においては，さまざまな変換が事前分布に用いられている．例えば，離散フーリエ変換（DFT），離散コサイン変換（DCT），アダマール変換，さらにはデータに依存する変換である主成分分析（PCA）（信号処理の分野ではカルフーネン・レーベ変換（KLT）としても知られている）などがある．

PCA に基づく事前分布の計算は，信号の事例 $\mathcal{Y} = \{\mathbf{y}_j\}_j \in \mathbb{R}^n$ を収集することから始まる．まず，n 次元空間中のこれらの点の重心，つまり事例の平均 $\mathbf{c} = \frac{1}{N}\sum_j \mathbf{y}_j$ を求める．次に，共分散行列 $\mathbf{R} = \frac{1}{N}\sum_j (\mathbf{y}_j - \mathbf{c})(\mathbf{y}_j - \mathbf{c})^{\mathrm{T}}$ を計算する．この場合の事前分布は，次式の多次元ガウス分布で与えられる．

$$P(\mathbf{y}) = C \cdot \exp\left\{\frac{1}{2}(\mathbf{y} - \mathbf{c})^{\mathrm{T}}\mathbf{R}^{-1}(\mathbf{y} - \mathbf{c})\right\} \tag{9.6}$$

このモデルは，事例集合 $\mathcal{Y}$ が空間 $\mathbb{R}^n$ 中の高次元楕円体のように振る舞うことを仮定している．ここで，$\mathbf{c}$ はその中心であり，$\mathbf{R}$ がその形状を表す．もし $\mathbf{c} = \mathbf{0}$ を仮定したら（つまり原点にシフトした信号を扱うなら），$\mathbf{L}^{\mathrm{T}}\mathbf{L} = \mathbf{R}^{-1}$ とすると，このモデルは前述のチホノフ正則化に非常に似たものになる．また，このモデルは，前述した JPEG アルゴリズムの2次元DCTでも用いられている．

[*1] 実際の JPEG アルゴリズムは少し異なっている．最初のほうの大きな DCT 係数を用いるが，多少の外れ値も許容する．その意味では，これは厳密な線形近似ではない．

これらの事前分布はどれも，対象となる信号を生成するであろう乱数生成器 $\mathcal{M}$ を記述するという共通の視点から見ることができるかもしれない．しかしながら，どの場合でも，与えられた信号の確率[*2]を計算することは $P(\mathbf{y})$ の式を用いれば容易であるが，その事前分布から標本を抽出することは極めて難しい．そのため，ここでは，変換によって定義される事前分布から信号を合成する方法である「スパースランド」(Sparse-Land) というモデルを導入する．

9.2 スパースランドモデル

それでは，線形連立方程式 $\mathbf{Ax} = \mathbf{y}$ に戻り，これを信号 $\mathbf{y}$ を構成する方法であると解釈しよう．$\mathbf{A}$ の各列は $\mathbb{R}^n$ 空間中の信号と見なすことができる．つまり，m 個の各列をアトム (atom) と呼び，行列 $\mathbf{A}$ をアトムからなる辞書と見なすのである．行列 $\mathbf{A}$ は化学における元素の周期表のようなものであり，その列は信号を記述する元素（アトム）である．

非ゼロ要素の個数が $\|\mathbf{x}\|_0 = k_0 \ll n$ であるスパースベクトル $\mathbf{x}$ を行列 $\mathbf{A}$ に掛けると，k_0 個のアトム（列）の線形結合によって信号 $\mathbf{y}$ が生成される．ベクトル $\mathbf{x}$ は，どのアトムをどの程度用いて信号 $\mathbf{y}$ を生成するのかを表している．そのため，$\mathbf{x}$ を $\mathbf{y}$ の表現 (representation) と呼ぶ．（信号を化学における分子のように考えれば）アトムの線形結合によって信号を生成するこのような処理は，原子組成と呼んでもよいかもしれない．

非ゼロ要素の個数が $\|\mathbf{x}\|_0 = k_0 \ll n$ である，すべての可能なスパース表現ベクトルを考えよう．そのサポートは，$\binom{m}{k_0}$ 通りの中から一様の確率で選択されると仮定する．さらに，$\mathbf{x}$ の非ゼロ要素は平均 0 のガウス分布 $C \cdot \exp(-\alpha x_i^2)$ から抽出されると仮定する．これで $\mathbf{x}$ の PDF が完全に定義できたので，信号 $\mathbf{y}$ を生成することができる．つまり，乱数信号生成器 $\mathcal{M}(\mathbf{A}, k_0, \alpha)$ が構成されたことになる．なお，このように生成された信号 $\mathbf{y}$ は，（次元 k_0 の各混合成分が等確率の）混合ガウス分布から抽出された標本と見なせる．

上記のモデルを変更する一つの方法は，非ゼロ要素の個数をランダムにすることである．その場合，各信号が固定のアトム数 k_0 で構成されていると仮定する代わりに，アトムの数自体が確率変数であり，例えば $\exp(-k)$ に比例した確

[*2] ただし，正規化定数（分配関数）を除いた相対的な値．

率を持つと仮定する．このように変更したとしても，以降の議論に大きな影響はない．

信号生成モデル $\mathcal{M}$ の定義に付け加えるべき重要な要素が，もう一つある．それはランダムなノイズベクトル $\mathbf{e} \in \mathbb{R}^n$ である（エネルギー $\|\mathbf{e}\|_2 \leq \epsilon$ は有界とする）．これにより $\mathbf{y} = \mathbf{A}\mathbf{x} + \mathbf{e}$ となる．このような加法ノイズを考えることには，次の二つの重要な理由がある．

- モデル $\mathcal{M}$ は信号にあまりに厳密な制約を課すため，実際の応用では観測された信号とこのモデルとの不整合がどうしても生じてしまう．ノイズ ϵ を導入することで，この問題を改善することができる．
- $\epsilon = 0$ の場合，$\mathcal{M}$ から生成される信号の測度（体積）が $\mathbb{R}^n$ 中でゼロになってしまう．この理由は，可能なサポートの数 $\binom{m}{k_0}$ が有限であると仮定しているからである．一つのサポートは，$\mathbb{R}^n$ 中の一つの k_0 次元部分空間にしか対応しない．ϵ を大きくすれば，部分空間を「膨らませる」ことになり，信号の体積は小さいながらも正になる．

これ以降，このようなノイズを加えたモデルをスパースランド（Sparse-Land）モデル $\mathcal{M}(\mathbf{A}, k_0, \alpha, \epsilon)$ と呼ぶ．

この時点では，スパースランドモデルがあまりに恣意的であり，はたしてそれは対象となる信号を記述できるのだろうかと，疑問に思うかもしれない．しかし，このモデルは非常に見掛けが異なってはいるものの，9.1 節で議論した内容に密接に関連していることを考えてみてほしい．例えば $\mathbf{A}$ が正則行列の場合，$\mathbf{A}\mathbf{x} = \mathbf{y}$ は $\mathbf{x} = \mathbf{A}^{-1}\mathbf{y} = \mathbf{T}\mathbf{y}$ と書ける（ここで $\mathbf{T} = \mathbf{A}^{-1}$）．これは，スパース表現ベクトルが変換係数ベクトルの役割を果たしていることを意味している．したがって，以前に議論した事前分布 $P(\mathbf{y}) = C \cdot \exp(-\lambda \|\mathbf{T}\mathbf{y}\|_p^p)$ は，$P(\mathbf{y}) = C \cdot \exp(-\lambda \|\mathbf{x}\|_p^p)$ というモデルと等価である．これは信号 $\mathbf{y}$ の確率をそのスパース表現 $\mathbf{x}$ で表しており，スパースランドモデルもそうしている．では，すでに議論した変換に基づくモデルの中にスパースランドモデルは含まれているのだろうか？　その答えは否定的であり，本章の最後で解析モデルと合成モデルを議論するときに取り上げる．

9.3 スパースランドの幾何学的な解釈

スパースランドモデル（とその他のモデル）を幾何学的に解釈するために，本章の最初の議論に戻って，事例信号（ベクトル）集合 $\mathcal{Y} = \{\mathbf{y}_j\}_j \in \mathbb{R}^n$ を考える．ここで，その中の任意の信号 $\mathbf{y}_0 \in \mathcal{Y}$ とその δ 近傍に議論を限定し，n 次元空間中の近傍の振る舞いを調べることにする．

十分に小さい δ に対して，小さなノイズを加えて $\mathbf{y}_0$ から方向 $\mathbf{e} = \mathbf{y} - \mathbf{y}_0$ に沿って移動しても，依然として有効な信号であるとする．ここで生じるのは，これで全空間を埋め尽くせるのか？という疑問である．そのために，このような有効な方向の集合を以下のように定義する．

$$\Omega^{\delta}_{\mathbf{y}_0} = \{\mathbf{e} \mid \mathbf{e} = \mathbf{y} - \mathbf{y}_0, \quad \text{ここで} \quad \mathbf{y} \in \mathcal{Y}, \quad \|\mathbf{y} - \mathbf{y}_0\|_2 \leq \delta\} \tag{9.7}$$

次に，このようなすべてのベクトル $\mathbf{e} \in \Omega^{\delta}_{\mathbf{y}_0}$ を集めて $n \times |\Omega^{\delta}_{\mathbf{y}_0}|$ の行列 $\mathbf{E}_{\mathbf{y}_0}$ を作り，その特異値の振る舞いを調べる．ここで対象とする信号は，任意の $\mathbf{y}_0 \in \mathcal{Y}$ に対してその行列の実質的なランクが $k_{\mathbf{y}_0} \ll n$ となる（つまり，その行列の $k_{\mathbf{y}_0} + 1$ 個目以上の特異値がほぼゼロであり無視できる）構造を持っているものである．

局所的に低次元であるという仮定を満たす信号は，$\mathbf{y}_0$ を中心とした $k_{\mathbf{y}_0}$ 次元の線形部分空間で近似できるような，局所的な振る舞いを示す．部分空間と次元は信号空間の位置によって異なるが，どの部分空間の次元も信号空間の次元 n よりも非常に小さい．実験的な研究によって，画像や音声などほとんどの信号はこの仮定を満たすことがわかっているので，これを利用して議論することにする．

この構造をどのように利用するのかを示す簡単な例として，ノイズを含んだ信号 $\mathbf{y}$ からノイズのない信号 $\mathbf{y}_0$ を復元するノイズ除去問題を再び考えてみよう．ここで $\|\mathbf{y} - \mathbf{y}_0\|_2 \leq \delta_0 \ll \delta$ とする．まず，全集合 $\mathcal{Y}$ から $\mathbf{y}$ の δ 近傍にある信号をすべて抽出し，その平均ベクトル $\mathbf{c}$ を求めて各信号から引き去る[*3]．すると，$\delta_0 \ll \delta$ なので，これは $\Omega^{\delta}_{\mathbf{y}_0}$ の良い近似となる．この近似の精度は，こ

[*3] この集合はアフィン部分空間となり，この平均はそのアフィン部分空間の原点の推定値である．

の局所部分空間の変化が $\delta \gg \delta_0$ という仮定が満たされる程度に滑らかである，という仮定に依存している．

すると，$\Omega^{\delta}_{\mathbf{y}_0}$ の代わりに，($\mathbf{E}_{\mathbf{y}_0}$ の列を含む) $k_{\mathbf{y}_0}$ 次元部分空間を扱えばよいことになる．その部分空間を $n \times k_{\mathbf{y}_0}$ の行列 $\mathbf{Q}_{\mathbf{y}_0}$ で表し，その列は直交しているとする．ノイズを含んだ信号 $\mathbf{y}$ を説明できる信号は，$\mathbf{Q}_{\mathbf{y}_0}$ の列の線形結合と原点移動 $\mathbf{c}$ で表現することができる．つまり，ノイズ除去の解として $\mathbf{Q}_{\mathbf{y}_0}\mathbf{z} + \mathbf{c}$ の形を考えればよい．したがって，$\mathbf{y}$ をこのアフィン部分空間へ射影すれば，効率的にノイズ除去ができることになる．

$$\mathbf{z}_{\text{opt}} = \arg\min_{\mathbf{z}} \|\mathbf{Q}_{\mathbf{y}_0}\mathbf{z} + \mathbf{c} - \mathbf{y}\|_2^2 = \mathbf{Q}_{\mathbf{y}_0}^{\mathrm{T}}(\mathbf{y} - \mathbf{c}) \tag{9.8}$$

この解は次のように得られる．

$$\hat{\mathbf{y}} = \mathbf{Q}_{\mathbf{y}_0}\mathbf{Q}_{\mathbf{y}_0}^{\mathrm{T}}(\mathbf{y} - \mathbf{c}) + \mathbf{c} \tag{9.9}$$

この処理の本質は，$\mathbf{Q}_{\mathbf{y}_0}$ に直交する方向にはノイズしかないので除外できるという仮定である．これを図解したものが図 9.1 である．

上記の説明に基づけば，多数の事例信号 $\mathcal{Y}$ を用意して信号源をモデル化し，それらをノイズ処理に直接用いることができそうである．つまり，δ 近傍の信号を用いて局所部分空間を求め，それに射影するという上記の処理を反復すれ

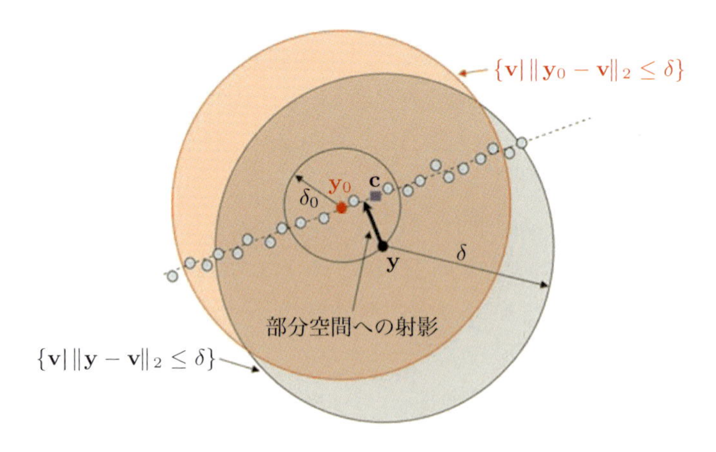

図 9.1　ノイズ除去処理の図解．中心 $\mathbf{c}$ と射影方向 $\mathbf{Q}_{\mathbf{y}}$ を計算するために近傍を用いている．

ばよい．これは，局所主成分分析（local PCA）モデルとして知られている．この方法の大きな欠点は，良いモデルを保証するためには膨大な事例が必要となることと，その事例集合中のすべての信号を探索するための計算量が大きいことである．

上記の局所 PCA モデルにおいて，$\mathbf{Q}_{\mathbf{y}_0}$ は位置 $\mathbf{y}_0$ にある信号の主成分方向を表し，$\mathbf{y}_0$ に応じて変化する関数である．一般にこのようなモデルを構築するためには，$\mathcal{Y}$ をすべて保存してそこから必要に応じて $\mathbf{Q}_{\mathbf{y}_0}$ を計算するか，あらかじめすべての $\mathbf{y} \in \mathcal{Y}$ についてそれぞれユニタリ基底を計算し保存しておく必要がある．多くの場合，どちらも実用的ではない．

ここで，射影行列と中心の組 $\{\mathbf{Q}_p, \mathbf{c}_p\}_{p=1}^{P}$ のうち，少数の組（例えば数百から数千程度）ですべての場合を説明できると仮定すれば，このモデルはもっと効率的になる．このためには，信号 $\mathbf{y} \in \mathcal{Y}$ をクラスタリングし，それぞれが射影行列 $\mathbf{Q}_p$ と中心 $\mathbf{c}_p$ を持つ複数のクラスタに分割すればよい．このモデルで信号を処理するときには，信号を（$\mathcal{Y}$ 内の最近傍探索で）どれか一つのクラスタに割り当て，そのクラスタの射影行列と中心ベクトル $\{\mathbf{Q}_p, \mathbf{c}_p\}$ を用いて，その後の処理を行うことになる．このようなモデルは一般化 PCA（generalized PCA）という名称で Yi Ma らによって提案されており，画像の振る舞いを効率的に記述することがわかっている．

スパースランドモデルは，このような局所的なモデルをもっと簡潔に記述しようとするものである．簡単のために，これらの局所部分空間は同じ次元 k を持つと仮定する．m 個の列を持つ辞書 $\mathbf{A}$ に対して k 個の非ゼロ要素を持つスパース表現を扱う場合，部分空間の数は $\binom{m}{k}$ となり，これらは k-スパースな表現のためのすべてのサポートを網羅している．このようにすれば，信号が $\mathbb{R}^n$ 中のどこにあろうとも，その信号を表現するために必要な主要な方向を辞書として効率的に保持することが可能となり，しかも，非常に多くの可能性を許容することができる．しかしながら，明らかに代償として，辞書中のアトム（列）は多くの部分空間に共通して含まれる主要な方向であるという仮定が，モデルの構造を制約することになる．

上記の議論に関連する別のアプローチとして，事例集合 $\mathcal{Y}$ が与えられていることを最大限利用する方法もある．すなわち，$\mathbf{y}_0$ にノイズが加えられた $\mathbf{y}$ が与えられたとき（ただし $\|\mathbf{y} - \mathbf{y}_0\|_2 \leq \delta_0$），$\mathcal{Y}$ 中の $\mathbf{y}$ の最近傍探索結果をノイズ除

去結果であると見なす，という単純な方法である．この直接的な最近傍法は非常に魅力的ではあるが，$\mathcal{Y}$ が非常に多くの事例を持っており，ノイズのない信号 $\mathbf{y}_0$ やそれに非常に近いものも含まれているという，非常に限定的な仮定を満たさなければならない．

このアプローチは，信号 $\mathbf{y}$ の極端なスパース表現であると考えることができる．つまり，局所的な δ 近傍がその局所的な（つまり可変の）辞書であり，信号を表現するために一つのアトムと一つの係数だけを用いることに相当する．

このほかに，$\mathcal{Y}$ 中の $\mathbf{y}$ の K 近傍の信号を用いてそれらの平均をとる方法も考えられる．この方法では，前述のアフィン部分空間モデルの中心の推定値 $\mathbf{c}$ のほうへ結果が偏るため，局所PCAよりも悪くなる．それに対して，クラスタリングを用いる局所PCAやスパースランドモデルなどのパラメトリックなモデルの利点は，事例の数が大量でなくても，局所的な性質を安定して推定できることである．

9.4　スパースに生成された信号の処理

それでは，スパースランドモデルを用いてどのように信号処理を行えばよいのだろうか？　ここで，与えられた信号 $\mathbf{y}$ はモデル $\mathcal{M}(\mathbf{A}, k_0, \alpha, \epsilon)$ から生成されており，これらのモデルパラメータは既知であると仮定する．さまざまな信号処理の課題を考えることができるので，スパースな表現がどのように使われるのかを以下で議論する．

解析：信号 $\mathbf{y}$ が与えられたとき，これを生成したベクトル $\mathbf{x}_0$ を求めることができるだろうか？　この処理は，$\mathbf{y}$ を実際に生成する個々のアトム（原子）を推論するため，原子分解とも言える．真のスパース表現であれば明らかに $\|\mathbf{A}\mathbf{x}_0 - \mathbf{y}\|_2 \leq \epsilon$ を満たすが，それ以外の多数のベクトル $\mathbf{x}$ も同程度の精度で $\mathbf{y}$ を近似するかもしれない．そこで，実際に次の問題 (P_0^ϵ) を解くとする．

$$(P_0^\epsilon): \quad \min_{\mathbf{x}} \|\mathbf{x}\|_0 \quad \text{subject to} \quad \|\mathbf{y} - \mathbf{A}\mathbf{x}\|_2 \leq \epsilon$$

仮定から，この問題の解 $\mathbf{x}_0^\epsilon$ は真の解 $\mathbf{x}_0$ ではないかもしれないが，スパースであり，その非ゼロ要素の個数は k_0 以下である．第I部の結果から，もし k_0 が十分に小さいならば，(P_0^ϵ) の解は $\mathbf{x}_0$ から高々 $\mathcal{O}(\epsilon)$ しか離れていない．

圧縮：建前上は，n 次元ベクトルの $\mathbf{y}$ を記述するには，n 個の値が必要である．しかし，$\delta \geq \epsilon$ である (P_0^δ) を解くことができれば，その解 $\mathbf{x}_0^\delta$ を用いて，高々 $2k_0$ 個のスカラーだけで $\hat{\mathbf{y}} = \mathbf{A}\mathbf{x}_0^\delta$ と近似することができ，その近似誤差は高々 δ である．δ を大きくすれば，非ゼロ要素の個数は少なくなり，近似誤差は大きくなるが，もっと圧縮することができる．このようにして圧縮手法のレート歪み曲線を得ることができる．

ノイズ除去：観測が $\mathbf{y}$ ではなく，それにノイズが加えられた $\tilde{\mathbf{y}} = \mathbf{y} + \mathbf{v}$ であり，ノイズは $\|\mathbf{v}\|_2 \leq \delta$ を満たすことがわかっているとする．もし $(P_0^{\delta+\epsilon})$ を解くことができれば，その解 $\mathbf{x}_0^{\delta+\epsilon}$ の非ゼロ要素の個数は高々 k_0 である．以前の結果から，もし k_0 が十分に小さいならば，解 $\mathbf{x}_0^{\delta+\epsilon}$ は真の解 $\mathbf{x}_0$ から高々 $\mathcal{O}(\epsilon + \delta)$ しか離れていない．これでノイズが除去された信号の近似 $\mathbf{A}\mathbf{x}_0^{\delta+\epsilon}$ が得られる．

逆問題：もっと一般的に，観測は $\mathbf{y}$ ではなく，それにノイズが加えられた間接的な計測値 $\tilde{\mathbf{y}} = \mathbf{H}\mathbf{y} + \mathbf{v}$ であるとする．ここで，線形作用素 $\mathbf{H}$ はボケ，マスク（その場合はインペインティングと呼ばれる），射影，縮小などの線形劣化作用素であるとする．$\mathbf{v}$ は前述のノイズとする．このとき，問題

$$\min_{\mathbf{x}} \|\mathbf{x}\|_0 \quad \text{subject to} \quad \|\tilde{\mathbf{y}} - \mathbf{H}\mathbf{A}\mathbf{x}\|_2 \leq \delta + \epsilon$$

を解くことができれば，信号 $\mathbf{y}$ のスパース表現を直接得ることになり，その近似 $\mathbf{A}\mathbf{x}_0^{\delta+\epsilon}$ が得られる．

圧縮センシング：スパースな表現から生成された信号に対して，少数の計測値からその信号を再構成することができる．そのためには，従来のように計測済みのデータを圧縮するのではなく，計測プロセス自体を圧縮する．$\mathbf{P}$ を，その要素がガウス分布から iid 抽出されたランダムな $j_0 \times n$ の行列とする．そして，n 個の要素を持つ $\mathbf{y}$ を計測するのではなく，要素数が $j_0 \ll n$ である $\mathbf{c} = \mathbf{P}\mathbf{y}$ を直接計測することができると仮定する．そして，問題

$$\min_{\mathbf{x}} \|\mathbf{x}\|_0 \quad \text{subject to} \quad \|\mathbf{c} - \mathbf{P}\mathbf{A}\mathbf{x}\|_2 \leq \epsilon$$

を解いてスパースな表現が得られれば，$\mathbf{A}\mathbf{x}_0^\epsilon$ を用いて近似的に信号を再構成することができる．圧縮センシングの研究結果から，もし $j_0 > 2k_0$ ならば，復元は高い確率で成功する．

モルフォロジ成分分析（morphological component analysis; MCA）：観測信号が二つの信号 $\mathbf{y}_1$ と $\mathbf{y}_2$ の重ね合わせであると仮定する（つまり $\mathbf{y} = \mathbf{y}_1 + \mathbf{y}_2$）．ここで，$\mathbf{y}_1$ は $\mathcal{M}_1$ からスパースに生成され，$\mathbf{y}_2$ は $\mathcal{M}_2$ からスパースに生成されたとする．この二つの信号を分離できるだろうか？　このような信号分離は音声信号処理における基本的な問題であり，例えば独立成分分析による音声とノイズの分離などがある．ここでの信号のモデル化においては，問題

$$\min_{\mathbf{x}_1,\mathbf{x}_2} \|\mathbf{x}_1\|_0 + \|\mathbf{x}_2\|_0 \quad \text{subject to} \quad \|\mathbf{y} - \mathbf{A}_1\mathbf{x}_1 - \mathbf{A}_2\mathbf{x}_2\|_2^2 \leq \epsilon_1^2 + \epsilon_2^2$$

を解いて解 $(\mathbf{x}_1^\epsilon, \mathbf{x}_2^\epsilon)$ が得られれば，この問題における妥当な分離 $\hat{\mathbf{y}}_1 = \mathbf{A}_1\mathbf{x}_1^\epsilon$ と $\hat{\mathbf{y}}_2 = \mathbf{A}_2\mathbf{x}_2^\epsilon$ が得られる．

このアイデアに基づいた試みが Starck らよって行われており，最初に音声に，次に画像処理に適用された．MCA に基づく興味深い画像処理の応用例がインペインティングであり，周辺にある輝度値のスパース表現に基づいて，画像中の画素値が失われた部分を補完する．画像中の区分的に滑らかな（線画の）部分とテクスチャのある部分を処理の一部として分離しなければならないため，MCA は必須である．

このほかにも，暗号化，電子透かし，データのスクランブル，対象検出，認識，特徴抽出など，多数の応用があるだろう．これらのどの応用においても，(P_0^δ) やそれを変形した問題を解く必要がある．(P_0^δ) を解くことは一般に現実的ではなく，また不良設定である場合もあるため，意図的に「できれば」という条件付きの言い回しでこれらの応用を紹介してきた．しかし，これまでの (P_0^δ) についての議論から，適切な条件を設定すれば，実用的なアルゴリズムで問題の近似解を求めることはできる．

9.5　解析的な信号モデルと合成的な信号モデル

本章の最後に，スパースランドモデルの核となる定義に戻り，その他のモデルと比較する．スパースランドモデルは生成モデル（generative model）あるいは合成モデル（synthesis model）であり，信号 $\mathbf{y}$ をアトムの線形結合 $\mathbf{Ax} = \mathbf{y}$ で構成する．これに対して，本章の最初に示した事前分布を用いる方法は，解析モデル（analysis model）である．これは解析作用素 $\mathbf{T}$ を用いた解析であり，実質的には解析表現 $\mathbf{Ty}$ を計算することで，$\mathbf{y}$ の確率 $P(\mathbf{y})$ を計算する．

例えば，ノイズ除去をスパースランドモデルで考えてみよう．前述のとおり，以下の $(P_0^{\epsilon+\delta})$ 問題

$$\hat{\mathbf{y}} = \mathbf{A} \cdot \arg\min_{\mathbf{x}} \ \|\mathbf{x}\|_0 \quad \text{subject to} \quad \|\mathbf{y} - \mathbf{Ax}\|_2 \leq \epsilon + \delta$$

を解けばノイズ除去となる．ここで，$\mathbf{A}$ は正則であると仮定し，$\mathbf{z} = \mathbf{Ax}$ とすると，上記のノイズ除去は等価な以下の問題に書き換えることができる．

$$\hat{\mathbf{y}} = \arg\min_{\mathbf{z}} \ \|\mathbf{A}^{-1}\mathbf{z}\|_0 \quad \text{subject to} \quad \|\mathbf{y} - \mathbf{z}\|_2 \leq \epsilon + \delta$$

したがって，$\mathbf{A}^{-1}$ は解析作用素 $\mathbf{T}$ となり，ここで得られた定式化は式 (9.1) と同じになる．

このような解析と合成が等価である古典的な例は，1 次元全変動（TV）解析演算子とヘビサイド（ステップ関数）合成基底である．1 次元全変動は，信号にフィルタ $[+1, -1]$ を畳み込んで微分を計算する．信号の右端では，ゼロをパディングすると仮定する（つまり，最も右の要素には，フィルタではなく 1 を掛けるだけになる）．この結果は $n \times n$ のテプリッツ行列であり，主対角要素に $+1$ を持ち，その一つ右側の要素に -1 を持つ．この逆行列 $\mathbf{A} = \mathbf{T}^{-1}$ はヘビサイド基底となり，その列は単なるステップ関数である（n 個の列は異なる位置でステップする）．図 9.2 に，100×100 の場合のこの二つの行列を示す．

この二つの作用素の等価性は自然である．解析のほうでは，微分の絶対値和が小さくなるような（エネルギーの小さい）区分的に滑らかな信号を求めている．一方，生成のほうでは，そのような信号は少数のステップ関数の線形結合で構成されることになる．その意味では，信号処理や画像処理で広く用いられているマルコフ確率場（MRF）モデルも，ここで提案するモデルに含まれている．

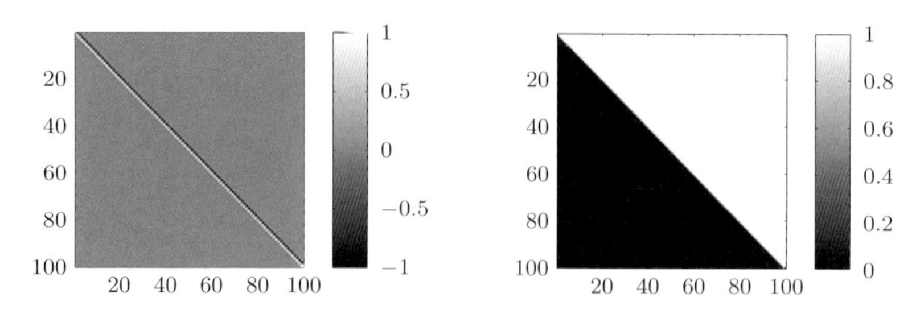

図 9.2　（左）1 次元全変動の行列 $\mathbf{T}$.（右）それに対応したヘビサイド基底からなる合成作用素 $\mathbf{A}$.

上記の議論から，$\mathbf{A}$ が $n \times m$ のフルランク行列（ここで $n < m$）という一般の場合にも，解析に基づくモデルと合成に基づくモデルは等価になるのではないか，という予想ができる．その場合，ノイズ除去のための（おそらく）等価な二つの定式化は，以下のようになる．

$$(P_{\text{合成}}) \quad \hat{\mathbf{y}}_s = \mathbf{A} \cdot \arg\min_{\mathbf{x}} \ \|\mathbf{x}\|_0 \quad \text{subject to} \quad \|\mathbf{y} - \mathbf{A}\mathbf{x}\|_2 \leq \epsilon + \delta$$
$$(P_{\text{解析}}) \quad \hat{\mathbf{y}}_a = \arg\min_{\mathbf{z}} \ \|\mathbf{T}\mathbf{z}\|_0 \quad \text{subject to} \quad \|\mathbf{y} - \mathbf{z}\|_2 \leq \epsilon + \delta$$

ここで $\mathbf{A} = \mathbf{T}^{+} = (\mathbf{T}^{\mathrm{T}}\mathbf{T})^{-1}\mathbf{T}^{\mathrm{T}}$ である．解析の定式化から書き換えてみよう．$\mathbf{T}\mathbf{z} = \mathbf{x}$ を定義し，$\|\mathbf{T}\mathbf{z}\|_0$ をより簡単な $\|\mathbf{x}\|_0$ で置き換える．これに $\mathbf{T}^{\mathrm{T}}$ を掛けると $\mathbf{T}^{\mathrm{T}}\mathbf{T}\mathbf{z} = \mathbf{T}^{\mathrm{T}}\mathbf{x}$ となる．行列 $\mathbf{A}$ が（したがって $\mathbf{T}$ も）フルランクの行列であるという仮定を用いると，$\mathbf{z} = (\mathbf{T}^{\mathrm{T}}\mathbf{T})^{-1}\mathbf{T}^{\mathrm{T}}\mathbf{x} = \mathbf{A}\mathbf{x}$ となり，したがって，制約条件の ℓ_2 項を $\|\mathbf{y} - \mathbf{z}\|_2$ から $\|\mathbf{y} - \mathbf{A}\mathbf{x}\|_2$ に置き換えることができる．

この解析の定式化から合成の定式化への書き換えは，完全なように見えるが，実は重要な部分が抜けている．得られた二つの方程式 $\mathbf{T}\mathbf{z} = \mathbf{x}$ と $\mathbf{z} = (\mathbf{T}^{\mathrm{T}}\mathbf{T})^{-1}\mathbf{T}^{\mathrm{T}}\mathbf{x}$ からすぐにわかるように，$\mathbf{x}$ について $\mathbf{T}(\mathbf{T}^{\mathrm{T}}\mathbf{T})^{-1}\mathbf{T}^{\mathrm{T}}\mathbf{x} = \mathbf{x}$ を満たさなければならない．この条件が意味するのは，$\mathbf{x}$ が $\mathbf{T}$ の値域に存在しなければならないということである．この条件を合成の定式化へ付け加えれば，二つの定式化は厳密に等価になる．付け加えなければ，合成の定式化のほうが自由度が大きくなり，その最小値は小さくなる（実際に，解析の定式化がその上界となる）．

以上より，二つのモデルは一般には異なるものである．ここで採用した信号処理のモデル化は合成モデルに焦点を当てており，本章の議論も合成モデルに偏っている．しかし，どちらのモデル化のアプローチが良いのかという問いに対する明確な答えはない．

9.6 まとめ

本章では，信号を記述する生成モデルを提案した．このモデル $\mathcal{M}(\mathbf{A}, k_0, \alpha, \epsilon)$ は，与えられた辞書から選択されたアトムを用いたスパースな線形結合に小さなノイズを加えることで，対象の信号が得られると仮定している．本章では，このモデルが MRF や TV，PCA，局所 PCA など，信号処理や画像処理に広く用いられている他のモデルに関連していることも議論した．

任意の信号の内容を厳密に記述することは不可能であるため，ここで示したスパースランドモデルの場合に限らず，信号を数学的にモデル化する場合は，モデル化する信号に対する仮定がすべて妥当だとは限らない．それらの仮定が信号の真の振る舞いとは異なるとしても，多くの信号処理の応用において，これらのモデルは成功を収めている．その成功の理由は，次のように説明することができるだろう．n 次元の真の信号源を考えて，その PDF（事前分布）を $P(\mathbf{y})$ とする．何らかのモデルを考える場合，必然的にその PDF とは異なる $\hat{P}(\mathbf{y})$ を提案することになる．

完璧なモデルであれば，この PDF の非常に良い近似が得られる．つまり，$\|P(\mathbf{y}) - \hat{P}(\mathbf{y})\|$ が非常に小さくなる．あまり良くはないが，それでも使い物になるようなモデルは，重み付き誤差 $\|P(\mathbf{y})(P(\mathbf{y}) - \hat{P}(\mathbf{y}))\|$ を小さくするモデルである．つまり，信号の確率が大きいところでは誤差も大きくなり，確率が小さいところでは誤差も小さくなる．このモデルは，信号が発生しやすいかどうかを測るためには非常に良いが，信号であるかどうかを検出するためには役に立たない．

次のように言い換えてみよう．$\mathbb{R}^n$ 中で真の信号が占める部分を $\mu_{\text{true}} \ll 1$ と仮定する（この部分では $P(\mathbf{y})$ が相対的に大きい）．上記のあまり良くないモデルで得られる部分は $\mu_{\text{true}} \ll \mu_{\text{model}} \ll 1$ となる．これは（ほとんど）すべての真の部分を含んではいるが，それに加えて間違った部分も含んでいる．このモデルから信号を合成しようとすると，このモデルが含むほとんどの部分が，ありうる信号を含む真の部分の外に存在するため，ほとんどの場合，自然な信号ではないものができあがってしまう．つまり，このようなモデルから信号を合成しようとしても失敗する．しかし，加法ノイズを除去する場合には，このモデルは良好に働く．その理由は，ノイズを加えると $P(\mathbf{y})$ が非常に小さい領域を考えることになるが，その領域では $\hat{P}(\mathbf{y})$ も非常に小さい可能性が高い（$\mu_{\mathrm{model}} \ll 1$ なので）からである．すると，ノイズ除去は，$\mathbf{y}$ の周辺で最も大きい $\hat{P}(\mathbf{y})$ を与える $\hat{\mathbf{y}}$ を探索する問題となる．これが真の確率 $P(\mathbf{y})$ の最大化と一致すれば，それは良いノイズ除去アルゴリズムになる．

この単純なアイデアを検証し，多くの信号に対して成立することを示すには，さらなる研究が必要である．

参考文献

1. J. Bobin, Y. Moudden, J. -L. Starck, and M. Elad, Morphological diversity and source separation, *IEEE Signal Processing Letters*, 13(7):409–412, July 2006.
2. J. Bobin, J. -L. Starck, M. J. Fadili, and Y. Moudden, SZ and CMB reconstruction using generalized morphological component analysis, Astronomical Data Analysis ADA '06, Marseille, France, September 2006.
3. R. W. Buccigrossi and E. P. Simoncelli, Image compression via joint statistical characterization in the wavelet domain, *IEEE Trans. on Image Processing*, 8(12):1688–1701, 1999.
4. E. J. Candès and D. L. Donoho, Recovering edges in ill-posed inverse problems: optimality of curvelet frames, *Annals of Statistics*, 30(3):784–842, 2000.
5. E. J. Candès and D. L. Donoho, New tight frames of curvelets and optimal representations of objects with piecewise-C^2 singularities, *Comm. Pure Appl. Math.*, 57:219–266, 2002.
6. E. J. Candès and J. Romberg, Practical signal recovery from random projections, in *Wavelet XI, Proc. SPIE Conf.* 5914, 2005.
7. E. J. Candès, J. Romberg, and T. Tao, Robust uncertainty principles: exact signal reconstruction from highly incomplete frequency information, *IEEE Trans. on Information Theory*, 52(2):489–509, 2006.
8. E. Candès, J. Romberg, and T. Tao, Stable signal recovery from incomplete and inaccurate measurements, *Communications on Pure and Applied Mathematics*, Volume 59, Issue 8, pp. 1207–1223, August 2006.
9. E. J. Candès and T. Tao, Decoding by linear programming, *IEEE Trans. on Information Theory*, 51(12):4203–4215, December 2005.
10. V. Chandrasekaran, M. Wakin, D. Baron, R. Baraniuk, Surflets: a sparse representation for multidimensional functions containing smooth discontinuities,

IEEE Symposium on Information Theory, Chicago, IL, 2004.

11. S. S. Chen, D. L. Donoho, and M. A. Saunders, Atomic decomposition by basis pursuit, *SIAM Journal on Scientific Computing*, 20(1):33–61, 1998.
12. S. S. Chen, D. L. Donoho, and M. A. Saunders, Atomic decomposition by basis pursuit, *SIAM Review*, 43(1):129–159, 2001.
13. R. Coifman and D. L. Donoho, Translation-invariant denoising, *Wavelets and Statistics, Lecture Notes in Statistics*, 103:120–150, 1995.
14. R. R. Coifman, Y. Meyer, S. Quake, and M. V. Wickerhauser, Signal processing and compression with wavelet packets. In Progress in wavelet analysis and applications (Toulouse, 1992), pp. 77–93.
15. R. R. Coifman and M. V. Wickerhauser, Adapted waveform analysis as a tool for modeling, feature extraction, and denoising, *Optical Engineering*, 33(7):2170–2174, July 1994.
16. R. A. DeVore, B. Jawerth, and B. J. Lucier, Image compression through wavelet transform coding, *IEEE Trans. on Information Theory*, 38(2):719–746, 1992.
17. M. N. Do and M. Vetterli, The finite ridgelet transform for image representation, *IEEE Trans. on Image Processing*, 12(1):16–28, 2003.
18. M. N. Do and M. Vetterli, Framing pyramids, *IEEE Trans. on Signal Processing*, 51(9):2329–2342, 2003.
19. M. N. Do and M. Vetterli, The contourlet transform: an efficient directional multiresolution image representations, *IEEE Trans. Image on Image Processing*, 14(12):2091–2106, 2005.
20. D. L. Donoho, Compressed sensing, *IEEE Trans. on Information Theory*, 52(4):1289–1306, April 2006.
21. D. L. Donoho, De-noising by soft thresholding, *IEEE Trans. on Information Theory*, 41(3):613–627, 1995.
22. D. L. Donoho, For most large underdetermined systems of linear equations, the minimal ℓ_1-norm solution is also the sparsest solution, *Communications on Pure and Applied Mathematics*, 59(6):797–829, June 2006.
23. D. L. Donoho, For most large underdetermined systems of linear equations, the minimal ℓ_1-norm near-solution approximates the sparsest near-solution, *Communications on Pure and Applied Mathematics*, 59(7):907–934, July 2006.
24. D. L. Donoho and Y. Tsaig, Extensions of compressed sensing, *Signal Processing*, 86(3):549–571, March 2006.
25. M. Elad, B. Matalon, and M. Zibulevsky, Image denoising with shrinkage and redundant representations, IEEE Conference on Computer Vision and Pattern Recognition (CVPR), NY, June 17–22, 2006.

26. M. Elad, J. -L. Starck, P. Querre, and D. L. Donoho, Simultaneous cartoon and texture image inpainting using morphological component analysis (MCA), *Journal on Applied and Comp. Harmonic Analysis*, 19:340–358, 2005.
27. R. Eslami and H. Radha, The contourlet transform for image de-noising using cycle spinning, in Proceedings of Asilomar Conference on Signals, Systems, and Computers, pp. 1982–1986, November 2003.
28. R. Eslami and H. Radha, Translation-invariant contourlet transform and its application to image denoising, *IEEE Trans. on Image Processing*, 15(11):3362–3374, November 2006.
29. O. G. Guleryuz, Nonlinear approximation based image recovery using adaptive sparse reconstructions and iterated denoising - Part I: Theory, *IEEE Trans. on Image Processing*, 15(3):539–554, 2006.
30. O. G. Guleryuz, Nonlinear approximation based image recovery using adaptive sparse reconstructions and iterated denoising - Part II: Adaptive algorithms, *IEEE Trans. on Image Processing*, 15(3):555–571, 2006.
31. W. Hong, J. Wright, K. Huang, and Y. Ma, Multi-scale hybrid linear models for lossy image representation, *IEEE Transactions on Image Processing*, 15(12):3655–3671, December 2006.
32. A. K. Jain, *Fundamentals of Digital Image Processing*, Englewood Cliffs, NJ, Prentice-Hall, 1989.
33. M. Jansen, *Noise Reduction by Wavelet Thresholding*, Springer-Verlag, New York, 2001.
34. E. Kidron, Y. Y. Schechner, and M. Elad, Cross-modality localization via sparsity, *IEEE Trans. on Signal Processing*, vol. 55, no. 4, pp. 1390–1404, April 2007.
35. M. Lang, H. Guo, and J. E. Odegard, Noise reduction using undecimated discrete wavelet transform, *IEEE Signal Processing Letters*, 3(1):10–12, 1996.
36. M. Lustig, D. L. Donoho, and J. M. Pauly, Sparse MRI: The application of compressed sensing for rapid MR imaging, *Magnetic Resonance in Medicine*, 58(6):1182–1195, Dec. 2007.
37. M. Lustig, J. M. Santos, D. L. Donoho, and J. M. Pauly, k-t SPARSE: High frame rate dynamic MRI exploiting spatio-temporal sparsity, Proceedings of the 13th Annual Meeting of ISMRM, Seattle, 2006.
38. Y. Ma, A. Yang, H. Derksen, and R. Fossum, Estimation of subspace arrangements with applications in modeling and segmenting mixed data, *SIAM Review*, 50(3):413–458, August 2008.
39. D. M. Malioutov, M. Cetin, and A. S. Willsky, Sparse signal reconstruction perspective for source localization with sensor arrays, *IEEE Trans. on Signal Processing*, 53(8):3010–3022, 2005.

40. F. G. Meyer, A. Averbuch, and J. O. Stromberg, Fast adaptive wavelet packet image compression, *IEEE Trans. on Image Processing*, 9(5):792–800, 2000.
41. F. G. Meyer, A. Z. Averbuch, R. R. Coifman, Multilayered image representation: Application to image compression, *IEEE Trans. on Image Processing*, 11(9):1072–1080, 2002.
42. F. G. Meyer and R. R. Coifman, Brushlets: a tool for directional image analysis and image compression, *Applied and Computational Harmonic Analysis*, 4:147–187, 1997.
43. P. Moulin and J. Liu, Analysis of multiresolution image denoising schemes using generalized Gaussian and complexity priors, *IEEE Trans. on Information Theory*, 45(3):909–919, 1999.
44. G. Peyré, Sparse modeling of textures, *Journal of Mathematical Imaging and Vision*, 34(1):17–31, May 2009.
45. G. Peyré, Manifold models for signals and images, *Computer Vision and Image Understanding*, 113(2):249–260, February 2009.
46. J. Portilla, V. Strela, M. J. Wainwright, and E. P. Simoncelli, Image denoising using scale mixtures of gaussians in the wavelet domain, *IEEE Trans. on Image Processing*, 12(11):1338–1351, 2003.
47. L. Rudin, S. Osher, and E. Fatemi, Nonlinear total variation based noise removal algorithms, *Physica D*, 60:259–268, 1992.
48. E. P. Simoncelli and E. H. Adelson, Noise removal via Bayesian wavelet coring, Proceedings of the International Conference on Image Processing, Laussanne, Switzerland, September 1996.
49. E. P. Simoncelli, W. T. Freeman, E. H. Adelson, and D. J. Heeger, Shiftable multiscale transforms, *IEEE Trans. on Information Theory*, 38(2):587–607, 1992.
50. J. -L. Starck, E. J. Candès, and D. L. Donoho, The curvelet transform for image denoising, *IEEE Trans. on Image Processing*, 11:670–684, 2002.
51. J. -L. Starck, M. Elad, and D. L. Donoho, Redundant multiscale transforms and their application for morphological component separation, *Advances in Imaging and Electron Physics*, 132:287–348, 2004.
52. J. -L. Starck, M. Elad, and D. L. Donoho, Image decomposition via the combination of sparse representations and a variational approach, *IEEE Trans. on Image Processing*, 14(10):1570–1582, 2005.
53. J. -L. Starck, M. J. Fadili, and F. Murtagh, The undecimated wavelet decomposition and its reconstruction, *IEEE Transactions on Image Processing*, 16(2):297–309, 2007.
54. D. S. Taubman and M. W. Marcellin, *JPEG 2000: Image Compression Fundamentals, Standards and Practice*, Kluwer Academic Publishers, Norwell, MA,

USA, 2001.

55. J. A. Tropp and A. A. Gilbert, Signal recovery from random measurements via orthogonal matching pursuit, *IEEE Transactions on Information Theory*, vol. 53, no. 12, pp. 4655–4666, Dec. 2007.
56. R. Vidal, Y. Ma, and S. Sastry, Generalized principal component analysis (GPCA), *IEEE Transactions on Pattern Analysis and Machine Intelligence*, 27(12):1945–1959, December 2005.
57. M. Zibulevsky and B. A. Pearlmutter, Blind source separation by sparse decomposition in a signal dictionary, *Neural Computation*, 13(4):863–882, 2001.

第10章
画像のボケ除去：実践例

本章では，これまで議論してきたモデルとアルゴリズムをどのように応用するかを示すために，スパースランドモデルを画像のボケ除去（deblurring）問題に適用する．次に，モデルの基礎部分をほぼ変えることなく，昔から研究されているこの問題を効率的に解くことができることを示す．本章の内容は，M. A. T. Figueiredo と R. D. Nowak が ICIP 2005 で発表した内容と，その後の M. Elad，B. Matalon，M. Zibulevsky (2007) の論文に沿っている．より良い結果が得られる最近の研究成果もあるが，ここで紹介する方法の魅力は，非常にシンプルで，かつ最新の研究成果に近い結果が得られることである．

10.1 問題設定

原画像 $\mathbf{y}$ のサイズは縦横 $\sqrt{n} \times \sqrt{n}$ 画素（ここでは $\sqrt{n} = 256$ とする）であり，それに既知の空間不変線形ボケ作用素 $\mathbf{H}$ が適用され，さらに，平均が 0 で分散 σ^2 が既知である加法ガウスノイズが加えられたと仮定する．つまり，観測される画像 $\tilde{\mathbf{y}} = \mathbf{H}\mathbf{y} + \mathbf{v}$ は，原画像がボケてノイズが加えられたものである．この観測画像から，既知の辞書 $\mathbf{A}$ とスパースなベクトル $\mathbf{x}$ を用いて $\mathbf{y}$ を $\mathbf{A}\mathbf{x}$ と表せるという仮定のもとで，$\mathbf{y}$ を復元したい．第 6 章と第 9 章で見たように，この問題は次の最適化問題となる．

$$\hat{\mathbf{x}} = \arg\min_{\mathbf{x}} \ \frac{1}{2}\|\tilde{\mathbf{y}} - \mathbf{H}\mathbf{A}\mathbf{x}\|_2^2 + \lambda \mathbf{1}^{\mathrm{T}} \rho(\mathbf{x}) \tag{10.1}$$

ここで，$\rho(\mathbf{x})$ は $\mathbf{x}$ の各要素に個別に適用される関数である．$\rho(x)$ として一般的なものは ℓ_p ノルム $\rho(x) = |x|^p$（$p \leq 1$）であるが，他のものでもよい．この問題では，$\hat{\mathbf{y}} = \mathbf{A}\hat{\mathbf{x}}$ と表される修復された画像を，平均 2 乗誤差（mean-squared-error; MSE）の意味で，原画像にできるだけ近づけたい．評価実験では合成データを用いる（つまり，原画像をぼかしてノイズを加え，それを修復して $\hat{\mathbf{y}}$ を得る）ため，誤差を評価することができる．

この修復手法は，最小化されるべきペナルティが

$$\hat{\mathbf{y}} = \arg\min_{\mathbf{y}} \frac{1}{2}\|\tilde{\mathbf{y}} - \mathbf{H}\mathbf{y}\|_2^2 + \lambda \mathbf{1}^{\mathrm{T}} \rho_{\mathrm{TV}}(\mathbf{y}) \tag{10.2}$$

で与えられる全変動（total variation; TV）画像修復と類似している．ここで，項 $\rho_{\mathrm{TV}}(\mathbf{y})$ は，各画素における局所（離散）2 次元勾配強度

$$\sqrt{\left(\frac{\partial \mathbf{y}(h,v)}{\partial h}\right)^2 + \left(\frac{\partial \mathbf{y}(h,v)}{\partial v}\right)^2}$$

（h と v は水平と垂直方向を表す）を長さ n の一つの列ベクトルに並べたものである．

この定式化において求めるべき未知数は画像自体であり，スパース表現ではない．したがって，第 9 章の定義に従えば，これは解析に基づく逆問題である．1 次元の場合，解析に基づく定式化における 1 次微分は，ヘビサイド基底を用いた合成に基づく定式化となることをすでに見ている．ここでは 2 次元画像を扱うため，その関係は成り立たない．しかし，TV ペナルティ $\mathbf{1}^{\mathrm{T}}\rho_{\mathrm{TV}}(\mathbf{y})$ を近似することはできる．それには，$0^\circ, 45^\circ, 90^\circ, 135^\circ$ の 4 方向の 1 次微分を計算し，以下のように適切な重みでそれらの絶対値の和を計算する．

$$\left\|\frac{\partial \mathbf{y}}{\partial d_0}\right\|_1 + \frac{1}{\sqrt{2}}\left\|\frac{\partial \mathbf{y}}{\partial d_{45}}\right\|_1 + \left\|\frac{\partial \mathbf{y}}{\partial d_{90}}\right\|_1 + \frac{1}{\sqrt{2}}\left\|\frac{\partial \mathbf{y}}{\partial d_{135}}\right\|_1$$

このペナルティは $\|\mathbf{T}\mathbf{y}\|_1$ と書くことができる．ここで，$\mathbf{T}$ の次元は $4n \times n$ であり，4 方向の微分演算を含んでいる．このようにすれば定式化は解析的なものになり，これに対応する合成的な定式化を考えることもできる．なお，得られた作用素 $\mathbf{T}$ はほぼ回転不変であるが，多重解像度には対応せず，計算された微分のスケールは固定されている．これに対して，次に示すウェーブレットを用いることで，多重解像度に対応することができる．

10.2 辞書

式 (10.1) の定式化を実際に画像のボケ除去に適用するには，画像の内容をスパースに表現するような，辞書 $\mathbf{A}$ を指定しなければならない．ここでは Figueiredo らの研究に従って，Daubechies の 2 タップフィルタ（ハールフィルタ）を用いた（解像度レベル 2，冗長度 1/7）平行移動不変（非縮小）ウェーブレット変換を用いる．

このハールウェーブレット変換は，1 次元カーネル $[+1,+1]/2$ と $[+1,-1]/2$ を水平方向にフィルタリングし，次に，その二つの出力に対して垂直方向に同じフィルタを用いてフィルタリングを行う．これにより，入力画像とサイズの等しい 4 枚の出力バンド画像が得られる．最後に，LL 画像（カーネル $[+1,+1]/2$ を水平・垂直方向にフィルタリングして得られたもの）に対して同様の処理を行い，サイズ $\sqrt{n} \times \sqrt{n}$ の画像が合計 7 枚出力として得られる．この処理全体が，ここでの定式化における積 $\mathbf{A}^{\mathrm{T}}\mathbf{y}$ となる．図 10.1 にこのフィルタリング処理を示す．図 10.2 には，これらのフィルタリングされた画像から原画像を戻す

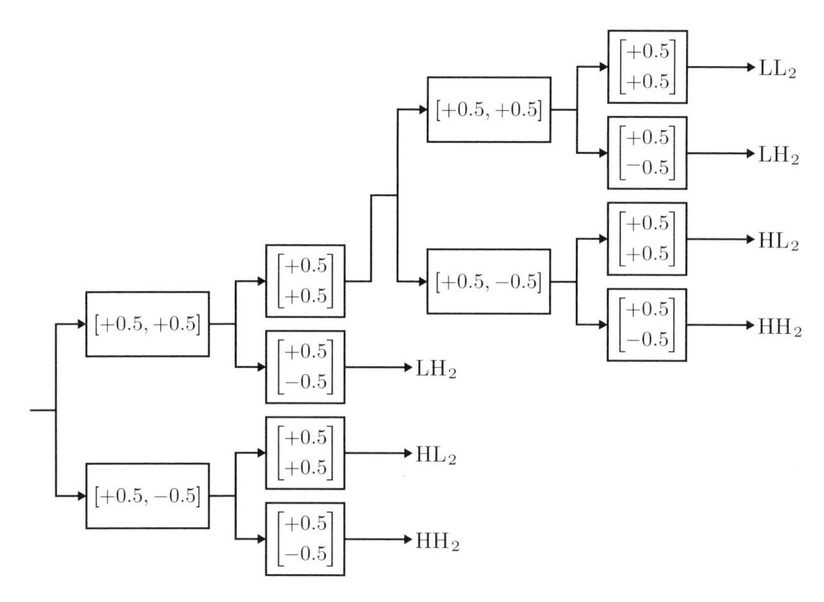

図 10.1　前向きフィルタリング処理．$\mathbf{A}^{\mathrm{T}}\mathbf{y}$ を計算する．

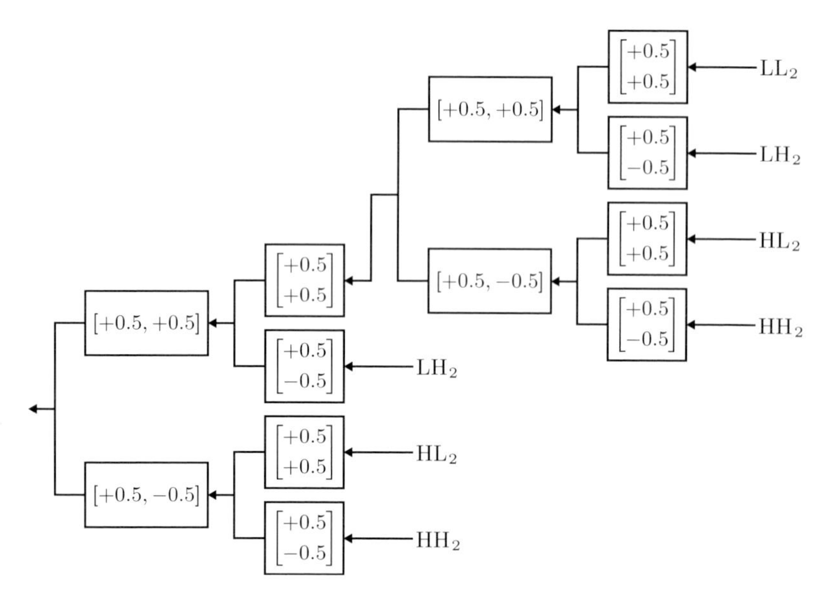

図 10.2　逆向きフィルタリング処理．$\mathbf{Ax}$ を計算する．

逆の処理，つまり $\mathbf{Ax}$ の計算を示す．図 10.3 に，従来のウェーブレット変換によって得られた 7 枚の出力バンド画像を示す．ただし，これは，ここで説明したユニタリハールウェーブレット変換とは異なる（ここでは出力画像はすべて同じサイズである）．

なお，このように選択した辞書は，スパースに画像を表現するための最適な辞書には程遠いものである．より良い結果を得るためには，辞書をもっと適切に選択しなければならない．そのような変換は Wavelab や Rice Wavelet Toolbox，その他のソフトウェアを用いれば可能である．

処理 $\mathbf{Ax}$ は，この冗長な場合は逆ハール変換を用いれば計算できる．この変換はタイトフレームであるので（つまり $\mathbf{AA}^{\mathrm{T}} = \mathbf{I}$），転置と（擬似）逆行列は同じものである[*1]．処理 $\mathbf{A}^{\mathrm{T}}\mathbf{y}$ を見ればわかるように，転置操作はフィルタリング処理と見なすことができるが，ここではこれ以上議論しない．

[*1] 逆変換が転置であることを確認するには，ランダムな二つのベクトル $\mathbf{v}$ と $\mathbf{u}$ に $\mathbf{A}^{\mathrm{T}}$ を掛けて，内積 $\langle \mathbf{A}^{\mathrm{T}}\mathbf{v}, \mathbf{A}^{\mathrm{T}}\mathbf{u} \rangle$ を計算して，これが $\mathbf{v}^{\mathrm{T}}\mathbf{u}$ と一致するかどうかを見ればよい．このテストを何度か繰り返し，どれも厳密に一致すれば，十分である．

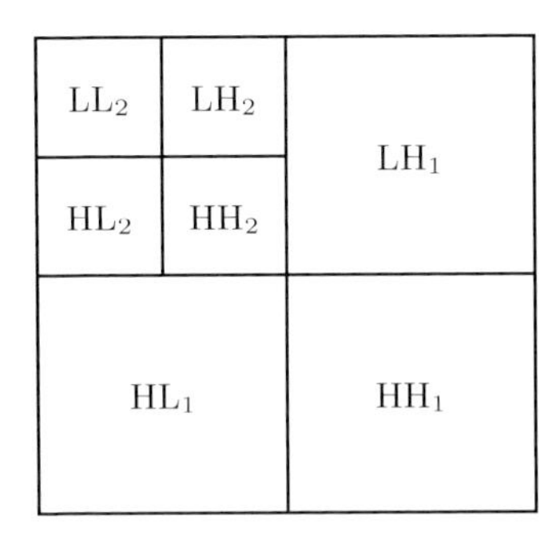

図 10.3　解像度レベル 2 のハールウェーブレット変換による，7 枚の出力バンド画像．この図はユニタリハールウェーブレット変換を説明しているが，われわれの実装では各バンド画像は入力画像と同じサイズである．

逆変換をベクトル $\mathbf{x} = \mathbf{e}_i$（つまり，$i$ 番目の要素だけが 1 で，他が 0 の標準ベクトル）に適用すると，$\mathbf{A}$ の i 番目の列となり，これを用いてこの辞書のアトムを可視化することができる．図 10.4 は，サイズ 20×20 の画像を表現するために，2,800 個のアトムの中から，ランダムに選んだ 20 個を可視化したものである．

10.3　数値計算上の問題

このボケ除去の実験において，第 6 章で説明した SSF と PCD を用い（反復回数は 100），直線探索と SESOP の併用の有無も比較した．パラメータ λ は最も良い結果が得られる値に手動で設定した．Figueiredo と Nowak の研究で用いられた手法は，以下の単純な SSF である．

$$\mathbf{x}_{k+1} = \mathcal{S}_{\rho,\lambda/c}\left(\mathbf{x}_k + \frac{1}{c}\mathbf{A}^{\mathrm{T}}\mathbf{H}^{\mathrm{T}}(\tilde{\mathbf{y}} - \mathbf{H}\mathbf{A}\mathbf{x}_k)\right) \tag{10.3}$$

ここで，$\|\mathbf{HA}\|_2^2 = 1$ なので $c = 1$ である．

この実験では，$\rho(x) = |x| + s\log(1 + |x|/s)$ を用い，小さな値 $s > 0$ に対して（$s = 0.01$ とした）ほぼ ℓ_1 ノルムになるように設定した．図 10.5 に，パラメータ s の値を変えてプロットした関数 $\rho(x)$ を示す．一見した印象とは異なり，この関数は凸であり，至るところで滑らかで，その導関数は次式で与えられる．

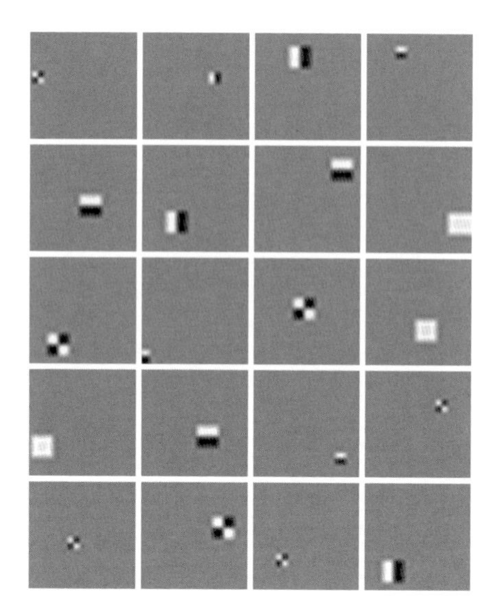

図 10.4　サイズ 20×20 の画像を表現するため，次元 $400 \times 2{,}800$ の辞書からランダムに選択された 20 個のアトム．これらのアトムは，解像度レベル 2 の平行移動不変なハールウェーブレット変換のものである．図からわかるように，アトムは水平・垂直方向の微分とその組合せからなり，サポートの大きさは 2 種類ある．サポート中で定数になっているアトムは，変換の LL 成分である．

$$\frac{d\rho(x)}{dx} = \frac{|x|\mathrm{sign}(x)}{s+|x|}, \qquad \frac{d^2\rho(x)}{dx^2} = \frac{s}{(s+|x|)^2}$$

ρ にこの関数を採用することの重要な利点の一つは，縮小ステップが解析的な閉形式で得られることである．次の関数を考えよう．

$$f(x) = \frac{(x-x_0)^2}{2} + \lambda\rho(x) \tag{10.4}$$

この最小値は以下のように得られる．

$$0 = \frac{df(x)}{dx} = x - x_0 + \lambda\frac{|x|\mathrm{sign}(x)}{s+|x|} \tag{10.5}$$

$x_0 \geq 0$ を仮定すれば，必然的に最適解 x_{opt} も非負となる．なぜなら，式 (10.4) の第 1 項 $(x-x_0)^2/2$ は正であり，第 2 項 $\lambda\rho(x)$ はその符号には無関係だからである．したがって，次のようになる．

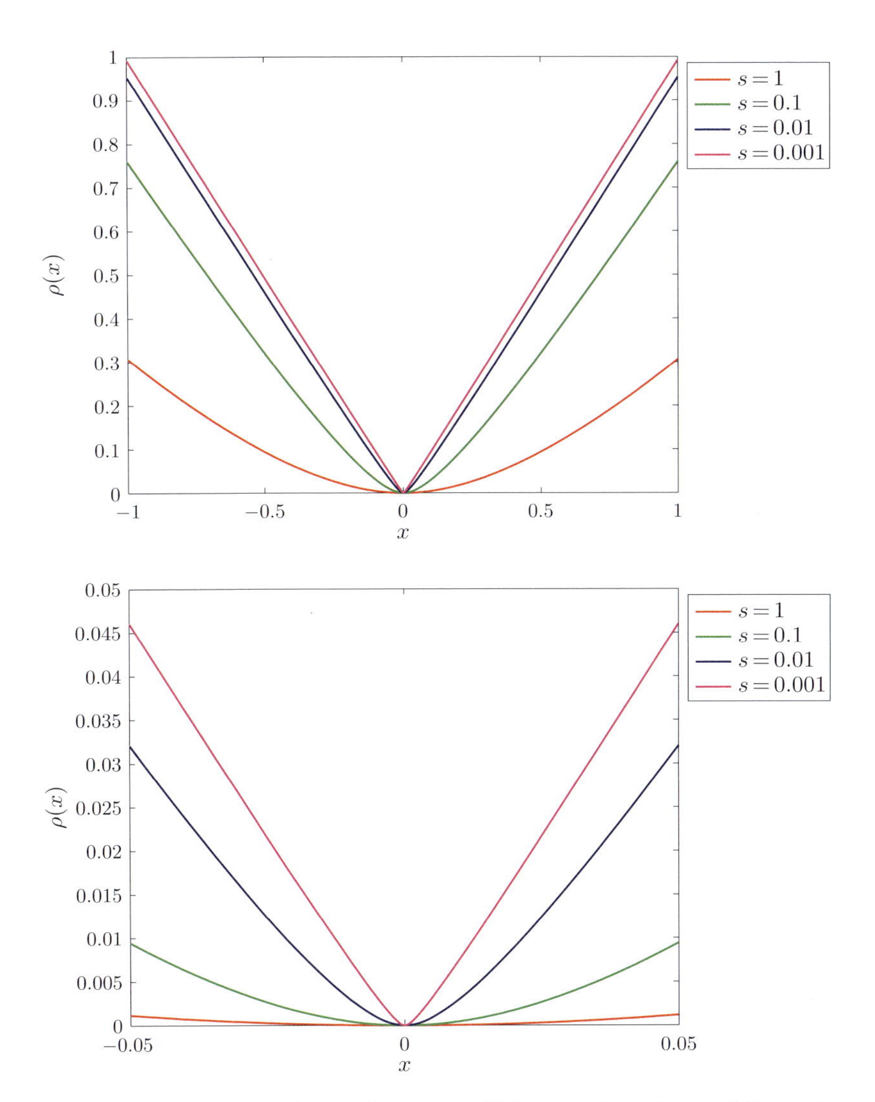

図 10.5 パラメータ s を変えてプロットした関数 $\rho(x)$．上のグラフは関数の全体の形状を示し，下のグラフは原点付近を拡大したものである．

$$0 = \frac{df(x)}{dx} = x - x_0 + \lambda\frac{x}{s+x} = \frac{(x+s)(x-x_0)+\lambda x}{s+x} \tag{10.6}$$

この方程式の解は，次式となる（負の解は除く）．

$$x_{\text{opt}} = \frac{(x_0 - s - \lambda) + \sqrt{(s+\lambda-x_0)^2 + 4sx_0}}{2} \tag{10.7}$$

$x_0 < 0$ に対しては，符号を反転し曲線を左右反転すればよい．$\lambda = 1$ に対するこの解析的な縮小則を図 10.6 に示す．パラメータ s の値は図 10.5 と同じものを用いている．この図からわかるように，s が小さくなれば，ソフトしきい値関数に近づいていく．

上記の平滑化された ℓ_1 ノルムの表現を用いるもう一つの利点は，各反復における直線探索（もしくは SESOP 最適化）にニュートン法を適用できることである．

この実験と Figueredo と Nowak の研究とで異なる点は，彼らは関数 ρ に $p = 0.7$ の ℓ_p ノルムや Jeffreys 無情報事前分布を用いていたことである．もう一つの異なる点は初期化である．このシミュレーション実験では $\mathbf{x}_0 = \mathbf{0}$ に初

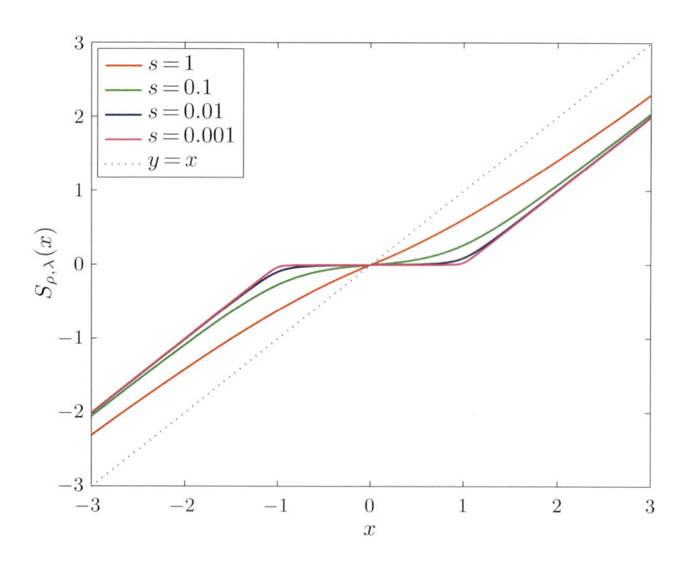

図 10.6　関数 $\rho(x)$ に対する縮小則．$\lambda = 1$ を仮定し，パラメータ s の値を変えてプロットした．

期化したが，彼らの研究は，適応的ウィナーフィルタによる修復に基づく初期化を採用しており，この実験よりも良い結果が得られる可能性がある．ペナルティ関数が凸であれば結果に大差はないが，$\rho(x)$ に非凸関数を用いた場合には大きな違いが出るだろう．

10.4 実験の詳細と結果

以下の実験では，図 10.7 に示す画像の修復に前述のアルゴリズムを適用する．ここで，ボケカーネルのサイズは 15×15 で，その値は $1/(i^2+j^2+1)$ として $(-7 \leq i, j \leq 7)$，総和が 1 となるように正規化した．このボケカーネルを図 10.8 に示す．

まず，$\sigma^2 = 2$ $(\lambda = 0.075)$ とした場合のボケ除去の性能を示す．図 10.9 は SSF（単純な手法，直線探索あり，SESOP-5 高速化付き）と PCD（一般的な手法，SESOP-5 高速化付き）の結果の比較である．この図は反復回数に対する目的関数値のプロットである．第 6 章で得られた結論と同様に，次のことが明らかである．(i) SSF には直線探索が有効である．(ii) SESOP は SSF と PCD を高速化する．(iii) PCD の SESOP-5 は最も速く収束する．

結果を定量的に評価するために，以下で定義される ISNR（improvement signal-to-noise ratio）を用いる．

図 10.7 原画像．この画像に対して実験を行う．

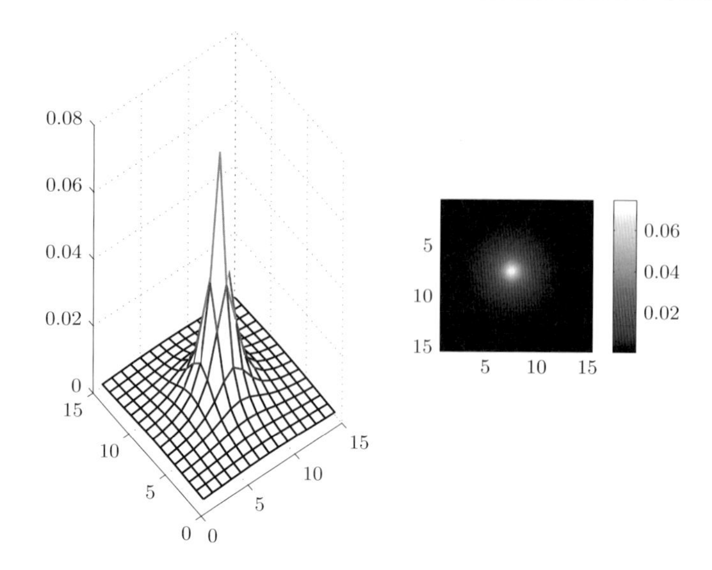

図 10.8　用いたボケカーネル．サイズは 15×15 で，その値は $1/(i^2 + j^2 + 1)$ として $(-7 \leq i, j \leq 7)$，総和が 1 となるように正規化した．左はボケカーネルのサーフェス表示，右は画像として表示したもの．

$$\mathrm{ISNR} = 10 \log \left\{ \frac{\|\mathbf{y} - \tilde{\mathbf{y}}\|_2^2}{\|\mathbf{A}\hat{\mathbf{x}} - \mathbf{y}\|_2^2} \right\} \text{〔dB〕} \tag{10.8}$$

もし観測画像 $\tilde{\mathbf{y}}$ が解として得られたとしたら，ISNR $= 0$dB である．修復された結果の画質が良ければ ISNR は正になり，値が大きいほど良い画質の結果が得られたことになる．$\sigma^2 = 2$ の場合の，さまざまな反復縮小アルゴリズムの ISNR の結果を図 10.10 に示す．横軸は反復回数である．この図からわかるように，PCD が（SESOP 高速化を行わなくても）最も速く最も良い画質が得られる[*2]．

PCD アルゴリズムで 30 回の反復後に得られた修復結果の画像を図 10.11 に示す．図 10.12 は $\sigma^2 = 8$ に対する同様の結果である（ここでは最良の ISNR を得るために $\lambda = 0.15$ とした）．この図からわかるように，これらのアルゴリズムは非常に単純であるにもかかわらず，修復画像からボケが良好に除去されて

[*2] SURE 推定値に基づいて，ISNR のピークが得られたときにこれらのアルゴリズムを止める方法もある．

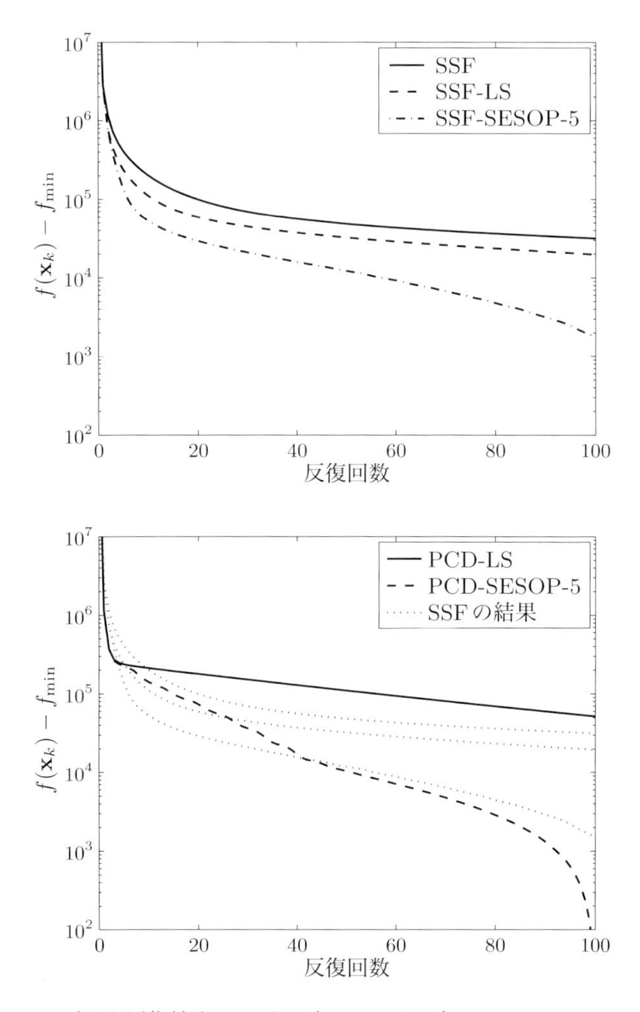

図 10.9　さまざまな反復縮小アルゴリズムにおける式 (10.1) のペナルティ関数値の反復回数に対するプロット．(i) 単純な SSF（と表記），(ii) 直線探索を用いた SSF (SSF-LS)，(iii) 直線探索を用いた PCD (PCD-LS)，(iv) SESOP 高速化を用いた SSF (SSF-SESOP-5)，(v) SESOP 高速化を用いた PCD (PCD-SESOP-5)．

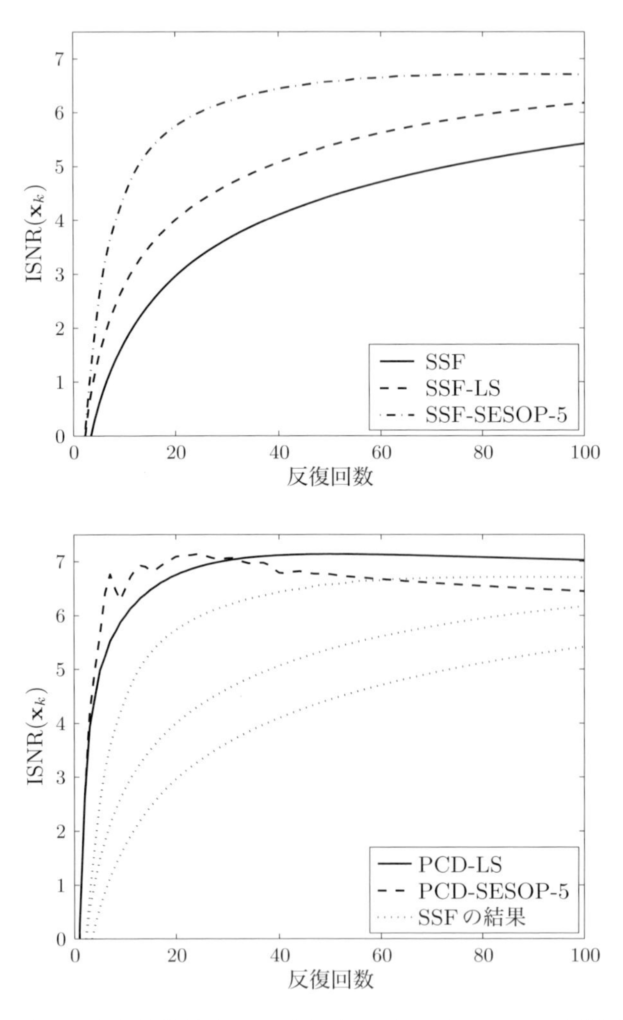

図 10.10　さまざまな反復縮小アルゴリズムにおける ISNR の反復回数に対するプロット．(i) 単純な SSF（SSF と表記）．(ii) 直線探索を用いた SSF（SSF-LS）．(iii) 直線探索を用いた PCD（PCD-LS）．(iv) SESOP 高速化を用いた SSF（SSF-SESOP-5）．(v) SESOP 高速化を用いた PCD（PCD-SESOP-5）．

図 10.11 PCD アルゴリズムの 30 回の反復で得られたボケ除去結果.（左）ボケてノイズが加わった観測画像.（右）修復画像．この実験では $\sigma^2 = 2$ とした（結果は ISNR = 7.05dB).

図 10.12 PCD アルゴリズムの 30 回の反復で得られたボケ除去結果.（左）ボケてノイズが加わった観測画像.（右）修復画像．この実験では $\sigma^2 = 8$ とした（結果は ISNR = 5.17dB).

いる．

この章の最後に，読者の興味を引き付けるであろう不思議な振る舞いを紹介しよう（これは次章の内容の予告である）．この章では，ペナルティ関数 $f(\mathbf{x}) = 0.5\|\mathbf{A}\mathbf{x} - \mathbf{y}\|_2^2 + \lambda \mathbf{1}^{\mathrm{T}} \rho(\mathbf{x})$ を最小化して，修復したい画像のスパース表現 $\mathbf{x}$ を復元した．スパースランドモデルの仮定を満たすため，このベクトルはスパースなはずである．だとすれば，この解ベクトルはどの程度スパースなのだろうか？　図 10.13 に，$\mathbf{x}$ の要素の絶対値をソートしたものを示す．これからわかるように，結果はまったくスパースではない！

明らかに，この結果はペナルティの第 2 項に与える重み λ の値が小さすぎたことが原因であり，そのため，スパースではない解が得られてしまったのである．以前にも述べたように，ISNR が最も良くなるように（平均 2 乗誤差が最小になるように）λ の値を慎重に選ばなくてはならない．ここで疑問が生じる．なぜ，最も良い λ では，スパースでない解が得られてしまうのか？　これは，これまでの章で議論してきたスパースランドモデルと矛盾するのではないか？　この疑問に対する興味深い解答を次章で紹介する．そこでは，スパースランドモデルのための（平均 2 乗誤差の意味で）最も良い $\mathbf{x}$ の推定値を計算する方法を議論する．

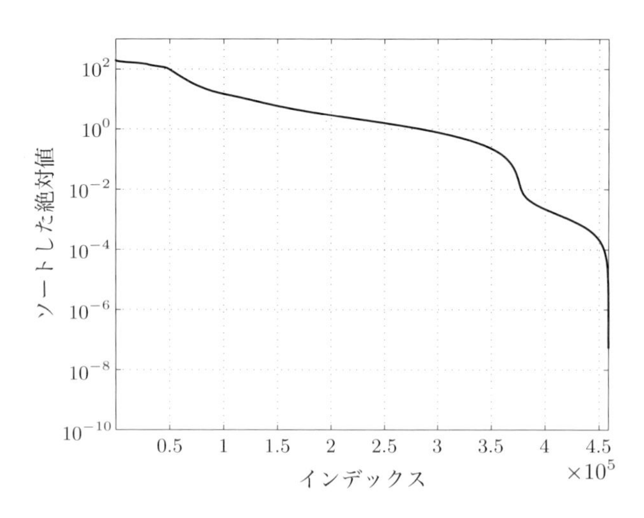

図 10.13　PCD アルゴリズムの 30 回の反復で得られた解ベクトルの要素を絶対値でソートしたもの．これからわかるように，この解はスパースではない！

10.5 まとめ

ボケ除去は，第 9 章のスパースランドモデルを直接適用して成功を収めた応用の一つであり，画像処理においてこのモデルが貢献した初期の問題の一つでもある．スパースランドモデルの応用をこのボケ除去問題から始めた理由は，第 9 章で議論した内容を実際の逆問題にすぐに適用できるからである．

画像のボケ除去アルゴリズムとして，もっと良いものは存在する．Dabov らの BM3D に基づく手法がその一例である．この手法は本章で示したアルゴリズムとはまったく異なっているが，興味深いことに，やはりそれもスパースランドモデルに基づいており，画像パッチ間の重複を考慮している．後の章で，パッチに基づくスパースな手法，特に BM3D について再び議論する．

本章では，第 6 章の反復縮小アルゴリズムを再び取り上げ，SSF と PCD，およびそれらの高速化版の振る舞いを見た．ここでの実験で得られたことをまとめれば，**A** とその転置との積の計算を 10 回から 20 回程度反復すれば，求めたい解を得ることができる，ということである．しかし，この結論には疑問が突きつけられた．得られた解はまったくスパースではないのである．これはスパースランドモデルと矛盾するのだろうか？　次の第 11 章では，この疑問に対して興味深く驚くべき解答が引き出されることになる．

参考文献

1. J. Bioucas-Dias, Bayesian wavelet-based image deconvolution: a GEM algorithm exploiting a class of heavy-tailed priors, *IEEE Trans. on Image processing*, 15(4):937–951, April 2006.
2. K. Dabov, A. Foi, and K. Egiazarian, Image restoration by sparse 3D transform-domain collaborative filtering, Proc. SPIE Electronic Imaging '08, no. 6812-07, San Jose, California, USA, January 2008.
3. I. Daubechies, M. Defrise, and C. De-Mol, An iterative thresholding algorithm for linear inverse problems with a sparsity constraint, *Communications on Pure and Applied Mathematics*, LVII:1413–1457, 2004.
4. M. Elad, B. Matalon, and M. Zibulevsky, On a Class of Optimization methods for Linear Least Squares with Non-Quadratic Regularization, *Applied and Computational Harmonic Analysis*, 23:346–367, November 2007.
5. M. Elad, B. Matalon, J. Shtok, and M. Zibulevsky, A wide-angle view at iter-

ated shrinkage algorithms, SPIE (Wavelet XII) 2007, San-Diego CA, August 26–29, 2007.

6. M. J. Fadili, J. -L. Starck, Sparse representation-based image deconvolution by iterative thresholding, Astronomical Data Analysis ADA '06, Marseille, France, September 2006.
7. M. A. Figueiredo and R. D. Nowak, An EM algorithm for wavelet-based image restoration, *IEEE Trans. Image Processing*, 12(8):906–916, 2003.
8. M. A. Figueiredo, and R. D. Nowak, A bound optimization approach to wavelet-based image deconvolution, IEEE International Conference on Image Processing - ICIP 2005, Genoa, Italy, 2:782–785, September 2005.
9. M. A. Figueiredo, J. M. Bioucas-Dias, and R. D. Nowak, Majorization-minimization algorithms for wavelet-based image restoration, *IEEE Trans. on Image Processing*, 16(12):2980–2991, December 2007.
10. L. Rudin, S. Osher, and E. Fatemi, Nonlinear total variation based noise removal algorithms, *Physica D*, 60:259–268, 1992.
11. H. Takeda, S. Farsiu, and P. Milanfar, Deblurring using regularized locally-adaptive kernel regression, *IEEE Trans. on Image Processing*, 17(4):550–563, April 2008.

第11章 MAP推定とMMSE推定

これまでは，直感的に最適化問題として理解できるため，追跡アルゴリズムを決定論的に説明してきた．第9章では，追跡アルゴリズムが事後確率最大(maximum a posteriori probability; MAP）推定の近似に対応していることを見たが，詳しい説明はしなかった．本章では，スパース表現の最適解を求めることを推定問題として定義し，その対応関係を明らかにする．そのためには，本章で見るように，スパース表現のベクトルを生成する確率モデルを，数学的に明確に定義する必要がある．そうすることで，最小平均2乗誤差（minimum mean-squared-error; MMSE）推定を導出することもできるようになる．そして，これが近似へとつながっていく．本章ではこれ以外のトピックも扱う．

11.1 確率モデルと推定のゴール

まず，スパースベクトルのランダムな生成器を定義する．以下の定義のほかにもさまざまな定義が可能であるが，それでもスパースな表現とその一般的な振る舞いを良く表している．

ここで定義する生成器は，スパースベクトル $\mathbf{x} \in \mathbb{R}^m$ を生成するために，まず非ゼロ要素の個数 $\|\mathbf{x}\|_0 = |s|$ を表す整数 $|s|$ を確率密度関数（PDF）$P_s(|s|)$ に従って抽出する．$P_s(|s|)$ はスパースなベクトルを生成しやすいものであればよく，例えば $P_s(|s|) \sim 1/|s|$ や $P_s(|s|) \sim \exp(-\alpha|s|)$，さらには非ゼロ要素の

個数を k 個に指定する $P_s(|s|) \sim \delta(k-|s|)$ でもよい．簡単化のため，以降では $|s|=k$ という場合に限定する．

k を選択したら（もしくは上記のように設定したら），すべての可能な $\binom{m}{k}$ 個のサポートに対して等確率で一つのサポート s（ただし $|s|=k$）を選択する．そして，非ゼロ要素は $\mathcal{N}(0,\sigma_x^2)$ から iid 抽出されると仮定する．これが $\mathbf{x}$ を生成する完全な手順であり，この生成源を表す PDF を $P_X(\mathbf{x})$ とする．このランダムなベクトルの生成器を $\mathcal{G}_1$ と表す．

上記のモデルはさまざまな形に変更することができる．例えば，非ゼロ要素ごとに異なる分散のガウス分布を用いたり，各要素が一様ではなく異なる確率で選択されるようにしたり，非ゼロ要素をガウス分布ではなく裾の重い分布から抽出したりすることなどが考えられる．

$\mathbf{x}$ に対する事前分布を考慮する他の方法は，各アトムがサポートとして選択されるかどうかの確率 P_i を導入することである．あるアトムが選択されたら，その要素を上記のガウス分布に従って iid 抽出する．このようなモデルの場合，サポートの大きさは一定ではなく，0 になるかもしれないし，すべてのアトムを使うかもしれない．各アトムの選択確率が等しく，ガウス分布の分散 σ_x^2 も等しいと仮定すると，このモデルは二つのパラメータしか持たない．このモデルの魅力的な点は，$\mathcal{G}_1$ とは異なり，$\mathbf{x}$ の m 個の要素が互いに完全に独立なことである．このモデルを $\mathcal{G}_2$ と呼ぶことにする．本章の解析の大半は，これらの二つのモデル $\mathcal{G}_1$ と $\mathcal{G}_2$ を扱う．

それでは上記の生成器 $\mathcal{G}_1$ に戻ろう．ランダムなベクトル $\mathbf{x}$ を次元 $n \times m$ の辞書 $\mathbf{A}$ に掛け，スパースな表現が既知となる信号 $\mathbf{z}$ を生成する．この信号に次元 $q \times n$ の劣化行列 $\mathbf{H}$ を掛ける．観測されるベクトルは $\mathbf{y}=\mathbf{HAx}+\mathbf{e}$ である．ここで，$\mathbf{e}$ はその要素を平均 0 のガウス分布 $\mathcal{N}(0,\sigma_e^2)$ から iid 抽出したノイズベクトルである．推定の目標は，$\mathbf{x}$ と $\mathbf{e}$ についての統計的な情報と観測 $\mathbf{y}$ に基づいて，$\mathbf{x}$（もしくは $\mathbf{z}$）を復元することである．

推定のために，さまざまなことを考慮しなければならない．まず，推定手法の目標を定義しなければならない．MAP 推定は事後確率 $P(\mathbf{x}|\mathbf{y})$ を最大化する $\hat{\mathbf{x}}$ を求める．MMSE は推定の期待 ℓ_2 誤差を最小化する $\hat{\mathbf{x}}$ を求める．このほかの目標も考えられるが，本章ではこの二つに限定して議論する．次に，実際の数値解法を考えなければならない．これは，厳密な解が得られない場合には特

に重要になる．次に見るように，上記のように定義した問題を解く実用的な推定手法は，一般に近似解を与えることしかできない．

11.2 MAP 推定と MMSE 推定の背景

本章では MAP 推定と MMSE 推定を多用するので，二つのベイズ的な道具を用いて一般的に定義しておく．観測ベクトル $\mathbf{y}$ と推定するべき未知ベクトル $\mathbf{x}$ が与えられたとき，MAP 推定は以下の推定値を与える．

$$\hat{\mathbf{x}}^{\mathrm{MAP}} = \max_{\mathbf{x}} P(\mathbf{x}|\mathbf{y}) \tag{11.1}$$

ここで，$P(\mathbf{x}|\mathbf{y})$ は観測 $\mathbf{y}$ が与えられたときの $\mathbf{x}$ の事後確率である．明らかに，MAP 推定の最もやっかいな部分は，この条件付き確率の定式化である．それができれば，この推定問題は最適化問題となる．ただし，この最適化問題は非凸であり，多数の局所解が存在するため，推定自体が困難であり，良い推定が行えないこともある．

ベイズ則を用いれば，観測 $\mathbf{y}$ が与えられたときの $\mathbf{x}$ の事後確率は，次式で与えられる．

$$P(\mathbf{x}|\mathbf{y}) = \frac{P(\mathbf{y}|\mathbf{x})P(\mathbf{x})}{P(\mathbf{y})} \tag{11.2}$$

$P(\mathbf{y})$ が未知数 $\mathbf{x}$ を含んでいないので，分母を除外することができる．すると，MAP 推定は以下のようになる．

$$\hat{\mathbf{x}}^{\mathrm{MAP}} = \max_{\mathbf{x}} P(\mathbf{x}|\mathbf{y}) = \max_{\mathbf{x}} P(\mathbf{y}|\mathbf{x})P(\mathbf{x}) \tag{11.3}$$

確率 $P(\mathbf{y}|\mathbf{x})$ は尤度関数（likelihood function）であり，$P(\mathbf{x})$ は未知数の事前分布である．これが一様で無情報事前分布であれば，上記の式は実質的には尤度関数の最大化となり，よく知られた最尤推定（maximum likelihood estimation）となる．

一方の MMSE は，古典的な結果としてよく知られているように，未知数の条件付き期待値として得られる．これを見るには，まず平均 2 乗誤差を

$$\mathrm{MSE}_{\mathbf{x}} = E\left(\|\hat{\mathbf{x}} - \mathbf{x}\|_2^2 \,|\, \mathbf{y}\right) = \int_{\mathbf{x}} \|\hat{\mathbf{x}} - \mathbf{x}\|_2^2 \, P(\mathbf{x}|\mathbf{y}) \, d\mathbf{x} \tag{11.4}$$

と書き，これを最小化するために，推定値 $\hat{\mathbf{x}}$ について微分して，次式を得る．

$$\frac{\partial \mathrm{MSE}_{\mathbf{x}}}{\partial \hat{\mathbf{x}}} = 2\int_{\mathbf{x}} (\hat{\mathbf{x}} - \mathbf{x})\, P(\mathbf{x}|\mathbf{y})\, d\mathbf{x} = \mathbf{0} \tag{11.5}$$

したがって，（MMSEの）最適解は次式となる．

$$\hat{\mathbf{x}}^{\mathrm{MMSE}} = \frac{\displaystyle\int_{\mathbf{x}} \mathbf{x}\, P(\mathbf{x}|\mathbf{y})\, d\mathbf{x}}{\displaystyle\int_{\mathbf{x}} P(\mathbf{x}|\mathbf{y})\, d\mathbf{x}} = \int_{\mathbf{x}} \mathbf{x}\, P(\mathbf{x}|\mathbf{y})\, d\mathbf{x} = E(\mathbf{x}|\mathbf{y}) \tag{11.6}$$

上式の分母は $P(\mathbf{x}|\mathbf{y})$ の $\mathbf{x}$ についての積分であるため，1となる．

興味深いのは，行列 $\mathbf{W}$ による重み付き誤差（weighted MSE; WMSE）の最小化を考えたときである．この場合，誤差は次式となる．

$$\begin{aligned} \mathrm{WMSE}_{\mathbf{x}} &= E\left(\|\mathbf{W}(\hat{\mathbf{x}} - \mathbf{x})\|_2^2 \,|\, \mathbf{y}\right) \\ &= \int_{\mathbf{x}} \|\mathbf{W}(\hat{\mathbf{x}} - \mathbf{x})\|_2^2\, P(\mathbf{x}|\mathbf{y})\, d\mathbf{x} \end{aligned} \tag{11.7}$$

重み付きMMSE（WMMSE）推定のためには，次式が必要となる．

$$\frac{\partial \mathrm{WMSE}_{\mathbf{x}}}{\partial \hat{\mathbf{x}}} = 2\mathbf{W}^{\mathrm{T}}\mathbf{W} \int_{\mathbf{x}} (\hat{\mathbf{x}} - \mathbf{x})\, P(\mathbf{x}|\mathbf{y})\, d\mathbf{x} = \mathbf{0} \tag{11.8}$$

もし $\mathbf{W}^{\mathrm{T}}\mathbf{W}$ が正則であれば，$\mathbf{W}^{\mathrm{T}}\mathbf{W}$ を両辺に掛けると消去できるので，これはMSEと同じ解を与える．もし正則でなければ，$\mathbf{W}^{\mathrm{T}}\mathbf{W}$ の零空間中の任意のベクトルを加えても最適解であるため，解は一意ではないことになる．

本章で考えている推定問題 $\mathbf{y} = \mathbf{HAx} + \mathbf{e}$ では，表現ドメインでの最小MSEである $E(\|\mathbf{x} - \hat{\mathbf{x}}\|_2^2 \,|\, \mathbf{y})$ を考えることもできるし，信号ドメインでの誤差である $E(\|\mathbf{Ax} - \hat{\mathbf{z}}\|_2^2 \,|\, \mathbf{y})$ を考えることもできる．この二つがどちらも同じであり，$E(\|\mathbf{x} - \hat{\mathbf{x}}\|_2^2 \,|\, \mathbf{y})$ を最小化することを示すのは容易である．もし信号が必要であれば $\mathbf{x}$ に $\mathbf{A}$ を掛ければよい．その理由は次のとおりである．

$$\begin{aligned} \frac{\partial E(\|\mathbf{Ax} - \hat{\mathbf{z}}\|_2^2 \,|\, \mathbf{y})}{\partial \hat{\mathbf{z}}} &= \frac{\partial}{\partial \hat{\mathbf{z}}} \int_{\mathbf{x}} \|\mathbf{Ax} - \hat{\mathbf{z}}\|_2^2\, P(\mathbf{x}|\mathbf{y})\, d\mathbf{x} \\ &= 2\int_{x} (\hat{\mathbf{z}} - \mathbf{Ax})\, P(\mathbf{x}|\mathbf{y})\, d\mathbf{x} = \mathbf{0} \end{aligned} \tag{11.9}$$

この解は次のようになる.

$$\hat{\mathbf{z}} = \mathbf{A} \int_{\mathbf{x}} \mathbf{x} \, P(\mathbf{x}|\mathbf{y}) \, d\mathbf{x} = \mathbf{A} E(\mathbf{x}|\mathbf{y}) \tag{11.10}$$

11.3 オラクル推定

11.3.1 オラクル推定の導出

ダンツィク選択器の議論においてオラクルをすでに議論しているが，本章の推定問題のためにもう一度それを導出する．オラクル (oracle) 推定とは，未知であるはずの $\mathbf{x}$ の真のサポートを既知であると仮定する，実際にはあり得ない推定手法である．それでも，これを考えることにはいくつもの利点がある．

- オラクルは，これから導出する実用的な推定手法の核となる部分である．
- オラクルは，推定手法の性能を比較するための指標となる．
- オラクルの推定結果は，単純で簡便な閉形式で得られ，MSE も導出される．
- オラクルは比較的導出しやすく，その導出過程において得られる興味深い洞察は，より複雑な推定手法への道筋を明らかにする．

サポート s が既知であるため，推定する対象は $\mathbf{x}$ の非ゼロ要素の値だけである．その未知数からなる長さ s のベクトルを $\mathbf{x}_s$ とする．同様に，そのサポートに対応する $n \times k$ の部分行列を $\mathbf{A}_s$ とする．明らかに $\mathbf{y} = \mathbf{H}\mathbf{A}_s\mathbf{x}_s + \mathbf{e}$ であり，$\mathbf{x}_s \sim \mathcal{N}(\mathbf{0}, \sigma_x^2\mathbf{I})$ である．ベイズ則を用いれば，観測が与えられたときの $\mathbf{x}_s$ の事後確率は次式となる.

$$P(\mathbf{x}_s|\mathbf{y}) = \frac{P(\mathbf{y}|\mathbf{x}_s)P(\mathbf{x}_s)}{P(\mathbf{y})} \tag{11.11}$$

分母の $P(\mathbf{y})$ は，正規化定数であるため無視できる．確率 $P(\mathbf{y}|\mathbf{x}_s)$ と $P(\mathbf{x}_s)$ は多次元ガウス分布から容易に得られる.

$$P(\mathbf{x}_s) = \frac{1}{(2\pi)^{s/2}\sigma_x^s} \exp\left\{-\frac{\mathbf{x}_s^{\mathrm{T}}\mathbf{x}_s}{2\sigma_x^2}\right\} \tag{11.12}$$

$$P(\mathbf{y}|\mathbf{x}_s) = \frac{1}{(2\pi)^{q/2}\sigma_e^q} \exp\left\{-\frac{\|\mathbf{H}\mathbf{A}_s\mathbf{x}_s - \mathbf{y}\|_2}{2\sigma_e^2}\right\} \tag{11.13}$$

したがって，オラクルの事後確率は，定数倍の不定性を除いて，次式で与えられる．

$$P(\mathbf{x}_s|\mathbf{y}) \propto \exp\left\{-\frac{\mathbf{x}_s^{\mathrm{T}}\mathbf{x}_s}{2\sigma_x^2} - \frac{\|\mathbf{H}\mathbf{A}_s\mathbf{x}_s - \mathbf{y}\|_2}{2\sigma_e^2}\right\} \tag{11.14}$$

MAP オラクル推定は，上記の確率を最大化するベクトル $\mathbf{x}_s$ を求める．これは次式で与えられる．

$$\begin{aligned}\hat{\mathbf{x}}_s^{\text{MAP-oracle}} &= \max_{\mathbf{x}_s} P(\mathbf{x}_s|\mathbf{y}) \\ &= \max_{\mathbf{x}_s} \exp\left\{-\frac{\mathbf{x}_s^{\mathrm{T}}\mathbf{x}_s}{2\sigma_x^2} - \frac{\|\mathbf{H}\mathbf{A}_s\mathbf{x}_s - \mathbf{y}\|_2}{2\sigma_e^2}\right\} \\ &= \left(\frac{1}{\sigma_e^2}\mathbf{A}_s^{\mathrm{T}}\mathbf{H}^{\mathrm{T}}\mathbf{H}\mathbf{A}_s + \frac{1}{\sigma_x^2}\mathbf{I}\right)^{-1}\frac{1}{\sigma_e^2}\mathbf{A}_s^{\mathrm{T}}\mathbf{H}^{\mathrm{T}}\mathbf{y}\end{aligned} \tag{11.15}$$

上式では，項 $\frac{1}{\sigma_x^2}\mathbf{I}$ が結果をいくぶん小さくするため，$\mathbf{H}\mathbf{A}_s$ の単なる擬似逆行列に比べて（線形の）縮小効果がある．

MAP オラクルではなく，MSE を最小化するオラクルを考えることも可能である．すでに見たように，MMSE オラクルは事後確率 $P(\mathbf{x}_s|\mathbf{y})$ の期待値として得ることができる．この確率はガウス分布であり，そのピークは平均と一致するため，MAP オラクルは MMSE オラクルでもある．ウィナーフィルタでは，この結果は古典的でよく知られている．

信号ドメインであれば，最小化するべきオラクルの誤差は $E(\|\mathbf{A}_s(\hat{\mathbf{x}}-\mathbf{x})\|_2^2\,|\,\mathbf{y})$ である．$\mathbf{A}_s^{\mathrm{T}}\mathbf{A}_s$ が正則であると仮定すれば，すでに見たように，この場合も最適解 $\hat{\mathbf{x}}$ は同じである．これは $n \geq k$ を暗に仮定していることになるが，ここでの推定対象であるスパースなベクトル $\mathbf{x}$ に対しては，この仮定は容易に満たされる．同様に，表現ドメインの誤差を対象としても，$\mathbf{A}_s^{\mathrm{T}}\mathbf{H}^{\mathrm{T}}\mathbf{H}\mathbf{A}_s$ が正則であれば最適解は同じであり，この場合は $q \geq k$ を仮定していることになる．

11.3.2　オラクル推定の誤差

それでは，オラクル推定の MSE を議論しよう．すでに見たように，二つの推定（MMSE と MAP）で最適解は同じであるので，それを $\hat{\mathbf{x}}^{\text{oracle}}$ と表す．MSE は次式で与えられる．

$$E\left(\left\|\hat{\mathbf{x}}_s^{\text{oracle}} - \mathbf{x}_s\right\|_2^2\right)$$

$$= E\left(\left\|\left(\frac{1}{\sigma_e^2}\mathbf{A}_s^{\mathrm{T}}\mathbf{H}^{\mathrm{T}}\mathbf{H}\mathbf{A}_s + \frac{1}{\sigma_x^2}\mathbf{I}\right)^{-1}\frac{1}{\sigma_e^2}\mathbf{A}_s^{\mathrm{T}}\mathbf{H}^{\mathrm{T}}\mathbf{y} - \mathbf{x}_s\right\|_2^2\right)$$

$$= E\left(\left\|\left(\frac{1}{\sigma_e^2}\mathbf{A}_s^{\mathrm{T}}\mathbf{H}^{\mathrm{T}}\mathbf{H}\mathbf{A}_s + \frac{1}{\sigma_x^2}\mathbf{I}\right)^{-1}\frac{1}{\sigma_e^2}\mathbf{A}_s^{\mathrm{T}}\mathbf{H}^{\mathrm{T}}(\mathbf{H}\mathbf{A}_s\mathbf{x}_s+\mathbf{e})-\mathbf{x}_s\right\|_2^2\right)$$

ここで $\mathbf{y} = \mathbf{H}\mathbf{A}_s\mathbf{x}_s + \mathbf{e}$ を用いた．$\mathbf{Q}_s = \frac{1}{\sigma_e^2}\mathbf{A}_s^{\mathrm{T}}\mathbf{H}^{\mathrm{T}}\mathbf{H}\mathbf{A}_s + \frac{1}{\sigma_x^2}\mathbf{I}$ と定義し，項を整理すると，次のようになる．

$$\begin{aligned}
&E\left(\left\|\hat{\mathbf{x}}_s^{\mathrm{oracle}} - \mathbf{x}_s\right\|_2^2\right) \\
&= E\left(\left\|\mathbf{Q}_s^{-1}\left(\frac{1}{\sigma_e^2}\mathbf{A}_s^{\mathrm{T}}\mathbf{H}^{\mathrm{T}}\mathbf{H}\mathbf{A}_s - \frac{1}{\sigma_e^2}\mathbf{A}_s^{\mathrm{T}}\mathbf{H}^{\mathrm{T}}\mathbf{H}\mathbf{A}_s - \frac{1}{\sigma_x^2}\mathbf{I}\right)\mathbf{x}_s \right.\right. \\
&\qquad\qquad \left.\left. +\mathbf{Q}_s^{-1}\frac{1}{\sigma_e^2}\mathbf{A}_s^{\mathrm{T}}\mathbf{H}^{\mathrm{T}}\mathbf{e}\right\|_2^2\right) \\
&= E\left(\left\|-\mathbf{Q}_s^{-1}\frac{1}{\sigma_x^2}\mathbf{x}_s + \mathbf{Q}_s^{-1}\frac{1}{\sigma_e^2}\mathbf{A}_s^{\mathrm{T}}\mathbf{H}^{\mathrm{T}}\mathbf{e}\right\|_2^2\right) \\
&= \mathrm{tr}\left(\frac{1}{\sigma_x^4}\mathbf{Q}_s^{-2}E(\mathbf{x}_s\mathbf{x}_s^{\mathrm{T}}) - \frac{2}{\sigma_e^2\sigma_x^2}\mathbf{Q}_s^{-2}\mathbf{A}_s^{\mathrm{T}}\mathbf{H}^{\mathrm{T}}E(\mathbf{e}\mathbf{x}_s^{\mathrm{T}}) \right. \\
&\qquad\qquad \left. +\frac{1}{\sigma_e^4}\mathbf{Q}_s^{-2}\mathbf{A}_s^{\mathrm{T}}\mathbf{H}^{\mathrm{T}}E(\mathbf{e}\mathbf{e}^{\mathrm{T}})\mathbf{H}\mathbf{A}_s\right) \\
&= \mathrm{tr}\left(\mathbf{Q}_s^{-2}\left[\frac{1}{\sigma_x^2}\mathbf{I} + \frac{1}{\sigma_e^2}\mathbf{A}_s^{\mathrm{T}}\mathbf{H}^{\mathrm{T}}\mathbf{H}\mathbf{A}_s\right]\right) = \mathrm{tr}(\mathbf{Q}_s^{-1})
\end{aligned}$$

ここで，$\mathbf{e}$ と $\mathbf{x}_s$ は独立であるので，$E(\mathbf{e}\mathbf{x}_s^{\mathrm{T}}) = E(\mathbf{e})E(\mathbf{x}_s^{\mathrm{T}}) = 0$ を用いた．したがって，オラクルの MSE 誤差は次式で与えられる．

$$E\left(\left\|\hat{\mathbf{x}}_s^{\mathrm{oracle}} - \mathbf{x}_s\right\|_2^2\right) = \mathrm{tr}\left(\left[\frac{1}{\sigma_e^2}\mathbf{A}_s^{\mathrm{T}}\mathbf{H}^{\mathrm{T}}\mathbf{H}\mathbf{A}_s + \frac{1}{\sigma_x^2}\mathbf{I}\right]^{-1}\right) \tag{11.16}$$

例えば，もし $\mathbf{H}\mathbf{A}_s$ の列が直交しており，$\mathbf{H}$ が $n \times n$ の正方行列であれば，この誤差は $\sigma_x^2\sigma_e^2 \cdot k/(\sigma_x^2 + \sigma_e^2)$ となる．加えたノイズのパワー $n\sigma_e^2$ に対して，オラクルの誤差はその k/n 倍小さい（実際には，ほんのわずかだが係数 $\sigma_x^2/(\sigma_x^2 + \sigma_e^2)$ の分だけ小さい）．もし列が直交していなければ，このノイズ減少量は小さくなる．

図 11.1 にオラクルの結果を示す．これは次の実験により得たものである．要素をガウス分布から iid 抽出した 20×30 のランダムな辞書 $\mathbf{A}$ を作成し，列を正規化する．これ以降，$\mathbf{H} = \mathbf{I}$ と仮定する．ランダムなスパースベクトル $\mathbf{x}$ を，$k = 3$，$\sigma_x = 1$ とした $\mathcal{G}_1$ モデルから生成する．$\mathbf{Ax}$ に加えるノイズベクトルは，標準偏差の範囲が $[0.1, 2]$ であるガウス分布から iid 抽出する．それぞれの実験条件において 1,000 回の試行を繰り返し，その結果を平均する．

図 11.1 の結果は，オラクルの誤差と入力ノイズ $E(\|\mathbf{e}\|^2) = n\sigma_e^2$ との比を表している．この比が 1 より小さくなれば，ノイズが実質的に除去されていることになる．図中の実線は，式 (11.15) を用いて $\hat{\mathbf{x}}^{\text{oracle}}$ を計算して，誤差を $\|\mathbf{x} - \hat{\mathbf{x}}^{\text{oracle}}\|_2^2$ で評価したものを示している．点線は，理論式 (11.16) から予測された誤差を示している．また，列が直交しているユニタリの場合の期待誤差減少率である定数 $k/n = 0.15$ は，破線で示してある．この実験では一般の行列 $\mathbf{A}$ を用いたため，オラクル推定で得られた実際の比は必ずしも k/n より小さくならないが，この図からわかるように，それよりもずっと小さくなっている．

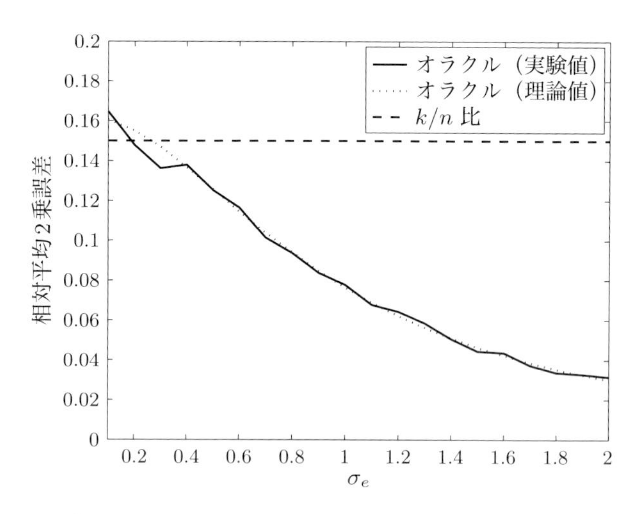

図 11.1　ノイズに対するオラクルの性能．オラクル推定による実験から得られたものと，理論式から期待誤差を求めた真値とを示している．結果の誤差は，入力ノイズのエネルギー $n\sigma_e^2$ で正規化した相対的なものである．

11.4 MAP 推定

11.4.1 MAP 推定の導出

本章の最初の推定問題に戻り，サポートは未知であるとする．MAP 推定のためには，事後確率 $P(\mathbf{x}|\mathbf{y})$ を導出しなければならない．可能なすべてのサポート $s \in \Omega$ について周辺化すると，次式を得る．

$$P(\mathbf{x}|\mathbf{y}) = \sum_{s\in\Omega} P(\mathbf{x}|s,\mathbf{y})P(s|\mathbf{y}) \tag{11.17}$$

解の候補 $\mathbf{x}$ を考えたとき，そのサポートがどの $s \in \Omega$ とも一致しなければ，上記の総和中の確率 $P(\mathbf{x}|s,\mathbf{y})$ はすべてゼロになり，その解候補の確率全体もゼロになる．したがって，そのような解は，事後確率を最大化する MAP 推定の解とはなり得ない．

したがって，サポートが $s^* \in \Omega$ である解候補 $\mathbf{x}$ のみを考える．s^* は他のどのサポート $\Omega \backslash s^*$ とも異なるため，明らかに，上記の総和中でゼロとならない唯一の項に対応する．そして，そのような $\mathbf{x}$ の確率は $P(\mathbf{x}|\mathbf{y}) = P(\mathbf{x}|s^*,\mathbf{y})P(s^*|\mathbf{y})$ となる．実際には，$\mathbf{x}$ の特定のサポート s^* だけを考えているため，サポート外の要素は 0 にすれば $\mathbf{x}$ を $\mathbf{x}_s$ で置き換えることができる．すると，MAP 推定は次のように簡単化できる．

$$\hat{\mathbf{x}}^{\mathrm{MAP}} = \arg\max_{\mathbf{x}} P(\mathbf{x}|\mathbf{y}) = \arg\max_{s\in\Omega,\mathbf{x}_s} P(\mathbf{x}_s|s,\mathbf{y})P(s|\mathbf{y}) \tag{11.18}$$

これは，サポート s の推定とそれに対応するベクトル $\mathbf{x}_s$ の推定は一つの処理にまとめられることを意味している．その意味では，これをモデル選択問題と見なすことができる．つまり，計測を最も良く説明するモデル（サポート s）を MAP が選択するのである．ベイズ則を用いれば，上記の確率は次のように書き換えることができる．

$$\begin{aligned}
P(\mathbf{x}_s|s,\mathbf{y})P(s|\mathbf{y}) &= \frac{P(\mathbf{y}|s,\mathbf{x}_s)P(\mathbf{x}_s|s)}{P(\mathbf{y}|s)} \cdot \frac{P(\mathbf{y}|s)P(s)}{P(\mathbf{y})} \\
&= \frac{P(\mathbf{y}|s,\mathbf{x}_s)P(\mathbf{x}_s|s)P(s)}{P(\mathbf{y})}
\end{aligned}$$

分母の $P(\mathbf{y})$ は正規化定数であるため，これを無視すれば，MAP 推定は次のようにもっと簡単化することができる．

$$\begin{aligned}\hat{\mathbf{x}}^{\mathrm{MAP}} &= \arg\max_{\mathbf{x}} P(\mathbf{x}|\mathbf{y}) \\ &= \arg\max_{\mathbf{x},s} P(\mathbf{y}|s,\mathbf{x}_s)P(\mathbf{x}_s|s)P(s)\end{aligned} \tag{11.19}$$

もし s が既知であれば，次式のように，$P(\mathbf{x}_s|s)$ は平均 0 で共分散が $\sigma_x^2\mathbf{I}$ の多次元ガウス分布となる．

$$P(\mathbf{x}_s|s) = \frac{1}{(2\pi)^{k/2}\sigma_x^k}\exp\left\{-\frac{\|\mathbf{x}_s\|_2^2}{2\sigma_x^2}\right\} \tag{11.20}$$

同様に，$\mathbf{x}_s$ と s が既知であれば，計測 $\mathbf{y}$ は決定論的なベクトル $\mathbf{HA}_s\mathbf{x}_s$ とランダムなノイズ $\mathbf{e}$ の和であるので，これも次のようにガウス分布になる．

$$P(\mathbf{y}|s,\mathbf{x}_s) = \frac{1}{(2\pi)^{q/2}\sigma_e^q}\exp\left\{-\frac{\|\mathbf{HA}_s\mathbf{x}_s-\mathbf{y}\|_2^2}{2\sigma_e^2}\right\} \tag{11.21}$$

これらを式 (11.19) の MAP 解に代入し，$-\log$ を適用すると，等価な以下の最適化問題を得る．

$$\hat{\mathbf{x}}^{\mathrm{MAP}} = \arg\min_{\mathbf{x},s}\left\{\frac{\|\mathbf{HA}_s\mathbf{x}_s-\mathbf{y}\|_2^2}{2\sigma_e^2}+\frac{\|\mathbf{x}_s\|_2^2}{2\sigma_x^2}+k\log(\sqrt{2\pi}\sigma_x)-\log(P(s))\right\}$$

確率 $P(\mathbf{x}_s|s)$ の分母が項 $k\log(\sqrt{2\pi}\sigma_x)$ となっている．k を固定すればこの項は無視できるが，そうでなければ，最適解の非ゼロ要素の個数 k に影響するため，無視できない．

例えば，もともとサポートの事前分布として仮定していた $P(s)=\delta(|s|-k)$ を，より一般的な $P(s)=C\cdot\exp(-\alpha|s|)$ に置き換えると（ここで C は定数），結果は次式となる．

$$\hat{\mathbf{x}}^{\mathrm{MAP}} = \arg\min_{\mathbf{x},s}\left\{\frac{\|\mathbf{HA}_s\mathbf{x}_s-\mathbf{y}\|_2^2}{2\sigma_e^2}+\frac{\|\mathbf{x}_s\|_2^2}{2\sigma_x^2}+(\alpha+\log(\sqrt{2\pi}\sigma_x))|s|\right\} \tag{11.22}$$

ここで，$|s|=\|\mathbf{x}\|_0$ を用いると，以下のように書き換えられる．

$$\hat{\mathbf{x}}^{\mathrm{MAP}} = \arg\min_{\mathbf{x},s}\left\{\frac{\|\mathbf{HA}_s\mathbf{x}_s-\mathbf{y}\|_2^2}{2\sigma_e^2}+\frac{\|\mathbf{x}_s\|_2^2}{2\sigma_x^2}+(\alpha+\log(\sqrt{2\pi}\sigma_x))\|\mathbf{x}\|_0\right\} \tag{11.23}$$

この結果から，ここでの推定問題と，これまでの章で扱ってきた問題との関係が明らかになった．これは (P_0^ϵ) 問題の一種である[*1]．興味深いことに，項 $\|\mathbf{x}\|_2^2$ はこれまでの章では現れていなかった．ここでは $\mathbf{x}$ の非ゼロ要素がガウス分布に従うと仮定しているため，厳密に導出したこの式には含まれている．

ここで再び，非ゼロ要素の個数は指定した値 k であり（つまり $P(s) = \delta(|s| - k)$），$P(s)$ は一様に $1/\binom{m}{k}$ であると仮定する．すると，式 (11.22) の最後の項は，最適化には影響せず無視できる．s を固定すると，式 (11.22) の最小化は容易であり，オラクル推定を導出したときにすでに見たように，次式となる．

$$\begin{aligned}\hat{\mathbf{x}}_s^* &= \left(\frac{1}{\sigma_e^2}\mathbf{A}_s^{\mathrm{T}}\mathbf{H}^{\mathrm{T}}\mathbf{H}\mathbf{A}_s + \frac{1}{\sigma_x^2}\mathbf{I}\right)^{-1}\frac{1}{\sigma_e^2}\mathbf{A}_s^{\mathrm{T}}\mathbf{H}^{\mathrm{T}}\mathbf{y} \\ &= \frac{1}{\sigma_e^2}\mathbf{Q}_s^{-1}\mathbf{A}_s^{\mathrm{T}}\mathbf{H}^{\mathrm{T}}\mathbf{y}\end{aligned} \tag{11.24}$$

しかし，このためには，すべての可能なサポート $s \in \Omega$ についてこの式を計算し，式 (11.22) のペナルティ関数に代入して，最小値を与えるものを全探索で選択しなければならない．この式をペナルティ関数に代入すると，（簡単な式変形を経て）以下のようになる．

$$\begin{aligned}\text{ペナルティ} &= \frac{\|\mathbf{H}\mathbf{A}_s\mathbf{x}_s^* - \mathbf{y}\|_2^2}{2\sigma_e^2} + \frac{\|\mathbf{x}_s^*\|_2^2}{2\sigma_x^2} \\ &= \frac{\left\|\frac{1}{\sigma_e^2}\mathbf{H}\mathbf{A}_s\mathbf{Q}_s^{-1}\mathbf{A}_s^{\mathrm{T}}\mathbf{H}^{\mathrm{T}}\mathbf{y} - \mathbf{y}\right\|_2^2}{2\sigma_e^2} + \frac{\left\|\frac{1}{\sigma_e^2}\mathbf{Q}_s^{-1}\mathbf{A}_s^{\mathrm{T}}\mathbf{H}^{\mathrm{T}}\mathbf{y}\right\|_2^2}{2\sigma_x^2} \\ &= \mathbf{y}^{\mathrm{T}}\left(\frac{1}{2\sigma_e^6}(\mathbf{H}\mathbf{A}_s\mathbf{Q}_s^{-1}\mathbf{A}_s^{\mathrm{T}}\mathbf{H}^{\mathrm{T}})^2 - \frac{1}{\sigma_e^4}(\mathbf{H}\mathbf{A}_s\mathbf{Q}_s^{-1}\mathbf{A}_s^{\mathrm{T}}\mathbf{H}^{\mathrm{T}})\right. \\ &\qquad \left. + \frac{1}{2\sigma_e^2}\mathbf{I} + \frac{1}{2\sigma_e^4\sigma_x^2}\mathbf{H}\mathbf{A}_s\mathbf{Q}_s^{-2}\mathbf{A}_s^{\mathrm{T}}\mathbf{H}^{\mathrm{T}}\right)\mathbf{y} \\ &= \frac{\|\mathbf{y}\|_2^2}{2\sigma_e^2} - \frac{1}{\sigma_e^4}\mathbf{y}^{\mathrm{T}}\mathbf{H}\mathbf{A}_s\mathbf{Q}_s^{-1}\left(\mathbf{I} - \frac{1}{2\sigma_x^2}\mathbf{Q}_s^{-1}\right. \\ &\qquad \left. - \frac{1}{2\sigma_e^2}\mathbf{A}_s^{\mathrm{T}}\mathbf{H}^{\mathrm{T}}\mathbf{H}\mathbf{A}_s\mathbf{Q}_s^{-1}\right)\mathbf{A}_s^{\mathrm{T}}\mathbf{H}^{\mathrm{T}}\mathbf{y}\end{aligned} \tag{11.25}$$

[*1]【訳注】$\mathbf{b}$ を $\mathbf{y}$ に，$\mathbf{A}$ を $\mathbf{HA}$ に置き換え，$\alpha + \log(\sqrt{2\pi}\sigma_x)$ をラグランジュ乗数と見なすと，式 (5.1) の問題と見なせる．

$$= \frac{\|\mathbf{y}\|_2^2}{2\sigma_e^2} - \frac{1}{2\sigma_e^4}\mathbf{y}^{\mathrm{T}}\mathbf{H}\mathbf{A}_s\mathbf{Q}_s^{-1}\mathbf{A}_s^{\mathrm{T}}\mathbf{H}^{\mathrm{T}}\mathbf{y}$$

最後の式変形では，括弧の中が $0.5\,\mathbf{I}$ になることを利用した．この式が意味するように，サポートを MAP 推定で求めるためには，第 2 項を最大化する必要がある．

$$\mathrm{Val}(s) = \mathbf{y}^{\mathrm{T}}\mathbf{H}\mathbf{A}_s\mathbf{Q}_s^{-1}\mathbf{A}_s^{\mathrm{T}}\mathbf{H}^{\mathrm{T}}\mathbf{y} = \|\mathbf{Q}_s^{-0.5}\mathbf{A}_s^{\mathrm{T}}\mathbf{H}^{\mathrm{T}}\mathbf{y}\|_2^2$$

結局，Ω 中のすべての $\binom{m}{k}$ 個のサポートについてこの式を計算しなければならず，一般的に不可能である．以上の議論をまとめると，MAP 推定は次式で与えられる．

$$\hat{\mathbf{x}}^{\mathrm{MAP}} = \frac{1}{\sigma_e^2}\mathbf{Q}_{s^*}^{-1}\mathbf{A}_{s^*}^{\mathrm{T}}\mathbf{H}^{\mathrm{T}}\mathbf{y} \quad \text{ただし} \quad s^* = \arg\max_{s\in\Omega}\|\mathbf{Q}_s^{-0.5}\mathbf{A}_s^{\mathrm{T}}\mathbf{H}^{\mathrm{T}}\mathbf{y}\|_2^2 \tag{11.26}$$

HA が正方行列でユニタリの場合，この推定はさらに簡単化できる．行列 $\mathbf{Q}_s$ は $\mathbf{I}$ の定数倍になるため，上記の最適化には影響を与えなくなる．$\beta = \mathbf{A}^{\mathrm{T}}\mathbf{H}^{\mathrm{T}}\mathbf{y}$ とすると，サポートの MAP 解を求めるには，このベクトルを計算して絶対値の大きい k 個の要素を選択すればよい．したがって，一般的な MAP 解の計算は現実的ではないが，ユニタリの場合には少ない計算量で閉形式の解が得られる．

MAP 推定の近似に話を移す前に，以下のことを追記しておく．MAP 推定の別の定義として，事後確率 $P(s|\mathbf{y})$ の最大化，つまり計測データを説明する最も妥当なサポートを求める，というものがある．ベイズ則を用いれば，これは $P(\mathbf{y}|s)P(s)$ の最大化と等価になる．ここで，$P(\mathbf{y}|s)$ は $\mathbf{x}_s$ を周辺化して得られる多次元ガウス分布である（式 (11.31) 以降を参照）．この項で議論した（非ゼロ要素の個数を $|s| = k$ に固定した）場合であれば，このアプローチはこの項の結果と非常に似た結果を導く．しかし，より複雑な場合には，このアプローチの結果はまったく違うものになり，もっと安定した結果が得られる．詳細な議論は，Turek らの論文を参照してほしい．

11.4.2　MAP 推定の近似

非ゼロ要素の個数 k を固定しない場合，$\binom{m}{k}$ 個の可能性を全探索する必要があるため，上記の処理は現実的ではない．したがって，この問題に対する厳密な MAP 最適解が得られる望みはない．興味深いことに，$k = 1$ ならば探索する数は $\binom{m}{1} = m$ 個であり，これは現実的である．実際，行列 $\mathbf{HA}$ の m 個の列を $\tilde{\mathbf{a}}_i$ $(i = 1, 2, \ldots, m)$ と書くと，前述の式はこれらの各列を用いて次式を最大化することになる．

$$
\mathrm{Val}(i) = \frac{\|\tilde{\mathbf{a}}_i^{\mathrm{T}}\mathbf{y}\|_2^2}{\dfrac{\|\tilde{\mathbf{a}}_i\|_2^2}{\sigma_e^2} + \dfrac{1}{\sigma_x^2}} \tag{11.27}
$$

さらにすべての列 $\tilde{\mathbf{a}}_i$ の ℓ_2 ノルムが同じであると仮定すると，上式は単に，計測ベクトルと $\mathbf{HA}$ の各列との内積の絶対値を求めて，それを最大化する列を一つ（非ゼロ要素の個数は $k = 1$ のため）選択する処理に相当する．

この洞察に基づいて，サポートの k 個の要素を一つずつ追加していく貪欲アルゴリズムを考えることができる．まず，$k = 1$ の処理を適用し，サポートの最初の要素を選択する．そして，残りの $m - 1$ 個の列の中からサポートに加えるべき列を一つ求める．この処理を k 回繰り返し，サポートに k 個の列を貪欲法的に付け加えていく．この手法は，$\mathbf{HA}$ の列と計測ベクトルとの内積ベクトルの最大化に依存しているため，マッチング追跡アルゴリズムの一種である．したがって，OMP は（その変形版も）ここで示した推定問題のための MAP 推定の近似解法であると見なすことができる．

一言付け加えておくと，OMP はここで示した貪欲アルゴリズムとは少し異なる．つまり，ここでの推定問題に適するように OMP を修正しなければならないだろう（ただし，モデルの妥当性にも依存する）．例えば，上記の貪欲アルゴリズムの 2 回目の反復において，最初に選択された列を i_1，これから 2 番目に選択する列を i_2 とする．すると，最大化するべき項は次のようになる．

$$
\begin{aligned}
\mathrm{Val}(i_2) &= \mathbf{y}^{\mathrm{T}}\mathbf{HA}_s\mathbf{Q}_s^{-1}\mathbf{A}_s^{\mathrm{T}}\mathbf{H}^{\mathrm{T}}\mathbf{y} \\
&= \begin{bmatrix} \tilde{\mathbf{a}}_{i_1}^{\mathrm{T}}\mathbf{y} & \tilde{\mathbf{a}}_{i_2}^{\mathrm{T}}\mathbf{y} \end{bmatrix}
\begin{bmatrix} \dfrac{\|\tilde{\mathbf{a}}_{i_1}\|_2^2}{\sigma_e^2} + \dfrac{1}{\sigma_x^2} & \dfrac{\tilde{\mathbf{a}}_{i_1}^{\mathrm{T}}\tilde{\mathbf{a}}_{i_2}}{\sigma_e^2} \\ \dfrac{\tilde{\mathbf{a}}_{i_1}^{\mathrm{T}}\tilde{\mathbf{a}}_{i_2}}{\sigma_e^2} & \dfrac{\|\tilde{\mathbf{a}}_{i_2}\|_2^2}{\sigma_e^2} + \dfrac{1}{\sigma_x^2} \end{bmatrix}^{-1}
\begin{bmatrix} \tilde{\mathbf{a}}_{i_1}^{\mathrm{T}}\mathbf{y} \\ \tilde{\mathbf{a}}_{i_2}^{\mathrm{T}}\mathbf{y} \end{bmatrix}
\end{aligned} \tag{11.28}
$$

これは，最初の列を除外してから $k = 1$ の処理を行って $\mathbf{y}$ との残差を計算する処理とは，明らかに異なるものである．この処理を反復していくのは骨が折れるように思えるかもしれないが，数値計算を工夫すれば，毎回の反復での計算量を反復 1 回目の計算量とおおよそ同じにすることは可能である．

オラクル推定の振る舞いを調べた実験（図 11.1）と同様に，MAP 推定の性能を実験した．図 11.2 に MAP 推定の経験誤差を示す．これは式 (11.26) を用いて MAP 解 $\hat{\mathbf{x}}^{\mathrm{MAP}}$ を求め，誤差を $\|\mathbf{x}-\hat{\mathbf{x}}^{\mathrm{MAP}}\|_2^2$ で評価したものである．この図には，OMP による MAP の近似も示してある．ここで用いた OMP は上記で議論したものではない．第 5 章で議論したものとまったく同じ OMP を用いて，非ゼロ要素の個数が $\|\mathbf{x}\|_0 = 3$ である解を取り出した．この近似解で推定されたサポートを用いて，オラクル推定により最終的な解を求めた．この図からわかるように，この近似は，最適化を求めるために $\binom{m}{k} = 4{,}060$ 個のサポートを全探索した場合の MAP 解に非常に近い．

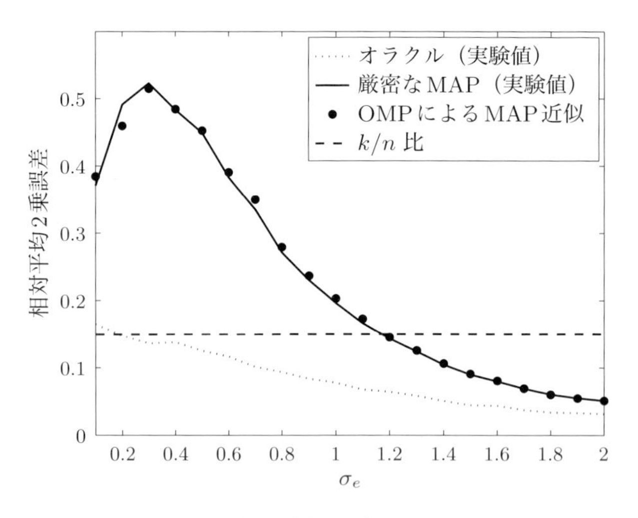

図 11.2 入力ノイズに対する厳密な（全探索）MAP と近似 MAP の性能．近似解は，OMP で得られたサポートに対してオラクル推定を行ったものである．結果の誤差は，入力ノイズのエネルギー $n\sigma_e^2$ で正規化した相対的なものである．

11.5 MMSE 推定

11.5.1 MMSE 推定の導出

MMSE 解は $E(\mathbf{x}|\mathbf{y})$ で与えられることをすでに見ている．式 (11.17) の事後確率を用いると，次のようになる．

$$E(\mathbf{x}|\mathbf{y}) = \int_{\mathbf{x}} \mathbf{x}\, P(\mathbf{x}|\mathbf{y})\, d\mathbf{x} \tag{11.29}$$
$$= \sum_{s\in\Omega} P(s|\mathbf{y}) \int_{\mathbf{x}} \mathbf{x}\, P(\mathbf{x}\,|\,s,\mathbf{y})\, d\mathbf{x}$$

内側の積分は，サポート s が既知である場合の MMSE 推定を表している．すでに見たように，これはオラクル推定であり，次式で与えられる．

$$\int_{\mathbf{x}} \mathbf{x}\, P(\mathbf{x}\,|\,s,\mathbf{y})\, d\mathbf{x} = E(\mathbf{x}\,|\,\mathbf{y},s) = \hat{\mathbf{x}}_s^{\mathrm{oracle}} \tag{11.30}$$
$$= \left(\frac{1}{\sigma_e^2}\mathbf{A}_s^{\mathrm{T}}\mathbf{H}^{\mathrm{T}}\mathbf{H}\mathbf{A}_s + \frac{1}{\sigma_x^2}\mathbf{I}\right)^{-1} \frac{1}{\sigma_e^2}\mathbf{A}_s^{\mathrm{T}}\mathbf{H}^{\mathrm{T}}\mathbf{y}$$

上記の式は，MMSE 解が多数のオラクル解の重み付き平均であることを意味している．それぞれが異なるサポートについてのオラクル推定であり，尤度 $P(s|\mathbf{y})$ によって重みが修正されている．そこで，次はこの尤度の式を導出することにする．

ベイズ則を再び用いると，$P(s|\mathbf{y}) = P(\mathbf{y}|s)P(s)/P(\mathbf{y})$ となる．確率 $P(s)$ は $|s| = k$ であるすべてのサポート $s \in \Omega$ について定数（等確率）であり，したがって省略できる．同様に，$P(\mathbf{y})$ は，ここでは $P(s|\mathbf{y})$ のための正規化定数と見なせるため，無視できる．したがって，$P(\mathbf{y}|s)$ を評価すればよい．この確率は $\mathbf{x}_s$ についての周辺化，つまりサポート s 中のすべての非ゼロ要素の値についての積分として，以下のように書くことができる．

$$P(\mathbf{y}|s) = \int_{\mathbf{x}_s} P(\mathbf{y}\,|\,s,\mathbf{x}_s)\, P(\mathbf{x}_s|s)\, d\mathbf{x}_s \tag{11.31}$$

これは k 重積分であり，すべての $\mathbf{x}_s \in \mathbb{R}^k$ についての $P(\mathbf{y}\,|\,s,\mathbf{x}_s)$ の期待値計算である．確率 $P(\mathbf{x}_s|s)$ はガウス分布 $\mathcal{N}(\mathbf{0},\sigma_x^2\mathbf{I})$ であることがわかっている．同様に，サポートと非ゼロ要素の値（s と $\mathbf{x}_s$）が与えられれば，$\mathbf{y}$ は平均が $\mathbf{H}\mathbf{A}_s\mathbf{x}_s$

で共分散が $\sigma_e^2\mathbf{I}$ のガウス分布に従う．これらを式 (11.31) に代入すると，以下を得る．

$$P(\mathbf{y}|s) = \int_{\mathbf{x}_s} P(\mathbf{y} \mid s, \mathbf{x}_s)\, P(\mathbf{x}_s|s)\, d\mathbf{x}_s \tag{11.32}$$
$$\propto \int_{\mathbf{v}\in\mathbb{R}^k} \exp\left\{-\frac{\|\mathbf{H}\mathbf{A}_s\mathbf{v}-\mathbf{y}\|_2^2}{2\sigma_e^2} - \frac{\|\mathbf{v}\|_2^2}{2\sigma_x^2}\right\} d\mathbf{v}$$

指数関数の中の式を整理すると，次のようになる．

$$\frac{\|\mathbf{H}\mathbf{A}_s\mathbf{v}-\mathbf{y}\|_2^2}{2\sigma_e^2} + \frac{\|\mathbf{v}\|_2^2}{2\sigma_x^2} = \frac{1}{2}(\mathbf{v}-\mathbf{h}_s)\mathbf{Q}_s(\mathbf{v}-\mathbf{h}_s) - \frac{1}{2}\mathbf{h}_s^{\mathrm{T}}\mathbf{Q}_s\mathbf{h}_s + \frac{1}{2\sigma_e^2}\|\mathbf{y}\|_2^2 \tag{11.33}$$

ここで

$$\mathbf{Q}_s = \frac{1}{\sigma_e^2}\mathbf{A}_s^{\mathrm{T}}\mathbf{H}^{\mathrm{T}}\mathbf{H}\mathbf{A}_s + \frac{1}{\sigma_x^2}\mathbf{I} \tag{11.34}$$
$$\mathbf{h}_s = \frac{1}{\sigma_e^2}\mathbf{Q}_s^{-1}\mathbf{A}_s^{\mathrm{T}}\mathbf{H}^{\mathrm{T}}\mathbf{y}$$

である．$\mathbf{Q}_s$ は以前に定義したものと同じ行列であり，$\mathbf{h}_s$ はサポート s についてのオラクル推定の解である．これらを式 (11.32) に代入すると，次式を得る．

$$P(\mathbf{y}|s) \propto \int_{\mathbf{v}\in\mathbb{R}^k} \exp\left\{-\frac{\|\mathbf{H}\mathbf{A}_s\mathbf{v}-\mathbf{y}\|_2^2}{2\sigma_e^2} - \frac{\|\mathbf{v}\|_2^2}{2\sigma_x^2}\right\} d\mathbf{v} \tag{11.35}$$
$$= \exp\left\{\frac{1}{2}\mathbf{h}_s^{\mathrm{T}}\mathbf{Q}_s\mathbf{h}_s - \frac{1}{2\sigma_e^2}\|\mathbf{y}\|_2^2\right\}$$
$$\cdot \int_{\mathbf{v}\in\mathbb{R}^k} \exp\left\{-\frac{1}{2}(\mathbf{v}-\mathbf{h}_s)^{\mathrm{T}}\mathbf{Q}_s(\mathbf{v}-\mathbf{h}_s)\right\} d\mathbf{v}$$

上記の積分は，係数部分のない多次元ガウス分布の全空間での積分であるので，次のようになる．

$$\int_{\mathbf{v}\in\mathbb{R}^k} \exp\left\{-\frac{1}{2}(\mathbf{v}-\mathbf{h}_s)^{\mathrm{T}}\mathbf{Q}_s(\mathbf{v}-\mathbf{h}_s)\right\} d\mathbf{v} = \sqrt{(2\pi)^k \det(\mathbf{Q}_s^{-1})} \tag{11.36}$$

以上より，次の結果を得る．

$$P(\mathbf{y}|s) \propto \exp\left\{\frac{1}{2}\mathbf{h}_s^{\mathrm{T}}\mathbf{Q}_s\mathbf{h}_s\right\}\sqrt{\det(\mathbf{Q}_s^{-1})} \tag{11.37}$$

$$= \exp\left\{\frac{1}{2}\mathbf{h}_s^{\mathrm{T}}\mathbf{Q}_s\mathbf{h}_s + \frac{1}{2}\log(\det(\mathbf{Q}_s^{-1}))\right\}$$

なお，サポート s に依存する項だけを残せばよいので，項 $\exp(-\|\mathbf{y}\|_2^2/2\sigma_e^2)$ と $(2\pi)^k$ を除外している（これらは比例係数に含まれている）．最終的に，MMSE 推定を行うには，

$$q_s = \exp\left\{\frac{1}{2}\mathbf{h}_s^{\mathrm{T}}\mathbf{Q}_s\mathbf{h}_s + \frac{1}{2}\log(\det(\mathbf{Q}_s^{-1}))\right\} \tag{11.38}$$
$$= \exp\left\{\frac{\mathbf{y}^{\mathrm{T}}\mathbf{H}\mathbf{A}_s\mathbf{Q}_s^{-1}\mathbf{A}_s^{\mathrm{T}}\mathbf{H}^{\mathrm{T}}\mathbf{y}}{2\sigma_e^4} + \frac{1}{2}\log(\det(\mathbf{Q}_s^{-1}))\right\}$$

をすべてのサポート $s \in \Omega$ について計算し，和が 1 になるように正規化しなければならない．そうすると，MMSE 推定のために式 (11.29) の重み付き和で用いる $P(s|\mathbf{y})$ が得られる．ここで注目しておきたいのは，上記の式中の項 $\mathbf{y}^{\mathrm{T}}\mathbf{H}\mathbf{A}_s\mathbf{Q}_s^{-1}\mathbf{A}_s^{\mathrm{T}}\mathbf{H}^{\mathrm{T}}\mathbf{y}$ である．これは MAP 推定でサポートをチェックする式とまったく同じである（式 (11.25) を参照）．

まとめると，MMSE 推定は式 (11.29) と式 (11.30)，それに式 (11.38) で定義された q_s を組み合わせて，次のようになる．

$$\hat{\mathbf{x}}^{\mathrm{MMSE}} = \frac{\displaystyle\sum_{s\in\Omega} q_s \left(\frac{1}{\sigma_e^2}\mathbf{A}_s^{\mathrm{T}}\mathbf{H}^{\mathrm{T}}\mathbf{H}\mathbf{A}_s + \frac{1}{\sigma_x^2}\mathbf{I}\right)^{-1}\frac{1}{\sigma_e^2}\mathbf{A}_s^{\mathrm{T}}\mathbf{H}^{\mathrm{T}}\mathbf{y}}{\displaystyle\sum_{s\in\Omega} q_s} \tag{11.39}$$

MAP 推定では，ユニタリの場合には少ない計算量で閉形式の解が得られたが，MMSE 推定でも同じことが言えるのだろうか？ ここでは詳細は示さないが，MMSE 推定についても計算量が組合せ論的に増大することなく閉形式を得ることは可能であり，実際に得られていることを述べておく（近年の Protter らや Turek らの論文を参照）．さらに，$\mathbf{x}$ の生成モデルが $\mathcal{G}_2$ である場合には，MAP 推定と同様に，MMSE 推定にも縮小処理が入る．二つの推定における違いは，縮小曲線の形が異なることだけである．

11.5.2 最小 2 乗推定の近似

厳密な MAP 推定は，可能なサポート $s \in \Omega$ についての全探索を必要とした．MMSE 推定も同様の全探索が必要となり，それぞれのサポートについてオラ

クル推定を行い，それらを適切な重みで平均しなければならない．明らかに，MAP よりも MMSE のほうが複雑で，探索空間は指数関数的に大きくなる．一般に，MAP と同程度に MMSE も現実的ではない．

そこで，MAP で行ったように，最も単純な $k=1$ の場合を考える．この場合，式 (11.38) の q_i（$i=1,2,\ldots,m$）は以下のようになる．

$$
\begin{aligned}
q_i &= \exp\left\{\frac{\mathbf{y}^{\mathrm{T}}\mathbf{H}\mathbf{A}_s\mathbf{Q}_s^{-1}\mathbf{A}_s^{\mathrm{T}}\mathbf{H}^{\mathrm{T}}\mathbf{y}}{2\sigma_e^4} + \frac{1}{2}\log(\det(\mathbf{Q}_s^{-1}))\right\} \\
&= \exp\left\{\frac{1}{2\sigma_e^2}\cdot\frac{(\tilde{\mathbf{a}}_i^{\mathrm{T}}\mathbf{y})^2}{\|\tilde{\mathbf{a}}_i\|_2^2+\sigma_e^2/\sigma_x^2} + \frac{1}{2}\log\left(\frac{\|\tilde{\mathbf{a}}_i\|_2^2}{\sigma_e^2}+\frac{1}{\sigma_x^2}\right)\right\}
\end{aligned}
\tag{11.40}
$$

非ゼロ要素の個数が $k=1$ である場合が全部で m 個あるので，それぞれについて上式を計算し，重み付き平均を計算することができる．列 $\tilde{\mathbf{a}}_i$ が正規化されていると仮定すると，これらの重みは $\exp(C\cdot(\tilde{\mathbf{a}}_i^{\mathrm{T}}\mathbf{y})^2)$ に比例するので，計測ベクトルに平行な列の重みが大きくなる．

小さな q_i を枝刈りすれば，$k>1$ の場合についての MMSE の近似アルゴリズムを考えることができる．もし，大きい値を持ついくつかの q_i（例えば p 個（$p \ll m$）とする）だけを選択し，その他を無視すれば，重み付き平均において重要な要素を残すことになる．$k=2$ では，$\binom{m}{2}$ 個の可能なサポートを全探索する必要はなく，$k=1$ のときに選択した p 個の列それぞれに対して，残りの $m-1$ 個の列を検証すればよいので，$p(m-1)$ 回の探索となる．その $p(m-1)$ 回の探索のそれぞれに対して式 (11.38) の q_s が得られるので，ここでも大きい p 個だけを保持し，他を無視することができる．この処理を $k=3$ 以上に対しても繰り返し，k まで到達すれば，高い確率 q_s を与えるように貪欲法的に選択された p 個のサポートが得られる．こうして，MMSE における全組合せの重み付き平均の代わりに，これらの近似的な重み付き平均を用いることができる．

一般の k の場合に MMSE を近似する他の方法は，ランダムアルゴリズムに基づく方法である．このアプローチは，サポート $s \in \Omega$ をランダムに抽出し，それらの結果を平均する．$k=1$ の場合，q_i は（正規化すれば）非ゼロ要素の個数 $|s|=1$ のサポートに対する厳密な確率 $P(s|\mathbf{y})$ となる．しかし，前述のように決定論的に最も値の大きい一つを選択するのではなく，q_i に比例する確率で列を一つ選択する．このように選択した列に対する解の単純平均は，MMSE の重み付き平均に対する不偏推定である．

上記の処理は，$|s| = k > 1$ の場合にも原理的には適用できる．つまり，ランダムにサポートを抽出し，それについてのオラクル推定を平均するのである．しかし，比較的精度良く平均を近似するためには，あまりに大量の標本抽出が必要になり，この考え方は現実的ではない．その代わりに，抽出されたサポートを貪欲法的に付け加えていく方法が考えられる．例えば，前述のように最初のアトム i_1 を選択したら，残りの $m-1$ 個のアトムを i に対して，アトムが i_1 と i を含む確率 $q_i = P(s = [i_1, i] \,|\, \mathbf{y})$ を計算する．この確率分布を用いて，2 番目のアトム i_2 を抽出する．この処理を繰り返せば，それぞれが $\mathcal{O}(m)$ 個の確率分布（実際には j 番目のステップでは $m-j+1$ 個の確率）からの k 回の抽出で，非ゼロ要素の個数 k のサポートが得られる．

ランダム OMP（random-OMP）アルゴリズムは上記の処理を単純化したものであり，m 個の確率 q_i に基づいて次のアトムを選択するという上記と同じ一般的な枠組みに沿っている．まず通常の OMP から出発し，最も良いアトムを選択してサポートに付け加えるという決定論的な処理を，ランダムにサポートを抽出するという前述の処理に置き換える．しかし，$\mathbf{A}$ 中のアトムに射影した残差信号を考慮するために，毎回の貪欲法ステップの後に式 (11.40) を用いて確率 q_i を再計算する．この乱択アルゴリズムを何回か繰り返すことで，いくつかの異なるサポートとそれらに対するオラクル推定が得られる．これらを単純平均（重み付き平均ではない！）すれば，MMSE の近似が得られる．

上記の二つの処理は，確率 $P(\mathbf{y}|s)$ にピークを持つサポートを探索するための，近似的なギブスサンプリングと考えることもできる．ランダム OMP アルゴリズムを図 11.3 に示す．

図 11.1 と図 11.2 の実験に再び戻り，今度は MMSE の性能曲線を追加する．式 (11.39) を用いて $\hat{\mathbf{x}}^{\mathrm{MMSE}}$ を計算し，$\|\mathbf{x} - \hat{\mathbf{x}}^{\mathrm{MMSE}}\|_2^2$ を用いて誤差を評価する．また，MMSE 近似手法として，25 回の試行を単純平均するランダム OMP を用いる．$\mathbf{A}$ 中のすべてのアトムは正規化されているため，ランダム OMP おけるランダムなアトムの抽出は，確率 $\exp(C \cdot (\tilde{\mathbf{a}}_i^{\mathrm{T}} \mathbf{y})^2)$ に比例する．ここで $1/C = 2\sigma_e^2(1 + \sigma_2^2/\sigma_x^2)$ であり，この定数をランダム OMP で用いなければならない．ランダム OMP の各試行においてサポートを推定した後，オラクル推定を行う．これらを平均して最終結果を得る．

この実験の結果を図 11.4 に示す．この図からわかるように，この近似は全探

タスク： 式 (11.39) の MMSE 推定を近似する.

パラメータ： ペア $(\mathbf{A}, \mathbf{y})$，非ゼロ要素の個数 $|s|$，σ_e, σ_x の値，試行回数 J.

メインループ： 以下の乱択アルゴリズムを J 回実行する.

- **初期化**：$k = 0$ として，
  - 初期解　$\mathbf{x}^0 = \mathbf{0}$
  - 初期残差　$\mathbf{r}^0 = \mathbf{y} - \mathbf{A}\mathbf{x}^0 = \mathbf{y}$
  - 解の初期サポート　$S^0 = \mathrm{Support}\{\mathbf{x}^0\} = \emptyset$

  とする.
- **貪欲法の反復**：$k \leftarrow k + 1$ として，以下のステップを $|s|$ 回実行する.
  - **列の抽出**：次式に比例する確率で抽出したものを j_0 とする.

$$q_i = \exp\left\{ \frac{1}{2\sigma_e^2} \cdot \frac{(\tilde{\mathbf{a}}_i^{\mathrm{T}}\mathbf{y})^2}{\|\tilde{\mathbf{a}}_i\|_2^2 + \sigma_e^2/\sigma_x^2} + \frac{1}{2} \log\left(\frac{\|\tilde{\mathbf{a}}_i\|_2^2}{\sigma_e^2} + \frac{1}{\sigma_x^2} \right) \right\}$$

  - **サポートの更新**：サポートを $S^k = S^{k-1} \bigcup \{j_0\}$ で更新する.
  - **暫定解の更新**：次式の最適解 $\mathbf{x}$ を求める.

$$\|\mathbf{A}\mathbf{x} - \mathbf{y}\|_2^2 \quad \text{subject to} \quad \mathrm{Support}\{\mathbf{x}\} = S^k$$

  - **残差の更新**：$\mathbf{r}^k = \mathbf{y} - \mathbf{A}\mathbf{x}^k$ を計算する.
- **j 番目の回の計算**：得られたサポートを $s = S^k$ とし，オラクル推定によって解を求める.

$$\hat{\mathbf{x}}_j = \left(\frac{1}{\sigma_e^2}\mathbf{A}_s^{\mathrm{T}}\mathbf{A}_s + \frac{1}{\sigma_x^2}\mathbf{I} \right)^{-1} \frac{1}{\sigma_e^2}\mathbf{A}_s^{\mathrm{T}}\mathbf{y}$$

出力： J 個の結果の単純平均により近似解を得る.

$$\hat{\mathbf{x}} = \frac{1}{J}\sum_{j=1}^{J} \hat{\mathbf{x}}_j$$

図 11.3　近似 MMSE 推定を計算するためのランダム OMP．簡単化のため $\mathbf{H} = \mathbf{I}$ と仮定した.

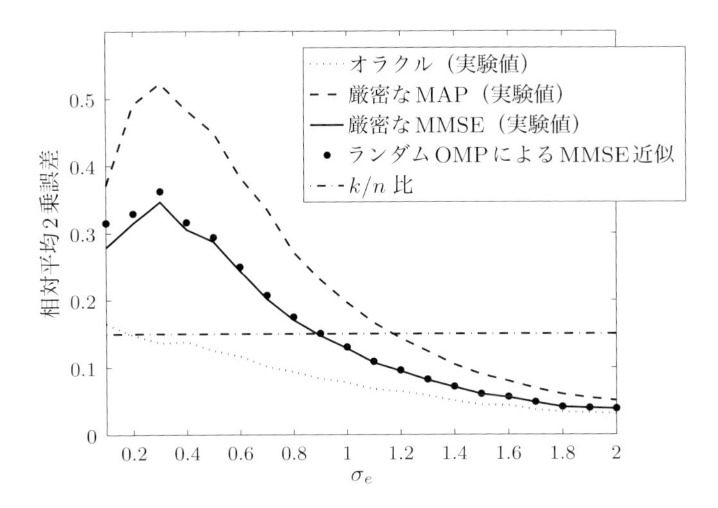

図 11.4 ノイズに対する厳密な（全探索）MMSE と近似 MMSE の性能．近似解は，25 回のランダム OMP で得られた解の平均である．結果の誤差は，入力ノイズのエネルギー $n\sigma_e^2$ で正規化した相対的なものである．

索の MMSE（$\binom{m}{k} = 4{,}060$ 個のサポートすべてに対するオラクル推定の平均値）の結果に非常に近い．

11.6 MMSE 推定と MAP 推定の誤差

MAP 推定と MMSE 推定の数式が得られたので，次はこれらの推定の実際の MSE を導出する．ここでは，一般的な推定 $\hat{\mathbf{x}}$ に対する誤差から解析を始める．この誤差は次のように書ける．

$$E(\|\hat{\mathbf{x}} - \mathbf{x}\|_2^2) = \int_{\mathbf{x}\in\mathbb{R}^n} \|\hat{\mathbf{x}} - \mathbf{x}\|_2^2 \, P(\mathbf{x}|\mathbf{y})\, d\mathbf{x} \tag{11.41}$$
$$= \sum_{s\in\Omega} P(s|\mathbf{y}) \int_{\mathbf{x}\in\mathbb{R}^n} \|\hat{\mathbf{x}} - \mathbf{x}\|_2^2 \, P(\mathbf{x}\,|\,s,\mathbf{y})\, d\mathbf{x}$$

ここで，事後確率の周辺化の式 (11.17) を用いた．

上式を書き換えるために，既知のサポート s に対応するオラクル推定 $\hat{\mathbf{x}}_s^{\mathrm{oracle}}$ を，項 $\|\hat{\mathbf{x}}-\mathbf{x}\|_2^2$ に足して引く．ただし，このオラクル推定は理想的なものではないことに注意する (理想的なオラクル推定を行うためには，計測 $\mathbf{y}$ を生成した「真

の」サポート s^* を知る必要がある）．そして，$\|\hat{\mathbf{x}}-\mathbf{x}\|_2^2 = \|\hat{\mathbf{x}}-\hat{\mathbf{x}}_s^{\mathrm{oracle}}+\hat{\mathbf{x}}_s^{\mathrm{oracle}}-\mathbf{x}\|_2^2$ とすると，次のように書くことができる．

$$\int_{\mathbf{x}\in\mathbb{R}^n} \|\hat{\mathbf{x}}-\mathbf{x}\|_2^2 \, P(\mathbf{x}\,|\,s,\mathbf{y})\,d\mathbf{x} = \int_{\mathbf{x}\in\mathbb{R}^n} \|\hat{\mathbf{x}}_s^{\mathrm{oracle}}-\mathbf{x}\|_2^2 \, P(\mathbf{x}\,|\,s,\mathbf{y})\,d\mathbf{x} + \int_{\mathbf{x}\in\mathbb{R}^n} \|\hat{\mathbf{x}}-\hat{\mathbf{x}}_s^{\mathrm{oracle}}\|_2^2 \, P(\mathbf{x}\,|\,s,\mathbf{y})\,d\mathbf{x} \tag{11.42}$$

なお，クロス項 $(\hat{\mathbf{x}}_s^{\mathrm{oracle}}-\mathbf{x})^{\mathrm{T}}(\hat{\mathbf{x}}-\hat{\mathbf{x}}_s^{\mathrm{oracle}})$ は消える．これは，項 $(\hat{\mathbf{x}}-\hat{\mathbf{x}}_s^{\mathrm{oracle}})$ は $\mathbf{x}$ を含まず決定論的であり，積分の外に出せるためである．また，定義から $\hat{\mathbf{x}}_s^{\mathrm{oracle}} = E(\mathbf{x}\,|\,\mathbf{y},s)$ であるため，積分の残りの項はゼロになる．

式 (11.42) に戻ると，第 1 項は，与えられたサポート s に対するオラクル推定の MSE を表している．これは式 (11.16) ですでに見たように，次のようになる．

$$E\left(\|\hat{\mathbf{x}}_s^{\mathrm{oracle}}-\mathbf{x}_s\|_2^2\right) = \mathrm{tr}\left(\left[\frac{1}{\sigma_e^2}\mathbf{A}_s^{\mathrm{T}}\mathbf{H}^{\mathrm{T}}\mathbf{H}\mathbf{A}_s + \frac{1}{\sigma_x^2}\mathbf{I}\right]^{-1}\right) = \mathrm{tr}(\mathbf{Q}_s^{-1})$$

第 2 項はもっと単純である．$\|\hat{\mathbf{x}}-\hat{\mathbf{x}}_s^{\mathrm{oracle}}\|_2^2$ は決定論的であり $\mathbf{x}$ を含まないため，積分の外に出せて，残りの部分は 1 になる．したがって，次のようになる．

$$\int_{\mathbf{x}\in\mathbb{R}^n} \|\hat{\mathbf{x}}-\mathbf{x}\|_2^2 \, P(\mathbf{x}\,|\,s,\mathbf{y})\,d\mathbf{x} = \|\hat{\mathbf{x}}-\hat{\mathbf{x}}_s^{\mathrm{oracle}}\|_2^2 + \mathrm{tr}(\mathbf{Q}_s^{-1})$$

ここで，式 (11.38) の $P(s|\mathbf{y}) \propto q_s$ という事実を使うと，次のようになる．

$$E(\|\hat{\mathbf{x}}-\mathbf{x}\|_2^2) = \frac{1}{\sum_{s\in\Omega} q_s} \sum_{s\in\Omega} q_s \left(\|\mathbf{x}-\hat{\mathbf{x}}_s^{\mathrm{oracle}}\|_2^2 + \mathrm{tr}(\mathbf{Q}_s^{-1})\right) \tag{11.43}$$

この式に $\hat{\mathbf{x}} = \hat{\mathbf{x}}^{\mathrm{MMSE}}$ を代入すると，MMSE 推定の誤差が得られる．興味深いことに，上式を $\hat{\mathbf{x}}$ で微分して最小化すると，式 (11.39) の MMSE 推定の式が得られる．その理由は，上式を $\hat{\mathbf{x}}$ で微分して 0 とおくと，次のようになるからである．

$$\frac{\partial E(\|\hat{\mathbf{x}}-\mathbf{x}\|_2^2)}{\partial \mathbf{x}} = \frac{2\sum_{s\in\Omega} q_s(\hat{\mathbf{x}}-\hat{\mathbf{x}}_s^{\mathrm{oracle}})}{\sum_{s\in\Omega} q_s} = 0$$

$$\Rightarrow \hat{\mathbf{x}}^{\mathrm{MMSE}} = \frac{\sum_{s\in\Omega} q_s \hat{\mathbf{x}}_s^{\mathrm{oracle}}}{\sum_{s\in\Omega} q_s}$$

興味深い例は，$\mathbf{H} = \mathbf{I}$ で $\mathbf{A}$ がユニタリの場合である．このとき，項 $\mathbf{A}_s^{\mathrm{T}}\mathbf{H}^{\mathrm{T}}\mathbf{H}\mathbf{A}_s$ は $|s| = k$ 次元の単位行列になり，$\mathrm{tr}(\mathbf{Q}_s^{-1}) = k\sigma_x^2\sigma_e^2/(\sigma_x^2 + \sigma_e^2)$ は任意の $s \in \Omega$ について定数になる．また，q_s の値は，この場合 $q_s \propto \exp(C \cdot \|\beta_s\|_2^2/2\sigma_e^2)$ となる．ここで，$\beta_s = \mathbf{A}_s^{\mathrm{T}}\mathbf{y}$ はサポート s の列への $\mathbf{y}$ の射影であり，C は定数で $C = \sigma_x^2/(\sigma_e^2 + \sigma_x^2)$ である．最終的に，s オラクル解は $\hat{\mathbf{x}}_s^{\mathrm{oracle}} = \sigma_x^2\beta_s/(\sigma_e^2 + \sigma_x^2) = C\beta_s$ となる．以上から，誤差は次のようになる．

$$E(\|\hat{\mathbf{x}} - \mathbf{x}\|_2^2) = \frac{\sum_{s\in\Omega} \exp\left\{\frac{C \cdot \|\beta_s\|_2^2}{2\sigma_e^2}\right\} \|\hat{\mathbf{x}} - c\beta_s\|_2^2}{\sum_{s\in\Omega} \exp\left\{\frac{C \cdot \|\beta_s\|_2^2}{2\sigma_e^2}\right\}} + \frac{k\sigma_x^2\sigma_e^2}{\sigma_x^2 + \sigma_e^2} \tag{11.44}$$

一般の場合に戻ると，式 (11.43) の一般的な誤差は $\hat{\mathbf{x}}^{\mathrm{MMSE}}$ を足して引くことで，次のように書き直すことができる．

$$\begin{aligned} E(\|\hat{\mathbf{x}} - \mathbf{x}\|_2^2) &= \frac{\sum_{s\in\Omega} q_s \left(\|\mathbf{x} - \hat{\mathbf{x}}_s^{\mathrm{oracle}}\|_2^2 + \mathrm{tr}(\mathbf{Q}_s^{-1})\right)}{\sum_{s\in\Omega} q_s} \qquad (11.45) \\ &= \frac{\sum_{s\in\Omega} q_s \left(\|\mathbf{x} - \hat{\mathbf{x}}^{\mathrm{MMSE}} + \hat{\mathbf{x}}^{\mathrm{MMSE}} - \hat{\mathbf{x}}_s^{\mathrm{oracle}}\|_2^2 + \mathrm{tr}(\mathbf{Q}_s^{-1})\right)}{\sum_{s\in\Omega} q_s} \\ &= \|\mathbf{x} - \hat{\mathbf{x}}^{\mathrm{MMSE}}\|_2^2 + \frac{\sum_{s\in\Omega} q_s \left(\|\hat{\mathbf{x}}^{\mathrm{MMSE}} - \hat{\mathbf{x}}_s^{\mathrm{oracle}}\|_2^2 + \mathrm{tr}(\mathbf{Q}_s^{-1})\right)}{\sum_{s\in\Omega} q_s} \\ &= \|\mathbf{x} - \hat{\mathbf{x}}^{\mathrm{MMSE}}\|_2^2 + E(\|\hat{\mathbf{x}}^{\mathrm{MMSE}} - \mathbf{x}\|_2^2) \end{aligned}$$

ここでもまた，クロス項 $(\hat{\mathbf{x}} - \hat{\mathbf{x}}^{\mathrm{MMSE}})^{\mathrm{T}}(\hat{\mathbf{x}}^{\mathrm{MMSE}} - \hat{\mathbf{x}}_s^{\mathrm{oracle}})$ は消える．なぜなら，最初の部分は総和の外に出せるからであり，2 番目の部分は $\hat{\mathbf{x}}^{\mathrm{MMSE}}$ の式がオ

ラクル推定の線形結合になっているためである．上式は，特に次のことを意味する．

$$E(\|\hat{\mathbf{x}}^{\mathrm{MAP}} - \mathbf{x}\|_2^2) = \|\hat{\mathbf{x}}^{\mathrm{MAP}} - \hat{\mathbf{x}}^{\mathrm{MMSE}}\|_2^2 + E(\|\hat{\mathbf{x}}^{\mathrm{MMSE}} - \mathbf{x}\|_2^2) \tag{11.46}$$

図 11.5 に示すように，ここで導出した MMSE と MAP の誤差はこれらの推定の実験的な性能を良く捉えている．これは図 11.2 および図 11.4 と同じ実験結果であり，その上に式 (11.43) の MMSE の誤差と，式 (11.46) の MAP の誤差を表示している．

11.7　さらなる実験結果

これまでのシミュレーション実験はどれも，現実的な時間で済む全探索で真の解が得られるような，非常に次元の低い問題であった．ここでは類似した問題をもっと高次元で解く．これまでと同様にランダムな辞書を用いるが，大きさは 200×400 とする．未知数である表現ベクトルの非ゼロ要素の個数を $k = 20$ とする．図 11.6 に，OMP とランダム OMP（25 回の平均）の性能について，加えるノイズの分散を変えて 100 回試行し，平均した結果を示す．この

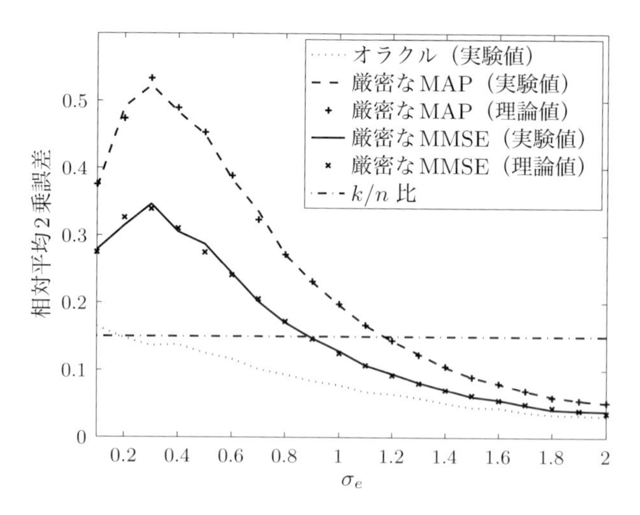

図 11.5　MAP と MMSE の性能評価．実験で得られた値と，式 (11.43) と式 (11.46) で得られた期待誤差を同時に示している．結果の誤差は，入力ノイズのエネルギー $n\sigma_e^2$ で正規化した相対的なものである．

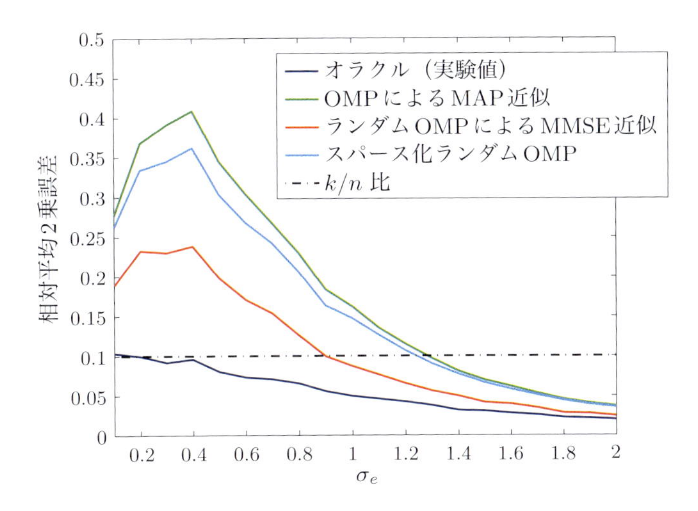

図 11.6 OMP（MAP の近似），ランダム OMP（MMSE の近似），スパース化ランダム OMP のノイズに対する性能曲線．結果の誤差は，$n\sigma_e^2$ に対する相対的なものである．

図から，低次元の問題と同様の結果が得られていることがわかる．

この図には，新しい推定手法「スパース化ランダム OMP」(sparsified random-OMP）の結果も掲載している．この推定は，ランダム OMP の結果の要素のうち大きい k 個を抽出し，そのサポートを用いてオラクル推定を行う，というものである．ある種の問題，例えば圧縮や認識の問題においては，ℓ_2 ノルムの意味で正確で，かつスパースな解が望まれる場合もある．

このアプローチの性能は，他の二つ（OMP とランダム OMP）の中間に位置していることがわかる．ランダム OMP に比べて性能が劣ることは予測できる．なぜなら，ランダム OMP は MMSE 推定の比較的良い近似であり，これよりも良い手法は考えられないからである．また，OMP よりも性能が良いことが図からわかるが，これは，このアプローチが MAP 推定ではないことを意味している．

ランダム OMP において，MMSE 推定に近い解を得るためには何回の試行の平均を用いればよいのだろうか？ 図 11.7 に，前述と同じ実験条件で，平均する回数を変えて評価した性能を示す．この図からわかるように，たった 4 回の平均でも十分に良い解が得られている．

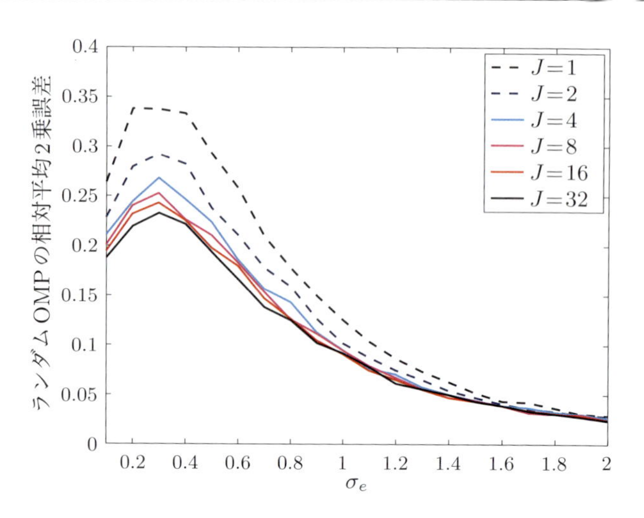

図 11.7　平均する回数を変更したランダム OMP の性能.

最後に注目するのは，ランダム OMP の解がスパースではない傾向にあるということである．前述の設定に似た推定実験を 1 回だけ行ってみよう．辞書には，400×400 のユニタリ DCT 行列から 1 行ごとに行を抜き出して生成した 200×400 の過完備な DCT 行列を用いる．他のパラメータは $k = 10$，$\sigma_e = 0.2$，$\sigma_x = 1$，$J = 100$ に設定した．図 11.8 にランダム OMP の結果を示す．予想どおり，結果はもとの表現ベクトル $\mathbf{x}_0$ に近いが，計算において多数の解の平均を行うため，解はスパースではない．この振る舞いを吟味するために，二つの表現ベクトルの要素を絶対値でソートしたものを図 11.9 に示す．この図から，明らかにランダム OMP の解は密である．ノイズが大きいほど，もしくは辞書のコヒーレンスが悪いほど，解が密になる傾向は強くなる．

ランダム OMP（実際にはその近似である MMSE）で得られる解はスパースではないという事実は，第 10 章の最後で議論した問題につながっている．（MMSE の意味で）最も良い λ で得られた解は密なものであった．今では，これを非常に簡単に説明することができる．つまり，それは MMSE の近似だからである．MMSE ではスパースな解が得られるとは期待できない．さらに，未知の表現ベクトルがスパースだったとしても，また非ゼロ要素の個数が既知だったとしても，MMSE の解がスパースになるとは言えない．この意味で興味深い

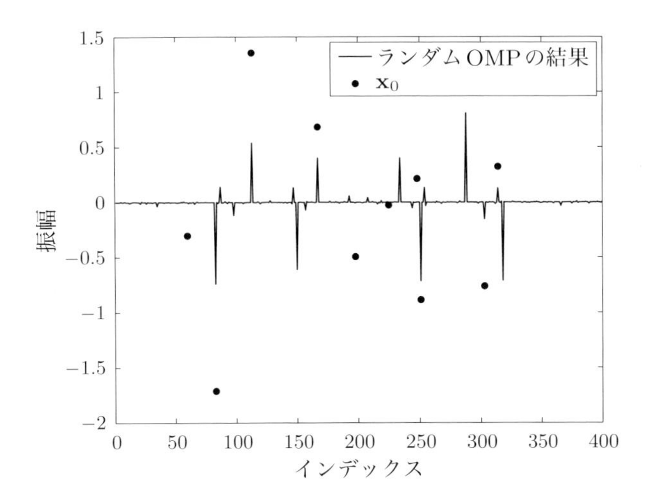

図 11.8 ランダム OMP の結果（$J = 100$）と真の表現ベクトル $\mathbf{x}_0$.

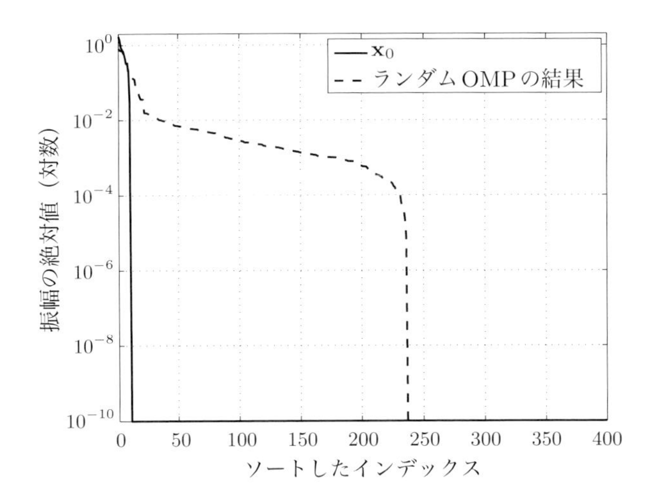

図 11.9 ランダム OMP の結果（$J = 100$）と真の表現ベクトル $\mathbf{x}_0$ の要素を絶対値でソートしたもの.

疑問が生じる．ここでの推定問題において，k-スパースなMMSE推定とは何だろう？ それはスパース化ランダムOMPに似たものだろうか？ 現時点では，この疑問は未解決のままである．

11.8　まとめ

推定理論の文脈では，スパースランドモデルはMAP推定のための最適化問題(P_0^ϵ)として定式化された．本章はこの関係をより明確かつ厳密に導出した．推定問題の視点から見ることで達成できた重要なことは，MMSE推定を導出したことである．どちらの推定も計算量は指数関数的に増大するが，それらの近似は現実的な時間での計算が可能である．この解析により，スパース表現の推定と，信号処理の応用における追跡アルゴリズムの利用のための，確固たる基盤が得られた．

参考文献

1. F. Abramovich, T. Sapatinas, and B. W. Silverman, Wavelet thresholding via a Bayesian approach, *J. R. Statist. Soc. B*, 60:725–749, 1998.
2. A. Antoniadis, J. Bigot, and T. Sapatinas, Wavelet estimators in nonparametric regression: a comparative simulation study, *J. Stat. Software*, 6(6):1–83, 2001.
3. M. Clyde and E. I. George, Empirical Bayes estimation in wavelet nonparametric regression. In *Bayesian Inference in Wavelet Based Models*, P. Muller and B. Vidakovic (Eds.), Lect. Notes Statist., 141:309–322, New York, Springer-Verlag, 1998.
4. M. Clyde and E. I. George, Flexible empirical Bayes estimation for wavelets, *J. R. Statist. Soc. B*, 62:681–698, 2000.
5. M. Clyde, G. Parmigiani, and B. Vidakovic, Multiple shrinkage and subset selection in wavelets, *Biometrika*, 85:391–401, 1998.
6. M. Elad and I. Yavneh, A weighted average of sparse representations is better than the sparsest one alone, *IEEE Transactions on Information Theory*, 55(10):4701–4714, October 2009.
7. J. Turek, I. Yavneh, and M. Elad, On MMSE and MAP denoising under sparse representation modeling over a unitary dictionary, *IEEE Trans. on Signal Processing*, vol. 59, no. 8, pp. 3526–3535, Aug. 2011.
8. E. Larsson and Y. Selen, Linear regression with a sparse parameter vector,

IEEE Trans. on Signal Processing, 55:451–460, 2007.

9. S. Mallat and Z. Zhang, Matching pursuits with time-frequency dictionaries, *IEEE Trans. on Signal Processing*, 41(12):3397–3415, 1993.
10. P. Moulin and J. Liu, Analysis of multiresolution image denoising schemes using generalized Gaussian and complexity priors, *IEEE Trans. Inf. Theory*, 45(3):909–919, April 1999.
11. M. Protter, I. Yavneh and M. Elad, Closed-form MMSE for denoising signals under sparse-representation modelling, The IEEE 25-th Convention of Electrical and Electronics Engineers in Israel, Eilat Israel, December 3–5, 2008.
12. M. Protter, I. Yavneh and M. Elad, Closed-Form MMSE estimation for signal denoising under sparse representation modelling over a unitary dictionary, *IEEE Trans. on Signal Processing*, vol. 58, no. 7, pp. 3471–3484, July 2010.
13. E. P. Simoncelli and E. H. Adelson, Noise removal via Bayesian wavelet coring, in Proc. ICIP, Laussanne, Switzerland, pp. 379–382, September 1996.
14. P. Schnitter, L. C. Potter, and J. Ziniel, Fast Bayesian matching pursuit, Proc. Workshop on Information Theory and Applications (ITA), (La Jolla, CA), Jan. 2008.
15. P. Schintter, L. C. Potter, and J. Ziniel, Fast Bayesian matching pursuit: Model uncertainty and parameter estimation for sparse linear models, *The Ohio State University, Tech. Rpt.*, No. TR-09-06, June 2009.

第12章
辞書の探求

スパースランドモデルを応用するときに重要となるのが，辞書 $\mathbf{A}$ である．どのように $\mathbf{A}$ を選択すれば，対象となる信号に対して良好に働くだろうか？ これが本章のトピックであり，ここでは事例（example）から辞書を学習する手法に焦点を当てる．

12.1 辞書設計か，辞書学習か

応用において適切な辞書を設計するアプローチとして，ウェーブレット（第10章参照），ステアラブルウェーブレット（steerable wavelet），コンターレット（contourlet），カーブレット（curvelet）など，事前に構成された辞書を用いる方法がある．近年提案されたこれらの辞書は画像に特化されており，特に輝度変化が区分的に滑らかであり，境界線が滑らかであるような，漫画のような線画を含む場合が対象になっている．

これらの辞書（変換（transform）とも呼ばれる）を提案した研究には，そのような単純な内容の画像信号の表現係数ベクトルがスパースになるための解析を理論的に行っているものもある．通常それらの解析は，変換係数から最も良い M 個の非ゼロ要素を用いて信号を表現する観点，すなわち M 項近似の減衰率の観点から行われている．

このほかの方法としては，パラメータを調整して辞書を構築する，つまり，ある特定の（離散もしくは連続の）パラメータを制御して基底（フレーム）を生成する方法がある．このような方法でよく知られているものは，ウェーブレットパケット（wavelet packet）とバンドレット（bandelet）の二つである．Coifman らが提案したウェーブレットパケットは，ある特定の信号に対して最適化された性能を持つように，時間・周波数分割を制御する．Mallat らのバンドレットは，通常のウェーブレットのアトムを局所領域の主方向へ回転することで，画像を空間方向に適応的に扱う．

事前に構築された辞書や適応的な辞書は高速な変換が可能であるが（通常の計算量 nm に対して $\mathcal{O}(n \log n)$），信号をスパースに表現することには限界がある．さらに，これらの辞書のほとんどは特定の種類の信号や画像に限定されたものであり，新しい別の種類の信号に対して用いることができない．これらの限界を克服する辞書を構築するためには，別のアプローチをとらなければならない．つまり，学習を用いるアプローチである．

学習を用いるアプローチでは，対象となる応用において出現する信号に似ているであろう信号の事例から構成される訓練データベースを用意する．そして，それらを学習し，辞書を構築する．その辞書のアトムは，理論的なモデルからではなく，現実的なデータから生成されることになる．このような辞書であれば，固定ではあるが冗長な辞書として，応用において対象となる信号に対して用いることができる．本章では，この学習アプローチを詳細に議論する．

事前に構築された適応的な辞書とは異なり，学習アプローチはスパースランドモデルが扱うどのような種類の信号にも適用することができる．ただし，計算量はもっと多くなる．学習された辞書を密行列として保持しなければならず，応用においてその辞書を利用するときにも，事前に構築された辞書に比べて多くの計算が必要になる．学習アプローチのもう一つの欠点は，低次元の信号に限られていることである[*1]．このため，画像を扱う場合には，小さな画像パッチを対象として辞書が利用されている．本章の後半で，これら二つの欠点を克服する方法を議論する．

[*1] 少なくとも現在はそうである．多重スケールの辞書を学習する研究も進んでおり，近い将来にこの欠点もなくなるだろう．

12.2 辞書学習アルゴリズム

それでは，辞書 $\mathbf{A}$ を構築する学習手法を議論しよう．未知であるが固定されたモデル $\mathcal{M}(\mathbf{A}, k_0, \alpha, \epsilon)$ から生成された訓練データベース $\{\mathbf{y}_i\}_{i=1}^{M}$ が与えられたと仮定する．この訓練データベースを用いて，これを生成したモデル，つまり辞書 $\mathbf{A}$ を特定できるだろうか？ この難しい問題に最初に取り組んだのは，1996 年の Field と Olshausen の研究である．彼らは辞書のアトムと視覚野の単純型細胞集団との類似性に着目し，単純型細胞の集団を形成する進化プロセスをデータからの辞書学習でモデル化できるのではないかと考えた．そして実際に，学習された辞書の特性と単純型細胞集団の既知の特性との間に，実験的な対応関係を見出すことができた．

この手法とアルゴリズムは，その後の Lewicki，Engan，Rao，Gribonval，Aharon らの研究者によって，さまざまな形に拡張された．ここでは，そのうち二つの手法を紹介する．一つ目は Engan らの MOD であり，二つ目は Aharon らの K-SVD である．

12.2.1 辞書学習の問題設定

モデルからの誤差 ϵ を既知として，辞書 $\mathbf{A}$ を推定したい．この場合，次の最適化問題となる．

$$\min_{\mathbf{A}, \{\mathbf{x}_i\}_{i=1}^{M}} \sum_{i=1}^{M} \|\mathbf{x}_i\|_0 \quad \text{subject to} \quad \|\mathbf{y}_i - \mathbf{A}\mathbf{x}_i\|_2 \leq \epsilon, \ 1 \leq i \leq M \tag{12.1}$$

この問題は，与えられた各信号 $\mathbf{y}_i$ を未知の辞書 $\mathbf{A}$ に対するスパース表現ベクトル $\mathbf{x}_i$ として記述し，その表現ベクトルと辞書を同時に推定するものである．もしこの問題の解として得られた各表現ベクトルの非ゼロ要素の個数が k_0 以下であれば，候補となるモデル $\mathcal{M}$ が求められたことになる．

式 (12.1) のペナルティ項と制約条件を入れ替えると，スパース性が制約条件となり，誤差を最小化する次の問題となる．

$$\min_{\mathbf{A}, \{\mathbf{x}_i\}_{i=1}^{M}} \sum_{i=1}^{M} \|\mathbf{y}_i - \mathbf{A}\mathbf{x}_i\|_2^2 \quad \text{subject to} \quad \|\mathbf{x}_i\|_0 \leq k_0, \ 1 \leq i \leq M \tag{12.2}$$

これらの二つの問題は，適切に設定されているだろうか？ その解は意味のあるものだろうか？　自明な不定性（スケールと列の置換）は存在するが，スケールと列の順序を固定したとして，問題 (12.1) と問題 (12.2) の解は一般的に意味があるものだろうか？　次に見るように，この疑問に対する解答は肯定的である．

上記の辞書学習問題が良設定問題かどうかという観点からの基本的な疑問は，この問題の解の一意性である．つまり，訓練ベクトルの集合をスパースに表現する唯一の辞書が存在するだろうか？　驚くべきことに，少なくとも $\epsilon = 0$ の場合には存在するということを Aharon らが示した．辞書 $\mathbf{A}_0$ が存在し，十分な種類の事例のデータベースが与えられて，すべての事例は高々 $k_0 < \mathrm{spark}(\mathbf{A}_0)/2$ 個のアトムで表現できると仮定する．このとき，スケールと列置換の不定性を除いて，$\mathbf{A}_0$ は訓練データベース中のすべての事例に対してこのスパース性を達成する唯一の辞書である．

この問題を，行列分解の観点から見ることもできる．データベース中のすべての事例を列ベクトルとして持つ $n \times M$ の行列 $\mathbf{Y}$ を構成する．同様に，対応するスパース表現ベクトルを列に持つ $m \times M$ の行列 $\mathbf{X}$ を構成する．すると，ノイズのない場合には，辞書は $\mathbf{Y} = \mathbf{AX}$ を満たす．この辞書を求める問題は，行列 $\mathbf{Y}$ を $\mathbf{AX}$ に分解する問題と同じである．ここで，$\mathbf{A}$ と $\mathbf{X}$ の次元は上述のとおりであり，$\mathbf{X}$ の列はスパースであるとする．行列分解の観点からすれば，この問題は非負値行列分解，特にスパース非負値行列分解に関連している．

12.2.2　MOD アルゴリズム

明らかに，問題 (12.1) や問題 (12.2) を解く実用的な汎用アルゴリズムは存在しない．その理由は，(P_0) を一般的に解く実用的なアルゴリズムが存在しない理由と同じである．しかしながら，一般的な保証がないとはいえ，(P_0) と同様に，経験的な方法を試すことで，特殊な場合にどのように振る舞うのかを観察することはできる．

式 (12.1) の問題は 2 重の最適化問題と見なすことができる．つまり，内側の最小化では固定された $\mathbf{A}$ に対して表現ベクトル $\mathbf{x}_i$ の非ゼロ要素の個数を最小化し，外側の最小化では $\mathbf{A}$ に対して最小化するという 2 重の問題である．このような交互最小化は非常に妥当に思える．k 番目の反復では，$k-1$ 番目の反復で得られた辞書 $\mathbf{A}_{(k-1)}$ を用いて M 個の部分問題 (P_0^ϵ) を解く．それぞれの部分問題では，辞書 $\mathbf{A}_{(k-1)}$ を用いてデータベース中の各要素 $\mathbf{y}_i$ について解く．

こうして行列 $\mathbf{X}_{(k)}$ が得られるので，これを用いて次のように最小 2 乗法により $\mathbf{A}_{(k)}$ を求める．

$$\begin{aligned}\mathbf{A}_{(k)} &= \arg\min_{\mathbf{A}} \|\mathbf{Y} - \mathbf{A}\mathbf{X}_{(k)}\|_F^2 \\ &= \mathbf{Y}\mathbf{X}_{(k)}^{\mathrm{T}}(\mathbf{X}_{(k)}\mathbf{X}_{(k)}^{\mathrm{T}})^{-1} \\ &= \mathbf{Y}\mathbf{X}_{(k)}^{+}\end{aligned} \tag{12.3}$$

ここで，誤差の評価にはフロベニウスノルムを用いた．また，得られた辞書の列を正規化してもよい．そして，収束条件を満たすまでこの処理を反復する．Engan らはこのようなブロック座標緩和（block-coordinate-relaxation）アルゴリズムを提案し，MOD（method of optimal direction; 最良方向法）と名づけた．このアルゴリズムを図 12.1 に示す．

図 12.2 に，合成データに対する MOD の実験結果を示す．まず，30×60 のランダムな辞書を生成し（要素をガウス分布から iid 抽出し，列を正規化する），そこから 4,000 個の信号事例を生成する．各事例は，ランダムに選択された 4 個のアトムの線形結合からなり（係数はガウス分布 $\mathcal{N}(0,1)$ から抽出する），さらに平均が 0 で分散が $\sigma = 0.1$ のガウスノイズを加えたものとする．この実験の S/N 比は 8 程度になる．この信号集合に対して MOD を 50 回反復し，もとの辞書の復元を試みる．なお，非ゼロ要素の個数を $k_0 = 4$ に固定し，最初の 60 個の事例を辞書のアトムの初期値とした．図 12.2（上）は，反復回数に対する平均表現誤差を示している．

これは合成データによる実験であり，真の辞書が既知であるので，推定された辞書が真の辞書にどの程度近いかを評価することができる．図 12.2（下）は，復元されたアトムの相対数を示している．ここでは，真の辞書のアトム $\mathbf{a}_i$ が推定された辞書のアトム $\hat{\mathbf{a}}_j$ と一致すれば（つまり $|\mathbf{a}_i^{\mathrm{T}}\hat{\mathbf{a}}_j| > 0.99$ であれば一致したと見なす），このアトムを正しく復元できたと見なす．なお，もし推定されたアトムが訓練データと同じだけのノイズを持っていたとしたら（つまり $\hat{\mathbf{a}}_j = \mathbf{a}_j + \mathbf{e}_j$，ここで $\mathbf{e}_j \sim \mathcal{N}(\mathbf{0}, \sigma^2 I)$），この内積の分散は以下のようになる．

$$E\left((\mathbf{a}_i^{\mathrm{T}}\hat{\mathbf{a}}_j - \mathbf{a}_i^{\mathrm{T}}\mathbf{a}_i)^2\right) = \mathbf{a}_i^{\mathrm{T}} E\left(\mathbf{e}_j\mathbf{e}_j^{\mathrm{T}}\right)\mathbf{a}_i = \sigma^2 = 0.01$$

ここで，$\mathbf{a}_i^{\mathrm{T}}\mathbf{a}_i = 1$ を用いた．したがって，標準偏差は 0.1 となるが，内積判定の誤差 $1 - 0.99 = 0.01$ はその 1/10 であるので，これは十分厳しい判定である．

タスク：　データ $\{\mathbf{y}_i\}_{i=1}^{M}$ をスパースに表現する辞書 $\mathbf{A}$ を，式 (12.2) の問題の解を近似して，学習する．

初期化：　$k=0$ として，

- 初期辞書：要素をランダムに生成するか，データからランダムに m 個選択して，$\mathbf{A}_{(0)} \in \mathbb{R}^{n\times m}$ を構築する．
- 正規化：$\mathbf{A}_{(0)}$ の列を正規化する．

メインループ：　$k \leftarrow k+1$ として，以下のステップを実行する．

- スパース符号化：追跡アルゴリズムを用いて，以下の解を近似する．

$$\hat{\mathbf{x}}_i = \arg\min_{\mathbf{x}} \|\mathbf{y}_i - \mathbf{A}_{(k-1)}\mathbf{x}\|_2^2 \quad \text{subject to} \quad \|\mathbf{x}\|_0 \le k_0$$

  そして，$1 \le i \le M$ についてスパース表現ベクトル $\hat{\mathbf{x}}_i$ を得る．これらを用いて行列 $\mathbf{X}_{(k)}$ を構築する．

- MOD 辞書更新：次式を用いて辞書を更新する．

$$\mathbf{A}_{(k)} = \arg\min_{\mathbf{A}} \|\mathbf{Y} - \mathbf{A}\mathbf{X}_{(k)}\|_F^2 = \mathbf{Y}\mathbf{X}_{(k)}^{\mathrm{T}}(\mathbf{X}_{(k)}\mathbf{X}_{(k)}^{\mathrm{T}})^{-1}$$

- 停止条件：もし $\|\mathbf{Y} - \mathbf{A}_{(k)}\mathbf{X}_{(k)}\|_F^2$ の変化が十分に小さければ終了し，そうでなければ反復する．

出力：　結果 $\mathbf{A}_{(k)}$ を得る．

図 12.1　MOD 辞書学習アルゴリズム．

これらのグラフから，MOD がこの実験において非常に良好に働いており，20 回から 30 回程度の反復で，もとの辞書のほとんどのアトムを復元していることがわかる．さらに，MOD は各事例に四つのアトムを用いるので，ノイズレベル 0.1 よりも表現誤差が小さくなっている．これは，得られた辞書がこの問題の実行可能解であることを意味している．

12.2.3　K-SVD アルゴリズム

辞書を更新するために，$\mathbf{A}$ 中のアトム（つまり列）を逐次的に扱うという別の方法も考えられる．これが Aharon らによって提案された K-SVD アルゴリズムである．j_0 番目の列 $\mathbf{a}_{j_0}$ 以外の列を固定し，この列とその（$\mathbf{X}$ に掛ける）係数を更新する．そのために，式 (12.3) を次のように書き直して，$\mathbf{a}_{j_0}$ に依存す

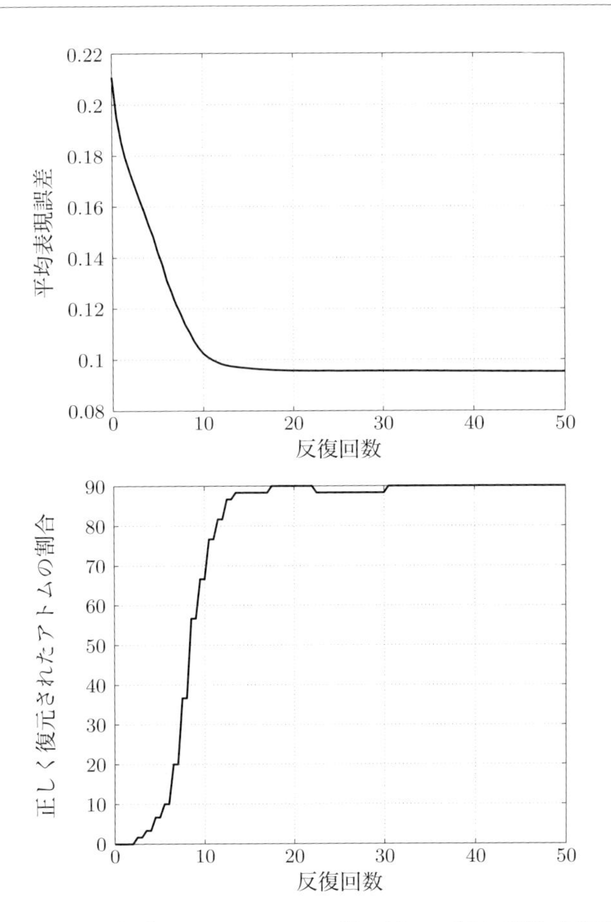

図 12.2 合成データ実験における MOD の振る舞い．（上）平均表現誤差．（下）正しく復元されたアトムの割合（% で表示）．

る部分を分離する[*2]．

$$\|\mathbf{Y}-\mathbf{A}\mathbf{X}\|_F^2 = \left\|\mathbf{Y}-\sum_{j=1}^{m}\mathbf{a}_j\mathbf{x}_j^{\mathrm{T}}\right\|_F^2 \tag{12.4}$$

$$= \left\|\left(\mathbf{Y}-\sum_{j\neq j_0}\mathbf{a}_j\mathbf{x}_j^{\mathrm{T}}\right)-\mathbf{a}_{j_0}\mathbf{x}_{j_0}^{\mathrm{T}}\right\|_F^2$$

*2 記法を簡潔にするため，反復回数 k を省略する．

ここで，$\mathbf{x}_j^{\mathrm{T}}$ は $\mathbf{X}$ の j 番目の行である．更新ステップでは $\mathbf{a}_{j_0}$ と $\mathbf{x}_{j_0}^{\mathrm{T}}$ の両方を更新する．ここで括弧中の項

$$\mathbf{E}_{j_0} = \mathbf{Y} - \sum_{j \neq j_0} \mathbf{a}_j \mathbf{x}_j^{\mathrm{T}} \tag{12.5}$$

は既知の計算済み誤差行列である．

式 (12.4) を最小化する最適な $\mathbf{a}_{j_0}$ と $\mathbf{x}_{j_0}^{\mathrm{T}}$ は，$\mathbf{E}_{j_0}$ のランク 1 近似である．これは SVD を用いて求めることができるが，通常は $\mathbf{x}_{j_0}^{\mathrm{T}}$ が密なベクトルになってしまい，$\mathbf{X}$ 中の表現ベクトルの非ゼロ要素の個数を増やしてしまう．

すべての表現ベクトルの非ゼロ要素の個数を固定したままこの項を最小化するためには，j_0 番目のアトムを用いている事例に対応する列（行 $\mathbf{x}_{j_0}^{\mathrm{T}}$ の非ゼロ要素に対応する列）からなる部分集合を，$\mathbf{E}_{j_0}$ から選択しなければならない．このように，$\mathbf{x}_{j_0}^{\mathrm{T}}$ の非ゼロ要素だけを変化させれば，非ゼロ要素の個数を固定することができる．

そこで，制限作用素 $\mathbf{P}_{j_0}$ を定義する．これに右側から $\mathbf{E}_{j_0}$ を掛けて不要な列を除去する．この行列 $\mathbf{P}_{j_0}$ は，M 個の行（すべての事例の数）と M_{j_0} 個の列（j_0 番目のアトムを用いる事例の数）を持つ．この制限作用素を適用して行 $\mathbf{x}_{j_0}^{\mathrm{T}}$ の非ゼロ要素だけを取り出したものを $(\mathbf{x}_{j_0}^R)^{\mathrm{T}} = \mathbf{x}_{j_0}^{\mathrm{T}} \mathbf{P}_{j_0}$ と定義する．

この部分行列 $\mathbf{E}_{j_0}\mathbf{P}_{j_0}$ に対して SVD によるランク 1 近似を適用すれば，アトム $\mathbf{a}_{j_0}$ と対応するスパース表現の要素 $\mathbf{x}_{j_0}^R$ を同時に更新することができる．この同時更新により，訓練アルゴリズムの収束が非常に速くなる．図 12.3 に K-SVD アルゴリズムの詳細を示す．

なお，$\mathbf{E}_{j_0}\mathbf{P}_{j_0}$ の第 1 特異値とその特異ベクトルだけを求めればよいので，完全な SVD を実行する必要はない．$\mathbf{a}_{j_0}$ と $\mathbf{x}_{j_0}^R$ を求めるための別のアプローチも考えられる．それはブロック座標降下の考え方に従って，まず $\mathbf{a}_{j_0}$ を固定し，以下の単純な最小 2 乗法で $\mathbf{x}_{j_0}^R$ を更新する方法である．

$$\min_{\mathbf{x}_{j_0}^R} \|\mathbf{E}_{j_0}\mathbf{P}_{j_0} - \mathbf{a}_{j_0}(\mathbf{x}_{j_0}^R)^{\mathrm{T}}\|_F^2 \quad \Rightarrow \quad \mathbf{x}_{j_0}^R = \frac{\mathbf{P}_{j_0}^{\mathrm{T}}\mathbf{E}_{j_0}^{\mathrm{T}}\mathbf{a}_{j_0}}{\|\mathbf{a}_{j_0}\|_2^2}$$

$\mathbf{x}_{j_0}^R$ を更新したら，それを固定して，次に $\mathbf{a}_{j_0}$ を更新する．

$$\min_{\mathbf{a}_{j_0}} \|\mathbf{E}_{j_0}\mathbf{P}_{j_0} - \mathbf{a}_{j_0}(\mathbf{x}_{j_0}^R)^{\mathrm{T}}\|_F^2 \quad \Rightarrow \quad \mathbf{a}_{j_0} = \frac{\mathbf{E}_{j_0}\mathbf{P}_{j_0}\mathbf{x}_{j_0}^R}{\|\mathbf{x}_{j_0}^R\|_2^2}$$

タスク： データ $\{\mathbf{y}_i\}_{i=1}^M$ をスパースに表現する辞書 $\mathbf{A}$ を，式 (12.2) の問題の解を近似して，学習する．

初期化： $k=0$ として，

- 初期辞書：要素をランダムに生成するか，データからランダムに m 個選択して，$\mathbf{A}_{(0)} \in \mathbb{R}^{n\times m}$ を構築する．
- 正規化：$\mathbf{A}_{(0)}$ の列を正規化する．

メインループ： $k \leftarrow k+1$ として，以下のステップを実行する．

- スパース符号化：追跡アルゴリズムを用いて，以下の解を近似する．

$$\hat{\mathbf{x}}_i = \arg\min_{\mathbf{x}} \|\mathbf{y}_i - \mathbf{A}_{(k-1)}\mathbf{x}\|_2^2 \quad \text{subject to} \quad \|\mathbf{x}\|_0 \le k_0$$

  そして，$1 \le i \le M$ についてスパース表現ベクトル $\hat{\mathbf{x}}_i$ を得る．これらを用いて行列 $\mathbf{X}_{(k)}$ を構築する．

- K-SVD 辞書更新：以下の手順により，辞書の列を更新し，$\mathbf{A}_{(k)}$ を得る．$j_0 = 1, 2, \ldots, m$ について反復する．
  - アトム $\mathbf{a}_{j_0}$ を用いる事例集合を定義する．

$$\Omega_{j_0} = \{i \,|\, 1 \le i \le M,\ \mathbf{X}_{(k)}[j_0, i] \ne 0\}$$

  - 残差行列を計算する．

$$\mathbf{E}_{j_0} = \mathbf{Y} - \sum_{j \ne j_0} \mathbf{a}_j \mathbf{x}_j^{\mathrm{T}}$$

    ここで $\mathbf{x}_j^{\mathrm{T}}$ は行列 $\mathbf{X}_{(k)}$ の j 番目の行を表す．
  - $\mathbf{E}_{j_0}$ から Ω_{j_0} に対応する列だけを取り出し，$\mathbf{E}_{j_0}^R$ とする．
  - SVD を適用し，$\mathbf{E}_{j_0}^R = \mathbf{U}\mathbf{\Delta}\mathbf{V}^{\mathrm{T}}$ とする．そして，辞書のアトムを $\mathbf{a}_{j_0} = \mathbf{u}_1$，その表現ベクトルを $\mathbf{x}_{j_0}^R = \mathbf{\Delta}[1,1]\mathbf{v}_1$ として更新する．

- 停止条件：もし $\|\mathbf{Y} - \mathbf{A}_{(k)}\mathbf{X}_{(k)}\|_F^2$ の変化が十分に小さければ終了し，そうでなければ反復する．

出力： 結果 $\mathbf{A}_{(k)}$ を得る．

図 12.3 K-SVD 辞書学習アルゴリズム．

辞書を更新するためには，この二つの更新を何回か繰り返せばよい．

興味深いことに，上記の処理で $k_0 = 1$ の場合，表現ベクトル中の係数が 2 値（0 か 1）であるとすると，これは単純なクラスタリング問題に帰着する．さらに，その場合，上記の二つの訓練アルゴリズムはよく知られた K 平均アルゴリズムになる．ただし，K 平均アルゴリズムが K 個の異なる部分集合の平均を計算するのに対して，K-SVD アルゴリズムは K 個の異なる部分行列に SVD を適用する．そのため，K-SVD という名前がついている（K は $\mathbf{A}$ の列の数）．

辞書学習問題がクラスタリングの一般化であるという事実から，ここで扱う学習問題について，いくつかのことが明らかになる．

- MOD と K-SVD が式 (12.2) のペナルティ関数の大域的最適解を与えることは保証できない．これは，クラスタリング問題や，それを解く K 平均アルゴリズムと同様である．実際，これらのアルゴリズムは鞍点定常解に陥る可能性があり，局所解が得られることも保証されない．
- ここでも収束は問題である．追跡アルゴリズムをスパース符号化に適用すると準最適解を得るかもしれないが，反復回数に対してペナルティ関数の値が単調非増加になる保証はない．しかし，追跡アルゴリズムの後に，誤差を減少させた事例だけを用いるようにアルゴリズムを修正すれば，全体的な減少が保証できる．
- K 平均と K-SVD（と MOD）が類似しているため，K 平均アルゴリズムを高速化する手法を数多く試すことができる．そのような手法には，学習中にアトムの数を徐々に変更する方法，各事例に用いるアトムの数を変更する方法，事例を多重スケールピラミッドで扱う多重スケールアプローチ，訓練データをまず低次元で扱う方法などがある．これらの手法については，ここでは議論しない．

図 12.4 に，前項で述べた合成データに対する K-SVD の実験結果を示す．どちらのアルゴリズムに対しても，辞書の更新の後に，ある修正を行うステップを付け加えている．その修正とは，辞書中のあるアトムがほとんど利用されていないなら，もしくは辞書中の他のアトムと非常に似ているなら，そのアトムを最も表現誤差の大きい事例と取り替える，というものである．

図からわかるように，この実験では MOD よりも K-SVD のほうがやや良い

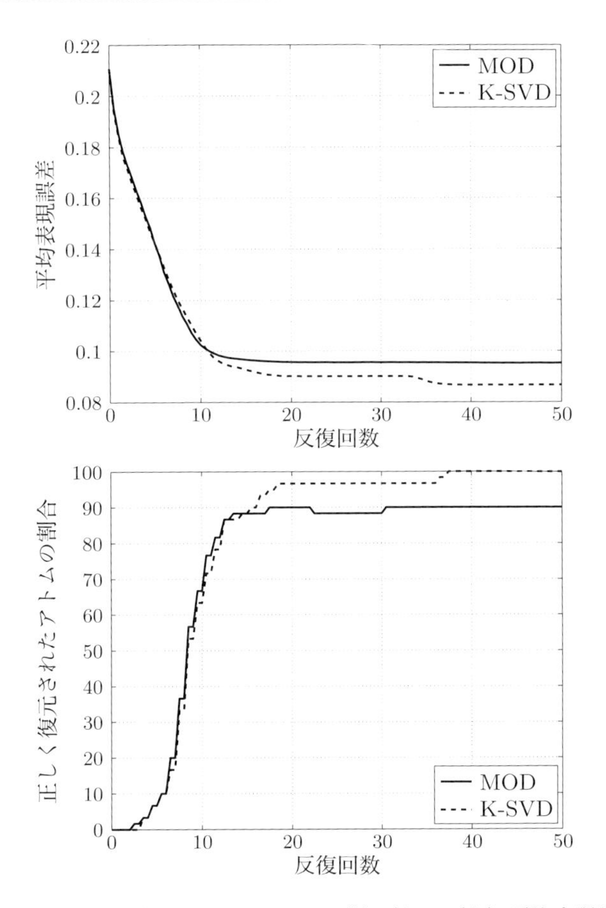

図 12.4 合成データ実験における K-SVD の振る舞い．（上）平均表現誤差．（下）正しく復元されたアトムの割合（% で表示）．

結果を出しており，最終的な結果も良好で（平均表現誤差 0.09 で辞書中のアトムを 100% 復元している），また収束も速い．一般的には，二つのアルゴリズムは類似した振る舞いや性能を示すが，K-SVD のほうが少しだけ優れている．

次に，実データに対する簡単な実験結果を示す．図 12.5 に示す画像 “Barbara” から 8×8 画素の画像パッチを切り出し，それらをスパースに表現する辞書を学習する．この画像のサイズは 512×512 画素であり，重複を許すと合計 $(512-7)^2 = 255{,}025$ 個のパッチが得られる．これらのパッチの 1/10 を（一様

図 12.5　辞書学習を評価する原画像 “Barbara”.

に分布するように）取り出し，MOD と K-SVD を 50 回の反復で学習した．どちらの場合も，各パッチは $k_0 = 4$ 個の非ゼロ要素からなるとした．

どちらのアルゴリズムも，64×64 の 2 次元分離可能 DCT 辞書を用いて初期化した．この辞書の構築のために，まず 8×11 の 1 次元 DCT 行列 $\mathbf{A}_{1\mathrm{D}}$ を作成した．この k 番目のアトム（$k = 1, 2, \ldots, 11$）は，$\mathbf{a}_k^{1\mathrm{D}} = \cos((i-1)(k-1)\pi/11)$ $(i = 1, 2, \ldots, 8)$ である．そして，最初のアトム以外は平均を引き去り，クロネッカー積 $\mathbf{A}_{2\mathrm{D}} = \mathbf{A}_{1\mathrm{D}} \otimes \mathbf{A}_{1\mathrm{D}}$ を用いて辞書を作成した．このように作成したので，2 次元画像パッチに適用する場合には，この行列は分離可能（separable）である．

図 12.6 に，二つのアルゴリズムの訓練集合に対する平均誤差を示す．DCT は画像パッチをスパースに表現するには十分良い辞書であると考えられるが，どちらのアルゴリズムも初期値から大きく誤差を減らしている．この実験では MOD と K-SVD の性能はほぼ同じであり，誤差も同程度ある．DCT 辞書と二つの手法で学習された辞書を図 12.7 に示す．

どちらの学習アルゴリズムも，学習した自然画像の性質に依存して，区分的に滑らかなアトムとテクスチャの多いアトムからなる辞書が学習されている．MOD と K-SVD の辞書が同じか非常に似ていると考えたくなるかもしれないが，前述した二つの辞書の距離を用いると，アトムの重複はおよそ 14% しかなく，他のアトムは異なったものであると考えられる（つまり，アトム同士の内積の値が 0.99 よりも小さい）．

この実験では少数の画像パッチを用いて辞書を学習したが，それではこの辞

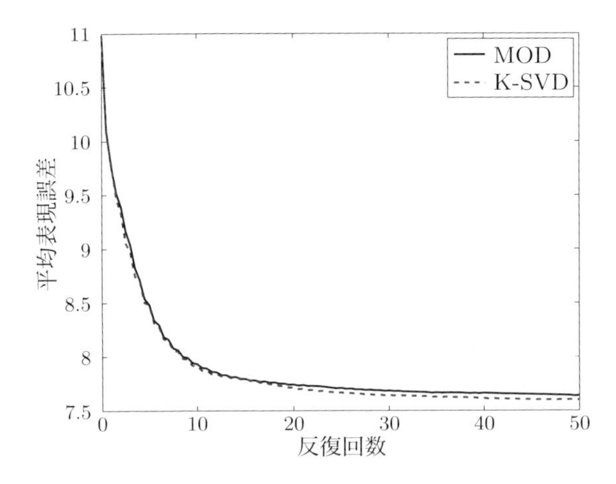

図 12.6 MOD と K-SVD の訓練集合に対する平均表現誤差．横軸は反復回数．

書は学習していない他の画像パッチもスパースに表現できるのだろうか？ すべてのパッチに対して OMP を適用した場合，DCT 辞書の平均誤差は 10.97，MOD 辞書の平均誤差は 7.82，K-SVD 辞書の平均誤差は 7.80 だった．どちらの手法で学習された辞書の誤差も，訓練集合に対する誤差（図 12.6）と同程度であり，DCT 辞書の誤差よりも非常に小さく，つまり，これは他のパッチもスパースに表現できていることを意味している．

12.3 構造化辞書の学習

これまでは，核となる辞書学習問題と，二つの手法について議論してきた．これらの手法は非常に洗練されており，良い結果を残してきているが，それでもなお，以下のような欠点がある．

- **計算量と使用メモリ量が多い**：学習された辞書 $\mathbf{A} \in \mathbb{R}^{n \times m}$ を，行列として陽にメモリに保持し，計算しなければならない．応用においては，$\mathbf{Ax}$ または $\mathbf{A}^{\mathrm{T}}\mathbf{y}$ の形の積が nm 回の計算を必要とする．それに対して，構造を持つ辞書の場合には，計算回数は非常に少なくなる．例えば，同じサイズの分離可能 2 次元辞書の必要計算回数は，$2n\sqrt{m}$ である[*3]．他の

[*3] サイズ $\sqrt{n} \times \sqrt{n}$ 画素の画像パッチに対してこの辞書との積を計算する場合には，このパッチの左から $\sqrt{m} \times \sqrt{n}$ の行列を掛け，右から $\sqrt{n} \times \sqrt{m}$ の行列を掛ける．

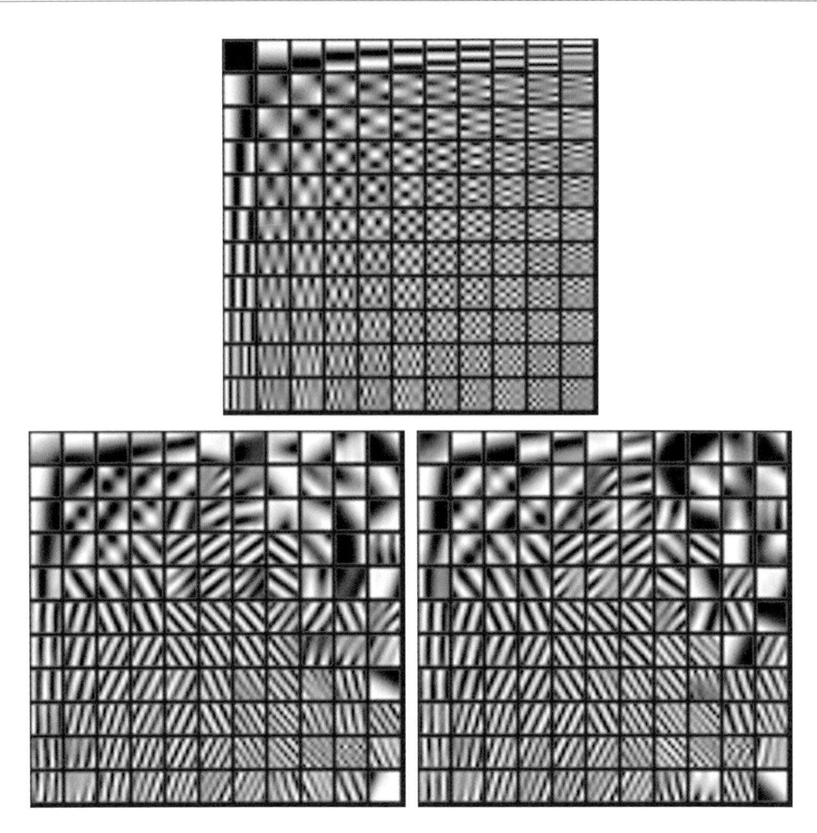

図 12.7　（上段）DCT 辞書．（下段）原画像 “Barbara” の 8×8 画素のパッチを用いて，（左）MOD で学習した辞書と，（右）K-SVD で学習した辞書．

例では，ウェーブレット辞書の場合には $\mathcal{O}(m)$ 回の計算しか必要としない．したがって，学習された辞書を行列として陽に保持して計算に用いることは，通常の変換手法に比べて非常に効率が悪い．

- **低次元の問題に限定されている**：上記の学習アルゴリズムの適用範囲は低次元の信号に限定されており，$n \leq 1{,}000$ 程度が限界である．この限界を超えようとすると，大量の訓練データが必要になる，学習処理が非常に遅くなる，求める辞書に自由度がありすぎるために過学習のおそれがある，などの問題が生じることになる．これらの問題のために，辞書学習アルゴリズムには実用上の制約が課されてしまう．例えば（後の章で示す）画像処理アルゴリズムで学習する辞書は，画像全体ではなく，小さな画像パッチにしか用いられていない．

- **単一のスケールにしか作用しない**：MOD と K-SVD で学習された辞書は，そのままのスケールでしか信号に適用できない．しかし，ウェーブレット変換における研究から，複数のスケールで別々に処理できたほうが有益であることがわかっている．この欠点は，上記で述べた信号の次元についての限界（多重スケール処理の自由度が残されていない）と，計算速度についての限界（多重スケール辞書のほうが本質的に積計算が速い）に関連している．
- **不変性がない**：応用によっては，ある特定の不変性を持つ辞書が欲しい場合がある．最も基本的な例は，平行移動（シフト）不変性，回転不変性，スケール不変性である．つまり，画像をシフトさせたり回転させたり大きさを変えたりしてから辞書を適用させたときに，原画像のスパース表現と密接に関係しているスパース表現を得たいのである．このような不変性を辞書学習に導入できれば非常に有用であるが，前述の手法はこれを考慮していない．

事前に設計された辞書は上記の性質を持っている．そのため，これらの性質を学習された辞書にも持たせることができれば有用であり，古典的な変換よりも魅力的なものを作ることができる．この意味では，前述の辞書学習手法は，古典的な変換に取って代わるための第一歩にすぎない．

この節では，上記の問題を解決する辞書学習手法についての初期の研究を紹介する．このような手法が実用的になるには，結果の精度，計算速度，簡潔さなどのすべての点において事前に構築された適応的な辞書と互角になるように，さらなる研究が必要である．

12.3.1 2重スパースモデル

本項で説明する2重スパース（double-sparsity）手法は，入力信号の次元の限界と学習した辞書の計算時間の問題を扱うものである．式 (12.2) の辞書学習問題は，次のようなものであった．

$$\min_{\mathbf{A},\{\mathbf{x}_i\}_{i=1}^{M}} \sum_{i=1}^{M} \|\mathbf{y}_i - \mathbf{A}\mathbf{x}_i\|_2^2 \quad \text{subject to} \quad \|\mathbf{x}_i\|_0 \leq k_1,\ 1 \leq i \leq M$$

すべての信号は k_1 個のアトムから生成されていることが既知である（ここではもとの記号 k_0 から k_1 に変更しているが，その理由はすぐに明らかになる）．さらに，辞書の積計算を高速化するために，$\mathbf{A} \in \mathbb{R}^{n \times m}$ の m 個のアトムはある特殊な内積構造を持っていると仮定する．

ここでは，$\mathbf{A}$ の各アトムを，事前に構築された辞書 $\mathbf{A}_0 \in \mathbb{R}^{n \times m_0}$ の k_0 個の準アトム（pre-atom）のスパース結合で記述できる，という構造を仮定する．つまり，各列に k_0 個の非ゼロ要素を持つスパース行列 $\mathbf{Z} \in \mathbb{R}^{m_0 \times m}$ を用いて，辞書は $\mathbf{A} = \mathbf{A}_0\mathbf{Z}$ と表せると仮定することになる．この構造は，画像パッチの典型的な辞書は区分的に滑らかなものか，周期的なものか，テクスチャを含むものである，という観察に基づいている．この方法の鍵は，$\mathbf{A}_0$ をどのように選ぶかである．上記の仮定はほぼ成り立っていなければならない．しかし，$\mathbf{A}$ やその転置を計算に利用するので，高速な積計算アルゴリズムが存在する行列構造となっている必要もある．

式 (12.2) の辞書学習問題にこの構造を入れると，次のような問題になる．

$$\min_{\{\mathbf{x}_i\}_{i=1}^{M}, \{\mathbf{z}_j\}_{j=1}^{m}} \sum_{i=1}^{M} \|\mathbf{y}_i - \mathbf{A}_0\mathbf{Z}\mathbf{x}_i\|_2^2$$
$$\text{subject to} \quad \left\{ \begin{array}{l} \|\mathbf{z}_j\|_0 \le k_0,\ 1 \le j \le m \\ \|\mathbf{x}_i\|_0 \le k_1,\ 1 \le i \le M \end{array} \right\} \tag{12.6}$$

この問題は，前述のアルゴリズムを用いて最小化することができる．つまり，スパース符号化による $\{\mathbf{x}_i\}_{i=1}^{M}$ の更新と，効率的な辞書学習のための $\{\mathbf{z}_j\}_{j=1}^{m}$ の更新を反復すればよい．

$\mathbf{Z}$ を固定してスパース表現ベクトル $\mathbf{x}_i$ に関して最小化するには，これまでと同様に，OMP を用いたスパース符号化ステップを行う．このステップの計算量は，ベクトルと $\mathbf{A}$（またはその転置）との積計算は $\mathcal{O}(nm)$ よりもかなり少なくなると期待できるので，通常の MOD や K-SVD におけるスパース符号化ステップよりも少ない．例えば，ユニタリ分離可能 2 次元 DCT をサイズ $\sqrt{n} \times \sqrt{n}$ の画像パッチに適用する場合には，$\mathcal{O}(n \log n)$ の計算量が必要である．冗長な分離可能 2 次元 DCT には $n \log n$ で計算する高速アルゴリズムはないが，分離可能であるため，通常の計算量 $\mathcal{O}(n^2)$ に比べて $\mathcal{O}(n^{1.5})$ で済む．

$\mathbf{X} = \{\mathbf{x}_i\}_{i=1}^{M}$ を固定して $\{\mathbf{z}_j\}_{j=1}^{m}$ を更新するステップは計算量が多いよう

に思えるが，実際にはよく似たスパース符号化ステップになる．一度に一つの列 $\mathbf{z}_j$ を考えれば，辞書の中の一つのアトム $\mathbf{A}_0\mathbf{z}_j$ を更新するという意味で，K-SVD アルゴリズムを模倣できる．K-SVD と同様に，これ以降は j 番目のアトムを用いて生成された事例だけを考えることにする．そして，式 $\mathbf{Y}-\mathbf{A}_0\mathbf{Z}\mathbf{X}$ は，M 個すべての列ではなく，対応する列だけを保持している部分行列とする．ここで，$\mathbf{X}$ の j 番目の行（列ではない）を $\tilde{\mathbf{x}}_j^{\mathrm{T}}$ とする．すると，式 $\mathbf{Z}\mathbf{X}$ は，$\mathbf{z}_j\tilde{\mathbf{x}}_j^{\mathrm{T}}$ の形をした m_0 個の直積（outer product）の和で書くことができる．そのため，式 (12.6) の ℓ_2 ノルムは次のようになる（なお，ここでの i についての総和は，j 番目のアトムを用いる事例についてのみ考慮している）．

$$\sum_i \|\mathbf{y}_i - \mathbf{A}_0\mathbf{Z}\mathbf{x}_i\|_2^2 = \left\|\mathbf{Y} - \mathbf{A}_0\sum_{j=1}^{m}\mathbf{z}_j\tilde{\mathbf{x}}_j^{\mathrm{T}}\right\|_F^2 \tag{12.7}$$

したがって，$\mathbf{z}_j$ についての式 (12.6) の最小化問題は，次の最適化問題となる．

$$\min_{\mathbf{z}_j}\|\mathbf{E}_j - \mathbf{A}_0\mathbf{z}_j\tilde{\mathbf{x}}_j^{\mathrm{T}}\|_F^2 \quad \text{subject to} \quad \|\mathbf{z}_j\|_0 \le k_0 \tag{12.8}$$

ここで，$\mathbf{E}_j = \mathbf{Y} - \mathbf{A}_0\sum_{k=1,k\neq j}^{m}\mathbf{z}_k\tilde{\mathbf{x}}_k^{\mathrm{T}}$ である．なお，列 $\tilde{\mathbf{x}}_j^{\mathrm{T}}$ は j 番目のアトムのすべての係数を含んでいる．また，ここではこのアトムを用いる事例の誤差だけに限定しているので，このベクトルは密になる．

こうして得られた最適化問題では，$\tilde{\mathbf{x}}_j^{\mathrm{T}}$ と $\mathbf{z}_j$ を交互に最小化することになる．この問題の $\tilde{\mathbf{x}}_j^{\mathrm{T}}$ についての最小化は，次の単純な最小 2 乗ステップとなる．

$$\mathbf{z}_j^{\mathrm{T}}\mathbf{A}_0^{\mathrm{T}}(\mathbf{E}_j - \mathbf{A}_0\mathbf{z}_j\tilde{\mathbf{x}}_j^{\mathrm{T}}) = 0 \quad \Rightarrow \quad \tilde{\mathbf{x}}_j^{\mathrm{T}} = \frac{1}{\mathbf{z}_j^{\mathrm{T}}\mathbf{A}_0^{\mathrm{T}}\mathbf{A}_0\mathbf{z}_j}\mathbf{z}_j^{\mathrm{T}}\mathbf{A}_0^{\mathrm{T}}\mathbf{E}_j \tag{12.9}$$

この分母は j 番目のアトムのノルムであり，$\mathbf{z}_j$ を適切に正規化しておくことで，このノルムは正規化されていると仮定できる．

スパースベクトル $\mathbf{z}_j$ についての最小化は，次の問題と等価であることが示せる[*4]．

$$\min_{\mathbf{z}_j}\|\mathbf{E}_j\tilde{\mathbf{x}}_j - \mathbf{A}_0\mathbf{z}_j\|_2^2 \quad \text{subject to} \quad \|\mathbf{z}_j\|_0 \le k_0 \tag{12.10}$$

[*4] 次のように簡単に示すことができる．$\|\mathbf{E}_j - \mathbf{A}_0\mathbf{z}_j\tilde{\mathbf{x}}_j^{\mathrm{T}}\|_F^2 = \|\mathbf{E}_j\tilde{\mathbf{x}}_j - \mathbf{A}_0\mathbf{z}_j\|_2^2 + f(\mathbf{E}_j, \tilde{\mathbf{x}}_j)$.

そして，これは OMP で解くことができる古典的なスパース符号化の問題である．前述のように，これを何回か反復すれば，アトム $\mathbf{z}_j$ と，このアトムを用いる表現係数ベクトル $\tilde{\mathbf{x}}_j$ を更新することができる．

高速化の目的以外にも，辞書に構造を導入することは，次の 2 点において有用である．(i) 辞書の自由度が小さくなるため，少ない事例数でも学習には十分であり，学習アルゴリズムの収束が速くなる．(ii) 高次元の信号も扱えるようになる．Rubinstein らの研究では，このアプローチの他の有用性が議論されている．

12.3.2　ユニタリ基底の連結

学習される辞書に構造を導入する他のアプローチは，ユニタリ行列を連結した行列に辞書を制約するものである．この構造は，学習された辞書がタイトフレームであることを保証する．つまり，転置と擬似逆行列が同じになる．ここでは，このアプローチについて詳細に議論する．

式 (12.2) に戻ると，辞書学習問題は次のようなものであった．

$$\min_{\mathbf{A},\{\mathbf{x}_i\}_{i=1}^M} \sum_{i=1}^{M} \|\mathbf{y}_i - \mathbf{A}\mathbf{x}_i\|_2^2 \quad \text{subject to} \quad \|\mathbf{x}_i\|_0 \le k_1,\ 1 \le i \le M$$

Lesage らが提案したように，ここでは，$\mathbf{A}$ はユニタリ行列を連結したものであるとする．この構造の一つの利点は，第 6 章で述べたブロック座標緩和（BCR）アルゴリズムをスパース符号化ステップのために利用できることである．このアルゴリズムは，ユニタリ行列との積計算と単純な縮小ステップからなり，非常に効率的である．この構造の他の利点は，（以下に示すように）学習が容易であることと，フレーム $\mathbf{A}$ がタイトであることである．ここで，簡単化のために，辞書は二つのユニタリ行列が連結されたものであると仮定する．つまり，$\mathbf{A} = [\boldsymbol{\Psi}, \boldsymbol{\Phi}] \in \mathbb{R}^{n \times 2n}$ とする．

辞書更新ステップに注目し，スパース表現ベクトルは固定されているとすれば，次の問題を解くことになる．

$$\min_{\boldsymbol{\Psi},\boldsymbol{\Phi}} \|\boldsymbol{\Psi}\mathbf{X}_\Psi + \boldsymbol{\Phi}\mathbf{X}_\Phi - \mathbf{Y}\|_F^2 \quad \text{subject to} \quad \boldsymbol{\Psi}^{\mathrm{T}}\boldsymbol{\Psi} = \boldsymbol{\Phi}^{\mathrm{T}}\boldsymbol{\Phi} = \mathbf{I} \tag{12.11}$$

ここで，$\mathbf{A}\mathbf{X} = \boldsymbol{\Psi}\mathbf{X}_\Psi + \boldsymbol{\Phi}\mathbf{X}_\Phi$ という分解を用いた．$\boldsymbol{\Psi}$ を固定して $\boldsymbol{\Phi}$ について上式を最適化する問題は，よく知られた直交プロクラステス問題である．以下

に示すように，その解は閉形式で得られる．したがって，$\mathbf{\Phi}$ と $\mathbf{\Psi}$ についての更新を何回か反復すれば，辞書更新ステップを実行したことになる．

プロクラステス問題は $\|\mathbf{A}-\mathbf{QB}\|_F^2$ という形式の最小 2 乗問題である．ここで，$\mathbf{A}, \mathbf{B}$ は次元が同じ任意の行列である．未知数 $\mathbf{Q}$ は直交行列で，2 乗誤差が最小になるように $\mathbf{B}$ の列を $\mathbf{A}$ の列へと回転する．式を変形すると，次のようになる．

$$\|\mathbf{A}-\mathbf{QB}\|_F^2 = \mathrm{tr}(\mathbf{A}^{\mathrm{T}}\mathbf{A}) + \mathrm{tr}(\mathbf{B}^{\mathrm{T}}\mathbf{B}) - 2\mathrm{tr}(\mathbf{QBA}^{\mathrm{T}}) \tag{12.12}$$

したがって，上記の最小化問題は $\mathrm{tr}(\mathbf{QBA}^{\mathrm{T}})$ の最大化問題と等価である．行列 $\mathbf{BA}^{\mathrm{T}}$ の SVD を $\mathbf{BA}^{\mathrm{T}} = \mathbf{U\Sigma V}^{\mathrm{T}}$ とすると，上記の目的関数は次のように書ける．

$$\mathrm{tr}(\mathbf{QBA}^{\mathrm{T}}) = \mathrm{tr}(\mathbf{QU\Sigma V}^{\mathrm{T}}) = \mathrm{tr}(\mathbf{V}^{\mathrm{T}}\mathbf{QU\Sigma}) = \mathrm{tr}(\mathbf{Z\Sigma}) \tag{12.13}$$

ここで，（任意の正方行列について）$\mathrm{tr}(\mathbf{AB}) = \mathrm{tr}(\mathbf{BA})$ を用いた．また，$\mathbf{Z} = \mathbf{V}^{\mathrm{T}}\mathbf{QU}$ であり，これもまたユニタリ行列である．$\mathbf{\Sigma}$ は対角要素に特異値 $\{\sigma_i\}_{i=1}^n$ を持つ対角行列である．したがって，次のように書ける．

$$\mathrm{tr}(\mathbf{Z\Sigma}) = \sum_{i=1}^{n} \sigma_i z_{ii} \le \sum_{i=1} \sigma_i \tag{12.14}$$

最後の不等式には，ユニタリ行列の要素の範囲が $[-1, 1]$ であることを用いた．この上界を得るには，$\mathbf{Z} = \mathbf{I}$ とすればよい．したがって $\mathbf{Q} = \mathbf{VU}^{\mathrm{T}}$ となり，解が閉形式で得られた．

12.3.3　シグニチャ辞書

平行移動不変性を持つ興味深い構造は，Aharon らが提案した ISD（image signature dictionary; 画像シグニチャ辞書）である．記法の混乱を避けるため，ここではこの手法を単純な 1 次元の場合で説明する．

辞書は，これまで本章で考えてきたものと同様に，$\mathbf{A} \in \mathbb{R}^{n \times m}$ である．ただし，この辞書は単一の信号 $\mathbf{a}_0 \in \mathbb{R}^{m \times 1}$ から作成されており，長さ n の（循環シフトを含む）すべての可能な（信号）パッチを取り出したものである．この $\mathbf{a}_0$ をシグニチャ信号（signature signal）と呼び，これが実質的に辞書を定義している．この辞書には nm 個の要素があるが，辞書の内容を決める自由パラメータは m 個だけである．

ここで，$\mathbf{R}_k$ を，$\mathbf{a}_0$ の位置 k から長さ n のパッチを取り出す作用素とする．つまり，$\mathbf{A}$ の k 番目のアトムは $\mathbf{a}_k = \mathbf{R}_k\mathbf{a}_0$ である．この辞書のアトムの線形結合で信号 $\mathbf{y}$ を表現すると，次のようになる．

$$\mathbf{y} = \sum_{k=1}^{m} x_k \mathbf{a}_k = \sum_{k=1}^{m} x_k \mathbf{R}_k \mathbf{a}_0 \tag{12.15}$$

この構造を用いて，以下の辞書学習問題を考える．

$$\min_{\mathbf{A}, \{\mathbf{x}_i\}_{i=1}^{M}} \sum_{i=1}^{M} \|\mathbf{y}_i - \mathbf{A}\mathbf{x}_i\|_2^2 \quad \text{subject to} \quad \|\mathbf{x}_i\|_0 \le k_0,\ 1 \le i \le M \tag{12.16}$$

$\mathbf{x}_i$ を更新するスパース符号化ステップは $\mathbf{A}$ の構造には依存しないため，これまでと同様にブロック座標降下アルゴリズムを用いることができる．実際には，$\mathbf{A}$ の構造のために，高速フーリエ変換が利用できる．つまり，計算量の多い内積計算を，高速な畳み込み演算で置き換えることができる．

辞書更新ステップは $\mathbf{A}$ の内部構造を考慮するため，異なるものになる．式 (12.15) を式 (12.16) の $\mathbf{A}\mathbf{x}_i$ に代入すると，次のようになる．

$$\sum_{i=1}^{M} \|\mathbf{y}_i - \mathbf{A}\mathbf{x}_i\|_2^2 = \sum_{i=1}^{M} \left\| \mathbf{y}_i - \sum_{k=1}^{m} x_i[k] \mathbf{R}_k \mathbf{a}_0 \right\|_2^2 \tag{12.17}$$

したがって，上記の ℓ_2 ノルムの式を $\mathbf{a}_0$ について最適化すれば，辞書の更新ステップが得られる．すると，次の式が得られる．

$$0 = \sum_{i=1}^{M} \left(\sum_{k=1}^{m} x_i[k] \mathbf{R}_k \right)^{\mathrm{T}} \left(\mathbf{y}_i - \sum_{k=1}^{m} x_i[k] \mathbf{R}_k \mathbf{a}_0 \right) \tag{12.18}$$

したがって，解は次のように得られる．

$$\mathbf{a}_0^{\mathrm{opt}} = \left(\sum_{k=1}^{m} \sum_{j=1}^{m} \left[\sum_{i=1}^{m} x_i[k] x_i[j] \right] \mathbf{R}_k^{\mathrm{T}} \mathbf{R}_j \right)^{-1} \sum_{i=1}^{M} \sum_{k=1}^{m} x_i[k] \mathbf{R}_k^{\mathrm{T}} \mathbf{y}_i \tag{12.19}$$

なお，上式の項 $\rho(k,j) = \sum_{i=1}^{m} x_i[k] x_i[j]$ は，表現ベクトルの要素同士の相互相関を表している．ここで，$\mathbf{v} = \mathbf{R}_k^{\mathrm{T}}\mathbf{u}$ は，まずゼロベクトル $\mathbf{v}$ を生成して，そ

の中の位置 k に $\mathbf{u}$ を置く処理に相当する．ここでは，この式を用いることで $\mathbf{a}_0$ を容易に更新できると述べるだけに留め，この式をこれ以上詳しく説明しない．詳細は，2 次元画像にこの構造を適用している Elad and Aharon (2006) を参照してほしい．この構造の利点を以下に示す．

- 自由度が nm よりも非常に小さいため，訓練データが少なくて済み，学習アルゴリズムの収束が速くなる．
- 学習アルゴリズムのためのペナルティ関数の振る舞いが良いため，局所解に陥りにくくなる．
- 辞書が単一の信号（もしくは画像）の単純なシフトで生成されているため，二つの信号を扱うときには効率的になる．つまり，一つ目の信号に対してスパース符号化を行い，二つ目の信号を近似するためには，一つ目で得られたアトムを単純にシフトすればよい．このアイデアは Elad and Aharon (2006) で用いられており，画像パッチのスパース符号化の計算量を減らすことに成功している．
- この構造は，可変サイズのアトムにも容易に適用できる．

このほかにもさまざまな利点があるため，ISD は有望なコンセプトであり，さらなる研究が望まれている．

12.4 まとめ

適切な辞書を用いれば，スパースランドモデルはさまざまな応用において良い性能を発揮する．辞書学習は望ましいモデルを得るための有望な方向性だろう．本章では，これまでに研究されているいくつかのアルゴリズムとアイデアを紹介した．しかし，このアプローチを実際に有用で，安定で，信頼あるものにするには，まだ多くの研究が必要である．

辞書学習問題については，スパースランドモデルを拡張するという別の方法も研究する必要がある．考えるべき拡張には，アトム同士の依存，アトムの非一様な選択確率，非線形性の導入などがある．これらの拡張では，適切に辞書学習アルゴリズムを修正しなければならない．

本章の最後に，本当に有用な辞書が持つべき性質は数多く挙げられるが，多重スケール構造が最も重要であることを指摘したい．そのような構造の学習にはさまざまな困難があるため，まだ完全には構築されていない．もしそのような構造を適切に導入することができれば，ウェーブレット変換や〇〇〇レット変換などの多くの研究に対して新しい扉を開くことになるかもしれない．そして，この二つの研究分野（辞書学習と多重スケールフレーム設計）が一つに融合されることになるだろう．

参考文献

1. M. Aharon, M. Elad, and A. M. Bruckstein, K-SVD and its non-negative variant for dictionary design, Proceedings of the SPIE conference wavelets, Vol. 5914, July 2005.
2. M. Aharon, M. Elad, and A. M. Bruckstein, On the uniqueness of overcomplete dictionaries, and a practical way to retrieve them, *Journal of Linear Algebra and Applications*, 416(1):48–67, July 2006.
3. M. Aharon, M. Elad, and A. M. Bruckstein. K-SVD: An algorithm for designing of overcomplete dictionaries for sparse representation, *IEEE Trans. on Signal Processing*, 54(11):4311–4322, November 2006.
4. E. J. Candès and D. L. Donoho, Recovering edges in ill-posed inverse problems: optimality of curvelet frames, *Annals of Statistics*, 30(3):784–842, 2000.
5. E. J. Candès and D. L. Donoho, New tight frames of curvelets and optimal representations of objects with piecewise-C^2 singularities, *Comm. Pure Appl. Math.*, 57:219–266, 2002.
6. A. Cichocki, R. Zdunek, A. H. Phan, and S. I. Amari, *Nonnegative Matrix and Tensor Factorizations Applications to Exploratory Multi-way Data Analysis and Blind Source Separation*, Wiley, Tokyo, Japan, 2009.
7. V. Chandrasekaran, M. Wakin, D. Baron, R. Baraniuk, Surflets: a sparse representation for multidimensional functions containing smooth discontinuities, IEEE Symposium on Information Theory, Chicago, IL, 2004.
8. R. R. Coifman and M. V. Wickerhauser, Adapted waveform analysis as a tool for modeling, feature extraction, and denoising, *Optical Engineering*, 33(7):2170–2174, July 1994.
9. M. N. Do and M. Vetterli, Rotation invariant texture characterization and retrieval using steerable wavelet-domain hidden Markov models, *IEEE Trans. On Multimedia*, 4(4):517–527, December 2002.
10. M. N. Do and M. Vetterli, The finite ridgelet transform for image representation, *IEEE Trans. On Image Processing*, 12(1):16–28, 2003.
11. M. N. Do and M. Vetterli, Framing pyramids, *IEEE Trans. On Signal Processing*, 51(9):2329–2342, 2003.

12. M. N. Do and M. Vetterli, The contourlet transform: an efficient directional multiresolution image representation, *IEEE Trans. Image on Image Processing*, 14(12):2091–2106, 2005.
13. D. L. Donoho and V. Stodden, When does non-negative matrix factorization give a correct decomposition into parts? *Advances in Neural Information Processing* 16 (Proc. NIPS 2003), MIT Press, 2004.
14. M. Elad and M. Aharon, Image denoising via learned dictionaries and sparse representation, *International Conference on Computer Vision and pattern Recognition*, New-York, 17–22, June 2006.
15. M. Elad and M. Aharon, Image denoising via sparse and redundant representations over learned dictionaries, *IEEE Trans. on Image Processing*, 15(12):3736–3745, December 2006.
16. K. Engan, S. O. Aase, and J. H. Husoy, Multi-frame compression: Theory and design, *EURASIP Signal Processing*, 80(10):2121–2140, 2000.
17. R. Eslami and H. Radha, The contourlet transform for image de-noising using cycle spinning, in Proceedings of Asilomar Conference on Signals, Systems, and Computers, pp. 1982–1986, November 2003.
18. R. Eslami and H. Radha, Translation-invariant contourlet transform and its application to image denoising, *IEEE Trans. on Image Processing*, 15(11):3362–3374, November 2006.
19. A. Gersho and R. M. Gray, *Vector Quantization And Signal Compression*, Kluwer Academic Publishers, Dordrecht, Netherlands, 1992.
20. G. H. Golub and C. F. Van Loan, *Matrix Computations*, Johns Hopkins Studies in Mathematical Sciences, Third edition, 1996.
21. P. O. Hoyer, Non-negative matrix factorization with sparseness constraints, *Journal of Machine Learning Research*, 5:1457–1469, 2004.
22. K. Kreutz-Delgado, J. F. Murray, B. D. Rao, K. Engan, T-W, Lee, and T. J. Sejnowski, Dictionary learning algorithms for sparse representation, *Neural Computation*, 15(2) 349–396, 2003.
23. D. Lee and H. Seung, Learning the parts of objects by non-negative matrix factorization, *Nature*, 401:788–791, 1999.
24. S. Lesage, R. Gribonval, F. Bimbot, and L. Benaroya, Learning unions of orthonormal bases with thresholded singular value decomposition, ICASSP 2005 (IEEE Conf. on Acoustics, Speech and Signal Proc.).
25. M. S. Lewicki and B. A. Olshausen, A probabilistic framework for the adaptation and comparison of image codes, *Journal of the Optical Society of America A: Optics, Image Science and Vision*, 16(7):1587–1601, 1999.
26. M. S. Lewicki and T. J. Sejnowski, Learning overcomplete representations, *Neural Computation*, 12:337–365, 2000.

27. Y. Li, A. Cichocki, and S. -i. Amari, Analysis of sparse representation and blind source separation, *Neural Computation*, 16(6):1193–1234, 2004.
28. F. G. Meyer, A. Averbuch, and J. O. Stromberg, Fast adaptive wavelet packet image compression, *IEEE Trans. on Image Processing*, 9(5):792–800, 2000.
29. F. G. Meyer and R. R. Coifman, Brushlets: a tool for directional image analysis and image compression, *Applied and Computational Harmonic Analysis*, 4:147–187, 1997.
30. B. A. Olshausen and D. J. Field, Natural image statistics and efficient coding, *Network – Computation in Neural Systems*, 7(2):333–339, 1996.
31. B. A. Olshausen and B. J. Field, Emergence of simple-cell receptive field properties by learning a sparse code for natural images, *Nature*, 381(6583):607–609, 1996.
32. B. A. Olshausen and B. J. Field, Sparse coding with an overcomplete basis set: A strategy employed by V1? *Vision Research*, 37(23):3311–3325, 1997.
33. E. P. Simoncelli, W. T. Freeman, E. H. Adelson, and D. J. Heeger, Shiftable multiscale transforms, *IEEE Trans. on Information Theory*, 38(2):587–607, 1992.
34. J. -L. Starck, E. J. Candès, and D. L. Donoho, The curvelet transform for image denoising, *IEEE Trans. on Image Processing*, 11:670–684, 2002.

第13章

顔画像の圧縮

これまで議論してきたスパース表現も辞書学習も，コンセプトを説明したにすぎない．これまで示した理論的な結果は，スパースモデリングは都合の良い条件においては数学的に裏付けられた理論であり，実用的な数値計算アルゴリズムが存在する，ということを意味しているだけである．スパースモデリングが現実世界の問題を扱えるのかどうかを確認するには，実際に適用してどのように振る舞うのかを見るしかない！ 本書ではすでに画像のボケ除去にスパース表現モデルを用いており，その結果は有望なものであった．本章と次章では，いくつかの画像処理タスクにスパース表現を適用した結果を示す．

本章では，顔画像圧縮の問題を議論する．本章の内容は Bryt と Elad の研究に沿ったものである．スパース表現モデルを用いた圧縮は非常に理にかなったアプローチであり，このモデルを用いた画像・映像圧縮手法が開発されてもよいはずである．しかしながら，JPEG2000（静止画）や H-264（動画）と同等の性能を持つ圧縮手法を開発することは，可能だとしても，非常に困難である．その理由は，これらの手法におけるエントロピー符号化の完成度が高いためである．そのため，符号化アルゴリズムの基本要素を変えるだけでは不十分であり，魅力的なエントロピー符号化を考案する必要がある．

このような理由から，モデル自体に差がつくような，非常に特殊な符号化タスクを議論する．顔画像を扱うためにはそのようなモデルが必要であり，それが本章のトピックである．

13.1　顔画像圧縮の背景

静止画像の圧縮は，学術的にも商業的にも非常に研究が活発で，成熟した分野である．画像の圧縮が可能である理由は，画像が空間的に非常に冗長であり，再構成された画像に多少の誤差があっても許容されるからである．この分野の研究は非常に多く，広く普及して有名な標準アルゴリズムになっているものもある．数多くの画像圧縮手法の中で最良の手法の一つである JPEG2000 標準アルゴリズムは，高い圧縮率が得られる汎用ウェーブレットに基づく画像圧縮手法である．

JPEG2000 の根幹を担うのは，ウェーブレットを用いると画像をスパースに表現できるという事実である．この意味において，JPEG2000 は，スパースランドモデルが画像に対して効果的であることの証明にもなっている．しかしながら，上述したように，慎重に設計されたエントロピー符号化が JPEG2000 の成功の一端を担っている．ここでは，エントロピー符号化が最重要とはならない圧縮タスクについて議論する．

ある特定の種類の画像を圧縮する場合，冗長性は大きくなり，したがって圧縮率は高くなる．顔画像の圧縮はそのような例の一つである．実際，顔画像に特化した圧縮アルゴリズムにおいて，その性質を利用した研究も存在する．最新の研究では，JPEG2000 よりも優れた性能を示しているものもある．

顔画像の圧縮という問題は，挑戦的な研究である．研究としては，対象とする種類の画像が持つ冗長性をどのように利用するのか，汎用圧縮アルゴリズムの性能を上回るにはどうすればよいのか，などが課題となる．しかし，エントロピー符号化に多大な努力が費やされている汎用圧縮アルゴリズムに優ることは，容易なことではない．

また，応用においても重要である．なぜなら，顔画像はおそらく最も一般的な画像であり，警察や行政，学校，公的機関などが大規模なデータベースを構築し，また大企業は従業員の顔画像データベースを保有しているからである．特に IC カードに証明写真を保存する場合，顔画像ファイルの容量を減らすことは有用である．そのような応用では，汎用圧縮アルゴリズムではまったく達成できないような非常に低いビットレートで圧縮することを考えなければならない．

本章で顔画像の圧縮という課題を扱うのは，以上の議論による．ここで対象とするのは，179×221 画素の固定サイズで，1 画素当たり 8 ビットのグレースケールの ID 写真である[*1]．ここでの目標は，汎用圧縮アルゴリズムでは顔の詳細がわからなくなる程度の非常に低いビットレートを達成することである（おおよそ 100 倍程度の圧縮率を考える）．使用するデータベースにはおよそ 4,500 枚の顔画像が含まれており，その一部をアルゴリズムの学習と調整に用い，残りを評価に用いる．

前述したように，本章で述べる圧縮アルゴリズムは，Bryt と Elad の研究によるものである．このアルゴリズムは，冗長でスパースな信号の表現とスパースな辞書の学習についての近年の研究成果に基づいており，K-SVD を用いて局所適応的に小さな画像パッチを表現する辞書を学習し，得られた辞書を用いて画像パッチをスパース符号化する．これは，どんなエントロピー符号化よりも単純なアルゴリズムであるが，(i) JPEG および JPEG2000，(ii) Goldenberg らのベクトル量子化（VQ）に基づくアルゴリズム，(iii) 主成分分析（PCA）[*2] などの他のアルゴリズムよりも良い性能を発揮する．

13.2 従来手法

静止画像圧縮アルゴリズムの研究論文は何千とあるが，顔画像に特化したものは比較的少ない．その中でも，最も新しく性能が良いアルゴリズムは，Goldenberg らのものである．彼らは多数の手法を徹底的にサーベイし，それらの類似点や相違点を議論している．ここでは，本章のスパース表現に基づく手法の基礎として，この手法の詳細を述べる．

Goldenberg らのアルゴリズムでは，他の手法と同様に，まず入力画像の位置合わせを行う．つまり，顔の主な特徴（耳，鼻，口，髪など）をデータベース中の位置合わせ済みの顔画像のものと一致させるのである．この位置合わせによってデータベース中の画像との類似度が上がるため，冗長性はもっと高くな

[*1] このデータベースの画像は，400 万画素のデジタルカメラ（Fuji FinePix A400）で撮影されたカラー画像である．背景は一様で白色とし，最高画質の設定で撮影されている．その写真をトリミングし，上述のサイズに縮小して，グレースケールに変換した．

[*2] PCA を用いる手法は，比較実験のために Bryt と Elad が提案したものである．これは一般的に良い性能を示すが，彼らが提案したスパースで冗長な表現を用いる手法よりは性能が劣る．

る．位置合わせのための画像変形（warping）では，自動で抽出された顔の13個の特徴点を，あらかじめ指定された標準位置に移動させる．その際，これらの特徴点を頂点とする三角形によって，入力画像を重複のない三角メッシュに分割し，三つの頂点の移動で定義されるアフィン変換によって三角メッシュを変形する．これら13個の特徴点の位置を追加情報として転送し，復号器において復元された画像を逆変形（reverse warp）する．図13.1（左）に特徴点と三角メッシュを示す．画像変形後，重複のない（8×8画素の）正方矩形パッチに分割し，各パッチを別々に符号化する．図13.1（右）に，正方矩形パッチに分割した例を示す（ここでは説明のために大きなパッチを用いている）．

これらの画像パッチを，ベクトル量子化（vector-quantization; VQ）を用いて符号化する．VQ辞書の学習のために，4,500枚の訓練画像から同じ位置のパッチを取り出し，各位置のパッチ集合に対して別々に階層的K平均を適用する．これによりVQは各局所領域における平均的な内容に適応するため，このアルゴリズムは高い性能を発揮することができる．VQ中の符号語（code-word）の数は，そのパッチに割り当てられたビット数の関数になる．次節で議論するように，VQは理想に近い符号化器であることの理論的な裏付けはあるものの，VQ符号化は事例の数と指定されたビットレートによって制限されてしまうため，比較的小さいパッチサイズしか扱えない．このため，隣り合うパッチとの冗長性が少なくなり，全体の圧縮性能にも影響してしまう．

前述の欠点を補うこのアルゴリズムのもう一つの特長は，多重スケール符号化である．まず，画像のサイズを縮小し，8×8サイズのパッチを用いてVQ符

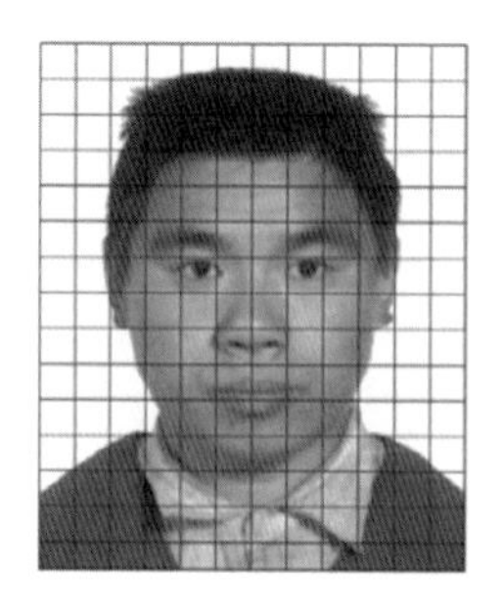

図13.1　（左）三角メッシュによる画像の区分アフィン変形．（右）符号化のための正方矩形パッチ．

号化を行う．そして，もとのサイズに補間して戻し，残差を 8×8 サイズのパッチを用いて再び VQ 符号化する．この方法は，（位置合わせ後の）もとの画像に対する複数スケールのラプラシアンピラミッドで行うことができる．

すでに述べたように，Goldenberg らの手法は，視覚的にも，またピーク信号対雑音比（peak-signal-to-noise ratio; PSNR）による定量評価*3 でも，JPEG2000 より良い性能を示す．本章では，VQ 符号化をスパース符号化に置き換えた別のアルゴリズムを紹介する．この符号化手法の原理を次節で説明する．

13.3 スパース表現に基づく符号化

以下で説明するアルゴリズムは，画像パッチのスパース表現によるモデル化と辞書学習に基づいており，第 9 章のスパースランドモデルと第 12 章の辞書学習を用いている．従来手法の VQ 符号化を拡張してスパース表現に置き換えたため，従来手法よりも良い結果を得ることができる．

13.3.1 概要

符号化器と復号器のブロック線図を図 13.2 に示す．このアルゴリズムは二つの処理からなっている．一つはオフラインの K-SVD による学習であり，もう一つはオンラインの画像圧縮・伸長である．

K-SVD による学習はオフライン処理であり，画像圧縮前にあらかじめ行う．この学習処理によって得られた K-SVD 辞書を，画像圧縮・伸長処理で利用する．事例の訓練集合を用いて，各 15×15 パッチについて一つの辞書を学習する．学習は第 12 章で説明した方法で行い，パラメータは以下に示すものを用いた．各パッチの学習の前に，訓練集合の事例の平均パッチ画像を求め，すべての事例からこの平均を引き去っておく．この処理は，訓練データベース中の顔画像の平均を計算し，すべての顔画像から平均画像を引き去ることに相当する．平均画像は，圧縮される入力画像の大まかな予測と見なせる．そして，平均画像との差を符号化し，復号した後にこの平均画像を足し込む（符号化器と復号器で同じものを保持しておく）．

符号化器における画像圧縮は以下の処理を行う．復号器では，これと対をな

---

*3 PSNR は $10 \log_{10}(255^2/\mathrm{MSE})$ で計算される．ここで，MSE は画素値の平均 2 乗誤差である．

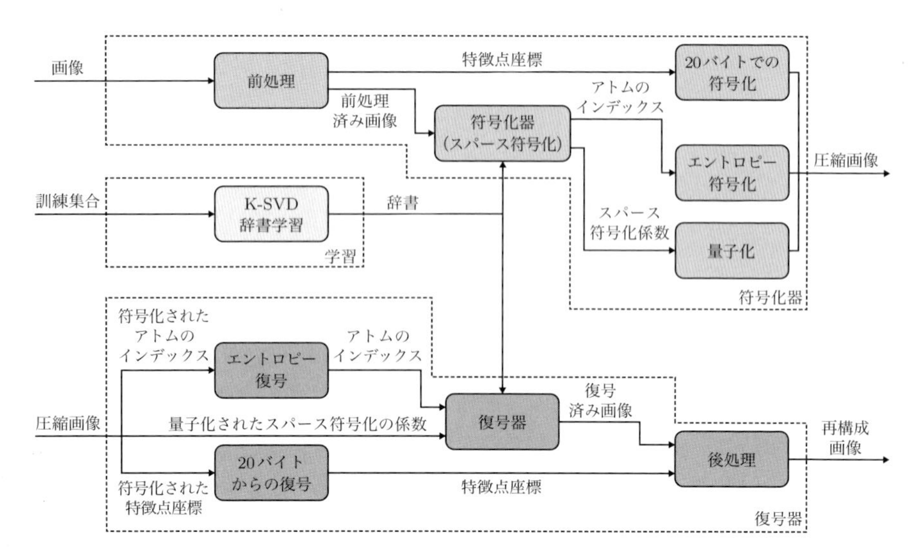

図 13.2　スパース表現に基づく符号化・復号手法のブロック線図.

す処理を行う.

- **前処理**：これは前述した幾何学的位置合わせ（変形）である．これにより，入力画像を良い状態に変形し，画像データベースとの冗長性を高くする．変形パラメータは，逆変形のために復号器に送られる．このパラメータの符号化には 20 バイトを要する．
- **矩形パッチへの分割**：VQ アルゴリズムと同様に，スパース表現に基づくアプローチも固定サイズの正方矩形パッチを別々に符号化する．しかし，符号化手法は VQ とは異なり，スパース表現に基づいた方法を用いる．このように変更することで，大きなパッチを扱えるようになり，符号化も効率的になる．ここで行うシミュレーション実験においてはパッチサイズは 15×15 画素であるが[*4]（n はパッチをベクトルにした場合の長さであり，パッチの 1 辺が $\sqrt{n} = 15$ である），もっと大きなパッチも扱うことができる．スパース表現に基づくアルゴリズムのもう一つの利点は，同じ辞書を用いて可変ビットレートを扱えることである．これ

[*4] ただし，画像サイズはパッチサイズの倍数ではないため，画像の右端と下端のパッチはサイズが異なる場合がある.

は，ビットレートごとに異なる辞書を学習しなければならないVQとはまったく異なる.

- **平均を引く**：入力パッチと辞書の内容を合わせるために，学習処理において計算した訓練データベースの平均パッチ画像を，入力画像の対応するパッチから引き去る.
- **スパース符号化**：各位置のパッチはそれぞれ，符号語（アトム）$\mathbf{A}_{ij} \in \mathbb{R}^{n \times m}$ からなる学習済みの辞書を持っている．ここで $m = 512$ とした（この値については，結果を示してから議論する）．これらの辞書は，4,400個の事例からなる訓練データベースに対してK-SVDを用いて学習したものである．符号化では，少数のアトムの線形結合でパッチの内容を記述する（スパース符号化）．したがって，パッチ内容の情報は，線形結合の重みと利用したアトムのインデックスの二つである．なお，画像の複雑さはパッチによって異なるため，アトムの数はパッチごとに異なるが，復号器はその数を知っているものとする.

  符号化器も復号器も辞書を保持している．パッチを符号化するスパース符号化には，OMPアルゴリズムを用いる．復号は単純である．適切な重みを用いて適切なアトムの線形結合でパッチを再構成するだけであり，各パッチを一つずつ，他のパッチとは独立に処理する.
- **エントロピー符号化と量子化**：ここでは，単純なハフマン符号化を，アトムのインデックスに適用する．線形結合の重みは7ビットで一様量子化し，境界は各パッチで別々に訓練データベース情報から選択する.

上記の圧縮手法は，画像位置合わせのための特徴点検出の成否に大きく依存しているが，特徴点検出の誤差は全体の圧縮性能にどの程度影響するのだろうか？ 特徴点検出が完全に失敗したら，必然的にこの圧縮手法の性能は非常に低くなる．符号化器は入力画像を圧縮しているので，圧縮後のPSNRはわかっており，さらにその特定のビットレートにおける平均PSNRも求めておくことができる．そのため，もし圧縮後のPSNRがしきい値を下回れば，検出に失敗したと判定できる（もしくは，入力画像が顔画像ではないかもしれない）．この判定は自動的にでき，検出に失敗した場合にはJPEG2000を用いることにする．圧縮率はそれほど高くはないが，それでも妥当な圧縮が得られる．他の方法としては，ユーザーにその画像の特徴点を手動で選択してもらうシステムも考えられる．そうすれば，特徴点が検出できないような稀な場合でも（ここでの実験では 1% 以下），このアルゴリズムを用いたシステムが破綻することはない．

13.3.2　VQ vs. スパース表現

前述したように，VQ を用いた場合の可能なパッチサイズは，要求される圧縮率と訓練事例の数で制限されてしまう．その理由は，ビットレート（bit-per-pixel; bpp）を固定してパッチサイズを大きくすると，辞書は指数関数的に増大し，訓練事例の数をはるかに上回ってしまうためである．具体的な数値を示そう．パッチサイズを $\sqrt{n} \times \sqrt{n}$ 画素として，VQ 辞書の中には m 個の符号語があるとする．そして，画素数 P の対象画像全体を B ビットで符号化したい．この場合を表す式は以下となる．

$$B = \frac{P}{n} \log_2 m \quad \to \quad m = 2^{\frac{nB}{P}} \tag{13.1}$$

例えば，画像のサイズを 179×221 画素（$P = 39{,}559$）[*5]，その目標圧縮サイズを $B = 500 \times 8$ ビット，パッチサイズを $\sqrt{n} = 8$ とすると，$m = 88$ となり，これはまだ現実的である．しかし，パッチサイズを $\sqrt{n} = 12$ に拡大するだけで $m \approx 24{,}000$ となり，4,500 個の事例ではまったく足りない．そのため，VQ アプローチは比較的小さいパッチサイズにしか適用できず（Goldenberg らが用いたサイズは 8×8 画素），隣同士のパッチが持つ空間的な冗長性を見逃すことにもなってしまう．

しかし，スパースで冗長な辞書を用いると，この状況は劇的に変わる．パッチサイズを $\sqrt{n} \times \sqrt{n}$ 画素として，辞書中のアトムの数を m とする．スパース表現では平均して k_0 個のアトム[*6]が使われるとする（7 ビットの重み量子化を仮定する）．そして，対象となる画像の画素数を P，画像全体を B ビットで符号化する場合，以下の式となる．

$$B = \frac{P}{n} k_0 (\log_2 m + 7) \tag{13.2}$$

[*5] これは実際に実験で用いた画像サイズである．

[*6] もし k_0 がパッチごとに異なるのであれば，各パッチで何個のアトムを用いるのかという追加情報を復号器に渡す必要がある．しかし，この手法では，実際にはパッチごとに k_0 が変わっているが，それはすべての画像で固定であるので，復号器は追加情報なしに，各パッチが何個のアトムを必要とするのかを知っていると仮定できる．

これが意味するのは，VQ では各パッチに $\log_2 m$ ビット使っていたところが，平均して $k_0(\log_2 m + 7)$ ビットで済む，ということである．そのため，もし要求されるパッチごとのビット数（bit per patch）が大きくても（n が大きいと実際にそうなる），k_0 を調整して対処することができる．例えば $P = 39{,}600$ 画素の画像に対して，$m = 512$ 個のアトムを用い，目標圧縮サイズ $B = 500$〜1,000 バイト，パッチサイズが $\sqrt{n} = 8$〜30 の場合，必要なアトム数 k_0 は図 13.3 に示すとおりとなる．この図からわかるように，得られた値は妥当なものであり，k_0 を 1〜12 の範囲で変更することで，圧縮率を柔軟に制御することができる．

13.4　実験結果の詳細

Bryt と Elad による研究では，前節の圧縮手法の性能と結果画像の画質を評価するための実験を行っている．本節では統計的な実験結果を示し，この圧縮手法で再構成された画像と他の圧縮手法の結果を比較する．

Bryt と Elad は訓練集合として 4,400 枚の顔画像を用い，別の 100 枚を評価集合として用いた．訓練集合と評価集合の画像はすべて固定サイズ（179×221 画素）である．これらの画像を，重複のない 15×15 画素のパッチに一様に分割

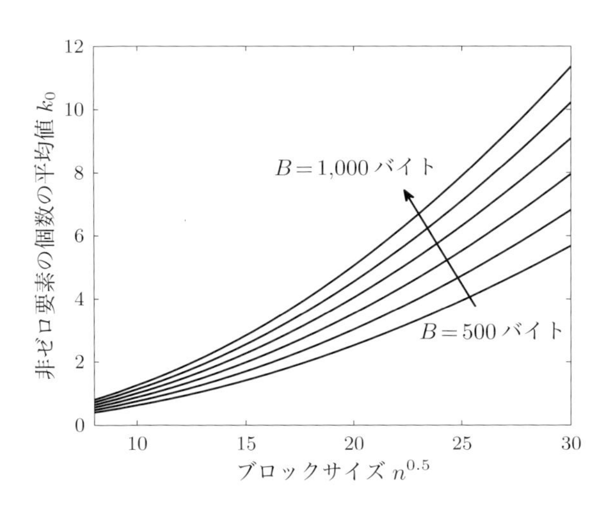

図 13.3　全体の圧縮バイト数 B を変えたときの，パッチサイズ $\sqrt{n}$ に対する必要なアトム数 k_0.

した．図 13.4 に，前処理後の訓練画像と評価用画像の例を示す．

実験結果を紹介する前に，次のことを付け加えておく．ここで示す実験結果は，ここで用いた特定のデータベースに対するものであるが，この手法の枠組みは一般的なものであり，他の顔画像データベースにも同様に適用することができる．ただし，パラメータを調整する必要はある．特にパッチサイズは重要なパラメータである．また，データベースが変われば写真中の背景の相対的な大きさも変わり，そのため性能も変わってしまう．つまり，（ここでは背景が少ない画像を使っているが）背景部分がもっと大きければ，圧縮性能はもっと向上するだろう．

13.4.1　K-SVD の辞書

ここでは，K-SVD アルゴリズムを 100 回反復し，辞書を学習する．各辞書はサイズ 15×15 画素のパッチ 512 個をアトムとして持っている．図 13.5 に，$k_0 = 4$ 個のアトムでスパース符号化したパッチ番号 80（左目部分）の辞書を示す．同様に，$k_0 = 4$ 個のアトムでスパース符号化したパッチ番号 87（右の鼻腔部分）の辞書を図 13.6 に示す．どちらの辞書も，訓練した画像パッチに似ているアトムを含んでいることがわかる．他の辞書にも同様の傾向が見られた．

13.4.2　再構成された画像

この符号化手法では，画像のどの部分が圧縮しにくいのかを知ることができる．そのためには，達成するべき再構成誤差が同じという条件のもとで，各パッチを表現するために必要な平均アトム数を調べればよい．明らかに，少ない数のアトムで表現できるパッチは単純である．滑らかな部分，例えば背景部

図 13.4　前処理後の訓練画像と評価用画像の例．

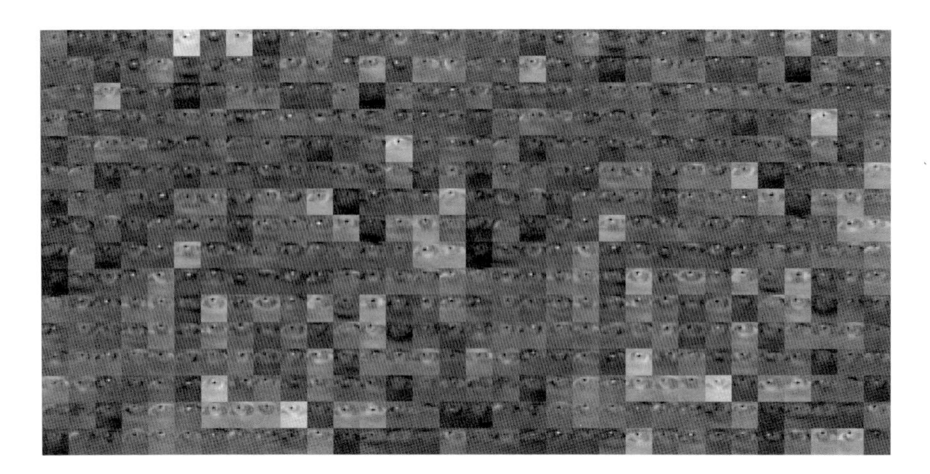

図 13.5 パッチ番号 80（左目部分）に対して $k_0 = 4$ の OMP アルゴリズムを用いて得られた K-SVD の辞書.

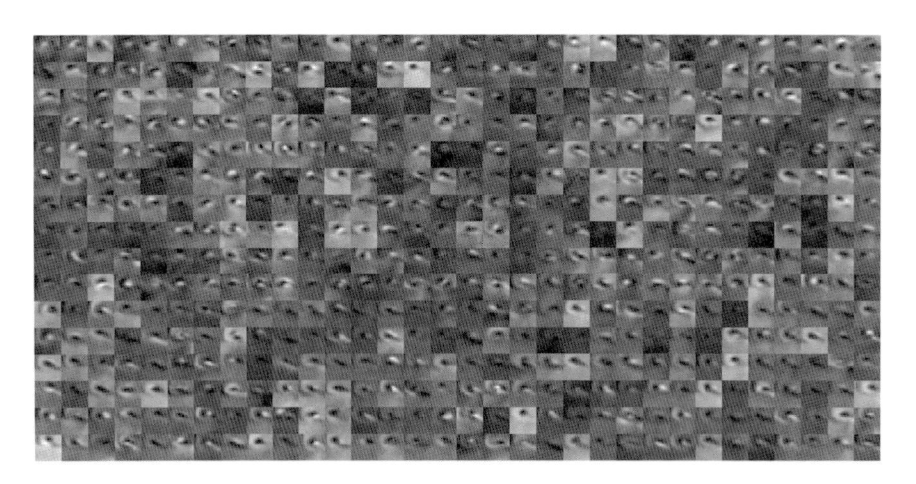

図 13.6 パッチ番号 87（右鼻腔部分）に対して $k_0 = 4$ の OMP アルゴリズムを用いて得られた K-SVD の辞書.

分や顔や服の部分は，髪や眼といった詳細構造を含む部分よりも，単純であると予測できる．図 13.7 に示すのは，評価集合に対して二つのビットレートで計算したパッチごとの使用アトム数と表現誤差（平均 2 乗平方根誤差（root mean-squared-error; RMSE)）である．この図からわかるように，多くのアトムが使用されるパッチは，顔の詳細な構造（髪，口，眼，輪郭）などを含み，それらのパッチの表現誤差は大きくなる．また，画像のビットレートが増えると，全体で使用されるアトム数は多くなり，表現誤差は減少する．

他の圧縮手法と同様に，再構成された画像にはいくつかのアーチファクトが見られる．これらのアーチファクトが生じるのは，重複のないパッチを別々に処理していることが原因である．JPEG や JPEG2000 などの手法とは異なり，この手法の再構成画像には画像全体が不鮮明になるアーチファクト（smear artifact）は見られず，局所的に小さい領域が不鮮明になるだけである．このほかのアーチファクトとしては，画像の高周波成分を正確に再現できていないこと，複雑なテクスチャ部分（主に服）を表現できていないこと，顔のいくつかの要素の位置が原画像からずれていること，などがある．これらのアーチファ

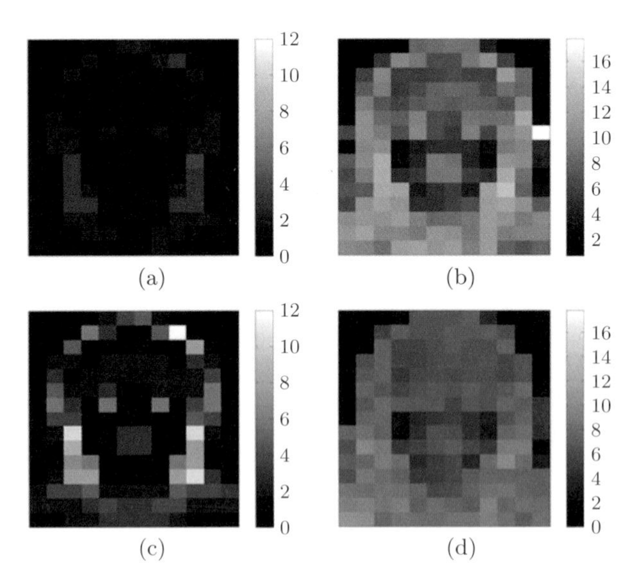

図 13.7　400 バイトで符号化するための (a) 使用アトム数と，(b) 表現誤差．820 バイトで符号化するための (c) 使用アトム数と，(d) 表現誤差．

クトはこのアルゴリズムの性質によるものであり，与えられた辞書から画像を再構成する能力に限界があることを示している．

図 13.8 に，訓練集合中の 2 枚の原画像と，ビットレート 630 バイトで再構成した画像を示す．上述したアーチファクトは，特に顎，首，口，服，前髪部分に現れていることがわかる．それらの部分には不鮮明になっている箇所もあるが，画像の大部分は鮮明であり，視覚的に高い画質が得られている．

図 13.9 に，評価集合中の 3 枚の原画像と，ビットレート 630 バイトで再構成した画像を示す．これらの画像にも上記のアーチファクトが，同じような部分に現れている．予想どおり，訓練画像の再構成画像よりも評価画像の再構成画

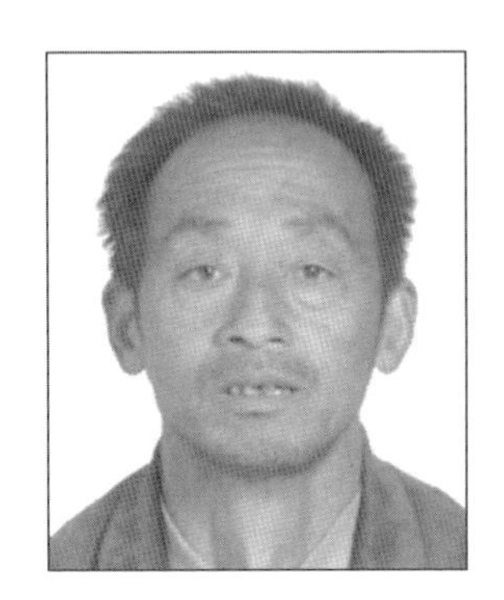

図 13.8 （上段）訓練集合中の原画像と，（下段）再構成画像の例．下段はビットレート 630 バイトの場合の，（左）比較的誤差が小さい画像（RMSE=4.04）と，（右）比較的誤差が大きい画像（RMSE=5.9）．

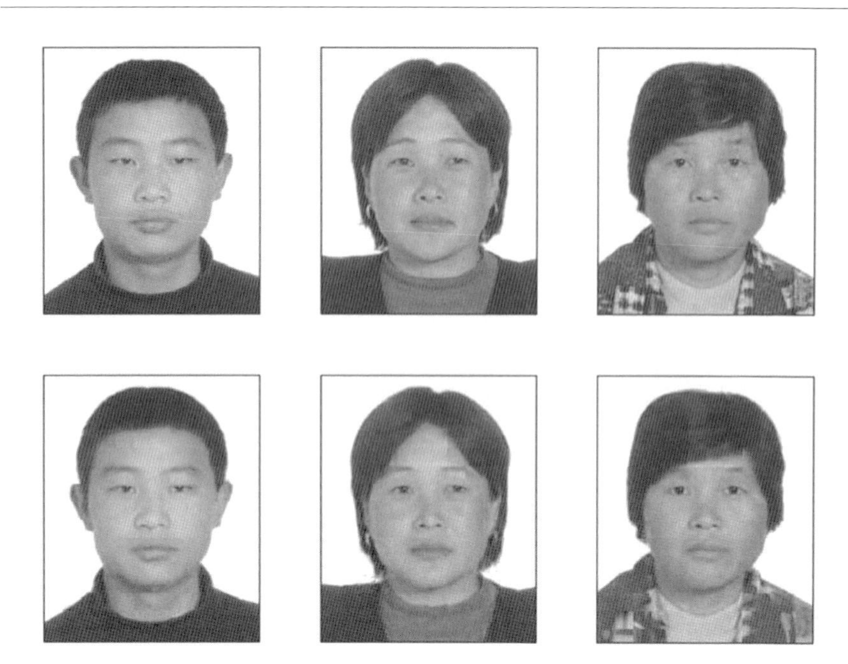

図 13.9　評価集合中の原画像（上段）と再構成画像（下段）の例．下段はビットレート 630 バイトの場合の，（左）比較的誤差が小さい画像（RMSE=5.3），（中央）誤差が平均的な画像（RMSE=6.84），（右）比較的誤差が大きい画像（RMSE=11.2）．

像のほうが画質は落ちるものの，それでも画像の大部分は鮮明であり，視覚的に画質も高い．

他の圧縮手法と同様に，ビットレートを上げるとこの手法の再構成画像の画質は向上する．しかし，ビットレートを上げたことによる画質の向上は，画像全体に均等に分布するわけではない．最初に追加のビット数が分配されるのは表現誤差の大きいパッチであり，まずそれらのパッチの画質が向上する．これは，圧縮処理が RMSE に基づいており，ビットレートに基づいたものではないことに起因する．圧縮処理はすべてのパッチに対して単一の RMSE しきい値を設定し，各パッチが使用するアトム数を変えながら，各パッチの RMSE がそのしきい値を下回るようにする．単純な（滑らかな）内容のパッチの表現誤差は，使用するアトム数が 1 個以下だとしても，しきい値よりもはるかに小さくなるだろう．しかし，複雑な内容を持つパッチの表現誤差は，しきい値に非常に近くなると予想される．RMSE しきい値を下げると，そのような複雑なパッチでは表現誤差を下げるために使用アトム数が増えるが，表現誤差がしきい値よりもすでに小さい単純なパッチでは，使用アトム数は変わらない．図 13.10 に，ビットレートを上げると徐々に画質が向上する様子を示す．この図からわかるように，ビットレートを上げてもすべてのパッチで改善が見られるわけではなく，服や耳，前髪などのパッチだけが改善される．これらのパッチは，他のパッチに比べて表現することが難しい．

13.4.3 実行時間とメモリ使用量

この圧縮手法の使用メモリ量を評価するときには，各パッチで生成されたすべての辞書，平均パッチ画像，ハフマン符号化テーブル，各パッチの係数テーブルと量子化レベルを考慮に入れる必要がある．これらすべてを合計しても

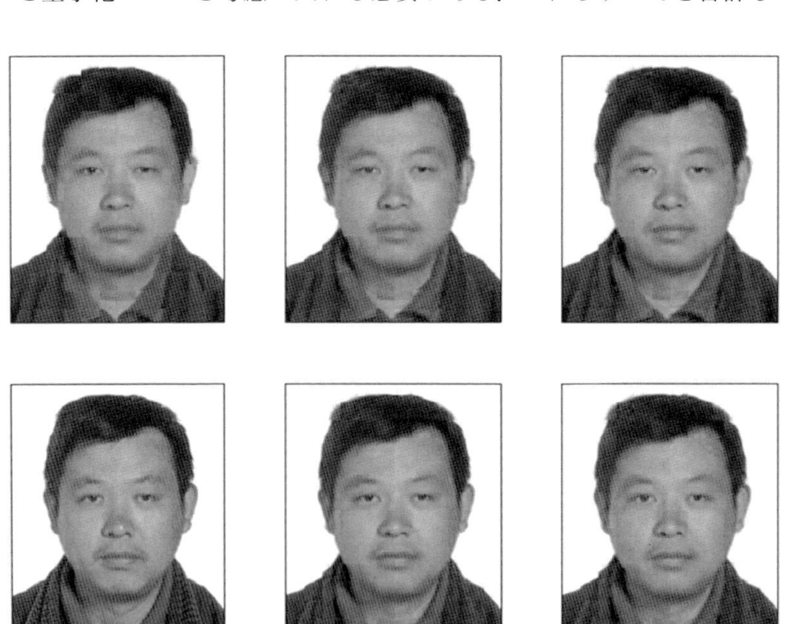

図 13.10 いくつかのビットレートにおける評価画像の再構成画質の比較．左上から時計回りに，285 バイト（RMSE 10.6），459 バイト（RMSE 8.27），630 バイト（RMSE 7.61），820 バイト（RMSE 7.11），1,021 バイト（RMSE 6.8）であり，最後（左下）が原画像である．

20MB 以下である．

実験には一般的な PC（Pentium 2.2GHz，メモリ 1GB）を用いて，訓練処理と評価処理はすべて MATLAB で実装した（ただし，コードは最適化していない）．すべての辞書の学習には 100 時間を要した（そのため，複数の計算機で，別々のパッチを並列に計算した）．1 枚の画像の圧縮にかかる時間は 5 秒，伸長は 1 秒以下である．

13.4.4　他の手法との比較

圧縮手法の性能評価において，従来の圧縮手法との比較は重要である．前述したように，JPEG，JPEG2000，すでに説明した VQ に基づく圧縮手法，PCA に基づく圧縮手法と比較した．なお，PCA に基づく手法は，比較のためのベンチマークとして，この研究で特別に設計したものである．以下に PCA に基づく手法の概要を述べる．

PCA に基づく圧縮手法はスパース表現に基づく手法とよく似ており，違いは K-SVD 辞書の代わりに PCA 辞書を用いることである．これらの辞書は，各パッチの訓練事例の自己相関行列の固有ベクトルからなる正方行列であり，対応する固有値の降順にソートされているものとする．このほかの異なる点は，スパース符号化の代わりに，指定されたしきい値を表現誤差が下回るように，いくつかの固有値の大きい固有ベクトルへ射影する，という単純な線形近似を用いることである．PCA に基づく圧縮手法との比較は重要である．その理由は，スパース表現に基づく手法は JPEG2000 を訓練画像集合へと適応させたものと解釈できるが，PCA に基づく圧縮手法は JPEG を適応させたと解釈できるからである．

図 13.11〜13.13 に，三つの異なるビットレートにおいて，スパース表現に基づく手法，JPEG，JPEG2000，PCA に基づく手法の結果を視覚的に比較したものを示す．なお，図 13.11 では，この場合のビットレートが JPEG で可能な最小ビットレートよりも小さいため，JPEG の結果を載せていない．これらの図から，スパース表現に基づく圧縮手法の優位性が視覚的にも定量的にも明らかである．特に，JPEG と JPEG2000 の結果では，画像が不鮮明になるアーチファクトがより強く現れてしまっている．

図 13.14 に，100 枚の評価画像で平均した各手法のレートひずみ曲線（rate-

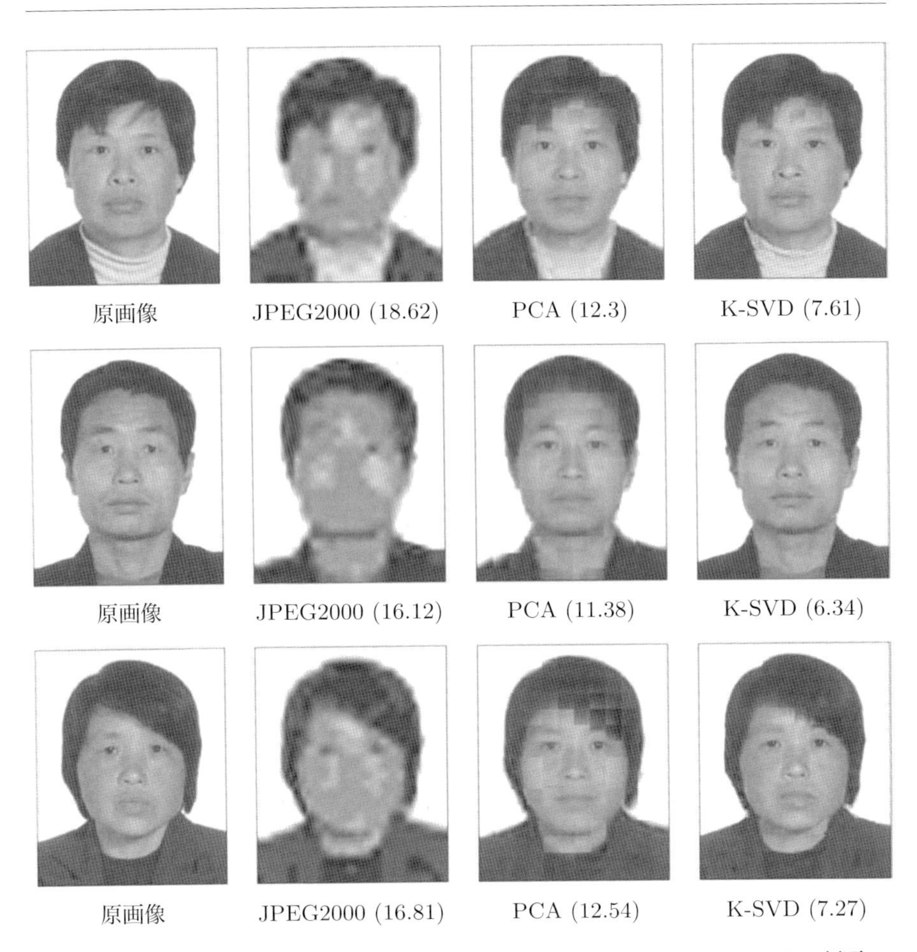

図 13.11 ビットレート 400 バイトでの，JPEG2000，PCA，K-SVD による顔画像の圧縮結果の比較．括弧内の数字は RMSE（表現誤差）を表す．

distortion curve）を示す．縦軸の PSNR は，位置合わせ済みグレースケール画像を処理したものを表している．つまり，形状変形による誤差を排除し，スパース符号化の誤差だけを評価している．形状変形で生じる誤差は，VQ，PCA，K-SVD の誤差を 0.2dB から 0.4dB 減らす程度であり，これらのアルゴリズムの全体的な性能の順位に変化はない．

これらのレートひずみ曲線に加えて，クリーンなJPEG2000 の曲線も表示してある．これは，JPEG2000 のヘッダ情報部分を除外することで，単純に

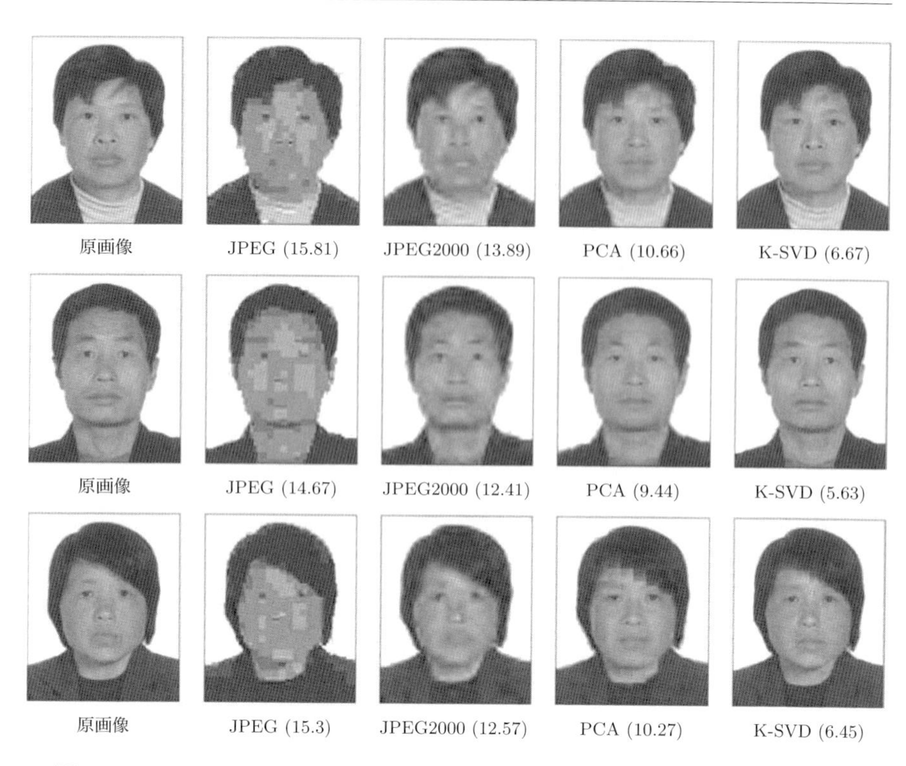

図 13.12　ビットレート 550 バイトでの，JPEG，JPEG2000，PCA，K-SVD による顔画像の圧縮結果の比較．括弧内の数字は RMSE（表現誤差）を表す．

JPEG2000 の曲線を横方向に移動しただけのものである．このヘッダ情報は約 220 バイトである．

この図からわかるように，ここで注目している 300 から 1,000 バイト程度の非常に低いビットレートにおいては特に，K-SVD 圧縮手法が最も良い性能を示している．

13.4.5　辞書の冗長性

辞書の冗長性，つまり過完備の度合いは m/n で定義される．1 であれば完備な（冗長性のない）辞書であり，この実験においては 1 以上である．それでは，実験で示したような圧縮結果を得るためには，そのような冗長性は本当に必要なのだろうか？　パッチサイズを n に固定してアトム数 m を変えると，どのよ

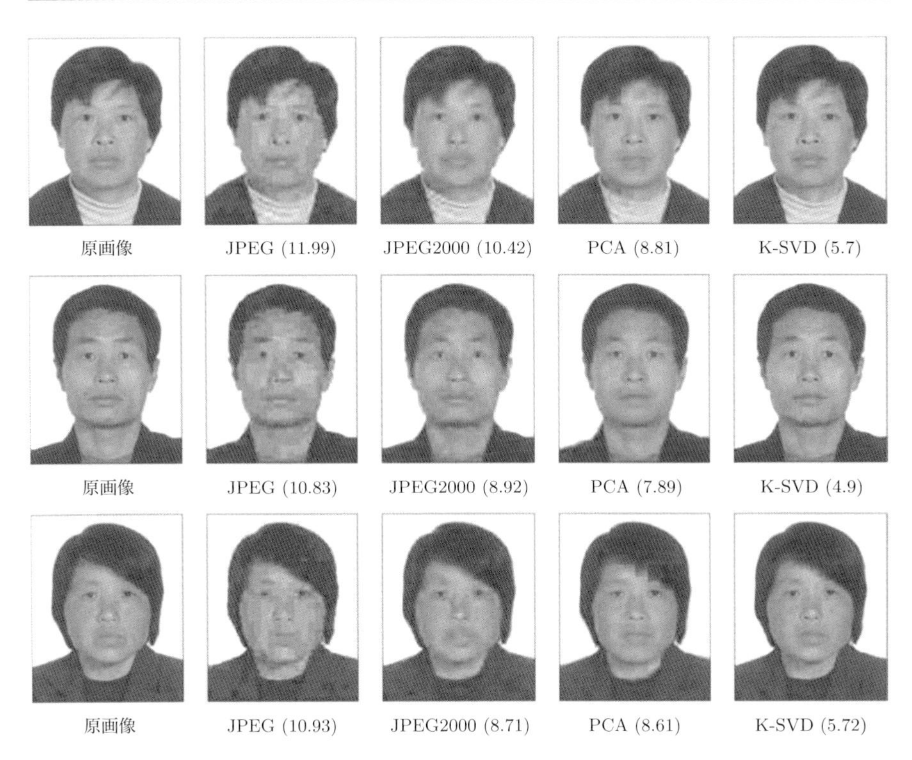

図 13.13 ビットレート 820 バイトでの，JPEG，JPEG2000，PCA，K-SVD による顔画像の圧縮結果の比較．括弧内の数字は RMSE（表現誤差）を表す．

うな影響が出るのだろうか？ 図 13.15 に，冗長性を変えた場合の評価集合画像に対する平均 PSNR 曲線を示す．各曲線は異なるビットレートに対応する．パッチサイズを 15×15 画素に固定しているので，255 個のアトムがあれば完備な（冗長性のない）辞書であり，アトムが 150 個しかなければ劣完備である．

図 13.15 からわかるように，辞書の冗長性を上げると画質（PSNR）は向上するが，すぐに飽和する．直感的にも，ある時点で曲線の傾向が変わるだろうと予想できるだろう．その理由の一つには（事例数が少ないことによる）辞書の過学習が考えられる．また，冗長性が大きくなるに従って辞書のインデックスを転送するコストも増え，圧縮性能は落ちるだろう．しかし，訓練データサイズが限られているため，そのような変化は確認できていない．

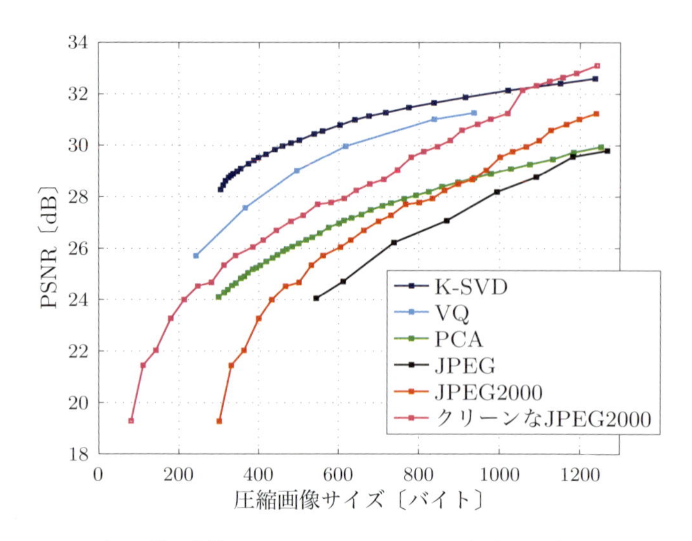

図 13.14　レートひずみ曲線．JPEG，JPEG2000，クリーンな JPEG2000（ヘッダ情報を除去したもの），PCA，VQ，K-SVD の比較．

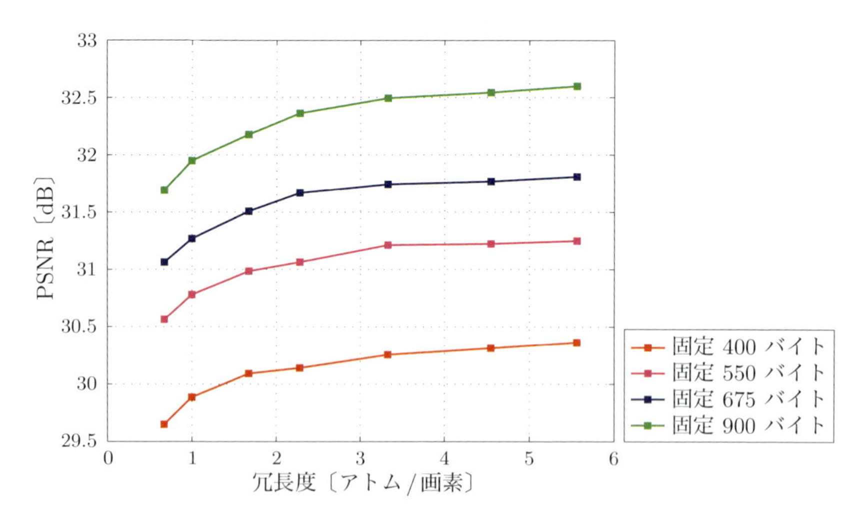

図 13.15　四つの固定ビットレートにおける，訓練辞書の冗長性を変えた場合の評価集合の画質（PSNR）に対する影響．

13.5 ブロックノイズ除去のための後処理

13.5.1 ブロックノイズ

スパース表現に基づく圧縮手法の性質上，再構成された画像においてブロックノイズが現れるため，ブロックノイズ除去（deblocking）を行う．このようなアーチファクトは画像全体に見られ，程度はさまざまであるが，すべての再構成画像に現れる．ブロックノイズが発生する理由は，各画像を重複のない一様なパッチに分割し，これらのパッチを各パッチで学習した辞書で独立に符号化するためである．したがって，必要なアトムの数が異なるパッチや，データのパターンが異なるパッチは，周囲のパッチとは性質が異なっている．図 13.11～13.13 に見られるように，性質の違いによってパッチ間に擬似エッジ（false edge）が生じてしまう．この現象は，重複のないパッチを用いて圧縮するどの手法にも生じる可能性がある．しかし，スパース表現に基づく手法では，圧縮率が高くパッチサイズが大きいために，特に顕著である．パッチサイズを小さくし，辞書を増やすことで対処できるかもしれないが，このアーチファクトを完全に除去することはできず，また各圧縮画像のビットレートが増えてしまうため，圧縮アルゴリズムの性能を大きく損なってしまう．したがって，そのような解決方法は不十分である．

13.5.2 ブロックノイズを除去する方法

ブロックノイズを除去するアプローチはいくつかあり，大きく二つのカテゴリに分けられる．符号化段階でのアプローチと，後処理でのアプローチである．符号化段階でのアプローチは，そもそもブロックノイズが発生しないようにする方法である．そのための方法には，重複のあるパッチを符号化する方法，上下左右のパッチも用いて辞書を学習する方法，周辺の辞書を考慮しながら辞書を学習する方法などがある．これらのアプローチは洗練されており，ブロックノイズを完全に除去するように設計されている．しかし，欠点を見過ごすことはできない．これらの方法は複雑であり，実装することが難しく，圧縮画像のビットレートを増やしてしまう（これは望ましくない）．

それとは異なり，後処理でのアプローチは，圧縮アルゴリズムでブロックノイズが生成されてしまったあとでそれらを除去する方法である．そのような方法の一つは，さまざまなフィルタリング手法を圧縮・伸長画像に適用する方法である．この方法は単純であり，実装が容易で，圧縮画像のビットレートを増やすこともない．主な欠点は，手法の処理内容が限られており，原画像も失われるため，すべての画像のすべての場合についてブロックノイズを除去する保証がないことである．

13.5.3　学習に基づくブロックノイズ除去

ここで紹介するブロックノイズ除去手法は，再構成された画像に対して特殊なフィルタを適用する方法であり，2 番目のカテゴリである後処理アプローチに属する．まず，各パッチの周囲の幅 3 画素分を対象領域（region-of-interest; ROI）に設定する．この領域は最もブロックノイズが発生しやすい部分であり，その位置はグリットを設定した時点で既知となる．各パッチの ROI の各画素に対して，ブロックノイズを除去するための 5×5 画素の線形フィルタを個々に求める．そのために，多数の（この場合は 1,000 枚）画像の同じ ROI の画素を訓練集合として用いる．この訓練集合は，原画像の画素と，圧縮・伸長後の再構成された画像の画素からなる．

このアプローチは，一般的に言えば，スパース表現に基づく圧縮アルゴリズムと方法論が似ている．つまり，訓練集合に対して学習した辞書を用いて新しい画像を符号化するのである．しかし，ここでは，以下の最小 2 乗ペナルティ関数を用いて最適なフィルタを求める．

$$\hat{\mathbf{h}}_k = \arg\min_{\mathbf{h}_k} \|\mathbf{Y}\mathbf{R}_k\mathbf{h}_k - \mathbf{X}\mathbf{e}_k\|_2^2 \tag{13.3}$$

ここで，$\mathbf{h}_k$ は k 番目の画素に対する 5×5 フィルタを列ベクトルにしたものである．また，行列 $\mathbf{X}$ は訓練集合の原画像を行に並べたもの，行列 $\mathbf{Y}$ は訓練集合を復号した画像を行に並べたものである．$\mathbf{R}_k$ は k 番目の画素の周囲 5×5 画素を $\mathbf{Y}$ から取り出す行列であり，$\mathbf{e}_k$ は画像 $\mathbf{X}$ の k 番目の画素を取り出すベクトルである．

この最小化問題の目的は，各画素の 5×5 近傍の情報だけを用いて，再構成画像の k 番目の画素を原画像の該当画素へ変換する最も良い線形フィルタを設計することである．式 (13.3) の解 $\hat{\mathbf{h}}_k$ は，次式の単純な解析解である．

$$\hat{\mathbf{h}}_k = (\mathbf{R}_k^{\mathrm{T}}\mathbf{Y}^{\mathrm{T}}\mathbf{Y}\mathbf{R}_k)^{-1}\mathbf{R}_k^{\mathrm{T}}\mathbf{Y}^{\mathrm{T}}\mathbf{X}\mathbf{e}_k \tag{13.4}$$

なお，ビットレートが変わると必要なフィルタも変わるため，それぞれ別個に計算する必要がある[*7]．各ビットレートグループに対して学習したフィルタを行に持つ行列 $\mathbf{H}_r$ を作成し，圧縮・伸長された画像にこれを掛ければ，すべてのフィルタが適用されて，ブロックノイズ除去が実行される．

このフィルタ計算は単純で実装が容易であり，また，ビットレートごとに求められたフィルタからなる行列はオフラインで計算することができて，復号器に保存できるため，圧縮のビットレートを増やすこともない．これらのフィルタを再構成画像へ適用する場合も簡単である．圧縮アルゴリズムの後処理において，ベクトル化した画像に行列 $\mathbf{H}_r$ を掛けるだけで済む．

13.6 ブロックノイズ除去の結果

1,000 枚の顔画像を訓練集合に用い，それとは別の 100 枚を評価集合に用いた．すべての画像は前処理済みであり，固定サイズ 179×221 画素である．図 13.16 に，ブロックノイズ除去結果の曲線を追加して，図 13.14 と同様に示したレートひずみ曲線を示す．この図からわかるように，スパース表現に基づくブロックノイズ除去手法によって 0.4dB の向上が得られた．

スパース表現に基づくブロックノイズ除去手法の有効性を視覚的に検証するため，ビットレート 550 バイトの図 13.12 と同じ画像に適用した．さらに，ブロックノイズが特に大きい画像も追加した．このビットレートに対して求めたフィルタ行列を後処理として再構成画像に適用した結果を図 13.17 に示す．限界はあるものの，明らかにこの手法はブロックノイズをほとんど除去しており，そうでない場合にも非常に低減していることがわかる．ブロックノイズ除去フィルタはパッチ境界に沿って画像を多少平滑化してしまっているが，それでも画像全体はシャープであり，全体の画質は向上している．当初の目的である視覚的な画質改善に加えて，PSNR も向上していることが図 13.16 からわかる．

[*7] すべてのビットレートでそれぞれ計算することは現実的ではないし，必要でもない．ここで対象としているビットレート（300〜1,000 バイト）の範囲をいくつかのグループに区切り，それぞれでフィルタを求めればよい．

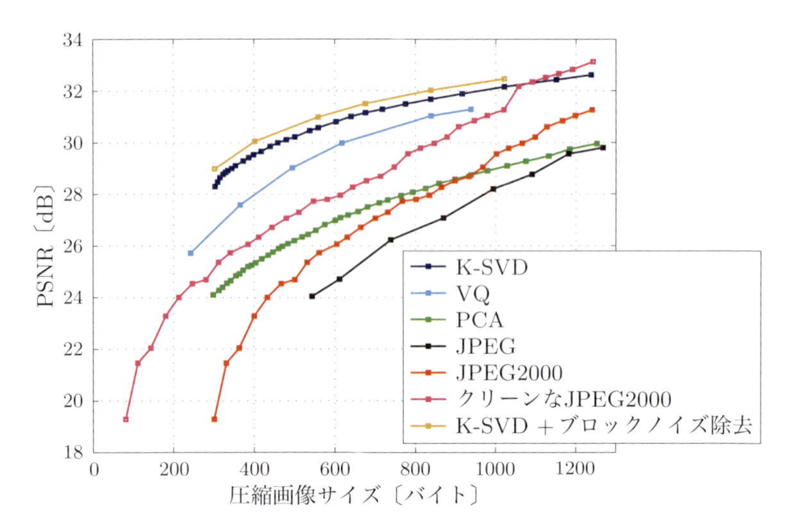

図 13.16　レートひずみ曲線．JPEG, JPEG2000, クリーンな JPEG2000, PCA, VQ，二つの K-SVD の比較．

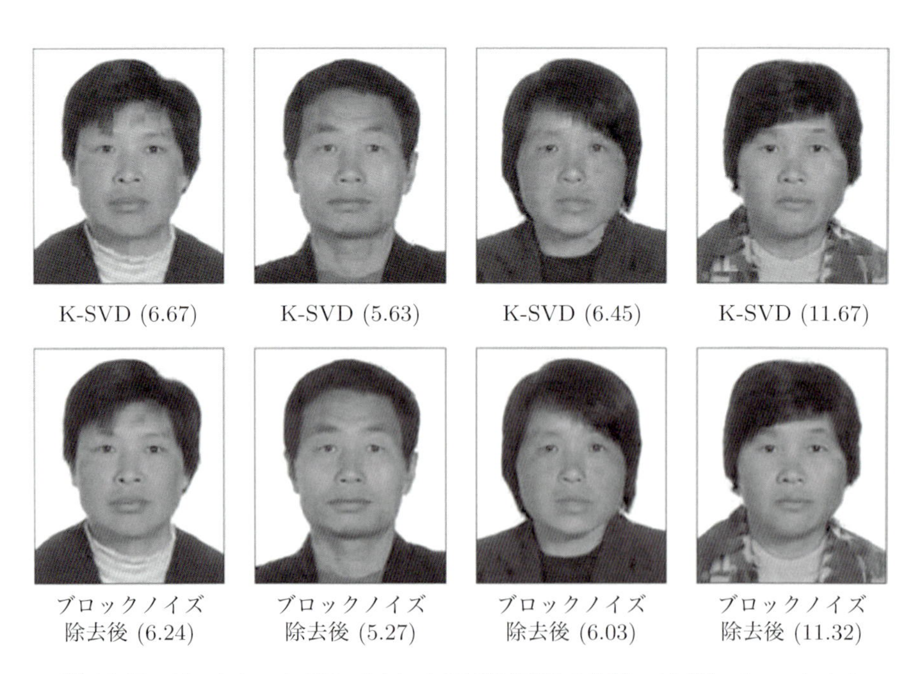

図 13.17　ビットレート 550 バイトでの再構成画像の比較．（上段）ブロックノイズ除去の線形フィルタ適用前と，（下段）適用後．

13.7 まとめ

本章では，スパース表現と K-SVD 学習アルゴリズムを用いて，実用的な応用である顔画像の圧縮手法を説明した．ここで提案した手法は単純で直接的だが実用的であり，JPEG2000 の性能を上回る．

残念ながら，本章でたどった道筋では，汎用画像圧縮アルゴリズムを構築することはできない．これは今後の課題である．それでも，ここで示した実験結果から，以下のようなことがわかった．

- 直感に反して，冗長性は圧縮率の向上に有用である．
- スパースで冗長な表現は，ある条件においては VQ 手法にとって代わり，良い性能を示す．
- 線形・非線形近似（ここでの実験では PCA と K-SVD）の多くの比較実験から，インデックスを転送する追加コストがあるにもかかわらず，非線形近似は良い性能を示す．

参考文献

1. P. J. Burt and E. H. Adelson, The Laplacian pyramid as a compact image code, *IEEE Trans. on Communications*, 31:532–540, 1983.
2. O. Bryt and M. Elad, Compression of facial images using the K-SVD algorithm, *Journal of Visual Communication and Image Representation*, 19(4):270–283, May 2008.
3. O. Bryt and M. Elad, Improving the K-SVD facial image compression using a linear deblocking method, The IEEE 25-th Convention of Electrical and Electronics Engineers in Israel, Eilat, Israel, 3–5, December 2008.
4. P. Cosman, R. Gray, and M. Vetterli, Vector quantization of images subbands: A survey, *IEEE Trans. Image Processing*, 5:202–225, 1996.
5. M. Elad, R. Goldenberg, and R. Kimmel, Low bit-rate compression of facial images, *IEEE Trans. on Image Processing*, 16:2379–2383, 2007.
6. A. J. Ferreira and M. A. T. Figueiredo, Class-adapted image compression using independent component analysis, Proceedings of the International Conference on Image Processing (ICIP), Barcelona, Spain, pp. 14–17, September 2003.
7. A. J. Ferreira and M. A. T. Figueiredo, Image compression using orthogonalized independent components bases, Proceedings of the IEEE XIII Workshop

on Neural Networks for Signal Processing, Toulouse, France, 17–19, September 2003.

8. A. J. Ferreira and M. A. T. Figueiredo, On the use of independent component analysis for image compression, *Signal Processing: Image Communication*, 21:378–389, 2006.
9. O. N. Gerek and C. Hatice, Segmentation based coding of human face images for retrieval, *Signal-Processing*, 84:1041–1047, 2004.
10. A. Gersho and R. M. Gray, *Vector Quantization And Signal Compression*, Kluwer Academic Publishers, Dordrecht, Netherlands, 1992.
11. T. Hazan, S. Polak, and A. Shashua, Sparse image coding using a 3D non-negative tensor factorization, Proceedings of the Tenth IEEE International Conference on Computer Vision (ICCV), Beijing, China, pp. 17–21, October 2005.
12. J. H. Hu, R. S. Wang, and Y. Wang, Compression of personal identification pictures using vector quantization with facial feature correction, *Optical-Engineering*, 5:198–203, 1996.
13. J. Huang and Y. Wang, Compression of color facial images using feature correction two-stage vector quantization, *IEEE Trans. on Image Processing*, 8:102–109, 1999.
14. K. Inoue and K. Urahama, DSVD: a tensor-based image compression and recognition method, Proceedings of the IEEE International Symposium on Circuits and Systems (ISCAS), Kobe, Japan, pp. 23–26, May 2005.
15. A. Lanitis, C. J. Taylor, and T. F. Cootes, Automatic interpretation and coding of face images using flexible models, *IEEE Trans. on Pattern Analysis and Machine Intelligence*, 19:743–756, 1997.
16. Y. Linde, A. Buzo, and R. M. Gray, An algorithm for vector quantiser design, *IEEE Trans. on Communications*, 28:84–95, 1980.
17. B. Moghaddam and A. Pentland, An automatic system for model-based coding of faces, Proceedings of DCC '95 Data Compression Conference, Snowbird, UT, USA, pp. 28–30, March 1995.
18. L. Peotta, L. Granai, and P. Vandergheynst, Image compression using an edge adapted redundant dictionary and wavelets, *Signal-Processing*, 86:444–456, 2006.
19. Z. Qiuyu and W. Suozhong, Color personal ID photo compression based on object segmentation, Proceedings of the Pacific Rim Conference on Communications, Computers and Signal Processing (PACRIM), Victoria, BC, Canada, pp. 24–26, August 2005.
20. M. Sakalli and H. Yan, Feature-based compression of human face images, *Optical-Engineering*, 37:1520–1529, 1998.

21. M. Sakalli, H. Yan, and A. Fu, A region-based scheme using RKLT and predictive classified vector quantization, *Computer Vision and Image Understanding*, 75:269–280, 1999.
22. M. Sakalli, H. Yan, K. M. Lam, and T. Kondo, Model-based multi-stage compression of human face images, Proceedings of 14th International Conference on Pattern Recognition (ICPR), Brisbane, Qld., Australia, pp. 16–20, August 1998.
23. A. Shashua and A. Levin, Linear image coding for regression and classification using the tensor-rank principle, Proceedings of the IEEE Computer Society Conference on Computer Vision and Pattern Recognition (CVPR), Kauai, HI, USA, pp. 8–14, December 2001.
24. D. S. Taubman and M. W. Marcellin, *JPEG2000: Image Compression Fundamentals, Standards and Practice*, Kluwer Academic Publishers, Norwell, MA, USA, 2001.

第14章 画像のノイズ除去

14.1 ノイズ除去とは

画像は，センサーの欠陥や不十分な照明，通信エラーなどによるノイズを含んでいるものである．そのようなノイズを除去することはさまざまな応用において非常に有用であるため，多くの研究者の興味を引き付け，多数の手法が存在する．しかし，画像のノイズ除去の重要性は，応用から来るものだけではない．最も単純な逆問題であるため，画像処理のアイデアと手法をテストし洗練されたものにするための，非常に便利な土台になるのである．実際，過去50年にわたって，さまざまな視点からこの問題についての多数の研究がなされてきた．考えうる限りの統計的推定，空間適応フィルタ，確率的解析，偏微分方程式，空間変換手法，スプラインなどの近似手法，モルフォロジ解析，微分幾何，順序統計量など，この問題に対して多方面からさまざまな道具が導入されている．

本章では，画像のノイズ除去に関する膨大な研究をサーベイすることはせず，本書の内容に関連した，スパース表現モデルを用いるアルゴリズムに限定する．これらの手法は，近年の研究で効率的で有望であることがわかっており，最も良いノイズ除去結果を与える．

ここでは，第10章の内容に類似したスパース表現モデルに基づくアルゴリズムを，画像のノイズ除去問題に適用する．そして，局所処理，縮小曲線の学習，辞書学習の導入など，多数の改善手法を導入する．また，スパース表現に基づく手法と興味深い関連性のあるノンローカルミーン（non-local-mean; NLM; 非局所平均）アルゴリズムも扱う．本章の最後に，いくつかの画像ノイズ除去アルゴリズムにおいてパラメータを自動調整するために用いられている SURE 法 (Stein unbiased risk estimator; Stein の不変リスク推定）を紹介する．

この問題を定式化しよう．理想的な (サイズ $\sqrt{N} \times \sqrt{N}$ 画素の) 画像 $\mathbf{y}_0 \in \mathbb{R}^N$ に，平均 0 で標準偏差 σ が既知の白色ガウスノイズ $\mathbf{v}$ が一様に加えられて，観測画像 $\mathbf{y}$ が次のように得られるとする．

$$\mathbf{y} = \mathbf{y}_0 + \mathbf{v} \tag{14.1}$$

ここでの目的は，$\mathbf{y}$ からノイズを除去し，原画像 $\mathbf{y}_0$ にできるだけ近い画像を得るアルゴリズムを設計することである．まず，この問題を解くために第 9 章と第 10 章のアイデアを直接適用し，それをもっと高度な手法に改良する．

14.2　出発点：大域的なモデル化

14.2.1　ノイズ除去の主要アルゴリズム

信号のノイズ除去問題は何度も本書に登場している．スパース表現モデルを用いてこの問題を解くときには，最適化問題 (P_0^ϵ) の変形版を解いてきた．

$$(P_0^\epsilon): \quad \min_{\mathbf{x}} \|\mathbf{x}\|_0 \quad \text{subject to} \quad \|\mathbf{y} - \mathbf{A}\mathbf{x}\|_2^2 \le \epsilon \tag{14.2}$$

しきい値 ϵ はノイズのパワーに密接に関連しており，一般的には $cN\sigma^2$ とする．ここで $0.5 \le c \le 1.5$ である．この問題の解を $\hat{\mathbf{x}}$ とすると，それは求めたいノイズのない画像のスパース表現である．したがって，ノイズ除去の結果は $\hat{\mathbf{y}} = \mathbf{A}\hat{\mathbf{x}}$ となる．

これまでの章で，この手法は決定論的な視点と確率的な視点のどちらでも取り扱うことができることを見てきた．また，$\mathbf{x}$ の非ゼロ要素に統計的な仮定をおくことで性能の改善に向けた調整を可能にした．さらに，MMSE 推定近似により，ノイズ除去をさらに改善するためのさまざまな方法を試してきた．これらのことが可能であったという事実からも，このような定式化は強固で信頼があると言える．

当然のことながら，この定式化は適切な辞書 $\mathbf{A}$ を必要とする．画像のノイズ除去のために特定の辞書 $\mathbf{A}$ のスパース表現を用いるという方法論は，過去

10 年間で多くの研究者の注目を集めてきた．当初は，ユニタリウェーブレット係数のスパース性が用いられて，第 6 章で述べたように，これが有名な縮小アルゴリズムにつながった．しかし，その手法の性能は不十分であり，大幅な改善が必要であったため，多くの研究者がスパースで冗長な表現を用いるようになった．

冗長な表現を用いる理由の一つは，シフト不変性が要求されるためである．これは，ノイズ除去アルゴリズムにおいては，画像のエッジがどこにあろうとも，同じように処理しなければならないことを意味する．また，通常の分離可能 1 次元ウェーブレットは画像を扱うためには適切ではない（つまり，この変換では画像をスパースに表現できない）ことがわかってきたので，多重スケールで方向性を持つ冗長な新しい変換がいくつも提案された．それには，カーブレット（curvelet），コンターレット（contourlet），ウェッジレット（wedgelet），バンドレット（bandelet），ステアラブルウェーブレット（steerable wavelet）などが含まれる．これらの辞書を用いて上記の定式化で画像のノイズ除去問題を解くと，ユニタリウェーブレット縮小手法と比べてはるかに良い結果が得られる．その後しばらくは（2000 年代中頃），これらのアルゴリズムは最も性能の良いノイズ除去手法と見なされていた．

上記の議論に沿って，冗長な辞書を用いる画像ノイズ除去の基本的なアルゴリズムを説明しよう．ノイズ除去のために用いる辞書 $\mathbf{A}$ は，第 10 章で用いた冗長ハール変換（redundant Haar transform）である[*1]．式 (14.2) の近似解を求める手法として，しきい値アルゴリズムを用いる．すると，ノイズ除去処理は次式で表される．

$$\hat{\mathbf{y}} = \mathbf{A}\mathcal{S}_T(\mathbf{A}^{\mathrm{T}}\mathbf{y}) \tag{14.3}$$

ここで，$\mathcal{S}_T$ はハードしきい値作用素である（つまり，$|z| < T$ なら $\mathcal{S}_T(z) = 0$，そうでなければ $\mathcal{S}_T(z) = z$）．

$\mathbf{A}$ の列は ℓ_2 正規化されていないので，しきい値をそのノルムに合わせなければならない．つまり，ベクトル $\mathbf{A}^{\mathrm{T}}\mathbf{y}$ の i 番目の要素 $\mathbf{a}_i^{\mathrm{T}}\mathbf{y}$ を，しきい値 $\|\mathbf{a}_i\|_2 \cdot T$ でしきい値処理する．言い換えれば，しきい値 T を固定して，次式を用いれば

[*1] この行列はタイトフレームを表現し，冗長度は 7 : 1 である．

よい．

$$\hat{\mathbf{y}} = \mathbf{A}\mathbf{W}\mathcal{S}_T(\mathbf{W}^{-1}\mathbf{A}^{\mathrm{T}}\mathbf{y}) \tag{14.4}$$

ここで，$\mathbf{W}$ はアトムのノルム $\|\mathbf{a}_i\|_2$ を対角要素に持つ対角行列である．なお，このアルゴリズムは，ゼロで初期化された反復縮小アルゴリズムの最初の反復と解釈することができる．$\mathbf{W}$ を用いる理由は以下で説明する．

図 14.1 に，パラメータ T を変えた場合のこのアルゴリズムの結果の画質を，PSNR の値として示す．入力画像は Barbara であり，加法ガウスノイズの標準偏差は $\sigma = 20$ である[*2]．この図からわかるように，最適な T を用いれば，入力ノイズ画像に対して 5.2dB 以上の改善が得られる．図 14.2 に，原画像，ノイズを加えた画像，最適な T で得られた結果画像（ほとんどのノイズが除去されている）を示す．

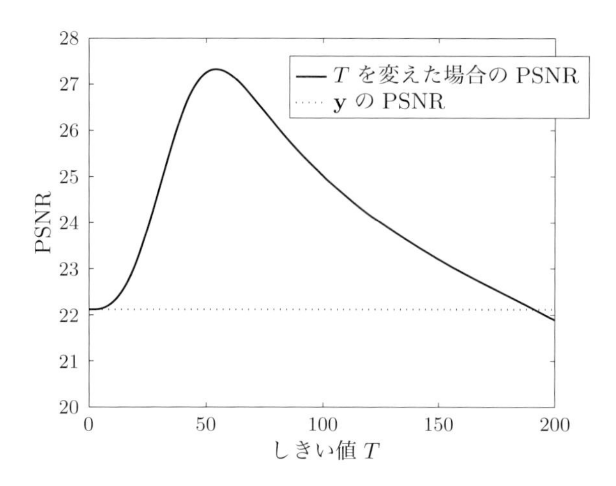

図 14.1　冗長ハール辞書を用いたしきい値アルゴリズムで得られた PSNR をパラメータ T に対してプロットしたもの．入力画像は PSNR = 22.11dB であるが，しきい値アルゴリズムによって得られた最良の結果は PSNR = 27.33dB である．

---

*2 この画像とノイズ除去結果（つまり，平均 0 で標準偏差 $\sigma = 20$ の白色加法ガウスノイズの除去）は，さまざまなノイズ除去の方法を比較するベンチマークとして，本章で頻繁に登場する．

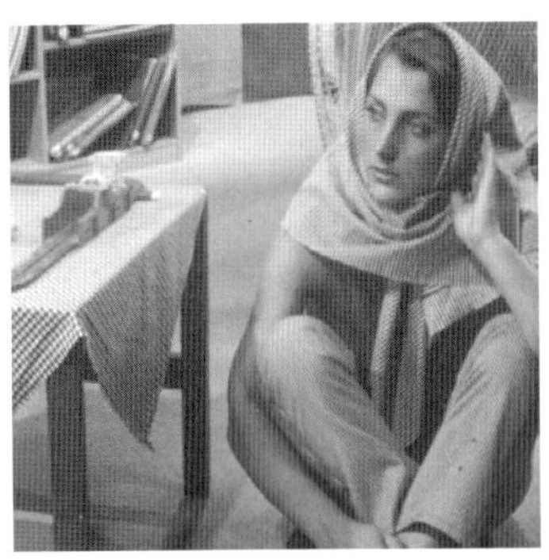

図 14.2 （左上）入力画像．（右上）$\sigma = 20$ のノイズが加えられたグレースケール画像．（下）冗長ハール辞書を用いたしきい値アルゴリズムで得られたノイズ除去画像．入力画像の画質は PSNR = 22.11dB であるが，ここに示す結果画像の画質は PSNR = 27.33dB である．

14.2.2 さまざまな改善手法

これらの手法の性能をさらに向上させるために，さまざまなアイデアや道具が提案されてきた．その中でも単純であるが有用なものは，表現ベクトルの各非ゼロ要素に異なる分散を用いるというものである．その理由は，画像の典型的なスパース表現ベクトルの要素の大きさの分散が，スケールごとに，また方向ごとに異なっているからである．このアイデアを基底追跡アルゴリズムに取り入れると，次の問題となる．

$$\hat{\mathbf{x}} = \min_{\mathbf{x}} \lambda \|\mathbf{W}\mathbf{x}\|_1 + \frac{1}{2}\|\mathbf{y} - \mathbf{A}\mathbf{x}\|_2^2 \tag{14.5}$$

ここで，$\mathbf{W}$ は式 (14.4) で示したような対角行列であり，設定した分散の逆数を対角要素に持つ．辞書 $\mathbf{A}$ のアトムのノルムが可変の場合にこのような重みを用いることは，第 3 章ですでに見ている．$\mathbf{W}$ の対角要素は，さまざまな画像から得られた表現ベクトルの一般的な振る舞いを考察すれば，求めておくことができる．もしくは，Chang，Yu，Vetterli が提案したように，与えられた画像に対してオンラインでその重みを学習することもできる．

ノイズ除去の性能を向上させるためのもっと複雑なアイデアとして，別々の表現係数ベクトルを何らかの方法で関連させるというものがある．例えば，表現ベクトル $\mathbf{x}$ の要素の分散の推定値が与えられていると仮定しよう．また，表現ベクトルの各要素 x_i に対して，その近傍 $\mathcal{N}(i)$（例えば，互いに似た方向とスケールを持ち，空間的に隣接した要素）を定義する．すると，次の定式化となる．

$$\hat{\mathbf{x}} = \arg\min_{\mathbf{x}} \lambda \sum_i \left[\sum_{j \in \mathcal{N}(i)} \left(\frac{x_j}{\sigma_j} \right)^2 \right]^{\frac{1}{2}} + \frac{1}{2} \|\mathbf{y} - \mathbf{A}\mathbf{x}\|_2^2 \tag{14.6}$$

これは，重み付き ℓ_1 ノルムを新しい ℓ_1-ℓ_2 混合ノルムで置き換えたものであり，これにより，同じ近傍グループに属する要素が同じように振る舞う（つまり，その近傍グループ内のすべての要素がゼロになるか，もしくはすべてが非ゼロになる）ようになる．近傍が自分自身しか含まない場合には，この定式化は式 (14.15) と一致する．

ここではこの手法をこれ以上議論しない．ただし，この手法は近傍内の要素の絶対値の間に存在する既知の相関を用いて，良い結果が得られるようにノイズ除去アルゴリズムを制約している，ということを指摘しておく．これと同じ考え方は，混合スケールガウス分布（Gaussian scale-mixture; GSM）を用いた Portilla らのベイズ最小 2 乗法（前述と同じ Barbara 画像に対して PSNR が 30.32dB）など，より複雑なノイズ除去手法の背後にも存在する．これらの手法は確かに良い性能を示すが，手法全体の構造が複雑であるため，魅力的な手法とは言えない．以下に示す別の画像ノイズ除去手法は，単純で直感的であるが，それでも良い結果が得られる．

ここでの議論の最後に確認しておきたいことは，上記のすべての手法が画像 $\mathbf{x}$ 全体についての大域的なモデルを仮定していることである．このモデルの大きな欠点の一つは，画像全体をスパースに扱う辞書を必要とすることである．このような大域的なアプローチよりも魅力的なアプローチは，画像を小さなパッチに分割して局所的に処理を行うものである．以下で見るように，このアプローチは辞書と縮小曲線を学習するものであるが，アルゴリズムは単純であり，実装が容易で，並列計算が可能である．

14.3 大域的なモデル化から局所的なモデル化へ

14.3.1 手法の概要

画像全体を一度に扱うのではなく，サイズ $\sqrt{n} \times \sqrt{n}$ 画素（$n \ll N$）の小さな画像パッチ $\mathbf{p}$ を考え，列ベクトル $\mathbf{p} \in \mathbb{R}^n$ として扱う．これらのパッチはスパースランドモデル $\mathcal{M}(\mathbf{A}, \epsilon, k_0)$ に従うと仮定する．つまり，辞書 $\mathbf{A} \in \mathbb{R}^{n \times m}$（$m \geq n$）が存在して，各パッチ $\mathbf{p}$ は対応するスパース表現 $\mathbf{q} \in \mathbb{R}^m$ を持ち，$\|\mathbf{q}\|_0 = k_0$ について $\|\mathbf{Aq} - \mathbf{p}\|_2 \leq \epsilon$ を満たす．この時点では，$\mathbf{A}$ は既知で固定されていると仮定する．

局所パッチに画像を分割するという上記のモデルを仮定すると，局所パッチによって画像は影響を受けることになる．どのようにしてこのモデルを画像ノイズ除去に用いればよいだろう？ 一つの方法は，各パッチを別々にノイズ除去して結果をつなぎ合わせることである．しかし，そうしてしまうと，パッチ境界にブロックノイズが生じてしまう．実際に最近の手法が行っているように，重複のあるパッチを処理して結果を平均し，ブロックノイズを抑制することもできるだろう．

局所的なノイズ除去の例として，Guleryuz が提案してその後に他の研究者たちが発展させた，次のようなアルゴリズムを考える．用いる辞書はユニタリ 2 次元 DCT であり，その重要な利点は二つある．(i) 辞書 $\mathbf{A}$ またはその転置との積が高速であり（分離可能で，また FFT を利用できるため），また (ii) この辞書を用いたスパース符号化は単純で直接的である．画像 $\mathbf{y}$ 全体をノイズ除去するための処理を次に示す．

1. $\mathbf{y}$ の各画素を，サイズ $\sqrt{n} \times \sqrt{n}$ のパッチの中心とする（n は通常 64）．これらのパッチを $\mathbf{p}_{ij}$ とする．
2. しきい値アルゴリズムを用いて，各パッチ $\mathbf{p}_{ij}$ をノイズ除去する．

(a) $\tilde{\mathbf{q}}_{ij} = \mathbf{A}^{\mathrm{T}}\mathbf{p}_{ij}$ を計算する（2次元DCT変換）．

(b) このベクトル $\tilde{\mathbf{q}}_{ij}$ を，あらかじめ指定したしきい値（ノイズパワーに依存し，また各要素で異なる）でハードしきい値処理し，$\hat{\mathbf{q}}_{ij}$ を得る．

(c) $\hat{\mathbf{p}}_{ij} = \mathbf{A}\hat{\mathbf{q}}_{ij}$ を計算する．これがこのパッチのノイズ除去結果である．

3. 単純平均を用いてノイズ除去されたパッチを統合する．重み付き平均を用いて結果を改善する方法もあるが，ここでは行わない．

この単純なアルゴリズムは，画像のノイズ除去に対して驚くべき性能を発揮する．次項以降で，さらに改善する方法を議論する．興味深いことに，重複するパッチを利用することは，ブロックノイズが除去できるという理由だけではなく，アルゴリズム自体の性能向上に決定的な役割を果たすことがわかっている．この平均処理は，第11章のMMSE推定の近似において登場した平均操作と同様のものである．

14.3.2 縮小曲線の学習

ここで紹介するアイデアは，Yakov Hel-Or と Doron Shaked の最新の研究によるものである．

上記で説明したパッチのノイズ除去処理は，次式のように書くことができる．

$$\hat{\mathbf{p}}_{ij} = \mathbf{A}\hat{\mathbf{q}}_{ij} = \mathbf{A}\mathcal{S}\left\{\mathbf{A}^{\mathrm{T}}\mathbf{p}_{ij}\right\} \tag{14.7}$$

$\mathcal{S}$ は $\tilde{\mathbf{q}}_{ij}$ の要素に対する要素ごとの縮小処理である．

ここで，ノイズのない画像のパッチ $\{\mathbf{p}_k^0\}_{k=1}^M$ が訓練用データベースとして大量に与えられていると仮定する．そして，事前に指定した分散 σ^2 の白色ガウスノイズをそれらのパッチに加えて，ノイズを含んだパッチの集合 $\{\mathbf{p}_k\}_{k=1}^M$ を新しく生成する．これらの M 個のパッチペア $\{\mathbf{p}_k^0, \mathbf{p}_k\}_{k=1}^M$ を用いて，上記のハードしきい値処理の代わりとなるような，最適な縮小処理を求めたい．そして，最良のしきい値パラメータ集合も一般的に求めたい．そのために，以下のペナルティ関数を用いる．

$$F_{\mathrm{local}}(\mathcal{S}) = \sum_{k=1}^{M}\left\|\mathbf{p}_k^0 - \mathbf{A}\mathcal{S}\left\{\mathbf{A}^{\mathrm{T}}\mathbf{p}_k\right\}\right\|_2^2 \tag{14.8}$$

この縮小処理 $\mathcal{S}$ の関数であるペナルティを用いて，ノイズを含むパッチにノイズ除去アルゴリズムを適用し，ノイズのない原画像にできるだけ近づけたい．

これ以降，縮小処理は与えられたベクトルの要素ごとに別々に適用されると仮定する．一般に，低周波成分の係数はノイズに対して頑健であるが，高周波成分は敏感なので，縮小処理は控えめにしたほうがよい．このような理由から，別々に適用するという仮定は自然である．したがって，任意のベクトル $\mathbf{u} \in \mathbb{R}^m$ に対する縮小処理 $\mathcal{S}\{\mathbf{u}\}$ は，次のように分解できる．

$$\mathcal{S}\{\mathbf{u}\} = \begin{bmatrix} \mathcal{S}_1\{u[1]\} \\ \mathcal{S}_2\{u[2]\} \\ \vdots \\ \mathcal{S}_m\{u[m]\} \end{bmatrix} \tag{14.9}$$

ここで，それぞれの $\mathcal{S}_i$ は異なる処理であってよい．$\mathbf{u}_k = \mathbf{A}^{\mathrm{T}}\mathbf{p}_k$ と書けば，式 (14.8) のペナルティ関数は次のように書き直すことができる．

$$\begin{aligned} F_{\text{local}}(\mathcal{S}_1, \mathcal{S}_2, \ldots, \mathcal{S}_m) &= \sum_{k=1}^{M} \left\| \mathbf{p}_k^0 - \mathbf{A}\mathcal{S}\left\{\mathbf{A}^{\mathrm{T}}\mathbf{p}_k\right\} \right\|_2^2 \\ &= \sum_{k=1}^{M} \left\| \mathbf{p}_k^0 - \sum_{i=1}^{m} \mathbf{a}_i \mathcal{S}_i\{u_k[i]\} \right\|_2^2 \end{aligned} \tag{14.10}$$

なお，もし辞書がユニタリであれば，$\mathbf{u}_k^0 = \mathbf{A}^{\mathrm{T}}\mathbf{p}_k^0$ と $\mathbf{u}_k = \mathbf{A}^{\mathrm{T}}\mathbf{p}_k$ を用いて，このペナルティ関数は次のように書き直すことができる．

$$\begin{aligned} F_{\text{local}}(\mathcal{S}_1, \mathcal{S}_2, \ldots, \mathcal{S}_m) &= \sum_{k=1}^{M} \left\| \mathbf{p}_k^0 - \mathbf{A}\mathcal{S}\left\{\mathbf{A}^{\mathrm{T}}\mathbf{p}_k\right\} \right\|_2^2 \\ &= \sum_{k=1}^{M} \left\| \mathbf{A}^{\mathrm{T}}\mathbf{p}_k^0 - \mathcal{S}\left\{\mathbf{A}^{\mathrm{T}}\mathbf{p}_k\right\} \right\|_2^2 \\ &= \sum_{k=1}^{M} \left\| \mathbf{u}_k^0 - \mathcal{S}\left\{\mathbf{u}_k\right\} \right\|_2^2 \\ &= \sum_{i=1}^{m} \sum_{k=1}^{M} \left(u_k^0[i] - \mathcal{S}_i\{u_k[i]\} \right)^2 \end{aligned} \tag{14.11}$$

この式は，ペナルティ関数が m 個の部分に分割されており，それぞれが一つの縮小処理を扱うため，m 個の縮小曲線を別々に学習することができることを意味している．

一般的な場合に戻ろう．次は，最適な縮小曲線を求めるために，縮小処理をパラメータ化するステップである．ここでは以下の多項式関数を用いる．

$$\mathcal{S}_i\{u\} = \sum_{j=0}^{J} c_i[j]u^j \tag{14.12}$$

つまり，縮小曲線を決めるには係数 $\{c_i[j]\}_{j=0}^{J}$ を決めればよい．この表現方法の利点は，式 (14.10) のペナルティ関数にこの多項式を代入すると式全体が単純な 2 次形式になることである．したがって，通常の最小 2 乗法で最適解を求めることができる．$\mathcal{S}_i\{u\}$ のための他の表現方法には，奇数乗の項だけを含む奇関数多項式や，スプライン関数などがある．Hel-Or と Shaked の研究では区分線形関数を用いており，接続点を学習している．

もとの定式化に戻り，縮小処理の多項式モデルを代入すると，ペナルティ関数は次のようになる．

$$\begin{aligned} F_{\mathrm{local}}(\mathcal{S}_1, \mathcal{S}_2, \ldots, \mathcal{S}_m) &= \sum_{k=1}^{M} \left\| \mathbf{p}_k^0 - \sum_{i=1}^{m} \mathbf{a}_i \mathcal{S}_i\{u_k[i]\} \right\|_2^2 \\ &= \sum_{k=1}^{M} \left\| \mathbf{p}_k^0 - \sum_{i=1}^{m} \mathbf{a}_i \sum_{j=0}^{J} c_i[j] u_k[i]^j \right\|_2^2 \end{aligned} \tag{14.13}$$

ここで，このペナルティ関数の最小化を容易にするために，次のような行列記法を導入する．ベクトル $\mathbf{c} \in \mathbb{R}^{mJ}$ を，$i = 1, \ldots, m$ のすべての系列 $\{c_i[j]\}_{j=0}^{J}$ を保持する次のベクトルとする．

$$\begin{aligned} \mathbf{c}^{\mathrm{T}} = [&c_1[0], c_1[1], \ldots, c_1[J],\ c_2[0], c_2[1], \ldots, c_2[J], \\ &\ldots,\ c_m[0], c_m[1], \ldots, c_m[J]] \end{aligned}$$

同様に，行列 $\mathbf{U}_k \in \mathbb{R}^{m \times mJ}$ を m 個のブロックを持つ次のブロック対角行列とする．

$$\mathbf{U}_k = \begin{bmatrix} \mathbf{b}_k[1] & \mathbf{0} & \dots & \mathbf{0} \\ \mathbf{0} & \mathbf{b}_k[2] & \dots & \mathbf{0} \\ \vdots & \vdots & \ddots & \\ \mathbf{0} & \mathbf{0} & & \mathbf{b}_k[m] \end{bmatrix} \tag{14.14}$$

各ブロック $\mathbf{b}_k[i]$ のサイズは $1 \times J$ であり，次のようなものである．

$$\mathbf{b}_k[i] = \left[u_k[i]^0, u_k[i]^1, \dots, u_k[i]^J\right], \quad i = 1, 2, \dots, m$$

上記の記法を用いると，最小化するべき関数は次のように書ける．

$$F_{\text{local}}(\mathbf{c}) = \sum_{k=1}^{M} \|\mathbf{p}_k^0 - \mathbf{A}\mathbf{U}_k\mathbf{c}\|_2^2 \tag{14.15}$$

縮小曲線を規定する最適なパラメータは以下を満たす．

$$\frac{\partial F_{\text{local}}(\mathbf{c})}{\partial \mathbf{c}} = \mathbf{0} = \sum_{k=1}^{M} \mathbf{U}_k^{\mathrm{T}}\mathbf{A}^{\mathrm{T}}\left(\mathbf{A}\mathbf{U}_k\mathbf{c} - \mathbf{p}_k^0\right) \tag{14.16}$$

この解は次式で与えられる．

$$\mathbf{c}_{\text{opt}} = \left[\sum_{k=1}^{M} \mathbf{U}_k^{\mathrm{T}}\mathbf{A}^{\mathrm{T}}\mathbf{A}\mathbf{U}_k\right]^{-1} \sum_{k=1}^{M} \mathbf{U}_k^{\mathrm{T}}\mathbf{A}^{\mathrm{T}}\mathbf{p}_k^0 \tag{14.17}$$

縮小曲線を学習したら，同じノイズパワー σ のノイズが加えられている新しい画像に対してノイズ除去アルゴリズムを適用することができる．もし新しい画像が縮小曲線を学習した訓練画像に似ていれば，ノイズ除去性能は非常に良いことが期待できる．

アルゴリズムの実用性を実証するために，次のような実験の結果を示そう．まず，図 14.3 に示す画像 “Lena”（と，$\sigma = 20$ のノイズを付加したもの）の 200×200 画素の部分から，サイズ 6×6（$N = 36$）のパッチ $(200-5)^2$ 個をすべて切り出す．このパッチペアを用いて，ユニタリ 2 次元 DCT パッチ辞書の係数に適用する 36 個の縮小曲線を学習する．目的関数には，式 (14.15) と同じものを用いて，それぞれの縮小曲線を別々に独立に最適化する．数値計算上の理由により，入力パッチを $(\mathbf{p}_k - 127)/128$ で正規化してから処理する．こうして得られた縮小曲線を図 14.4 に示す．この図から，低周波成分（最も左上のグ

図 14.3　縮小曲線の学習に用いた，画像 “Lena” の 200 × 200 画素の一部分．

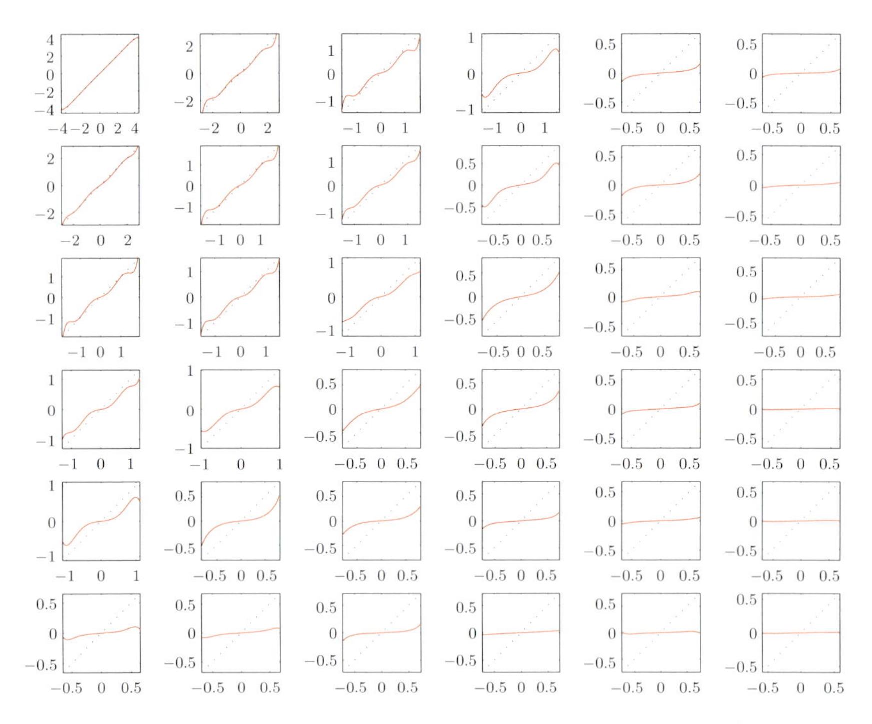

図 14.4　式 (14.15) のペナルティ関数を用いて学習した 36 個の縮小曲線．それぞれのグラフは，それぞれのユニタリ 2 次元 DCT 変換の係数に対応する．

ラフ）の係数はほとんど変化せず，高周波成分の係数は大きく縮小されていることがわかる．

縮小曲線を学習したら，それを他の画像にも適用して，同じ強度のノイズ($\sigma = 20$) を除去する．図 14.5 に画像 "Barbara" に対する結果を示す．なお，縮小曲線は多項式でパラメータ化されているため，大きな値に対する多項式変換は完全に間違ったものになる場合がある．そのため，入力画像の輝度値が訓練画像の輝度値の範囲を超えていると，値が桁外れに増幅されるかもしれない．これを防ぐために，入力画像の輝度値が訓練画像の輝度値の範囲に収まっているのかどうかをチェックし，もし収まっていなければその値は変換しないものとする．

ここで得られた結果は，大域的しきい値アルゴリズムで得られた結果よりも，

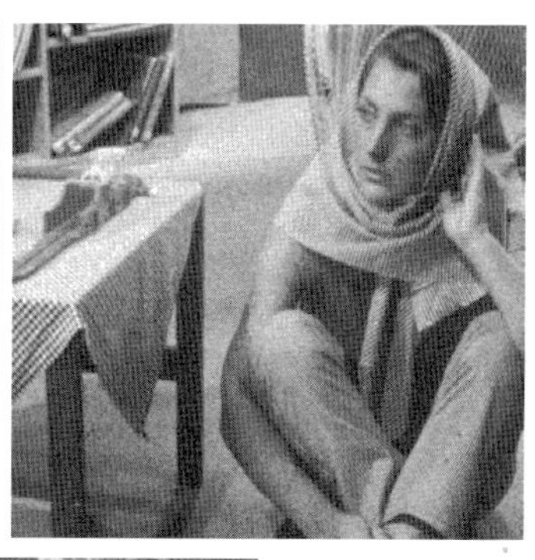

図 14.5　（左上）入力画像．（右上）$\sigma = 20$ のノイズが加えられたグレースケール画像．（下）パッチに基づくユニタリ 2 次元 DCT で学習された縮小曲線で得られたノイズ除去画像．入力画像の画質は PSNR = 22.11dB であるが，ここに示す結果画像の画質は PSNR = 28.36dB である．

およそ1dB向上している．訓練データはどれほど良質で，それは結果にどのように影響しているのだろうか？　それを見るために，“Barbara” 全体を訓練データとして同じ実験を行った結果，PSNR $= 28.75$ となった．確かに数値としては向上しているが，それほど大きくはない．つまり，画像 “Lena” の一部を訓練データとしても十分であると言える．

興味深いことに，ここで扱っている問題とは違う逆問題，例えばブレ除去，JPEG画像のブロックノイズ除去に対してもこのアプローチを用いることができる．このアルゴリズムがこれらの外乱（ブレやブロックノイズ）を扱えると仮定すれば，同じ訓練アルゴリズムを用いて，最適な縮小曲線を学習することができるのである．

上記の記述には重要な内容が一つ欠けている．それは，重複したパッチの平均をとって，ノイズが除去された画像を生成していることである．そのため，各パッチでの誤差を最小化するのではなく，原画像全体と最終的な推定画像全体との誤差を最小化するように縮小曲線を最適化すると，良い性能が得られるかもしれない．これはやや複雑ではあるが，それでも定式化は可能である．

それでは，画素数 M の訓練画像 $\mathbf{y}_0$ が与えられたと仮定しよう．これから重複したすべてのパッチ $\{\mathbf{p}_k^0\}_{k=1}^M$ を切り出し，学習に用いる．ここで，インデックス k は画像中の座標 $[i,j]$ と一対一に対応しているとする．学習のために，ノイズパワー σ のガウスノイズを加えた画像 $\mathbf{y}_0$ からパッチを切り出して，$\{\mathbf{p}_k\}_{k=1}^M$ とする．

ここで，作用素 $\mathbf{R}_k \in \mathbb{R}^{n\times M}$ を，k 番目のパッチを切り出す処理 $\mathbf{p}_k^0 = \mathbf{R}_k\mathbf{y}_0$ とする．この作用素の転置は，画像に対して k 番目の位置にパッチを挿入し，他の画素をゼロで埋める処理に相当する．これを用いると，式 (14.8) のペナルティ関数は次のように書き換えられる．

$$F_{\mathrm{global}}(\mathcal{S}) = \left\| \mathbf{y}_0 - \frac{1}{n}\sum_{k=1}^{M} \mathbf{R}_k^{\mathrm{T}} \mathbf{A}\mathcal{S}\left\{\mathbf{A}^{\mathrm{T}}\mathbf{R}_k\mathbf{y}\right\} \right\|_2^2 \tag{14.18}$$

n で割っているのは，各画素において n 個のパッチが重複しており[*3]，それらで平均をとるためである．しかし，これは未知ベクトル $\mathbf{c}$ に含めて消去するこ

[*3] これは周期境界条件を仮定している．つまり，$\mathbf{y}_0$ の各画素は対応するパッチの左上隅に対応するとし，パッチが画像の外にはみ出る場合には，画像を周期的に拡張するものと考える．

とができる．以前と同様の記法を用いると，ペナルティ関数は次のようになる．

$$F_{\mathrm{global}}(\mathcal{S}) = \left\| \mathbf{y}_0 - \sum_{k=1}^{M} \mathbf{R}_k^{\mathrm{T}} \mathbf{A} \mathbf{U}_k \mathbf{c} \right\|_2^2 \tag{14.19}$$

最適な縮小曲線のパラメータは，次式で与えられる．

$$\mathbf{c}_{\mathrm{opt}} = \left[\left(\sum_{j=1}^{M} \mathbf{U}_j^{\mathrm{T}} \mathbf{A}^{\mathrm{T}} \mathbf{R}_j \right) \left(\sum_{k=1}^{M} \mathbf{R}_k^{\mathrm{T}} \mathbf{A} \mathbf{U}_k \right) \right]^{-1} \left(\sum_{k=1}^{M} \mathbf{U}_k^{\mathrm{T}} \mathbf{A}^{\mathrm{T}} \mathbf{R}_k \right) \mathbf{y}_0 \tag{14.20}$$

このアルゴリズムで前回と同じシミュレーション実験を行うと，良い結果が得られる．学習に用いるパッチデータベースは同じものを用いるが，学習のために最小化するペナルティ関数は，今回は式 (14.19) であり，図 14.6 に示すよ

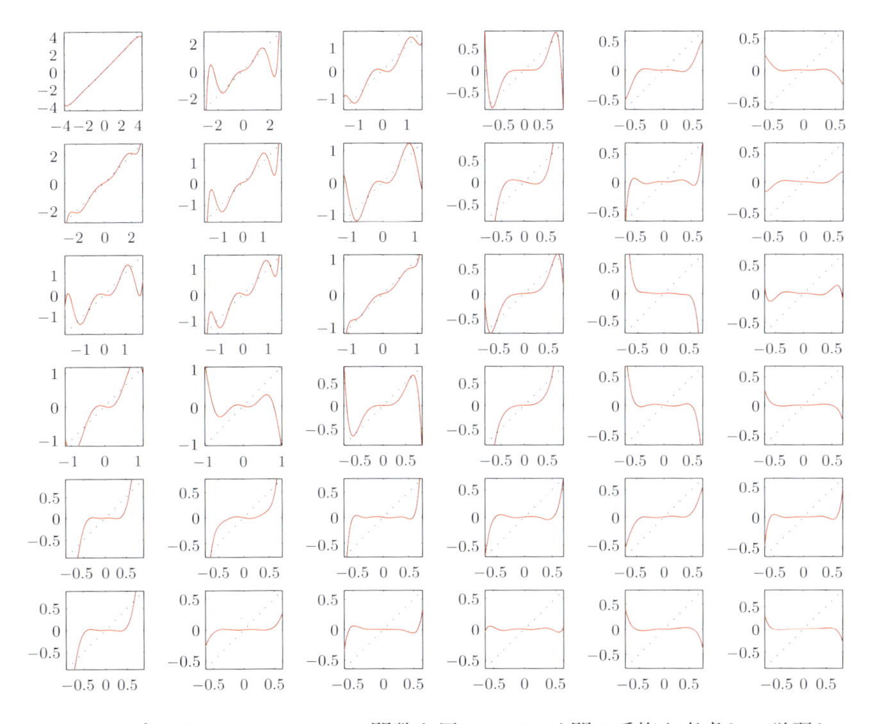

図 14.6　式 (14.19) のペナルティ関数を用い，パッチ間の重複を考慮して学習した 36 個の縮小曲線．

うに，さまざまな縮小曲線が得られる．興味深い現象は，いくつかの曲線において小さい値に対する過縮小（over-shrinkage）が起こっている，つまり，値がゼロになるだけでなく，符号が反対になってしまっている．

これらの縮小曲線を前回と同じ方法で画像 “Barbara” に適用すると，PSNR = 29.05dB という非常に改善された結果が得られる（パッチサイズ 8 × 8 の結果は PSNR = 29.41dB である）[*4]．結果画像を図 14.7 に示す．

上記のパッチに基づく画像ノイズ除去手法の魅力的な点は，画像を処理する方法が簡単なことである．別の利点は，この手法は反復を必要とせず，局所的

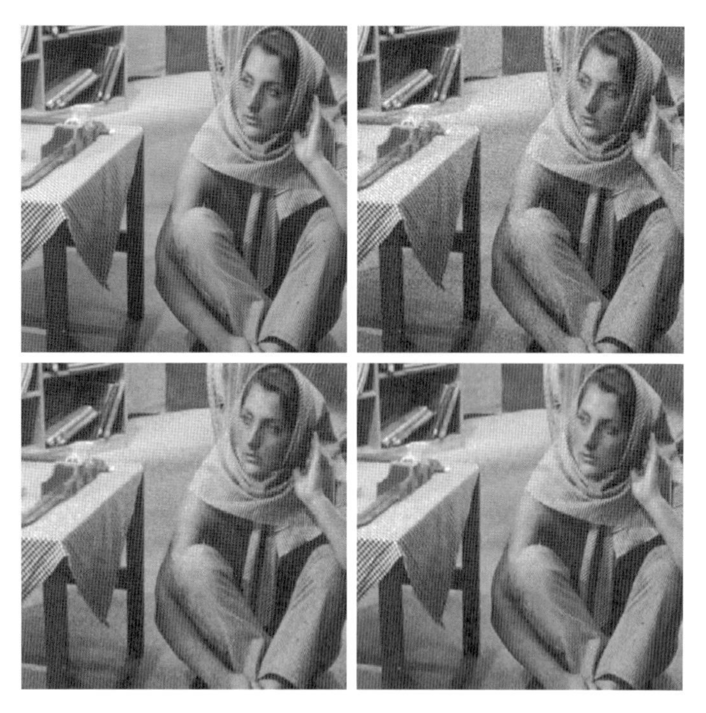

図 14.7　（左上）原画像．（右上）ノイズを含む画像．（下段）二つの実験のノイズ除去結果．（左下）重複しないパッチで学習した結果（PSNR = 28.36dB）．（右下）重複するパッチで学習した結果（PSNR = 29.05dB）．

[*4] Hel-Or と Shaked の論文でこの実験に対応する結果は約 30dB である．この差は，使用したパッチのサイズ，縮小曲線のパラメータ化，訓練データの違いによる．

なパッチを独立に処理できることである．したがって，このアルゴリズムを並列処理するハードウェアとして実装することもできる．

この結果をもっと改善する方法はいろいろあり，その中でも，辞書 $\mathbf{A}$ を修正して性能を最適化する方法は，自然に考えつく方法である．次項では画像ノイズ除去のための辞書を最適化する手法を議論する．

14.3.3 学習辞書と大域的な事前確率の導入

前項で説明した局所的なアルゴリズム（固定または学習した縮小曲線を用いる手法）を修正するには，画像パッチを表現するために冗長な辞書を用いたり，しきい値アルゴリズムを OMP や BP で置き換えたりすることが考えられる．ここでは，そのようなアプローチにつながるアルゴリズムを系統的に議論する．これは Aharon と Elad の研究に沿ったものである．

未知の画像 $\mathbf{y}_0$ のパッチはどれもスパースランドモデル $\mathcal{M}(\mathbf{A}, \epsilon, k_0)$ に従っていると仮定する．すると，この知識を事前確率として考慮する MAP 推定は，次のようになる．

$$\left\{\{\hat{\mathbf{q}}_k\}_{k=1}^{M}, \hat{\mathbf{y}}\right\} = \arg\min_{\mathbf{z},\{\mathbf{q}_k\}_k} \lambda\|\mathbf{z}-\mathbf{y}\|_2^2 + \sum_{k=1}^{M}\mu_k\|\mathbf{q}_k\|_0 + \sum_{k=1}^{M}\|\mathbf{A}\mathbf{q}_k - \mathbf{R}_k\mathbf{z}\|_2^2 \tag{14.21}$$

この式において，第 1 項は大域的な対数尤度であり，観測画像 $\mathbf{y}$ と（未知の）ノイズ除去画像 $\mathbf{z}$ が類似するほど値が小さくなる．第 2 項と第 3 項は画像の事前分布であり，ノイズ除去画像 $\mathbf{z}$ において，サイズ $\sqrt{n}\times\sqrt{n}$ のすべてのパッチ $\mathbf{p}_k = \mathbf{R}_k\mathbf{z}$（対象が「すべて」なので，$k$ で総和する）は，許容誤差内でスパースに表現されることを要請している．係数 μ_k は，制約条件 $\|\mathbf{A}\mathbf{q}_k - \mathbf{p}_k\|_2 \le \epsilon$ を満たすために，位置に依存しなければならない．以下で見るように，この係数は実際には不要であり，既知の値で置き換えることができる．

辞書 $\mathbf{A}$ を既知と仮定すると，ペナルティ関数 (14.21) は二つの未知数を持つ．各位置のパッチのスパース表現 $\hat{\mathbf{q}}_k$ と，結果の画像全体 $\mathbf{z}$ である．ここでは，この二つを同時に求めるのではなく，座標降下最小化アルゴリズムを用いた準最適解を求めるアプローチをとる．まず，$\mathbf{z} = \mathbf{y}$ で初期化し，最適な $\hat{\mathbf{q}}_k$ を求める．この場合，パッチごとに独立した M 個の小さな部分最小化問題

$$\hat{\mathbf{q}}_k = \arg\min_{\mathbf{q}} \mu_k \|\mathbf{q}\|_0 + \|\mathbf{A}\mathbf{q} - \mathbf{p}_k\|_2^2 \tag{14.22}$$

を解くことになる．OMP を用いれば，この問題の近似解は容易に求められる．つまり，一つずつアトムを追加し，誤差 $\|\mathbf{A}\mathbf{q} - \mathbf{p}_k\|_2^2$ が $cn\sigma^2$ を下回れば停止する（パラメータ c は事前に指定する）．この場合，μ_k は暗に指定されることになる．したがって，このステップは，サイズ $\sqrt{n} \times \sqrt{n}$ のブロックに対してスライディングウィンドウの要領でスパース符号化することになる．

すべての $\hat{\mathbf{q}}_k$ を求めたら，それを固定して $\mathbf{z}$ を更新する．式 (14.21) に戻れば，次の問題を解くことになる．

$$\hat{\mathbf{y}} = \arg\min_{\mathbf{z}} \lambda\|\mathbf{z} - \mathbf{y}\|_2^2 + \sum_{k=1}^{M} \|\mathbf{A}\hat{\mathbf{q}}_k - \mathbf{R}_k\mathbf{z}\|_2^2 \tag{14.23}$$

これは単純な 2 次の問題であり，次の閉形式の解を持つ．

$$\hat{\mathbf{y}} = \left(\lambda\mathbf{I} + \sum_{k=1}^{M} \mathbf{R}_k^{\mathrm{T}}\mathbf{R}_k\right)^{-1} \left(\lambda\mathbf{y} + \sum_{k=1}^{M} \mathbf{R}_k^{\mathrm{T}}\mathbf{A}\hat{\mathbf{q}}_k\right) \tag{14.24}$$

この式は少し複雑でわかりにくいかもしれない．これが意味するのは，ノイズ除去したパッチを平均し，さらに，ノイズを含む入力画像を重みを付けて足し込むことである．逆行列を計算する部分は対角行列なので，式 (14.24) の計算はやはり画素ごとに，前述のスライディングウィンドウのスパース符号化と同様に行うことが可能である．

ここまでで得られたノイズ除去アルゴリズムは，小さいパッチをスパース符号化して，その結果を平均するというものであった．しかし，式 (14.21) の最小化が目的であれば，処理をさらに進めなければならない．$\mathbf{z}$ を更新したら，すでにノイズ除去された画像のパッチを用いて，再びスパース符号化ステップを行い，その次はパッチを平均し，というように処理を反復する．このアプローチの問題点は，対象となる画像が含む加法ノイズはもはや白色ガウスノイズではなく，そのため OMP を用いるのは適切ではない，ということである．さらに，すでに幾分かのノイズを除去しているため，OMP で用いるしきい値の適切な値はわからない．

上記で導出したノイズ除去手法は，$\mathbf{A}$ を既知と仮定している．つまり，ノイズのない多数の画像パッチを用いて，MOD や K-SVD などでオフラインで辞書を学習してから，上記のアルゴリズムで利用することになる．以下が，そのようにして実験を行った結果である．多数の画像から切り出したサイズ 8×8 のパッチ 100,000 個から（K-SVD の 180 回の反復で）64×256 の辞書を学習した．この辞書を図 14.8 に示す．$c = 1.15$（上述のパラメータ）としてこのノイズ除去手法を適用し，$\lambda = 0.5$ でノイズ除去した結果を図 14.9 に示す．この PSNR は 28.93dB である．

このアプローチの結果は妥当なものであるが，さらに改善することができる．そのためのもっと挑戦的な目標は，ノイズを含む画像自体を学習に用いて，与えられた画像に特化した辞書を作成することである．これにより，もっとスパースな表現ともっと効率的なノイズ除去方法が得られるだろう．辞書学習アルゴ

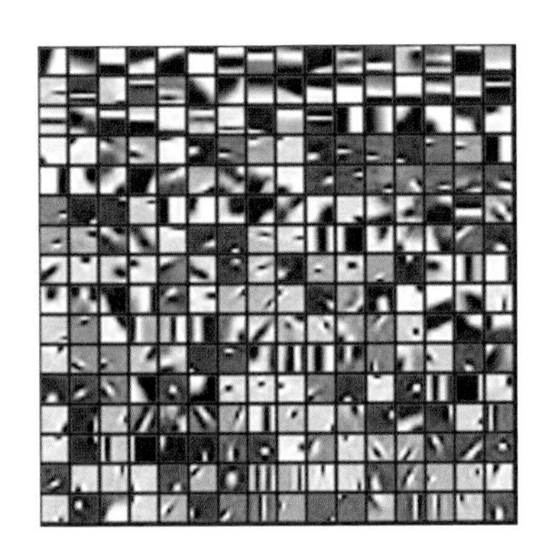

図 14.8 一般的な画像に対して大域的に学習した K-SVD 辞書．

図 14.9 大域的に学習した辞書を用いたノイズ除去結果（PSNR = 28.93dB）．

リズムの興味深い特性の一つは，ノイズに頑健なことである．そのため，ノイズ画像から学習したとしても，ノイズのない良質な辞書が得られることが期待できる．

このアルゴリズムのための洗練された方法は，式 (14.21) の MAP ペナルティ関数に戻り，辞書 $\mathbf{A}$ も未知数として扱うことである．つまり，$\mathbf{z} = \mathbf{y}$ と固定し，$\mathbf{A}$ を何らかの辞書（例えば第 12 章で述べた冗長 DCT など）で初期化して，ブロック座標緩和法を用いるのである．

パッチのスパース表現 $\mathbf{q}_k$ の更新は前回と同様であり，スライディングウィンドウで OMP を適用する．次に，MOD か K-SVD を用いて辞書を更新する．この二つのステップを反復することで，ノイズを含む画像 $\mathbf{y}$ のパッチを扱う辞書学習アルゴリズムとなる．反復が（10 回程度で）収束したら，式 (14.24) と同様にして最終的なノイズ除去画像を計算する．辞書学習をノイズ除去処理に組み込んだこの手法の性能は，以下で示すように，前述のオフラインで学習する手法を上回る．

この適応的アプローチの結果を，図 14.10 と図 14.11 に示す．これは大域的に学習した辞書を用いて行った前述の実験と同じものである．図 14.10 に示しているのは，初期化に用いた（分離可能）冗長 2 次元 DCT 辞書と，K-SVD の辞書更新ステップを 15 回反復したあとの辞書である．適応的な辞書には画像 “Barbara” に含まれているテクスチャに対応するアトムが含まれており，画像

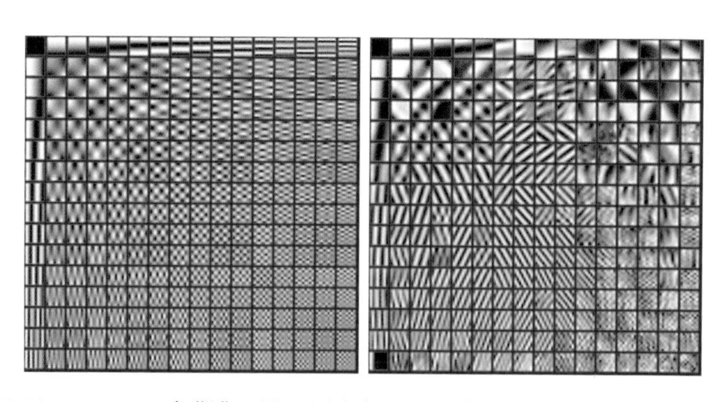

図 14.10　K-SVD の初期化に用いた冗長 DCT 辞書と，ノイズを含む画像 “Barbara” で学習した K-SVD 辞書（15 回反復）．

図 14.11　（左上）原画像.（右上）ノイズを含む画像.（下段）ノイズ除去結果.（左下）分離可能 2 次元 DCT 初期辞書を用いた結果（PSNR = 30.01dB）.（右下）K-SVD の 15 回反復で得られた辞書を用いた結果（PSNR = 30.98dB）.

内容を反映した辞書になっていることがわかる.

図 14.10（右）の K-SVD 辞書をよく見ると，いくつかのアトムはノイズを多く含んでおり，有用な情報を持っていないように見える．運が良ければ，これらのアトムは有用ではないため，画像パッチのスパース表現に用いられることはないだろう．悪ければ，これらのアトムがスパース表現に用いられてしまい，結果画像はノイズを含んでしまうかもしれない．いずれにしても，$\mathbf{A}$ の冗長性は小さくなっているものの，ノイズ除去結果の画質は保たれるか，もしくは向上している.

図 14.11 はこの二つの辞書を用いたノイズ除去画像である．初期辞書を用いた場合でも，PSNR = 30.01dB という非常に良い結果が得られている．これは大域的に学習した辞書を用いた結果よりも良い．その理由は，大域的に学習し

た辞書とは異なり冗長DCTには縞模様テクスチャのアトムがあり，これが画像“Barbara”で大きな面積を占める縞模様テクスチャに一致するためである．K-SVDで学習した辞書を用いたノイズ除去結果はPSNR = 30.98dBであり，さらに改善されている．したがって，このモデルが有効であり，データに良く適応していると言える．

余談になるが，次の点に注目しておきたい．図14.11（左）の結果が得られたアルゴリズムは，初期辞書に冗長2次元DCT辞書を用いるものであり，これは本節で議論したアルゴリズム（Hel-OrとShakedの手法と，その前身のOnur Guleryuzの手法）によく似ている．それらの違いは，（ユニタリ2次元DCTの代わりに）冗長な行列$\mathbf{A}$を用いていることと，単純なしきい値アルゴリズムの代わりにOMPを適用していることである．この二つの違いのおかげで，縮小曲線を学習しなくても，性能を非常に向上させることができた．

この項の最後として，上記のK-SVDノイズ除去アルゴリズムの拡張を二つ紹介する．一つ目はカラー画像への拡張，二つ目は動画への拡張である．どちらの拡張も詳しくは説明せず，アイデアを簡単に述べるだけにする．

カラー画像を扱うには，RGB色空間をYCbCr色空間（もしくは輝度と色度を分離する他の色空間）に変換すればよい．この新しい色空間において，輝度画像にはK-SVDノイズ除去を適用する．色度画像にはもっと単純な，単なる平滑化を適用するだけでもよい．Mairal, Elad, and Sapiro (2008) は，これとは違うもっと良いアプローチを採用した．つまり，まったく同じK-SVDノイズ除去アルゴリズムを，RGBの3色を含む3次元パッチを扱うようにして，カラー画像に直接適用したのである．この方法で学習した辞書はカラーのアトムを持つが，すべての処理は同じである．ただし，偽色（color artifact）抑制のために，OMPで用いられるパッチ間のℓ_2距離には修正を施している．図14.12に，サイズ$6 \times 6 \times 3$のパッチにこのアルゴリズムを適用した結果を示す．

画像の系列である動画を扱う場合には，上記のK-SVDノイズ除去アルゴリズムをフレームごとに独立に適用すればよい．しかし，隣接フレームを同時に処理すれば，もっと良い結果が得られる．フレーム間の情報を統合する一つの方法は，動画の時空間ボリュームを3次元画像と見なして処理することである．つまり，K-SVDアルゴリズムは3次元パッチを扱うことになり，学習辞書のアトムも3次元パッチになる．この方法をさらに改良するために，学習辞書を画

図 14.12　（左上）原画像．（右上）ノイズを含む画像（PSNR = 20.17dB）．（左下）カラー K-SVD ノイズ除去の結果（PSNR = 30.83dB）．（右下）結果の一部の拡大図．

像系列の各フレームに適応させる方法が考えられる．この場合，各フレームを逐次的にノイズ除去し（バッチ処理でノイズ除去するのではなく，オンラインでフィルタリングするアルゴリズムになる），現在のフレームと隣接フレームから切り出した 3 次元パッチを用いて辞書を学習する．この方法は計算量が大きくなりそうに思えるが，辞書を前フレームから次フレームへ引き継げば，辞書を現在のフレームに適応させるために必要な反復を大幅に節約できる．このようなアルゴリズム（パッチサイズ $5 \times 5 \times 5$）を画像系列 "Garden" に適用した結果を図 14.13 に示す．なお，この画像系列に対して各フレームで K-SVD ノイズ除去を行った結果は，1.8dB 悪い．このアルゴリズムの詳細と性能については，Protter and Elad (2009) を参照してほしい．

14.3.4　ノンローカルミーンアルゴリズム

前述の K-SVD 画像ノイズ除去アルゴリズムは，ノイズを含む画像を直接的に扱う学習処理に依存している．画像中に M 個のパッチがあり，$m \ll M$ を仮定したので，学習においてノイズは抑制されて，得られた辞書に影響を与えることはほとんどない．

この適応的アプローチのアイデアをさらに発展させれば，画像の領域ごとに適応的辞書を作成するという方法が考えられる．まず画像を領域分割した上で，

図 14.13　K-SVD アルゴリズムを用いた動画のノイズ除去．（左段）動画像の（上）10 フレーム目と（下）20 フレーム目．（中段）ノイズを含むフレーム（$\sigma = 50$, PSNR = 14.88dB）．（右段）ノイズ除去結果（PSNR = 22.80dB）．

各領域で別々の辞書を学習すると，結果を改善できるかもしれない．実際，そのようなアプローチでは冗長さがそれほど必要にならないので，冗長さを減らすことができる．このアイデアを極端にしたものが，各画素で別々の辞書を学習する方法である．しかし，明らかにその計算量は大きくなる．したがって，同様の効果が得られる，より単純なアプローチを考える必要がある．

各画素 k に対して，その周辺のパッチ $k \in \mathcal{N}(k)$ をそのまま辞書として利用する（学習は行わない）と仮定する．この辞書のサイズは $n \times m$（$m = |\mathcal{N}(k)|$）である．この辞書を $\mathbf{A}_k$ とし，この辞書を構成した際に中心にあったパッチは $\mathbf{p}_k = \mathbf{R}_k \mathbf{y}$ であると仮定する．つまり，$\mathbf{p}_k$ のスパース表現を辞書 $\mathbf{A}_k$ に対して考えることになる．しかし，ノイズ除去の性能を向上させるために，複数のスパース表現の重み付き平均によって MMSE 推定を近似することもでき，それらの重みは第 11 章で説明したものと同じものである．このアプローチは，ノンローカルミーン（non-local-mean; NLM; 非局所平均）アルゴリズムの変形版である．実際に，もし，上記のスパース表現にはアトムを一つだけを用いるようにして，平均後に中心画素だけを残してそれ以外の画素を捨てる処理をすれば，この方法は NLM と完全に一致する．

NLM アルゴリズムはバイラテラルフィルタの拡張として Coll，Buades，Morel によって提案された．ただし，提案されたときの形式は，上記で説明したものとは異なっている．NLM は画像 $\mathbf{y}$ のノイズ除去を，以下の形式の局所重み付き平均で行う．

$$\hat{\mathbf{y}}_{ij} = \frac{\displaystyle\sum_{[k,l] \in \mathcal{N}(i,j)} w_{ij}[k,l]\, y[i-k, j-l]}{\displaystyle\sum_{[k,l] \in \mathcal{N}(i,j)} w_{ij}[k,l]} \tag{14.25}$$

NLM の成功の鍵となるのは，重みの選択である．重みは次式で計算される．

$$w_{ij}[k,l] = \exp\left\{ -\frac{\|\mathbf{R}_{i,j}\mathbf{y} - \mathbf{R}_{i-k,j-l}\mathbf{y}\|_2^2}{2T} \right\} \tag{14.26}$$

つまり，NLM は周辺画素の重み付き平均であり，二つの画素を中心とするパッチ間の ℓ_2 距離の逆数に比例するように重みをとる．この処理を反復すれば上記の結果を改善することができる．

NLM を用いた画像 “Barbara” のノイズ除去結果を図 14.14 に示す（本章の他の実験と同様に，加法ノイズは $\sigma = 20$ である）．パッチサイズは 7×7，近傍サイズは 17×17 とし，$T = 200$ とした．得られた結果の PSNR は 29.59dB である．この NLM パラメータは最適なものではないが，このフィルタの最良性能を良く表している．

NLM はスパース表現と MMSE 推定の極端な例であるという上記の解釈から，多くの可能性と改善策が得られる．例えば，局所的な辞書を改善すること，各スパース表現でもっと多くのアトムを用いること，中心画素だけでなくパッチ全体を用いること，などがある．

NLM の議論を終える前に，このアルゴリズムの解釈はこれ以外にもあることを述べておきたい．より古典的な他の画像処理手法とも関連付けることは可能である．前述したように，NLM とバイラテラルフィルタとは関連性がある．バイラテラルフィルタは，サイズ 1×1 のパッチを用いる NLM の特殊な場合と考えることができる．このフィルタもまた，中心画素とその周辺画素との距離によって，重みを指数関数的に減衰させている．これは，Kimmel, Malladi, Sochen が提案したベルトラミフロー（Beltrami-flow）と呼ばれる画像ノイズ除去アルゴリズムに非常に関連している．実際，Spira らが示したように，バイラテラルフィルタはベルトラミアルゴリズムの実質的な短時間カーネル（short-time kernel）である．同様に，画像の拡散処理を特徴空間において実

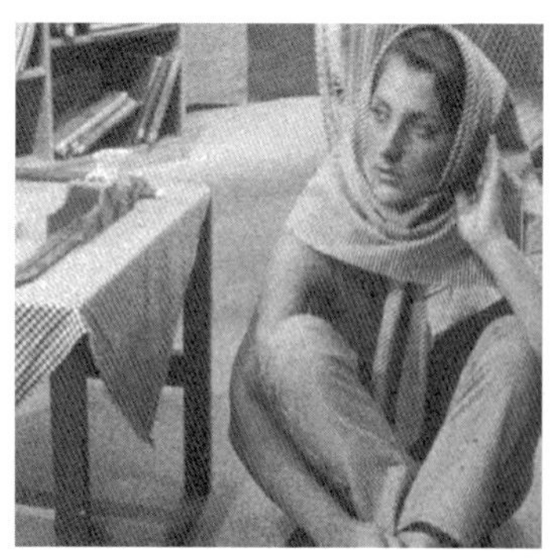

図 14.14　（左）ノイズを含む画像．（右）NLM フィルタによるノイズ除去結果（PSNR = 29.59dB）．

行し，それがパッチ処理となるような，ペルトラミ手法の変形版を，NLM と直接関係付けることもできる．

14.3.5 3 次元 DCT 縮小：BM3D ノイズ除去

局所パッチを用いたスパース表現に基づくアルゴリズムの最後のものとして，Dabov, Foi, Katkovnik, Egiazarian によって提案された最近の手法である 3 次元ブロックマッチング（block-matching 3D; BM3D）アルゴリズムを紹介する．このアルゴリズムには，NLM や他のすでに説明したアルゴリズムと類似した点がある．この手法の詳細を説明することはせずに，その中心的な考え方を説明する．なお，性能は他のすでに説明した手法と大きく違わないものの，本書執筆時点で，この手法は画像ノイズ除去において最高の性能を持つアルゴリズムである．図 14.15 に "Barbara" の加法ノイズ $\sigma = 20$ の除去結果を示す．その結果は PSNR = 31.78dB であり，これは本章で最も良い結果である．

BM3D アルゴリズムは，$\mathbf{y}$ の各画素に対して，以下のノイズ除去を行う．（位置 $[i, j]$ に対応する）k 番目の画素を考え，その周囲 $\sqrt{n} \times \sqrt{n}$ のパッチ $\mathbf{p}_k$ を切り出す．ノイズ除去処理は，まず類似したパッチの集合 S_k を画像全体から求める．類似度は ℓ_2 ノルムで評価する（これがブロックマッチング処理である）．ノイズの悪影響を抑えるために，本章の前半で示したものと同じしきい値アルゴリズムによってノイズ除去したパッチを用いて距離計算を行う．

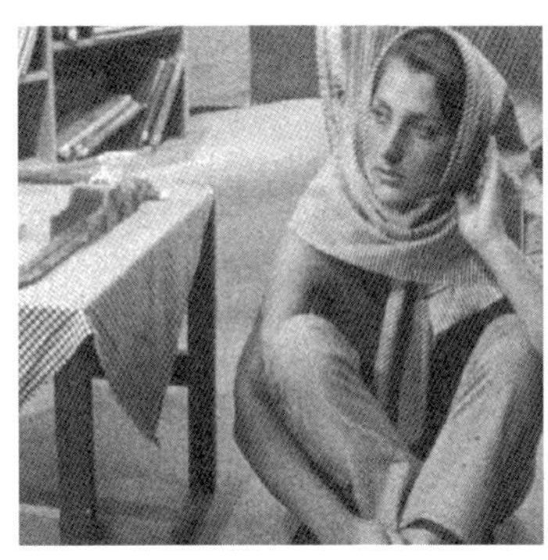

図 14.15 ノイズを含む画像と，BM3D フィルタによるノイズ除去結果（PSNR = 31.78dB）．

そして，これらの $|S_k|$ 個のパッチを並べてサイズ $\sqrt{n} \times \sqrt{n} \times |S_k|$ の直方体を作る．そして，同じしきい値アルゴリズムで（ただし，今回は3次元DCT変換を用いて），この直方体に対して3次元的なノイズ除去を施す (joint denoising)．そのアイデアは，パッチ間の高い相関と空間的な冗長性のために，3次元DCT係数は非常にスパースになるという予測に基づく．(2回目の) しきい値アルゴリズムを適用した後，3次元逆DCTを適用して，このパッチ集合のノイズ除去したものを求める．

そして，ノイズ除去したパッチを，ノイズ除去結果画像中のもとの位置へと転送する．他のパッチと重複する部分は平均する．各画素についてこの処理を反復するので，各パッチは複数のコンテキストで複数回ノイズ除去されることになる．重複するパッチ同士の平均には，しきい値ステップにおいて各パッチが得た非ゼロ要素の個数に反比例する重みによる，重み付き平均を用いる．こうすることで，非常にスパースなパッチが全体の解において最も優先されるようになる．

BM3Dはこれまでに紹介した他のアルゴリズムとは異なるが，パッチごとの処理，しきい値アルゴリズムの利用，NLMのようなブロックマッチング，重複した部分の平均など，類似点もある．つまり，BM3Dは他の手法と同じ種類のノイズ除去手法であると言える．さらに，この手法を改善するために，縮小曲線の学習や辞書学習など，すでに他の手法で行った改良を導入することも考えられる．

前述したように，BM3Dは画像ノイズ除去において最良のアルゴリズムである．しかし，画像ノイズ除去の研究が進んでおり，最良ではなくなる日も近いだろう．実際に，Mairalらの最近の研究では，BM3Dの性能を上回るK-SVDノイズ除去アルゴリズムの変形版が提案されている．この研究は，K-SVDとBM3Dアルゴリズムを融合した興味深い手法であり，以下に述べておく．

K-SVDノイズ除去に対して，Mairalらは次のような基本的な（しかし重要な）修正を施した．各パッチにスパース符号化を独立に適用する代わりに，BM3Dの手法に従って，類似したパッチを探して集合 S_k を作り，3次元的にスパース符号化を適用する．この3次元スパース処理によって，異なるパッチが同じアトム集合で表現されるようになる．そして，各パッチをもとの場所に転送し，BM3Dと同様に平均をとる．この手法によって性能が改善される理由は二つある．(i) 3 次元スパース処理によって，アトムへの分解がさらに制約される．(ii) 複数の集合 S_k によって，各パッチがさらに平均処理される．

14.4 自動的なパラメータ設定のための SURE 法

本章の最後に議論する内容は，これまで紹介したすべてのアルゴリズムにとって重要な事柄である．すなわち，良い結果を得るためには多数のパラメータを調整しなければならないが，それは自動的に行えるのだろうか？ 本節では，SURE 法（Stein unbiased risk estimator; Stein の不変リスク推定）を紹介する．これは，いくつかの問題に対しては，自動的にパラメータ調整を行うための洗練された方法である．

14.4.1 SURE の導出

多くの画像処理アルゴリズムには，調整するべき未知パラメータがある．例として本節で説明するのは，式 (14.4) における未知パラメータ T である．明らかに，このパラメータを $\|\hat{\mathbf{y}} - \mathbf{y}\|_2 \approx N\sigma^2$ と設定してもよいが，そうしたとしても平均 2 乗誤差（MSE）が最小になるとは限らない．ノイズを含む画像が与えられたとき，ノイズを含まない「未知の」原画像との MSE を最小化するように（あるいは未知画像に近くなるように），T を自動的に決定する方法があるだろうか？ 真の画像 $\mathbf{y}_0$ を知ることはできないため，一見してこれは不可能なタスクのように思える．しかしながら，次に示すように，この疑問に肯定的に答える方法が存在するのである．

このタスクのために，SURE を導入する．これは，推定（つまりノイズ除去アルゴリズム）$\hat{\mathbf{y}} = h(\mathbf{y}, \theta)$ と計測 $\mathbf{y}$ に対して，その MSE の不偏推定式を与える．ここで，ベクトル θ は，ノイズ除去手法を適用するときに設定しなければならないさまざまなパラメータを表すとする．

モデルには式 (14.1) を用いる．ここで，$\mathbf{v}$ は既知の分散 σ^2 のガウス分布から iid 抽出されたノイズである．Stein が提案した MSE 推定 $\eta(\hat{\mathbf{y}}, \mathbf{y}) = \eta(h(\mathbf{y}, \theta), \mathbf{y})$ は MSE の不偏推定であり，つまり次式が成り立つ．

$$E\left[\eta(\hat{\mathbf{y}}, \mathbf{y})\right] = E\left[\|\hat{\mathbf{y}} - \mathbf{y}_0\|_2^2\right] \tag{14.27}$$

したがって，θ に依存し MSE を推定する関数 $\eta(\hat{\mathbf{y}}, \mathbf{y})$ があれば，この関数を最

小化するように θ の値を決めることで，結果的に真のMSEを最小化することに結び付く．

SUREを導出するためにMSEの式から始めるが，その目的は最小化であり，その値の正確な推定でない．したがって，ここでの推定 $\hat{\mathbf{y}} = h(\mathbf{y}, \theta)$ に関係のない定数項は無視できる．MSEの式を展開すると，以下を得る．

$$
\begin{aligned}
E\left[\|\hat{\mathbf{y}} - \mathbf{y}_0\|_2^2\right] &= E\left[\|h(\mathbf{y}, \theta) - \mathbf{y}_0\|_2^2\right] \\
&= E\left[\|h(\mathbf{y}, \theta)\|_2^2\right] - 2E\left[h(\mathbf{y}, \theta)^{\mathrm{T}}\mathbf{y}_0\right] + \|\mathbf{y}_0\|_2^2 \\
&= E\left[\|h(\mathbf{y}, \theta)\|_2^2\right] - 2E\left[h(\mathbf{y}, \theta)^{\mathrm{T}}\mathbf{y}_0\right] + \text{定数}
\end{aligned}
\tag{14.28}
$$

最右辺において，第2項だけが未知数 $\mathbf{y}_0$ の関数であるので，これをさらに展開する．$\mathbf{y}_0 = \mathbf{y} - \mathbf{v}$ としたので，次式を得る．

$$
E\left[h(\mathbf{y}, \theta)^{\mathrm{T}}\mathbf{y}_0\right] = E\left[h(\mathbf{y}, \theta)^{\mathrm{T}}\mathbf{y}\right] - E\left[h(\mathbf{y}, \theta)^{\mathrm{T}}\mathbf{v}\right] \tag{14.29}
$$

ここで，$h(\mathbf{y}, \theta)$ の i 番目の要素を $h_i(\mathbf{y}, \theta)$，ノイズベクトルの i 番目の要素を v_i と書くと，次のように書き換えられる．

$$
\begin{aligned}
E\left[h(\mathbf{y}, \theta)^{\mathrm{T}}\mathbf{y}_0\right] &= E\left[h(\mathbf{y}, \theta)^{\mathrm{T}}\mathbf{y}\right] - \sum_{i=1}^{N} E\left[h_i(\mathbf{y}, \theta)v_i\right] \\
&= E\left[h(\mathbf{y}, \theta)^{\mathrm{T}}\mathbf{y}\right] \\
&\quad - \sum_{i=1}^{N} \int_{-\infty}^{\infty} \frac{1}{\sqrt{2\pi}\sigma} h_i(\mathbf{y}, \theta) v_i \exp\left\{-\frac{v_i^2}{2\sigma^2}\right\} dv_i
\end{aligned}
\tag{14.30}
$$

次に上式の最後の項の積分を計算する．なお，$y_i = y_i^0 + v_i$ なので，式 $h_i(\mathbf{y}, \theta)$ は v_i の関数であり，積分の中に残っている．これ以降，$h_i(\mathbf{y}, \theta)$ は $\mathbf{y}$ で微分できると仮定する．部分積分 $\int u(x)v'(x)dx = u(x)v(x) - \int u'(x)v(x)dx$ を用いると，次式を得る．

$$
\begin{aligned}
E[h_i(\mathbf{y}, \theta)v_i] &= \frac{1}{\sqrt{2\pi}\sigma} \int_{-\infty}^{\infty} h_i(\mathbf{y}, \theta) v_i \exp\left\{-\frac{v_i^2}{2\sigma^2}\right\} dv_i \\
&= -\frac{\sigma^2}{\sqrt{2\pi}\sigma} \int_{-\infty}^{\infty} h_i(\mathbf{y}, \theta) \left[\frac{d}{dv_i} \exp\left\{-\frac{v_i^2}{2\sigma^2}\right\}\right] dv_i \\
&= -\frac{\sigma}{\sqrt{2\pi}} \left(\left[h_i(\mathbf{y}, \theta) \exp\left\{-\frac{v_i^2}{2\sigma^2}\right\}\right]_{-\infty}^{\infty}\right.
\end{aligned}
\tag{14.31}
$$

$$
\left. - \int_{-\infty}^{\infty} \frac{d}{dv_i} h_i(\mathbf{y},\theta) \exp\left\{ -\frac{v_i^2}{2\sigma^2} \right\} dv_i \right)
$$

ここで，$h(\mathbf{y},\theta)$ が有界であると仮定すると，式 (14.31) の第 1 項は消えるので，次のようになる．

$$
\begin{aligned}
E[h_i(\mathbf{y},\theta)v_i] &= \frac{\sigma}{\sqrt{2\pi}} \int_{-\infty}^{\infty} \frac{dh_i(\mathbf{y},\theta)}{dy_i} \exp\left\{ -\frac{v_i^2}{2\sigma^2} \right\} dv_i \\
&= \sigma^2 E\left[\frac{dh_i(\mathbf{y},\theta)}{dy_i} \right]
\end{aligned} \tag{14.32}
$$

ここで，$dy_i/dv_i = 1$ を用いた．そのため，

$$
\frac{dh_i(\mathbf{y},\theta)}{dv_i} = \frac{dh_i(\mathbf{y},\theta)}{dy_i} \frac{dy_i}{dv_i} = \frac{dh_i(\mathbf{y},\theta)}{dy_i}
$$

となる．

上記の結果と，式 (14.28) と式 (14.30) の結果から，最終的に以下が得られる．

$$
\begin{aligned}
\mathrm{MSE} &= E\left[\|h(\mathbf{y},\theta) - \mathbf{y}_0\|_2^2 \right] \\
&= 定数 + E\left[\|h(\mathbf{y},\theta)\|_2^2 \right] - 2E\left[h(\mathbf{y},\theta)^{\mathrm{T}} \mathbf{y} \right] + 2\sigma^2 \sum_{i=1}^{N} E\left[\frac{dh_i(\mathbf{y},\theta)}{dy_i} \right] \\
&= 定数 + E\left[\|h(\mathbf{y},\theta)\|_2^2 - 2h(\mathbf{y},\theta)^{\mathrm{T}} \mathbf{y} + 2\sigma^2 \nabla \cdot h_i(\mathbf{y},\theta) \right]
\end{aligned} \tag{14.33}
$$

期待値を取り除くと，MSE の不偏推定となる式が得られ，これが以下の SURE の式（定数項の不定性を除いた MSE の推定）である．

$$
\eta(h(\mathbf{y},\theta),\mathbf{y}) = \|h(\mathbf{y},\theta)\|_2^2 - 2h(\mathbf{y},\theta)^{\mathrm{T}} \mathbf{y} + 2\sigma^2 \nabla \cdot h_i(\mathbf{y},\theta) \tag{14.34}
$$

なお，上記の導出において，ノイズがガウス分布から iid 抽出されたという事実を用いた．そのため，上記の式はそのような場合に限定される．なお，$\mathbf{y} = \mathbf{H}\mathbf{y}_0 + \mathbf{v}$ というもっと一般的な状況への SURE の拡張が，Y. C. Eldar によってなされている．ここで，$\mathbf{H}$ は任意の線形作用素，$\mathbf{v}$ な指数分布族から抽出されたノイズである（ガウスノイズはその特殊な一例である）．

14.4.2　大域的しきい値アルゴリズムへの SURE の適用

SURE を用いたパラメータ調整の例として，14.2.1 項の大域的なしきい値アルゴリズムを用いた画像ノイズ除去手法を考える．14.2.1 項では，ノイズ除去アルゴリズムは次式で与えられた（式 (14.1) を参照）．

$$h(\mathbf{y}, T) = \mathbf{A}_2 \mathcal{S}_T(\mathbf{A}_1^{\mathrm{T}} \mathbf{y}) \tag{14.35}$$

ここで，θ は縮小曲線のパラメータであり，また，$\mathbf{A}_1 = \mathbf{A}\mathbf{W}^{-1}$，$\mathbf{A}_2 = \mathbf{A}\mathbf{W}$ とおいた．このノイズ除去アルゴリズムはパラメータとして T を持ち，これに SURE を適用する．

SURE の式 (14.34) のためには，この推定の微分を計算する必要がある．そのために，等式 $\nabla \cdot h(\mathbf{y}, \theta) = \mathrm{tr}(dh(\mathbf{y}, \theta)/d\mathbf{y})$ を用いる．$h(\mathbf{y}, \theta)$ の $\mathbf{y}$ についての導関数（ヤコビ行列）は次式で与えられる．

$$\frac{dh(\mathbf{y}, T)}{d\mathbf{y}} = \mathbf{A}_2 \mathcal{S}'_T(\mathbf{A}_1^{\mathrm{T}} \mathbf{y}) \mathbf{A}_1^{\mathrm{T}} \tag{14.36}$$

ここで，式 $\mathcal{S}'_T(\mathbf{A}_1^{\mathrm{T}} \mathbf{y})$ は対角行列であり，その対角要素は，ベクトル $\mathbf{A}_1^{\mathrm{T}} \mathbf{y}$ の要素ごとに縮小曲線の導関数を適用したものである．ここでは縮小曲線は微分可能であることを仮定した．そのために，次式で与えられるハードしきい値処理を平滑化した曲線を用いる．

$$\mathcal{S}_T(z) = \frac{z^{k+1}}{z^k + T^k} = z \cdot \frac{\left(\dfrac{z}{T}\right)^k}{\left(\dfrac{z}{T}\right)^k + 1}$$

$$\mathcal{S}'_T(z) = \frac{z^{2k} + (k+1)(zT)^k}{(z^k + T^k)^2} = \frac{\left(\dfrac{z}{T}\right)^{2k} + (k+1)\left(\dfrac{z}{T}\right)^k}{\left(\left(\dfrac{z}{T}\right)^k + 1\right)^2}$$

ただし，k は偶数の大きな値とする．この曲線を図 14.16 に示す．

これらを SURE の式 (14.34) に代入すると，次式を得る．

$$\begin{aligned} \eta(h(\mathbf{y}, T), \mathbf{y}) = \|\mathbf{A}_2 \mathcal{S}_T(\mathbf{A}_1^{\mathrm{T}} \mathbf{y})\|_2^2 - 2\mathcal{S}_T(\mathbf{A}_1^{\mathrm{T}} \mathbf{y})^{\mathrm{T}} \mathbf{A}_2^{\mathrm{T}} \mathbf{y} \\ + 2\sigma^2 \mathrm{tr}(\mathbf{A}_2 \mathcal{S}'_T(\mathbf{A}_1^{\mathrm{T}} \mathbf{y}) \mathbf{A}_1^{\mathrm{T}}) \end{aligned} \tag{14.37}$$

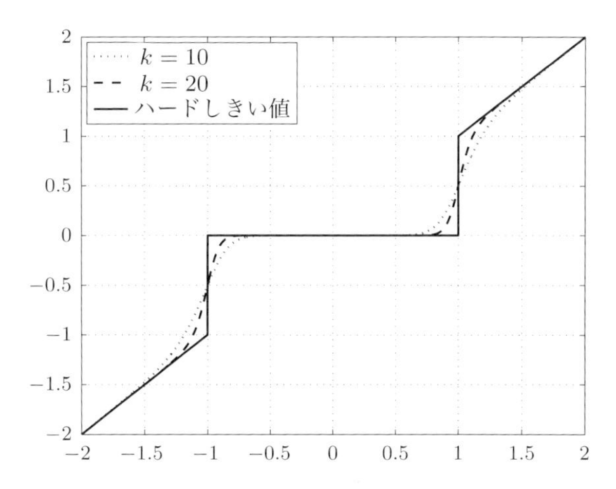

図 14.16 SURE で用いられるハードしきい値処理の平滑化曲線.

(上式を最小化する) 最良の T を求めるために，ここではある範囲において全探索を行い，最も良いものを選択する．(MSE は単峰性なので) 黄金分割法などのより効率的な方法を用いることもできるが，ここでの議論には影響しない．

一つの T の値に対するこの式の計算量が大きいため，ノイズ除去アルゴリズムでは次の手順で計算する．まず $\mathbf{u} = \mathbf{A}_1^{\mathrm{T}}\mathbf{y}$ を計算し，次に $\mathbf{r} = \mathcal{S}_T(\mathbf{u})$，そして $\hat{\mathbf{y}} = \mathbf{A}_2\mathbf{r}$ を求める．式 (14.37) 中の第 1 項と第 2 項には，それぞれ m 回の演算が追加で必要となる (ここで m は $\mathbf{A}$ 中のアトム数).

第 3 項については，まず $\mathbf{t} = \mathcal{S}'_T(\mathbf{u})$ を計算する．これにはやはり m 回の演算を必要とする．ここで $\mathbf{A}_1 = \mathbf{A}\mathbf{W}^{-1}$ と $\mathbf{A}_2 = \mathbf{A}\mathbf{W}$ を用いると，第 3 項を次のように簡単化することができる．

$$
\begin{aligned}
\mathrm{tr}(\mathbf{A}_2\mathcal{S}'_T(\mathbf{A}_1^{\mathrm{T}}\mathbf{y})\mathbf{A}_1^{\mathrm{T}}) &= \mathrm{tr}(\mathcal{S}'_T(\mathbf{A}_1^{\mathrm{T}}\mathbf{y})\mathbf{A}_1^{\mathrm{T}}\mathbf{A}_2) \\
&= \mathrm{tr}(\mathcal{S}'_T(\mathbf{A}_1^{\mathrm{T}}\mathbf{y})\mathbf{W}^{-1}\mathbf{A}^{\mathrm{T}}\mathbf{A}\mathbf{W}) \\
&= \mathrm{tr}(W\mathcal{S}'_T(\mathbf{A}_1^{\mathrm{T}}\mathbf{y})\mathbf{W}^{-1}\mathbf{A}^{\mathrm{T}}\mathbf{A})
\end{aligned}
\tag{14.38}
$$

$\mathcal{S}'_T(\mathbf{u})$ は対角行列であるので，左右から $\mathbf{W}$ と $\mathbf{W}^{-1}$ を掛けると打ち消し合い，次式が得られる．

$$
\mathrm{tr}(\mathbf{A}_2\mathcal{S}'_T(\mathbf{A}_1^{\mathrm{T}}\mathbf{y})\mathbf{A}_1^{\mathrm{T}}) = \mathrm{tr}(\mathcal{S}'_T(\mathbf{A}_1^{\mathrm{T}}\mathbf{y})\mathbf{W}^2) \tag{14.39}
$$

このためには，アトムのノルム計算と，$\mathcal{S}'_T(\mathbf{u})$ との要素ごとの積が必要となるが，ノルムをあらかじめ計算しておけば，m 回の演算で済む．したがって，ある特定の T の値に対する SURE 推定の計算には，全部で $4m$ 回の演算を要する．

図 14.17 に，パラメータ T に対する PSNR のプロットを示す．これは図 14.1 によく似たものである．黒丸は，ノイズのない画像を用いて直接計算した真の PSNR である．実線は SURE の式 (14.37) を表し，真の PSNR に対して非常に良く当てはまっている．なお，二つの曲線を当てはめるために，この図では (MSE において) SURE に対して定数を足している．真の画像がわかっていないにもかかわらず，この実験においては明らかに，SURE 曲線のピークを選択すれば最も良いノイズ除去結果が得られる．しかし，どのような場合でも同様であるとは限らず，特にパラメータの数が多い場合には当てはまらない．

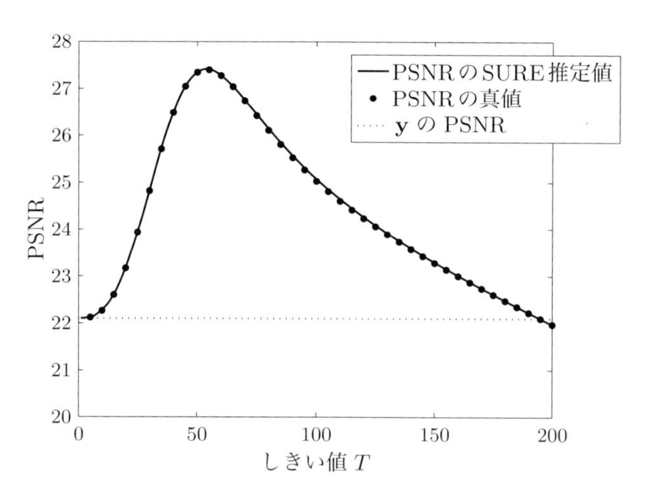

図 14.17　T に対する PSNR のプロット．実線は SURE の式で計算した値，黒丸はノイズのない画像から直接計算した真の PSNR を表す．

14.5 まとめ

画像ノイズ除去の研究は活発であり，現在もなお続いており，数多くの研究成果が発表されている．ISI[*5] で

```
Topic=((image and (denoise or denoising))
or
(image and noise and (removal or filter or clean)))
```

と検索すると，本書執筆時点で 7,520 件がヒットし，そのうち半分はジャーナル論文である．これらの論文の発行年を見れば，この問題とその解法についての関心が増大し続けていることがわかるだろう．

本章では，スパースランドモデルに関連するノイズ除去アルゴリズムに焦点を当てて，膨大な研究分野のほんの一部分だけを紹介した．ここで紹介したアルゴリズムはすべて，加法白色ガウスノイズを仮定し，グレースケール静止画像に対するフィルタリング処理に基づいている．紹介したアルゴリズムは少数であるが，どれも最良の結果が得られる手法であり，スパースで冗長な表現の重要性と成功を収めた理由がよくわかるだろう．

ここではグレースケール画像に対するノイズ除去アルゴリズムだけを紹介したが，カラー画像や動画像に対するノイズ除去も研究がなされている．本章で紹介したようなスパースランドモデルを用いた手法を一般化したものが，それらの問題に対しても適用されている．本章では，それらの拡張アルゴリズムうち代表的なものを紹介した．詳細は省略したので，興味のある読者は最新の論文を参照してほしい．

本章で紹介した一連のノイズ除去アルゴリズムにおいて，その結果の画質にはアルゴリズムの構造に対応した順序関係がある．一連の手法を “Barbara” に適用して得られたノイズ除去結果の PSNR をソートしたものを，表 14.1 に示す．なお，この順序は完全に固定されたものではなく，各手法のパラメータを変更したり，適用する画像を変えたりすると，結果も変わる．

各アルゴリズムの計算量と使用メモリ量は異なるため，PSNR などの画質評

[*5]【訳注】Thomson Reuters 社の ISI Web of Science. 2014 年から Web of Science Core Collection に変更されている．

表 14.1　本章に登場した画像のノイズ除去アルゴリズムと，“Barbara” のノイズ（$\sigma = 20$）を除去した結果の PSNR と SSIM による評価.

アルゴリズム	PSNR〔dB〕	SSIM
ノイズ画像	22.11	0.4771
大域的な冗長ハール辞書を用いたしきい値アルゴリズム	27.33	0.7842
パッチに基づく縮小曲線学習（重複を考慮しない）	28.36	0.7881
パッチに基づく OMP ノイズ除去（固定辞書）	28.93	0.8465
パッチに基づく縮小曲線学習（重複を考慮）	29.05	0.8375
パッチに基づくノンローカルミーン	29.59	0.8539
パッチに基づく OMP ノイズ除去（冗長 DCT）	30.01	0.8665
パッチに基づくノイズ除去（適応的 K-SVD 辞書）	30.98	0.8837
パッチに基づくブロックマッチング 3 次元縮小（BM3D）	31.78	0.9050

価の数値だけに注目することは，アルゴリズムの性能を一つの側面からしか見ていないことになる．実際，NLM，BM3D，K-SVD は，他のアルゴリズムよりも計算コストが非常に高く，これらの各手法に対する高速化手法も提案されている．高画質かつ高速で省メモリというノイズ除去アルゴリズムへの挑戦は，今もなお続いている．

最後に一つ付け加えておく．本章では画質の評価に PSNR を用いていた．この評価尺度は簡便でよく用いられているが，結果画像の本当の意味での画質を反映していない．これに変わる評価尺度として構造類似度（structural similarity; SSIM）があり，PSNR よりも良い画質評価尺度として近年注目を集めている．表 14.1 には SSIM の結果も載せている．SSIM の値は 0〜1 であり，1 は完璧な画質であることを意味する．表を見ればわかるように，画質評価尺度を変えても結果の順序はそれほど変わらない．その理由は，ノイズ除去においては（特にここで紹介した高性能のアルゴリズムでは）SSIM が扱うようなアーチファクトが発生しないからである．

参考文献

1. M. Aharon, M. Elad, and A. M. Bruckstein, K-SVD: An algorithm for designing of overcomplete dictionaries for sparse representation, *IEEE Trans. on Signal Processing*, 54(11):4311–4322, November 2006.

2. A. Benazza-Benyahia and J. -C. Pesquet, Building robust wavelet estimators for multicomponent images using Steins principle, *IEEE Trans. on Image Processing*, 14(11):1814–1830, November 2005.
3. A. Buades, B. Coll, and J. M. Morel, A review of image denoising algorithms, with a new one, *Multiscale Modeling and Simulation*, 4(2):490–530, 2005.
4. T. Blu, F. Luisier, The SURE-LET approach to image denoising, *IEEE Trans. on Image Processing*, 16(11):2778–2786, November 2007.
5. E. J. Candès and D. L. Donoho, Recovering edges in ill-posed inverse problems: optimality of curvelet frames, *Annals of Statistics*, 30(3):784–842, 2000.
6. E. J. Candès and D. L. Donoho, New tight frames of curvelets and optimal representations of objects with piecewise-C^2 singularities, *Comm. Pure Appl. Math.*, 57:219–266, 2002.
7. S. G. Chang, B. Yu, and M. Vetterli, Adaptive wavelet thresholding for image denoising and compression, *IEEE Trans. on Image Processing*, 9(9):1532–1546, 2000.
8. S. G. Chang, B. Yu, and M. Vetterli, Wavelet thresholding for multiple noisy image copies, *IEEE Trans. on Image Processing*, 9(9):1631–1635, 2000.
9. S. G. Chang, B. Yu, and M. Vetterli, Spatially adaptive wavelet thresholding with context modeling for image denoising, *IEEE Trans. on Image Processing*, 9(9):1522–1530, 2000.
10. R. Coifman and D. L. Donoho, Translation-invariant denoising, *Wavelets and Statistics, Lecture Notes in Statistics*, 103:120–150, 1995.
11. K. Dabov, A. Foi, V. Katkovnik, and K. Egiazarian, Image denoising by sparse 3D transformdomain collaborative filtering, *IEEE Trans. on Image Processing*, 16(8):2080–2095, 2007.
12. M. N. Do and M. Vetterli, The finite ridgelet transform for image representation, *IEEE Trans. on Image Processing*, 12(1):16–28, 2003.
13. M. N. Do and M. Vetterli, Framing pyramids, *IEEE Trans. on Signal Processing*, 51(9):2329–2342, 2003.
14. M. N. Do and M. Vetterli, The contourlet transform: an efficient directional multiresolution image representation, *IEEE Trans. Image on Image Processing*, 14(12):2091–2106, 2005.
15. D. L. Donoho, De-noising by soft thresholding, *IEEE Trans. on Information Theory*, 41(3):613–627, 1995.
16. D. L. Donoho and I. M. Johnstone, Ideal denoising in an orthonormal basis chosen from a library of bases, *Comptes Rendus del'Academie des Sciences, Series A*, 319:1317–1322, 1994.
17. D. L. Donoho and I. M. Johnstone, Ideal spatial adaptation by wavelet shrink-

age, *Biometrika*, 81(3):425–455, 1994.

18. D. L. Donoho and I. M. Johnstone, Adapting to unknown smoothness via wavelet shrinkage, *J. Amer. Statist. Assoc.*, 90(432):1200–1224, December 1995.
19. D. L. Donoho, I. M. Johnstone, G. Kerkyacharian, and D. Picard, Wavelet shrinkage – asymptopia, *Journal Of The Royal Statistical Society Series B -Methodological*, 57(2):301–337, 1995.
20. D. L. Donoho and I. M. Johnstone, Minimax estimation via wavelet shrinkage, *Annals of Statistics*, 26(3):879–921, 1998.
21. M. Elad and M. Aharon, Image denoising via learned dictionaries and sparse representation, *International Conference on Computer Vision and pattern Recognition*, New-York, 17–22, June 2006.
22. M. Elad and M. Aharon, Image denoising via sparse and redundant representations over learned dictionaries, *IEEE Trans. on Image Processing* 15(12):3736–3745, December 2006.
23. M. Elad, B. Matalon, and M. Zibulevsky, Image denoising with shrinkage and redundant representations, IEEE Conference on Computer Vision and Pattern Recognition (CVPR), NY, 17–22, June 2006.
24. Y. Eldar, Generalized SURE for exponential families: applications to regularization, *IEEE Trans. on Signal Processing*, 57(2):471–481, February 2009.
25. R. Eslami and H. Radha, The contourlet transform for image de-noising using cycle spinning, in Proceedings of Asilomar Conference on Signals, Systems, and Computers, pp. 1982–1986, November 2003.
26. R. Eslami and H. Radha, Translation-invariant contourlet transform and its application to image denoising, *IEEE Trans. on Image Processing*, 15(11):3362–3374, November 2006.
27. O. G. Guleryuz, Nonlinear approximation based image recovery using adaptive sparse reconstructions and iterated denoising – Part I: Theory, *IEEE Trans. on Image Processing*, 15(3):539–554, 2006.
28. O. G. Guleryuz, Nonlinear approximation based image recovery using adaptive sparse reconstructions and iterated denoising – Part II: Adaptive algorithms, *IEEE Trans. on Image Processing*, 15(3):555–571, 2006.
29. O. G. Guleryuz, Weighted averaging for denoising with overcomplete dictionaries, *IEEE Trans. on Image Processing*, 16:30203034, 2007.
30. M. Lang, H. Guo, and J. E. Odegard, Noise reduction using undecimated discrete wavelet transform, *IEEE on Signal Processing Letters*, 3(1):10–12, 1996.
31. Y. Hel-Or and D. Shaked, A Discriminative approach for Wavelet Shrinkage Denoising, *IEEE Trans. on Image Processing*, 17(4):443–457, April 2008.

32. R. Kimmel, R. Malladi, and N. Sochen. Images as Embedded Maps and Minimal Surfaces: Movies, Color, Texture, and Volumetric Medical Images. International Journal of Computer Vision, 39(2):111–129, September 2000.
33. J. Mairal, F. Bach, J. Ponce, G. Sapiro and A. Zisserman, Non-local sparse models for image restoration, International Conference on Computer Vision (ICCV), Tokyo, Japan, 2009.
34. J. Mairal, M. Elad, and G. Sapiro, Sparse representation for color image restoration, *IEEE Trans. on Image Processing*, 17(1):53–69, January 2008.
35. J. Mairal, G. Sapiro, and M. Elad, Learning multiscale sparse representations for image and video restoration, *SIAM Multiscale Modeling and Simulation*, 7(1):214–241, April 2008.
36. S. Mallat and E. LePennec, Sparse geometric image representation with bandelets, *IEEE Trans. on Image Processing*, 14(4):423–438, 2005.
37. S. Mallat and E. Le Pennec, Bandelet image approximation and compression, *SIAM Journal of Multiscale Modeling and Simulation*, 4(3):992–1039, 2005.
38. P. Moulin and J. Liu, Analysis of multiresolution image denoising schemes using generalized Gaussian and complexity priors, *IEEE Trans. on Information Theory*, 45(3):909–919, 1999.
39. J. -C. Pesquet and D. Leporini, A new wavelet estimator for image denoising, in *Proc. 6th Int. Conf. on Image Processing and Its Applications*, 1:249–253, 1997.
40. J. Portilla, V. Strela, M. J. Wainwright, and E. P. Simoncelli, Image denoising using scale mixtures of Gaussians in the wavelet domain, *IEEE Trans. on Image Processing*, 12(11):1338–1351, 2003.
41. M. Protter and M. Elad, Image sequence denoising via sparse and redundant representations, *IEEE Trans. on Image Processing*, 18(1):27–36, January 2009.
42. G. Rosman, L. Dascal, A. Sidi, and R. Kimmel, Efficient Beltrami image filtering via vector extrapolation methods, *SIAM J. Imaging Sciences*, 2(3):858–878, 2009.
43. E. P. Simoncelli and E. H. Adelson, Noise removal via Bayesian wavelet coring, Proceedings of the International Conference on Image Processing, Laussanne, Switzerland. September 1996.
44. E. P. Simoncelli, W. T. Freeman, E. H. Adelson, and D. J. Heeger, Shiftable multiscale transforms, *IEEE Trans. on Information Theory*, 38(2):587–607, 1992.
45. N. Sochen, R. Kimmel, and A. M. Bruckstein. Diffusions and confusions in signal and image processing, *Journal of Mathematical Imaging and Vision*, 14(3):195–209, 2001.
46. A. Spira, R. Kimmel, and N. Sochen, A short time Beltrami kernel for smooth-

ing images and manifolds, *IEEE Trans. on Image Processing*, 16(6):1628–1636, 2007.

47. J. -L. Starck, E. J. Candès, and D. L. Donoho, The curvelet transform for image denoising, *IEEE Trans. on Image Processing*, 11:670–684, 2002.
48. J. -L. Starck, M. J. Fadili, and F. Murtagh, The undecimated wavelet decomposition and its reconstruction, *IEEE Trans. on Image Processing*, 16(2):297–309, 2007.
49. C. M. Stein, Estimation of the mean of a multivariate distribution, *Proc. Prague Symp. Asymptotic Statist.*, pp. 345–381, 1973.
50. C. M. Stein, Estimation of the mean of a multivariate normal distribution, *Ann. Stat.*, 9(6):1135–1151, November 1981.
51. C. Vonesch, S. Ramani and M. Unser, Recursive risk estimation for non-linear image deconvolution with a wavelet-domain sparsity constraint, the 15th International Conference on Image Processing, (ICIP), pp. 665–668, 12–15 October 2008.
52. Z. Wang, A. C. Bovik, H. R. Sheikh and E. P. Simoncelli, Image quality assessment: From error visibility to structural similarity, *IEEE Trans. on Image Processing*, 13(4):600–612, April 2004.

第15章 その他の応用

15.1 概要

本書は画像処理手法を網羅的に解説するための教科書ではないため，画像処理の応用ごとにスパースランドモデルの使い方を示すつもりはない．実際，スパースランドモデルとの関連が示されていない（そして今後もされないであろう）画像処理の応用も存在する．

これまで本書では，画像のボケ除去とノイズ除去を議論し，ある特定の種類の画像の圧縮にスパースランドモデルを用いる方法を見てきた．本章では，この旅をもう少し続けて，さらにいくつかの画像処理の応用を見て回ることにする．それらに共通することは，スパースランドモデルを用いる利点が認められることである．まず，MCA の考え方を説明し，それを画像内容の分離に適用する．次に，画像中の欠損部分を埋めるインペインティング（inpainting）問題に対して，どのように有用であるのかを示す．MCA もインペインティングも非常に悪条件の逆問題であるが，スパースで冗長な表現を用いると，うまく扱うことができる．これは，シャープさと画質を維持したまま画像を拡大する（scale-up）問題にも当てはまる．この応用についても議論し，スパースランドモデルを用いて解く方法をいくつか示す．

本書はこの章での旅をもって終わるが，最後の旅を始める前に次のような興味深い事実に注目しておきたい．本章で議論する応用において，第 14 章で見たものと同じ方法論，つまり画像を全体として処理する方法と，重複するパッチ単位で処理する方法とを目にすることになる．実際，本章で紹介するいくつかの手法は，すでに紹介したノイズ除去アルゴリズムと非常によく似ている．これは驚くほどのことではない．

15.2　MCA を用いた画像分離

第 9 章では，それぞれの要素信号成分が別の（既知の）辞書を持つと仮定すれば，それらを混合した信号からスパースランドモデルを用いて要素を分離できることを紹介した．ここでは，観測信号は二つの異なる要素信号 $\mathbf{y}_1$, $\mathbf{y}_2$ とノイズ $\mathbf{v}$ の重ね合わせである（つまり $\mathbf{y} = \mathbf{y}_1 + \mathbf{y}_2 + \mathbf{v}$）と仮定する．さらに，$\mathbf{y}_1$ は（辞書 $\mathbf{A}_1$ を持つ）モデル $\mathcal{M}_1$ からスパースに生成され，同様に，$\mathbf{y}_2$ は（辞書 $\mathbf{A}_2$ を持つ）モデル $\mathcal{M}_2$ からスパースに生成されたと仮定する．問題

$$\min_{\mathbf{x}_1,\mathbf{x}_2} \|\mathbf{x}_1\|_0 + \|\mathbf{x}_2\|_0 \quad \text{subject to} \quad \|\mathbf{y} - \mathbf{A}_1\mathbf{x}_1 - \mathbf{A}_2\mathbf{x}_2\|_2^2 \leq \delta \tag{15.1}$$

を解けば，その解 $(\mathbf{x}_1^\delta, \mathbf{x}_2^\delta)$ は分離問題の妥当な解 $\hat{\mathbf{y}}_1 = \mathbf{A}_1\mathbf{x}_1^\delta$ と $\hat{\mathbf{y}}_2 = \mathbf{A}_2\mathbf{x}_2^\delta$ を与えるだろう．パラメータ δ は，ノイズのエネルギーと，信号 $\mathbf{y}_1$, $\mathbf{y}_2$ をスパースに表現するというモデルの不正確さの両方を考慮するものである．

共同研究者の Jean-Luc Starck の用語に従って，以降この分離問題の考え方をモルフォロジ成分分析（morphological component analysis; MCA）と呼ぶ．なお，上式はノイズ除去の定式化

$$\min_{\mathbf{x}} \|\mathbf{x}_a\|_0 \quad \text{subject to} \quad \|\mathbf{y} - \mathbf{A}_a\mathbf{x}_a\|_2^2 \leq \delta \tag{15.2}$$

に非常によく似ている．ここでは $\mathbf{A}_a = [\mathbf{A}_1, \mathbf{A}_2]$ が実質的な単一の辞書であり（添字 a は all を意味する），対応するスパース表現ベクトルは $\mathbf{x}_a^{\mathrm{T}} = [\mathbf{x}_1^{\mathrm{T}}, \mathbf{x}_2^{\mathrm{T}}]$ である．

15.2.1　画像 = 線画 + テクスチャ

MCA を画像内容の分離に用いることができるだろうか？　画像内容を構成する要素は何だろうか？　画像処理における初期の研究では，画像の大部分は区分的に滑らかな線画のような領域から構成されていると仮定していた．この仮定を用いた有名な例は，画像処理の逆問題において区分的な滑らかさを促す

正則化項である．この仮定が有効であるというさらなる証拠は，カーブレット（curvelet）やコンターレット（contourlet）といったさまざまなフレームや変換が提案されテストされてきたことである．

画像は線画とテクスチャの線形結合で構成されているという考え方は，今日では一般的に受け入れられている．この考え方は，まさに上記のモデルに合致する．このことは，MCA を使えば画像を線画とテクスチャに分離できるかもしれないことを意味する．しかしながら，そのためには，以下の三つの重要な疑問に答えなければならない．

1. そのような分離にどんな利点があるのか？
2. その二つの内容を表す適切な辞書は何か？
3. 式 (15.1) の問題をどのようにして数値的に解くのか？

一つ目の疑問に対しては，それぞれの要素は専用の処理を用いて別々に扱えるため，画像処理の性能を改善できる利点がある，というのが一般的な答えである．

そのような利点の一つ目の例として，静止画像の圧縮を考える．ウェーブレットに基づく符号化アルゴリズムは，画像の線画部分を扱うことは得意であるが，テクスチャ画像は不得意である．この事実を無視すると，全体的な圧縮性能は落ちてしまうだろう．実際，各要素を適切な手法で圧縮すると，良い結果が得られる．その点では，テクスチャの符号化は同じ誤差（MSE）を目指すべきではない．MSE としては非常に誤差は大きいかもしれないが，視覚的には原画像と見分けがつかないようなテクスチャを生成すれば，それを再構成画像に適用することもできるのである．

MCA を用いた画像分離の別の利点は，ノイズ除去である．例えば，式 (14.5) の大域的な画像ノイズ除去を考えよう．辞書 $\mathbf{A}$ は，線画の内容に対応する（つまりハールウェーブレット）部分と，テクスチャの内容に対応する部分を，両方とも持っていなければならない．これで，画像 “Barbara” に対して得られたノイズ除去結果が良くなかった理由を説明することができる．つまり，ハールウェーブレット辞書だけを用いた大域的な手法には，テクスチャ部分の辞書がなかったのである．

大域的な手法ではなく，辞書学習を用いた局所的なノイズ除去を考えると，実際には暗に MCA を用いていたことになる．図 14.10（右）の辞書を見ればわかるように，辞書 $\mathbf{A}$ は線画のアトム（主要な方向を持つ単一エッジ）とテクスチャのアトム（周期的なパターン）の両方を持っている．これは，すでに二つの部分からなる辞書であることを意味している．しかしながら，ノイズ除去は画像分離に直接関係しないため，線画とテクスチャのアトムは，辞書 $\mathbf{A}$ の中で無秩序に混在している．

画像の線画とテクスチャが分離できると，このほかにもさまざまな応用に利用できる．例えば，構造化ノイズフィルタ，テクスチャ画像における意味を考慮したエッジ検出，物体認識，画像内容編集などである．次節では，画像のインペインティング問題（画像中の欠損部分の穴埋め）を詳細に議論する．これもまた，分離によって恩恵を受ける応用の一つである．

上記の二つ目と三つ目の疑問（どんな辞書を用いるのか，式 (15.1) をどう解くのか）に答えるには，画像を全体として処理するのか，それとも局所的なパッチに基づいて処理するのかを決めなければならない．ここでは，第 14 章の構成に沿って，画像全体を処理する方法から議論を始める．

MCA の大域的な手法と局所的な手法を説明する前に，画像を線画とテクスチャに分離する方法はほかにもあることを述べておく必要があるだろう．実際，最初にこの分離問題を考えたのは，2002 年の Mayer，Vese，Osher である．画像分離問題に対する彼らのアプローチは変分法を用いたものであり，テクスチャ部分を扱うための双対ノルムを提案し，全変動を拡張した．この手法の詳細を説明することはしないが，ここで指摘しておきたいのは，彼らの変分法による画像分離の定式化とここで述べる MCA アプローチは，まったく異なる道具と手法を用いているにもかかわらず非常に似ている，ということである．

15.2.2　画像分離のための大域 MCA

問題を定式化することから始めよう．（サイズが $\sqrt{N} \times \sqrt{N}$ 画素の）ノイズのない画像 $\mathbf{y}_0 \in \mathbb{R}^N$ は，同サイズの二つの成分，線画 $\mathbf{y}_c$ とテクスチャ $\mathbf{y}_t$ からなるとする．これを足し合わせた画像 $\mathbf{y}_0 = \mathbf{y}_c + \mathbf{y}_t$ に，平均 0 で既知の分散 σ の白色ガウスノイズ $\mathbf{v}$ が加えられて，観測画像 $\mathbf{y}$ が次のように観測されるとする．

$$\mathbf{y} = \mathbf{y}_0 + \mathbf{v} = \mathbf{y}_c + \mathbf{y}_t + \mathbf{v} \tag{15.3}$$

そして，$\mathbf{y}_0$ の二つの成分 $\mathbf{y}_c$ と $\mathbf{y}_t$ を復元するアルゴリズムを設計したい．上述した MCA の定式化を用いれば，次の問題を解くことになる．

$$\hat{\mathbf{x}}_c, \hat{\mathbf{x}}_t = \arg\min_{\mathbf{x}_c, \mathbf{x}_t} \quad \lambda\|\mathbf{x}_c\|_1 + \lambda\|\mathbf{x}_t\|_1 + \frac{1}{2}\|\mathbf{y} - \mathbf{A}_c\mathbf{x}_c - \mathbf{A}_t\mathbf{x}_t\|_2^2 \tag{15.4}$$

なお，式 (15.1) の制約条件をペナルティに置き換え，ℓ_0 ノルムを ℓ_1 ノルムに置き換えている．この置き換えは，これまでにも採用した方法である．求めるべき二つの未知数は，二つの成分に対応するスパース表現である．これが得られたら，$\hat{\mathbf{y}}_c = \mathbf{A}_c\hat{\mathbf{x}}_c$ と $\hat{\mathbf{y}}_t = \mathbf{A}_t\hat{\mathbf{x}}_t$ によって二つの成分を求めることができる．

行列 $\mathbf{A}_c \in \mathbb{R}^{N\times M_c}$ と行列 $\mathbf{A}_t \in \mathbb{R}^{N\times M_t}$ には，それぞれ線画とテクスチャの内容をスパースに表現する辞書を用いる．行列 $\mathbf{A}_c$ にはウェーブレットが適しているだろう．その候補にはリッジレット（ridgelet），カーブレット（curvelet），コンターレット（contourlet）などがあり，画像中に存在する線画としてどのようなものを考えるかに応じて選択する（以下の例を参照）．テクスチャ辞書 $\mathbf{A}_t$ には，ガボール変換，大域的 DCT，局所的 DCT[*1] などが持つ縞模様のアトムが含まれているべきである．サイズ M_c と M_t は二つの辞書中のアトム数であり，一般的に $M_c, M_t \gg N$ を満たす．例えば，解像度 6 レベルのカーブレット辞書は $M_c = 129N$ であり，8×8 画素のパッチに適用した局所的 DCT は $M_t = 64N$ である．

上式とは異なる定式化も可能である．それは合成モデルを解析モデルに置き換えたものである（第 9 章を参照）．$\mathbf{A}_c$ と $\mathbf{A}_t$ は正方行列で正則であると（一時的に）仮定すると，$\hat{\mathbf{x}}_c = \mathbf{A}_c^{-1}\hat{\mathbf{y}}_c$ と $\hat{\mathbf{x}}_t = \mathbf{A}_t^{-1}\hat{\mathbf{y}}_t$ とすることができるので，この問題を以下のように別の形で書くことができる．

$$\hat{\mathbf{y}}_c, \hat{\mathbf{y}}_t = \arg\min_{\mathbf{y}_c, \mathbf{y}_t} \quad \lambda\|\mathbf{T}_c\mathbf{y}_c\|_1 + \lambda\|\mathbf{T}_t\mathbf{y}_t\|_1 + \frac{1}{2}\|\mathbf{y} - \mathbf{y}_c - \mathbf{y}_t\|_2^2 \tag{15.5}$$

ここで，$\mathbf{T}_c = \mathbf{A}_c^{-1}$，$\mathbf{T}_t = \mathbf{A}_t^{-1}$ である．

辞書が正方行列ではない一般の場合にも，$\mathbf{T}_c = \mathbf{A}_c^{+}$，$\mathbf{T}_t = \mathbf{A}_t^{+}$ と仮定すれば，同じ解析モデルの定式化を用いることができる．しかし，上記の正則な

[*1] 大域的 DCT は通常の DCT を画像全体に適用したものである．局所的 DCT はユニタリ DCT 変換を重複のあるパッチに適用したものである．これは $\mathbf{A}_t$ の擬似逆行列をなす．したがって，$\mathbf{A}_t$ のアトムは，画像中の任意の位置でのユニタリ DCT 基底関数である．

正方行列の場合とは異なり，解析モデルと合成モデルはもはや等価ではない．式 (15.5) の解析モデルを用いる利点は，求めるべき画像の成分を未知数にしていることであり，一般にそのスパース表現よりも低次元である（$M_c + M_t$ ではなく $2N$ となる）．

式 (15.4) と式 (15.5) で示した問題を数値的に解くためには，さまざまな手法を用いることができる．特に，反復縮小アルゴリズム（第6章参照）には，合成モデルの式 (15.4) を直接適用することができる．例えば第6章で議論したSSFアルゴリズムであれば，反復更新は次のようになる．

$$\hat{\mathbf{x}}_a^{k+1} = \mathcal{S}_\lambda \left(\frac{1}{c} \mathbf{A}_a^{\mathrm{T}} (\mathbf{y} - \mathbf{A}_a \hat{\mathbf{x}}_a^k) + \hat{\mathbf{x}}_a^k \right) \tag{15.6}$$

これは，式 (15.2) で示した，連結した辞書と連結したスパース表現ベクトルを用いた定式化である．これを二つの部分に分ければ，次のようになる．

$$\begin{aligned} \hat{\mathbf{x}}_c^{k+1} &= \mathcal{S}_\lambda \left(\frac{1}{c} \mathbf{A}_c^{\mathrm{T}} (\mathbf{y} - \mathbf{A}_c \hat{\mathbf{x}}_c^k - \mathbf{A}_t \hat{\mathbf{x}}_t^k) + \hat{\mathbf{x}}_c^k \right) \\ \hat{\mathbf{x}}_t^{k+1} &= \mathcal{S}_\lambda \left(\frac{1}{c} \mathbf{A}_t^{\mathrm{T}} (\mathbf{y} - \mathbf{A}_c \hat{\mathbf{x}}_c^k - \mathbf{A}_t \hat{\mathbf{x}}_t^k) + \hat{\mathbf{x}}_t^k \right) \end{aligned} \tag{15.7}$$

ここで，$\mathcal{S}_\lambda(\mathbf{r})$ は $\mathbf{r}$ の要素ごとにしきい値 λ で適用するソフトしきい値処理である．また，パラメータ c は，$c > \lambda_{\max}(\mathbf{A}_a^{\mathrm{T}} \mathbf{A}_a)$ を満たすように選択する[*2]．

もう一つの定式化である解析モデルの式 (15.5) も，上記のアルゴリズムに必要な修正を加えれば，同様に扱うことができる．具体的には，二つの辞書が冗長であり（$M_c, M_t \geq N$），またフルランクであると仮定し，第9章で説明したように，次のように解析モデルを合成モデルに置き換える．

$$\begin{aligned} \mathbf{x}_c &= \mathbf{T}_c \mathbf{y}_c \quad \rightarrow \quad \mathbf{y}_c = \mathbf{T}_c^+ \mathbf{x}_c = \mathbf{A}_c \mathbf{x}_c \\ \mathbf{x}_t &= \mathbf{T}_t \mathbf{y}_t \quad \rightarrow \quad \mathbf{y}_t = \mathbf{T}_t^+ \mathbf{x}_t = \mathbf{A}_t \mathbf{x}_t \end{aligned} \tag{15.8}$$

これは，次の最適化問題となる．

$$\hat{\mathbf{x}}_c, \hat{\mathbf{x}}_t = \arg\min_{\mathbf{x}_c, \mathbf{x}_t} \quad \lambda \|\mathbf{x}_c\|_1 + \lambda \|\mathbf{x}_t\|_1 + \frac{1}{2} \|\mathbf{y} - \mathbf{A}_c \mathbf{x}_c - \mathbf{A}_t \mathbf{x}_t\|_2^2 \tag{15.9}$$

[*2] $\mathbf{A}_a$ の SVD を用いれば，この条件は $c > \lambda_{\max}(\mathbf{A}_a^{\mathrm{T}} \mathbf{A}_a) = \lambda_{\max}(\mathbf{A}_c \mathbf{A}_c^{\mathrm{T}} + \mathbf{A}_t \mathbf{A}_t^{\mathrm{T}})$ と等価である．タイトフレームでは，$\mathbf{A}_c \mathbf{A}_c^{\mathrm{T}} = \mathbf{A}_t \mathbf{A}_t^{\mathrm{T}} = \mathbf{I}$ であるので，c は2以上である．

$$\text{subject to} \quad \mathbf{T}_c\mathbf{A}_c\mathbf{x}_c = \mathbf{x}_c,\ \mathbf{T}_t\mathbf{A}_t\mathbf{x}_t = \mathbf{x}_t$$

ここで制約を追加したのは，$\mathbf{y}_c$ から $\mathbf{x}_c$ へ（同様に $\mathbf{y}_t$ から $\mathbf{x}_t$ へ）移るときに，$\mathbf{x}_c$ が $\mathbf{T}_c$ の（$\mathbf{x}_t$ が $\mathbf{T}_t$ の）列空間に存在しなければならないからである．

式 (15.9) の解析モデルで定式化された問題を解くためには，式 (15.7) とまったく同じ反復式を用いることができる．なぜなら，式 (15.9) のペナルティ関数は式 (15.4) とまったく同じであり，この反復式はペナルティ関数を減らすように働くからである．したがって，次の更新則から開始することができる．

$$\begin{aligned}\hat{\mathbf{x}}_c^{k+\frac{1}{2}} &= \mathcal{S}_\lambda\left(\frac{1}{c}\mathbf{A}_c^{\mathrm{T}}\left(\mathbf{y}-\mathbf{A}_c\hat{\mathbf{x}}_c^k-\mathbf{A}_t\hat{\mathbf{x}}_t^k\right)+\hat{\mathbf{x}}_c^k\right)\\ \hat{\mathbf{x}}_t^{k+\frac{1}{2}} &= \mathcal{S}_\lambda\left(\frac{1}{c}\mathbf{A}_t^{\mathrm{T}}\left(\mathbf{y}-\mathbf{A}_c\hat{\mathbf{x}}_c^k-\mathbf{A}_t\hat{\mathbf{x}}_t^k\right)+\hat{\mathbf{x}}_t^k\right)\end{aligned} \tag{15.10}$$

しかし，この更新のあとで，制約条件を満たすように射影する必要がある．したがって，次式を計算する*3.

$$\begin{aligned}\hat{\mathbf{x}}_c^{k+1} &= \mathbf{T}_c\mathbf{A}_c\hat{\mathbf{x}}_c^{k+\frac{1}{2}}\\ \hat{\mathbf{x}}_t^{k+1} &= \mathbf{T}_t\mathbf{A}_t\hat{\mathbf{x}}_t^{k+\frac{1}{2}}\end{aligned} \tag{15.11}$$

このアルゴリズムは確かに解析モデルの定式化を扱ってはいるが，分離画像を直接扱うのではなく，スパース表現を用いた定式化になっているため，その主な魅力は失われている．それを修正するためには，式 (15.10) と式 (15.11) を次のように修正する．

$$\begin{aligned}\hat{\mathbf{y}}_c^{k+1} &= \mathbf{A}_c\mathcal{S}_\lambda\left(\frac{1}{c}\mathbf{A}_c^{\mathrm{T}}\left(\mathbf{y}-\hat{\mathbf{y}}_c^k-\hat{\mathbf{y}}_t^k\right)+\mathbf{T}_c\hat{\mathbf{y}}_c^k\right)\\ \hat{\mathbf{y}}_t^{k+1} &= \mathbf{A}_t\mathcal{S}_\lambda\left(\frac{1}{c}\mathbf{A}_t^{\mathrm{T}}\left(\mathbf{y}-\hat{\mathbf{y}}_c^k-\hat{\mathbf{y}}_t^k\right)+\mathbf{T}_t\hat{\mathbf{y}}_t^k\right)\end{aligned} \tag{15.12}$$

ここで，式 (15.8) の代入式を用いた．

それでは，大域的な解析モデルの定式化を用いた，いくつかの実験結果を示そう．ここで示す結果は，Starck, Elad, and Donoho (IEEE-TIP, 2004) による

*3 ベクトル $\mathbf{v}$ が与えられたとき，$\mathbf{u}=\mathbf{Pu}$ を満たし $\mathbf{v}$ に最も近いベクトル $\mathbf{u}$ を求めたい．ここで $\mathbf{P}$ は射影行列（正方対称行列で，その固有値は 0 または 1）である．ラグランジュ乗数法を用いてこれを解くと，最適解は $\mathbf{u}=\mathbf{Pv}$ となる．

ものである．したがって，詳細なパラメータなどは記述せず，定性的な結果だけを述べる．まず合成画像に対する実験結果を議論する．これは自然画像（ここでは線画成分であると見なす），テクスチャ成分，加法ガウスノイズ（$\sigma = 10$）からなる．図 15.1 にそれぞれの成分を示す．

この分離に用いた辞書は，線画成分に対してはカーブレット，テクスチャ成分に対しては大域的 DCT 変換である．画像の最も低周波な成分を最初に引き去り，それを分離後に線画成分に加えた．その理由は，二つの辞書の低周波成分が重複しているからである．画像の低周波成分は，どちらの辞書を用いても効率的に表現できてしまうため，どちらの成分に属するのかが曖昧になってしまう．しかし，低周波成分を先に取り除いておけば，この曖昧性を避けることができる．また，あとからこの低周波成分を線画成分に加えた理由は，低周波成分は区分的に滑らかな画像のほうに属しているだろうという期待からである．

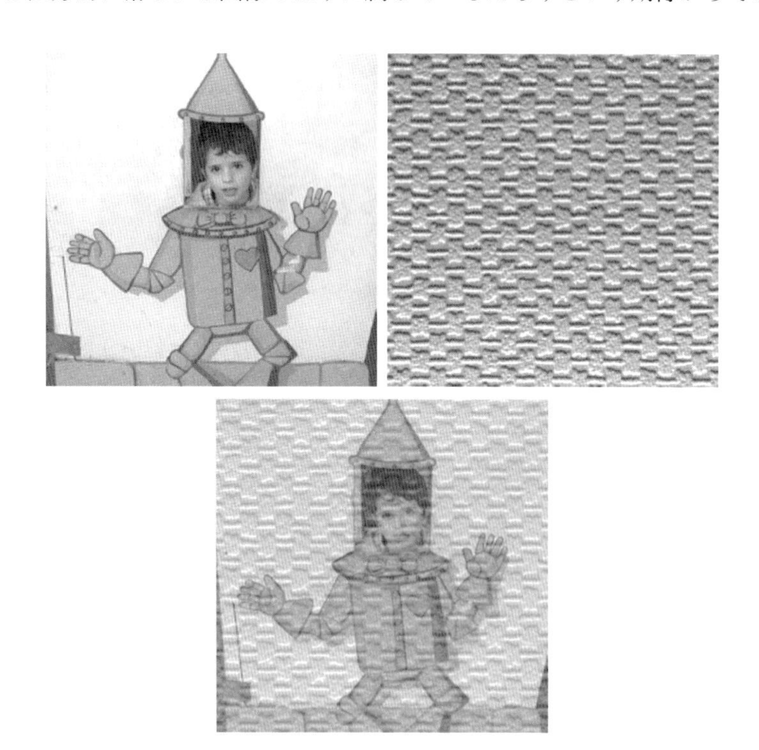

図 15.1　（左上）線画成分．（右上）テクスチャ成分．（下）処理対象の合成画像．

図 15.2 にこの実験の結果を示す．この図からわかるように，三つの成分（線画，テクスチャ，ノイズ）が精度良く分離されていることがわかる．

二つ目の実験では，画像 “Barbara” に対して同じ分離アルゴリズムを適用した．今回はカーブレットと局所的 DCT（ブロックサイズ 32×32 画素）を辞書として用いた．図 15.3 に，原画像，分離されたテクスチャ成分，線画成分を示す．図 15.4 は顔の部分を拡大したものである．

この実験の最後に，簡単な応用例を二つ示す．一つ目は画像のエッジ検出である．この処理は多くのコンピュータビジョンの応用にとって重要である．しかし，テクスチャのコントラストが高い場合，（意味的に重要な）線画成分からではなく，テクスチャ成分から多くのエッジが検出されてしまう．そこで，あらかじめ画像を二つの成分に分離しておき，線画成分に対してエッジ検出を行えば，本来の物体のエッジが検出できることになる．図 15.5 に，キャニー

図 15.2 （左上）ノイズを含む原画像．（右上）分離されたテクスチャ成分．（左下）分離された線画成分．（右下）ノイズ成分．

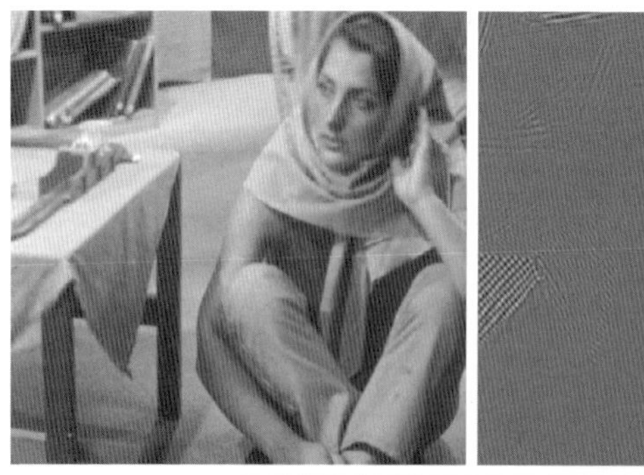

図 15.3　（左上）分離された線画成分．（右上）分離されたテクスチャ成分．（下）原画像 “Barbara”．

(Canny) のエッジ検出手法を原画像に適用した場合と線画成分に適用した場合の結果を示す．

図 15.6 に, ジェミニ望遠鏡の中間赤外波長スペクトルカメラ (Gemini OSCIR) で撮影された銀河の画像と分離結果を示す．画像は白色加法ノイズを含み，また撮影機器の影響による横縞が発生している（これを画像のテクスチャ成分と見なす)．銀河は等方的な形状をしているため，線画成分に対してはカーブレットではなく等方ウェーブレットを用いた．テクスチャ成分には，その構造に適している大域的 DCT を用いた．図 15.6 からわかるように，銀河の画像と，横縞のテクスチャ成分，ノイズ成分を分離することに成功している．

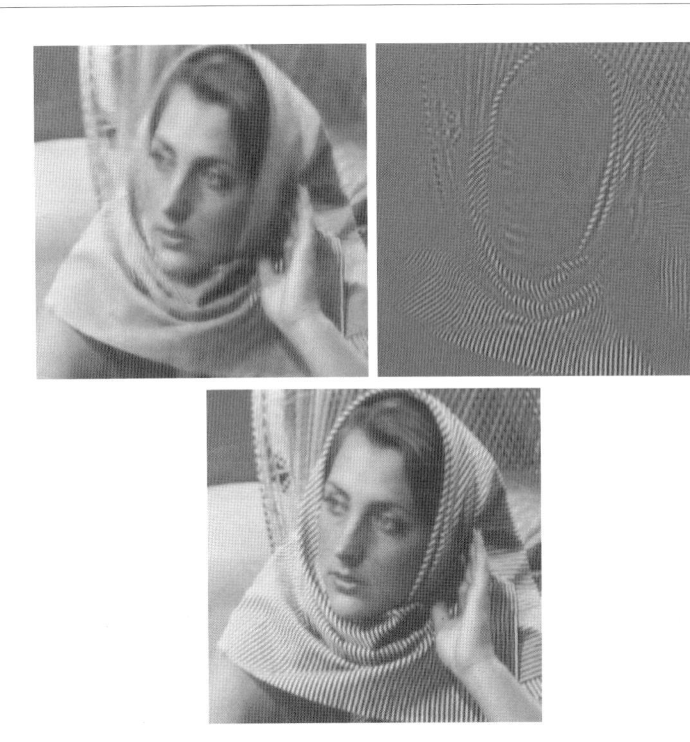

図 15.4 図 15.3 の顔の部分を拡大したもの．（左上）分離された線画成分．（右上）分離されたテクスチャ成分．（下）原画像 “Barbara”．

図 15.5 （左）原画像から検出されたエッジ．（右）線画成分から検出されたエッジ．

図 15.6　（左上）ジェミニ望遠鏡で撮影された原画像．（右上）分離されたテクスチャ成分．（左下）分離された線画成分．（右下）ノイズ成分．

15.2.3　画像分離のための局所 MCA

画像のノイズ除去への応用と同じように，MCA を重複のあるパッチに適用することもできる．このように適用する方法の利点は，(i) 処理が局所的であり，効率的に並列処理が行えることと，(ii) 辞書学習を MCA に導入できることである．特に 2 番目の利点（学習した辞書が使える）は，非常に有用である．辞書学習を使えば，どのような成分の分離問題にも適用できるからである．例えば，それぞれのテクスチャに特化した辞書を用いれば，MCA を用いて二つ（以上）の混合されたテクスチャを分離することも可能である．

MCA を局所的な処理アルゴリズムに適用する方法は多数ある．第 14 章で議論したように，これはノイズ除去アルゴリズムを局所的に処理する方法が多数あるのと同じ状況である．その中でも，本章では K-SVD ノイズ除去アルゴリズムに基づく手法を取り上げる．以下で見るように，この手法の単純な拡張によって，最新の手法と同程度の分離性能を得ることができる．

14.3.3 項の内容に沿って，未知の混合画像 $\mathbf{y}_0 = \mathbf{y}_c + \mathbf{y}_t$ について次のことが成り立つと仮定することから始める．各パッチ $\mathbf{R}_k\mathbf{y}_0 = \mathbf{R}_k\mathbf{y}_c + \mathbf{R}_k\mathbf{y}_t$ に対して，次式を満たすような二つのスパース表現ベクトル $\mathbf{q}_c^k$, $\mathbf{q}_t^k$ が存在する．

$$\|\mathbf{R}_k\mathbf{y}_c + \mathbf{R}_k\mathbf{y}_t - \mathbf{A}_c\mathbf{q}_c^k - \mathbf{A}_t\mathbf{q}_t^k\|_2 \leq \epsilon \tag{15.13}$$

ここで $\mathbf{A}_c$ と $\mathbf{A}_t$ は固定した二つの辞書である．この記法を用いる代わりに，二つの辞書を連結した辞書 $\mathbf{A}_a$ と，そのパッチに対応する表現ベクトルを連結した $\mathbf{q}_a^k$ を一時的に用いることにする．すると，上記の式は $\|\mathbf{R}_k\mathbf{y}_0 - \mathbf{A}_a\mathbf{q}_a^k\|_2 \leq \epsilon$ と書ける．大域的 MAP 推定を用いると，これは次の問題になる．

$$\left\{\{\hat{\mathbf{q}}_a^k\}_{k=1}^N, \hat{\mathbf{y}}\right\} = \arg\min_{\mathbf{z},\{\mathbf{q}_a^k\}_k} \lambda\|\mathbf{z}-\mathbf{y}\|_2^2+\sum_{k=1}^N \mu_k\|\mathbf{q}_a^k\|_0+\sum_{k=1}^N \|\mathbf{A}_a\mathbf{q}_a^k-\mathbf{R}_k\mathbf{z}\|_2^2 \tag{15.14}$$

この式の第 1 項は大域的な対数尤度であり，観測画像 $\mathbf{y}$ とノイズ除去された (未知の) 画像 $\mathbf{z}$ との距離である．第 2 項と第 3 項は画像についての事前分布であり，再構成画像 $\mathbf{z}$ においてサイズ $\sqrt{n} \times \sqrt{n}$ の各パッチ $\mathbf{p}_k = \mathbf{R}_k\mathbf{z}$ は，どの位置にあっても（したがって k での総和をとる）有界の誤差でスパースに表現されることを要請する．

式 (15.14) の問題はノイズ除去の一種であり，ここには分離するという目的はない．これは自然な定式化である．なぜなら，$\mathbf{y}_0$ が成分の混合であろうとなかろうと，加法ノイズを除去するためにノイズ除去は必要であるし，$\mathbf{y}_0$ のパッチが辞書 $\mathbf{A}_a$ についてスパース表現を持つという仮定は，効率的にノイズを除去するには十分である．

したがって，上記のノイズ除去を，前章で述べた方法と同じように処理する．まず辞書を冗長 DCT で初期化し，スパース表現 $\{\hat{\mathbf{q}}_a^k\}_{k=1}^N$ と辞書 $\mathbf{A}_a$ を交互に更新する．これを反復すると，ノイズを含む画像自身を訓練集合とする効率的な K-SVD 辞書学習となる．通常のノイズ除去アルゴリズムならば，この反復の後にスパース表現と辞書を固定して，次式でノイズを除去した画像を求めることができる．

$$\hat{\mathbf{y}} = \left(\lambda\mathbf{I} + \sum_{k=1}^{N} \mathbf{R}_k^{\mathrm{T}}\mathbf{R}_k\right)^{-1} \left(\lambda\mathbf{y} + \sum_{k=1}^{N} \mathbf{R}_k^{\mathrm{T}}\mathbf{A}\hat{\mathbf{q}}_a^k\right) \tag{15.15}$$

しかし，このようなこれまでのノイズ除去処理とは異なり，局所 MCA アルゴリズムでは，ノイズ除去画像を求める代わりに，(i) 辞書 $\mathbf{A}_a$ を線画とテクスチャの辞書に分解し，(ii) 二つの辞書を画像成分の分離に用いる．

学習した辞書 $\mathbf{A}_a$ は $\mathbf{A}_c$ と $\mathbf{A}_t$ のアトムを持つが，その順序は不定である．そのため，全変動（TV）尺度を用いてテクスチャと線画のアトムを分離する．なぜなら，線画のアトムは（区分的に）滑らかであり，かつ，テクスチャのアトムが縞模様を持つことを期待しているからである．

例として，画像 “Barbara” にノイズを加えたもの（これまでの実験と同様に $\sigma = 10$）に対して，上記のアルゴリズムの 25 回反復を適用した．この結果得られた辞書を図 15.7（左）に示す．アトム $\mathbf{a}$ をサイズ $\sqrt{n} \times \sqrt{n}$ のパッチと考え，次のような TV に類似した活性度（activity measure）を用いる．

$$\mathrm{Activity}(\mathbf{a}) = \sum_{i=2}^{n}\sum_{j=1}^{n} |a[i,j] - a[i-1,j]| + \sum_{i=1}^{n}\sum_{j=2}^{n} |a[i,j] - a[i,j-1]| \tag{15.16}$$

図 15.7（右）に，辞書中のすべてのアトムに対するこの活性度の値を示す（最大値が 1 となるように正規化してある）．この図からわかるように，これらの値

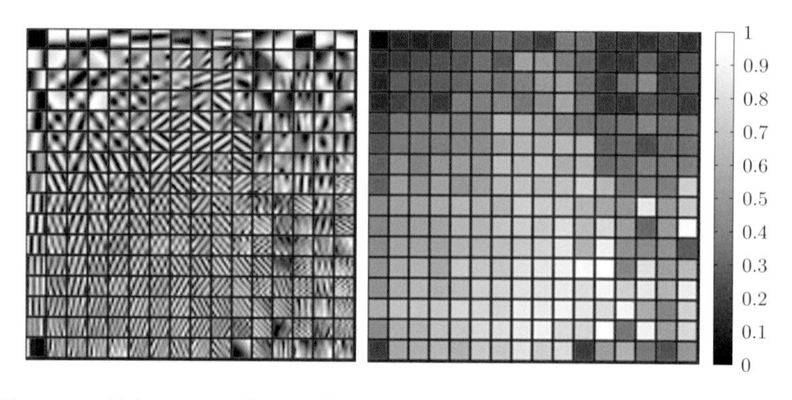

図 15.7　（左）K-SVD 辞書．画像 “Barbara” にノイズを加えたもの（$\sigma = 10$）に対する 25 回反復で得られた．（右）各アトムの活性度．

は各アトムの「テクスチャ度合い」を良く表している．

図 15.8 に，各アトムがテクスチャ辞書に属するのか，線画辞書に属するのかを分類した結果を示す．これは，上記の（正規化済み）活性度をしきい値 $T = 0.27$ でしきい値処理して得られたものである（しきい値は最良の結果が得られるように手動で設定した．しきい値以上であればテクスチャのアトムであると見なす）．全部で 256 個のアトムのうち，線画と判定されたアトムはわずか 36 個であり，残りの多くのアトムはテクスチャと判定された．

辞書 $\mathbf{A}_a$ を $\mathbf{A}_c$ と $\mathbf{A}_t$ に分解すると，それに対応するスパース表現ベクトル $\mathbf{q}_a^k$ の $\mathbf{q}_c^k$ と $\mathbf{q}_t^k$ への分離も得られる．そのためには，単純に，線画のアトムに対応する係数を $\mathbf{q}_c^k$ に，テクスチャのアトムに対応する係数を $\mathbf{q}_t^k$ に割り当てればよい．

残る処理は $\hat{\mathbf{y}}_c$ と $\hat{\mathbf{y}}_t$ の復元であり，これにも辞書の分解を利用する．そのために式 (15.14) に戻り，二つの新しい未知数 $\mathbf{z}_c$ と $\mathbf{z}_t$ を定義する．ここで $\mathbf{z} = \mathbf{z}_c + \mathbf{z}_t$ である．分離を可能にするために，項 $\|\mathbf{A}_a\mathbf{q}_a^k - \mathbf{R}_k\mathbf{z}\|_2^2$ を次のように書き換える．

$$
\begin{aligned}
\|\mathbf{A}_a\mathbf{q}_a^k - \mathbf{R}_k\mathbf{z}\|_2^2 &= \|\mathbf{A}_c\mathbf{q}_c^k + \mathbf{A}_t\mathbf{q}_t^k - \mathbf{R}_k\mathbf{z}\|_2^2 \\
&= \|\mathbf{A}_c\mathbf{q}_c^k + \mathbf{A}_t\mathbf{q}_t^k - \mathbf{R}_k\mathbf{z}_c - \mathbf{R}_k\mathbf{z}_t\|_2^2
\end{aligned}
\tag{15.17}
$$

図 15.8　（左）辞書中のアトム．（右）各アトムがテクスチャ成分（白色）か線画成分（灰色）かを分類した結果．しきい値 $T = 0.27$ によって TV 活性度をしきい値処理して得られた．

$$\approx \|\mathbf{A}_c\mathbf{q}_c^k - \mathbf{R}_k\mathbf{z}_c\|_2^2 + \|\mathbf{A}_t\mathbf{q}_t^k - \mathbf{R}_k\mathbf{z}_t\|_2^2$$

最後の近似式は，線画パッチとテクスチャパッチに対する表現ベクトルの誤差の間には相関がないこと，つまり次式を仮定している．

$$(\mathbf{A}_c\mathbf{q}_c^k - \mathbf{R}_k\mathbf{z}_c)^{\mathrm{T}}(\mathbf{A}_t\mathbf{q}_t^k - \mathbf{R}_k\mathbf{z}_t) \approx 0 \tag{15.18}$$

これを式 (15.14) に代入すると，次式を得る．

$$\begin{aligned}\{\hat{\mathbf{y}}_c, \hat{\mathbf{y}}_t\} = \arg\min_{\mathbf{z}_c,\mathbf{z}_t}\ & \lambda\|\mathbf{z}_c + \mathbf{z}_t - \mathbf{y}\|_2^2 \\ & + \sum_{k=1}^{N}\|\mathbf{A}_c\mathbf{q}_c^k - \mathbf{R}_k\mathbf{z}_c\|_2^2 + \sum_{k=1}^{N}\|\mathbf{A}_t\mathbf{q}_t^k - \mathbf{R}_k\mathbf{z}_t\|_2^2\end{aligned} \tag{15.19}$$

なお，表現ベクトルのスパース性を要請する ℓ_0 ノルム項は，削除している．なぜなら，ここでの目的は $\mathbf{z}_c$ と $\mathbf{z}_t$ の復元であり，$\mathbf{q}_c^k$ と $\mathbf{q}_t^k$ は既知で固定されていると仮定しているためである．この式を $\mathbf{z}_c$ と $\mathbf{z}_t$ について微分すると，分離結果が次式で得られる．

$$\begin{aligned}\begin{bmatrix}\hat{\mathbf{y}}_c \\ \hat{\mathbf{y}}_t\end{bmatrix} = & \begin{bmatrix}\lambda\mathbf{I} + \sum_{k=1}^{N}\mathbf{R}_k^{\mathrm{T}}\mathbf{R}_k & \lambda\mathbf{I} \\ \lambda\mathbf{I} & \lambda\mathbf{I} + \sum_{k=1}^{N}\mathbf{R}_k^{\mathrm{T}}\mathbf{R}_k\end{bmatrix}^{-1} \\ & \cdot \begin{bmatrix}\lambda\mathbf{y} + \sum_{k=1}^{N}\mathbf{R}_k^{\mathrm{T}}\mathbf{A}_c\mathbf{q}_c^k \\ \lambda\mathbf{y} + \sum_{k=1}^{N}\mathbf{R}_k^{\mathrm{T}}\mathbf{A}_t\mathbf{q}_t^k\end{bmatrix}\end{aligned} \tag{15.20}$$

$\lambda = 0$ の極端な場合には，解は次のようになる．

$$\begin{aligned}\hat{\mathbf{y}}_c &= \left[\sum_{k=1}^{N}\mathbf{R}_k^{\mathrm{T}}\mathbf{R}_k\right]^{-1}\sum_{k=1}^{N}\mathbf{R}_k^{\mathrm{T}}\mathbf{A}_c\mathbf{q}_c^k \\ \hat{\mathbf{y}}_t &= \left[\sum_{k=1}^{N}\mathbf{R}_k^{\mathrm{T}}\mathbf{R}_k\right]^{-1}\sum_{k=1}^{N}\mathbf{R}_k^{\mathrm{T}}\mathbf{A}_t\mathbf{q}_t^k\end{aligned} \tag{15.21}$$

これは式 (15.15) で得られたノイズ除去の解と非常に似ている．より一般的な場合には，2×2 のブロック行列の逆行列公式[*4] を用いれば上式の逆行列の計算は非常に簡単になる．また，上式においてはすべてのブロックが対角行列になるので，逆行列計算も容易である．

図 15.9 に，この局所的 MCA を $\lambda = 0$ の単純な場合に画像 “Barbara” へ適用した結果を示す．この図からわかるように，非常に良い精度で分離されており，前述の大域的 MCA で得られた結果とほぼ同程度の結果となっている．しかも，これは事前に二つの成分の辞書を指定せずに得られた結果である．

15.3　画像のインペインティングとインパルスノイズの除去

画像のインペインティング（inpainting）とは，画像中の指定された部分における失われた画素値を補完する処理のことである．これは，写真の傷の修復や遮蔽の修正，また画像の編集（シーン中の物体の除去）に利用される．この問題に対する画像処理の論文は多数発表されており，手法も多岐にわたる．本節ではこの問題を扱う．具体的には，スパースランドモデルを用いたインペイン

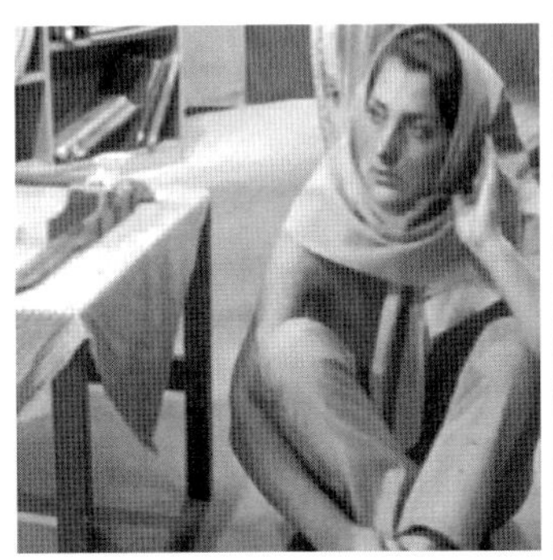
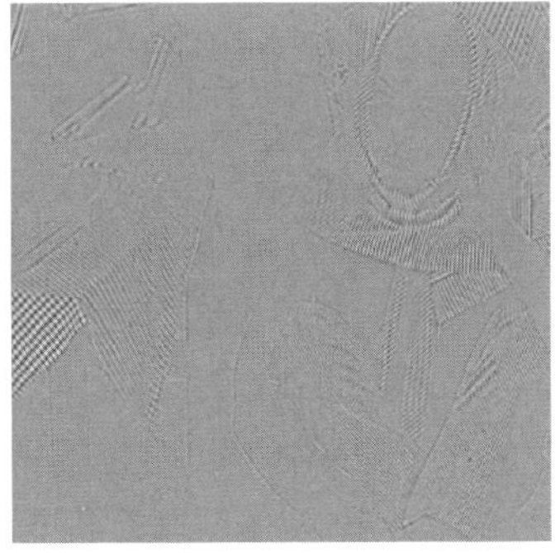

図 15.9　K-SVD 辞書を用いて局所的 MCA で分離された（$\lambda = 0$），（左）線画成分と（右）テクスチャ成分．

---

*4 この公式は次のとおりである．

$$\begin{bmatrix} \mathbf{A} & \mathbf{B} \\ \mathbf{C} & \mathbf{D} \end{bmatrix}^{-1} = \begin{bmatrix} \mathbf{Q} & -\mathbf{QBD}^{-1} \\ -\mathbf{D}^{-1}\mathbf{CQ} & \mathbf{D}^{-1} + \mathbf{D}^{-1}\mathbf{CQBD}^{-1} \end{bmatrix}$$

ここで，$\mathbf{Q} = (\mathbf{A} - \mathbf{BD}^{-1}\mathbf{C})^{-1}$ である．

ティングに焦点を当てる．まず，スパースに表現された信号をインペインティングするための中心的なアイデアを述べて，次にこれを画像に拡張する方法を議論する．

15.3.1　スパース信号のインペインティング：核となるアイデア

$\mathbf{y}_0 \in \mathbb{R}^n$ を単純化されたスパースランド信号と仮定する．つまり，$\|\mathbf{x}_0\|_0 = k_0$ であるスパース表現ベクトル $\mathbf{x}_0$ が存在して，$\mathbf{y}_0 = \mathbf{A}\mathbf{x}_0$ が成り立つとする．さらに，計測が $\mathbf{y} = \mathbf{M}\mathbf{y}_0$ であると仮定する．ここで，$\mathbf{M}$ は信号から p 個のサンプル点を除去してしまう処理（劣化作用素）である．この行列の次元は $(n-p) \times n$ であり，$n \times n$ の単位行列から，除去するサンプル点に対応する p 個の行を除外したものである．この失われたサンプル点の値を復元することができるだろうか？　できるとすれば，どうやって？

この問題を，第 9 章で議論した形の古典的な逆問題として考えると，次のように定式化できる．

$$\min_{\mathbf{x}} \|\mathbf{x}\|_0 \quad \text{subject to} \quad \mathbf{y} = \mathbf{MAx} \tag{15.22}$$

この問題の解である表現ベクトル $\hat{\mathbf{x}}_0$ を求めれば，復元された（欠損のない）信号 $\hat{\mathbf{y}}_0$ は $\mathbf{A}\hat{\mathbf{x}}_0$ で得られる．しかし，このような方法がなぜうまく働くのかという疑問が生じる．

この疑問に答えるには，第 2 章で導入した最悪の場合の解析に戻る必要がある．もともとの表現ベクトル $\mathbf{x}_0$ は十分にスパースである（つまり $k_0 < 0.5\,\mathrm{spark}(\mathbf{MA})$ である）と仮定する．その場合，もとの表現 $\mathbf{x}_0$ は必然的に線形連立方程式 $\mathbf{y} = \mathbf{MAx}$ の最もスパースな解の候補であることがわかっている．そのため，式 (15.22) の問題が解を持つならば，$\hat{\mathbf{x}}_0 = \mathbf{x}_0$ となる．これは，もとの信号が完全に復元できる，つまり $\hat{\mathbf{y}}_0 = \mathbf{y}_0$ であることを意味する．したがって，もし $\mathbf{x}_0$ が十分にスパースであるならば，インペインティングは完全に成功することが保証されることになる．

それでは，$\mathbf{M}$ は行列 $\mathbf{MA}$ のスパークにどのような影響を与えるのだろうか？　この行列の積は，辞書 $\mathbf{A}$ から p 個の行を除外する処理に相当するので，スパークは必然的に悪く（小さく）なる．なぜなら，スパークの定義から，$\mathbf{A}$ から選んだ $\mathrm{spark}(\mathbf{A}) - 1$ 個の列からなるどんな列集合も線形独立となるからである．$\mathbf{A}$ から任意の行を削除すると，すべての列集合にまったく影響を与えない（したがってスパークは変わらない）か，どれかの列集合が線形従属になりスパークが小さくなるかのどちらかである．もしある列集合が線形従属になってしまえば，さらに別の行を削除しても再び線形独立になることはない．したがって，$\mathrm{spark}(\mathbf{MA})$ は削除数 p に対して非増加関数である．特に $\mathrm{spark}(\mathbf{MA}) \leq \mathrm{spark}(\mathbf{A})$ であるので，最初においた $k_0 < 0.5\,\mathrm{spark}(\mathbf{MA})$ という仮定は，$\mathbf{x}_0$ がもとの信号 $\mathbf{y}_0$ の最もスパースな表現であることを意味していることにもなる．

上記はインペインティング問題を単純化したものである．しかし，スパースランド信号のインペインティングがなぜうまく働くかを明らかにしている．理解するべき核となる考え方は，信号 $\mathbf{y}_0$ が $2k_0$ 個の自由度（アトムとその重み）しか持たないので，全サンプル点数 n よりも少ないサンプル点数で信号を完全に復元できる，ということである．極端な場合には，$2k_0$ 個のサンプル点だけで十分であり[*5]，つまり p が $n - 2k_0$ 程度に大きくても可能である．

ノイズがモデルと計測の両方に加えられている場合，実際にインペインティングは以下の問題の近似解を求めなければならない．

$$\min_{\mathbf{x}} \|\mathbf{x}\|_0 \quad \text{subject to} \quad \|\mathbf{y} - \mathbf{MAx}\|_2 \leq \delta \tag{15.23}$$

もはやスパークの考察は適用できないが，第 5 章で見たように，このような復元アルゴリズムの成功を手助けしてくれる，最悪の場合の解析や，もっと楽観的で現実的な平均性能解析などが存在する．

この方法は実用的だろうか？ この疑問に答えるために，「予備」実験の結果を示す．これは，上記の単純な手法がどのように欠損サンプル点を復元するのかを示すものである．あとで再びこの実験に戻り，さまざまな改善を行うことにする．図 15.10 に示す画像 “Peppers”（サイズ 256×256 画素）に対して処理を行う．この画像に $\sigma = 20$ の白色加法ガウスノイズを加え，画素値をランダムに欠損させて，他の画素値はそのまま残す．

ここで行うインペインティング処理は，ノイズを含む画像から切り出した重複のないパッチ（サイズ 8×8 画素）に対して適用する．（第 14 章と同様に）256 個のアトムを持つ冗長 DCT 辞書を用いて，式 (15.23) の近似解を求めるこ

[*5] これは $\mathbf{A}$ と $\mathbf{M}$ にも依存する．もし $\mathrm{spark}(\mathbf{MA})$ が $\mathrm{spark}(2k_0+1)$ であれば，$2k_0$ 個のサンプル点で十分である．

図 15.10　インペインティング処理を行う画像 “Peppers”.

とで，もとのパッチを復元する．この処理を行うために，$\delta = 1.1\sqrt{64-p}\,\sigma$ とした OMP アルゴリズムをパッチごとに適用した（δ の値はそのパッチ中の「欠損していない」画素値に対するノイズ量に比例させる）．最終的に，スパース表現から復元した各パッチを結果画像へ貼り付けて，インペインティング処理結果を得る[*6]．

図 15.11 にインペインティング結果を示す．これは画像中に残されている画素数に対する復元結果の RMSE である．予想どおり，このグラフは減少しており，残されている画素数が多いほど，復元したパッチの画質は向上することがわかる．また，ノイズの標準偏差 $\sigma = 20$ と比較すると，欠損している画素の割合が 50% 以下の場合にはインペインティングだけでなく，ノイズ除去効果もあることがわかる．図 15.12 に，三つの場合（欠損の割合が 25%, 50%, 75%）に対して上記の手法でインペインティング処理を行った結果を示す．復元画像と原画像との RMSE は，それぞれ 14.55, 19.61, 29.70 となった．

以上が単純なインペインティングのアルゴリズムである．前述した核となるアイデアを直接実装しただけのものであるが，妥当な結果が得られている（特に欠損画素の割合が 50% 以下の場合）．当然この方法にはまだ改善の余地があり，さまざまな方法で改良することができる．テクスチャがより複雑な画像もインペインティングできるのか？　画像の欠損部分がもっと大きい穴でも処理

[*6] さらに，グレースケール画像の画素値の範囲 $[0, 255]$ に収まるように，クリッピング処理を施している．

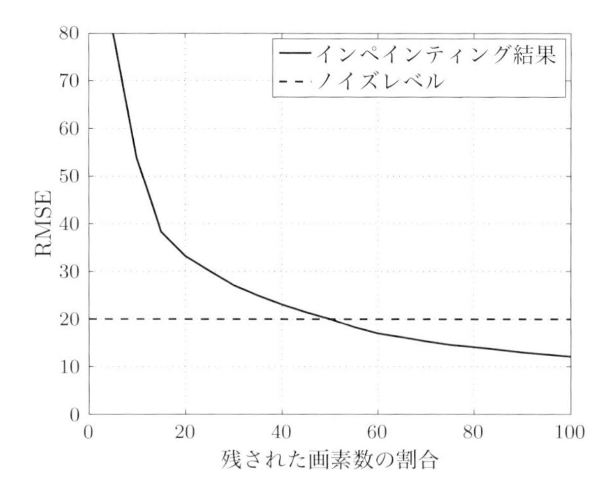

図 15.11　単純な場合のインペインティング結果．冗長 DCT 辞書を用いて，重複のないパッチに対して局所的な処理を適用した．このグラフは，画像中に残されている画素数の割合に対する復元結果の RMSE を示している．

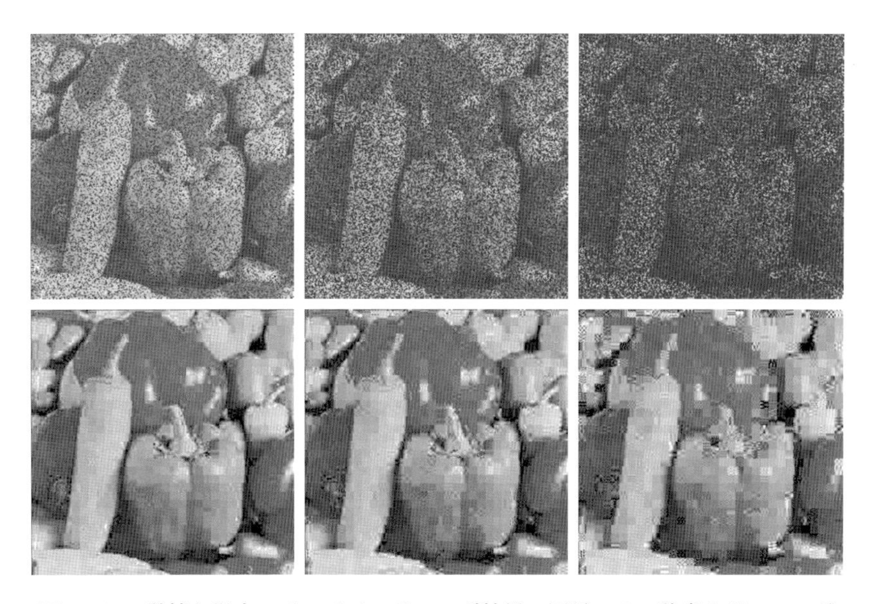

図 15.12　単純な場合のインペインティング結果．冗長 DCT 辞書を用いて，重複のないパッチに対して局所的な処理を適用した．（上段）入力画像．（下段）インペインティング結果．左から，欠損画素の割合が 25%（RMSE = 14.55），50%（RMSE = 19.61），75%（RMSE = 29.7）の場合．

できるのか？　局所的なノイズ除去アルゴリズムが行っていたように重複パッチを処理すると，性能を改善することはできるのか？　インペインティングのために辞書学習を導入することはできるのか？　次項以降ではこれらの疑問を扱い，上記のアイデアに基づいて画質を改善する局所的アルゴリズムと大域的なアルゴリズムを議論する．

15.3.2　画像のインペインティング：局所 K-SVD

図 15.11 と図 15.12 では，単純なインペインティング処理の結果を示した．これは，重複のない各パッチを別々に処理し，その結果を貼り合わせて結果画像を作成するという方法である．局所的に処理しつつも，さらに改善することはできるだろうか？　図 15.13 に大幅に改善された結果を示す．これはアルゴリズムに単純な修正を加えただけである．重複のないパッチを処理する代わりに，同じインペインティング処理を重複するパッチに適用したのである．それらの

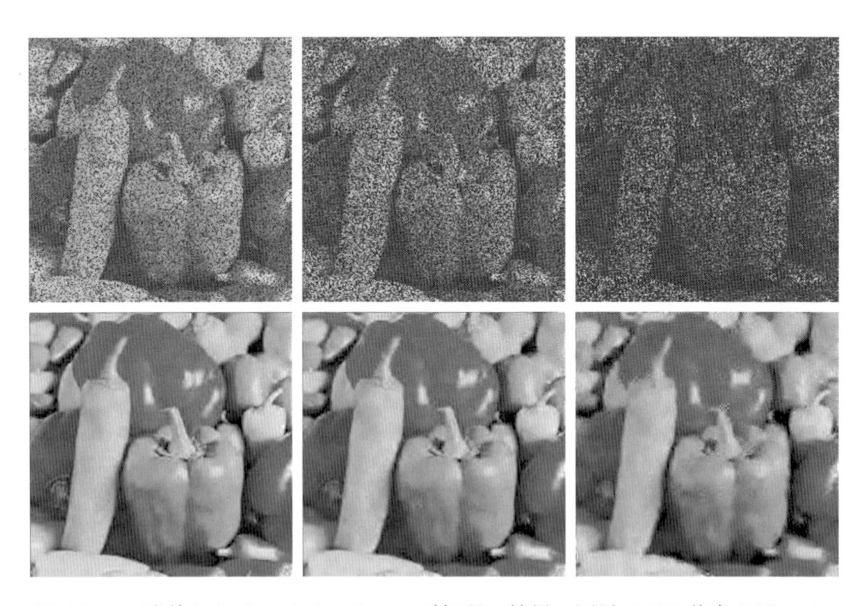

図 15.13　改善したインペインティング処理の結果．冗長 DCT 辞書を用いて，重複のあるパッチに対する局所的な処理を適用した．（上段）入力画像．（下段）インペインティング結果．左から，欠損画素の割合が 25%（RMSE = 9.00），50%（RMSE = 11.55），75%（RMSE = 18.18）の場合．

パッチの結果を平均して結果画像を作成した．この図からわかるように，欠損画素の割合が 75% の結果は特に改善されている．表 15.1 に，パッチの重複の有無による結果の比較を示す．

それでは，上記のようなインペインティングのアルゴリズムが自然に導出されるように，インペインティング問題を定式化しよう．第 14 章のノイズ除去問題への対応に従って，未知の完全な画像 $\mathbf{y}_0$ は「その各パッチが既知の辞書 $\mathbf{A}$ についてのスパース表現を持つ」と仮定する．$\mathbf{y}_0$ から画素を除去するマスク処理を正方行列 $\mathbf{M}$ で表す．さらに，残された画素には平均 0 で分散 σ^2 の白色加法ガウスノイズが加えられていると仮定する．したがって，MAP 推定は次のようになる．

$$\left\{\{\hat{\mathbf{q}}_k\}_{k=1}^{M}, \hat{\mathbf{y}}\right\} = \arg\min_{\mathbf{z}, \{\mathbf{q}_k\}_k} \lambda\|\mathbf{M}\mathbf{z}-\mathbf{y}\|_2^2 + \sum_{k=1}^{M} \mu_k \|\mathbf{q}_k\|_0 + \sum_{k=1}^{M} \|\mathbf{A}\mathbf{q}_k - \mathbf{R}_k\mathbf{z}\|_2^2 \tag{15.24}$$

この式は式 (14.21) とほぼ同じであり，観測画像 $\mathbf{y}$ と未知のノイズ除去画像 $\mathbf{z}$ の差を残された画素だけで評価している（これを反映しているのが，マスク $\mathbf{M}$ との積である）．第 2 項と第 3 項は画像の事前分布であり，ノイズ除去画像 $\mathbf{z}$ において，サイズ $\sqrt{n} \times \sqrt{n}$ のパッチ $\mathbf{p}_k = \mathbf{R}_k\mathbf{z}$ はどれも有界な誤差内でスパースに表現されることを要請している．

上記の議論の場合には，辞書 $\mathbf{A}$ は既知（冗長 DCT）であると仮定している．そして，スパース表現 $\mathbf{q}_k$ と出力画像全体 $\mathbf{z}$ の両方に対して，この関数を最小化することになる．以前と同様に，ブロック座標最小化アルゴリズムを用いて，まず $\mathbf{z} = \mathbf{M}^{\mathrm{T}}\mathbf{y}$ と初期化し，最適な $\hat{\mathbf{q}}_k$ を求める．なお，この初期化では，欠損に対応する $\mathbf{z}$ の画素はまったく値を持たないため，$\hat{\mathbf{q}}_k$ を計算するときにはそれ

表 15.1 重複あり・なしのパッチを局所的に処理したインペインティング結果の RMSE．すべて冗長 DCT 辞書を用いた．

アルゴリズム	RMSE		
	欠損割合 25%	欠損割合 50%	欠損割合 75%
重複なし	14.55	19.61	29.70
重複あり	9.00	11.55	18.18

を考慮しなければならない．以上より，最小化問題は以下の部分問題に分割することができる．

$$\hat{\mathbf{q}}_k = \arg\min_{\mathbf{q}} \|\mathbf{q}\|_0 \quad \text{subject to} \quad \|\mathbf{M}_k(\mathbf{A}\mathbf{q} - \mathbf{p}_k)\|_2^2 \leq c n_k \sigma^2 \tag{15.25}$$

ここでは，式 (15.24) の 2 次ペナルティ項を制約条件に変更しているため，パラメータ μ_k を考える必要がなくなっている．また，パッチ誤差 $\mathbf{A}\mathbf{q} - \mathbf{p}_k$ のエネルギーは，k 番目のパッチのマスクに相当する $\mathbf{M}_k = \mathbf{R}_k\mathbf{M}^{\mathrm{T}}\mathbf{M}\mathbf{R}_k^{\mathrm{T}}$ との積により，このパッチに残されている画素だけで評価されている．

制約条件のしきい値は，このパッチに残されている画素の数 $n_k = \mathbf{1}^{\mathrm{T}}\mathbf{M}_k\mathbf{1}$ を考慮に入れなければならない．したがって，このステップは式 (15.23) とまったく同じ，すなわち，サイズ $\sqrt{n} \times \sqrt{n}$ のブロックを単位とするスライディングウィンドウによるスパース符号化となる処理を行う[*7]．

すべての $\hat{\mathbf{q}}_k$ が与えられたら，それらを固定して $\mathbf{z}$ を更新する．式 (15.24) に戻ると，次式を解くことになる．

$$\hat{\mathbf{y}} = \arg\min_{\mathbf{z}} \lambda\|\mathbf{M}\mathbf{z} - \mathbf{y}\|_2^2 + \sum_k \|\mathbf{A}\hat{\mathbf{q}}_k - \mathbf{R}_k\mathbf{z}\|_2^2 \tag{15.26}$$

この解は次式で得られる．

$$\hat{\mathbf{y}} = \left(\lambda\mathbf{M}^{\mathrm{T}}\mathbf{M} + \sum_k \mathbf{R}_k^{\mathrm{T}}\mathbf{R}_k\right)^{-1}\left(\lambda\mathbf{M}^{\mathrm{T}}\mathbf{y} + \sum_k \mathbf{R}_k^{\mathrm{T}}\mathbf{A}\hat{\mathbf{q}}_k\right) \tag{15.27}$$

この式はノイズ除去問題に対して提示したものとほぼ同一である．実際，逆行列を計算する行列は対角行列であり，結果画像の各画素に対する正規化係数となる．欠損画素に対しては，この式は，復元されたパッチからの寄与を単純に平均することを表している．残されている画素に対しても，この式は平均をとっているが，適切な重みで計測値を利用するものとなっている．したがって，図 15.13 と表 15.1 で示した結果は，このアルゴリズムで λ をゼロにした場合に相当する．

[*7] 二つの問題の定式化は異なるように見えるかもしれない．ここでの $\mathbf{M}_k$ は正方行列であり未知の要素をゼロにするが，式 (15.23) の $\mathbf{M}$ は非正方行列であり対応する要素を除去する．このような意味の違いはあるものの，二つの定式化は同一である．

次はこれを拡張し，辞書学習のアプローチを用いて，画像に適応した辞書を用いる方法を議論する．第 14 章で述べた K-SVD による画像ノイズ除去アルゴリズムに従えば，以下の手順をとればよい．

1. 欠損のある画像から，重複のあるパッチをすべて切り出し，辞書を学習する．ノイズ除去アルゴリズムとは異なり，スパース符号化ステップと辞書更新ステップは欠損画素のマスクを考慮しなければならない．
2. 辞書を計算したら，各パッチのスパース符号化を行い，それを画像に書き戻して，上記で述べた方法のように重複部分を平均する．

このアルゴリズムは，まさに式 (15.25) の MAP 推定である．ただし，今回は $\mathbf{A}$ に関して，である．$\mathbf{A}$ を固定して，スパース符号化を上記のように行う．スパース表現 $\{\hat{\mathbf{q}}_k\}_k$ が得られたら，それらを固定して，次式を最小化するように辞書を更新する．

$$\mathrm{Error}(\mathbf{A}) = \sum_k \|\mathbf{M}_k(\mathbf{A}\mathbf{q}_k - \mathbf{p}_k)\|_2^2 \tag{15.28}$$

この更新ステップには，MOD か K-SVD を用いればよい．ただし，どちらの場合でも，マスク行列があるために，第 12 章で説明した場合よりも難しくなっている．MOD を用いる場合には，以下のように $\mathrm{Error}(\mathbf{A})$ の微分をゼロにする．

$$\nabla_{\mathbf{A}}\mathrm{Error}(\mathbf{A}) = \sum_k \mathbf{M}_k^{\mathrm{T}}\mathbf{M}_k(\mathbf{A}\mathbf{q}_k - \mathbf{p}_k)\mathbf{q}_k^{\mathrm{T}} = 0 \tag{15.29}$$

しかし，これから $\mathbf{A}$ を更新する解析的な閉形式を得ることは難しい．ここで，クロネッカー積の性質を利用した公式 $\mathbf{ABC} = (\mathbf{C}^{\mathrm{T}} \otimes \mathbf{A})\mathbf{B}_{\mathrm{CS}}$ を用いる．$\mathbf{B}_{\mathrm{CS}}$ は $\mathbf{B}$ の列を辞書順に並べたベクトルである．これから次式を得る．

$$\mathbf{A}_{\mathrm{CS}} = \left(\sum_k (\mathbf{q}_k\mathbf{q}_k^{\mathrm{T}}) \otimes (\mathbf{M}_k^{\mathrm{T}}\mathbf{M}_k)\right)^{-1} \sum_k (\mathbf{p}_k\mathbf{q}_k^{\mathrm{T}})_{\mathrm{CS}} \tag{15.30}$$

今考えている場合においては，逆行列を計算する行列の次元は $mn \times mn$ である．例えば，上記の実験におけるサイズ 64×256 の辞書に対して，行列の次元は $2^{14} \times 2^{14}$ にもなる．したがって，$\mathbf{A}$ を導出するためにこの式を用いることは，多くの場合に現実的ではない．別の方法は，式 (15.29) の勾配を用いて最急降下法を適用することである．

K-SVD を用いる場合には，計算はもっと容易になる．ここでは $\mathbf{A}$ の列を一つずつ更新することにする．すると，j 番目の列 $\mathbf{a}_j$ について考えると，このアトムを用いるパッチ k だけについて式 (15.28) の誤差を考えなければならない．そのパッチの集合を Ω_k とすると，次式を最小化する必要がある．

$$\begin{aligned}\mathrm{Error}(\mathbf{A}) &= \sum_{k\in\Omega_j} \|\mathbf{M}_k(\mathbf{A}\mathbf{q}_k - \mathbf{p}_k)\|_2^2 \\ &= \sum_{k\in\Omega_j} \|\mathbf{M}_k(\mathbf{A}\mathbf{q}_k - \mathbf{a}_j\mathbf{q}_k(j) - \mathbf{p}_k) + \mathbf{M}_k\mathbf{a}_j\mathbf{q}_k(j)\|_2^2\end{aligned} \tag{15.31}$$

ここで $\mathbf{y}_k^i = \mathbf{p}_k - \mathbf{A}\mathbf{q}_k + \mathbf{a}_j\mathbf{q}_k(j)$ とおく．これは，j 番目のアトム以外をすべて用いた場合の，k 番目のパッチの表現誤差である．すると，次の最小化問題となる．

$$\min_{\mathbf{a}_j,\{\mathbf{q}_k(j)\}_{k\in\Omega_j}} \sum_{k\in\Omega_j} \|\mathbf{M}_k(\mathbf{y}_k^j - \mathbf{a}_j\mathbf{q}_k(j))\|_2^2 \tag{15.32}$$

これはランク 1 近似問題として（SVD を用いて）解くこともできるが，もっと単純なアプローチは，二つの未知数を交互に（2〜3 回の反復で）更新する方法である．まず $\{\mathbf{q}_k(j)\}_{k\in\Omega_j}$ を固定して，次式で $\mathbf{a}_j$ を更新する．

$$\hat{\mathbf{a}}_j = \left(\sum_{k\in\Omega_j} \mathbf{M}_k\mathbf{q}_k(j)^2\right)^{-1} \sum_{k\in\Omega_j} \mathbf{M}_k\mathbf{y}_k^j\mathbf{q}_k(j) \tag{15.33}$$

ここで $\mathbf{M}_k^{\mathrm{T}}\mathbf{M}_k = \mathbf{M}_k$ を用いた．そして，このベクトルを正規化する．次に，$k \in \Omega_j$ について，$\mathbf{q}_k(j)$ を次式で更新する．

$$\hat{\mathbf{q}}_k(j) = \left(\mathbf{a}_j^{\mathrm{T}}\mathbf{M}_k\mathbf{a}_j\right)^{-1}\mathbf{a}_j^{\mathrm{T}}\mathbf{M}_k\mathbf{y}_k^j \tag{15.34}$$

表 15.2 に，前述と同じ実験に対するこの K-SVD アルゴリズムの結果を示す．これは辞書更新を交互に反復するスパース符号化を 15 回反復して得られたものである．この実験から，初期辞書がインペインティングという課題に適していない場合には特に，性能が非常に改善されることがわかる．画像 “Peppers” は冗長 DCT と相性が良いようなので，改善の程度はあまり大きくない．

図 15.14〜15.16 に，画像 “Fingerprint” に対して同様の実験を行った結果を示す．今回のマスクは文字列とした．前述の実験と同様に，まず冗長 DCT を

表 15.2　画像 “Peppers” に K-SVD インペインティングアルゴリズムを 15 回反復適用した結果の RMSE．最初の 2 行は表 15.1 と同じものである．最後の行が K-SVD の結果であり，括弧内は改善度合い〔dB〕を表す．

アルゴリズム	RMSE		
	欠損割合 25%	欠損割合 50%	欠損割合 75%
DCT：重複なし	14.55	19.61	29.70
DCT：重複あり	9.00	11.55	18.18
K-SVD：重複あり	8.1（0.85dB）	10.05（1.25dB）	17.74（0.15dB）

図 15.14　（左上）原画像 “Fingerprint”（200×200 画素を切り出した）．（右上）観測画像．加法ノイズ（$\sigma = 20$）と欠損画素（文字列マスク）を含む．（左下）冗長 DCT を用いたインペインティング結果（RMSE = 16.13）．（右下）K-SVD（15 回反復）の結果（RMSE = 12.74）．

図 15.15　（左）冗長 DCT の絶対値誤差．（右）K-SVD の絶対値誤差．

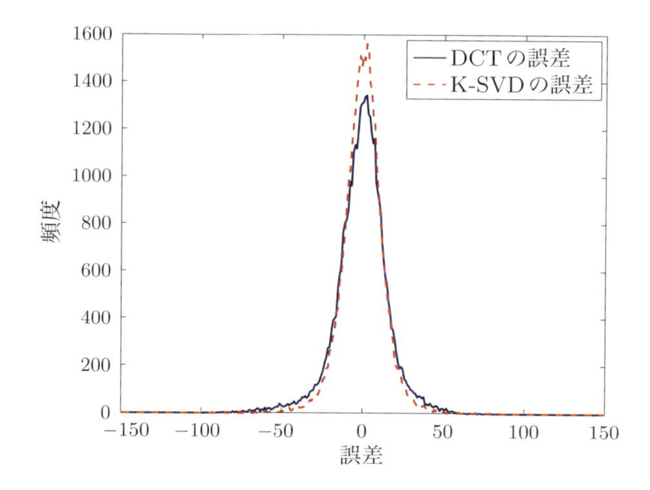

図 15.16　冗長 DCT と K-SVD の結果の誤差のヒストグラム．

辞書とした．この場合の結果は RMSE $= 16.13$ であった．15 回反復の K-SVD を適用した場合，結果は RMSE $= 12.74$ となり，2.05dB 改善された．図 15.14 は，原画像，欠損とノイズを含む画像（$\sigma = 20$）と，二つの結果を示している．図 15.15 は，二つの結果の誤差の絶対値を示している．図 15.16 の誤差のヒストグラムから，K-SVD の誤差のほうが小さいことがわかる．

上記で説明したような単純な処理を局所的に用いるインペインティング手法を，Mairal らは動画像とカラー画像に対して拡張した．ここでは，その手法の有効性を表す二つの結果を示す．興味のある読者は Mairal，Elad，Sapiro の論文を参照してほしい．

図 15.17 はカラー画像のインペインティング結果である．欠損画素である赤い文字列部分を K-SVD インペインティングによって復元している．この実験では 3 次元のパッチを用いており（サイズは $9 \times 9 \times 3$ であり，穴を覆うように十分大きく設定されている），各パッチは三つのカラーレイヤを含んでいる．つまり，学習された辞書もカラーのアトムを持っていることになる．

図 15.18 に，画像系列 "Table-Tennis"（サイズ 240×352 画素）と，その画素をランダムに 80% 除去した画像系列のインペインティング結果を示す．この図は，左から順に，もとの画像系列中の 5 フレームと，対応する欠損画像，復元結果を表している．復元結果の画像としては，本章で述べた方法を各フレームで独立に適用した場合と，画像系列の時空間ボリュームを 3 次元画像と見なして動画インペインティングを行った場合を示した．後者の場合，3 次元パッチをインペインティングに用いて，第 14 章で述べた K-SVD による動画ノイズ除去と同様に，あるフレームから次のフレームへと辞書を受け渡していく．この実験で導入したもう一つの大きな変更点は，多重スケール辞書を用いたことであり，辞書が持つアトムは複数のスケールから構成されている．

15.3.3 画像のインペインティング：大域 MCA

前項では，画像インペインティングに対して局所的なパッチを用いるアプローチを議論した．しかし，画像ノイズ除去や成分分離の問題と同様に，画像全体を変換するような大域的な処理を行うこともできる．本項では，この方法を手短に紹介し，代表的な結果を示す．

大域的に処理することの重要な利点は，画像中の大きな欠損（穴）も扱えることである．ただし，その代わりに辞書を学習せず，固定された辞書を用いることになる．つまり，テクスチャと線画の成分を扱う辞書を学習することはできないので，その二つの成分を扱えるような辞書をあらかじめ選択する必要がある．そのため，以前に議論した画像分離の問題に戻って考えることになる．

実際，15.2.1 項において線画とテクスチャの分離問題を考えたとき，この分離が適用できる応用にはインペインティングというものがあると述べた．以下で示す大域的なインペインティングアルゴリズムの枠組みは，大域的な画像分離アルゴリズムとほぼ同じであり，単純な修正を加えているだけである．

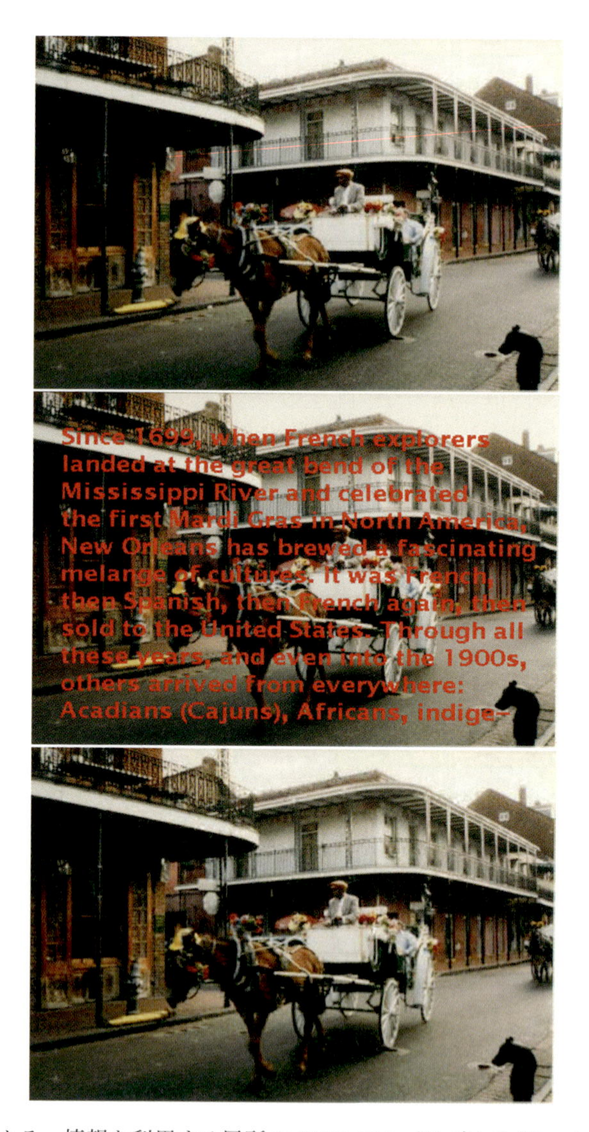

図 15.17　カラー情報を利用する局所 K-SVD アルゴリズムを用いてインペインティングを行った結果（結果は Mairal, Elad, and Sapiro (2008) から引用）.（上段）原画像.（中段）赤い文字列が欠損画素である画像.（下段）復元画像（PSNR = 32.45dB）.

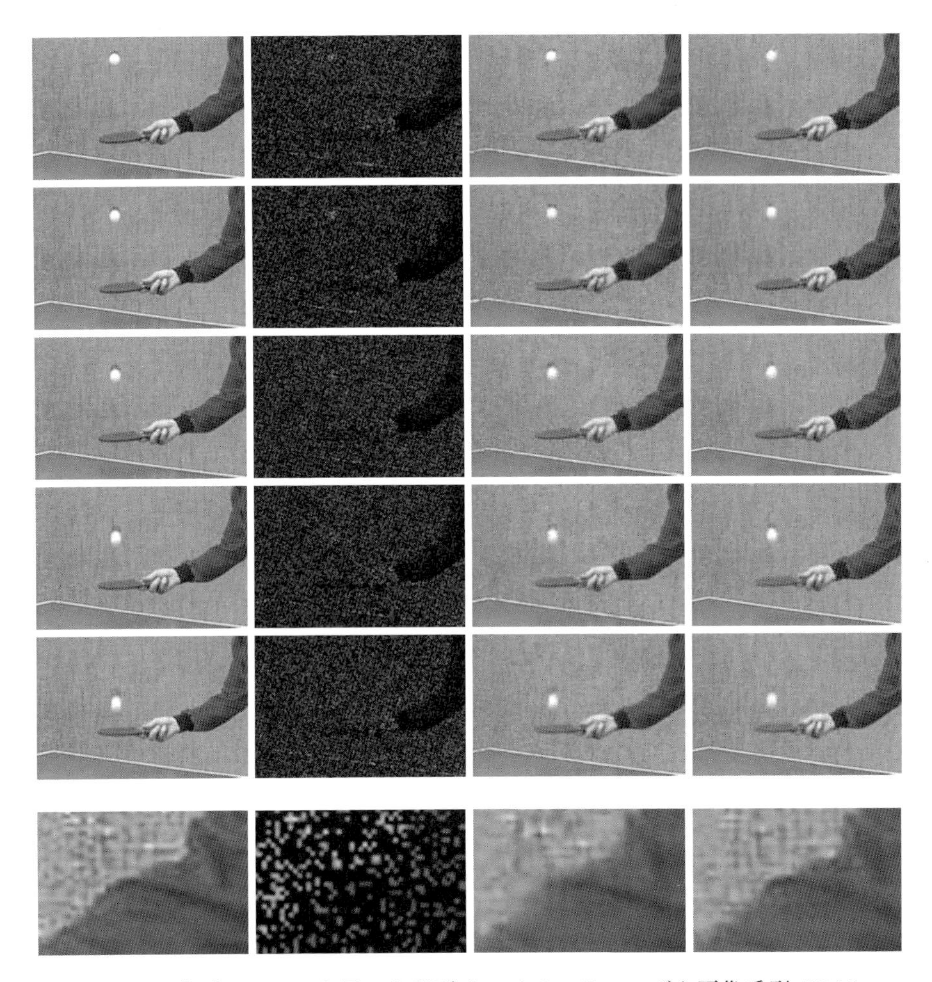

図 15.18 多重 K-SVD を用いた動画インペインティングを画像系列 “Table-Tennis” に適用した 5 フレーム分の結果．各行があるフレームに対応する．（1 列目）原画像．（2 列目）80% の画素を欠損させた画像．（3 列目）各フレームに独立に画像インペインティングを適用した結果（PSNR = 24.38dB）．（4 列目）K-SVD を用いた動画インペインティングの結果（PSNR = 28.49dB）．最下行は最後のフレームの一部を拡大したものである．

まず，解析モデルに基づく画像分離問題の式 (15.5) を用いて大域的なインペインティングアルゴリズムを定式化する．これを，マスク処理 $\mathbf{M}$ を考慮するように，以下の目的関数に修正する．

$$\hat{\mathbf{y}}_c, \hat{\mathbf{y}}_t = \arg\min_{\mathbf{y}_c, \mathbf{y}_t} \lambda\|\mathbf{T}_c\mathbf{y}_c\|_1 + \lambda\|\mathbf{T}_t\mathbf{y}_t\|_1 + \frac{1}{2}\|\mathbf{y} - \mathbf{M}(\mathbf{y}_c + \mathbf{y}_t)\|_2^2 \tag{15.35}$$

式 (15.9) での合成モデルへの変換と同様に，上式を変換して以下の最適化問題を得る．

$$\begin{aligned} \hat{\mathbf{x}}_c, \hat{\mathbf{x}}_t = \arg\min_{\mathbf{x}_c, \mathbf{x}_t} \quad & \lambda\|\mathbf{x}_c\|_1 + \lambda\|\mathbf{x}_t\|_1 \\ & + \frac{1}{2}\|\mathbf{y} - \mathbf{M}\mathbf{A}_c\mathbf{x}_c - \mathbf{M}\mathbf{A}_t\mathbf{x}_t\|_2^2 \\ \text{subject to} \quad & \mathbf{T}_c\mathbf{A}_c\mathbf{x}_c = \mathbf{x}_c,\ \mathbf{T}_t\mathbf{A}_t\mathbf{x}_t = \mathbf{x}_t \end{aligned} \tag{15.36}$$

この式と式 (15.9) の違いは，マスク処理の有無だけである．したがって，まったく同じアルゴリズムを用いて式 (15.36) を解くことができる．ただし，小さな修正は必要である．SSF の定式化において $\mathbf{A}_c$（もしくは $\mathbf{A}_t$）が登場した場合，それを $\mathbf{M}\mathbf{A}_c$（もしくは $\mathbf{M}\mathbf{A}_t$）に置き換えるだけである．したがって，次式が得られる．

$$\hat{\mathbf{x}}_c^{k+\frac{1}{2}} = \mathcal{S}_\lambda\left(\frac{1}{c}\mathbf{A}_c^{\mathrm{T}}\mathbf{M}^{\mathrm{T}}\left(\mathbf{y} - \mathbf{M}\mathbf{A}_c\hat{\mathbf{x}}_c^k - \mathbf{M}\mathbf{A}_t\hat{\mathbf{x}}_t^k\right) + \hat{\mathbf{x}}_c^k\right)$$

$$\hat{\mathbf{x}}_t^{k+\frac{1}{2}} = \mathcal{S}_\lambda\left(\frac{1}{c}\mathbf{A}_t^{\mathrm{T}}\mathbf{M}^{\mathrm{T}}\left(\mathbf{y} - \mathbf{M}\mathbf{A}_c\hat{\mathbf{x}}_c^k - \mathbf{M}\mathbf{A}_t\hat{\mathbf{x}}_t^k\right) + \hat{\mathbf{x}}_t^k\right)$$

これに続く射影ステップは，表現ベクトルについての処理であるため，変更は必要ない．

$$\hat{\mathbf{x}}_c^{k+1} = \mathbf{T}_c\mathbf{A}_c\hat{\mathbf{x}}_c^{k+\frac{1}{2}}, \quad \hat{\mathbf{x}}_t^{k+1} = \mathbf{T}_t\mathbf{A}_t\hat{\mathbf{x}}_t^{k+\frac{1}{2}}$$

それでは，大域的なインペインティング手法の結果を示そう．これらは Elad, Starck, Querre, and Donoho (2005) から引用したものである．まず，テクスチャと線画を合成して画像 “Adar” を作成する．図 15.19 に，画像 “Adar” に対して 2 種類の欠損を施したものと，カーブレット辞書と大域的 DCT 辞書を用いた大域的インペインティングの結果を示す．どちらの結果ももとの欠損部分がほとんどわからず，ほぼ完璧に復元できていることがわかる．

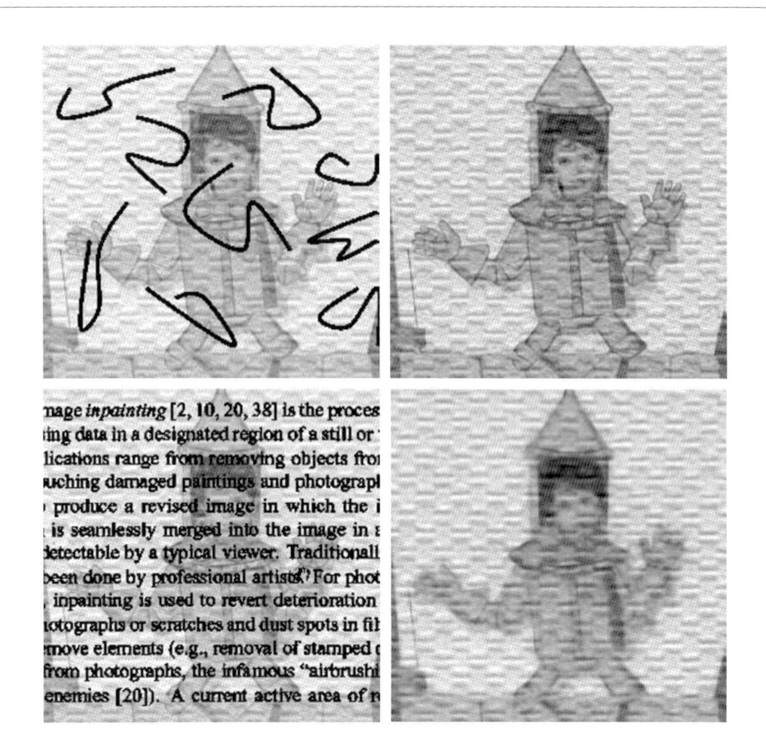

図 15.19　（左段）線画とテクスチャを合成した画像 “Adar” に施した 2 種類の欠損.（右段）大域的インペインティングアルゴリズムの結果.

図 15.20 に同様の実験結果を示す．この実験では，残された画素には平均 0 の白色ガウスノイズ（$\sigma = 10$）を加えた．この図からわかるように，残差にはほとんど特徴がなく，つまり，もとのテクスチャと線画を損なわずに，ノイズがほとんど除去されている．

図 15.21 に示す結果は，図 15.19 とほぼ同じ実験であるが，すでに線画とテクスチャが存在している画像 “Barbara” に対して適用したものである．ここでの大域的インペインティングアルゴリズムは，線画成分にはハールウェーブレットを，テクスチャ成分には一様分解レベルウェーブレットパケット（homogeneous decomposition level wavelet packet）を用いた．ここでも欠損画素はほぼ完璧に復元されていることがわかる．

図 15.22 に示す結果は，画像 “Barbara” の画素をランダムに 20%, 50%, 80%

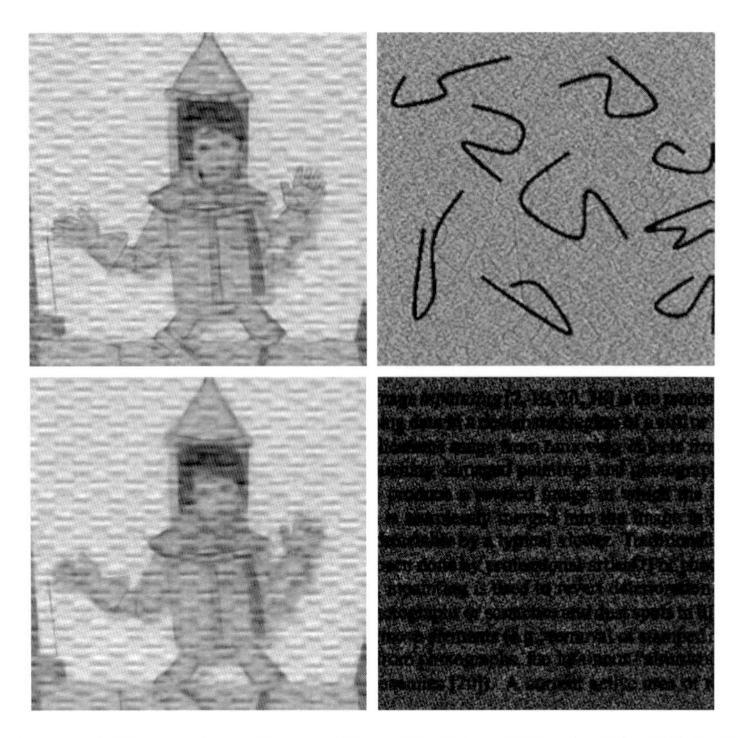

図 15.20　大域的インペインティングアルゴリズムの結果．（上段）曲線の欠損マスク．（下段）文字列の欠損マスク．どちらも原画像にノイズを加えてある．（左）インペインティング結果．（右）残差．

欠損させた場合の復元結果である．欠損マスクには形状的な特徴がないため，復元は容易になっている．上記と同様に，線画とテクスチャ成分に対してそれぞれウェーブレットとウェーブレットパケットを用いた．この結果も良好であり，不自然な箇所はほぼ見られない．

この項の最後の結果である図 15.23 は，画像 “Barbara” に対する同様の実験の結果である．ここではサイズ 8×8，16×16，32×32 の 9 個のブロックを欠損させた．大きな欠損の穴埋めは，ランダムな欠損の穴埋めよりも難しい課題である．欠損画素の領域が大きくなるにつれて，予想どおり復元結果の質は悪くなり，復元結果が滑らかになってしまっている．

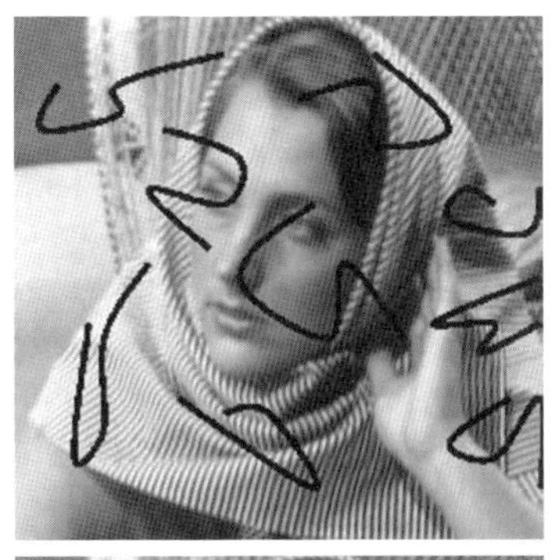

図 15.21 (左上下)画像 “Barbara” に施した 2 種類の欠損．(右上下)大域的インペインティングアルゴリズムの結果．

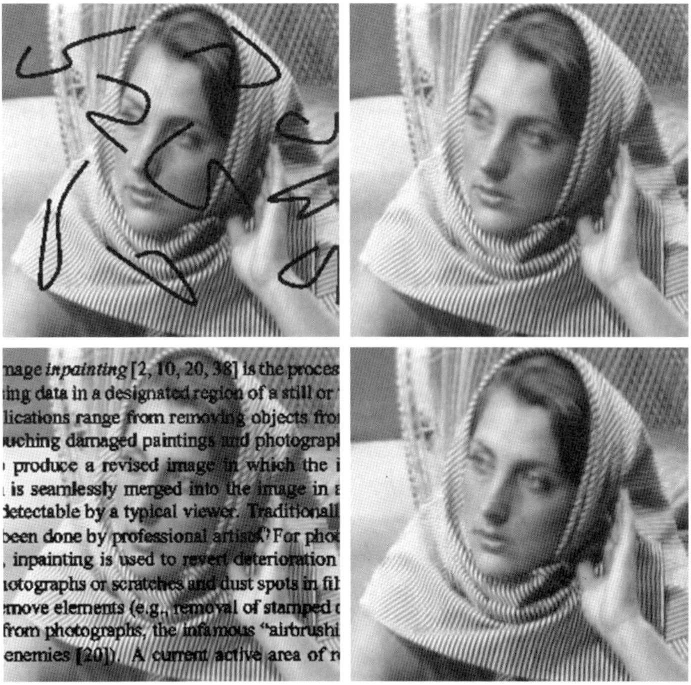

15.3.4 インパルスノイズのフィルタリング

画像インペインティング問題の議論の最後に，これに関連した応用であるインパルスノイズの除去を議論する．本項では，インペインティングアルゴリズムを用いてこの種類のノイズも除去できることを示す．

ノイズ除去については第 14 章で議論したが，そのノイズは白色加法ガウスノイズを仮定していた．これとは異なる種類のノイズで画像に頻繁に登場するものは，インパルスノイズである．これは，いくつかの画素値が大きく(正にも負にも)変わってしまうものである．図 15.24 に，原画像 “Peppers” と，それにインパルスノイズを加えた画像を示す．この場合，10% の画素(位置はランダム)にインパルスノイズが加えられており，もとのグレースケール画素値に

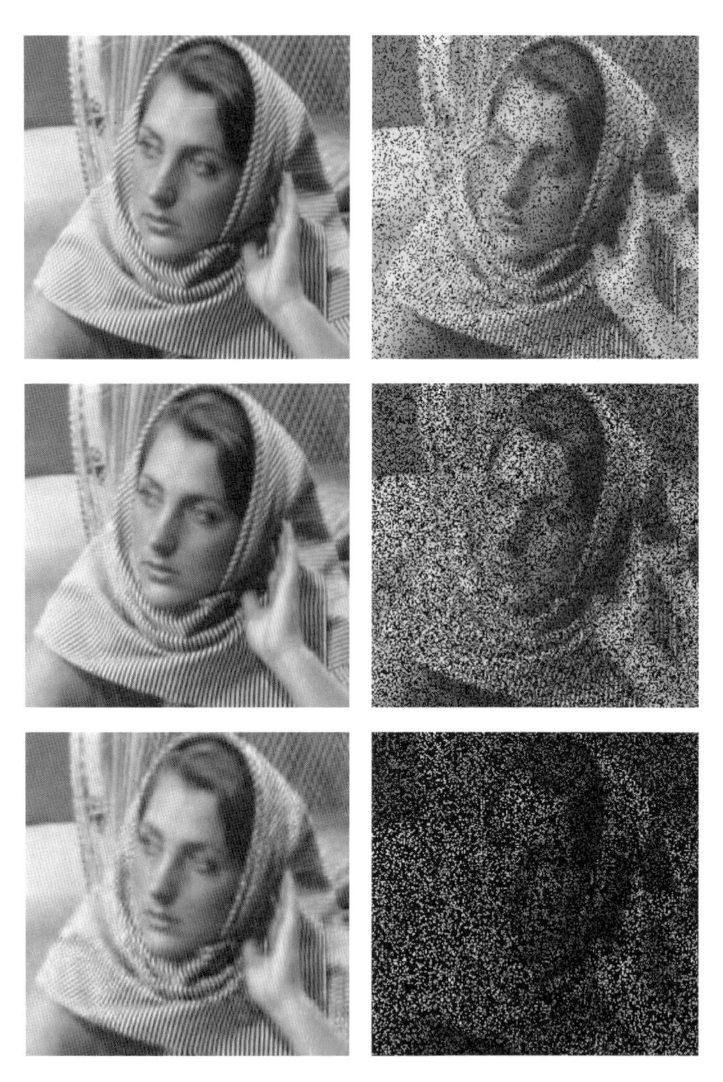

図 15.22　（右）画像 "Barbara" の画素をランダムに 20%, 50%, 80% 欠損させた画像.（左）大域的インペインティング結果.

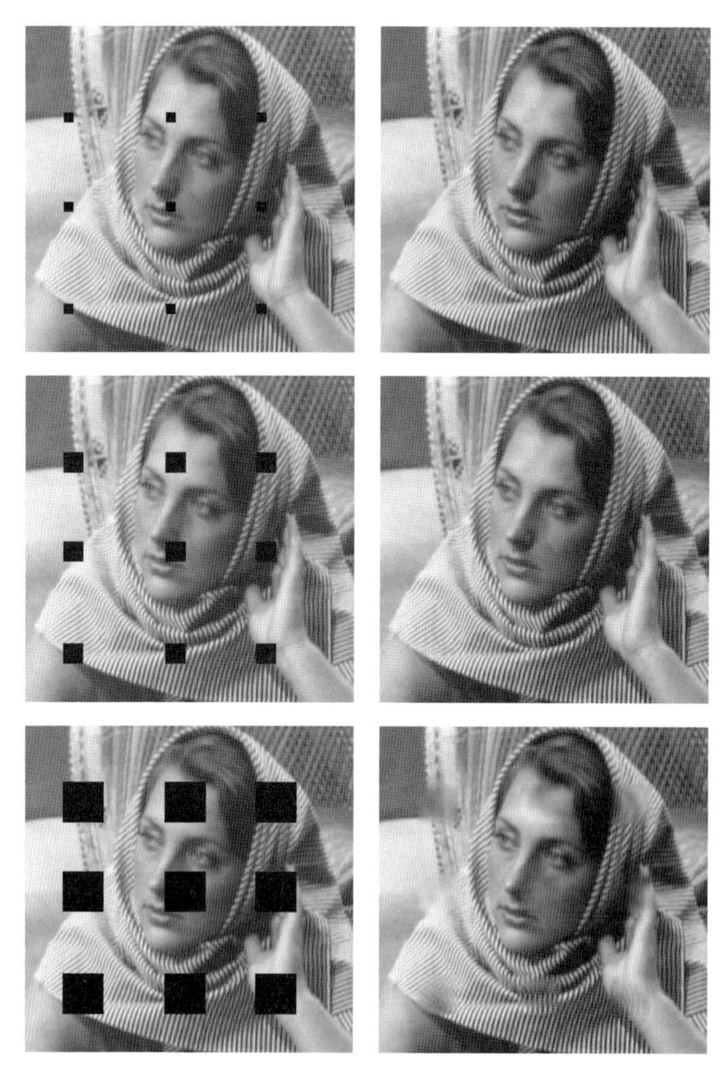

図 15.23 （左）画像 "Barbara" の画素に対して，サイズ 8×8，16×16，32×32 の 9 個のブロックを欠損させた画像．（右）大域的インペインティング結果．

図 15.24　（左）原画像 "Peppers".（右）10% の画素にインパルスノイズを加えた画像.

50 が加えている（もしくは引かれている）[*8]．こうすることで，画像中に黒い点や白い点がノイズとして現れる．このようなノイズは一般的に，画像にごま塩や胡椒を振りかけたように見えるため，ごま塩ノイズ（salt-and-pepper noise）と呼ばれている．

ごま塩ノイズを除去する典型的な方法は，メディアンフィルタである．これは，各画素値をその近傍の画素値の中央値（median）で置き換える処理である．図 15.25（中段右）にメディアンフィルタの結果を示す．明らかにこの処理は有効であり，この場合には RMSE $= 7.42$ である．ここでは 3×3 の近傍をメディアンフィルタに用いた．これよりも大きい近傍や小さい近傍は性能が悪かった．

それでは，このメディアンフィルタよりも良い結果を得ることができるだろうか？　もしインパルスノイズを含む画素の場所を知っていれば，それらの画素を欠損とするインペインティング問題として，このノイズ除去問題を考えることができるだろう．本項では，これとは異なるアプローチを紹介する．

ノイズが発生した画素の位置を推定するには，ノイズを含む画像とメディアンフィルタを適用した画像との差分をとればよい．ノイズが発生した画素には大きな差が現れるだろう．図 15.25（中段左）は，この差をしきい値 27 でしきい値処理して得られたマスクの推定結果である．このしきい値は最も良い結果

[*8] 最終的なグレースケール画素値を，$[0, 255]$ の範囲にクリッピングしているため，もとの画素値との差が 50 よりも小さくなる場合もある．

図 15.25 (上段左) 原画像 "Peppers". (上段右) ノイズを含む画像. (中段左) 原画像に推定マスクを重畳したもの. (中段右) メディアンフィルタを用いた結果 (RMSE = 7.42). (下段左) 推定マスクで検出された画素にだけメディアンフィルタを用いた結果 (RMSE = 6.52). (下段右) 推定マスクを用いた冗長 DCT によるインペインティング結果 (RMSE = 5.86).

が得られるように実験的に選択した．画像には 6,554 個のノイズが発生しているが，推定マスクは 6,298 個の画素を検出しており，そのうち 5,211 個が本当のノイズ発生画素であった．検出できていない画素には，ノイズを加えたあとの画素値をクリッピングしたために差が小さくなったことによるものと，ノイズが顕著ではない場所（例えばエッジ付近）であったことによるものがあった．

この推定マスクを用いて，インペインティング処理によりその欠損画素を復元する．冗長 DCT 辞書を用いた局所インペインティングの結果を図 15.25（下段右）に示す．スパース符号化には，小さな誤差しきい値（$\sigma = 5$）の OMP アルゴリズムを用いる．そして，復元された欠損画素だけを入れ替え，欠損していない画素は原画像のものを用いる．この方法の RMSE は 5.86 であり，メディアンフィルタの結果よりも明らかに改善されている．

もし推定マスクが信頼できるものであれば，これを用いてメディアンフィルタ自体も改善することができる．つまり，欠損画素に対してだけメディアンフィルタを適用するのである．この結果を図 15.25（下段左）に示す．RMSE は 6.52 である．これでも改善されてはいるが，インペインティング処理のほうが明らかに性能が良い．図 15.26 は，この三つのノイズ除去手法（メディアンフィルタ，推定マスクを用いたメディアンフィルタ，インペインティングに基づくアプローチ）の誤差の絶対値の画像である．ここでも，インペインティングを用いたアプローチの誤差が最も小さくなっている．

インパルスノイズの除去に関する論文は非常に膨大にあり，その手法は，変分法や，さまざまなメディアンフィルタ，順序統計量フィルタなど，多岐にわたる．これらの研究では，ノイズが発生した画素の位置をより巧妙かつ正確に推定している．本項では，インペインティングのアルゴリズムがこの問題にも適用できることを示すために，初歩的なアイデアとアルゴリズムに限定して議論した．

15.4　画像の高解像度化

本章の最後に扱う問題は，画像の高解像度化（image scale-up）である．これは超解像（super-resolution）とも呼ばれている[*9]．ここでの目的は，シャープ

[*9] 「超解像」という用語は混乱を招くだろう．なぜなら，複数の低解像度画像を統合して 1 枚の高解像度画像を生成する処理も「超解像」と呼ばれるからである．そこで，ここでは単一画像からの超解像を「高解像度化」と呼んでいる．

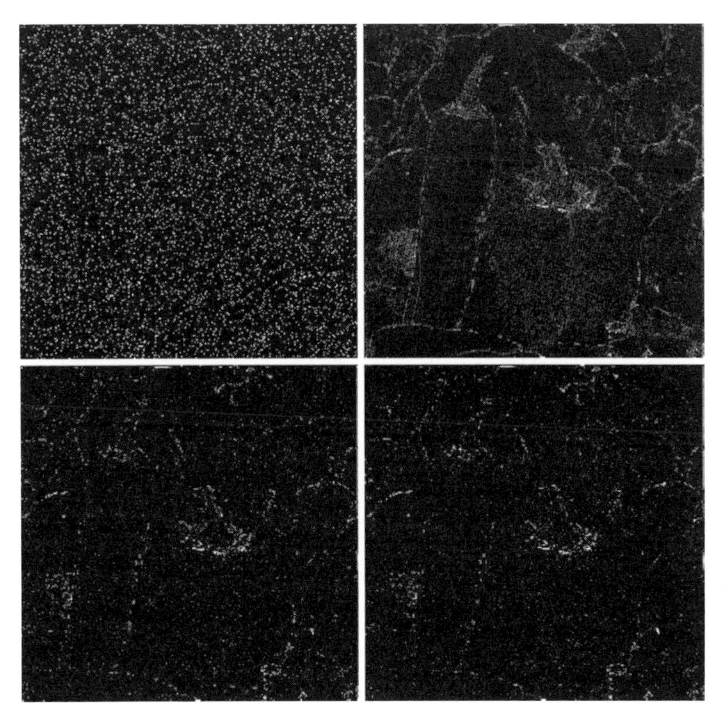

図 15.26 原画像との絶対値誤差.（左上）ノイズを含む画像.（右上）メディアンフィルタの結果.（左下）推定マスクを用いたメディアンフィルタの結果.（右下）インペインティング結果.

な画質を維持したまま，単一画像の解像度を上げることである．この課題は逆問題と捉えることができる．つまり，与えられた 1 枚の低解像度画像は，もとの高解像度画像をぼかし，縮小し，ノイズを加えたものを観測したと仮定する．

画像の高解像度化に関する研究は，単純な空間不変の線形補間処理（双線形，双 3 次，Lanczos）から空間適応的非線形フィルタまで，多岐にわたっている．スパースランドモデルに基づいてこの問題を扱うアルゴリズムもあり，その中にも大域的な手法と局所的な手法がある．本節では Yang らが提案した局所パッチを扱うアルゴリズムに焦点を当てる．説明の大部分は Yang らの研究に沿ったものであるが，結果を向上させるためにいくつかの重要な変更を行う．

15.4.1　問題設定

まず，問題のモデルを記述する．低解像度画像 $\mathbf{z}_l$ が与えられ，それは以下の処理で高解像度画像 $\mathbf{y}_h$ から生成されたとする．

$$\mathbf{z}_l = \mathbf{SHy}_h + \mathbf{v} \tag{15.37}$$

ここで，$\mathbf{H}$ と $\mathbf{S}$ はそれぞれボケ作用素と縮小作用素である．$\mathbf{S}$ は整数倍の縮小を行うと仮定する．つまり，入力画像のいくつかの行と列を除去する．ベクトル $\mathbf{v}$ は平均 0 の加法白色ガウスノイズであり，その標準偏差 σ は既知とする．

$\mathbf{z}_l$ と $\mathbf{y}_h$ のサイズが異なるために生じるさまざまな複雑な問題を避けるために，ここでは，画像 $\mathbf{z}_l$ の拡大とは，失われた行と列を単純に補間することであり，それによって $\mathbf{y}_h$ と同じサイズの結果を返すと仮定する．この高解像度化された画像を $\mathbf{y}_l$ と書くと，次のようになる．

$$\mathbf{y}_l = \mathbf{QSHy}_h + \mathbf{Qv} = \mathbf{L}_{\text{all}}\mathbf{y}_h + \tilde{\mathbf{v}} \tag{15.38}$$

作用素 $\mathbf{Q}$ は補間による拡大処理を表す．ここでの目的は，$\mathbf{y}_l$ を処理して，もとの高解像度画像 $\mathbf{y}_h$ にできるだけ近い結果 $\hat{\mathbf{y}}_h$ を求めることである．

ここでは，$\mathbf{y}_l$ から切り出したパッチに対して処理を行い，対応する $\mathbf{y}_h$ のパッチを推定する．そこで，$\mathbf{p}_k^h = \mathbf{R}_k\mathbf{y}_k \in \mathbb{R}^n$ を，画像 $\mathbf{y}_h$ の位置 k から作用素 $\mathbf{R}_k$ で切り出されたサイズ $\sqrt{n} \times \sqrt{n}$ の高解像度画像パッチとする．ここで，対象パッチの位置 k は，低解像度画像 $\mathbf{y}_l$ の画素に対応する位置のみに限定する（これは，欠損画素の位置のみに限定していたインペインティングとは逆である）．これ以降，このサンプル集合を Ω と表す．

それでは，スパースランドモデルを適用しよう．$\mathbf{p}_k^h$ は辞書 $\mathbf{A}_h \in \mathbb{R}^{n \times m}$ を用いて $\mathbf{q}_k \in \mathbb{R}^m$ によりスパースに表現できると仮定する．つまり，$\mathbf{p}_k^h = \mathbf{A}_h\mathbf{q}$ （$\|\mathbf{q}\|_0 \ll n$）である．

$\mathbf{y}_l$ 内の同じ位置 k[*10]から切り出されたサイズ $\sqrt{n} \times \sqrt{n}$ の対応する低解像度パッチ $\mathbf{p}_k^l = \mathbf{R}_k\mathbf{y}_l$ を考える．作用素 $\mathbf{L}_{\text{all}} = \mathbf{QSH}$ は高解像度画像 $\mathbf{y}_h$ 全体を低解像度画像 $\mathbf{y}_l$ に変換するものであるので，$\mathbf{p}_k^l = \mathbf{Lp}_k^h + \tilde{\mathbf{v}}_k$ と仮定する．ここで，$\mathbf{L}$ は $\mathbf{L}_{\text{all}}$ の一部をなす局所的な作用素であり，$\tilde{\mathbf{v}}_k$ はこのパッチに加えられ

[*10] $\mathbf{p}_k^l$ と $\mathbf{p}_k^h$ の中心は同じ画素であると仮定する．

るノイズである．なお，$\mathbf{y}_l$ の位置 $k \in \Omega$ だけを考えているので，$\mathbf{L}$ は位置に依存しない作用素である．

$\mathbf{p}_k^h = \mathbf{A}_h\mathbf{q}$ を仮定しているため，この方程式に $\mathbf{L}$ を掛けると，次のようになる．

$$\mathbf{L}\mathbf{p}_k^h = \mathbf{L}\mathbf{A}_h\mathbf{q} \tag{15.39}$$

低解像度と高解像度のパッチの関係 $\mathbf{p}_k^l = \mathbf{L}\mathbf{p}_k^h + \tilde{\mathbf{v}}_k$ を用いれば，次のようになる．

$$\mathbf{L}\mathbf{A}_h\mathbf{q} = \mathbf{L}\mathbf{p}_k^h = \mathbf{p}_k^l - \tilde{\mathbf{v}}_k \tag{15.40}$$

これは次式を意味する．

$$\|\mathbf{p}_k^l - \mathbf{L}\mathbf{A}_h\mathbf{q}\|_2 \le \epsilon \tag{15.41}$$

ここで，ϵ は $\tilde{\mathbf{v}}$ のノイズパワー σ に依存する．

上式の導出において注目すべき点は，低解像度のパッチが，誤差 ϵ で，実質的な辞書 $\mathbf{A}_l = \mathbf{L}\mathbf{A}_h$ に対して同じスパース表現ベクトル $\mathbf{q}$ で表現されていることである．これが意味するのは，低解像度パッチ $\mathbf{p}_k^l$ が与えられたら，そのスパース表現ベクトル $\mathbf{q}$ を求め，これを表現ベクトルとして辞書 $\mathbf{A}_h$ との積を計算すれば $\mathbf{p}_k^h$ が復元できる，ということである．これが，これから述べる Yang らの高解像度化アルゴリズムの核となるアイデアである．

15.4.2 高解像度化アルゴリズム

ここで述べる高解像度化アルゴリズムの学習ステップは，次の手順を踏む．

1. パッチペアの作成：高解像度画像と低解像度画像の組 $\{\mathbf{y}_h^j, \mathbf{y}_l^j\}_j$ として与えられる学習画像集合に対して，対応するパッチのペアからなる訓練データベース $\mathcal{P} = \{\mathbf{p}_k^h, \mathbf{p}_k^l\}_k$ を作成する．各パッチペアに対して前処理を施し，$\mathbf{p}_k^h$ からは低周波成分を除去して，$\mathbf{p}_k^l$ からは特徴を取り出す．
2. 辞書の学習：低解像度パッチを用いて，それらをスパースに表現するような辞書 $\mathbf{A}_l$ を学習する．そして，低解像度辞書に対応する辞書 $\mathbf{A}_h$ を高解像度パッチから作成する．

上記の学習ステップはオフラインで行い，二つの辞書 $\mathbf{A}_l$ と $\mathbf{A}_h$ を高解像度化に用いる．

高解像度化するべき低解像度画像 $\mathbf{y}_l$ が与えられたら（$\mathbf{y}_l$ のサイズはすでに出力高解像度画像と同じになっていることを思い出そう．ここで行うべきことは，この画像をシャープにする非線形空間フィルタを適用することである），各位置 $k \in \Omega$ から前処理されたパッチ $\mathbf{p}_k^l$ を切り出し，学習した辞書 $\mathbf{A}_l$ を用いてスパース符号化を行う．そして，求められたスパース表現 $\mathbf{q}_k$ を $\mathbf{A}_h$ に掛けて，高解像度パッチを復元する．以下では，この処理をもっと詳細に説明する．

学習ステップ

学習ステップでは，まず何枚もの高解像度画像 $\{\mathbf{y}_h^j\}_j$ を集めて学習サンプルとする．そして，各高解像度画像をぼかし，s 倍に縮小する．これが対応する低解像度画像 $\{\mathbf{z}_l^j\}_j$ であり，次式のように，これをもとのサイズに高解像度化したものを $\{\mathbf{y}_l^j\}_j$ とする．

$$\mathbf{y}_l^j = \mathbf{L}_{\text{all}}\mathbf{y}_h^j + \tilde{\mathbf{v}}^j$$

なお，学習ステップとテストとで，同じ作用素 $\mathbf{L}_{\text{all}}$ を用いなければならない．

次は前処理を施す．画像からパッチを切り出した後に前処理を適用するのではなく，画像に前処理を適用してからパッチを切り出す．こうすることで，パッチサイズが小さい場合にも，境界で生じる問題を防ぐことができる[*11]．

高解像度画像に適用する前処理は，低周波成分の除去である．そのためには，差分画像 $\mathbf{e}_h^j = \mathbf{y}_h^j - \mathbf{y}_l^j$ を計算すればよい．この前処理を施す理由は，低解像度パッチと，それに対応する高解像度パッチに含まれるエッジとテクスチャ成分との関係を学習することに専念したいためである．低解像度画像に適用する前処理では，K 個の高周波通過フィルタを適用して，高周波成分に対応する局所的な特徴量を抽出する．つまり，各低解像度画像 $\mathbf{y}_l^j$ に対して，K 個のフィルタ画像 $f_k \otimes \mathbf{y}_l^j$（$i = 1, 2, \ldots, K$）が得られる（$\otimes$ は畳み込みを表す）．

上記の二つの前処理の後，局所パッチを切り出し，データセット $\mathcal{P} = \{\mathbf{p}_k^h, \mathbf{p}_k^l\}_k$ を構築する．位置 $k \in \Omega$ だけから，高解像度画像 $\mathbf{e}_h^j$ からサイズ

[*11] サイズが $\sqrt{n} \times \sqrt{n}$ のパッチ $\mathbf{y}_l$ は，ぼかす範囲と高解像度化処理を考慮すると，それよりも大きい $\mathbf{y}_h$ のパッチに対応するべきである．しかし，大きくなった部分を無視して，$\mathbf{y}_h$ のパッチの中心だけを予測すればよい．

$\sqrt{n} \times \sqrt{n}$ 画素のパッチを切り出す．これに対応する低解像度パッチを，フィルタ画像 $f_k \otimes \mathbf{y}_l^j$ の同じ位置から同じサイズ（$\sqrt{n} \times \sqrt{n}$ 画素）で切り出す．そして，この K 個の低解像度パッチを連結して，長さ nK の一つのベクトル $\tilde{\mathbf{p}}_k^l$ にする．なお，高解像度画像を覆うためには，パッチサイズは最低でも $s \times s$ でなければならない．パッチサイズをこれより大きくすれば，パッチ同士が重複するので，結果は改善される．

辞書学習ステップの前に行う最後の処理は，低解像度パッチ $\{\tilde{\mathbf{p}}_k^l\}_k$ の次元削減である．これらのベクトルに主成分分析（PCA）を適用し，それらのベクトルを射影してもその平均エネルギーの 99.9% を保存するような部分空間を求める．この処理を適用する理由は，低解像度パッチは nK 次元の全空間中に均等に存在することはないからである．なぜなら，実質的にそれらの低解像度パッチは，K 個の線形フィルタを適用した低解像度画像 $\mathbf{z}_l^j$ から切り出されたサイズ $\sqrt{n}/s \times \sqrt{n}/s$ のパッチから生成されているためである．高解像度化の処理とフィルタリングは，パッチの次元を上げることはない．この次元削減によって，このあとの処理である辞書学習と高解像度化アルゴリズムの計算量を減らすことができる．ここで，$\mathbf{B} \in \mathbb{R}^{n_l \times nK}$ を，パッチ $\tilde{\mathbf{p}}_k^l$ を特徴ベクトル $\mathbf{p}_k^l = \mathbf{B}\tilde{\mathbf{p}}_k^l \in \mathbb{R}^{n_l}$ に変換する射影作用素とする．

学習ステップにおける辞書学習では，まず学習用の低解像度パッチ $\{\mathbf{p}_k^l\}_k$ を用いる．これらのパッチに対して，通常の MOD または K-SVD を適用し，辞書 $\mathbf{A}_l \in \mathbb{R}^{n_l \times m}$ を得る．この学習処理では，事例ごとにアトム数 L を固定した OMP を用いてスパース符号化を行う．この学習の副産物として，学習パッチ $\mathbf{p}_k^l$ に対応するスパース表現ベクトル $\mathbf{q}_k$ が得られる．

$\mathbf{A}_l$ を構築した後に，高解像度辞書を作成する．ここで思い出したいのは，パッチ $\mathbf{p}_k^h$ を復元するときには，$\mathbf{p}_k^h \approx \mathbf{A}_h\mathbf{q}_k$ で近似する，つまり，低解像度パッチに対して得られたスパース表現ベクトルを高解像度辞書に掛ける，ということである．したがって，この近似の精度を上げる辞書 $\mathbf{A}_h$ を求める必要がある．そこで，以下の問題を解く．

$$\begin{aligned}\mathbf{A}_h &= \arg\min_{\mathbf{A}_h} \sum_k \|\mathbf{p}_k^h - \mathbf{A}_h\mathbf{q}_k\|_2^2 \\ &= \arg\min_{\mathbf{A}_h} \|\mathbf{P}_h - \mathbf{A}_h\mathbf{Q}\|_F^2\end{aligned} \tag{15.42}$$

ここで，行列 $\mathbf{P}_h$ は高解像度パッチ $\{\mathbf{p}_k^h\}_k$ を列とした行列，同様に，$\mathbf{Q}$ は $\{\mathbf{q}_k\}_k$

を列とした行列である．この問題の解は以下で与えられる．

$$\mathbf{A}_h = \mathbf{P}_h \mathbf{Q}^+ = \mathbf{P}_h \mathbf{Q}^{\mathrm{T}} (\mathbf{Q}\mathbf{Q}^{\mathrm{T}})^{-1} \tag{15.43}$$

ここで述べておきたいのは，上記のアプローチは高解像度パッチ同士の重複を無視しているため，$\mathbf{A}_h$ を計算するための学習アルゴリズムはもっと改善できる，ということである．（テストにおいては）最終的な高解像度画像はこれらのパッチの重複する部分を平均して復元することができるため，結果画像を原画像にできるだけ近いものにするように，$\mathbf{A}_h$ を最適化しなければならない．言い換えれば，14.3 節で行った処理と同様に，画像 $\hat{\mathbf{y}}_h^j$ を次式で復元する．

$$\hat{\mathbf{y}}_h^j = \mathbf{y}_l^j + \left(\sum_{k \in \Omega} \mathbf{R}_k^{\mathrm{T}} \mathbf{R}_k \right)^{-1} \left(\sum_{k \in \Omega} \mathbf{R}_k^{\mathrm{T}} \mathbf{A}_h \mathbf{q}_k \right) \tag{15.44}$$

したがって，次の最適化問題の解を最適な辞書 $\mathbf{A}_h$ の定義とする．

$$\begin{aligned} \mathbf{A}_h &= \arg\min_{\mathbf{A}_h} \sum_j \left\| \mathbf{y}_h^j - \mathbf{y}_l^j - \hat{\mathbf{y}}_h^j \right\|_2^2 \qquad (15.45) \\ &= \arg\min_{\mathbf{A}_h} \sum_j \left\| \mathbf{y}_h^j - \mathbf{y}_l^j - \left(\sum_{k \in \Omega} \mathbf{R}_k^{\mathrm{T}} \mathbf{R}_k \right)^{-1} \left(\sum_{k \in \Omega} \mathbf{R}_k^{\mathrm{T}} \mathbf{A}_h \mathbf{q}_k \right) \right\|_2^2 \end{aligned}$$

上記の誤差計算において $\mathbf{y}_l^j$ が登場する理由は，$\mathbf{P}_h$ 中のパッチは誤差画像 $\mathbf{e}_h^j = \mathbf{y}_h^j - \mathbf{y}_l^j$ から構成されているためである．したがって，復元される画像 $\hat{\mathbf{y}}_h^j$ にこの低周波成分を足し戻さなければならない．

この最小化問題を解く計算量は大きくなるが，結果の精度は良くなる．ここではこの方法をこれ以上議論せず，実験結果を示す時点で，もっと単純に $\mathbf{A}_h$ を求める方法を述べる．

以上が高解像度化アルゴリズムの学習ステップである．

テスト：画像の高解像度化

テスト画像として低解像度画像 $\mathbf{z}_l$ が与えられ，これを高解像度化する．この画像は，高解像度画像 $\mathbf{y}_h$ に対して，学習で用いたものと同じボケと縮小の処理を行って得られたと仮定する．高解像度化アルゴリズムの手順は，以下のとおりである．

1. この画像を双3次補間を用いて s 倍に拡大し，$\mathbf{y}_l$ とする．
2. 学習に用いたものと同じ K 個の高周波通過フィルタを画像 $\mathbf{y}_l$ に適用して，$f_k \otimes \mathbf{y}_l$ を得る．
3. これらの K 個の画像から，位置 $k \in \Omega$ においてサイズ $\sqrt{n} \times \sqrt{n}$ のパッチを切り出す．同じ位置に対応する K 個のパッチを連結してパッチベクトル $\tilde{\mathbf{p}}_k^l$ を生成する．これらを集合 $\{\tilde{\mathbf{p}}_k^l\}_k$ とする．
4. これらのパッチ $\{\tilde{\mathbf{p}}_k^l\}_k$ に射影作用素 $\mathbf{B}$ を掛けて次元を削減し，各パッチの長さが n_l（≈ 30）である集合 $\{\mathbf{p}_k^l\}_k$ を得る．
5. $\{\mathbf{p}_k^l\}_k$ に OMP を適用し，L 個のアトムを用いて，スパース表現ベクトル $\{\mathbf{q}_k\}_k$ を得る．
6. スパース表現ベクトル $\{\mathbf{q}_k\}_k$ に高解像度辞書 $\mathbf{A}_h$ を掛けて，高解像度パッチの近似 $\{\mathbf{A}_h\mathbf{q}_k\}_k = \{\hat{\mathbf{p}}_k^h\}_k$ を得る．
7. 最終的な高解像度化された画像を作成する．パッチ $\hat{\mathbf{p}}_k^h$ を適切な位置に貼り付け，重複する部分を平均し，$\mathbf{y}_l$ を足し込む．つまり，次式を実行する．

$$\hat{\mathbf{y}}_h = \mathbf{y}_l + \left(\sum_{k \in \Omega} \mathbf{R}_k^{\mathrm{T}} \mathbf{R}_k \right)^{-1} \sum_{k \in \Omega} \mathbf{R}_k^{\mathrm{T}} \hat{\mathbf{p}}_k^h \tag{15.46}$$

15.4.3 高解像度化の実験結果

ここでは，上記で述べた高解像度化アルゴリズムの実験を二つ示す．

最初の実験は，印刷された文章を撮影した画像を用いる．学習画像（PDF ファイルのスクリーンショット）を図 15.27 に示す．学習には 1 枚だけでなく，多数の画像を用いると結果は向上する．この実験で用いた大域的作用素 $\mathbf{L}_{\mathrm{all}}$ は，まず高解像度画像 $\mathbf{y}_h^j$ を，1 次元フィルタ $[1,3,4,3,1]/12$ を水平・垂直方向に適用してぼかし，$s=3$ 倍にダウンサンプリングする．つまり，縮小画像 $\mathbf{z}_l$ は原画像の 1/9 になる．そして，$\mathbf{z}_l$ を双 3 次補間して，もとのサイズと同じ画像 $\mathbf{y}_l$ を作成する．

低解像度画像からの特徴抽出には，四つのフィルタ，すなわち水平・垂直方向の 1 次・2 次微分 $f_1 = [1,-1] = f_2^{\mathrm{T}}$ と $f_3 = [1,-2,1] = f_4^{\mathrm{T}}$ を用いた．これらのフィルタを，低周波画像に対応する画素だけに適用する[*12]．用いたパッチ

[*12] つまり，$\mathbf{z}_l$ をフィルタリングし補間するか，0 でパディングした $f_1 = [0,0,1,0,0,-1] = f_2^{\mathrm{T}}$ と $f_3 = [1,0,0,-2,0,0,1] = f_4^{\mathrm{T}}$ の形のフィルタで $\mathbf{y}_l$ をフィルタリングするか，どちらかを行うという意味である．

This book is about *convex optimization*, a special class of mathematical optimiza-
tion problems, which includes least-squares and linear programming problems. I
is well known that least-squares and linear programming problems have a fairl
complete theory, arise in a variety of applications, and can be solved numericall
very efficiently. The basic point of this book is that the same can be said for th
larger class of convex optimization problems.

While the mathematics of convex optimization has been studied for about a
century, several related recent developments have stimulated new interest in th
topic. The first is the recognition that interior-point methods, developed in th
1980s to solve linear programming problems, can be used to solve convex optimiza-
tion problems as well. These new methods allow us to solve certain new classe
of convex optimization problems, such as semidefinite programs and second-orde
cone programs, almost as easily as linear programs.

The second development is the discovery that convex optimization problem
(beyond least-squares and linear programs) are more prevalent in practice tha
was previously thought. Since 1990 many applications have been discovered i
areas such as automatic control systems, estimation and signal processing, com-
munications and networks, electronic circuit design, data analysis and modeling
statistics, and finance. Convex optimization has also found wide application in com-
binatorial optimization and global optimization, where it is used to find bounds o
the optimal value, as well as approximate solutions. We believe that many othe
applications of convex optimization are still waiting to be discovered.

There are great advantages to recognizing or formulating a problem as a conve
optimization problem. The most basic advantage is that the problem can then b
solved, very reliably and efficiently, using interior-point methods or other specia
methods for convex optimization. These solution methods are reliable enough to b
embedded in a computer-aided design or analysis tool, or even a real-time reactiv
or automatic control system. There are also theoretical or conceptual advantage
of formulating a problem as a convex optimization problem. The associated dua

図 15.27　最初の実験．画像の高解像度化アルゴリズムのための学習画像．サイズは 717×717 画素，学習パッチペアの数は 54,289 個である．

サイズは $n = 9$ であり，PCA により $4 \times 81 = 324$ から $n_l \approx 30$ へ次元削減した．40 回反復の K-SVD を用いて $m = 1{,}000$ 個のアトムを持つ辞書を学習し，各パッチは $L = 3$ 個のアトムで表現されるとした．

テスト画像（スケールは同じだが別のページのスクリーンショット）を図 15.28 に示す．この図には，もとの高解像度画像と，それを縮小した，高解像度化する対象となる低解像度画像を示してある．高解像度化の結果を図 15.29 に示す．明らかに双 3 次補間よりも画質が向上しており，差は 2.27dB だった．

2 番目の実験には画像 “Building” を用いる．原画像 $\mathbf{y}_h$ のサイズは 800×800 画素であり，これに分離可能フィルタ $[1, 2, 1]/4$（水平・垂直方向）を適用し，$s = 2$ 倍に縮小してサイズ 400×400 の画像 $\mathbf{z}_l$ を得る．

この実験では，まったく同じ画像を用いて辞書を学習した．ただし，さらに $s = 2$ 倍に縮小したサイズ 200×200 の画像 $\mathbf{z}_{ll}$ を用いる．学習には画像ペア

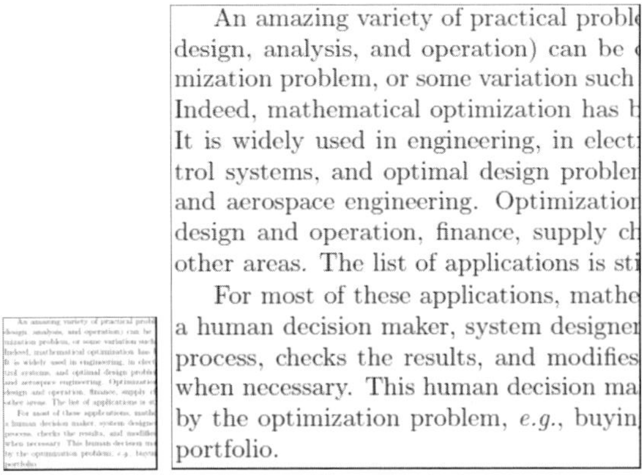

An amazing variety of practical probl
design, analysis, and operation) can be
mization problem, or some variation such
Indeed, mathematical optimization has b
It is widely used in engineering, in elect
trol systems, and optimal design probler
and aerospace engineering. Optimizatio
design and operation, finance, supply ch
other areas. The list of applications is st
For most of these applications, mathe
a human decision maker, system designer
process, checks the results, and modifies
when necessary. This human decision ma
by the optimization problem, *e.g.*, buyin
portfolio.

An amazing variety of practical probl
design, analysis, and operation) can be
mization problem, or some variation such
Indeed, mathematical optimization has b
It is widely used in engineering, in elect
trol systems, and optimal design probler
and aerospace engineering. Optimizatio
design and operation, finance, supply ch
other areas. The list of applications is st
For most of these applications, mathe
a human decision maker, system designer
process, checks the results, and modifies
when necessary. This human decision ma
by the optimization problem, *e.g.*, buyin
portfolio.

図 15.28 最初の実験.（左）高解像度するテスト画像 $\mathbf{z}_l$. サイズは 120×120 画素，処理するパッチの数は 12,996 個.（右）もとの高解像度画像 $\mathbf{y}_h$.

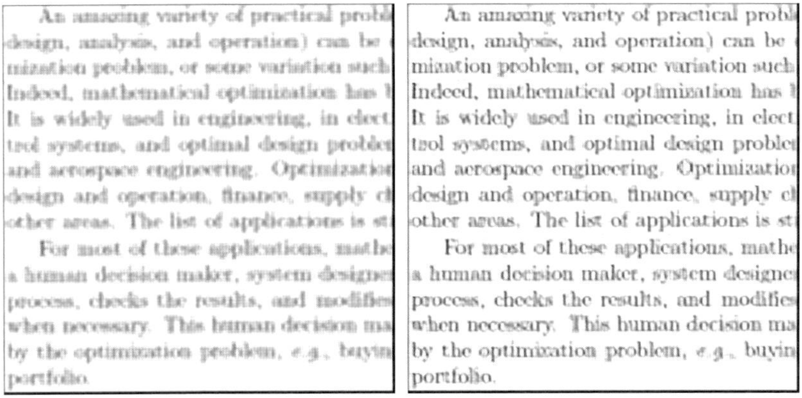

An amazing variety of practical probl
design, analysis, and operation) can be
mization problem, or some variation such
Indeed, mathematical optimization has b
It is widely used in engineering, in elect
trol systems, and optimal design probler
and aerospace engineering. Optimizatio
design and operation, finance, supply ch
other areas. The list of applications is st
For most of these applications, mathe
a human decision maker, system designer
process, checks the results, and modifies
when necessary. This human decision ma
by the optimization problem, *e.g.*, buyin
portfolio.

An amazing variety of practical probl
design, analysis, and operation) can be
miaation problem, or some variation such
Indeed, mathematical optimization has b
It is widely used in engineering, in elect
trol systems, and optimal design probler
and aerospace engineering. Optimizatio
design and operation, finance, supply ch
other areas. The list of applications is st
For most of these applications, mathe
a human decision maker, system designer
process, checks the results, and modifies
when necessary. This human decision ma
by the optimization problem, *e.g.*, buyin
portfolio.

図 15.29 最初の実験. 高解像度化の結果.（左）双 3 次補間を用いて高解像度化した結果画像 $\mathbf{y}_l$（RMSE = 47.06).（右）このアルゴリズムによる結果画像 $\hat{\mathbf{y}}_h$（RMSE = 36.22).

$\{\mathbf{z}_l, \mathbf{z}_{ll}\}$ を用いる．その理由は，この二つの画像間の関係は $\mathbf{z}_l$ と $\mathbf{y}_h$ の関係を反映しているという期待からである．

低解像度画像からの特徴抽出には，同じ四つのフィルタを用いる．そして，今回は次元を $n_l \approx 42$ にまで削減する．学習データは 37,636 個の低解像度パッチと高解像度パッチのペアである．辞書学習に用いるパラメータはすべて同じものを用いた（40 回反復の K-SVD を用いて $m = 1{,}000$ 個のアトムを持つ辞書を学習し，各パッチは $L = 3$ 個のアトムで表現されるとした）.

図 15.30 に，原画像 $\mathbf{y}_h$，双 3 次補間による高解像度化結果 $\mathbf{y}_l$，そしてこのアルゴリズムによる高解像度化結果 $\hat{\mathbf{y}}_h$ を示す．二つの結果画像の差は 3.32dB である．この差がどこに生じているのかを見るために，差分画像 $|\hat{\mathbf{y}}_h - \mathbf{y}_h|$ も示してある．図 15.31 に，$\mathbf{y}_h$, $\mathbf{y}_l$, $\hat{\mathbf{y}}_h$ から 100×100 画素の部分を拡大した図を示す．この図からわかるように，この高解像度化アルゴリズムが与える結果画像の画質は非常に良い．

図 15.30　二つ目の実験．（左上）原画像 “Building” $\mathbf{y}_h$．（左下）双 3 次補間による高解像度化結果 $\mathbf{y}_l$（RMSE $=$ 12.78）．（右下）このアルゴリズムによる高解像度化結果 $\hat{\mathbf{y}}_h$（RMSE $=$ 8.72）．（右上）差分画像 $|\hat{\mathbf{y}}_h - \mathbf{y}_h|$．輝度を 5 倍に上げてある．

図 15.31 二つ目の実験.（左段）原画像 “Building” $\mathbf{y}_h$.（中段）双 3 次補間による高解像度化結果 $\mathbf{y}_l$.（右段）このアルゴリズムによる高解像度化結果 $\hat{\mathbf{y}}_h$. 原画像には圧縮のアーチファクトが見られるが，高解像度化結果にはそれが見られないことに注意してほしい.

15.4.4 画像の高解像度化のまとめ

エッジや詳細部分を保持したまま高解像度化する方法は多数存在する. 本節では，その中の一つのアルゴリズムを紹介し，スパース表現モデルと辞書学習をどのように用いるかを示した. 本節で述べたアルゴリズムは，Yang らが提案した手法に多少の修正を加えたものである. この手法は比較的単純であるが，双 3 次補間に比べて非常に良い結果を与える. このアルゴリズムは与えられた学習画像を用いて，もしくはさらに低解像度にした画像を用いて，低解像度と高解像度の辞書を学習する.

この手法に対して，結果の画質を向上させるためのさまざまな改善策が考えられる. その一つが，Yang らが提案した逆投影（back-projection）である. 求めた画像 $\hat{\mathbf{y}}_h$ は，必ずしも $\mathbf{L}_{\text{all}}\hat{\mathbf{y}}_h \approx \mathbf{y}_l$ という制約を満たさない. したがって，結果画像 $\hat{\mathbf{y}}_h$ をこの制約に射影することが考えられる. 他の改善策は，重複するパッチ $\hat{\mathbf{p}}_k^h$ が互いに一致するように制約を課すことである. そのためには，入

力パッチ $\mathbf{p}_k^l$ に対して処理を逐次的に行い，$\mathbf{q}_k$ を求めるためのスパース符号化においては，すでに計算されたパッチとこれから計算されるパッチ $\hat{\mathbf{p}}_k^h$ との距離をペナルティとすることが考えられる．

15.5　まとめ

本章では，三つの応用に対してスパースランドモデルという同じ道具と手法を適用することで，画像処理がどのように行われるのかを示した．これらの問題に適用するスパース表現モデルは大域的なものと局所的なものが可能であり，考えうるさまざまなアルゴリズムの間には類似性がある．

前章と本章では，手法の核となるスパースランドモデルを画像処理における実用的な問題に適用した．このような理論から実践への道のりは，モデルを問題に適用する方法の自由度が大きいために，決して自明でも平坦でもない．そのため，このモデルを画像処理の問題に応用するときには技巧が必要となる．本章では，そのような創造的なプロセスの成功例をいくつか示した．

本書の技術的な内容はこれで幕を閉じる．しかし，スパースランドモデルを用いた画像処理の他の応用はまだ研究途上にある．そのトピックには，画像圧縮や映像圧縮，マルチモーダル処理（映像・音声など），画像の領域分割，画像中の対象物体検出，画像の位置合わせ，複数画像からの超解像などがある．それらのどれもが，スパースランドモデルの恩恵を受けることができるだろう．願わくば，近い将来，本書で示した方向性に沿って多数のアイデアと研究成果が登場することを期待する．

参考文献

1. E. Abreu, M. Lightstone, S. K. Mitra, and K. Arakawa, A new efficient approach for the removal of impulse noise from highly corrupted images, *IEEE Trans. on Image Processing*, 5(6):1012–1025, June 1996.
2. P. Abrial, Y. Moudden, J. -L. Starck, J. Bobin, M. J. Fadili, B. Afeyan and M. Nguyen, Morphological component analysis and inpainting on the sphere: Application in physics and astrophysics, *Journal of Fourier Analysis and Applications (JFAA)*, special issue on “Analysis on the Sphere”, 13(6):729–748, 2007.
3. M. Aharon, M. Elad, and A. M. Bruckstein, The K-SVD: An algorithm for

designing of overcomplete dictionaries for sparse representation, *IEEE Trans. on Signal Processing*, 54(11):4311–4322, November 2006.

4. M. Antonini, M. Barlaud, P. Mathieu, and I. Daubechies, Image coding using wavelet transform, *IEEE Trans. on Image Processing*, 1(2):205–220, April 1992.
5. J. Aujol, G. Aubert, L. Blanc-Feraud, and A. Chambolle, Image decomposition: Application to textured images and SAR images, INRIA Project ARIANA, Sophia Antipolis, France, Tech. Rep. ISRN I3S/RR-2003-01-FR, 2003.
6. J. Aujol and A. Chambolle, Dual norms and image decomposition models, INRIA Project ARIANA, Sophia Antipolis, France, Tech. Rep. ISRN 5130, 2004.
7. J. Aujol and B. Matei, Structure and texture compression, INRIA Project ARIANA, Sophia Antipolis, France, Tech. Rep. ISRN I3S/RR-2004-02-FR, 2004.
8. M. Bertalmio, G. Sapiro, V. Caselles, and C. Ballester, Image in-painting, in Proc. 27th Annu. Conf. Computer Graphics and Interactive Techniques, pp. 417–424, 2000.
9. M. Bertalmio, L. Vese, G. Sapiro, and S. Osher, Simultaneous structure and texture image inpainting, *IEEE Trans. on Image Processing*, 12(8):882–889, August 2003.
10. A. L. Bertozzi, M. Bertalmio, and G. Sapiro, NavierStokes fluid dynamics and image and video inpainting, IEEE Computer Vision and Pattern Recognition (CVPR), 2001.
11. J. Bobin, Y. Moudden, J. -L. Starck, M. J. Fadili, and N. Aghanim, SZ and CMB reconstruction using GMCA, *Statistical Methodology*, 5(4):307–317, 2008.
12. J. Bobin, Y. Moudden, J. -L. Starck and M. Elad, Morphological diversity and source separation, *IEEE Trans. on Signal Processing*, 13(7):409–412, 2006.
13. J. Bobin, J. -L. Starck, M. J. Fadili, and Y. Moudden, Sparsity, morphological diversity and blind source separation, *IEEE Trans. on Image Processing*, 16(11):2662–2674, 2007.
14. J. Bobin, J. -L. Starck, M. J. Fadili, Y. Moudden and D. L Donoho, Morphological component analysis: an adaptive thresholding strategy, *IEEE Trans. on Image Processing*, 16(11):2675–2681, 2007.
15. E. J. Candès and F. Guo, New multiscale transforms, minimum total variation synthesis: Applications to edge-preserving image reconstruction, *Signal Processing*, 82(5):1516–1543, 2002.
16. V. Caselles, G. Sapiro, C. Ballester, M. Bertalmio, J. Verdera, Filling-in by joint interpolation of vector fields and grey levels, *IEEE Trans. on Image*

Processing, 10:1200–1211, 2001.

17. T. Chan and J. Shen, Local inpainting models and TV inpainting, *SIAM J. Applied Mathematics*, 62:1019–1043, 2001.
18. T. Chen, K. K. Ma, and L. H. Chen, Tri-state median filter for image denoising, *IEEE Trans. on Image Processing*, 8(12):1834–1838, December 1999.
19. R. Coifman and F. Majid, Adapted waveform analysis and denoising, in Progress in Wavelet Analysis and Applications, Frontiers ed., Y. Meyer and S. Roques, Eds., pp. 63–76, 1993.
20. A. Criminisi, P. Perez, and K. Toyama, Object removal by exemplar based inpainting, IEEE Computer Vision and Pattern Recognition (CVPR), Madison, WI, June 2003.
21. J. S. De Bonet, Multiresolution sampling procedure for analysis and synthesis of texture images, Proceedings of SIGGRAPH, 1997.
22. A. A. Efros and T. K. Leung, Texture synthesis by non-parametric sampling, International Conference on Computer Vision, Corfu, Greece, pp. 1033–1038, September 1999.
23. M. Elad and M. Aharon, Image denoising via learned dictionaries and sparse representation, IEEE Computer Vision and Pattern Recognition, New-York, 17–22, June 2006.
24. M. Elad and M. Aharon, Image denoising via sparse and redundant representations over learned dictionaries, *IEEE Trans. on Image Processing*, 15(12):3736–3745, December 2006.
25. M. Elad, J-L. Starck, P. Querre, and D. L. Donoho, Simultaneous cartoon and texture image inpainting using morphological component analysis (MCA), *Journal on Applied and Computational Harmonic Analysis*, 19:340–358, November 2005.
26. H. L. Eng and K. K. Ma, Noise adaptive soft-switching median filter, *IEEE Trans. on Image Processing*, 10(2):242–251, February 2001.
27. M. J. Fadili, J. -L. Starck and F. Murtagh, Inpainting and zooming using sparse representations, *The Computer Journal*, 52(1):64–79, 2009.
28. G. Gilboa, N. Sochen, and Y. Y. Zeevi, Texture preserving variational denoising using an adaptive fidelity term, in Proc. VLSM, Nice, France, pp. 137–144, 2003.
29. O. G. Guleryuz, Nonlinear approximation based image recovery using adaptive sparse reconstructions and iterated denoising - Part I: Theory, *IEEE Trans. on Image Processing*, 15(3):539–554, 2006.
30. O. G. Guleryuz, Nonlinear approximation based image recovery using adaptive sparse reconstructions and iterated denoising - Part II: Adaptive algorithms, *IEEE Trans. on Image Processing*, 15(3):555–571, 2006.

31. J. Mairal, F. Bach, J. Ponce, G. Sapiro and A. Zisserman, Discriminative learned dictionaries for local image analysis, IEEE Conference on Computer Vision and Pattern Recognition, Anchorage, Alaska, USA, 2008.
32. J. Mairal, M. Elad, and G. Sapiro, Sparse representation for color image restoration, *IEEE Trans. on Image Processing*, 17(1):53–69, January 2008.
33. J. Mairal, M. Leordeanu, F. Bach, M. Hebert and J. Ponce, Discriminative sparse image models for class-specific edge detection and image interpretation, European Conference on Computer Vision (ECCV) Marseille, France, 2008.
34. J. Mairal, G. Sapiro, and M. Elad, Learning multiscale sparse representations for image and video restoration, *SIAM Multiscale Modeling and Simulation*, 7(1):214–241, April 2008.
35. F. Malgouyres, Minimizing the total variation under a general convex constraint for image restoration, *IEEE Trans. on Image Processing*, 11(12):1450–1456, December 2002.
36. F. Meyer, A. Averbuch, and R. Coifman, Multilayered image representation: Application to image compression, *IEEE Trans. on Image Processing*, 11(9):1072–1080, September 2002.
37. Y. Meyer, Oscillating patterns in image processing and non linear evolution equations, in Univ. Lecture Ser., vol. 22, AMS, 2002.
38. M. Nikolova, A variational approach to remove outliers and impulse noise, *Journal Of Mathematical Imaging And Vision*, 20(1-2):99–120, January 2004.
39. G. Peyré, J. Fadili and J. -L. Starck, Learning the morphological diversity, *SIAM Journal on Imaging Sciences*, 3(3):646–669, 2010.
40. L. Rudin, S. Osher, and E. Fatemi, Nonlinear total variation noise removal algorithm, *Phys. D*, 60:259–268, 1992.
41. A. Said and W. Pearlman, A new, fast, and efficient image codec based on set partitioning in hierarchical trees, *IEEE Trans. on Circuits Systems for Video Technology*, 6(3):243–250, June 1996.
42. J. Shapiro, Embedded image coding using zerotrees of wavelet coefficients, *IEEE Trans. on Signal Processing*, 41(12):3445–3462, December 1993.
43. N. Shoham and M. Elad, Alternating KSVD-denoising for texture separation, The IEEE 25-th Convention of Electrical and Electronics Engineers in Israel, Eilat Israel, December 2008.
44. J. -L. Starck, E. J. Candès, and D. Donoho, The curvelet transform for image denoising, *IEEE Trans. on Image Processing*, 11(6):131–141, June 2002.
45. J. -L. Starck, D. Donoho, and E. J. Candès, Very high quality image restoration, the 9th SPIE Conf. Signal and Image Processing: Wavelet Applications in Signal and Image Processing, A. Laine, M. Unser, and A. Aldroubi, Eds., San Diego, CA, August 2001.

46. J. L. Starck, M. Elad, and D. L. Donoho, Image decomposition via the combination of sparse representations and a variational approach, *IEEE Trans. on Image Processing*, 14(10):1570–1582, October 2005.
47. J. -L. Starck, M. Elad, and D. L. Donoho, Redundant multiscale transforms and their application for morphological component analysis, *Journal of Advances in Imaging and Electron Physics*, 132:287–348, 2004.
48. J. -L. Starck and F. Murtagh, *Astronomical Image and Data Analysis*, New York: Springer-Verlag, 2002.
49. J. -L. Starck, F. Murtagh, and A. Bijaoui, *Image Processing and data analysis: The multiscale approach*, Cambridge, U. K.: Cambridge Univ. Press, 1998.
50. J. -L. Starck, M. Nguyen, and F. Murtagh, Wavelets and curvelets for image deconvolution: A combined approach, *Signal Processing*, 83(10):2279–2283, 2003.
51. G. Steidl, J. Weickert, T. Brox, P. Mrazek, and M. Welk, On the equivalence of soft wavelet shrinkage, total variation diffusion, total variation regularization, and sides, Dept. Math., Univ. Bremen, Bremen, Germany, Tech. Rep. 26, 2003.
52. L. Vese and S. Osher, Modeling textures with total variation minimization and oscillating patterns in image processing, *Journal of Scientific Computing*, 19:553–577, 2003.
53. M. Vetterli, Wavelets, approximation, and compression, *IEEE Signal Processing Magazine*, 18(5):59–73, September 2001.
54. J. Yang, J. Wright, T. Huang, and Y. Ma, Image super-resolution as sparse representation of raw image patches, IEEE Computer Vision and Pattern Recognition (CVPR), 2008.
55. J. Yang, J. Wright, T. Huang, and Y. Ma, Image super-resolution via sparse representation, *IEEE Trans. on Image Processing*, vol. 19, no. 11, pp. 2861–2873, Nov. 2010.
56. M. Zibulevsky and B. Pearlmutter, Blind source separation by sparse decomposition in a signal dictionary, *Neur. Comput.*, 13:863–882, 2001.

第16章 エピローグ

16.1 本書で扱った内容

画像処理という研究分野は，抽象数学のアイデアと応用や製品との距離が非常に近く，応用数学が活躍するにはまたとない肥沃な土地である．そのため，この分野で多くの数学者が活躍し，過去20年間で研究内容は非常に数学的になってきた．スパースで冗長な表現モデルもそのような流れの一つの表れである．

本書では，信号と画像についてのスパース表現を議論してきた．スパース表現は，一般的には不良設定問題であり，計算量も現実的ではない．しかし，本書では最新の数学的な一連の結果を紹介してきた．ある条件下では一意性と安定性が保証され，現実的な計算量で良好な結果を得ることができる．

そのような肯定的な結果に触発されて，本書では，信号と画像の情報源をモデル化するためにスパース表現モデルが魅力的で強力な道具になるということを議論してきた．そして，実際の画像処理応用においてスパース表現モデルを用いる事例と，最先端の結果を紹介してきた．画像のノイズ除去，ボケ除去，顔画像の圧縮，インペインティング，画像の高解像度化などは，すべてこのモデルの恩恵を受けている．

16.2　本書で扱わなかった内容

本書は完全というには程遠い．確立した知識基盤に基づく理論的解析やアルゴリズム，スパース表現に関連する応用事例でも，本書で省略した内容は数多い．そのようなトピックとして，同時スパース制約（joint-sparsity），圧縮センシング，低ランク行列補完，非負値行列分解と非負値スパース符号化，ブラインド信号分離，マルチモーダルスパース表現，ウェーブレット理論との関連性などが挙げられる．

また，近年は本書で扱った画像処理という範囲をはるかに超えて，このモデルを用いて成功を収めた非常に多くの応用分野が登場している．それらは，機械学習，コンピュータビジョン，パターン認識，無線通信，音声信号処理，脳科学（その多くが人間の視覚系の研究），地球科学における逆問題，MRI 医用画像，誤り訂正符号化など，多岐にわたる．

本書にはこれらの既存研究の内容は含まれていない．また，理論や解析でまだ解明されていない内容も含まれていない．本書の目的は，スパースランドモデルを中心として発展してきた理論や知識を一貫した形で提供することだったが，現時点で答えがわかっていない以下のような重要な疑問がある．

- 信号・画像処理でスパースランドモデルを用いる際の根本的な問題点は，そもそもこれらの信号に対してこのモデルを用いることが適切であるのか，ということである．本書（や，そのもととなった研究）がとったアプローチは，「やってみる」ことである．スパースランドモデルと他のモデル（マルコフ確率場（MRF）や，PCA とその一般化版など）との関連を解明するには，さらなる研究が必要である．もっと野心的な目標は，スパースランドモデルがモデルとして適切となる信号源の性質を解明することだろう．
- もう一つの根本的な問題点は，スパースランドモデル自体が持つ欠陥である．例えば，スパースランドモデルはスパース表現中のアトム同士の依存関係を無視している．欠陥が露呈する他の例として，このモデルからは妥当な信号を生成できないという事実がある．例えば，iid 抽出で要素をランダムに生成したスパースベクトル $\mathbf{x}$ を辞書に掛けるという直接的な方法では，たとえ辞書が高品質な画像から生成されていたとしても，自然な画像を得ることはできない．現実のデータに即した形にモデルを拡張することが望まれており，そうなれば応用において飛躍的に性能が向上するかもしれない．

このほかに究明するべき基本的な問題には，最悪の場合の評価ではない尺度（つまり，相互コヒーレンスや RIP ではない尺度）を用いた追跡アルゴリズムの解析，辞書学習において多重スケールを導入する手法の開発，辞書学習アルゴリズムに対する性能保証，辞書の適切な冗長性の設定などがある．近い将来，これらの問題を解決する研究が登場することを期待する．

16.3 本書の最後に

本書には上記のような内容が含まれていないが，本書はこの分野の重要な内容を系統立てて整理しているため，上記の含まれていない内容も，本書から得られる知識を基盤として構築することができる（だろう）．スパースで冗長な表現モデルの研究は活発であり，現在も発展し続けている．だからこそ，過去 20 年間で達成した成果を振り返り，それらを整理して，われわれは今どこに立っているのかを理解し，この分野の将来たどるべき道を照らす必要がある．これが本書の役割である．

近い将来，本書と同じように道標を立てる別の書籍が現れるだろう．それには，本書で扱わなかった内容や，新しい研究成果が含まれているはずである．もしかすると，本書の第 2 版がその役割を担うかもしれない．

付録A
本書の表記法

第1章

n	信号（ベクトル）の次元
m	行列の列数（辞書のアトム数）
$\mathbb{R}$	実数
$\mathbb{R}^n$	n 次元ユークリッド実ベクトル空間
$\mathbb{R}^{n\times m}$	$n \times m$ 次元実行列のユークリッド空間
$\mathbf{A}, \mathbf{b}$	線形連立方程式 $\mathbf{Ax} = \mathbf{b}$ の要素
$\mathbf{A}^{\mathrm{T}}$	行列 $\mathbf{A}$ の転置
$\mathbf{A}^{-1}$	行列 $\mathbf{A}$ の逆行列
$\mathbf{A}^{+}$	行列 $\mathbf{A}$ のムーア・ペンローズ擬似逆行列
$J(\mathbf{x})$	ペナルティ関数
$\mathcal{L}$	ラグランジュ関数
$\Omega, \mathcal{C}$	集合
$\|\mathbf{x}\|_p^p$	ベクトル $\mathbf{x}$ の ℓ_p ノルムの p 乗
$\|\mathbf{x}\|_2^2$	ベクトル $\mathbf{x}$ の ℓ_2 ノルムの 2 乗：$\mathbf{x}$ のすべての要素の 2 乗和
$\|\mathbf{x}\|_1$	ベクトル $\mathbf{x}$ の ℓ_1 ノルム：$\mathbf{x}$ のすべての要素の絶対値和
$\|\mathbf{x}\|_\infty$	ベクトル $\mathbf{x}$ の ℓ_∞ ノルム：$\mathbf{x}$ の要素の絶対値の最大値
$\|\mathbf{x}\|_{w\ell_p}$	弱 ℓ_p ノルム
$\|\mathbf{x}\|_0$	ベクトル $\mathbf{x}$ の ℓ_0 ノルム：$\mathbf{x}$ の非ゼロ要素の個数

(P_1)	線形連立方程式の最小 ℓ_1 ノルム解を求める問題
(P_p)	線形連立方程式の最小 ℓ_p ノルム解を求める問題
(P_0)	線形連立方程式の最もスパースな解を求める問題

第 2 章

$\mathbf{\Psi}, \mathbf{\Phi}$	ユニタリ行列
$\mathbf{x}_\Psi, \mathbf{x}_\Phi$	二つの直交行列の場合の解の二つの部分
$\mathbf{I}$	単位行列
$\mathbf{F}$	フーリエ基底行列
$\mu(\mathbf{A})$	行列 $\mathbf{A}$ の相互コヒーレンス
$\mathrm{rank}(\mathbf{A})$	ランク（階数）：$\mathbf{A}$ の列が線形独立になる最大の列数
$\mathrm{spark}(\mathbf{A})$	スパーク：$\mathbf{A}$ の列が線形従属になる最小の列数
$\mathbf{G}$	グラム行列
$\mu_1(\mathbf{A})$	行列 $\mathbf{A}$ のバベル関数
$\mathbf{U\Sigma V}^{\mathrm{T}}$	行列の特異値分解（SVD）

第 3 章

$\mathbf{A}_S$	行列 $\mathbf{A}$ のうち，集合 S にある列からなる部分行列
$\mathbf{a}_k$	$\mathbf{A}$ の k 番目の列
$\mathbf{r}^k$	k 回目の反復における残差ベクトル
S^k	k 回目の反復において推定されたサポート
$\delta(\mathbf{A})$	OMP の汎減衰因子
S	$\mathbf{x}$ のサポート
$\mathbf{W}$	重み対角行列
$\mathbf{X}$	対角要素に $\lvert\mathbf{x}\rvert^q$ を持つ対角行列

第 4 章

k_0	非ゼロ要素の個数
$\mathbf{x}_\Psi, \mathbf{x}_\Phi$	二つの直交行列の場合の解の二つの部分
k_p, k_q	二つの直交行列の場合のベクトル $\mathbf{x}_\Psi, \mathbf{x}_\Phi$ の非ゼロ要素の個数
$\mathcal{C}$	ベクトルの集合
$x_{\min}$	$\mathbf{x}$ の要素の絶対値の最小値

$x_{\max}$	$\mathbf{x}$ の要素の絶対値の最大値

第 5 章

(P_0^ϵ)	線形連立方程式の誤差 ϵ を許容する最もスパースな解を求める問題
ϵ, δ	許容誤差
$\mathbf{v}, \mathbf{e}$	ノイズベクトル，摂動ベクトル
σ_s	行列の s 番目の特異値
$\mathrm{spark}_\eta(\mathbf{A})$	あと η で（特異値の意味で）$\mathbf{A}$ の列が線形従属になる最小の列数
δ_s	RIP 定数
$\lambda_{\min}(\mathbf{A})$	$\mathbf{A}$ の最小特異値
$\lambda_{\max}(\mathbf{A})$	$\mathbf{A}$ の最大特異値
(P_1^ϵ)	線形連立方程式の誤差 ϵ を許容する最小 ℓ_1 ノルム解を求める問題
(Q_1^λ)	(P_1^ϵ) の制約をペナルティに組み込んだ問題
λ	スパース性ペナルティ関数の重み係数
∂f	f の劣微分（劣勾配の集合）
σ	ランダムノイズの標準偏差

第 6 章

$\rho(\mathbf{x})$	分離可能なペナルティ関数
$\mathcal{S}_{\rho,\lambda}(\mathbf{x})$	$\mathbf{x}$ の要素ごとの縮小操作（関数形状は ρ で，しきい値は λ で制御される）
$d(\mathbf{x}_1, \mathbf{x}_2)$	ベクトル $\mathbf{x}_1, \mathbf{x}_2$ 間の距離
$\mathrm{diag}(\mathbf{A})$	正方行列 $\mathbf{A}$ の対角要素
$\mathbf{P}$	射影行列（作用素）
Proj	射影作用素

第 7 章

N_Ψ, N_Φ	Candès と Romberg の論文で用いられた k_p, k_q と同じもの
$P(event)$	事象 $event$ が生じる確率

第 8 章

$(P_{\mathrm{DS}}^\lambda)$	ダンツィク選択器最適化問題

θ_{s_1,s_2}　制限直交性（ROP）パラメータ

第 9 章

$\mathcal{Y}$　学習サンプル信号の集合

$P(\mathbf{y})$　信号 $\mathbf{y}$ の事前確率

$\hat{P}(\mathbf{y})$　信号 $\mathbf{y}$ の推定された事前確率

$\mathcal{M}(\mathbf{A}, k_0, \alpha, \epsilon)$ スパースランドモデル

$\Omega_{\mathbf{y}_0}^{\delta}$　$\mathbf{y}_0$ の δ 近傍を含む集合

$\mathbf{c}$　近傍の平均ベクトル

$\mathbf{Q}_{\mathbf{y}_0}$　$\mathbf{y}_0$ まわりの有効な信号の部分空間を考慮する射影行列

$\mathbf{T}$　解析作用素（変換）

μ_{true}　確率の高い信号の $\mathbb{R}^n$ 中の相対的な体積

μ_{model}　モデルに基づく，確率の高い信号の $\mathbb{R}^n$ 中の相対的な体積

第 10 章

$\mathbf{H}$　線形劣化作用素（ボケなど）

$\hat{\mathbf{y}}$　観測信号

$\hat{\mathbf{x}}$　表現ベクトルの推定値

第 11 章

$P_s(|s|)$　非ゼロ要素の個数 $|s|$ の確率密度関数

$P_X(\mathbf{x})$　表現ベクトル $\mathbf{x}$ の確率密度関数

$\mathcal{G}_1, \mathcal{G}_2$　スパース表現ベクトルのランダムな生成器

σ_x　表現ベクトル $\mathbf{x}$ 中の非ゼロ要素の分散

σ_e　ベクトル $\mathbf{e}$ のノイズ要素の分散

$\hat{\mathbf{x}}^{\mathrm{MAP}}$　事後確率最大推定

$\hat{\mathbf{x}}^{\mathrm{MMSE}}$　最小平均 2 乗誤差推定

$\hat{\mathbf{x}}^{\mathrm{oracle}}$　（真のサポートを既知とする）オラクル推定

$P(\mathbf{x}|\mathbf{y})$　$\mathbf{y}$ が与えられたもとでの $\mathbf{x}$ の条件付き確率

$E(expression)$　確率変数 $expression$ の期待値

$\mathbf{x}_s$　ベクトル $\mathbf{x}$ の非ゼロ要素部分

q_s　MMSE 推定において多数の解の重み付き平均に利用される重み

$\det(\mathbf{A})$	行列 $\mathbf{A}$ の行列式

第 12 章

$\mathbf{Y}$	列に事例（信号）を持つ行列
$\mathbf{X}$	列に表現ベクトルを持つ行列
$\mathbf{E}_j$	列に誤差ベクトルを持つ行列（ただし j 列を除く）
$\otimes$	クロネッカー積
$\mathbf{A}_0$	固定辞書
$\mathbf{Z}$	辞書アトムのスパース表現を持つ行列
$\mathrm{tr}(\mathbf{A})$	行列 $\mathbf{A}$ のトレース
$\mathbf{R}_k$	画像（信号）の位置 k からパッチを抽出する作用素

第 13 章

B	符号化ビット数
P	画素数
n	ブロックサイズ
m	符号語（辞書）サイズ
$\mathbf{h}_k$	k 番目の画素位置へのブロックノイズ除去フィルタ
$\mathbf{e}_k$	標準基底の k 番目の要素

第 14 章

$\mathbf{y}_0$	サイズ N の原画像
$\hat{\mathbf{y}}$	推定（ノイズ除去）結果画像
$\hat{\mathbf{x}}$	推定画像のスパース表現
$\mathbf{p}_{ij}$	画像の位置 $[i,j]$ から抽出されるパッチ
$\mathbf{q}_{ij}$	パッチ $\mathbf{p}_{ij}$ のスパース表現
$\tilde{\mathbf{q}}_{ij}, \hat{\mathbf{q}}_{ij}$	パッチ $\mathbf{p}_{ij}$ の推定されたスパース表現
$\mathbf{c}$	縮小関数の形状パラメータ係数
θ	ノイズ除去アルゴリズムのパラメータ集合
$h(\mathbf{y},\theta)$	ノイズ除去アルゴリズム
$\eta(\hat{\mathbf{y}},\mathbf{y})$	MSE の不偏推定

第 15 章

$\mathbf{y}_c$	画像の線画成分
$\mathbf{y}_t$	画像のテクスチャ成分
$\hat{\mathbf{y}}_c$	画像の線画成分の推定値
$\hat{\mathbf{y}}_t$	画像のテクスチャ成分の推定値
M_c, M_t	線画の辞書とテクスチャの辞書のアトム数
$\mathbf{T}_c, \mathbf{A}_c$	線画成分の解析・合成作用素
$\mathbf{T}_t, \mathbf{A}_t$	テクスチャ成分の解析・合成作用素
$\mathbf{A}_a$	$\mathbf{A}_c$ と $\mathbf{A}_t$ を含む全体の辞書
$\mathbf{q}_c, \mathbf{q}_t$	ある画像パッチの線画成分とテクスチャ成分のスパース表現ベクトル
$\mathbf{M}$	画像中の残される画素を記述するマスク行列
$\mathbf{S}$	縮小作用素
$\mathbf{Q}$	補間作用素
$\mathbf{y}_h$	理想的な高解像度画像
$\mathbf{z}_l$	$\mathbf{y}_h$ にボケ，縮小，ノイズを適用した画像
$\mathbf{y}_l$	$\mathbf{z}_l$ を補間で拡大した画像
$\mathbf{e}_h$	$\mathbf{y}_l$ と $\mathbf{y}_h$ との差分画像
$\mathbf{L}_{\mathrm{all}}$	$\mathbf{y}_l$ と $\mathbf{y}_h$ の関係を表す作用素
$\mathbf{A}_l$	低解像度特徴量の辞書
$\mathbf{A}_h$	$\mathbf{A}_l$ に対応する高解像度画像の辞書
f_k	特徴抽出のための微分フィルタ
$\mathcal{P} = \{\mathbf{p}_k^h, \mathbf{p}_k^l\}$	低解像度と高解像度のパッチペアの学習集合
$\mathbf{B}$	低解像度パッチ特徴量を次元削減する射影作用素
$\mathbf{Q}$	画像パッチのスパース表現を列に持つ行列

付録 B

略語一覧

2D［two dimensional］ 2 次元

BCR［block-coordinate-relaxation］ ブロック座標緩和

BM3D［block-matching 3D filtering］ ブロックマッチング 3 次元フィルタリング

BP［basis pursuit］ 基底追跡

BPDN［basis pursuit denoising］ 基底追跡ノイズ除去

B/W［black and white］ 白黒

CD［coordinate descent］ 座標降下

CG［conjugate gradient］ 共役勾配

CMB［cosmic microwave background］ 宇宙マイクロ波背景放射

CoSaMP［compressive sampling matching pursuit］ 圧縮サンプリングマッチング追跡

CS［compressed-sensing］ 圧縮センシング

DCT［discrete cosine transform］ 離散コサイン変換

DS［Dantzig-selector］ ダンツィク選択器

ERC［exact recovery condition］ 厳密復元条件

FFT［fast Fourier transform］ 高速フーリエ変換

FOCUSS［focal underdetermined system solver］ 集中劣条件連立方程式解法

GSM［Gaussian scale mixture］ 混合ガウス分布

ICA［independent component analysis］ 独立成分分析
iid［independent and identically distributed］ 独立同分布
IRLS［iterative-reweighed-least-squares］ 反復再重み付け最小 2 乗
ISNR［improvement signal-to-noise ratio］ S/N 比改善率
JPEG［joint photographic experts group］ JPEG
KLT［Karhunen-Loève transform］ カルフーネン・レーベ変換
K-means［K mean computation］ K 平均
K-SVD［K singular value decomposition］ K-SVD
LARS［least angle regression stagewise］ 最小角回帰
LASSO［least absolute shrinkage and selection operator］ LASSO
LP［linear programming］ 線形計画
LS［least-squares］ 最小 2 乗法
MAP［maximum a posteriori probability］ 事後確率最大
MCA［morphological component analysis］ モルフォロジ成分分析
MMSE［minimum mean-squared-error］ 最小平均 2 乗誤差
MOD［method of optimal direction］ 最良方向法
MP［matching pursuit］ マッチング追跡
MRF［Markov random field］ マルコフ確率場
MRI［magnetic resonance imaging］ 核磁気共鳴画像法
MSE［mean-squared-error］ 平均 2 乗誤差
NLM［non local means］ ノンローカルミーン
NP［non polynomial］ 非多項式
OMP［orthogonal matching pursuit］ 直交マッチング追跡
PCA［principal component analysis］ 主成分分析
PCD［parallel-coordinate-descent］ 並列座標降下
PDF［probability density function］ 確率密度関数
PSNR［peak-signal-to-noise ratio］ ピーク信号対雑音比
QP［quadratic programming］ 2 次計画
RIP（RIC）［restricted isometry property（condition）］ 制限等長性（条件）
RMSE［root mean-squared-error］ 平均 2 乗平方根誤差
ROP［restricted orthogonality property］ 制限直交性

SESOP［sequential subspace optimization］ 逐次部分空間最適化

SNR［signal to noise ratio］ 信号対雑音比，S/N 比

SSF［separable surrogate functional］ 分割可能代理汎関数

SSIM［structural similarity］ 構造類似度

StOMP［stage-wise orthogonal-matching-pursuit］ 段階ごとの直交マッチング追跡

SURE［Stein unbiased risk estimator］ Stein の不変リスク推定

SVD［singular value decomposition］ 特異値分解

TV［total variation］ 全変動

VQ［vector-quantization］ ベクトル量子化

欧文索引

■ M

■ N

■ O

■ P

■ Q

■ R

■ S

■ T

■ U

■ V

■ W

和文索引

■ あ

■ い

■ う

■ え

■ お

■ か

■ き

■ そ

■ た

■ ち

■ て

■ と

■ な

■ に

■ の

■ は

■ ひ

【訳者紹介】

玉木　徹（Toru Tamaki）

2001 年　名古屋大学大学院工学研究科博士課程後期課程修了

2001 年　新潟大学工学部助手

2003 年　新潟大学自然科学研究科助手

2005 年　広島大学大学院工学研究院准教授

博士（工学）

著訳書：『コンピュータビジョン—アルゴリズムと応用』（共訳, 共立出版, 2013),
『統計的学習の基礎—データマイニング・推論・予測』（共訳, 共立出版, 2014）

スパースモデリング

—ℓ_1/ℓ_0 ノルム最小化の基礎理論と画像処理への応用

原題：*Sparse and Redundant Representations : From Theory to Applications in Signal and Image Processing*

2016 年　4 月 10 日　初版 1 刷発行
2016 年　9 月 10 日　初版 2 刷発行

著　者　Michael Elad（マイケル・エラド）
訳　者　玉木　徹　© 2016
発　行　**共立出版株式会社**／南條光章
東京都文京区小日向 4-6-19
電話 03-3947-2511（代表）
〒112-0006／振替口座 00110-2-57035
http://www.kyoritsu-pub.co.jp/

制　作　㈱ グラベルロード
印　刷　加藤文明社
製　本　ブロケード

一般社団法人
自然科学書協会
会員

検印廃止
NDC 007

ISBN 978-4-320-12394-6

Printed in Japan